# 01 本书精彩案例赏析

## 1 部分综合实战案例欣赏

第20章 制作五彩玻璃裂纹字

第20章 制作透射文字效果

第20章 制作翡翠文字效果

第20章　制作魅惑人物特效

第20章　合成虎豹脸

第20章　制作冰雪字效果

第21章
去除照片中的杂乱景物

第21章
修复破损旧照片

第21章
消除照片暗角

第21章
快速给照片降噪

第21章
使模糊的照片变清晰

第21章
制作金色沙漠效果

第**21**章

为黑白照片上色

第**21**章

校正逆光照片

第**21**章

美白牙齿

第**21**章

去除黑痣和痘痘

第21章　去除人物脸部皱纹

第21章　去除大片雀斑

第21章　人物彩妆
速成

第21章　修出S形
曲线身段

第21章　修整骆驼
鼻

第22章 食品包装设计

第22章 网站 LOGO 设计

第22章 网页导航栏设计

第22章 宣传海报设计

第22章 宣传单页设计

第22章 手机游戏 UI 设计

**第22章** 灯箱户外广告设计

**第22章** 手机软件 UI 界面设计　　**第22章** 网页设计

**2** 部分章节同步练习案例欣赏

第❸章
同步练习——姐妹情深

第❹章
同步练习——
制作褪色记忆效果

第❻章 同步练习——制作啤酒文字效果

第❾章 同步练习——绘制可爱卡通熊

**第5章**
同步练习——
为圣诞老人
简笔画上色

**第12章**
同步练习——
打造日系
小清新色调

**第13章**
同步练习——
调出浪漫
风格照片

**第15章**
同步练习——制作烟花效果

**第18章**
同步练习——制作 3D 立体文字效果

# 3 部分知识讲解案例欣赏

3.5.9 实战：使用操控变形调整动物肢体动作

4.2.6 实战：使用多边形套索工具选择彩砖

12.4.6
实战 使用【通道混合器】命令打造复古色调照片

5.4.3
实战：使用颜色替换工具更改颜色

5.2.1
实战：使用油漆桶工具填充背景色

5.6.4
实战：使用海绵工具制作半彩艺术效果

5.3.4
实战：使用自定义画笔绘制花瓣

4.5.6
实战：使用调整边缘更换背景

5.5.8
实战：使用图案图章工具填充石头图案

5.5.3
实战：使用修补工具去除画面中多余的元素

5.5.7
实战：使用仿制图章工具复制图像

4.4.7
实战：制作喷溅边框效果

7.1.3

实战：使用混合模式制作
梦幻色彩照片

11.4.2

实战：使用混合颜色
带打造彩色地球效果

10.3.1

实战：使用矢量蒙版制作
时尚相框

5.5.1

实战：使用污点修复画笔
工具去除皱纹

18.3.3

实战：利用预设网格创建 3D 易拉罐

5.7.2

实战：使用背景橡皮擦工具更换背景

7.6.4

调整图层蒙版作用范围

10.2.1

实战：使用图层蒙版更改天空

13.5.4

实战：用 lab 调出特殊蓝色调

5.7.3

实战：使用魔术橡皮擦工具删除背景

12.4.6

实战：使用【通道混合器】命令打造复古色调照片

# 02 赠送丰富超值的 PS 设计资源

## 1 500 个常用笔刷

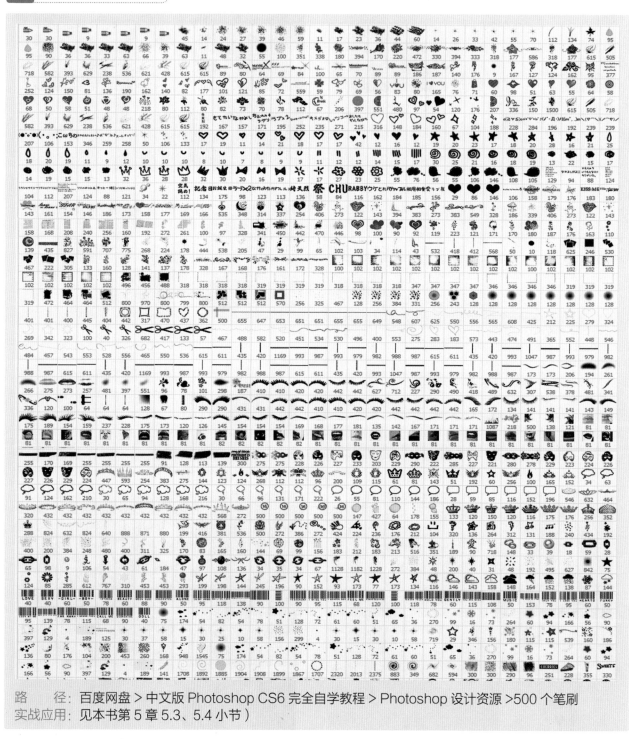

路　　径：百度网盘 > 中文版 Photoshop CS6 完全自学教程 > Photoshop 设计资源 >500 个笔刷
实战应用：见本书第 5 章 5.3、5.4 小节）

## 2　1500 个后期效果动作库

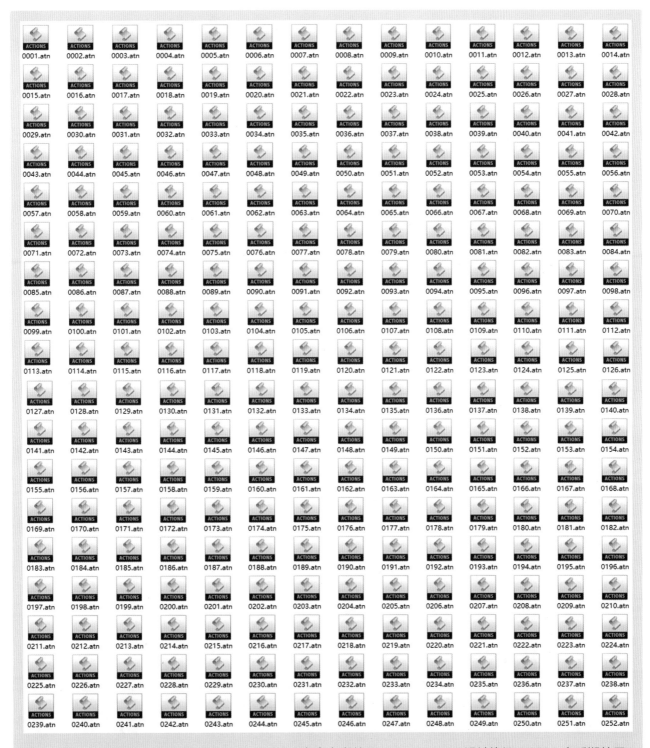

路　　径：百度网盘 > 中文版 Photoshop CS6 完全自学教程 > Photoshop 设计资源 >1500 个后期效果
载入方法：见本书第 5 章 5.2.2 小节　　　　实战应用：见本书第 5 章 5.2.1、5.2.2 小节

### 3 90 个炫酷渐变

路　　径：百度网盘 > 中文版 Photoshop CS6 完全自学教程 > Photoshop 设计资源 >90 个渐变
载入方法：见本书第 9 章 9.3.6 小节　　　　实战应用：见本书第 9 章 9.3 节

**4** 200 个实用形状

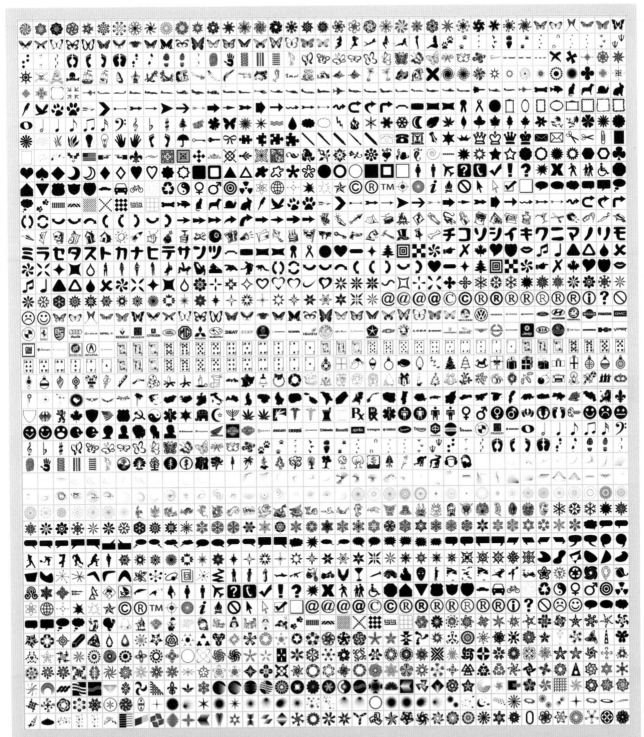

路　　径：百度网盘 > 中文版 Photoshop CS6 完全自学教程 > Photoshop 设计资源 >200 个形状

载入方法：见本书第 9 章 9.3.6 小节　　　　实战应用：见本书第 9 章 9.3 节

**5 200 个真实质感的纹理**

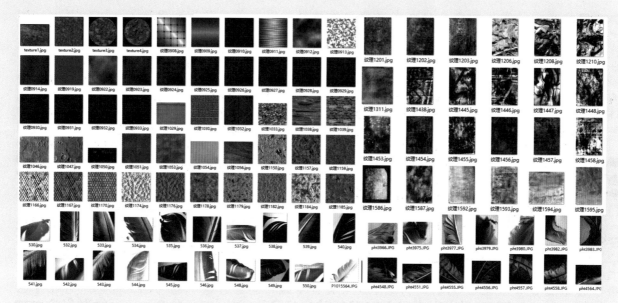

路　　径：百度网盘 > 中文版 Photoshop CS6 完全自学教程 > Photoshop 设计资源 >200 个质感纹理

**6 300 个外挂滤镜**

| PLUG-IN | PLUG-IN | PLUG-IN | PLUG-IN | PLUG-IN | PLUG-IN | PLUG-IN | PLUG-IN | PLUG-IN | PLUG-IN | PLUG-IN | PLUG-IN | PLUG-IN | PLUG-IN |
|---|---|---|---|---|---|---|---|---|---|---|---|---|---|
| 001.8bf | 002.8bf | 003.8bf | 004.8bf | 005.8bf | 006.8bf | 007.8bf | 008.8bf | 009.8bf | 010.8bf | 011.8bf | 012.8bf | 013.8bf | 014.8bf |
| 015.8bf | 016.8bf | 017.8bf | 018.8bf | 019.8bf | 020.8bf | 021.8bf | 022.8bf | 023.8bf | 024.8bf | 025.8bf | 026.8bf | 027.8bf | 028.8bf |
| 029.8bf | 030.8bf | 031.8bf | 032.8bf | 033.8bf | 034.8bf | 035.8bf | 036.8bf | 037.8bf | 038.8bf | 039.8bf | 040.8bf | 041.8bf | 042.8bf |
| 043.8bf | 044.8bf | 045.8bf | 046.8bf | 047.8bf | 048.8bf | 049.8bf | 050.8bf | 051.8bf | 052.8bf | 053.8bf | 054.8bf | 055.8bf | 056.8bf |
| 057.8bf | 058.8bf | 059.8bf | 060.8bf | 061.8bf | 062.8bf | 063.8bf | 064.8bf | 065.8bf | 066.8bf | 067.8bf | 068.8bf | 069.8bf | 070.8bf |
| 071.8bf | 072.8bf | 073.8bf | 074.8bf | 075.8bf | 076.8bf | 077.8bf | 078.8bf | 079.8bf | 080.8bf | 081.8bf | 082.8bf | 083.8bf | 084.8bf |
| 085.8bf | 086.8bf | 087.8bf | 088.8bf | 089.8bf | 090.8bf | 091.8bf | 092.8bf | 093.8bf | 094.8bf | 095.8bf | 096.8bf | 097.8bf | 098.8bf |

路　　径：百度网盘 > 中文版 Photoshop CS6 完全自学教程 > Photoshop 设计资源 >300 个外挂滤镜
实战应用：见本书第 15 章节

# 03 1200分钟 与书同步视频讲解

Photoshop CS6 快速入门　Photoshop C6 图像处理基本操作　创建与编辑图像选区　绘画与图像修饰　图层的初级应用　图层的高级应用　文本编辑与应用

路径与矢量图形　解密蒙版功能　解析通道应用　图像色彩的调整和编辑　图像色彩的校正　数码照片处理大师Camera Raw　解密神奇的滤镜

视频与动画的制作　动作与文件批处理功能　创建 3D 图像　Web 图像的制作与图像打印　特效字设计与图像特效制作　数码照片后期处理　PS 商业广告设计

UI 界面设计

# 04 4部 实用教学视频

01 Photoshop 商业广告设计

02 Photoshop 网店美工设计

03 5 分钟学会 番茄工作法

04 10 招精通 超级时间整理术

# 05 赠送：颜色设计速查色谱表

## 1 CMYK 印刷专用精选色谱表

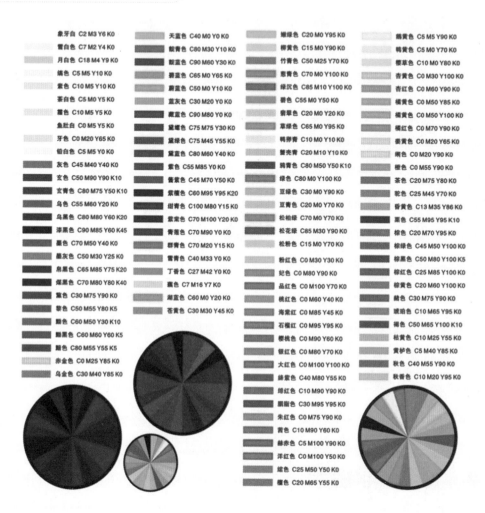

象牙白 C2 M3 Y6 K0
雪白色 C7 M2 Y4 K0
月白色 C18 M4 Y9 K0
缟色 C5 M5 Y10 K0
紫色 C10 M5 Y10 K0
茶白色 C5 M0 Y5 K0
霜色 C10 M5 Y5 K0
鱼肚白 C0 M5 Y5 K0
牙色 C0 M20 Y65 K0
铂色 C5 M5 Y0 K0
灰色 C45 M40 Y40 K0
玄色 C50 M90 Y90 K10
玄青色 C80 M75 Y50 K10
乌色 C55 M60 Y20 K0
乌黑色 C80 M80 Y60 K20
漆黑色 C90 M85 Y60 K45
黑色 C70 M50 Y40 K0
墨灰色 C50 M30 Y25 K0
帛黑色 C65 M85 Y75 K20
煤黑色 C70 M80 Y80 K40
紫色 C30 M75 Y90 K0
黎色 C50 M55 Y80 K5
颣色 C60 M50 Y30 K10
鼬黑色 C60 M60 Y60 K5
黧色 C80 M55 Y55 K5
赤金色 C0 M25 Y85 K0
乌金色 C30 M40 Y85 K0

天蓝色 C40 M0 Y0 K0
靛青色 C80 M30 Y10 K0
靛蓝色 C90 M60 Y30 K0
碧蓝色 C65 M0 Y65 K0
鹇蓝色 C50 M0 Y10 K0
蓝灰色 C30 M20 Y0 K0
藏蓝色 C90 M80 Y0 K0
黛螺色 C75 M75 Y30 K0
黛绿色 C75 M45 Y55 K0
黛蓝色 C80 M60 Y40 K0
紫色 C55 M85 Y0 K0
青紫色 C45 M70 Y0 K0
紫檀色 C60 M95 Y95 K20
绀青色 C100 M80 Y15 K0
紫紫色 C70 M100 Y20 K0
青莲色 C70 M90 Y0 K0
郁青色 C70 M20 Y15 K0
雪青色 C40 M33 Y0 K0
丁香色 C27 M42 Y0 K0
藏色 C7 M16 Y7 K0
湖蓝色 C60 M0 Y20 K0
苍黄色 C30 M30 Y45 K0

嫩绿色 C20 M0 Y95 K0
柳黄色 C15 M0 Y90 K0
竹青色 C50 M25 Y70 K0
葱青色 C70 M0 Y100 K0
橄榄色 C85 M10 Y100 K0
绿色 C55 M0 Y50 K0
翠绿色 C20 M0 Y20 K0
草绿色 C65 M0 Y95 K0
鸭卵青 C10 M0 Y10 K0
蟹壳青 C20 M10 Y10 K0
鸦青色 C80 M50 Y50 K10
绿色 C80 M0 Y100 K0
豆绿色 C30 M0 Y90 K0
豆青色 C30 M0 Y70 K0
松柏绿 C70 M0 Y70 K0
松花绿 C85 M30 Y90 K0
松粉色 C15 M0 Y70 K0
粉红色 C0 M30 Y30 K0
妃色 C0 M80 Y90 K0
品红色 C0 M100 Y70 K0
桃红色 C0 M60 Y40 K0
海棠红 C0 M85 Y45 K0
石榴红 C0 M95 Y95 K0
樱桃色 C0 M90 Y60 K0
银红色 C0 M80 Y70 K0
大红色 C0 M100 Y100 K0
绛紫色 C40 M80 Y55 K0
绛红色 C10 M90 Y90 K0
胭脂色 C30 M95 Y95 K0
朱红色 C0 M75 Y90 K0
茜色 C10 M90 Y60 K0
赫赤色 C5 M100 Y90 K0
洋红色 C0 M100 Y50 K0
缃色 C25 M50 Y50 K0
橙色 C20 M65 Y55 K0

鹅黄色 C5 M5 Y90 K0
鸭黄色 C5 M0 Y70 K0
樱草色 C10 M0 Y80 K0
吉黄色 C0 M30 Y100 K0
杏红色 C0 M60 Y90 K0
橘黄色 C0 M50 Y85 K0
橘黄色 C0 M50 Y100 K0
褐红色 C0 M70 Y90 K0
檗色 C0 M20 Y65 K0
缃色 C0 M20 Y90 K0
橙色 C0 M55 Y90 K0
茶色 C20 M75 Y80 K0
驼色 C25 M45 Y70 K0
昏黄色 C13 M35 Y86 K0
黑色 C55 M95 Y95 K10
棕色 C20 M70 Y95 K0
棕绿色 C45 M50 Y100 K0
棕黑色 C50 M80 Y100 K5
棕红色 C25 M85 Y100 K0
棕黄色 C20 M60 Y100 K0
赭色 C30 M75 Y90 K0
琥珀色 C10 M65 Y95 K0
褐色 C50 M65 Y100 K10
枯黄色 C10 M25 Y55 K0
黄栌色 C5 M40 Y85 K0
秋色 C40 M55 Y90 K0
秋香色 C10 M20 Y95 K0

## 2 常用颜色参数速查表

| 浅橘红 | 蓝紫 | 深紫 | 浅紫 | 深红 | 粉红 | 浅黄 | 白黄 | 淡黄 | 深黄 |
|---|---|---|---|---|---|---|---|---|---|
| C:000 M:040 Y:080 K:000 | C:050 M:100 Y:000 K:000 | C:080 M:100 Y:000 K:000 | C:020 M:060 Y:000 K:000 | C:000 M:100 Y:100 K:000 | C:000 M:040 Y:005 K:005 | C:000 M:000 Y:040 K:000 | C:000 M:000 Y:040 K:000 | C:000 M:000 Y:040 K:000 | C:000 M:020 Y:100 K:000 |

| 90%黑 | 80%黑 | 70%黑 | 60%黑 | 50%黑 | 40%黑 | 30%黑 | 20%黑 | 10%黑 | 金 |
|---|---|---|---|---|---|---|---|---|---|
| C:0 M:0 Y:0 K:90 | C:0 M:0 Y:0 K:80 | C:0 M:0 Y:0 K:70 | C:0 M:0 Y:0 K:60 | C:0 M:0 Y:0 K:50 | C:0 M:0 Y:0 K:40 | C:0 M:0 Y:0 K:30 | C:0 M:0 Y:0 K:20 | C:0 M:0 Y:0 K:10 | C:0 M:20 Y:60 K:20 |

| 桃黄 | 柠檬黄 | 银色 | 金色 | 深褐色 | 浅褐色 | 褐色 | 红褐色 | 咖啡色 | 深咖啡 |
|---|---|---|---|---|---|---|---|---|---|
| C:000 M:060 Y:060 K:000 | C:000 M:005 Y:100 K:000 | C:020 M:015 Y:015 K:000 | C:005 M:015 Y:065 K:000 | C:045 M:065 Y:100 K:040 | C:020 M:030 Y:050 K:020 | C:030 M:045 Y:080 K:030 | C:030 M:100 Y:100 K:030 | C:040 M:100 Y:100 K:040 | C:060 M:100 Y:100 K:060 |

| 黑 | 白 | 红 | 黄 | 深蓝 | | 电信蓝 | 天蓝 | 冰蓝 | 海水蓝 |
|---|---|---|---|---|---|---|---|---|---|
| C:0 M:0 Y:0 K:100 | C:000 M:000 Y:000 K:000 | C:000 M:100 Y:100 K:000 | C:000 M:000 Y:100 K:000 | C:100 M:100 Y:000 K:000 | | C:100 M:060 Y:000 K:000 | C:100 M:020 Y:000 K:000 | C:040 M:000 Y:000 K:000 | C:060 M:000 Y:025 K:000 |

| 荧虹粉 | 荧虹紫 | 砖红 | 宝石红 | 紫 | 深玫瑰 | 龙蓝 | 海绿 | 月光绿 | 马丁绿 |
|---|---|---|---|---|---|---|---|---|---|
| C:020 M:100 Y:060 K:000 | C:020 M:080 Y:000 K:000 | C:020 M:060 Y:080 K:000 | C:020 M:100 Y:060 K:040 | C:020 M:080 Y:000 K:020 | C:020 M:080 Y:060 K:000 | C:060 M:060 Y:000 K:020 | C:060 M:000 Y:060 K:020 | C:020 M:000 Y:060 K:000 | C:060 M:000 Y:080 K:020 |

| | 草绿 | 浅绿 | 酒绿 | 春绿 | 薄荷绿 | 橙红 | 橙 | 洋红 | 秋橘红 |
|---|---|---|---|---|---|---|---|---|---|
| C:100 M:000 Y:100 K:000 | C:080 M:000 Y:100 K:020 | C:060 M:000 Y:100 K:000 | C:040 M:000 Y:100 K:000 | C:100 M:000 Y:060 K:000 | C:040 M:000 Y:040 K:020 | C:000 M:060 Y:100 K:000 | C:005 M:050 Y:100 K:000 | C:000 M:100 Y:000 K:000 | C:000 M:060 Y:080 K:000 |

# Photoshop CS6
## 完全自学教程 中文版

凤凰高新教育◎编著

北京大学出版社
PEKING UNIVERSITY PRESS

# 内 容 提 要

《中文版 Photoshop CS6 完全自学教程》是一本系统讲解 Photoshop CS6 软件图像处理与设计的自学宝典。本书以"完全精通 Photoshop CS6"为出发点，以"用好 Photoshop"为目标来安排内容，全书共 4 篇，分为 23 章，以循序渐进的方式详细讲解了 Photoshop CS6 软件的基础功能、核心功能、高级功能，以及在艺术字设计与图像特效制作、数码照片后期处理、商业广告设计等常见领域的实战应用。

第 1 篇：基础功能篇（第 1 章～第 5 章），主要针对初学读者，从零开始，系统并全面地讲解 Photoshop CS6 软件的基础操作，包括 Photoshop CS6 软件的安装与卸载、新增功能应用、文件的基本操作、选区操作和图像的绘制与修饰修复等内容。

第 2 篇：核心功能篇（第 6 章～第 13 章），是学习 Photoshop CS6 的重点，包括图层的应用、文字创建与编辑、路径的应用、蒙版和通道的应用、图像颜色的调整与校正等知识。

第 3 篇：高级功能篇（第 14 章～第 19 章），是 Photoshop CS6 图像处理的拓展功能，包括 Camera Raw、滤镜、视频、动画、动作、Web 图像处理，3D 图像制作及图像文件的打印输出等内容。

第 4 篇：实战应用篇（第 20 章～第 23 章），主要结合 Photoshop 的常见应用领域，列举相关典型案例，给读者讲解 Photoshop CS6 图像处理与设计的实战技能，包括艺术字设计与图像特效制作、数码照片后期处理、商业广告设计、UI 界面设计等综合案例。

本书内容安排系统全面、语言写作通俗易懂、实例题材丰富多样、操作步骤清晰准确，非常适用于从事平面设计、影像创意、网页设计、数码图像处理的广大初、中级人员学习使用，也可以作为相关职业院校、计算机培训班的教材参考书。

## 图书在版编目(CIP)数据

中文版Photoshop CS6完全自学教程 / 凤凰高新教育编著. — 北京：北京大学出版社，2019.11
ISBN 978-7-301-30867-7

Ⅰ.①中… Ⅱ.①凤… Ⅲ.①图像处理软件 – 教材 Ⅳ.①TP391.413

中国版本图书馆CIP数据核字(2019)第225898号

| | |
|---|---|
| 书　　　名 | 中文版Photoshop CS6 完全自学教程 |
| | ZHONGWEN BAN PHOTOSHOP CS6 WANQUAN ZIXUE JIAOCHENG |
| 著作责任者 | 凤凰高新教育　编著 |
| 责 任 编 辑 | 吴晓月 |
| 标 准 书 号 | ISBN　978-7-301-30867-7 |
| 出 版 发 行 | 北京大学出版社 |
| 地　　　址 | 北京市海淀区成府路205 号　100871 |
| 网　　　址 | http://www.pup.cn　　新浪微博：@ 北京大学出版社 |
| 电 子 信 箱 | pup7@ pup.cn |
| 电　　　话 | 邮购部010-62752015　发行部010-62750672　编辑部010-62580653 |
| 印 刷 者 | 北京宏伟双华印刷有限公司 |
| 经 销 者 | 新华书店 |
| | 889毫米×1194毫米　16开本　33印张　982千字 |
| | 2019年11月第1版　2019年11月第1次印刷 |
| 印　　　数 | 1-4000册 |
| 定　　　价 | 128.00 元 |

# 前 言

## 本书适合哪些人学习

- Photoshop 图像处理初学者。
- Photoshop 图像处理爱好者。
- 缺少 Photoshop 图像处理行业经验和实战经验的读者。
- 想提高广告设计修养和设计水平的读者。
- 想学习 PS 数码照片后期处理的摄影爱好者。

## 本书特色

Photoshop CS6 是由 Adobe 公司推出的最流行、最常用的图像处理软件，被广泛应用于平面设计、数码艺术、特效合成、图像后期处理、网页制作、UI 界面设计等众多领域，并在每个行业领域都发挥着不可替代的重要作用。经过 20 多年的发展，其功能也越来越强大。本书以使用最广泛的 Photoshop CS6 版本为蓝本进行讲解。

（1）内容极为全面，注重学习规律。

本书涵盖了 Photoshop CS6 几乎所有工具、命令等常用相关功能，是市场上内容最全面的图书之一。在书中还标识出 Photoshop CS6 的相关"新功能"及"重点"知识。全书共 4 篇（23 章），前 3 篇内容采用循序渐进的方式详细讲解了 Photoshop 常用工具、命令的使用方法，使读者熟悉并掌握 Photoshop CS6 的功能；第 4 篇通过具体的案例讲解 Photoshop CS6 的实战应用，旨在提高读者对 Photoshop CS6 的综合应用能力，也符合基本的学习规律。

（2）案例非常丰富，学习操作性强。

本书安排了 139 个知识实战案例，16 个章节同步练习，48 个妙招技法，33 个综合实战应用的设计案例。读者在学习中，结合书中案例同步练习，既能学会软件工具命令应用，也能掌握 Photoshop 的实战技能。

（3）任务驱动 + 图解操作，一看即懂、一学就会。

为了让读者更易学习和理解，本书采用"任务驱动 + 图解操作"的写作方式，将知识点融合到相关案例应用中进行讲解。而且，在步骤讲述中以"❶，❷，❸…"的方式分解出操作小步骤，并在图上进行对应标识，非常方便读者学习掌握。只要按照书中讲述的方法操作练习，就可以制作出与书同步的效果，真正做到简单明了、一看即会、易学易懂。另外，为了解决读者在自学过程中可能遇到的问题，在书中不仅设置了"技术看板"板块，解释在讲解中出现的或在操作过程中可能会遇到的一些疑难问题，还添设了"技能拓展"板块，希望通过其他方法来解决同样的问题，且通过技能的讲解，达到举一反三的目的。

（4）扫二维码看视频学习，轻松更高效。

本书配备同步音视频讲解录像，几乎涵盖全书所有案例，使学习更轻松、更高效。读者扫描下方二维码即可进入多媒体视频教程学习。

（5）理论实战结合，强化动手能力。

本书在编写时采用了"知识点讲解＋实战应用"结合的方式，既易于读者理解理论知识，也便于读者动手操作，在模仿中学习，增加学习的趣味性。同时在每章的最后设置"同步练习"板块，用来加深印象、熟悉工具的使用。通过第4篇实战应用案例的相关内容学习，可以为将来从事的设计工作奠定基础。


## 除了本书，您还可以获得什么

本书还配套赠送相关的学习资源，内容丰富、实用，全是干货，让读者花一本书的钱，得到超值而丰富的学习套餐。内容包括以下几个方面。

（1）**同步学习文件**。提供全书所有案例相关的同步素材文件及结果文件，方便读者学习和参考。

① 素材文件。本书中所有章节实例的素材文件全部收录在同步学习文件夹中的"\ 素材文件 \ 第 × 章 \"件夹中。读者在学习时，可以参考图书讲解内容，打开对应的素材文件进行同步操作练习。

② 结果文件。本书中所有章节实例的最终效果文件全部收录在同步学习文件夹中的"\结果文件\第×章\"文件夹中。读者在学习时，可以打开结果文件，查看其实例效果，为自己在学习中的练习操作提供帮助。

（2）**同步视频讲解**。本书为读者提供了 20 小时与书同步的视频教程。读者可以用微信扫一扫书中的二维码，即可播放书中的讲解视频。

（3）**精美的 PPT 课件**。赠送与书中内容完全同步的 PPT 教学课件，非常方便教师教学使用。

（4）**Photoshop 设计资源**。Photoshop 设计资源包括 37 个图案、40 个样式、90 个渐变组合、175 个特效外挂滤镜资源、185 个相框模板、187 个形状样式、249 个纹理样式、408 个笔刷、1560 个动作，读者不必再花时间和精力去收集设计资料，拿来即用。

（5）**16 本高质量的与设计相关的电子书。**让您快速掌握图像处理与设计中的要领，成为设计界的精英、职场中的领袖。电子书主要有以下几种。

① PS 抠图宝典。

② PS 修图宝典。

③ PS 图像合成与特效宝典。

④ PS 图像调色润色宝典。

⑤ 色彩构成宝典。

⑥ 色彩搭配宝典。

⑦ 网店美工配色宝典。

⑧ 平面 / 立体构图宝典。

⑨ 文字设计创意宝典。

⑩ 版式设计创意宝典。

⑪ 包装设计创意宝典。

⑫ 商业广告设计印前宝典。

⑬ 中文版 Illustrator 基础教程。

⑭ 中文版 CorelDRAW 基础教程。

⑮ 手机办公宝典。

⑯ 高效人士效率倍增宝典。

（6）**4 个实用的视频教程。**通过以下 4 个视频教程的学习，不但能让您成为设计高手，还有利于提高您的工作效率。具体如下：

① Photoshop 商业广告设计。

② Photoshop 网店美工设计。

③ 5 分钟学会蕃茄工作法。

④ 10 招精通超级时间整理术。

**温馨提示**：以上资源，可用微信扫描下方任意二维码关注微信公众号，并输入代码"P19Th38"获取下载地址及密码。另外，在微信公众号中，还为读者提供了丰富的图文教程和视频教程，可随时随地给自己充电学习。

资源下载

官方微信公众号

## 创作者说

本书由凤凰高新教育策划并组织编写。本书中的案例由 Photoshop 设计经验丰富的设计师提供，并由 Photoshop 教育专家执笔编写，他们具有丰富的 Photoshop 应用技巧和设计实战经验，对于他们的辛勤付出在此表示衷心感谢！同时，由于计算机技术发展非常迅速，书中难免有疏漏和不足之处，敬请广大读者及专家指正。

若您在学习过程中产生疑问或有任何建议，可以通过 E-mail 或 QQ 群与我们联系。

投稿信箱：pup7@pup.cn

读者信箱：2751801073@qq.com

读者交流 QQ 群：292480556

编　者

# 目　　录

1

# 第2篇 核心功能篇

核心功能篇包括图层的应用、文字的创建与编辑、路径的应用、蒙版和通道的应用、图像颜色的调整与校正等内容。本篇是学习 Photoshop CS6 的重中之重，掌握这些核心功能，将极大地提高图像处理的技能与水平。

# 第 3 篇　高级功能篇

高级功能是 Photoshop CS6 图像处理的拓展功能，包括 Camera Raw、滤镜、视频、动画、动作、Web 图像处理、3D 图像制作及图像文件的打印输出等知识。通过本篇内容的学习，将提升读者对 Photoshop CS6 图像处理的综合应用能力。

# 第4篇　实战应用篇

本篇主要结合 Photoshop 的常见应用领域，列举相关案例来讲解 Photoshop CS6 图像处理与设计的综合技能，包括艺术字设计、图像特效制作、数码照片后期处理、商业广告设计和 UI 界面设计等综合案例。通过本篇内容的学习，将提升读者对 Photoshop CS6 的灵活运用和实战能力。

# 第1篇 基础功能篇

Photoshop 是使用非常广泛的图像处理软件，它集图像扫描、编辑修改、特效制作与广告创意设计于一体，功能强大，深受广大平面设计人员和摄影爱好者的喜爱。本篇主要介绍 Photoshop CS6 中图像处理基础功能的应用，包括文件的基本操作、选区操作和图像的绘制与修饰修复等内容。

## 第1章 Photoshop CS6 的功能介绍

➡ Photoshop 软件的作用是什么，主要用在哪些领域？

➡ Photoshop CS6 新增加了哪些实用功能？

➡ Photoshop CS6 软件如何安装和卸载？

➡ 在处理图像时，若有些功能或工具不会应用，如何快速获取使用信息？

本章主要讲解 Photoshop 的一些入门知识，包括 Photoshop 的简介与发展、常用应用领域的介绍，以及 Photoshop CS6 的新增功能、安装和卸载等。

## 1.1 Photoshop 的软件介绍

Photoshop 是目前主流的图像处理软件，它被广泛应用于数码照片后期处理、广告摄影、平面设计、创意合成、文字设计、网页制作等各个领域。

### 1.1.1 Adobe Photoshop CS6 介绍

Adobe Photoshop（简称 PS），是一个由 Adobe Systems 开发和发行的图像处理软件。Photoshop 是 Adobe 公司旗下最为出名的图像处理软件之一，主要处理由像素构成的数字图像，因其强大的图像处理功能而备受广大用户的青睐。如今，Photoshop 已成为应用最为广泛的图像处理软件。Adobe 公司成立于 1982 年，是美国最大的个人计算机软件公司之一。2012 年 3 月 22 日发行了 Adobe Photoshop CS6 Beta 公开测试版，Photoshop CS6 有两个版本：扩展版和标准版。扩展版除了包含标准版的所有功能外，还添加了用于处理 3D、动画和高级图像分析等突破性工具，适合视频专业人士、跨媒体设计人员、Web 设计人员使用，而 Photoshop CS6 标准版适合摄影师及印刷设计人员使用。

### 1.1.2　Photoshop 的发展史

1987 年，美国密歇根大学博士研究生托马斯·诺尔编写了一个程序 Display，用来显示苹果计算机中带灰度的黑白图像。与此同时，他的弟弟约翰·诺尔正在一家影视特效制作公司开发特效。于是，托马斯让约翰帮他编写一个处理数字图像的程序，他们的合作从此开始。在此后的一年中，他们把 Display 不断修改为功能更强大的图像编辑程序，使其具备了羽化、色彩调整和颜色校正的功能，并可以读取各种格式的文件。后来软件经过多次重命名，最终被定为 Photoshop。

Photoshop 的首次上市是与 Barneyscan XP 扫描仪捆绑发行的，版本为 0.87。后来 Adobe 公司买下了该软件的发行权，并于 1990 年 2 月推出了 Photoshop 1.0。当时的 Photoshop 只能在苹果机（Mac）上运行，功能上也只有工具箱和少量的滤镜，却远远超越了当时的很多对手，给当时的计算机图像处理行业带来了极大的冲击。

1991 年 2 月，Adobe 推出了 Photoshop 2.0。新版本增加了路径功能，支持栅格化 Illustrator 文件，而新增的 CMYK 功能则正式确立了 Photoshop 在印刷行业的统治地位。此后，Adobe 公司又开发了一个基于 Windows 视窗版本的 Photoshop 2.5，该版本因为是 Windows 版本的第一版而备受瞩目。当然，通道、画笔、蒙版也在这个版本中定性，加深减淡工具也诞生于这个版本。

1994 年 Photoshop 3.0 版本发布，这个版本中首次引入了图层的

概念，它使得大量复杂的设计变得简单化，而 Photoshop 也进入了一个全新的发展时期。在 1997 年发布的 4.0 版本中，Photoshop 增加了动作、调整图层、标明版权的水印图像。而 1998 年发布的 Photoshop 5.0 版本中则增加了历史记录功能，使多重撤销操作的实现成为可能。此外，图层样式和历史画笔也是这个版本中增加的新功能。从 Photoshop 5.02 版本开始，Adobe 首次为中国用户设计了 Photoshop 中文版。1998 年发布的 Photoshop 5.5 首次捆绑了 ImageReady，并增加切片等网页制作功能和存储为 Web 使用格式命令的功能，从而填补了 Photoshop 在 Web 功能上的欠缺。2000 年 9 月推出的 Photoshop 6.0 版本中增加了矢量功能支持，并且对图层结构进行了重大改进。2002 年 3 月发布的 Photoshop 7.0 版本适时增加了修复画笔等图像修改工具，增强了数码图像的编辑功能。

2003 年 9 月，Adobe 公司将 Photoshop 与其他几个软件集成为 Adobe Creative Suite CS 套装，这一版本的 Photoshop 称为 Photoshop CS，功能增加了镜头模糊、镜头校正，以及智能调节不同区域亮度的数码照片修复功能。2005 年推出了 Photoshop CS2，增加了消失点、Bridge、智能对象、污点修复画笔工具和红眼工具等。2007 年推出了 Photoshop CS3，增加了智能滤镜、视频编辑功能和 3D 功能等，软件界面也进行了重新设计。2008 年 9 月 Photoshop CS4 发布，增加了旋转画布、绘制 3D 模型和

GPU 显卡加速等功能。2010 年 4 月 Photoshop CS5 发布。2012 年 4 月 Photoshop CS6 发布，增加了内容识别工具、自适应广角和场景模糊等滤镜，增强和改进了 3D、适量工具和图层等功能，并启用了全新的黑色界面。

最初，Photoshop 只是一个用来显示灰度图像的简单程序，而发展至今它已不仅仅是一个应用，更发展为了一个动词，影响着各行各业乃至人们的工作生活。曾经的 Photoshop 改变了人们处理图像的方式，相信未来的 Photoshop 还将持续影响计算机图像处理行业的发展。

---

**技术看板**

目前，Photoshop 已经更新到了 Photoshop CC 2018 版本了。Photoshop CC（Creative Cloud）是在 2013 年首次发布的，它是 Photoshop CS6 的下一个全新版本，而 Adobe 公司也已经停止对 Photoshop CS 系列软件的更新，Photoshop CS6 是该系列的最后一个产品。Photoshop CC（Creative Cloud）在 Photoshop CS6 的基础上新增了相机防抖动功能、Camera Raw 功能改进、图像提升采样、属性面板改进、Behance 集成等功能，以及 Creative Cloud 功能。Photoshop CC 作为新版本与 Photoshop CS6 相比有更完善的功能性和更便捷的操作性，但升级后的 Photoshop CC 对计算机配置环境的要求也更高，而且软件运行也没有 Photoshop CS6 稳定。其实，对于普通用户来说，Photoshop CS6 的功能已经完全够用了，因为两个版本的基本功能是一样的。

## 1.2 Photoshop 的应用领域

Photoshop CS6 的应用不限于图像处理领域，它还广泛应用于平面设计、数码艺术、网页制作和界面设计等领域，并在每个领域都发挥着不可替代的重要作用。

### 1.2.1 平面设计

平面设计是 Photoshop 应用最为广泛的领域，包括 VI 图标、包装、手提袋、各种印刷品、写真喷绘、户外广告设计，以及企业形象系统、招贴、海报、宣传单设计等，如图 1-1 和图 1-2 所示。

图 1-1

图 1-2

### 1.2.2 绘画、插画领域

Photoshop 具有良好的绘画和调色功能，设计者通常先手绘线条稿，再用 Photoshop 软件进行线条调整和填色操作，从而完成作品的绘制。近些年来非常流行的像素画大多是设计师使用 Photoshop 软件创作的，如图 1-3 和图 1-4 所示。

图 1-3

图 1-4

### 1.2.3 视觉创意设计

Photoshop 拥有强大的图像编辑功能，为艺术爱好者提供了无限广阔的创造空间，用户可以随心所欲地对图像进行修改、合成等加工，制作出充满想象力的作品，如图 1-5

和图 1-6 所示。

图 1-5

图 1-6

### 1.2.4 影楼后期处理

Photoshop 有强大的图像编辑处理能力，无论是对色彩与色调的调整，还是对照片的校色、修复与润饰，抑或是对图像创造性的合成，都能出色完成，所以它也是影楼图像后期处理中最主要的软件，如图 1-7 和图 1-8 所示。

图 1-7

图 1-8

### 1.2.5 界面设计

界面设计是使用独特的创意方法设计软件或游戏的外观，以达到吸引用户眼球的目的，它是人机对话的窗口，如图 1-9 和图 1-10 所示，其重要性已经被越来越多的企业及开发者所认识。目前 Photoshop 仍然是最重要的界面设计工具。

图 1-9

图 1-10

### 1.2.6 动画与 CG 设计

使用 Photoshop 制作人物皮肤贴图、场景贴图和各种质感的材质，不仅效果逼真，还可以为动画渲染节省宝贵的时间。此外，Photoshop常用来绘制各种风格的 CG 艺术作品，如图 1-11 和图 1-12 所示。

图 1-11

图 1-12

### 1.2.7 建筑装修效果图后期制作

制作建筑室外或室内效果图时，渲染出的图片通常都需要在 Photoshop 中做后期处理。例如，其中的人物、车辆、植物、天空、景观和各种装饰品都可以在 Photoshop 中添加，既可以增加画面的美感，也可以节省渲染的时间，如图 1-13 和图 1-14 所示。

图 1-13

图 1-14

## 1.3　Photoshop CS6 新增功能

在 Photoshop CS6 版本中，软件的界面与功能的结合更加趋于完美，各种命令与功能不仅得到了很好的扩展，还最大限度地为操作提供了简捷有效的途径。Photoshop CS6 又新增了许多智能化的功能，下面对常用的新功能进行介绍。

## ★新功能 1.3.1 人性化的工作界面

为了使用户更加专注于图像处理本身，Photoshop CS6 版本增加了深色背景选项。执行【编辑】→【首选项】命令，在扩展菜单中选择【界面】选项，如图 1-15 所示。

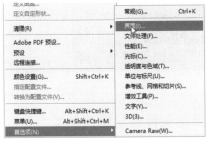

图 1-15

打开相应的【首选项】对话框后，在【外观】选项区域的【颜色方案】列表中单击，即可设置界面颜色，如图 1-16 所示。

图 1-16

也可以按【Alt+F1】组合键，将工作界面从浅灰逐渐调到黑色；按【Alt+F2】组合键，则将工作界面调亮。

### 技术看板

按【Ctrl+K】组合键，就可以直接打开【首选项】对话框。

## ★新功能 1.3.2 透视裁剪工具

拍摄超高层建筑时，由于拍摄角度问题，常会出现竖直的直线向消失点集中，产生视觉弯曲的效果，从而使拍摄的建筑向两侧倾斜。使用工具箱中【裁剪工具】组的【透视裁剪工具】就可以校正这类照片，如图 1-17 和图 1-18 所示。

图 1-17

图 1-18

## ★新功能 1.3.3 全新的内容识别移动

使用工具箱中【修复工具】组的【内容感知移动工具】，可以将选中的对象移动和复制到图像的其他区域，并重组和混合对象，产生自然的视觉效果，如图 1-19 和图 1-20 所示。

图 1-19

图 1-20

## ★新功能 1.3.4 内容识别修补工具

Photoshop CS6 在原来的【修补工具】中添加了内容识别的功能，如图 1-21 所示。利用【内容识别】修补可以使修补的图像与周围图像融合，从而创建自然的修补效果。

图 1-21

## ★新功能 1.3.5 全新的肤色识别选择

在 Photoshop CS6 中的【色彩范围】命令得到了扩展，新增了肤色识别和蒙版技术，可以选择精细元素，让用户轻松地对人物肤色和毛发进行细微调整，如图 1-22 所示。

图 1-22

★新功能 1.3.6　【颜色查找】命令

不同的设备有自己特定的色彩空间，导致图像文件在设备间传递时，常会出现色彩空间不匹配的情况，使用【颜色查找】命令可以精确地传递和再现色彩，并根据该特性创建出特殊色调的图像效果。

执行【图像】→【调整】→【颜色查找】命令，可以打开【颜色查找】对话框，在【3DLUT 文件】或【摘要】下拉列表框中，选择色彩配置文件，如图 1-23 和图 1-24 所示。

图 1-23　　　　　　　　　　图 1-24

★新功能 1.3.7　新增专业级模糊滤镜

【模糊】滤镜组在新版本中添加了【场景模糊】【光圈模糊】【倾斜偏移】3 个功能，可以模拟出专业级别的模糊效果。通过使用【场景模糊】功能不仅可以均匀地模糊整个图像，还可以使用【光圈模糊】功能锐化单个焦点或多个焦点，如图 1-25 所示。

图 1-25

★新功能 1.3.8　增强的光照效果库

在【光照效果】滤镜命令中，运用了全新的 64 位光照效果库，可以获得更佳的性能和效果。该效果采用了 Mercury 图形引擎技术，能够让用户在窗口中预览各种光照效果。

执行【滤镜】→【渲染】→【光照效果】命令，进入相应的操作界面，如图 1-26 所示。

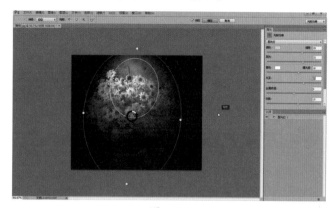

图 1-26

★新功能 1.3.9　新增矢量图层描边功能

在 Photoshop CS6 中，用户不仅可以对矢量对象应用描边并添加渐变效果，还可以自定义描边图案，创建虚线描边，如图 1-27 所示。

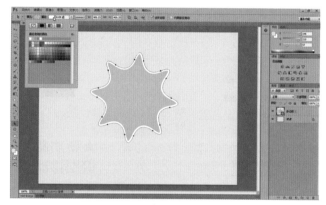

图 1-27

★新功能 1.3.10　统一的文字样式

字符样式是字体、字号、颜色、字间距等文字属性的集合，在 Photoshop CS6 新版本中，用户可以保存字符和段落样式，并且可以将样式应用于其他文字和段落，从而提高工作效率，段落样式的创建和应用与字符样式基本相同。

执行【窗口】→【字符样式】命令，可以打开【字符样式】面板。单击【字符样式】面板中的【创建新的字符样式】按钮，即可创建一个空白字符样式，如图 1-28 所示；双击该样式，可以打开【字符样式选项】

对话框，在该对话框中可以设置字符属性，如图 1-29 所示。

图 1-28　　　　　　图 1-29

### ★新功能 1.3.11　贴心的后台存储与自动恢复功能

用户在处理图像时，常会由于停电等原因，不能及时保存自己的工作成果。在 Photoshop CS6 中，新增了自动备份功能，可以避免文件的意外丢失。执行【编辑】→【首选项】→【文件处理】命令，在弹出的对话框中可以进行相应的设置，如图 1-30 所示。

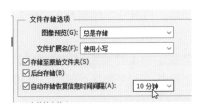

图 1-30

自动备份的文件存储在暂存盘中创建的【PSAutoRecover】文件夹中，默认情况下，【自动存储恢复信息时间间隔】为 10 分钟，如果制作的文件非常重要，也可以将时间缩短，提高自动保存的频率，但频率过高可能会影响到操作的流畅度。当文件正常关闭时，软件会自动删除备份文件，如果文件意外关闭，重启 Photoshop CS6 时，会自动打开并恢复该文件。

### ★新功能 1.3.12　增强的【时间轴】面板

在 Photoshop CS6 中，使用重新设计的【时间轴】面板取代【动画】面板。在【时间轴】面板中，可以反映常用的视频编辑器，并提供丰富的视频效果，如特效、过渡等。

通过【时间轴】面板，可以对 3D 属性，包括相机、光线、材料和网格进行动画处理，使用视频图层可以创建基于图像的光线动画。

### ★新功能 1.3.13　增强的 3D 图形功能

新版本中简化了 3D 界面，用户可以轻松地创建 3D 模型，不仅可以创建 3D 凸出效果、更改场景、对象方向和编辑光线，还可以将 3D 对象自动对齐至图像的消失点上，其操作界面如图 1-31 所示。

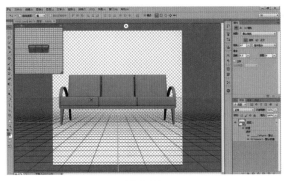

图 1-31

全新的反射与可拖曳阴影效果，使用户不仅可以在地面添加阴影与反射效果，还可以拖曳阴影重新调整光源位置，以及轻松地编辑地面反射、阴影和其他效果。

用户完成 3D 图像编辑后，可以导出为 Adobe Flash 3D 格式，该格式可以在浏览器中查看图像效果。

#### 1. 新增 3D 预设场景

单击【3D】面板顶部的【场景】按钮，在【属性】面板的【预设】下拉列表框中，可以选择预设渲染选区，在 Photoshop CS6 中，新增了【素描草】【散布素描】【素描粗铅笔】【素描细铅笔】预设场景，如图 1-32 所示。

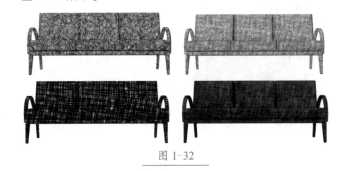

图 1-32

#### 2. 新增 3D 材质吸管工具

【3D 材质吸管工具】是 Photoshop CS6 版本的新增工具，使用该工具在 3D 对象中单击即可吸取材质，在【属性】面板中会显示该材质，如图 1-33 和图 1-34 所示。

图 1-33

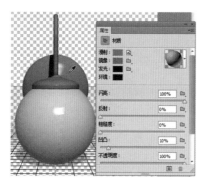

图 1-34

### 3. 从文字创建 3D 对象

从文字创建 3D 对象功能，使 3D 文字的制作更加方便，输入文字后，执行【文字】→【凸出为 3D】命令，创建 3D 文字，在【属性】面板中还可以设置凸出样式、凸出深度等参数，如图 1-35 所示。

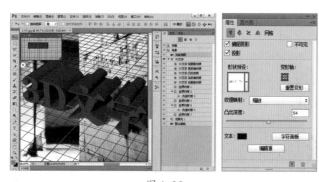

图 1-35

### ★新功能 1.3.14　实用的【属性】面板

在新版本中，新增上下相关的【属性】面板功能，能够让用户快速修改蒙版、调整参数，从而提高工作效率，如图 1-36 所示。

图 1-36

### ★新功能 1.3.15　图层的快捷搜索

在【图层】面板中，新增了图层搜索功能，不仅可以让用户快速找到需要的图层，还可以让面板中只显示某种类型的图层，或者一次性调整多个图层的不透明度和填充属性。

执行【选择】→【查找图层】命令，【图层】面板顶部会出现文本框，输入图层名称后，面板中只显示该图层，如图 1-37 所示。

图 1-37

## 1.4　Photoshop CS6 的安装与卸载

在使用 Photoshop CS6 软件前，首先需要安装软件，下面将详细介绍 Photoshop CS6 的安装和卸载操作。

## ★重点 1.4.1 实战：安装 Photoshop CS6

| 实例门类 | 软件功能 |
|---|---|

Photoshop CS6 安装过程较长。如果计算机中已经有其他版本的 Photoshop 软件，在进行新版本的安装前，不需要卸载其他版本，但需要将运行的 Photoshop 软件关闭。安装 Photoshop CS6 的具体操作步骤如下。

**Step01** 安装程序。打开 Photoshop CS6 安装光盘，双击 Setup.exe 图标，运行安装程序并初始化。初始化完成后，显示【欢迎】窗口，单击【安装】按钮，如图 1-38 所示。

图 1-38

**Step02** 接受许可协议。进入【Adobe 软件许可协议】窗口，单击【接受】按钮，如图 1-39 所示。

图 1-39

**Step03** 输入序列号。在弹出的【序列号】窗口中，输入正确的序列号，单击【下一步】按钮，如图 1-40 所示。

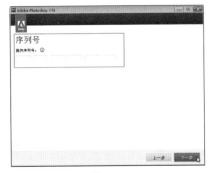

图 1-40

### 技能拓展——什么是序列号

序列号是软件开发商给软件设置的一个识别码，和身份证号码类似，其作用是为了防止自己的软件被非授权的用户盗用。

**Step04** 选择安装程序和位置。在弹出的【选项】窗口中，选择程序和安装位置，单击【安装】按钮，如图 1-41 所示。

图 1-41

**Step05** 安装软件。系统开始自动安装软件时，对话框中会显示安装进度条，安装过程需要较长时间，如图 1-42 所示。

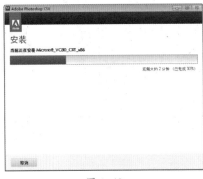

图 1-42

**Step06** 完成安装。当安装完成时，弹出窗口中会提示此次安装完成。单击右下角的【完成】按钮即可关闭窗口，如图 1-43 所示。

图 1-43

## ★重点 1.4.2 实战：卸载 Photoshop CS6

| 实例门类 | 软件功能 |
|---|---|

当不再使用 Photoshop CS6 软件时，可以将其卸载，以节约硬盘空间，卸载软件需要使用 Windows 的卸载程序，具体操作步骤如下。

**Step01** 选择【设置】选项。单击任务栏的【开始】按钮，在打开的菜单中选择【设置】选项，如图 1-44 所示。

图 1-44

**Step02** 进入【Windows 设置】界面。打开【Windows 设置】界面后选择【应用】选项，如图 1-45 所示。

图 1-45

**Step03** 进入【应用和功能】界面。在打开的【应用和功能】界面中单击 Photoshop CS6 软件图标，在打开的下拉列表中单击【卸载】按钮，如图 1-46 所示。

图 1-46

**Step04** 卸载所选软件。弹出【卸载选项】界面，单击【卸载】按钮，如图 1-47 所示。

图 1-47

**Step05** 进入【卸载】界面。进入【卸载】界面，并显示卸载进度条，如图 1-48 所示。

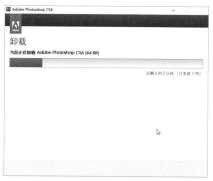

图 1-48

**Step06** 完成卸载。完成卸载后进入【卸载完成】界面，单击【关闭】按钮即可，如图 1-49 所示。

图 1-49

### 1.4.3 启动 Photoshop CS6

完成 Photoshop CS6 软件的安装后，接下来需要启动 Photoshop CS6 软件。Photoshop CS6 的启动方式有很多，可以根据自己的习惯来选择。下面介绍两种常用的启动方式。

（1）单击任务栏中的【开始】按钮，在程序列表中选择【AdobePhotoshop CS6（64Bit）】选项，即可启动 Photoshop 程序，如图 1-50 所示。

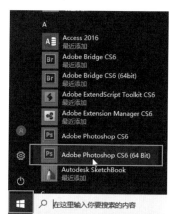

图 1-50

（2）双击桌面上的【Adobe Photoshop CS6（64bit）】快捷图标，或者右击该图标，在弹出的快捷菜单中选择【打开】选项，均可启动 Photoshop 程序，如图 1-51 所示。

图 1-51

## 技能拓展——Photoshop 也可以通过打开文件来启动

在计算机的磁盘中，若有 Photoshop 程序默认的图像格式文件，如"*.PSD""*.PDD""*.PSDT"，也可以双击这些图像文件启动 Photoshop 程序，并同时打开选择的图像文件。

### 1.4.4　退出 Photoshop CS6

完成操作后，如果想退出 Photoshop CS6 程序，共有 3 种方法，下面分别进行介绍。

（1）执行【文件】→【退出】命令，即可退出 Photoshop CS6 程序。

（2）单击右上角的【关闭】按钮，也可退出 Photoshop CS6 程序，如图 1-52 所示。

图 1-52

（3）按【Ctrl+Q】组合键可以快速退出 Photoshop CS6 程序。

## 技术看板

退出 Photoshop CS6 程序时，如果还有打开的文件，系统会提示用户是否保存文件。

# 1.5　Photoshop 帮助资源

运行 Photoshop 后，从【帮助】菜单中可以获得 Adobe 提供的各种 Photoshop 帮助资源和技术支持，下面进行详细的介绍。

### 1.5.1　Photoshop 帮助文件和支持中心

Adobe 提供了描述 Photoshop 软件功能的帮助文件，执行【帮助】→【Photoshop 联机帮助】命令，或者执行【帮助】→【Photoshop 支持中心】命令，链接到 Adobe 网站的帮助社区查看帮助文件，如图 1-53 所示。Photoshop 帮助文件中提供了大量的视频教程链接地址，单击链接地址，就可以在线观看由 Adobe 专家录制的各种 Photoshop 功能的演示视频。

图 1-53

### 1.5.2　关于 Photoshop、法律声明和系统信息

在【帮助】菜单中介绍了 Photoshop 的有关信息、法律声明和系统信息，其具体内容如下。

#### 1. 关于 Photoshop

执行【帮助】→【关于 Photoshop】命令，弹出 Photoshop 启动时的界面。界面中显示了 Photoshop 研发小组的人员名单和其他 Photoshop 的有关信息，如图 1-54 所示。

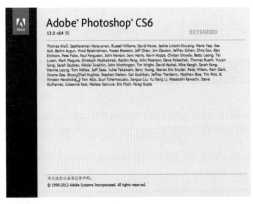

图 1-54

#### 2. 法律声明

执行【帮助】→【法律声明】命令，在打开的对话框中查看 Photoshop 的专利和法律声明，如图 1-55 所示。

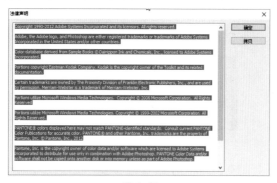

图 1-55

**3. 系统信息**

执行【帮助】→【系统信息】命令，可以打开【系统信息】对话框查看当前操作系统的各种信息，如显卡、内存等，以及 Photoshop 占用的内存、安装序列号、安装的增效工具等内容，如图 1-56 所示。

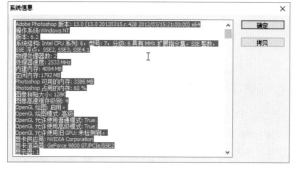

图 1-56

### 1.5.3 Photoshop 联机和联机资源

执行【帮助】→【Photoshop 联机】命令，可以链接到 Adobe 公司的网站，执行【帮助】→【Photoshop 联机资源】命令，可以链接到 Adobe 公司的网站获得完整的联机帮助和资源。

### 1.5.4 产品注册、取消激活和更新

在帮助菜单中还可以选择【产品注册】、【取消激活】和【更新选项】，其具体含义如下。

**1. 产品注册**

执行【帮助】→【产品注册】命令，可在线注册 Photoshop。注册产品后可以获取最新的产品信息、培训、简讯、Adobe 活动和研讨会的邀请函，以及附赠的安装支持、升级通知和其他服务。

**2. 取消激活**

Photoshop"单用户零售许可"只支持两台计算机，如果要在第三台计算机上安装同一个 Photoshop，则必须在支持的两台计算机中的一台取消激活该软件。执行【帮助】→【取消激活】命令即可取消激活。

**3. 更新**

执行【帮助】→【更新】命令，可以从 Adobe 公司的网站下载最新的 Photoshop 更新内容。

### 1.5.5 Adobe 产品改进计划

如果用户对 Photoshop 今后版本的发展方向有好的想法和建议，可以执行【帮助】→【Adobe 产品改进计划】命令，参与 Adobe 产品改进计划。

## 本章小结

本章不仅介绍了 Photoshop CS6 的基本情况和发展史，还介绍了 Photoshop CS6 的应用领域和新增功能，同时详细讲述了 Photoshop CS6 软件的安装与卸载、启动与退出、帮助资源应用等相关知识。重点内容为 Photoshop CS6 的应用领域、新增功能、安装与卸载、启动与退出等，其中的安装、卸载、启动和退出是使用 Photoshop CS6 的基础操作。

# 第2章　Photoshop CS6 快速入门

➥ 工作界面太乱，如何找到需要的浮动面板？

➥ 图像不能完整显示在窗口，怎样看到完整图像？

➥ 同样的版本，软件界面为何存在差异？

➥ 在进行图像处理时，可以用哪些辅助工具提高处理的精准度？如何提高？

➥ 参考线颜色太淡，怎样看清楚？

在对 Photoshop CS6 有了初步认识之后，本章开始 Photoshop CS6 基础知识的学习。通过本章的学习不仅能获得上述问题的答案，还能为 Photoshop CS6 的进一步学习和实践应用奠定基础。

## 2.1　Photoshop CS6 的工作界面

在了解 Photoshop CS6 的操作之前，首先需要了解 Photoshop CS6 的工作界面，下面详细介绍 Photoshop CS6 的工作界面、工具箱、工具选项栏和面板的使用方法。

### 2.1.1　工作界面的组成

Photoshop CS6 的工作界面包含菜单栏、工具选项栏、文档窗口、状态栏及面板等组件，如图 2-1 所示。界面组成对象介绍如表 2-1 所示。

图 2-1

表 2-1　界面组成对象介绍

续表

| 对象 | 介绍 |
|---|---|
| ❶ 菜单栏 | 包含可以执行的各种命令，单击菜单名称即可打开相应的菜单 |
| ❷ 工具选项栏 | 用于设置工具的各种参数，不同的工具设置参数的选项也是不一样的 |
| ❸ 文件选项卡 | 打开多个图像时，只在窗口中显示一个图像，其他图像则最小化到文件选项卡中，单击选项卡中的文件名便可显示相应的图像 |
| ❹ 工具箱 | 包含用于执行各种操作的工具，如创建选区、移动图像、绘画、绘图等 |
| ❺ 文档窗口 | 显示和编辑图像的区域 |
| ❻ 状态栏 | 可以显示文档尺寸、图像显示比例、保存进度等信息 |
| ❼ 面板 | 主要用来配合图像的编辑，对操作进行控制及设置参数等 |

## 2.1.2　菜单栏

Photoshop CS6 有 11 个主菜单，每个菜单内都包含一系列命令。单击某个菜单项，即可打开相应的菜单，通过选择菜单栏中的各项命令，即可执行编辑图像的操作。各个菜单项的主要作用如表 2-2 所示。

表 2-2　菜单项作用

| 菜单项 | 作用 |
|---|---|
| 文件 | 单击【文件】菜单项时，在弹出的下级菜单中可以执行新建、打开、存储、关闭、置入、打印等一系列针对文件的命令 |
| 编辑 | 【编辑】菜单中的各命令用于对图像进行编辑，包括还原、剪切、复制、粘贴、填充、变换、定义图案等 |
| 图像 | 【图像】菜单中的各命令主要对图像模式、颜色、大小等进行设置 |
| 图层 | 【图层】菜单中的命令主要针对图层做相应的操作，如新建图层、复制图层、蒙版图层、文字图层等 |
| 文字 | 【文字】菜单中的命令对文字对象进行编辑和处理，包括文字面板、取向、文字变形、栅格化文字等 |

| 菜单项 | 作用 |
|---|---|
| 选择 | 【选择】菜单中的命令主要针对选区进行操作，可对选区进行反向、修改、变换、扩大、载入选区等操作。这些命令结合选区工具，更方便对选区的操作 |
| 滤镜 | 通过【滤镜】菜单可以为图像设置各种不同的特殊效果，在制作特效方面，这些滤镜命令更是不可或缺的 |
| 3D | 【3D】菜单中的命令，可以对 3D 图像进行创建、编辑、渲染、打印等操作 |
| 视图 | 【视图】菜单中的命令可对整个视图进行设置，包括缩放视图、改变屏幕模式、显示标尺、设置参考线等 |
| 窗口 | 【窗口】菜单中的命令，主要用于控制 Photoshop CS6 工作界面中工具箱和各个面板的显示和隐藏 |
| 帮助 | 【帮助】菜单中提供了使用 Photoshop CS6 的各种帮助信息。在使用 Photoshop CS6 的过程中若遇到问题，可以查看该菜单，及时了解各种命令、工具和功能使用 |

**技术看板**

如果命令为浅灰色，表示该命令目前处于不能选择状态。如果命令右侧带有 ▶ 标记，表示该命令下还包含了一个扩展菜单。如果命令后有【…】标记，则表示选择该命令可以打开对话框。如果命令右侧带有一连串的字母，那么这些字母就是该命令的快捷键，如图 2-2 所示。

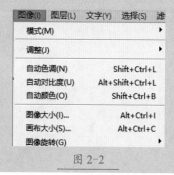

图 2-2

## 2.1.3　工具箱

工具箱将 Photoshop CS6 的功能以图标形式聚集在一起，一般情况下，从工具的形态就可以了解该工具的功能，如图 2-3 所示。每个工具都有其相应的快捷键，将鼠标指针停留在该工具上，就会显示工具名称及其对应的快捷键。右击工具图标，或者单击工具箱中的按钮并稍作停留，即可显示与该工具功能相似的其他隐藏工具。

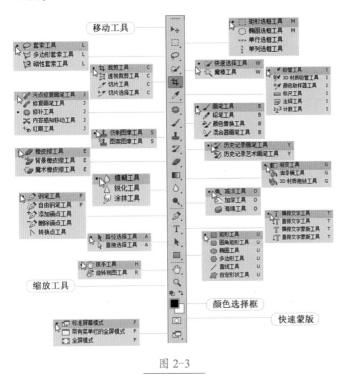

图 2-3

## 2.1.4 工具选项栏

工具选项栏用于设置工具的相关参数，它位于菜单栏的下方，选择了某个工具后，在选项栏中可以设置相应的参数选项。不同的工具可设置的参数选项也是不一样的。

例如，选择【快速选择工具】，其选项栏如图2-4所示。

图 2-4

### 1. 隐藏 / 显示工具选项栏

执行【窗口】→【选项】命令，可以隐藏或显示工具选项栏。

### 2. 移动工具选项栏

单击并拖动工具选项栏最左侧的图标，可以将它从停放中拖出，成为浮动的工具选项栏，如图2-5所示。而将其拖回菜单栏下面，当出现蓝色条时释放鼠标，则可将其复位。

图 2-5

### 3. 创建和使用工具预设

在工具选项栏中，单击工具图标右侧的下拉按钮，可以打开一个下拉面板，面板中包含了各种工具预设。例如，使用【画笔工具】时，在选项栏中可以选择画笔类别，如图2-6所示。

图 2-6

在工具箱中选择一个工具，先在工具选项栏中设置参数，再单击工具下拉面板中的【新建】按钮，则可使用当前设置的参数创建一个新的工具预设，如图2-7所示。

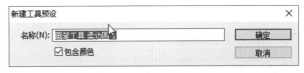

图 2-7

在工具下拉面板中选中【仅限当前工具】复选框时，只会显示当前所选工具的各种预设，如图2-8所示；若取消选中此复选框，则会显示所有工具的预设，如图2-9所示。

图 2-8

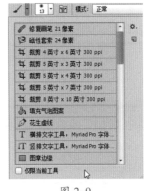

图 2-9

#### 4．工具预设面板

【工具预设】面板用来存储工具的各项设置、载入、编辑和创建工具预设库，它与工具选项栏中的工具预设下拉面板的用途一样。执行【窗口】→【工具预设】命令，就可以打开【工具预设】面板，如图 2-10 所示。

图 2-10

单击面板中的一个预设工具即可选择并使用该预设，单击面板底部的【创建新的工具预设】按钮，可以将当前工具的设置状态保存为一个新的预设。选中一个工具预设后，单击【删除工具预设】按钮，即可将其删除，如图 2-11 所示。

图 2-11

若要关闭【工具预设】面板，再次执行【窗口】→【工具预设】命令即可。

### 2.1.5　文档窗口

在 Photoshop 中打开一个图像时，便会创建一个文档窗口。如果打开了多个图像，则各个文档窗口会以选项卡的形式显示。单击一个文档的名称，即可将其设置为当前操作的窗口，如图 2-12 所示。

图 2-12

单击一个窗口的标题栏并将其从选项卡中拖出，它便成为可以任意移动位置的浮动窗口（拖动标题栏可进行移动）。拖动浮动窗口的一个边角，可以调整窗口的大小，如图 2-13 所示。

图 2-13

### 2.1.6　状态栏

状态栏位于文档窗口底部，它可以显示文档窗口的缩放比例、文档大小、当前使用的工具信息。单击状态栏中的 ▶ 按钮，可在打开的菜单中选择状态栏显示内容，如图 2-14 所示。状态栏中命令的作用与含义如表 2-3 所示。

图 2-14

表 2-3　状态栏命令作用及含义

| 命令 | 作用及含义 |
|---|---|
| Adobe Drive | 显示文档的 Version Cue 工作组状态。Adobe Drive 使用户能连接到 Version Cue CS5 服务器。连接后，可以在 Windows 资源管理器或 MasOS Finder 中查看服务器的项目文件 |
| 文档大小 | 显示有关图像中数据量的信息。选择该选项后，状态栏中会出现两组数字，左边的数字显示了拼合图层并存储文件后的大小，右边的数字显示了包含图层和通道的近似大小 |
| 文档配置文件 | 显示图像所有使用的颜色配置文件的名称 |
| 文档尺寸 | 显示图像的尺寸大小 |
| 测量比例 | 显示文档的像素缩放比例 |
| 暂存盘大小 | 显示有关处理图像的内存和 Photoshop 暂存盘的信息。选择该选项后，状态栏中会出现两组数字，左边的数字表示程序用于显示所有打开图像的内存量，右边的数字表示用于处理图像的总内存量。如果左边的数字大于右边的数字，Photoshop 将启用暂存盘作为虚拟内存 |
| 效率 | 显示执行操作实际花费时间的百分比。当效率为 100% 时，表示当前处理的图像在内存中生成；如果该值低于 100%，则表示 Photoshop 正在使用暂存盘，操作速度也会变慢 |

续表

| 命令 | 作用及含义 |
|---|---|
| 计时 | 显示完成上一次操作所用的时间 |
| 当前工具 | 显示当前使用的工具名称 |
| 32 位曝光 | 用于调整预览图像，以便在计算机显示器上查看 32 位 / 通道高动态范围（HDR）图像的选项。只有文档窗口显示 HDR 图像时，该选项才可用 |
| 存储进度 | 保存文件时，显示存储进度 |

### 2.1.7　浮动面板

| 实例门类 | 软件功能 |
|---|---|

面板用于设置颜色、工具参数，以及执行编辑命令。Photoshop 中包含 20 多个面板，在【窗口】菜单中可以选择需要的面板将其打开。默认情况下，面板以选项卡的形式成组出现，并停靠在窗口右侧，用户可根据需要打开、关闭或自由组合面板。

**1. 选择和移动面板**

在选项卡中，单击面板名称，即可选中面板。将鼠标指针移动到面板名称上，拖动鼠标即可移动面板。

**2. 拆分面板**

拆分面板的操作很简单，具体操作步骤如下。

Step01 拖动面板。按住鼠标左键选中对应的图标或标签，将其拖至工作区中的空白位置，如图 2-15 所示。

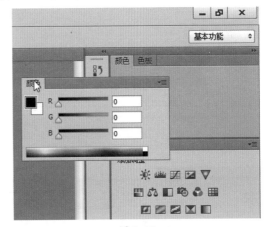

图 2-15

Step02 拆分面板。释放鼠标左键，面板即可被拆分，如图 2-16 所示。

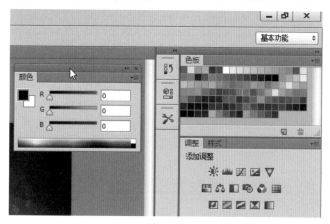

图 2-16

### 3. 组合面板

组合面板可以将两个或多个面板合并到一个面板中，当需要调用其中某个面板时，只需单击其标签名称即可。组合面板的具体操作如下。

**Step01** 拖动面板。按住鼠标左键拖动位于外部的面板标签至需要的位置，直至该位置出现蓝色反光，如图 2-17 所示。

**Step02** 组合面板。释放鼠标左键，即可完成对面板的组合操作，如图 2-18 所示。

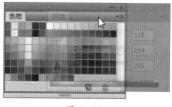

图 2-17　　　　图 2-18

### 4. 展开 / 折叠面板

单击 ▶▶ 图标可以展开面板，如图 2-19 所示。单击面板右上角的 ◀◀ 按钮，可将面板折叠为图标状态，如图 2-20 所示。

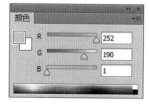

图 2-19

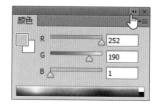

图 2-20

### 5. 链接面板

将鼠标指针移动到面板标题栏，将其拖到另一个面板下方，出现蓝色反光时释放鼠标，即可链接面板，如图 2-21 所示。链接面板可以同时移动或折叠。

图 2-21

### 6. 调整面板大小

将鼠标指针指向面板的边缘，当指针变成双箭头形状时，按住鼠标左键拖动面板，即可调整面板大小，如图 2-22 所示。

图 2-22

### 7. 面板菜单

在 Photoshop 中，单击任何一个面板右上角的扩展按钮 ▼≡，均可弹出面板的命令菜单，菜单中包括大部分与面板相关的命令。

例如，【颜色】面板菜单和【通道】面板菜单如图 2-23 所示。

图 2-23

面板，单击浮动面板右上角的 ✕ 按钮，即可将其关闭，如图 2-25 所示。

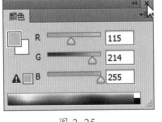

图 2-24　　　　　　图 2-25

### 8. 关闭面板

右击面板的标题栏，可以打开面板快捷菜单，选择【关闭】命令，可以关闭该面板，如图 2-24 所示。选择【关闭选项卡组】命令，可以关闭该面板组。对于浮动

## 2.2　人性化的工作区设置

在 Photoshop 的工作界面中，文档窗口、工具箱、菜单栏和面板的排列方式称为工作区。Photoshop 提供了适合不同任务的预设工作区。当然，用户也可以根据使用习惯创建自己的专用工作区。

### ★重点 2.2.1　使用预设工作区

Photoshop 为简化某些任务专门为用户设计了几种预设的工作区，其中【3D】【动感】【绘画】【摄影】【排版规则】分别针对对应任务的工作区，【基本功能（默认）】是最基本的、没有进行特别设计的工作区。选择【CS6 新增功能】选项，Photoshop CS6 新增功能中的各个命令会显示为半透明蓝色，如图 2-26 所示。

行后期处理，可以使用【摄影】工作区，界面中就会显示与图片后期处理相关的面板，如图 2-27 所示。

图 2-27

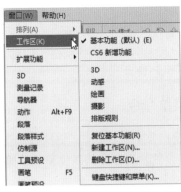

图 2-26

执行【窗口】→【工作区】命令，可以切换至 Photoshop 提供的预设工作区。例如，要对数码照片进

### 2.2.2　创建自定义工作区

创建自定义工作区可以将自己经常使用的面板组合在一起，简化工作界面，从而提高工作效率，具体操作步骤如下。

Step 01　打开及分类组合面板。在【窗口】菜单中将需要

的面板打开，不需要的面板关闭，再将打开的面板分类组合，如图 2-28 所示。

图 2-28

**Step 02** 新建工作区。执行【窗口】→【工作区】→【新建工作区】命令，❶ 在打开的对话框中输入工作区的名称，❷ 单击【存储】按钮保存工作区，如图 2-29 所示。

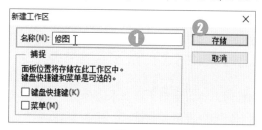

图 2-29

**Step 03** 应用自定义工作区。执行【窗口】→【工作区】命令，可在菜单中看到前面所创建的工作区，选择它即可切换为该工作区，如图 2-30 所示。

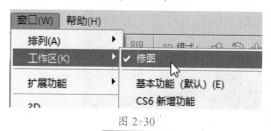

图 2-30

**技术看板**

如果要删除自定义的工作区，可以选择【删除工作区】命令。

此外，也可以通过选项栏右边的设置工作区按钮 ✦ 来设置工作区，如图 2-31 所示。

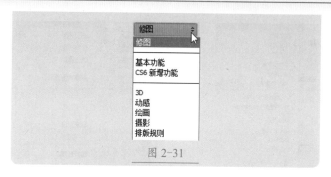

图 2-31

### 2.2.3 自定义工具快捷键

自定义工具快捷键，可以将使用频率高的工具定义为快捷键，从而提高工作效率，具体操作步骤如下。

**Step 01** 打开【键盘快捷键和菜单】对话框。执行【编辑】→【键盘快捷键】命令，或者执行【窗口】→【工作区】→【键盘快捷键和菜单】命令，打开【键盘快捷键和菜单】对话框。

**Step 02** 设置快捷键。❶ 在【快捷键用于】下拉列表中选择【工具】选项，❷ 可以根据自己的需要修改每个工具的快捷键，❸ 单击【接受】按钮，❹ 单击【确定】按钮确认快捷键的设置，如图 2-32 所示。

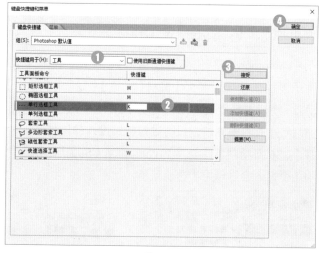

图 2-32

### 2.2.4 自定义彩色菜单命令

用户可以将常用菜单命令定义为彩色，以便需要时快速找到它们。自定义彩色菜单命令的具体操作步骤如下。

**Step 01** 打开【键盘快捷键和菜单】对话框并设置常用菜单命令颜色。执行【编辑】→【菜单】命令，打开【键盘快捷键和菜单】对话框，❶ 单击【滤镜】命令前面

的 ▶ 按钮，展开该菜单，选择【滤镜库】命令，❷ 在打开的下拉列表中选择【绿色】选项，❸ 单击【确定】按钮，如图 2-33 所示。

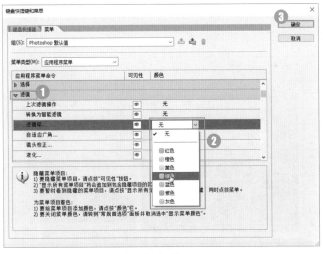

图 2-33

**Step 02** 查看效果。执行【图像】→【滤镜】命令，在打

开的菜单中可以看到【滤镜库】命令已经显示为绿色，如图 2-34 所示。

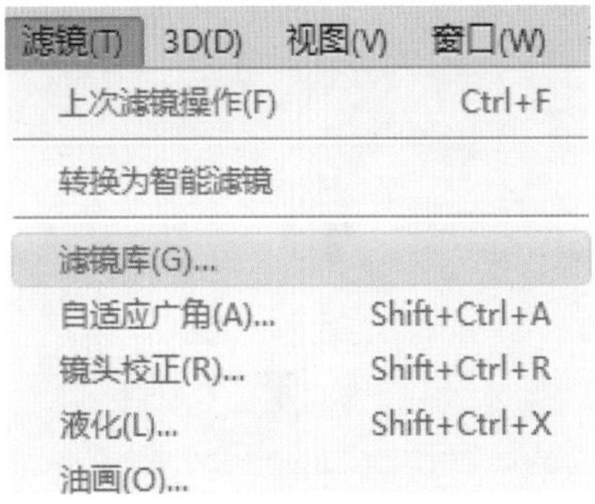

图 2-34

**技能拓展——恢复默认参数设置**

修改菜单颜色、菜单命令或工具的快捷键后，如果想要恢复为系统默认的快捷键，可在【组】下拉列表中选择【Photoshop 默认值】命令。

## 2.3 查看图像

在 Photoshop 中编辑图像时，为了更好地观察和处理图像，通常需要缩放图像或移动画面的显示区域，这时就需要使用到【缩放工具】 🔍 和【抓手工具】 ✋。除此之外，Photoshop CS6 还提供了多种屏幕模式来观看图像，而【导航器】面板可以帮助用户方便、快速地定位到画面某个部分。

### ★重点 2.3.1 切换不同的屏幕模式

单击工具箱底部的【更改屏幕模式】按钮 🔳，可以显示一组用于切换屏幕模式的按钮，包括【标准屏幕模式】 🔳、【带有菜单栏的全屏模式】 ▭、【全屏模式】 ⊡。

1. 标准屏幕模式

【标准屏幕模式】是默认的屏幕模式，在该模式下，可显示菜单栏、标题栏、滚动条和其他屏幕元素，如图 2-35 所示。

图 2-35

2. 带有菜单栏的全屏模式

在【带有菜单栏的全屏模式】下，显示有菜单栏和 50% 灰色背景的全屏窗口，如图 2-36 所示。

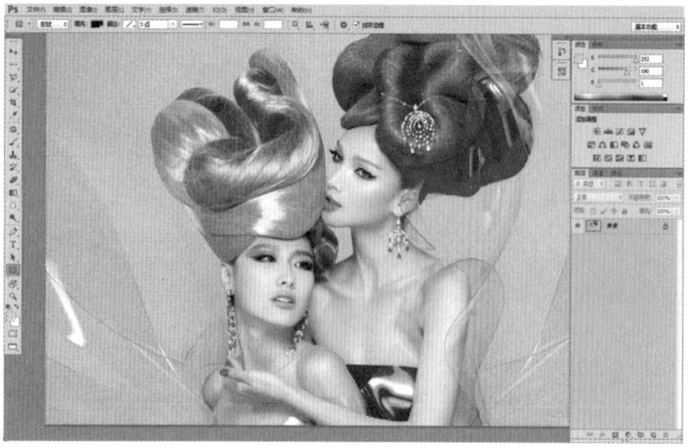

图 2-36

### 3. 全屏模式

在【全屏模式】下，显示只有黑色背景，无标题栏、菜单栏和滚动条的全屏窗口，将鼠标指针移至窗口边缘会弹出浮动面板，如图 2-37 所示。

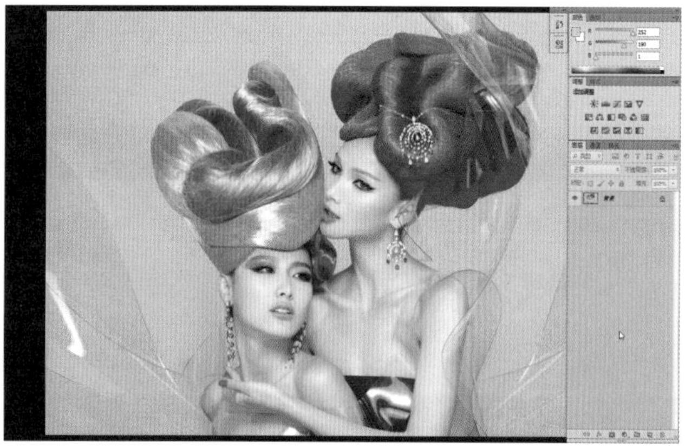

图 2-37

**技术看板**

按【F】键可在各个屏幕模式间切换；按【Tab】键可以隐藏/显示工具箱、面板和工具选项栏；按【Shift+Tab】组合键可以隐藏/显示面板；按【Esc】键可退出全屏模式。

## 2.3.2 文档窗口排列方式

Photoshop CS6 提供了多种文档窗口排列方式。如果打开了多个文档，可以设置一种自己习惯的方式来显示多个文档。执行【窗口】→【排列】命令，在弹出的扩展菜单中可以看到多个文档的显示方式，具体的排列方式如下。

- 层叠：从屏幕的左上角到右下角以堆叠和层叠的方式显示未停放的窗口，使用这个排列方式时需要有一个及以上的浮动窗口，如图 2-38 所示。

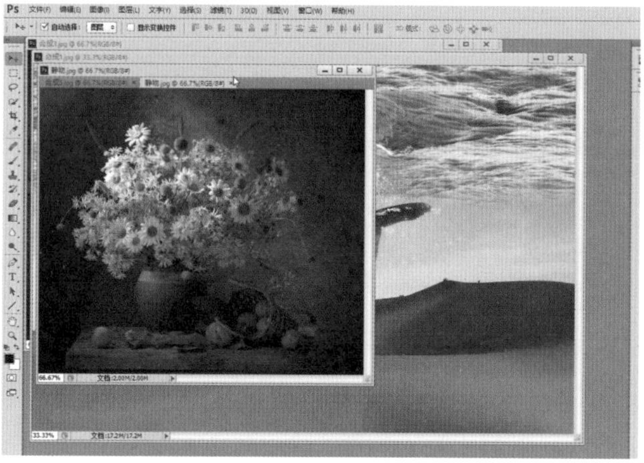

图 2-38

- 平铺：以边靠边的方式显示窗口，如图 2-39 所示，关闭一个图像时，其他窗口会自动调整大小，以填满可用的空间。

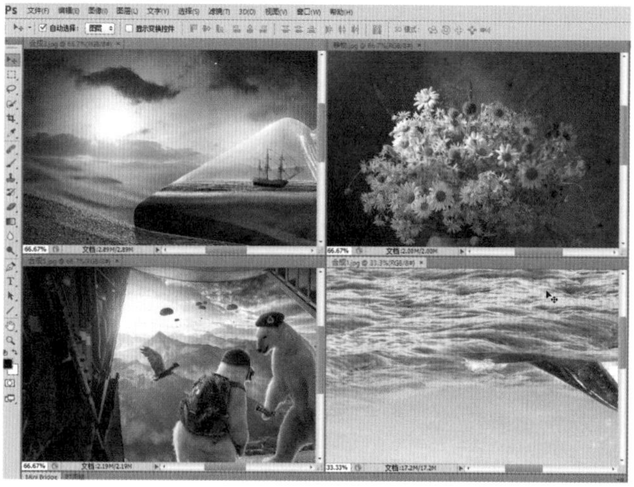

图 2-39

- 在窗口中浮动：将当前窗口变为浮动窗口，允许图像自由浮动（可拖动标题栏移动窗口），如图 2-40 所示。

图 2-40

使所有内容在窗口中浮动：使所有文档窗口都浮动，如图 2-41 所示。

图 2-41

将所有内容合并到选项卡中：全屏显示一个图像，其他图像最小化到选项卡中，如图 2-42 所示。

图 2-42

匹配缩放：将所有窗口都匹配到与当前窗口相同的缩放比例。例如，当前窗口的缩放比例为 60%，另外的窗口缩放比例为 100%，则执行该命令后，该窗口显示比例也会调整为 60 %，如图 2-43 所示。

图 2-43

**技术看板**

打开多个文件以后，可以执行【窗口】→【排列】命令，在弹出的菜单中选择一种文档排列方式，如全部垂直拼贴、双联、三联、四联等。

➡ 匹配位置：将所有窗口中图像显示位置都匹配到与当前窗口相同。

➡ 匹配旋转：将所有窗口中画布的旋转角度都匹配到与当前窗口相同。

➡ 全部匹配：将所有窗口中的缩放比例、图像的显示位置、画布旋转角度与当前窗口匹配。

为文件名新建窗口：新建一个窗口，相当于复制窗口，新窗口的名称会显示在【窗口】菜单的底部。

### 2.3.3　实战：使用【旋转视图工具】旋转画布

| 实例门类 | 软件功能 |
|---|---|

【旋转视图工具】可以在不破坏图像的情况下旋转画布视图，使图像编辑变得更加方便。其选项栏如图 2-44 所示，相关选项作用及含义如表 2-4 所示。

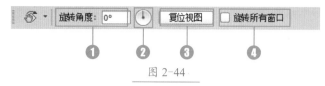

图 2-44

表 2-4　选项作用及含义

| 选项 | 作用及含义 |
| --- | --- |
| ❶ 旋转角度 | 在【旋转角度】后面的文本框中输入角度值，可以精确地旋转画布 |
| ❷ 设置视图的旋转角度 | 单击该按钮或旋转按钮上的指针，可以根据时针刻度直观地旋转视图 |
| ❸ 复位视图 | 单击该按钮或按【Esc】键，可以将画布恢复到原始角度 |
| ❹ 旋转所有窗口 | 选中该复选框后，如果用户打开了多个图像文件，可以以相同的角度同时旋转所有文件的视图 |

具体操作步骤如下。

**Step01** 打开素材文件，选择旋转视图工具。打开"素材文件\第 2 章\人物 .jpg"文件，选择工具箱中的【旋转视图工具】，或者直接按【R】键，如图 2-45 所示。

图 2-45

**Step02** 旋转画布。在图像中单击会出现一个红色罗盘，红色指针指向上方，在其上单击并拖动鼠标即可旋转画布，如图 2-46 所示。

图 2-46

## ★重点 2.3.4　实战：使用【缩放工具】调整图像视图大小

| 实例门类 | 软件功能 |
| --- | --- |

【缩放工具】可以调整图像视图大小，其选项栏如图 2-47 所示，相关选项作用及含义如表 2-5 所示。

图 2-47

表 2-5　选项作用及含义

| 选项 | 作用及含义 |
| --- | --- |
| ❶ 放大 / 缩小 按钮 | 单击 按钮后，单击图像可放大视图；单击 按钮后，单击图像可以缩小视图 |
| ❷ 调整窗口大小以满屏显示 | 选中该复选框后，在缩放窗口的同时自动调整窗口的大小。使用该功能时必须为浮动窗口 |
| ❸ 缩放所有窗口 | 如果当前打开了多个文档，选中该复选框后可以同时缩放所有打开的文档窗口 |
| ❹ 细微缩放 | 选中该复选框后，在画面中按住鼠标左键向左侧拖动可以快速缩小图像，向右侧拖动则可以快速放大图像 |
| ❺ 实际像素 | 单击该按钮，可以让图像以实际像素大小（100%）显示 |
| ❻ 适合屏幕 | 单击该按钮，可以依据工作窗口的大小自动选择适合的缩放比例显示图像 |
| ❼ 填充屏幕 | 单击该按钮，可以依据工作窗口的大小自动缩放视图大小，并填满工作窗口 |

具体操作步骤如下。

**Step 01** 放大视图。打开"素材文件\第 2 章\秋天.jpg"文件，选择【缩放工具】 🔍 后，在该工具的选项栏中单击【放大】按钮 🔍，然后在图像窗口中单击即可放大视图，如图 2-48 所示。

图 2-48

**Step 02** 缩小视图。在选项栏中单击【缩小】按钮 🔍，或者在【放大】 🔍 工具状态下按住【Alt】键，即可转换为【缩小】 🔍 工具样式，单击图像可以缩小视图，如图 2-49 所示。

**技术看板**

按【Ctrl+＋】组合键可以快速放大图像；按【Ctrl+－】组合键可以快速缩小图像。

使用其他工具编辑图像时，按住【Alt】键的同时滑动鼠标的滚轮即可快速缩放图像大小。

图 2-49

★**重点 2.3.5 实战：使用【抓手工具】移动视图**

| 实例门类 | 软件功能 |
| --- | --- |

当画面显示比例比较大时，只能看到部分图像，这时可以通过【抓手工具】 🖐 来查看图像的其他内容，其选项栏如图 2-50 所示。

图 2-50

如果同时打开多个图像文件，选中【滚动所有窗口】复选框后，所有图像文件将同时进行移动。

具体操作步骤如下。

**Step 01** 打开素材文件，调出滚动条。打开"素材文件\第 2 章\小孩.jpg"文件，选择【抓手工具】 🖐，按住【Alt】键，滑动鼠标滚轮放大图像，直到有滚动条出现，如图 2-51 所示。

图 2-51

**Step 02** 移动图像。释放鼠标和【Alt】键后，单击鼠标左键，拖动鼠标即可自由移动图像，如图 2-52 所示。

图 2-52

**Step 03** 使用选框查看图像。按住【H】键并单击图像，会显示全部图像，并出现一个矩形选框，将选框移动到需要查看的位置，如图 2-53 所示。

图 2-53

**Step 04** 放大图像。释放鼠标和【H】键后，可以快速放大矩形区域，如图 2-54 所示。

图 2-54

### 技术看板

　　使用【抓手工具】或【缩放工具】时，按住【Ctrl】键或【Alt】键上下拖动鼠标可以缓慢缩放视图；按住【Ctrl】键或【Alt】键左右拖动鼠标可以快速缩放视图。

　　双击【抓手工具】，将自动调整图像大小以适合屏幕的显示范围。在使用其他工具编辑图像时，按住【Space】键就可以切换到【抓手工具】。

## 2.3.6　用【导航器】查看图像

　　【导航器】面板可以缩放图像的显示比例及查看图像的指定区域。在该面板中主要包含图像缩览图和各种窗口缩放工具，如图 2-55 所示，相关选项作用及含义如表 2-6 所示。

图 2-55

表 2-6　选项作用及含义

| 选项 | 作用及含义 |
| --- | --- |
| ❶ 缩放预览区域 | 当窗口中不能显示完整图像时，将指针移动到缩览图区域，指针会变成 形状。单击并拖动鼠标可以移动画面，预览区域的图像会位于文档窗口的中心，如图 2-56 所示 |
| ❷ 缩放比例 | 在【缩放比例】文本框中显示了窗口的比例，在文本框中输入数值并按【Enter】键，可以缩放窗口 |
| ❸ 缩小按钮 | 单击【缩小】按钮 可以缩小窗口的显示比例 |
| ❹ 缩放滑块 | 左右拖动缩放滑块 可以放大或缩小窗口 |
| ❺ 放大按钮 | 单击【放大】按钮 可以放大窗口的显示比例 |
| ❻ 矩形框 | 导航器中的矩形框表示图像显示的范围，如图 2-57 所示 |

图 2-56

图 2-57

### 2.3.7　了解窗口缩放命令

执行【视图】→【放大】命令，可以放大窗口的显示比例；执行【视图】→【缩小】命令，可以缩小窗口的显示比例。

## 2.4　常用辅助工具介绍

Photoshop CS6 中提供了多种方便、实用的辅助工具，如标尺、参考线、智能参考线、网格、注释、对齐等。使用这些工具可以帮助用户更好地定位图像、排列版面。

### ★重点 2.4.1　标尺

标尺可以精确地确定图像或元素的位置，标尺内的标记可以显示指针移动时的位置，具体操作步骤如下。

**Step01** 打开素材文件，调出标尺。打开"素材文件 \ 第 2 章 \ 马 .jpg"文件，执行【视图】→【标尺】命令，标尺就会出现在窗口顶部和左侧，如图 2-58 所示。

**Step02** 拖动标尺。标尺的原点位于窗口左上角（0，0）标记处，将鼠标指针放到原点上，在其上单击并向右下方拖动鼠标，画面中就会出现十字交叉点，如图 2-59 所示。

执行【视图】→【按屏幕大小缩放】命令，或者按【Ctrl+0】组合键，可以自动调整图像的比例，使其能够完整地在窗口中显示。

执行【视图】→【实际像素】命令，或者按【Ctrl+1】组合键，图像会按照 100% 的比例显示。

执行【视图】→【打印尺寸】命令，图像会按照实际的打印尺寸显示。

图 2-58

图 2-59

### 技术看板

按【Ctrl+R】组合键可显示或隐藏标尺。

**Step03** 定义标尺新原点。释放鼠标后，十字交叉点处成为原点的新位置，如图 2-60 所示。

图 2-60

**Step04** 恢复标尺默认位置。如果要将原点恢复为默认的位置，可在窗口的左上角双击，如图 2-61 所示。

图 2-61

### 技能拓展——对齐刻度

按住【Shift】键拖动鼠标，可以使标尺原点与标尺刻度对齐。调整标尺原点时，网格原点同时被调整。

### ★重点 2.4.2 参考线

参考线用于图像定位，它浮动在图像上方，不会被打印出来。创建参考线的具体操作步骤如下。

**Step01** 打开素材文件，拖出参考线。打开"素材文件\第2章\箭头.jpg"文件，执行【视图】→【标尺】命令，显示标尺。将鼠标指针放在水平标尺上，在其上单击并向下拖动鼠标，即可拖出水平参考线；在垂直标尺上拖动鼠标可以拖出垂直参考线，如图 2-62 所示。

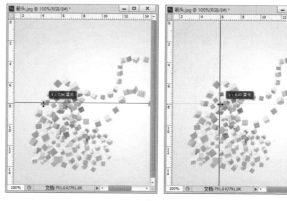

图 2-62

### 技术看板

通过标尺拖动鼠标创建参考线时，在图像窗口中必须显示出标尺才能使操作有效。

**Step02** 在指定位置创建参考线。用户也可以执行【视图】→【新建参考线】命令，打开【新建参考线】对话框，① 在【取向】选项区域中，可以选择新建参考线的类型，如选择【水平】或【垂直】选项，② 设置新建参考线在图像中的位置，如设置【位置】为 10 厘米，③ 单击【确定】按钮，即可在指定位置创建参考线，如图 2-63 所示。

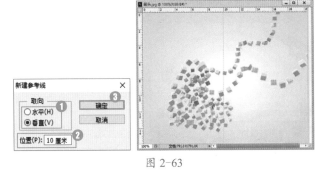

图 2-63

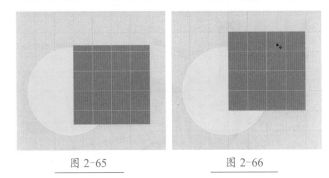

图 2-65　　　　　图 2-66

**⚙ 技能拓展——锁定和删除参考线**

执行【视图】→【锁定参考线】命令，可以锁定参考线位置。将参考线拖回标尺，可以删除该参考线。

执行【视图】→【清除参考线】命令，可以删除所有参考线。

**★重点 2.4.3　智能参考线**

智能参考线是通过分析画面而智能出现的参考线。执行【视图】→【显示】→【智能参考线】命令，即可启用智能参考线，在移动对象时显示出智能参考线，如图 2-64 所示。

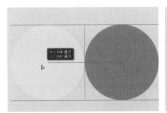

图 2-64

**★重点 2.4.4　网格**

网格对于分布多个对象非常有用，执行【视图】→【显示】→【网格】命令，就可以显示网格，如图 2-65 所示。

显示网格后，可执行【视图】→【对齐到】→【网格】命令启用对齐功能，此后在进行创建选区和移动图像等操作时，对象会自动对齐到网格上，如图 2-66 所示。

**📹 技术看板**

参考线、智能参考线和网格的线型、颜色等，均可以在【首选项】对话框中进行设置，详见 2.5 节。

**★重点 2.4.5　注释**

| 实例门类 | 软件功能 |
|---|---|

【注释工具】📋可以在图像中添加文字说明，标记各种有用信息。为图像添加注释的具体操作步骤如下。

Step01 打开素材文件并输入注释信息。打开"素材文件\第 2 章\单车.jpg"文件，选择工具箱中的【注释工具】，在工具选项栏中输入信息，如图 2-67 所示。

图 2-67

Step02 打开【注释】面板，创建注释信息。在工作界面中单击，弹出【注释】面板，输入注释内容，创建注释后，鼠标单击处就会出现一个注释图标，如图 2-68 所示。

图 2-68

**Step03** 循环查看注释内容。使用相同的方法可创建相关的注释，单击【选择上一注释】◀或【选择下一注释】按钮▶，可以循环查看和选择注释内容，如图 2-69 所示。

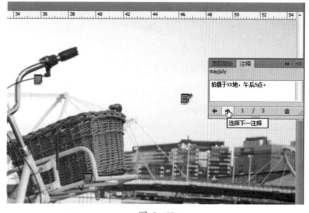

图 2-69

### 技术看板

创建注释后，指向注释图标并按住鼠标左键拖动，可以调整注释的位置。

**Step04** 删除注释内容。如果要删除注释，在注释上右击，在弹出的快捷菜单中选择【删除所有注释】命令，将弹出询问对话框，单击【确定】按钮，即可删除所有注释，如图 2-70 所示。

图 2-70

### 技能拓展——导入注释

执行【文件】→【导入】→【注释】命令，可以打开【载入】对话框，选择目标文件，单击【载入】按钮即可导入注释。

## 2.4.6 对齐功能

对齐功能有助于精确放置选区、裁剪选框、切片、形状和路径等。执行【视图】→【对齐】命令，使该命令处于选中状态，就可以开启对齐功能。在【视图】→【对齐到】下拉菜单中可以设置对齐对象，带有【✔】标记的命令表示启用了该项目的对齐功能，如图 2-71 所示，相关命令的作用及含义如表 2-7 所示。

图 2-71

表 2-7 命令作用及含义

| 命令 | 作用及含义 |
|------|-----------|
| 参考线 | 使对象与参考线对齐 |
| 网格 | 使对象与网格对齐，网格隐藏时不能选择该选项 |
| 图层 | 使对象与图层中的内容对齐 |
| 切片 | 使对象与切片边界对齐。切片被隐藏时不能选择该选项 |

续表

| 命令 | 作用及含义 |
|---|---|
| 文档边界 | 使对象与文档的边缘对齐 |
| 全部 | 选择所有【对齐到】选项 |
| 无 | 取消选择所有【对齐到】选项 |

### 2.4.7　显示或隐藏额外内容

额外内容是用于辅助编辑、不会打印出来的内容。参考线、网格、目标路径、选区边缘、切片、文本边界框、文本基线和文本选区都属于额外内容。

执行【视图】→【显示额外内容】命令（该命令前出现一个【✔】符号），就可以启用【显示额外内容】功能。在【视图】→【显示】下拉菜单中可以设置显示内容，带有【✔】标记的命令表示显示该内容，如图 2-72 所示，相关命令的作用及含义如表 2-8 所示。

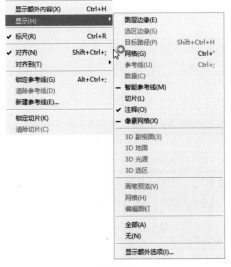

图 2-72

表 2-8　命令作用及含义

| 命令 | 作用及含义 |
|---|---|
| 图层边缘 | 显示图层内容的边缘，在编辑图像时，通常不会启用该功能 |
| 选区边缘 | 显示或隐藏选区的边框 |
| 目标路径 | 显示或隐藏路径 |

续表

| 命令 | 作用及含义 |
|---|---|
| 网格 | 显示或隐藏网格 |
| 参考线 | 显示或隐藏参考线 |
| 数量 | 显示或隐藏计数数目 |
| 智能参考线 | 显示或隐藏智能参考线 |
| 切片 | 显示或隐藏切片定界框 |
| 注释 | 显示或隐藏创建的注释 |
| 像素网格 | 将文档放至最大的缩放级别后，像素之间会用网格进行划分，取消选中该复选框时，则没有网格 |
| 3D 副视图 /<br>3D 地面 /3D<br>光源 /3D 选区 | 在处理 3D 文件时，显示或隐藏 3D 副视图、地面、光源和选区 |
| 画笔预览 | 使用画笔工具时，如果选择的是毛刷笔尖，选中该复选框后，可以在窗口中预览笔尖效果和笔尖方向 |
| 网格（H） | 执行【编辑】→【操控变形】命令时，显示变形网格 |
| 全部 | 可显示以上所有选项 |
| 无 | 隐藏以上所有选项 |
| 显示额外选项 | 执行该命令，可在打开的【显示额外选项】对话框中设置同时显示或隐藏以上多个项目 |

## 2.5　Photoshop 首选项

在首选项中可以个性化设置 Photoshop 的界面样式、工作区样式、指针显示方式、参考线与网格的颜色、透明度与色域样式、单位与标尺样式、暂存盘和增效工具参数、文字参数、3D 功能参数等内容。

### 2.5.1　常规

执行【编辑】→【首选项】→【常规】命令，打开【首选项】对话框，左侧列表中是各个首选项的名称，中间部分是各项目的参数设置区，如图 2-73 所示。

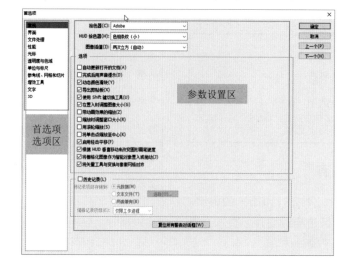

图 2-73

在【首选项】对话框中，相关选项作用及含义如表 2-9 所示。

表 2-9  选项作用及含义

| 选项 | 作用及含义 |
| --- | --- |
| 拾色器 | 可以选择使用 Adobe 拾色器，或者 Windows 拾色器。Adobe 拾色器可根据 4 种颜色模型从整个色谱和 PANTONE 等颜色匹配系统中选择颜色；Windows 拾色器仅涉及基本的颜色，只允许根据两种色彩模型选择需要的颜色 |
| 图像插值 | 在改变图像大小时，Photoshop 会遵循一定的图像插值方法来增加或删除像素。在其下拉菜单中选择【邻近】选项，表示以一种低精度的方法生成像素，虽然速度快，但容易产生锯齿；选择【两次线性】选项，表示以一种通过平均周围像素颜色值的方法来生成像素，可生成中等品质的图像；选择【两次立方】选项，表示以一种将周围像素值分析作为依据的方法生成像素，虽然速度较慢，但精度高 |
| 自动更新打开的文档 | 选中该复选框后，如果当前打开的文件被其他程序修改并保存，文件会在 Photoshop 中自动更新 |
| 完成后用声音提示 | 完成操作时，程序会发出提示音 |
| 动态颜色滑块 | 设置在移动【颜色】面板中的滑块时，颜色随着滑块的移动而实时改变 |
| 导出剪贴板 | 在退出 Photoshop 时，复制到剪贴板中的内容仍然保留，可以被其他程序使用 |
| 使用【Shift】键切换工具 | 选中该复选框时，在同一组工具间切换需要按下【Shift】键；取消该复选框时，只需按下【Shift】键便可以切换 |
| 在置入时调整图像大小 | 置入图像时，图像会基于当前文件的大小而自动调整其大小 |
| 带动画效果的缩放 | 使用缩放工具缩放图像时，会产生平滑的缩放效果 |
| 缩放时调整窗口大小 | 使用快捷键缩放图像时，将自动调整窗口的大小 |
| 用滚轮缩放 | 可以通过鼠标的滚轮缩放窗口 |
| 将单击点缩放至中心 | 使用缩放工具时，可以将单击点的图像缩放到画面的中心 |
| 启用轻击平移 | 使用抓手工具移动画面时，释放鼠标按键，图像也会滑动 |
| 历史记录 | 指定将历史记录数据存储在何处，以及历史记录中包含信息的详细程度。选中【元数据】单选按钮，历史记录存储为嵌入在文件中的元数据；选中【文本文件】单选按钮，历史记录存储为文本文件；选中【两者兼有】单选按钮，历史记录存储为元数据，并保存在文本文件中。在【编辑记录项目】选项中可以指定历史记录信息的详细程度 |
| 复位所有警告对话框 | 在执行一些命令时，会弹出警告对话框，选择【不再显示】选项时，下一次进行相同的操作便不会显示警告。如果要重新显示这些警告，可单击此按钮 |

## 2.5.2 界面

执行【编辑】→【首选项】→【界面】命令，或者在【首选项】对话框中选择左侧的【界面】选项，可以切换【界面】设置面板，如图 2-74 所示。

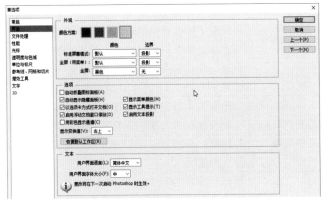

图 2-74

在【界面】设置面板中，相关选项作用及含义如表 2-10 所示。

表 2-10　选项作用及含义

| 选项 | 作用及含义 |
|---|---|
| 颜色方案 | 单击不同色块，可以调整工作界面的颜色 |
| 标准屏幕模式 / 全屏（带菜单）/ 全屏 | 用于设置这 3 种屏幕模式下，屏幕的颜色和边界效果 |
| 自动折叠图标面板 | 对于图标状面板，不使用时面板会重新折叠为图标状 |
| 自动显示隐藏面板 | 可以暂时显示隐藏的面板 |
| 以选项卡方式打开文档 | 打开文档时，全屏显示一个图像，其他图像最小化到选项卡中 |
| 启用浮动文档窗口停放 | 选中该复选框后，可以拖动标题栏，将文档窗口停放到程序窗口中 |
| 用彩色显示通道 | 默认情况下，RGB、CMYK 和 Lab 图像的各个通道以灰度显示，选中该复选框，可以用相应的颜色显示颜色通道 |
| 显示菜单颜色 | 使菜单中的某些命令显示为彩色 |
| 显示工具提示 | 将指针放在工具上时，会显示当前工具的名称和快捷键等提示信息 |
| 恢复默认工作区 | 单击该按钮，可以将工作区恢复为 Photoshop CS6 默认状态 |
| 文本 | 可设置用于界面的语言和文字大小，修改后需要重新运行 Photoshop 才能生效 |

## 2.5.3 文件处理

执行【编辑】→【首选项】→【文件处理】命令，或者在【首选项】对话框中选择左侧的【文件处理】选项，可以切换【文件处理】设置面板，如图 2-75 所示。

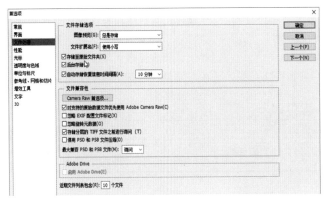

图 2-75

在【文件处理】设置面板中，相关选项作用及含义如表 2-11 所示。

表 2-11　选项作用及含义

| 选项 | 作用及含义 |
|---|---|
| 图像预览 | 设置存储图像时是否保存图像的缩览图 |
| 文件扩展名 | 文件扩展名为"大写"或"小写" |
| 存储至原始文件夹 | 保存对原始文件所做的修改 |
| Camera Raw 首选项 | 单击该按钮，可在打开的对话框中设置 Camera Raw 首选项 |
| 对支持的原始数据文件优先使用 Adobe Camera Raw | 在打开支持原始数据的文件时，优先使用 Adobe Camera Raw 处理。相机原始数据文件包含来自数码相机图像传感器且未经处理和压缩的灰度图片数据，以及有关如何捕捉图像的信息。Photoshop Camera Raw 软件可以解释相机原始数据文件，该软件使用有关相机的信息及图像元数据来构建和处理彩色图像 |
| 忽略 EXIF 配置文件标记 | 保存文件时忽略关于图像色彩空间的 EXIF 配置文件标记 |
| 存储分层的 TIFF 文件之前进行询问 | 保存分层的文件时，如果存储为 TIFF 格式，会弹出询问对话框 |

续表

| 选项 | 作用及含义 |
|---|---|
| 最大兼容 PSD 和 PSB 文件 | 可设置存储 PSD 和 PSB 文件时是否提高文件的兼容性。选择【总是】选项，可在文件中存储一个带图层图像的复合版本，其他应用程序便能够读取该文件；选择【询问】选项，存储时会弹出询问是否最大限度地提高兼容性的对话框；选择【总不】选项，会在不提高兼容性的情况下存储文档 |
| 启用 Adobe Drive | 启用 Adobe Drive 工作组 |
| 近期文件列表包含 | 设置【文件】→【最近打开文件】下拉菜单中能够保存的文件数量 |

### 2.5.4 性能

执行【编辑】→【首选项】→【性能】命令，或者在【首选项】对话框中选择左侧的【性能】选项，可以切换【性能】设置面板，如图 2-76 所示。

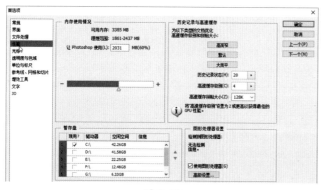

图 2-76

在【性能】设置面板中，相关选项作用及含义如表 2-12 所示。

表 2-12　选项作用及含义

| 选项 | 作用及含义 |
|---|---|
| 内存使用情况 | 显示计算机内存的使用情况，可拖动滑块或在【让 Photoshop 使用】选项内输入数值，调整分配给 Photoshop 的内存量。修改后，需要重新运行 Photoshop 才能生效 |

续表

| 选项 | 作用及含义 |
|---|---|
| 暂存盘 | 如果系统没有足够的内存来执行某个操作，则 Photoshop 将使用一种虚拟内存技术（也称为暂存盘）。暂存盘是任何具有空闲内存的驱动器或驱动器分区。默认情况下，Photoshop 将安装了操作系统的硬盘驱动器作为暂存盘，可在该选项中将暂存盘修改到其他驱动器上。另外，包含暂存盘的驱动器应定期进行碎片整理 |
| 历史记录与高速缓存 | 用于设置【历史记录】面板中可以保留的历史记录的最大数量，以及图像数据的高速缓存级别。高速缓存可以提高屏幕重绘和直方图显示速度 |
| 图形处理器设置 | 显示计算机的显卡，并可以启动 OpenGL 绘图。启用后，在处理大型或复杂图像（如 3D 文件）时可加速处理过程，并且在旋转视图高级、像素网格、取样环等功能时，都需要启用 OpenGL 绘图 |

### 2.5.5 光标

执行【编辑】→【首选项】→【光标】命令，或者在【首选项】对话框中选择左侧的【光标】选项，可以切换【光标】设置面板，如图 2-77 所示。

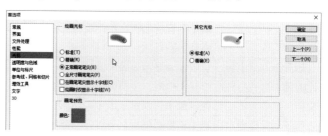

图 2-77

在【光标】设置面板框中，相关选项作用及含义如表 2-13 所示。

表 2-13　选项作用及含义

| 选项 | 作用及含义 |
|---|---|
| 绘画光标 | 用于设置使用绘画工具时，光标在画面中的显示状态，以及光标中心是否显示交叉线 |
| 其他光标 | 设置使用其他工具时，光标在画面中的显示状态 |
| 画笔预览 | 定义用于画笔预览的颜色 |

## 2.5.6　透明度与色域

执行【编辑】→【首选项】→【透明度与色域】命令，或者在【首选项】对话框中选择左侧的【透明度与色域】选项，可以切换【透明度与色域】设置面板，如图 2-78 所示。

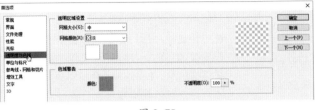

图 2-78

在【透明度与色域】设置面板中，相关选项作用及含义如表 2-14 所示。

表 2-14　选项作用及含义

| 选项 | 作用及含义 |
| --- | --- |
| 透明区域设置 | 当图像中的背景为透明区域时，会显示为棋盘格状，在【网格大小】选项中可以设置棋盘格的大小；在【网格颜色】选项中可以设置棋盘格的颜色 |
| 色域警告 | 当图像中的色彩过于鲜艳而出现溢色时，执行【视图】→【色域警告】命令，溢色会显示为灰色。不仅可以在该选项区域中修改溢色的颜色，还可以调整其不透明度 |

## 2.5.7　单位与标尺

执行【编辑】→【首选项】→【单位与标尺】命令，或者在【首选项】对话框中选择左侧的【单位与标尺】选项，可以切换【单位与标尺】设置面板，如图 2-79 所示。

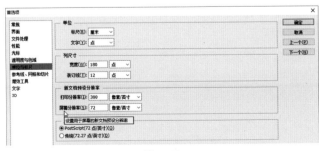

图 2-79

在【单位与标尺】设置面板中，相关选项作用及含义如表 2-15 所示。

表 2-15　选项作用及含义

| 选项 | 作用及含义 |
| --- | --- |
| 单位 | 可以设置标尺和文字的单位 |
| 列尺寸 | 如果要将图像导入排版程序，且用于打印和装订时，可在该选项区域设置【宽度】和【装订线】的尺寸，用列来指定图像的宽度，使图像正好占据特定数量的列 |
| 新文档预设分辨率 | 用于设置新建文档时预设的打印分辨率和屏幕分辨率 |
| 点 / 派卡大小 | 设置如何定义每英寸的点数。选中【PostScript（72 点 / 英寸）】单选按钮，设置一个兼容的单位大小，以便打印到 PostScript 设备；选中【传统（72.27 点 / 英寸）】单选按钮，则使用 72.27 点 / 英寸（打印中传统使用的点数） |

## 2.5.8　参考线、网格和切片

执行【编辑】→【首选项】→【参考线、网格和切片】命令，或者在【首选项】对话框中选择左侧的【参考线、网格和切片】选项，可以切换【参考线、网格和切片】设置面板，如图 2-80 所示。

图 2-80

在【参考线、网格和切片】设置面板中，相关选项作用及含义如表 2-16 所示。

表 2-16　选项作用及含义

| 选项 | 作用及含义 |
| --- | --- |
| 参考线 | 用于设置参考线的颜色和样式，包括直线和虚线两种 |
| 智能参考线 | 用于设置智能参考线的颜色 |
| 网格 | 可以设置网格的颜色和样式。在【网格线间隔】文本框中可以输入网格间距的值。在【子网格】文本框中输入一个值，则可基于该值重新细分网格 |
| 切片 | 用于设置切片边界框的颜色。选中【显示切片编号】复选框，可以显示切片的编号 |

### 2.5.9 增效工具

执行【编辑】→【首选项】→【增效工具】命令，或者在【首选项】对话框中选择左侧的【增效工具】选项，可以切换【增效工具】设置面板，如图 2-81 所示。

图 2-81

在【增效工具】设置面板中，相关选项作用及含义如表 2-17 所示。

表 2-17　选项作用及含义

| 选项 | 作用及含义 |
|---|---|
| 附加的增效工具文件夹 | 增效工具是由 Adobe 和第三方经销商开发的可在 Photoshop 中使用的外挂滤镜或插件。Photoshop 自带的滤镜保存在 Plug-Ins 文件夹中，如果将外挂滤镜或插件安装在了其他文件内，可选中该复选框，在打开的对话框中选择这一文件夹，并重新启动 Photoshop，外挂滤镜便可以在 Photoshop 中使用了 |
| 扩展面板 | 选中【允许扩展链接到 Internet】复选框，表示允许 Photoshop 扩展面板链接到 Internet 获取新内容，以及更新程序；选中【载入扩展面板】复选框，启动时可以载入已安装的扩展面板 |

### 2.5.10 文字

执行【编辑】→【首选项】→【文字】命令，或者在【首选项】对话框中选择左侧的【文字】选项，可以切换【文字】设置面板，如图 2-82 所示。

图 2-82

在【文字】设置面板中，相关选项作用及含义如表 2-18 所示。

表 2-18　选项作用及含义

| 选项 | 作用及含义 |
|---|---|
| 使用智能引号 | 智能引号也称为印刷引号，它会与字体的曲线混淆；选中该复选框后，输入文本时可使用弯曲的引号替代直引号 |
| 启用丢失字形保护 | 选中该复选框后，如果文档使用了系统上未安装的字体，在打开该文档时会出现一条警告信息，Photoshop 会指明缺少哪些字体，用户可以使用系统上已安装的匹配字体替换缺少的字体 |
| 以英文显示字体名称 | 在【字符】面板和【文字工具】选项栏的【字体】下拉列表中以英文显示亚洲字体的名称；取消选中该复选框时，则以中文显示 |

### 2.5.11 3D

执行【编辑】→【首选项】→【3D】命令，或者在【首选项】对话框中选择【3D】选项，可以切换【3D】设置面板，如图 2-83 所示。

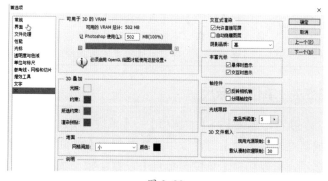

图 2-83

在【3D】设置面板中，相关选项作用及含义如表 2-19 所示。

表 2-19　选项作用及含义

| 选项 | 作用及含义 |
| --- | --- |
| 3D 叠加 | 单击各个颜色块，可以指定各种参考线的颜色，以便在进行 3D 操作时高亮显示可用的 3D 组件 |
| 地面 | 在进行 3D 操作时，用于设置可用的地面参考线参数，包括平面的大小、网格间距的大小和网格颜色 |
| 交互式渲染 | 指定进行 3D 对象交互（鼠标事件）时，Photoshop 渲染选项的首选项。设置为【OpenGL】以后，可在 3D 对象交互时始终使用硬件加速；设置为【光线跟踪】以后，在与 3D 对象交互时使用 Adobe Ray Tracer。如果要在交互期间查看阴影、反射或折射，只需启用相应的选项即可，但它们会降低性能 |
| 光线跟踪 | 当 3D 场景面板中的【品质】菜单设置为【光线跟踪最终效果】时，可通过该选项定义光线跟踪渲染的图像品质阈值。如果使用较小的值，则在某些区域（柔和阴影、景深模糊）中的图像品质降低时，立即停止光线跟踪。渲染时始终可以通过单击鼠标或使用键盘手动停止光线跟踪 |
| 3D 文件载入 | 用于指定 3D 文件载入时的行为。【现用光源限制】用于设置现用光源的初始限制。如果即将载入的 3D 文件中的光源数量超过该限制，则某些光源一开始会被关闭。但可以单击【场景】视图中光源对象旁边的眼睛图标，在 3D 面板中打开这些光源。【默认漫射纹理限制】用于设置漫射纹理不存在时，Photoshop 将在材质上自动生成的漫射纹理的最大数量。如果 3D 文件具有材质超过该数量，则 Photoshop 不会自动生成纹理 |

# 妙招技法

　　下面结合本章内容，给大家介绍一些实用技巧。

## 技巧 01：如何恢复默认工作区

　　在图像处理时，频繁操作通常会让工作界面变得混乱、没有条理，在这种情况下，用户可以快速恢复工作区，具体操作步骤如下。

**Step 01** 打开素材，并调乱工作界面。打开"素材文件\第 2 章\水稻梯田 .jpg"文件，调乱操作界面，该工具区是杂乱的【基本功能（默认）】工作区，如图 2-84 所示。

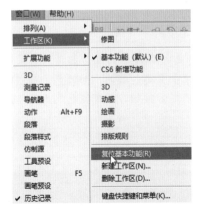

图 2-84

**Step 02** 复位工作区。执行【窗口】→【工作区】→【复位基本功能】命令，Photoshop 就恢复为默认的【基本功能（默认）】工作区样式，如图 2-85 所示。

图 2-85

## 技巧 02：自定画布颜色

图像画布区域默认是灰色的，用户可以自由设置画布区的颜色，以满足自己的个性需要，具体操作步骤如下。

**Step01** 打开【自定画布颜色】对话框。打开图像后，右击图像区域外的灰色区域，在打开的快捷菜单中选择【选择自定颜色】选项，如图 2-86 所示。

图 2-86

**Step02** 设置颜色。在弹出的【拾色器（自定画布颜色）】对话框中，单击需要的颜色，如蓝色，如图 2-87 所示；然后单击【确定】按钮，画布被更改为蓝色，如图 2-88 所示。

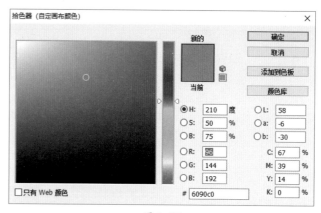

图 2-87

图 2-88

## 技巧 03：快速选择工具箱中的工具

在 Photoshop CS6 中，常用工具都有相应的快捷键。例如，按【P】键，即可选择【钢笔工具】。将鼠标指针停留在工具上，会显示工具名称和快捷键。按下【Shift】键的同时按工具快捷键，可在一组隐藏工具中循环选择。

## 本章小结

本章详细介绍了 Photoshop CS6 的基本操作。通过对本章的学习，读者不仅对 Photoshop CS6 的工作界面有了全面的认识，还能掌握查看图像、使用辅助工具及设置 Photoshop 首选项参数等知识技能，为后面的学习打下良好的基础。

# 第3章 Photoshop CS6 图像处理基本操作

- ➡ 位图和矢量图哪个更清晰?
- ➡ 如何在 Photoshop CS6 中快速打开最近使用过的文件?
- ➡ 存储文件时,不想覆盖原文件怎么办?
- ➡ Photoshop CS6 的默认存储格式是什么?
- ➡ 如何在 Adobe Bridge 中管理图像?

本章将通过介绍图像处理的基础知识、文件的基本操作、图像的编辑、图形变换及内存优化等帮助大家快速了解 Photoshop CS6 图像处理的入门技能与相关操作。

## 3.1 图像处理要素

在学习 Photoshop CS6 图像处理操作之前,先来了解一些图像处理基础知识,包括位图和矢量图的概念、像素与分辨率的区别等。

### ★重点 3.1.1 位图和矢量图

计算机中的图像可分为位图和矢量图两种类型。Photoshop 主要用于位图图像的编辑,但也包含矢量功能。下面介绍位图和矢量图的概念,以便为学习图像处理打好基础。

#### 1. 位图

位图也称为点阵图、栅格图像、像素图,它是由像素(Pixel)组成的,在 Photoshop 中处理图像时,编辑的就是像素。例如,在 Photoshop CS6 中打开一幅图像,使用【缩放工具】在图像上连续单击,直到工具中间的【+】号消失,图像放至最大,画面中会出现许多的彩色小方块,这便是像素,如图 3-1 所示。

使用数码相机拍摄的照片、扫描仪扫描的图片,以及在计算机屏幕上抓取的图像等都是位图。位图的特点是可以表现色彩的变化和颜色的细微过渡,产生逼真的效果,并且很容易在不同的软件之间交换使用,但在保存时,需要记录每一个像素的位置和颜色值,因此占用的存储空间也较大。

另外,由于受到分辨率的制约,位图包含固定数量的像素,在对其缩放或旋转时,Photoshop 无法生成新的像素,只能将原有的像素变大以填充多出的空间,产生的结果往往会使清晰的图像变得模糊,也就是人们通常所说的图像变"虚"了。例如,原图像放大 100% 和放大 400% 后局部对比,可发现图像放大至 400% 后已经变得模糊了,如图 3-2 所示。

原图

放大至最大

图 3-1

原图放大 100%

原图放大 400%

图 3-2

## 2. 矢量图

矢量图也称为面向对象的图像或绘图图像，使用直线或曲线来描述图形。这些图形的元素是一些点、线、矩形、多边形、圆和弧线等，它们是通过数学公式计算获得的。

矢量图的最大优点是轮廓的形状更容易修改和控制，而且无论放大、缩小或旋转，图形都不会失真，但其最大的缺点则是难以表现色彩层次丰富的逼真图像效果。另外，矢量图形不受分辨率的影响，因此在印刷时，可以任意缩放图形而不会影响出图的清晰度。

矢量图形以几何图形居多，常用于图案、标志、VI（视觉识别系统）、文字等设计。常用的矢量软件有CorelDraw、Illustrator、Freehand、XARA、CAD 等，图 3-3所示为用矢量软件绘制的图形。

图 3-3

## ★重点 3.1.2 像素与分辨率的关系

像素是组成位图图像最基本的元素。当一张位图图像放大到一定程度时，所看到的一个个的小方块就是像素。每一个像素都有自己的位置，并记载着图像的颜色信息，一个图像包含的像素越多，颜色信息越丰富，图像的效果也会越好，但文件也会随之增大。

分辨率是指单位长度内包含的像素点的数量，它的单位通常为像素 / 英寸（ppi），如 72ppi 表示每英寸包含 72 个像素点。分辨率决定了位图细节的精细程度，通常情况下，分辨率越高，包含的像素越多，图像就越清晰。像素和分辨率是两个密不可分的重要概念，它们的组合方式决定了图像的数据量。在打印时，高分辨率的图像要比低分辨率的图像包含更多的像素。因此，像素点越小，像素的密度越高，也就可以重现更多细节和

更细微的颜色过渡效果。虽然分辨率越高，图像的质量越好，但也会增加占用的存储空间。因此，只有根据图像的用途设置合适的分辨率，才能取得最佳的使用效果。

## 3.2　文件的相关操作

Photoshop CS6 的文件相关操作包括新建、打开、置入、导入、导出、保存、关闭等，它们是图像处理的基础操作，下面将对这些操作进行详细的介绍。

## ★重点 3.2.1　新建文件

启动 Photoshop CS6 程序后，默认状态下没有可操作文档，若要设计作品，则需要新建一个空白文档，具体操作步骤如下。

Step 01 执行【新建】命令。执行【文件】→【新建】命令，打开【新建】对话框，❶ 在对话框中设置文档名称、大小、分辨率、颜色模式、背景内容等参数。❷ 单击【确定】按钮，如图 3-4 所示。

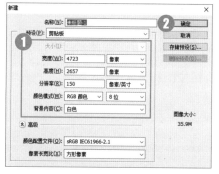

图 3-4

Step 02 空白文档效果。通过前面的操作，即可创建一个空白文档，如图 3-5 所示，相关选项作用及含义如表 3-1 所示。

图 3-5

表 3-1 选项作用及含义

| 选项 | 作用及含义 |
| --- | --- |
| 名称 | 既可以设置文档的名称，也可以使用默认的文档名如"未标题 -1"。创建文档后，文档名会显示在文档窗口的标题栏中。保存文档时，文档名会自动显示在存储文档的对话框内 |
| 预设 / 大小 | 提供了各种尺寸的照片、Web、A3 打印纸、A4 打印纸、胶片和视频等常用的文档尺寸预设 |
| 宽度 / 高度 | 可设置文档的宽度和高度。在右侧的选项中可以选择一种单位，包括【像素】【英寸】【厘米】【毫米】【点】【派卡】和【列】 |
| 分辨率 | 可以设置文档的分辨率。在右侧选项中可以选择分辨率的单位，包括【像素 / 英寸】和【像素 / 厘米】 |
| 颜色模式 | 可以设置文档的颜色模式，包括【位图】【灰度】【RGB 颜色】【CMYK 颜色】和【Lab 颜色】 |
| 背景内容 | 可以将文档背景内容设置为【白色】【背景色】或【透明】 |
| 高级 | 单击【显示高级选项】按钮，可以显示对话框中隐藏的【颜色配置文档】选项和【像素长宽比】选项。在【颜色配置文档】下拉列表中可以选择一个颜色配置文档；在【像素长宽比】下拉列表中可以选择像素的长宽比 |
| 存储预设 | 单击该按钮，打开【新建文档预设】对话框，设置预设的名称并选择相应的选项，可以将当前设置的文档大小、分辨率、颜色模式等创建为一个预设。以后需要创建同样的文档时，只需在【新建】对话框的【预设】下拉列表中选择该预设即可 |
| 删除预设 | 选择自定义的预设文档后，单击该按钮，可以将其删除，但系统提供的预设不能删除 |
| 图像大小 | 显示了当前设置的文档所占用存储空间的大小 |

## ★重点 3.2.2 打开文件

若要在 Photoshop CS6 中处理图像文件，或者继续之前的创作，就需要打开已有的文件。在 Photoshop CS6 中打开文件的方法有很多，下面进行详细的讲解。

### 1.【打开】命令

【打开】命令是最常用的打开文件命令，具体操作步骤如下。

**Step 01** 执行【打开】命令。执行【文件】→【打开】命令，❶ 在【打开】对话框中选择一个文件（如果要选择多个文件，可按住【Ctrl】键依次单击需要打开的文件），❷ 单击【打开】按钮，如图 3-6 所示，相关选项作用及含义如表 3-2 所示。

图 3-6

表 3-2 选项作用及含义

| 选项 | 作用及含义 |
| --- | --- |
| 查找范围 | 在左上角的【查找范围】下拉列表中可以选择图像文件所在的文件夹 |
| 文件名 | 显示了所选文件的文件名 |
| 文件类型 | 默认为【所有格式】，对话框中会显示所有格式的文件。如果文件数量较多，可以在下拉列表中选择一种文件格式，使对话框中只显示该类型的文件，以便于查找 |

**Step 02** 查看文件打开效果。通过前面的操作即可打开文件，如图 3-7 所示。

图 3-7

41

### 2.【打开为】命令

　　如果使用与文件的实际格式不匹配的扩展名存储文件，或者文件没有扩展名，那么 Photoshop 可能无法确定文件的正确格式。

　　如果出现这种情况，可执行【文件】→【打开为】命令，弹出【打开为】对话框，❶ 在【打开为】下拉列表中指定正确的格式，❷ 选择需要打开的文件，❸ 单击【打开】按钮将其打开，如图 3-8 所示。若文件还是不能打开，则选取的格式可能与文件的实际格式不匹配，或者文件已经损坏。

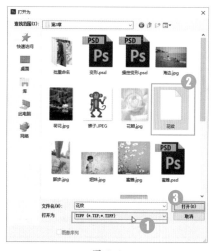

图 3-8

### 3.【在 Bridge 中浏览】命令

　　执行【文件】→【在 Bridge 中浏览】命令，可以运行 Adobe Bridge，在 Bridge 中选中一个文件并双击，即可在 Photoshop 中将其打开，如图 3-9 所示。

图 3-9

### 4.【在 Mini Bridge 中浏览】命令

　　执行【文件】→【在 Mini Bridge 中浏览】命令，可打开【Mini Bridge】面板。在该面板中双击目标图像，或者将目标图像拖动到文档窗口中，可以快速打开文档，如图 3-10 所示。

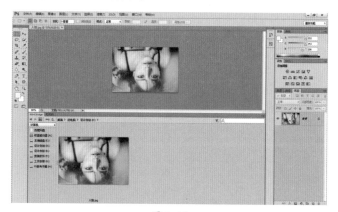

图 3-10

### 5. 拖动图像的打开方式

　　拖动图像打开文件的方式有以下两种。

　　（1）在没有运行 Photoshop CS6 的情况下，将要打开的图像文件拖动到 Photoshop 应用程序图标上，就可以运行 Photoshop 并打开该文件，如图 3-11 所示。

　　（2）在运行了 Photoshop CS6 的情况下，则可在 Windows 资源管理器中将文件拖动到 Photoshop 窗口中打开，如图 3-12 所示。

图 3-11

图 3-12

## 6. 打开最近使用过的文件

在【最近打开文件】的菜单中保存了用户最近在 Photoshop CS6 中打开的文件，执行【文件】→【最近打开文件】命令，在弹出的菜单中选择一个文件即可将其打开，如图 3-13 所示。

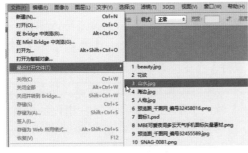

图 3-13

### 技能拓展——清除最近打开文件

如果要清除最近打开的文件列表，选择菜单底部的

【清除最近的文件列表】命令即可。

## 7. 作为智能对象打开

智能对象可以对图像进行无损处理。一般情况下，在对 Photoshop 中添加的图像进行缩放、旋转或变形操作时，图像质量会受损，为了避免这种情况，可以将图像作为智能对象打开。

执行【文件】→【打开为智能对象】命令，❶ 在弹出的【打开为智能对象】对话框中选择一个文件，❷ 单击【打开】按钮，即可将该文件作为智能对象打开。作为智能对象打开的图像，在图层缩览图右下角有一个图标，如图 3-14 所示。

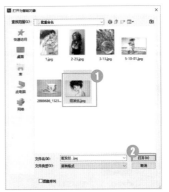

图 3-14

### 技术看板

在 Photoshop CS6 中右击图层或图层组，在弹出的快捷菜单中选择【转换为智能对象】命令，即可将图层或图层组转换为智能对象。

## ★重点 3.2.3 实战：置入文件

| 实例门类 | 软件功能 |
|---|---|

当在 Photoshop CS6 中新建或打开一个文档后，可以使用【置入】命令将文件作为智能对象添加到文档中。【置入】命令不仅可以添加照片、图片等位图图像，还可以添加 EPS、PDF、AI 等矢量文件到 Photoshop 文档中使用，具体操作步骤如下。

Step01 新建文档。执行【文件】→【新建】命令，或者按【Ctrl+N】组合键新建一个文档，如图 3-15 所示。

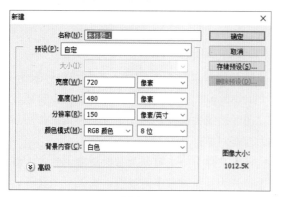

图 3-15

**Step02** 置入"夜间多云图标 .ai"文件。执行【文件】→【置入】命令，❶ 在【置入】对话框中选择"夜间多云图标 .ai"文件；❷ 单击【置入】按钮；❸ 在【置入 PDF】对话框中单击【确定】按钮，如图 3-16 所示。

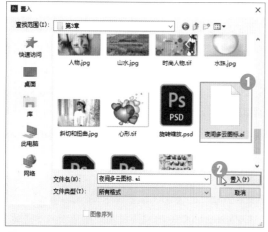

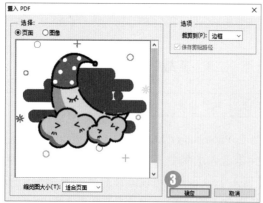

图 3-16

**Step03** 调整图像位置及大小。通过前面的操作，即可将图像置入文档中，拖动四周的变换点调整图像的大小，按【Enter】键确定置入，如图 3-17 所示。

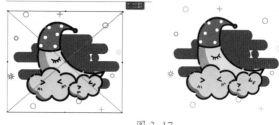

图 3-17

**Step04** 查看智能对象。在【图层】面板中，可以看到图像被作为智能对象置入，如图 3-18 所示。

图 3-18

> **技术看板**
>
> 在拖动四周控制点调整图像大小时，按【Shift】键可以等比例缩放图像。

### 3.2.4　导入文件

Photoshop 可以编辑视频帧、注释和 WIA（Windows 图像采集）支持等内容，新建或打开图像文件后，可以通过【文件】→【导入】下拉菜单中的命令，将这些内容导入图像中。

某些数码相机使用 WIA 支持来导入图像，将数码相机连接到计算机，然后执行【文件】→【导入】→【WIA 支持】命令，可以将照片导入 Photoshop 中。

如果计算机配置有扫描仪并安装了相关的软件，则可以在【导入】下拉菜单中选择扫描仪的名称，使用扫描仪制造商的软件扫描图像，并将其存储为 TIFF、PICT、BMP 格式，然后在 Photoshop 中打开。

### 3.2.5　导出文件

用户在 Photoshop 中创建和编辑的图像可以导出到 Illustrator 或视频设备中，以满足不同的使用目的。【文件】→【导出】下拉菜单中包含了用于导出文件的命令。执行【文件】→【导出】→【Zommify】命令，可以将高分辨率的图像发布到 Web 上，利用 Viewpoint Media Player，用户可以平移或缩放图像以查看它的不同部分。在导出时，Photoshop 会创建 JPEG 和 HTML 文件，可以将这些文件上传到 Web 服务器。

如果在 Photoshop 中创建了路径，可以执行【文件】→【导出】→【路径到 Illustrator】命令，将路径导出为 AI 格式，在 Illustrator 中可以继续对路径进行编辑。

## ★重点 3.2.6　保存文件

编辑完成的图像需要进行保存。保存图像的方法有很多种，可根据不同的需要进行选择。

### 1.【存储】命令

执行【文件】→【存储】命令保存所做的修改，图像会按照原有的格式存储。如果是一个新建的文件，则会打开【存储为】对话框。

> **技术看板**
>
> 按【Ctrl+S】组合键，可以以原始文件名快速存储图像；如果是一个新建的文件，则会打开【存储为】对话框。

### 2.【存储为】命令

如果要将文件保存为另外的名称和其他格式，或者存储在其他位置，可以执行【文件】→【存储为】命令，在打开的【存储为】对话框中将文件另存，如图 3-19 所示，相关选项作用及含义如表 3-3 所示。

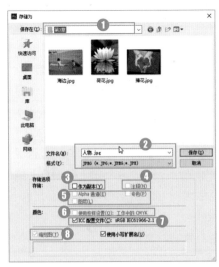

图 3-19

**表 3-3　选项作用及含义**

| 选项 | 作用及含义 |
| --- | --- |
| ❶ 保存在 | 可以选择图像的保存位置 |
| ❷ 文件名 / 格式 | 可设置文件名，在【格式】下拉列表中选择图像的保存格式 |
| ❸ 作为副本 | 选中该复选框，可另存一个文件副本。副本文件与源文件存储在同一位置 |
| ❹ 注释 | 可以选择是否存储注释 |
| ❺ Alpha 通道 / 图层 / 专色 | 可以选择是否存储 Alpha 通道、图层和专色 |
| ❻ 使用校样设置 | 将文件的保存格式设置为 EPS 或 PDF 时，该复选框可用，选中该复选框可以保存打印用的校样设置 |
| ❼ ICC 配置文件 | 可保存嵌入在文档中的 ICC 配置文件 |
| ❽ 缩览图 | 为图像创建缩览图。此后在【打开】对话框中选择一个图像时，对话框底部会显示此图像的缩览图 |

### 3.2.7　【签入】命令

执行【文件】→【签入】命令保存文件时，允许存储文件的不同版本及各版本的注释。该命令可用于 Version Cue 工作区管理的图像，如果使用来自 Adobe Version Cue 的项目文件，文档标题栏会提供有关文件状态的其他信息。

> **技能拓展——什么是 Version Cue**
>
> Version Cue 是 Adobe 的一个基于服务器的文件管理系统，主要用于协同编辑和版本控制。借助 Version Cue，Adobe 可以集中管理共享的项目文件、使用直观的版本控制系统与他人同步工作、使用注释跟踪文件状态。

### 3.2.8　常见图像文件格式

文件格式决定了图像数据的存储方式、压缩方法、支持什么样的 Photoshop 功能，以及文件的兼容性。存储文件时，在【存储为】对话框的【格式】下拉列表中可以看到 Photoshop CS6 提供了多种文件存储格式，如图 3-20 所示。

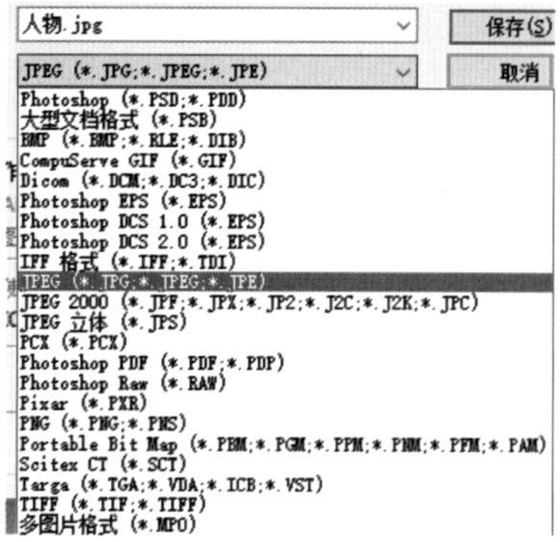

图 3-20

面对 Photoshop 如此众多的文件格式，该用哪一种存储文件呢？初学者往往会迷茫。下面介绍几种常见的文件格式。

### 1. PSD 文件格式

PSD 格式是 Photoshop 默认的源文件格式，它可以保留文档中的所有图层、蒙版、通道、路径、未栅格化文字、图层样式等。一般情况下，在保存文件时都要保存一个 PSD 的源文件格式，方便以后修改。

> **技能拓展——方便的 PSD 格式**
>
> PSD 格式文件也可以应用在 Adobe 公司的其他软件中，如可在 Illustrator、InDesign 等平面设计软件中直接置入 PSD 文件，也可在 After Effects、Premiere 等影视后期制作软件中使用 PSD 文件。

### 2. TIFF 文件格式

TIFF 格式是一种通用的文件格式，所有的绘画、图像编辑和排版程序都支持该格式，而且几乎所有的桌面扫描仪都可以产生 TIFF 图像。

TIFF 格式支持具有 Alpha 通道的 CMYK、RGB、Lab、索引颜色和灰度图像，以及没有 Alpha 通道的位图模式图像。Photoshop 可以在 TIFF 文件中存储图层，但如果在另一个应用程序中打开该文件，则只有拼合图像是可见的。

### 3. BMP 文件格式

BMP 是一种用于 Windows 操作系统的图像格式，主要用于保存位图文件。该格式可以处理 24 位颜色的图像，支持 RGB、位图、灰度和索引模式，但不支持 Alpha 通道。

### 4. GIF 文件格式

GIF 是基于网格上传输图像而创建的文件格式，它支持透明背景和动画，被广泛应用在网格文档中。例如，在网上常见的 QQ 动态表情和搞笑动态图片都是 GIF 格式的，该格式采用 LZW 无损压缩方式，压缩效果较好。

### 5. JPEG 文件格式

JPEG 格式是最常用的一种图像格式，是一种最有效、最基本的有损压缩方式，支持绝大多数的图形处理软件。使用 JPEG 格式存储图像时图像质量损坏比较严重，因此常用于对图像质量要求并不高的情况。如果对图像精度要求极高，那么不建议使用 JPEG 格式保存文件。

### 6. EPS 文件格式

EPS 格式是为 PostScript 打印机上输出图像而开发的，几乎所有的图形、图表和页面排版程序都支持该格式。EPS 格式可以同时包含矢量图形和位图图像，支持 RGB、CMYK、位图、双色调、灰度、索引和 Lab 模式，但不支持 Alpha 通道。

### 7. RAW 文件格式

Photoshop Raw 是一种灵活的文件格式，用于在应用程序与计算机平台之间传递图像。该格式支持具有 Alpha 通道的 CMYK、RGB 和灰度模式，以及无 Alpha 通道的多通道、Lab 和双色调模式。

### 8. PNG 文件格式

PNG 格式是一种无损压缩格式，主要用于在 Web 上显示图像，其设计目的是替代 GIF 和 TIFF 文件格式。与 GIF 格式不同的是，PNG 支持 244 位图像并产生无锯齿状的透明背景。由于 PNG 格式可以实现无损压缩，且背景部分是透明的，因此常用来存储透明背景的素材图像。

### 3.2.9 关闭文件

完成图像的编辑后，可以采用以下几种方法关闭文件。

（1）执行【文件】→【关闭】命令，或者单击文档窗口右上角的 ⊠ 按钮，可以关闭当前的图像文件。

（2）如果在 Photoshop 中打开了多个文件，执行【文件】→【关闭全部】命令，可以关闭所有的文件。

（3）执行【文件】→【退出】命令，或者单击程序窗口右上角的 ⊠ 按钮，可以关闭文件并退出 Photoshop。如果文件没有保存，就会弹出对话框询问是否保存文件。

（4）按【Ctrl+Q】组合键也可以退出软件。如果文件没有保存，就会弹出对话框询问是否保存文件。

## 3.3 使用 Adobe Bridge 管理图像

Adobe Bridge 是 Adobe 自带的看图软件，从 Bridge 中不仅可以查看、搜索、排序、管理和处理图像文件，还可以使用 Bridge 创建新文件夹、对文件进行重命名、移动和删除操作、编辑元数据、旋转图像及运行批处理命令，以及查看有关从数码相机导入的文件和数据信息。

### ★重点 3.3.1 Adobe Bridge 工作界面

执行【文件】→【在 Bridge 中浏览】命令，可以打开 Bridge 工作区。Bridge 工作区主要包含的组件如图 3-21 所示，相关组件及其作用如表 3-4 所示。

图 3-21

表 3-4　Bridge 工作区中的组件及作用

| 组件 | 作用 |
| --- | --- |
| ❶ 应用程序栏 | 提供了基本任务的按钮，如文件夹层次结构导航、切换工作区及搜索文件 |
| ❷ 路径栏 | 显示了正在查看的文件夹的路径，允许导航到该目录 |
| ❸ 收藏夹面板 | 可以快速访问文件夹以及 Version Cue 和 Bridge Home |
| ❹ 文件夹面板 | 显示文件夹层次结构，使用它可以浏览文件夹 |
| ❺ 过滤器面板 | 可以排序和筛选【内容】面板中显示的文件 |
| ❻ 收藏集面板 | 允许创建、查找和打开收藏集和智能收藏集 |
| ❼ 内容面板 | 显示由导航菜单按钮、路径栏、【收藏夹】面板或【文件夹】面板指定的文件 |

| 组件 | 作用 |
|---|---|
| ❽ 预览面板 | 显示所选的一个或多个文件的预览。预览不同于【内容】面板中显示的缩览图，并且通常大于缩览图。可以通过调整面板大小来缩小或扩大预览 |
| ❾ 元数据面板 | 包含所选文件的元数据信息。如果选择了多个文件，就会列出共享数据（如关键字、创建日期和曝光度设置） |
| ❿ 关键字面板 | 帮助用户通过附加关键字来组织图像 |

## 3.3.2　Mini Bridge 工作界面

　　Mini Bridge 是简化版的 Bridge。如果只需查找和浏览图片素材，就可以使用 Mini Bridge。执行【文件】→【在 Mini Bridge 中浏览】命令，或者执行【窗口】→【扩展功能】→【Mini Bridge】命令，都可以打开【Mini Bridge】面板。

　　在【导航】选项卡中选择要显示图像所在的文件夹，面板中就会显示出文件夹中所包含的图像文件，如图 3-22 所示。拖动面板底部的滑块还可以调整缩览图的大小，如图 3-23 所示。如果要在 Photoshop 中打开一个图像，只需双击图像即可。

图 3-22

图 3-23

## ★重点 3.3.3　在 Bridge 中浏览图像

　　在 Bridge 中浏览图像的方式有很多种，可以根据需要选择，下面介绍不同的浏览方式。

### 1. 全屏模式浏览图像

　　在 Adobe Bridge 面板中，单击窗口右上方的下三角按钮，可以选择【胶片】【元数据】【关键字】和【预览】等方式显示图像，如图 3-24 所示。

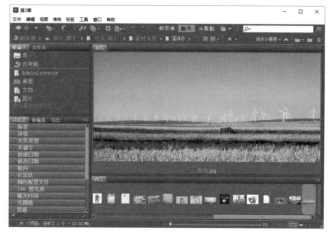

【胶片】方式显示图像

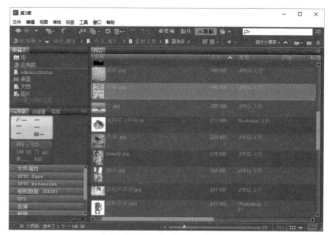

【无数据】方式显示图像

续表

| 选项 | 作用及含义 |
|------|-----------|
| ❹ 以详细信息形式查看内容 | 单击该按钮，会显示图像的详细信息，如大小、分辨率、照片的光圈、快门等 |
| ❺ 以列表形式查看内容 | 单击该按钮，会以列表的形式显示图像 |

### 2. 幻灯片浏览图像

执行【视图】→【幻灯片放映】命令，可通过幻灯片放映的形式自动播放图像，如图 3-26 所示。如果要退出幻灯片，按下【Esc】键即可。

图 3-26

**技术看板**

按【Ctrl+L】组合键可快速进入幻灯片放映。

### 3. 审阅模式浏览图像

执行【视图】→【审阅模式】命令，可以切换到审阅模式，如图 3-27 所示。在该模式下，如果单击后面背景图像缩览图，该背景图就会跳转为前景图像。

图 3-27

若单击前景图像的缩览图，则会弹出一个窗口显示局部图像，如果图像的显示比例小于 100%，窗口内的图像会显示为 100%。用户可以拖动该窗口移动观察图像，单击窗口右下角的▉按钮可以关闭窗口，如图 3-28 所示。

按下【Esc】键或双击屏幕右下角的▉按钮，即可退出审阅模式。

【关键字】方式显示图像

【预览】方式显示图像

图 3-24

在操作界面右下方，还可以拖动滑块调整显示比例，并调整不同的显示方式，如图 3-25 所示，相关选项作用及含义如表 3-5 所示。

图 3-25

表 3-5 选项作用及含义

| 选项 | 作用及含义 |
|------|-----------|
| ❶ 三角滑块 | 拖动三角滑块可以调整图像的显示比例 |
| ❷ 单击锁定缩览图网格 | 单击该按钮，可以在图像之间添加网格 |
| ❸ 以缩览图形式查看内容 | 单击该按钮，会以缩览图的形式显示图像 |

图 3-28

## ★重点 3.3.4 在 Bridge 中打开图像

在 Bridge 中双击图像后，即可在其原始应用程序中打开该图像。例如，双击一个图像文件，可以在 Photoshop 中打开它；双击一个 AI 格式的文件，则会在 Illustrator 中打开它。

### 3.3.5 预览动态媒体文件

在 Bridge 中可以预览大多数视频、音频和 3D 文件，在内容面板中选择要预览的文件，即可在【预览】面板中播放该文件。

### 3.3.6 对文件进行排序

执行【视图】→【排序】命令，在打开的扩展菜单中选择一个选项，可以按照该选项中所定义的规则对所选文件进行排序，如图 3-29 所示。选择【手动】命令则可按上次拖曳文件的顺序排序。

图 3-29

## ★重点 3.3.7 实战：对文件进行标记和评级

| 实例门类 | 软件功能 |
|---|---|

当文件夹中文件的数量较多时，可以用 Bridge 对重要的文件进行标记和评级。标记之后，从【视图】→【排序】菜单中选择一个选项，对文件重新排列，即可在需要时快速将其找到，具体操作步骤如下。

**Step 01** 标记图像。启动 Bridge，选择需要进行标记的图像，在【标签】菜单中选择一个标签选项，即可为文件添加颜色标记，如选择【待办事宜】选项，如图 3-30 所示。

图 3-30

**Step 02** 评级图像。在【标签】菜单中选择评级，即可对文件进行评级，如选择【☆☆☆☆☆】选项，如图 3-31 所示。

图 3-31

### 技能拓展——删除标签和调整评级

执行【标签】→【无标签】命令，可以删除标签。

如果要增加或减少一个评级星级，可选择【标签】→【提升评级】或【标签】→【降低评级】命令。如果要删除所有星级，可选择【无评级】命令。

### 3.3.8 实战：查看和编辑数码照片的元数据

使用数码相机拍照时，相机会自动将拍摄信息（如光圈、快门、ISO、测光模式、拍摄时间等）记录到照片中，这些信息称为元数据。查看和编辑元数据的具体操作步骤如下。

Step01 显示图像原始数据信息。选择 Bridge 窗口右上角的【元数据】选项卡，单击一张照片，窗口左侧的【元数据】面板中就会显示各种原始数据信息，如图 3-32 所示。

图 3-32

Step02 添加新信息。在【元数据】面板中，可以为照片添加新的信息，如拍摄者的姓名、照片的版权等。单击【IPTC Core】选项区域右侧的 ✎ 图标，在需要编辑的项目中设置信息，然后按下【Enter】键即可，如图 3-33 所示。

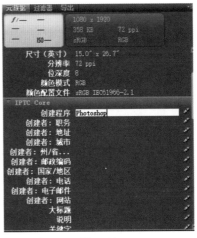

图 3-33

## 3.4 图像的编辑修改

不同应用场景对图像的大小尺寸要求也不同，在 Photoshop CS6 中，用户既可以根据实际情况设置图像的大小和分辨率，也可以通过旋转、裁剪的方式来编辑图像。

### ★重点 3.4.1 修改图像大小

通常情况下，图像尺寸越大，所占磁盘空间也越大，通过设置图像尺寸可以调整文件大小。

执行【图像】→【图像大小】命令，打开【图像大小】对话框，如图 3-34 所示，相关选项作用及含义如表 3-6 所示。

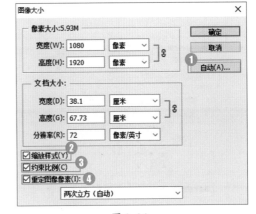

图 3-34

表 3-6　选项作用及含义

| 选项 | 作用及含义 |
|---|---|
| ❶ 自动 | 单击该按钮可以打开【自动分辨率】对话框，输入挂网的线数，Photoshop 可以根据输出设备的网频来确定建议使用的图像分辨率 |
| ❷ 缩放样式 | 如果文档中的图层添加了图层样式，选中该复选框后，可在调整图像的大小时自动缩放样式效果。只有选中【约束比例】复选框，才能使用该选项 |
| ❸ 约束比例 | 选中该复选框，修改图像的宽度或高度时，可保持宽度和高度的比例不变 |
| ❹ 重定图像像素 | 修改图像的像素大小在 Photoshop 中称为"重新取样"。当减少像素的数量时，就会从图像中删除一些信息；当增加像素的数量或增加像素取样时，则会添加新的像素。在【图像大小】对话框最下面的列表中可以选择一种插值方法来确定添加或删除像素的方式，如【两次立方】【邻近】【两次线性】等 |

**技术看板**

修改图像大小只能在原图像基础上进行，无法生成新的原始数据。如果原图像很模糊，调高分辨率也是于事无补的。

## ★重点 3.4.2　修改画布大小

画布是指容纳文件内容的窗口，是由最初建立或打开的文件像素决定的，改变画布大小是从绝对尺寸上来改变。若要修改画布大小，可执行【图像】→【画布大小】命令，在打开的【画布大小】对话框中设置参数即可，如图 3-35 所示，相关选项作用及含义如表 3-7 所示。

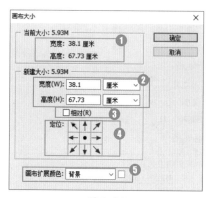

图 3-35

表 3-7　选项作用及含义

| 选项 | 作用及含义 |
|---|---|
| ❶ 当前大小 | 显示了图像宽度和高度的实际尺寸，以及文档的实际大小 |
| ❷ 新建大小 | 可以在【宽度】和【高度】文本框中设置画布的尺寸。当设置的数值大于原来尺寸时会扩大画布，否则会减小画布，且减小画布会裁剪图像。设置画布尺寸后，该选项右侧会显示修改画布后的文档大小 |
| ❸ 相对 | 选中该复选框，【宽度】和【高度】选项中的数值将代表实际增加或减少区域的大小，而不再代表整个文档的大小，此时设置正值表示增加画布，设置负值表示减小画布 |
| ❹ 定位 | 单击不同的方格，可以指示当前图像在新画布上的位置 |
| ❺ 画布扩展颜色 | 在其下拉列表中可以选择填充新画布的颜色。如果图像的背景是透明的，则【画布扩展颜色】选项不可用，添加的画布也是透明的 |

## ★重点 3.4.3　实战：使用旋转画布功能调整图像构图

| 实例门类 | 软件功能 |
|---|---|

使用旋转画布功能可以调整图像旋转角度，调整图像构图的具体操作步骤如下。

**Step01** 打开素材文件并旋转图像。打开"素材文件\第3章\捧花.jpg"文件，如图 3-36 所示，执行【图像】→【图像旋转】→【180 度】命令，如图 3-37 所示。

图 3-36　　　　　图 3-37

**Step02** 查看图像效果并恢复默认前景色、背景色的设置。旋转 180 度后，图像效果如图 3-38 所示。按【D】键恢复默认前/背景色，按【X】键调换前/背景色，确保背景色为黑色，如图 3-39 所示。

图 3-38　　　　　图 3-39

**Step 03** 旋转任意角度。执行【图像】→【图像旋转】→【任意角度】命令，❶设置【角度】为 10 度，❷单击【确定】按钮，如图 3-40 所示。

图 3-40

### 🎞 技术看板

　　执行【图像】→【图像旋转】命令，在打开的扩展菜单中，可以选择旋转方式（如水平、垂直翻转画布等）。需要注意的是，此时的旋转对象只针对整体图像。

## 3.4.4　显示画布外的图像

　　如果将一个比当前画布尺寸更大的图像拖动到文档中，有些图像内容就会显示在画布外。此时若要显示画布外的图像，可执行【图像】→【显示全部】命令，Photoshop 会分析像素位置，自动扩大画面，显示出全部图像，如图 3-41 所示。

图 3-41

## ★重点 3.4.5　实战：裁剪图像

| 实例门类 | 软件功能 |
|---|---|

　　编辑图像时，可以通过裁剪的方式对图像进行二次构图，突出主题。下面详细介绍裁剪图像的方法。

### 1. 裁剪工具

　　选择工具箱中的【裁剪工具】🔲，会切换到【裁剪工具】选项栏，如图 3-42 所示。

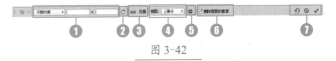

图 3-42

　　相关选项作用及含义如表 3-8 所示。

表 3-8　选项作用及含义

| 选项 | 作用及含义 |
|---|---|
| ❶ 使用预设裁剪 | 单击此按钮可以打开预设的裁剪选项，包括【原始比例】【前面的图像】等预设裁剪方式 |
| ❷ 纵向与横向旋转裁剪框 | 单击该按钮，可即在【横向】和【纵向】裁剪框之间转换 |
| ❸ 拉直图像 | 单击【拉直】按钮🔲，在照片上单击并拖动鼠标绘制一条直线，让线与地平线、建筑物墙面和其他关键元素对齐，即可自动将画面拉直 |
| ❹ 设置裁剪工具的叠加选项 | 在打开的列表中选择进行裁剪时的视图显示方式 |
| ❺ 视图选项 | 在打开的列表中选择进行裁剪时的视图显示方式，包括了【三等分】【黄金比例】【金色螺线】等，利用视图选项可以辅助构图 |

续表

| 选项 | 作用及含义 |
|------|-----------|
| ❻ 删除裁剪的像素 | 默认情况下，Photoshop CS6 会将裁剪的图像保留在文件中（可使用【移动工具】🡒️拖动图像，将隐藏的图像内容显示出来）。如果要彻底删除被裁剪的图像，即可选中该复选框，再进行裁剪 |
| ❼ 复位、取消、提交 | 单击【复位】按钮，可以将裁剪区域、图像旋转、长宽比确定到图像边缘的状态；单击【取消】按钮，可以回到选择【裁剪工具】的最初状态；单击【提交】按钮，可以确定当前的裁剪 |

具体操作步骤如下。

Step01 打开素材文件，拖出裁剪框。打开"素材文件\第3章\荷花.jpg"文件，如图3-43所示，选择【裁剪工具】🔲，将鼠标指针移动至图像中，按住鼠标左键不放，任意拖出一个裁剪框。释放鼠标左键后，裁剪区域外部屏蔽图像变暗，如图3-44所示。

图 3-43　　　　图 3-44

Step02 确认裁剪区域。拖动裁剪框四周的变换点，调整所裁剪的区域，按【Enter】键即可完成裁剪，如图3-45所示。

调整裁剪区域　　　　完成裁剪效果

图 3-45

## 2. 透视裁剪工具

【透视裁剪工具】🔲可在对图像进行裁剪的同时调整图像的透视效果；使用该工具在照片中单击并拖动鼠标，即可创建裁剪范围，拖曳出现的控制点即可调整透视范围，具体操作步骤如下。

Step01 创建裁剪区域。打开"素材文件\第3章\建筑.jpg"文件，选择【透视裁剪工具】🔲，在图像中单击并拖动鼠标，即可创建裁剪区域，如图3-46所示。

图 3-46

Step02 调整透视角度和裁剪区域大小。拖动裁剪框四角上的控制点即可调整透视角度，而拖动边框线上的控制点即可调整裁剪区域大小，如图3-47所示。

调整透视角度

裁剪区域大小

图 3-47

**Step 03** 确认裁剪。调整完成后，按【Enter】键或单击选项栏中的【提交当前裁剪操作】按钮☑，即可确定裁剪，如图 3-48 所示。

图 3-48

**3.【裁切】命令**

【裁切】命令可以裁切掉指定的目标区域，如透明像素、左上角像素颜色等，执行【图像】→【裁切】命令，可以打开【裁切】对话框，如图 3-49 所示。

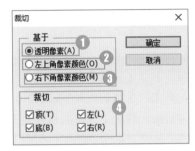

图 3-49

相关选项作用及含义如表 3-9 所示。

表 3-9　选项作用及含义

| 选项 | 作用及含义 |
| --- | --- |
| ① 透明像素 | 可以删除图像边缘的透明区域，留下包含非透明像素的最小图像 |
| ② 左上角像素颜色 | 从图像中删除左上角像素颜色的区域 |
| ③ 右下角像素颜色 | 从图像中删除右下角像素颜色的区域 |
| ④ 裁切 | 用来设置要修正的图像区域 |

使用【裁切】命令裁切透明像素，效果对比如图 3-50 所示。

裁切前效果　　　　　　裁切后效果

图 3-50

**4.【裁剪】命令**

使用【裁剪】命令可以快速裁切掉选区内的图像，具体操作步骤如下。

创建选区后，执行【图像】→【裁剪】命令，选区外的图像即被裁切掉，如图 3-51 所示。

裁剪前效果　　　　　　裁剪后效果

图 3-51

### 3.4.6　拷贝、剪切与粘贴

【拷贝】【剪切】与【粘贴】都是应用程序中最普通的命令，用它们可以完成复制与粘贴任务。与其他程序不同的是，Photoshop 的相关功能更加人性化。

## 1. 拷贝图像

执行【编辑】→【拷贝】命令，或者按【Ctrl+C】组合键，可以将图像复制到剪贴板中。

## 2. 合并拷贝

如果文件中包含多个图层，创建选区后，执行【编辑】→【合并拷贝】命令，可以将多个图层中的可见内容复制到剪贴板中，如图 3-52 所示。

图 3-52

## 3. 剪切

执行【编辑】→【剪切】命令，将图像放入剪贴板中，并将图像从原始位置剪切掉，原位置不再有该图像。

## 4. 粘贴

执行【编辑】→【粘贴】命令，或者按【Ctrl+V】组合键，可以将剪贴板中的图像粘贴到目标区域。

## 5. 选择性粘贴

复制或剪切图像以后，执行【编辑】→【选择性粘贴】命令，在打开的下拉菜单中包括以下命令。

原位粘贴：执行该命令，或者按【Shift+Ctrl+V】组合键，可以将图像按照其原位粘贴到文档中，如图 3-53 所示。

原图象 　　　　　原位粘贴后效果

图 3-53

贴入：先在文档中创建选区，再执行该命令，或者按【Alt+Shift+Ctrl+V】组合键，可以将图像粘贴到选区内，并自动添加蒙版，将选区之外的图像隐藏，如图 3-54 所示。

创建选区　　　　贴入后效果

图 3-54

外部粘贴：该命令实现与【贴入】命令相反的效果。先在文档中创建选区，再执行该命令，可粘贴图像，并自动创建蒙版，将选区内的图像隐藏，如图 3-55 所示。

创建选区　　　外部粘贴后效果

图 3-55

## 6. 清除图像

在图像中创建选区后，执行【编辑】→【清除】命令，可以清除选区内的图像。如果清除的是【背景】图层上的图像，被清除的区域将填充背景色；如果清除的是其他图层上的图像，就会删除选中的图像。

## 7. 复制文件

执行【图像】→【复制】命令，可以打开【复制图像】对话框，在【为】选项内可以设置文件名称。如果图像包含多个图层，选中【仅复制合并的图层】复选框后，复制后的文件将自动合并图层，如图 3-56 所示。

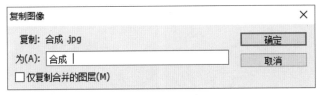

图 3-56

右击文档标题栏，可以打开相应的快捷菜单，选择【复制】命令可以复制文件，如图 3-57 所示。

图 3-57

## 3.5　图像的变形与变换

使用 Photoshop CS6 设计图像或进行创意合成时，经常需要调整图层的大小、角度，甚至有时要对图形形态进行扭曲、变形处理，这时就可以对图层进行变形或变换操作。

### 3.5.1　移动图像

【移动工具】 是最常用的工具之一，无论是移动文档中的图层、选区内的图像，还是将其他文档中的图像拖入当前文档，都需要使用该工具。选择工具箱中的【移动工具】 ，其选项栏如图 3-58 所示。

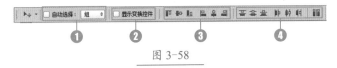

图 3-58

相关选项作用及含义如表 3-10 所示。

表 3-10　选项作用及含义

| 选项 | 作用及含义 |
| --- | --- |
| ❶ 自动选择 | 如果文档中包含多个图层或组，可选中该复选框并在下拉列表中选择要移动的内容。选择【图层】选项，使用【移动工具】在画面中单击时，可以自动选择工具下面包含像素的最顶层图层；选择【组】选项，则在画面中单击时，可以自动选择工具下包含像素的最顶层图层所在的图层组 |
| ❷ 显示变换控件 | 选中该复选框后，选择一个图层时，就会在图层内容的周围显示定界框，可以拖动控制点对图像进行变化操作。当文档中的图层较多，且要经常进行变换操作时，该复选框非常实用。但在一般情况下实用性不强，可以不选中该复选框 |

续表

| 选项 | 作用及含义 |
| --- | --- |
| ❸ 对齐图层 | 选择了两个或两个以上的图层，可单击相应的按钮对齐所选图层。这些按钮包括顶对齐、垂直居中对齐、底对齐、左对齐、水平居中对齐和右对齐 |
| ❹ 分布图层 | 如果选择了 3 个或 3 个以上的图层，可单击相应的按钮使所选图层按照一定的规则均匀分布。这些按钮包括顶分布、垂直居中分布、按底分布、按左分布、水平居中分布和按右分布 |

在【图层】面板中选中要移动对象所在的图层，使用【移动工具】 在画面中单击并拖动鼠标，即可移动图层中的图像位置，如图 3-59 所示。

选中要移动对象所在的图层　　　移动图层中的图像位置

图 3-59

### ★重点 3.5.2　定界框、中心点和控制点

执行【编辑】→【变换】命令，其下拉菜单中包含

了各种变换命令，可以对图层、路径、矢量形状及选中的图像进行变换操作。

执行变换命令时，对象周围会出现一个定界框，定界框中央有一个中心点，4 个角点处和 4 条边框线中间都有控制点，如图 3-60 所示。默认情况下，中心点位于对象的中心，它用于定义对象的变换中心，拖动它可以移动它的位置，如图 3-61 所示。若拖动控制点，则可对图像进行缩放、透视等变形、变换操作。

图 3-60　　　　　　　　图 3-61

### 3.5.3　实战：旋转和缩放

| 实例门类 | 软件功能 |
|---|---|

【旋转】命令可以旋转图像角度，【缩放】命令可以缩放图像，具体操作步骤如下。

**Step01** 缩放图像。打开"素材文件\第 3 章\旋转缩放 .psd"文件，先选中要缩放的【海豚】图层；执行【编辑】→【变换】→【缩放】命令，进入缩放状态，如图 3-62 所示；按住鼠标左键并拖动边框线中间的控制点，可以进行横向或纵向上的缩放；按住鼠标左键并拖动定界框角点处的控制点，可同时进行纵向和横向上的缩放，如图 3-63 所示。

图 3-62　　　　　　　　图 3-63

**Step02** 旋转图像。执行【编辑】→【变换】→【旋转】命令，显示定界框，将鼠标指针移动至定界框外，当鼠标指针变成↰形状时单击，拖动鼠标可以旋转对象，如图 3-64 所示；完成操作后，在选项栏中单击【提交变换】按钮✔，或者按【Enter】键确认操作，如图 3-65 所示。

图 3-64　　　　　　　　图 3-65

### 3.5.4　斜切、扭曲和透视变换

执行【编辑】→【变换】→【斜切】命令，显示定界框，将鼠标指针放在定界框外侧，当鼠标指针会变成▸↕或↔▸形状时单击，拖动鼠标可以沿垂直或水平方向斜切对象，如图 3-66 所示。

图 3-66

执行【编辑】→【变换】→【扭曲】命令，显示定界框，将鼠标指针放在定界框周围的控制点上，当鼠标指针会变成▸形状时单击，并拖动鼠标可以扭曲对象，如图 3-67 所示。

图 3-67

执行【编辑】→【变换】→【透视】命令，显示定界框，将鼠标指针放在定界框周围的控制点上，当鼠标指针变成▸形状时单击，拖动鼠标可进行透视变换，如图 3-68 所示。

图 3-68

### 3.5.5　实战：通过【变形】命令为玻璃球贴图

| 实例门类 | 软件功能 |
|---|---|

使用【变形】命令，可以拖动变形框内的任意点，对图像进行更加灵活的变形操作，具体操作步骤如下。

**Step01** 打开素材文件并执行【变形】命令。打开"素材文件\第 3 章\变形.psd"，如图 3-69 所示；执行【编辑→【变换】→【变形】命令，会显示变形网格，如图 3-70 所示。

 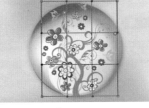

图 3-69　　　　　　　图 3-70

**Step02** 执行【变形】操作。将鼠标指针放在网格内，当鼠标指针变成 ▶ 形状时单击，拖动鼠标可进行变形变换，如图 3-71 所示；按【Enter】键确认变换，如图 3-72 所示。

图 3-71　　　　　　　图 3-72

**Step03** 更改图层混合模式。在【图层】面板左上方更改【图层 1】的混合模式为【线性光】，效果如图 3-73 所示。

图 3-73

**技能拓展——变形样式**

进入变形状态时，在选项栏中可以设置系统预设的变形样式，包括【扇形】【上（下）弧】等，用户还可以输入具体的弯曲数值。

### 3.5.6　自由变换

按【Ctrl+T】组合键即可进入自由变换状态，默认自由变换方式为【缩放】，在变换框中右击，在弹出的快捷菜单中可以选择变换方式，或者配合功能键进行变换，具体操作命令如下。

➡ 缩放：将鼠标指针指向变换框角控制节点上拖动鼠标。拖动时，按下【Shift】键，可以等比例缩放；按下【Alt】键，可以以变换中心为基点进行图像缩放。

➡ 旋转：将鼠标指针放置在变换框外，当指针变为旋转符号时拖动，即可旋转图像角度。

➡ 斜切：按【Ctrl + Shift】组合键，可以拖动变换节点。

➡ 扭曲：按【Ctrl】键，可以拖动变换节点，同时按下【Ctrl + Alt】组合键，拖动鼠标可以以变换中心为基点进行扭曲。

➡ 透视：按【Ctrl + Shift + Alt】组合键，可以拖动变换节点。

**技术看板**

执行【图像】→【图像旋转】命令，在打开的扩展菜单中可以选择旋转方式（如水平、垂直翻转画布等）。需要注意，此时的旋转对象只针对整体图像。

### 3.5.7　精确变换

进入变换状态后，在选项栏中可以设置数值进行精确变换，如图 3-74 所示。

图 3-74

相关选项作用及含义如表 3-11 所示。

表 3-11　选项作用及含义

| 选项 | 作用及含义 |
|---|---|
| ❶ 参考点位置 | 方块对应变换框上的控制点，单击相应控制点，可以改变图像的变换中心点 |
| ❷ 位置 | 设置参考点的水平和垂直位置 |
| ❸ 缩放 | 设置图像的水平和垂直缩放 |
| ❹ 旋转 | 设置图像的旋转角度 |
| ❺ 斜切 | 设置图像的斜切角度 |

### 3.5.8 实战：再次变换图像制作旋转花朵

| 实例门类 | 软件功能 |
|---|---|

变换对象后，可以以一定的规律多次变换图像，得到特殊效果，具体操作步骤如下。

**Step 01** 打开素材文件，复制图层。打开"素材文件\第3章\再次 .psd"文件，选中【图层 1】，按【Ctrl+J】组合键复制图层，如图 3-75 所示。

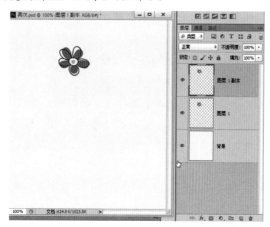

图 3-75

**Step 02** 旋转图像。按【Ctrl+T】组合键，进入自由变换状态，更改变换中心点的位置，如图 3-76 所示。拖动旋转图像，如图 3-77 所示。

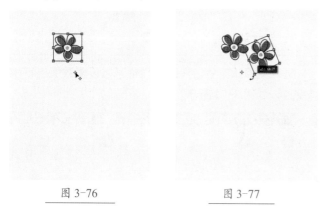

图 3-76                          图 3-77

**Step 03** 缩小图像。拖动变换点缩小图像，如图 3-78 所示。按【Enter】键确认变换，如图 3-79 所示。

图 3-78                          图 3-79

**Step 04** 复制并变换图像。按【Alt+Shift+Ctrl+T】组合键 4 次，复制并以相同的变换方式变换图像，如图 3-80 所示。多次按【Alt+Shift+Ctrl+T】组合键，得到最终的图像效果，如图 3-81 所示。

图 3-80                          图 3-81

### 3.5.9 实战：使用操控变形调整动物肢体动作

| 实例门类 | 软件功能 |
|---|---|

Photoshop CS6 中使用【操控变形】命令可以达到改变物体的形状和人物的动作姿态的效果。该命令是通过可视网格，以添加控制点的方式来扭曲图像。下面通过该命令改变动物的肢体动作，具体操作步骤如下。

**Step 01** 打开素材文件并执行操控变形命令。打开"素材文件\第3章\操控变形 .psd"文件，如图 3-82 所示，选中【图层 1】，执行【编辑】→【操控变形】命令，在图像上显示变形网格，如图 3-83 所示。

图 3-82

进入操控变形状态后，可以在选项栏中进行参数设置，如图 3-87 所示。

图 3-87

相关选项作用及含义如表 3-12 所示。

表 3-12 选项作用及含义

| 选项 | 作用及含义 |
|------|-----------|
| ❶ 模式 | 设定网格的弹性。选择【刚性】选项，变形效果精确，但缺少柔和的过渡；选择【正常】选项，变形效果准确，过渡柔和；选择【扭曲】选项，可创建透视扭曲效果 |
| ❷ 浓度 | 设置网格点的间距。有【较少点】【正常】和【较多点】3 个选项 |
| ❸ 扩展 | 设置变形效果的衰减范围。数值越大，变形网格范围会向外扩展，变形后的对象边缘会更加平滑。数值越小，边缘越生硬 |
| ❹ 显示网格 | 选中该复选框会显示变形网格 |
| ❺ 图钉深度 | 选择图钉后，可以调整它的堆叠顺序 |
| ❻ 旋转 | 选择【自动】选项，在拖动图钉时，会自动对图像进行旋转处理；选择【固定】选项，可以设置准确的旋转角度 |

图 3-83

**Step 02** 添加控制点。在选项栏中取消选中【显示网格】复选框，在关键位置单击，添加图钉，如图 3-84 所示。

**Step 03** 改变动作姿态。拖动所选位置的图钉，就可以改变其动作姿态，如图 3-85 所示。

### 技能拓展——删除图钉

单击一个图钉以后，按下【Delete】键可将其删除。此外，按住【Alt】键单击图钉也可以将其删除。如果要删除所有图钉，可在变形网格上右击，在打开的快捷菜单中选择【移去所有图钉】命令。

## 3.5.10 实战：使用内容识别比例缩放图像

| 实例门类 | 软件功能 |
|---------|---------|

内容识别缩放可以对图像进行智能缩放。普通的缩放在调整图像时会统一影响所有的像素，而内容识别缩放命令会自动识别图像中的人物、动物、建筑等重要元素，并进行保护，在缩放时主要影响没有重要可视内容区域中的像素，具体操作步骤如下。

**Step 01** 转换背景图层为普通图层。打开"素材文件\第3章\内容识别比例.jpg"文件，如图 3-88 所示；按住【Alt】键双击【背景】图层，可将其转换为普通图层，如图 3-89 所示。

图 3-84

图 3-85

**Step 04** 继续调整动作姿态。继续拖动其他图钉，调整动物的肢体动作，如图 3-86 所示。

图 3-86

图 3-88 图 3-89

**Step02** 执行内容识别命令。执行【编辑】→【内容识别比例】命令，显示定界框，拖动控制点缩放图像，可以发现重要的人物主体没有产生变化，如图 3-90 所示。

**技术看板**

双击背景图层也可以将其转换为普通图层。

图 3-90

## 3.6　错误操作的恢复处理

在编辑图像的过程中，会出现操作失误或对编辑效果不满意的情况，这时可以通过撤销操作或将图像恢复为最近保存过的状态，然后再重新编辑。

### 3.6.1　还原与重做

执行【编辑】→【还原】命令，或者按【Ctrl+Z】组合键，可以撤销对图形所做的最后一次修改，将其还原到上一步编辑状态中。如果要取消还原操作，可以执行【编辑】→【重做】命令，或者再次按【Ctrl+Z】组合键，即可取消还原操作。

### 3.6.2　前进一步与后退一步

【还原】命令只能还原一步操作，如果要连续还原，可以连续执行【编辑】→【后退一步】命令，或者按【Alt+Ctrl+Z】组合键。如果要取消还原，可以连续执行【编辑】→【前进一步】命令，或者按【Shift+Ctrl+Z】组合键，逐步恢复被撤销的操作。

### 3.6.3　恢复文件

执行【文件】→【恢复】命令，可以直接将文件恢复到最后一次保存时的状态。

### 3.6.4　【历史记录】面板

执行【窗口】→【历史记录】命令，可打开【历史记录】面板，如图 3-91 所示。

图 3-91

相关选项作用及含义如表 3-13 所示。

表 3-13　选项作用及含义

| 选项 | 作用及含义 |
| --- | --- |
| ❶ 设置历史记录画笔的源 | 使用历史记录画笔时，该图标所在的位置将作为历史画笔的源图像 |
| ❷ 快照缩览图 | 被记录为快照的图像状态 |
| ❸ 当前状态 | 将图像恢复到该命令的编辑状态 |
| ❹ 从当前状态创建新文档 | 基于当前操作步骤中图像的状态创建一个新的文件 |
| ❺ 创建新快照 | 基于当前的状态创建快照 |
| ❻ 删除当前状态 | 选择一个操作步骤后，单击该按钮可将该步骤及后面的操作删除 |

## 3.6.5　实战：使用【历史记录】面板和快照还原图像

| 实例门类 | 软件功能 |
|---|---|

在 Photoshop CS6 中编辑图像的每一步操作都会记录在【历史记录】面板中，若要回到某一个步骤，单击其步骤即可。而快照可以用来保存重要的步骤，不管后面有多少操作步骤，都不会影响快照中保存的步骤，具体操作步骤如下。

**Step01** 打开【历史记录】面板。打开"素材文件\第3章\牛.jpg"文件，如图 3-92 所示；执行【窗口】→【历史记录】命令，打开【历史记录】面板，如图 3-93所示。

图 3-92　　　　　　　图 3-93

**Step02** 模糊图像。执行【滤镜】→【模糊】→【径向模糊】命令，❶设置【数量】为10、【模糊方法】为旋转，❷在【中心模糊】选项区域中，拖动中心点到下方，❸单击【确定】按钮，效果如图 3-94 所示。

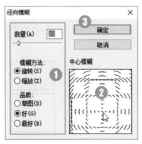
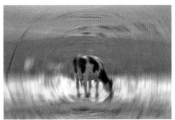

图 3-94

**Step03** 创建快照。在【历史记录】面板中，单击【创建新快照】按钮，新建【快照1】，如图 3-95 所示。

**Step04** 调亮图像。执行【调整】→【曲线】命令，❶向上方拖动曲线，❷单击【确定】按钮，如图 3-96 所示。

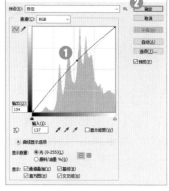

图 3-95　　　　　　　图 3-96

**Step05** 查看调整效果。曲线调整效果如图 3-97 所示，在【历史记录】面板中也可以看到每一步操作步骤。

图 3-97

**Step06** 使用快照还原图像。在【历史记录】面板中，单击【快照1】步骤，如图 3-98 所示；此时图像可恢复到【快照1】保存时的状态，如图 3-99 所示。

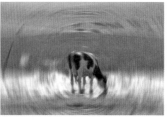

图 3-98　　　　　　　图 3-99

**Step07** 恢复图像默认状态。在【历史记录】面板中，单击【打开】步骤，如图 3-100 所示；图像则恢复到刚刚打开时的状态，如图 3-101 所示。

图 3-100　　　　　　　图 3-101

### 3.6.6 非线性历史记录

在【历史记录】面板中，单击某一步操作还原图像时，该步骤以下的操作全部变暗，如图 3-102 所示；如果此时进行其他操作，则该步骤后面的记录全部被新的操作替代，如图 3-103 所示；而非线性历史记录则允许在更改选择的状态时保留后面的操作，如图 3-104 所示。

图 3-102          图 3-103          图 3-104

单击【历史记录】面板中的【扩展】按钮 ▼ ，在弹出的菜单中选择【历史记录选项】命令，打开【历史记录选项】对话框，选中【允许非线性历史记录】复选框，即可将历史记录设置为非线性状态，如图 3-105 所示。

所示。

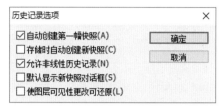

图 3-105

相关选项作用及含义如表 3-14 所示。

表 3-14   选项作用及含义

| 选项 | 作用及含义 |
| --- | --- |
| 自动创建第一幅快照 | 打开图像文件时，图像的初始状态自动创建为快照 |
| 存储时自动创建新快照 | 在编辑的过程中，每保存一次文件，都会自动创建一个快照 |
| 默认显示新快照对话框 | 强制 Photoshop 提示操作者设置快照名称 |
| 使图层可见性更改可还原 | 保存对图层可见性的更改 |

## 3.7   内存优化

在运行 Photoshop 时，可能会出现运行卡顿的情况。造成这种情况的原因很多，在无法升级计算机性能的情况下，可执行【编辑】→【清理】下拉菜单中的命令，释放在制图过程中产生的还原操作、历史记录、剪贴板等缓存，从而改善软件运行的流畅程度

### 3.7.1   暂存盘

Photoshop 处理图像时，如果内存空间不足，就会使用硬盘来扩展内存，这是一种虚拟内存技术，也称为暂存盘。暂存盘与内存的总容量至少为处理文件的 5 倍时，Photoshop 才能流畅运行。

在工作界面的状态栏中，单击 ▶ 图标，选择【暂存盘大小】选项，将显示 Photoshop 可用内存的大概值，以及当前所有打开的文件与剪贴板、快照等占用的内存大小，如果左侧数值大于右侧数值，表示 Photoshop 正在使用虚拟内存。选择【效率】选项后，观察效率值，如果接近了 100%，表示仅使用少量暂存盘；如果低于 75%，那么需要释放内存，或者添加新的内存来提高性能，如图 3-106 所示。

 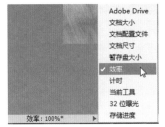

图 3-106

## 3.7.2 减少内存占用量

【拷贝】和【粘贴】图像时，会占用剪贴板和内存空间。如果内存有限，可将需要复制的对象所在图层拖动至【图层】面板底部的【创建新图层】按钮 ▣ 上，复制出的一个包含该对象的新图层，或者使用【移动工具】⊕ 将另一个图像中需要的对象直接拖入正在编辑的文档中。

# 妙招技法

通过前面内容的学习，相信读者已经了解并掌握了 PhotoshopCS6 图像处理的基本操作。下面结合本章内容，给大家介绍一些实用技巧。

### 技巧 01：在 Bridge 中通过关键字快速搜索图片

本实例先打开 Bridge，然后在【关键字】面板中新建关键字，最后通过关键字查找图片，具体操作步骤如下。

**Step 01** 打开素材文件夹。执行【文件】→【在 Bridge 中浏览】命令，进入 Bridge 操作界面，打开第 3 章素材文件夹，如图 3-107 所示。

图 3-107

**Step 02** 设置图像显示方式并选中素材。❶ 单击【输出】选项中的【关键字】标签，切换到该选项卡，❷ 选中【水珠 .jpg】文件，如图 3-108 所示。

图 3-108

**Step 03** 新建并指定关键字。❶ 单击新建关键字按钮 ➕，❷ 在显示的条目中设置关键字【自然】，如图 3-109 所示。选中关键字条目，完成关键字的指定，如图 3-110 所示。

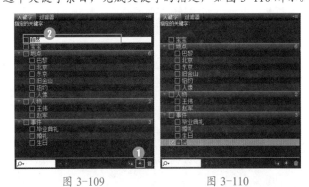

图 3-109　　　　　图 3-110

**Step 04** 通过关键字查找文件。❶ 在 Bridge 窗口右上角的设置框中输入关键字"自然"，❷ 按【Enter】键就可以找到目标文件，如图 3-111 所示。

图 3-111

## 技巧 02：批量重命名图片

批量重命名可以快速为多张图片以相似的名称进行命名，具体操作步骤如下。

**Step01** 选择目标文件夹。启动 Bridge，选择目标路径"素材文件 \ 第 3 章 \ 批重命名"文件夹，如图 3-112 所示。

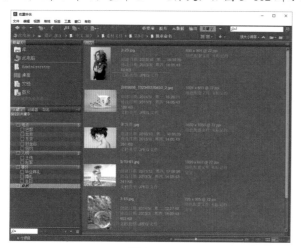

图 3-112

**Step02** 全选图像文件。按【Ctrl+A】组合键，选择所有的图像文件，如图 3-113 所示。

图 3-113

**Step03** 重命名文件。执行【工具】→【批重命名】命令，打开【批重命名】对话框，❶ 在【目标文件夹】选项区域中，选中【在同一文件夹中重命名】单选按钮，❷ 设置新的文件名为【风光】，并设置序列数字，数字的位数为 1 位，❸ 单击【重命名】按钮，如图 3-114 所示。

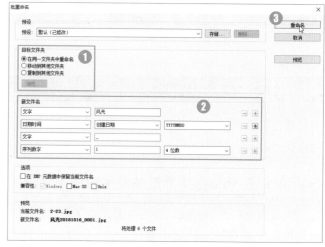

图 3-114

**Step04** 查看重命名效果。系统将会自动重命名文件，重命名效果如图 3-115 所示。

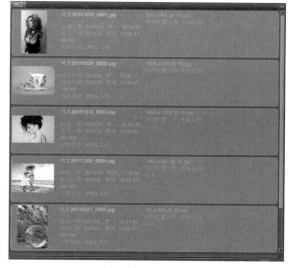

图 3-115

# 同步练习——姐妹情深

单独的一张女孩照片看起来比较单调，没有象征意义。而通过 Photoshop 的处理，可以为照片添加特殊的意义，营造出姐妹情深的场景效果，如图 3-116 所示。

原图

效果图

图 3-116

| 素材文件 | 素材文件 \ 第 3 章 \ 姐妹 .jpg，心形 .tif |
| --- | --- |
| 结果文件 | 结果文件 \ 第 3 章 \ 姐妹 .psd |

具体操作步骤如下。

**Step01** 打开素材文件。执行【文件】→【打开】命令，❶ 选择打开位置，❷ 选择【姐妹 .jpg】文件，❸ 单击【打开】按钮，如图 3-117 所示。

图 3-117

**Step02** 复制背景图层。打开图像文件，按【Ctrl+J】组合键复制图层得到【图层1】，如图 3-118 所示。

图 3-118

**Step03** 翻转图像。执行【编辑】→【变换】→【水平翻转】命令，水平翻转图像，如图 3-119 所示。

图 3-119

**Step04** 擦除【图层1】的左边图像。选择工具箱中的【橡皮擦工具】 ✐，在左侧拖动鼠标擦除图像，如图 3-120 所示。

图 3-120

**Step05** 继续擦除显示左侧人物。继续拖动鼠标擦除图像，使左侧的人物逐渐显露出来，如图 3-121 所示。

图 3-121

**Step06** 添加心形素材。打开"素材文件\第3章\心形.tif"文件，如图 3-122 所示。

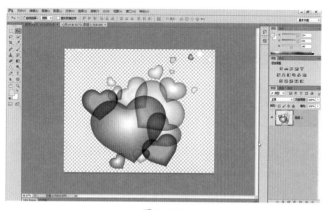

图 3-122

**Step07** 设置窗口排列方式。执行【窗口】→【工作区】→【使所有内容在窗口中浮动】命令，窗口排列如图 3-123 所示。

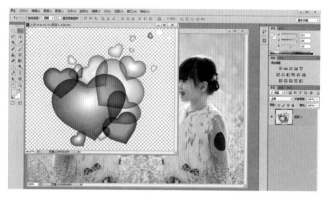

图 3-123

**Step08** 移动心形素材。选择【移动工具】 ▶⊕，移动心形到姐妹图像中，如图 3-124 所示。

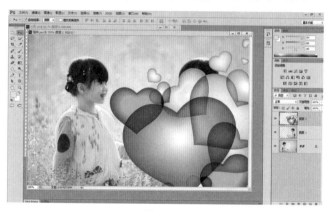

图 3-124

**Step09** 恢复默认窗口排列方式。执行【窗口】→【工作区】→【将所有内容合并到选项卡中】命令，窗口排列如图 3-125 所示。

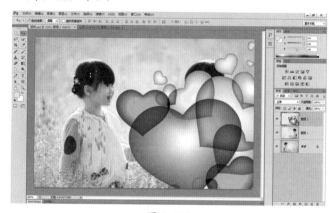

图 3-125

**Step10** 调整心形素材位置。使用【移动工具】 ▶⊕，移动心形到姐妹图像中间位置，如图 3-126 所示。在【图层】面板中，自动生成【心形】图层，如图 3-127 所示。

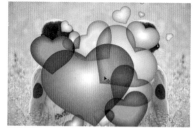

图 3-126                图 3-127

**Step11** 调整心形素材大小。按【Ctrl+T】组合键，执行自由变换操作，向内拖动右上角的控制点，适当缩小图像，如图 3-128 所示。

图 3-128

**Step 12** 旋转心形素材角度。向顺时针方向拖动右上角的控制点，适当旋转图像，如图 3-129 所示。

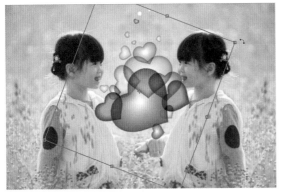

图 3-129

**Step 13** 更改图层混合模式。在变换框内双击，确认变换，在【图层】面板中，更改【心形】图层混合模式为【颜色加深】，如图 3-130 所示，效果如图 3-131 所示。

图 3-130

图 3-131

**Step 14** 还原部分图像。选中【图层1】，使用【移动工具】
➡ 向右侧适当移动图像，如图 3-132 所示。使用【历史记录画笔工具】在左侧人物的手部位置涂抹，恢复部分原始图像，最终效果如图 3-133 所示。

图 3-132

图 3-133

**Step 15** 存储文件。执行【文件】→【存储为】命令，在打开的【存储为】对话框中，❶ 选择存储位置，❷ 设置【文件名】为【姐妹】、【格式】为【.PSD】，❸ 单击【保存】按钮，如图 3-134 所示。

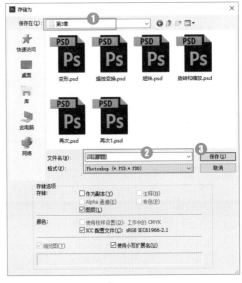

图 3-134

## 本章小结

　　通过本章的学习，大家掌握了图像处理的相关理论知识、Photoshop CS6 中文件的基本操作、Adobe Bridge 图像文件管理、图像的编辑、变换与变形、还原与重做及历史记录等相关内容。其中，文件的基本操作、图像的编辑、图像的变换与变形、还原与重做等是本章的重点内容，而矢量图与位图、图像分辨率、图像文件格式等内容是本章学习的难点，对后面的深入学习非常重要。

# 第4章　创建与编辑图像选区

- ➥ 选区工具太多，如何正确选择合适的工具？
- ➥ 怎样选出图像中的某种颜色？
- ➥ 选区被隐藏了怎么办？
- ➥ 如何选中全部图像？
- ➥ 如何创建复杂选区？

本章将详细讲解一些常用的绘制选区的方法，以及选区的基本操作，如移动、交换、显示与隐藏、载入存储等。通过本章的学习，相信读者会很容易找到解决以上问题的方法，在实际操作过程中能够轻松创建和编辑选取。

## 4.1　选区创建的常用方法

选区功能的使用非常普遍。无论是在照片修饰还是在设计合成中，都会遇到需要对画面局部进行处理、在特定范围内填充颜色或将部分区域删除的情况，这时可以通过创建选区来进行操作。在 Photoshop CS6 中，针对不同的对象有不同的创建选区的方法，下面将详细介绍。

### 4.1.1　选区

选区是为局部编辑对象而建立的形状区域。在 Photoshop CS6 中建立选区后，选区边缘会显示为闪烁的黑白相间的虚线框，这时再进行操作只会对选区以内的图像起作用。例如，要更改图像中嘴唇的颜色，要先将嘴唇区域单独选取出来，再更改颜色即可，如图 4-1 所示。

创建选区　　　　　更改颜色后的效果

图 4-1

### 4.1.2　通过基本形状创建选区

边缘为矩形的对象，可以用【矩形选框工具】选择；圆形或椭圆形对象可用【椭圆选框工具】选择；边缘为直线的对象，可用【多边形套索工具】选择；如果对选区的形状要求不高，可用【套索工具】选择。

### 4.1.3　通过色调差异创建选区

【快速选择工具】、【魔棒工具】、【色彩范围】命令和【磁性套索工具】都可以基于色调之间的差异建立选区。如果需要选择的对象与背景之间色调差异明显，可以使用以上工具来选取选区。

### 4.1.4　通过钢笔工具创建选区

Photoshop 中的钢笔工具是矢量工具，它可以绘制光滑的曲线路径。如果对象边缘光滑，并呈现不规则状，可以用【钢笔工具】描摹对象的轮廓，再将轮廓转换为选区，从而选中对象。通常情况下，使用钢笔工具可以创建精准的选区，但在操作中需要花费较长时间。

### 4.1.5　通过快速蒙版创建选区

单击工具箱中的【以快速蒙版编辑模式】按钮[O]，或者按【Q】键可进入快速蒙版状态。使用画笔工具涂抹需要创建选区的图像，按【Q】键退出快速蒙版编辑状态即可创建选区。

### 4.1.6　通过通道选择法创建选区

通道是最强大的抠图工具，适合选择细节丰富的对象（如毛发等）和透明的对象（如玻璃、烟雾、婚纱等），以及被风吹动的旗帜、高速行驶的汽车等边缘模糊的对象。在面对这些对象时，都可以考虑用通道创建选区。

## 4.2　选区工具的应用

Photoshop CS6 中的基本选区工具包括选框工具和套索工具。其中，选框工具（包括【矩形选框工具】[□]、【椭圆选框工具】[○]、【单行选框工具】[━]和【单列选框工具】[┃]）用于创建规则选区；而套索工具（包括【套索工具】[♀]、【多边形套索工具】[♥]和【磁性套索工具】[♥]）用于创建不规则选区。

### ★重点 4.2.1　矩形选框工具

【矩形选框工具】[□]是选区工具中最常用的工具之一，可用于创建长方形和正方形选区。选择【矩形选框工具】后，其选项栏如图 4-2 所示。

图 4-2

相关选项作用及含义如表 4-1 所示。

表 4-1　选项作用及含义

| 选项 | 作用及含义 |
| --- | --- |
| ❶ 选区运算 | 【新选区】[□]按钮的主要功能是建立一个新选区；【添加选区】按钮[□]、【从选区减去】按钮[□]和【与选区交叉】按钮[□]是选区和选区之间进行布尔运算的方法 |
| ❷ 羽化 | 用于设置选区的羽化范围 |
| ❸ 消除锯齿 | 选中该复选框后，可通过软化边缘像素与背景像素之间的颜色转换，使选区的锯齿状边缘平滑 |
| ❹ 样式 | 用于设置选区的创建样式，包括【正常】【固定比例】和【固定大小】选项 |
| ❺ 调整边缘 | 单击该按钮，可以打开【调整边缘】对话框，对选区进行平滑、羽化等处理 |

选择【矩形选框工具】[□]后，在图像中单击并向右下角拖动鼠标，释放鼠标后，即可创建一个矩形选区，如图 4-3 所示。

　　创建矩形选区　　　　　创建矩形选区后的效果

图 4-3

### ★重点 4.2.2　椭圆选框工具

【椭圆选框工具】[○]可以在图像中创建椭圆形或圆形的选区，该工具与【矩形选框工具】[□]的选项栏基本相同，只是该工具可以使用【消除锯齿】功能。

选择工具箱中的【椭圆选框工具】[○]，在图像中单击并向右下角拖动鼠标创建椭圆选区，如图 4-4 所示。

创建椭圆选区

创建椭圆选区后的效果

图 4-4

**⚙⚙ 技能拓展——创建方形和正圆选区**

在使用【矩形选框工具】▣或【椭圆选框工具】◯创建选区时，若按住【Shift】键的同时单击鼠标并拖曳，即可创建一个正方形或正圆形选区。

### 4.2.3 实战：制作艺术花瓣效果

| 实例门类 | 软件功能 |
|---|---|

前面学习了【矩形选框工具】▣和【椭圆选框工具】◯的基本知识。下面结合这两种选区工具制作艺术花瓣效果，具体操作步骤如下。

**Step 01** 打开素材文件。打开"素材文件\第4章\向日葵.jpg"文件，如图4-5所示。

图 4-5

**Step 02** 创建矩形选区。选择【矩形选框工具】▣，在图像中间拖动鼠标创建选区，如图4-6所示。

图 4-6

**Step 03** 将选区内图像进行去色处理。按【Ctrl+Shift+U】组合键，执行【去色】命令，即可去除选区内的图像颜色，选区内的图像会呈现灰白色。然后按【Ctrl+D】组合键取消选区，如图4-7所示。

图 4-7

**Step 04** 创建椭圆选区。使用【椭圆选框工具】◯创建选区，按【Shift+Ctrl+I】组合键，反选选区，如图4-8所示。

图 4-8

**Step 05** 将选区内图像进行去色处理。再次按【Ctrl+Shift+U】组合键，执行【去色】命令，去除选区内的图像颜色。最后按【Ctrl+D】组合键取消选区，即可完成所有操作，如图4-9所示。

图 4-9

### 4.2.4 实战：使用单行和单列选框工具绘制网格像素字

| 实例门类 | 软件功能 |
|---|---|

使用【单行选框工具】▭或【单列选框工具】▮可以精确地选择图像的一行或一列像素，移动鼠标指针至图形窗口，在需要创建选区的位置处单击，即可创建选区，

具体操作步骤如下。

**Step01** 新建文档。执行【文件】→【新建】命令，❶ 设置【宽度】为 1251 像素、【高度】为 958 像素、【分辨率】为 72 像素/英寸，❷ 单击【确定】按钮，如图 4-10 所示。

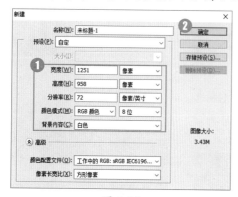

图 4-10

**Step02** 设置网格线间隔。执行【编辑】→【首选项】→【参考线、网格和切片】命令，在【网格】选项区域中，将网格线的间隔设置为 26 毫米，如图 4-11 所示。

图 4-11

**Step03** 创建单行选区。按【Ctrl+'】组合键显示网格，效果如图 4-12 所示。选择【单行选框工具】，在最上方单击，创建单行选区，如图 4-13 所示。

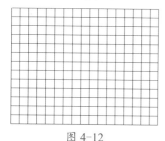 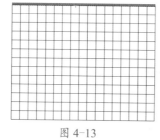

图 4-12          图 4-13

**Step04** 增加单行选区并创建单列选区。按住【Shift】键的同时在横网格上依次单击，增加单行选区，选择【单列选框工具】，按住【Shift】键的同时在列网格上依次单击，创建所有单列选区，如图 4-14 所示。

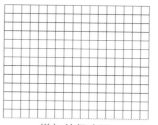 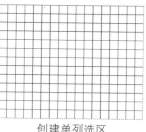

增加单行选区          创建单列选区

图 4-14

**Step05** 将前景色设置为浅灰色。在工具箱中单击【设置前景色】图标，如图 4-15 所示。在打开的【拾色器（前景色）】对话框中，❶ 设置前景色为浅灰色【#9fa0a0】，❷ 单击【确定】按钮，如图 4-16 所示。

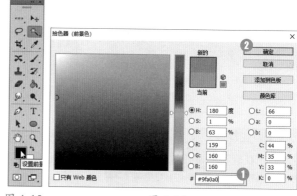

图 4-15          图 4-16

**Step06** 设置网格底纹效果。执行【编辑】→【描边】命令，❶ 设置【宽度】为 8 像素、【位置】为居中，❷ 单击【确定】按钮，如图 4-17 所示。按【Ctrl+'】组合键取消网格显示，得到网格底纹效果，如图 4-18 所示。

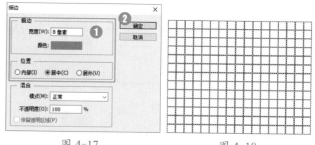

图 4-17          图 4-18

**Step07** 在网格中填充颜色。先按【Ctrl+D】组合键取消选区，然后设置前景色为红色【#e60012】，选择【油漆桶工具】，并在一个网格中单击，填充红色，如图 4-19 所示。

**Step08** 继续填充颜色，完成网格像素字制作。继续在其他网格中单击，填充颜色，完成后的网格像素字效果如

图 4-20 所示。

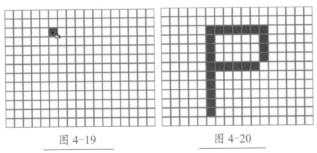

图 4-19　　　　　图 4-20

### ★重点 4.2.5　实战：使用套索工具选择心形

| 实例门类 | 软件功能 |
|---|---|

　【套索工具】 可以绘制不规则形状的选区。若要随意选择画面中的某个部分，或者绘制一个不规则的图形，都可以使用【套索工具】。使用【套索工具】创建选区的具体操作步骤如下。

Step01 打开素材文件，使用【套索工具】绘制选区。打开"素材文件\第 4 章\心形 .jpg"文件，选择【套索工具】 ，在需要选择的图像边缘处单击并拖动鼠标，此时图像中会自动生成没有锚点的线条，如图 4-21 所示。

图 4-21

Step02 生成选区。继续沿着图像边缘拖动鼠标，移动鼠标指针到起点与终点连接处，释放鼠标后生成选区，如图 4-22 所示。

图 4-22

Step03 移动图像。选择【移动工具】 ，拖动小心形

到大心形内部，并按【Ctrl+D】组合键取消选区，如图 4-23 所示。

图 4-23

### 技术看板

　在使用【套索工具】 创建选区的过程中，按住【Alt】键，可以暂时切换为【多边形套索工具】 。

　如果创建的路径终点没有回到起点，这时若释放鼠标，系统将会自动连接终点和起点，从而创建一个封闭的选区。

### 4.2.6　实战：使用多边形套索工具选择彩砖

| 实例门类 | 软件功能 |
|---|---|

　【多边形套索工具】 适用于选取一些复杂的、棱角分明的图像，使用该工具创建选区的具体操作步骤如下。

Step01 打开素材文件并创建路径点。打开"素材文件\第 4 章\彩砖 .jpg"文件，选择【多边形套索工具】 ，在需要创建选区的图像位置处单击，确认起点，在不需要改变选取范围方向的转折点处单击，创建路径点，如图 4-24 所示。

图 4-24

Step02 闭合路径得到多边形选区。当终点与起点重合时，光标下方会显示一个闭合图标 ，如图 4-25 所示。单击鼠标左键，即可得到一个多边形选区，如图 4-26 所示。

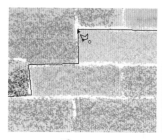

图 4-25　　　　　　　　图 4-26

**Step 03** 添加查找边缘滤镜效果。执行【滤镜】→【风格化】→【查找边缘】命令，如图 4-27 所示。调整选区内的图像，最终效果如图 4-28 所示。

图 4-27　　　　　　　　图 4-28

**技术看板**

使用【多边形套索工具】创建选区时，如果创建的路径终点没有回到起点，这时在图像上双击，系统将会自动连接终点和起点，从而创建一个封闭的选区。

按住【Shift】键的同时，可按水平、垂直或 45° 角的方向创建选区；按【Delete】键，可删除最近创建的路径；若连续多次按【Delete】键，可以删除当前所有的路径；按【Esc】键，可取消当前的选取操作。

## 4.2.7 实战：使用磁性套索工具选择果肉

| 实例门类 | 软件功能 |
| --- | --- |

【磁性套索工具】适用于选取复杂的不规则图像，以及边缘与背景对比强烈的图形。在使用该工具创建选区时，套索路径会自动吸附在图像边缘上。选择【磁性套索工具】后，其选项栏如图 4-29 所示。

图 4-29

相关选项作用及含义如表 4-2 所示。

表 4-2　选项作用及含义

| 选项 | 作用及含义 |
| --- | --- |
| ❶ 宽度 | 决定了以光标中心为基准，其周围有多少个像素能够被工具检测到，如果对象的边界不是特别清晰，需要使用较小的宽度值 |
| ❷ 对比度 | 用于设置工具感应图像边缘的灵敏度。如果图像的边缘对比清晰，可将该值设置得高一些；如果边缘不是特别清晰，可设置得低一些 |
| ❸ 频率 | 用于设置创建选区时生成锚点的数量。该值越高，生成的锚点越多，捕捉到的边界越准确，但过多的锚点会造成选区的边缘不够光滑 |
| ❹ 钢笔压力 | 如果计算机配置有数位板和压感笔，可以单击该按钮，Photoshop 会根据压感笔的压力自动调整工具的检测范围 |

使用该工具创建选区的具体操作步骤如下。

**Step 01** 打开素材文件并选择磁性套索工具开始创建选区。打开"素材文件\第 4 章\柠檬.jpg"文件，选择【磁性套索工具】，在图像中单击确认起点，如图 4-30 所示，沿着对象的边缘缓缓移动鼠标指针，如图 4-31 所示。

图 4-30　　　　　　　　图 4-31

**Step 02** 闭合选区。终点与起点重合时，指针呈 形状，如图 4-32 所示。此时在图像上单击即可创建一个图像选区，如图 4-33 所示。

图 4-32　　　　　　　　图 4-33

**Step 03** 更改果肉颜色。按【Ctrl+U】组合键，执行【色相/饱和度】命令，❶设置【色相】为+180，❷单击【确定】按钮，如图4-34所示，蓝色果肉效果如图4-35所示。

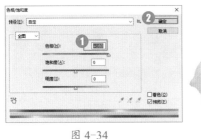

图 4-34　　　　　　　　图 4-35

# 4.3　基于颜色差异的选区工具

　　Photoshop CS6 提供了多种通过识别颜色差异创建选区的工具，如【魔棒工具】🪄、【快速选择工具】☑️、【色彩范围】命令和【快速蒙版】等，这些工具和命令主要用于创建主体物或背景部分的选区，适用于颜色差异比较明显的图像。下面详细介绍这类工具和命令。

## ★重点 4.3.1　使用魔棒工具选择背景

| 实例门类 | 软件功能 |
|---|---|

　　【魔棒工具】🪄用于获取与取样点颜色相似部分的选区。使用【魔棒工具】在画面中单击，光标所处的位置就是取样点，而颜色相似与否则是由【容差】值控制的。【魔棒工具】选项栏如图4-36所示。

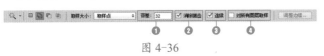

图 4-36

相关选项作用及含义如表4-3所示。

表4-3　选项作用及含义

| 选项 | 作用及含义 |
|---|---|
| ❶ 容差 | 控制创建选区范围的大小。输入的数值越小，要求的颜色越相近，选取范围就越小；相反，颜色相差越大，选取范围就越大 |
| ❷ 消除锯齿 | 模糊羽化边缘像素，使其与背景像素产生的颜色逐渐过渡，从而去掉边缘明显的锯齿状 |
| ❸ 连续 | 选中该复选框时，只选取与鼠标单击处相连接区域中相近的颜色；如果不选中该复选框，则选取整个图像中相近的颜色 |
| ❹ 对所有图层取样 | 用于有多个图层的文件，选中该复选框时，选取与文件中所有图层相同或相近颜色的区域；取消选中该复选框时，只选取与当前图层中相同或相近颜色的区域 |

使用【魔棒工具】🪄更换背景的具体操作步骤如下。

Step 01　打开素材文件，使用魔棒工具单击背景。打开"素材文件\第4章\背景更改.jpg"文件，选择【魔棒工具】🪄，在选项栏中设置【容差】为15，在背景中创建选区，如图4-37所示。

图 4-37

Step 02　选中整个背景。按住【Shift】键的同时，在其他背景位置多次单击添加选区，选中整个背景，如图4-38所示。

图 4-38

Step **03** 更换背景颜色。选择渐变工具，在选项栏中分别设置渐变颜色为浅蓝【#076dad】、蓝色【#044e7d】、深蓝【#02263d】，渐变方式设置为【径向渐变】，在图像中心向右上角拖动光标，创建渐变效果，如图4-39所示。最后按下【Ctrl+D】组合键取消选区，最终效果如图4-40所示。

图 4-39

图 4-40

## 4.3.2 实战：使用快速选择工具选择沙发

| 实例门类 | 软件功能 |

【快速选择工具】能够自动查找颜色接近区域，并创建出这部分区域的选区。选择该工具后，其选项栏如图4-41所示。

图 4-41

相关选项作用及含义如表4-4所示。

表 4-4 选项作用及含义

| 选项 | 作用及含义 |
| --- | --- |
| ❶ 选区运算按钮 | 单击【新选区】按钮，可创建一个新的选区；单击【添加到选区】按钮，可在原选区的基础上添加绘制选区；单击【从选区减去】按钮，可在原选区的基础上减去当前绘制的选区 |
| ❷ 笔尖下拉面板 | 单击·按钮，可在打开的下拉面板中选择笔尖，设置大小、硬度和间距 |
| ❸ 对所有图层取样 | 选中该复选框后，可基于所有图层创建选区 |
| ❹ 自动增强 | 选中该复选框后，可减少选区边界的粗糙度和块效应。【自动增强】功能会自动将选区向图像边缘进一步流动并应用一些边缘调整，也可以在【调整边缘】对话框中手动应用这些边缘调整 |

使用【快速选择工具】创建选区的具体操作步骤如下。

Step **01** 打开素材文件，使用快速选择工具涂抹图像。打开"素材文件\第4章\沙发.jpg"文件，选择工具箱中的【快速选择工具】，在需要选取的图像上涂抹，如图4-42所示。

Step **02** 创建选区。此时系统根据光标所到之处的颜色自动创建为选区，如图4-43所示。

图 4-42

图 4-43

Step **03** 复制沙发并将其缩放至适当的大小。按住【Alt】键，拖动鼠标复制沙发，如图4-44所示。按【Ctrl+T】组合键，执行自由变换操作，适当缩小沙发，如图4-45所示。

图 4-44

图 4-45

## ★重点 4.3.3 使用色彩范围命令选择蓝裙

| 实例门类 | 软件功能 |

【色彩范围】命令可根据图像的颜色范围创建选区，该命令提供了精细控制选项，具有更高的选择精度。使用【色彩范围】命令选择图像的具体操作步骤如下。

Step 01 打开素材文件，执行【色彩范围】命令。打开"素材文件\第4章\蓝裙.jpg"文件，执行【选择】→【色彩范围】命令，打开【色彩范围】对话框，如图4-46所示。在人物裙子位置单击，如图4-47所示。

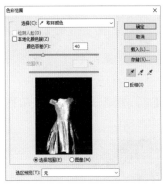 

图 4-46　　　　　　图 4-47

Step 02 创建选区。在【色彩范围】对话框中，❶ 单击【添加到取样】按钮，❷ 在裙子上多次单击增加选区，❸ 单击【确定】按钮，如图4-48所示。创建选区后，效果如图4-49所示。

图 4-48　　　　　　图 4-49

Step 03 添加点状化滤镜效果。执行【滤镜】→【像素化】→【点状化】命令，❶ 设置【单元格大小】为5，❷ 单击【确定】按钮，如图4-50所示，裙子效果如图4-51所示。

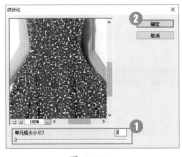 

图 4-50　　　　　　图 4-51

【色彩范围】对话框中各选项参数如图4-52所示。

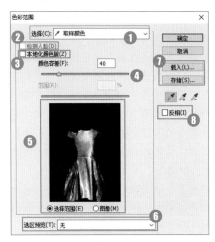

图 4-52

相关选项作用及含义如表4-5所示。

表4-5　选项作用及含义

| 选项 | 作用及含义 |
| --- | --- |
| ❶ 选择 | 用于设置选区的创建方式。选择【取样颜色】时，可将光标定位在文档窗口中的图像上，或者在【色彩范围】对话框中的预览图像上单击，对颜色进行取样。如果要添加颜色，可单击【添加到取样】按钮，然后在预览区或图像上单击；如果要减去颜色，可单击【从取样中减去】按钮，然后在预览区或图像上单击。在下拉列表中选择各种颜色选项，可选择图像中的特定颜色；选择【高光】【中间调】和【阴影】选项时，可选择图像中特定的色调；选择【溢色】选项时，可选择图像中出现的溢色 |
| ❷ 检测人脸 | 选择人像或人物皮肤时，可选中该复选框，以便更加准确地选择肤色 |
| ❸ 本地化颜色簇 | 选中该复选框后，拖动【范围】滑块可以控制包含在蒙版中的颜色与取样点的最大和最小距离 |
| ❹ 颜色容差 | 用于控制颜色的选择范围，该值越高，包含的颜色越广 |
| ❺ 选区预览图 | 选区预览图包含两个选项，选中【选择范围】单选按钮时，预览区的图像中，白色代表被选择的区域，黑色代表未选择的区域，灰色代表被部分选择的区域；选中【图像】单选按钮时，则预览区内会显示彩色图像 |

续表

| 选项 | 作用及含义 |
|---|---|
| ⑥ 选区预览 | 用于设置文档窗口中选区的预览方式。选择【无】选项，表示不在窗口显示选区；选择【灰度】选项，可以按照选区在灰度通道中的外观来显示选区；选择【黑色杂边】选项，可在未选择的区域上覆盖一层黑色；选择【白色杂边】选项，可在未选择的区域上覆盖一层白色；选择【快速蒙版】选项，可显示选区在快速蒙版状态下的效果，此时，未选择的区域会覆盖一层红色 |
| ⑦ 载入 / 存储 | 单击【存储】按钮，可以将当前的设置状态保存为选区预设；单击【载入】按钮，可以载入存储的选区预设文件 |
| ⑧ 反相 | 可以反转选区，相当于创建选区后，执行【选择】→【反向】命令 |

### 4.3.4 实战：使用快速蒙版修改选区

| 实例门类 | 软件功能 |
|---|---|

　　快速蒙版是一种选区转换工具，它能将选区转换为一种临时的蒙版图像，方便用户使用画笔、滤镜、钢笔等工具编辑蒙版，再将蒙版图像转换为选区，从而实现创建选区、抠取图像等目的，其具体操作步骤如下。

**Step01** 打开素材文件并创建选区。打开"素材文件\第4章\金发.jpg"文件，如图4-53所示。使用【快速选择工具】☑在人物处拖动鼠标创建选区，可以看到图像中多选及少选的区域，如图4-54所示。

图 4-53

图 4-54

**Step02** 使用快速蒙版调整选区。按【Q】键进入快速蒙版状态，此时选区外的范围被红色蒙版遮挡，如图4-55所示。工具箱中的前景色会自动变为黑色，选择【画笔工具】☑，在多选区域进行涂抹，将其从选区减去，再按下【X】键，将前景色设置为白色，在少选的区域进行涂抹，将其添加到选区，如图4-56所示。

图 4-55　　　　　　图 4-56

**Step03** 查看选区效果。按【Q】键退出快速蒙版状态，此时选区被修改，如图4-57所示。

图 4-57

**技术看板**

　　用白色涂抹快速蒙版时，被涂抹的区域会显示图像，这样可以扩展选区；用黑色涂抹的区域会覆盖一层半透明的宝石红色，这样可以收缩选区；使用灰色涂抹的区域可以得到羽化的选区。

　　双击工具箱中的【以快速蒙版模式编辑】按钮☑，弹出【快速蒙版选项】对话框，在其中可对快速蒙版进行设置，如图4-58所示。

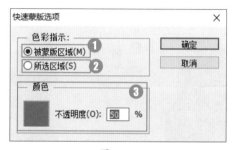

图 4-58

相关选项作用及含义如表4-6所示。

表 4-6　选项作用及含义

| 选项 | 作用及含义 |
|---|---|
| ❶ 被蒙版区域 | 被蒙版区域是指选区之外的图像区域。将【色彩指示】设置为【被蒙版区域】后，选区之外的图像将被蒙版颜色覆盖，而选中的区域完全显示图像 |
| ❷ 所选区域 | 所选区域是指选中的区域。如果将【色彩指示】设置为【所选区域】，则选中的区域将被蒙版颜色覆盖，未被选中的区域显示为图像本身 |
| ❸ 颜色 | 单击颜色块，可在打开的【拾色器】面板中设置蒙版的颜色；在【不透明度】文本框中可设置蒙版颜色的不透明度 |

# 4.4　选区的基本操作

创建好选区之后可以对选区执行一些基本操作，如移动选区、修改选区、反向选区、取消选区、显示与隐藏选区等操作。熟练掌握这些操作，可以提高日常工作效率。

## ★重点 4.4.1　全选选区

全选选区是将图像窗口中的图像全部选中，执行【选择】→【全部】命令，可以选择当前文件窗口中的全部图像，也可直接按【Ctrl+A】组合键全选图像，如图 4-59 所示。

图 4-59

## 4.4.2　反选选区

| 实例门类 | 软件功能 |
|---|---|

反选选区是反向选择当前所选区域，执行此命令可以将选区切换为当前没有选取的区域，具体操作步骤如下。

Step01 打开素材文件并创建选区。打开"素材文件\第4章\马.jpg"文件，选择【矩形选框工具】▣，在需要选取的图像上单击，如图 4-60 所示。

图 4-60

Step02 反选选区。执行【选择】→【反向】命令，或者按【Shift+Ctrl+I】组合键，即可选中图像中的其他区域，如图 4-61 所示。

图 4-61

### 4.4.3　取消选择与重新选择

创建选区后，当不需要选择区域时，可以执行【选择】→【取消选择】命令，或者按【Ctrl + D】组合键，即可取消选区。

当前选择区域被取消后，执行【选择】→【重新选择】命令，或者按【Shift + Ctrl + D】组合键，即可重新选择被取消的选择区域。

### ★重点 4.4.4　移动选区

移动选区有以下 3 种常用的方法。

（1）使用矩形工具、椭圆选框工具创建选区时，在释放鼠标按键前，按住【Space】键拖动鼠标，即可移动选区。

（2）创建了选区后，如果选项栏中【新选区】按钮■为选中状态，在使用选框、套索和魔棒工具时，只要将鼠标指针移至选区内，指针会变为▷ 形状时单击，拖动鼠标便可以移动选区。

（3）可以按键盘上的【↑】【↓】【→】【←】方向键轻微移动选区。

### ★重点 4.4.5　选区的运算

通常情况下，一次操作很难将所需对象完全选中，这就需要通过运算来对选区进行完善。选区的运算方式一共有以下 4 种。

【新选区】■：单击该按钮后，即可创建新选区，新创建的选区会替换原有的选区。原选区如图 4-62 所示，新选区如图 4-63 所示。

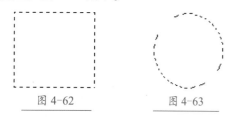

图 4-62　　　　　图 4-63

【添加到选区】■：单击该按钮后，可在原有选区的基础上添加新的选区，如图 4-64 所示。

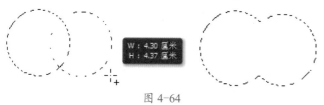

图 4-64

【从选区减去】■：单击该按钮后，可在原有选区中减去新创建的选区，如图 4-65 所示。

图 4-65

【与选区交叉】■：单击该按钮后，新建选区时只保留原有选区与新创建选区相交的部分，如图 4-66所示。

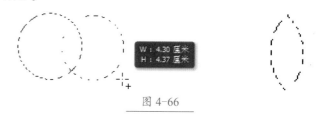

图 4-66

> **技能拓展——选区运算快捷键**
>
> 在当前图像中创建选区后，若要继续创建选区，按住【Shift】键可在当前选区上添加选区；按住【Alt】键可在当前选区中减去绘制的选区；按住【Shift+Alt】组合键则可得到与当前选区相交的选区。

### ★重点 4.4.6　显示和隐藏选区

创建选区后，执行【视图】→【显示】→【选区边缘】命令，或者按【Ctrl+H】组合键可以隐藏选区，再次执行此命令，可以再次显示选区。选区被隐藏后仍然存在，并限定操作的有效区域。

### 4.4.7　实战：制作喷溅边框效果

| 实例门类 | 软件功能 |
|---|---|

下面结合快速蒙版和选区操作，为图像添加不规则边框，具体操作步骤如下。

**Step01** 打开素材文件。打开"素材文件\第 4 章\秋天 .jpg"文件，如图 4-67 所示。

图 4-67

**Step02** 创建边框选区。选择【矩形选框工具】□，拖动鼠标创建选区，如图 4-68 所示。

图 4-68

**Step03** 反向选区。执行【选择】→【反向】命令，即可选中图像中的其他区域，如图 4-69 所示。

图 4-69

**Step04** 创建快速蒙版。按【Q】键进入快速蒙版状态，如图 4-70 所示。

图 4-70

**Step05** 制作喷溅效果。执行【滤镜】→【像素化】→【晶格化】命令，❶设置【单元格大小】为 27，❷单击【确定】按钮，如图 4-71 所示，晶格化效果如图 4-72 所示。

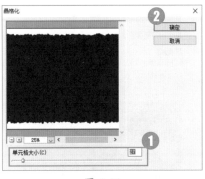

图 4-71

图 4-72

**Step06** 为选区填充白色背景。再次按【Q】键退出快速蒙版状

态，如图 4-73 所示。按【D】键恢复默认前（背）景色，然后按【Ctrl+Delete】组合键为选区填充白色背景，效果如图 4-74 所示。

图 4-73

图 4-74

**Step07** 取消选区，完成图像效果制作。执行【选择】→【取消选择】命令，取消选区，最终效果如图 4-75 所示。

图 4-75

## 4.5 编辑与修改选区

为了得到更加精确的选区，在创建选区后往往需要对其进行修改或调整。修改选区的操作主要通过【选择】菜单中的命令来完成，包括羽化选区、创建边界、平滑选区、收缩与扩展选区、调整选区边缘、扩大与选取相似等操作。熟练掌握这些操作可以快速选择设计时所需要的部分。

### 4.5.1 创建边界

【边界】命令作用于已有的选区，可以将选区的边界向内部和外部扩展，扩展后的边界将与原来的边界形成新的选区。

在图像中创建选区后，执行【选择】→【修改】→【边界】命令，在弹出的【边界选区】对话框中可设置编辑的宽度，【宽度】用于设置选区扩展的像素值，如图 4-76 所示。

图 4-76

### 4.5.2 平滑选区

选区边缘生硬时，使用【平滑】命令可以平滑选区边缘，使选区边缘变得柔和。

执行【选择】→【修改】→

【平滑】命令，弹出【平滑选区】对话框，在其中输入【取样半径】值即可对选区进行平滑修改，如图 4-77 所示。

图 4-77

### 4.5.3 扩展与收缩选区

【扩展】命令可以对选区进行扩展，即放大选区，执行【选择】→【修改】→【扩展】命令，在【扩展选区】对话框中的【扩展量】中输入准确的扩展参数值，即可扩展选区，如图 4-78 所示。

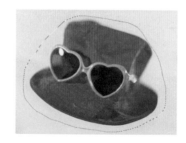

图 4-78

【收缩】命令可以使选区缩小，执行【选择】→【修改】→【收缩】命令，在【收缩选区】对话框中设置【收缩量】的值即可缩小选区，如图 4-79 所示。

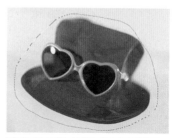

图 4-79

## ★重点 4.5.4　实战：使用【羽化】命令创建朦胧效果

| 实例门类 | 软件功能 |
|---|---|

【羽化】命令用于对选区进行羽化。羽化是通过建立选区和选区周围像素之间的转换边界来模糊边缘的，这种模糊方式将丢失选区边缘的一些图像细节。下面使用【羽化】命令创建朦胧效果，具体操作步骤如下。

**Step 01** 创建选区。打开"素材文件\第 4 章\马 .jpg"文件，使用【套索工具】[图标]创建选区，如图 4-80 所示。

图 4-80

**Step 02** 羽化选区。按【Ctrl+Shift+I】组合键反选选区，再执行【选择】→【修改】→【羽化】命令，设置【羽化半径】为 100 像素，单击【确定】按钮，效果如图 4-81 所示。

图 4-81

**Step 03** 为选区填充颜色。将前景色设置为黄色【#fde94a】，如图 4-82 所示。按【Alt+Delete】组合键将

选区填充为黄色，然后按【Ctrl+D】组合键取消选区，效果如图 4-83 所示。

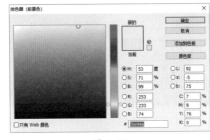

图 4-82

图 4-83

## 4.5.5　实战：扩大选取与选取相似

| 实例门类 | 软件功能 |
|---|---|

【扩大选取】命令可以选取与整个图像中邻近已有选区的相似颜色范围，【选取相似】命令用于选取整个图像中与选区颜色相似的所有图像。执行这两种命令的具体操作步骤如下。

**Step 01** 打开素材文件，创建选区。打开"素材文件\第 4 章\色块 .jpg"文件，选择【矩形选框工具】[图标]，在右上方青色色块上拖动鼠标创建选区，如图 4-84 所示。

**Step 02** 扩大选区，选中整个青色色块。执行【选择】→【扩大选取】命令，即可对附近相似颜色区域进行选取，选中整个青色色块，如图 4-85 所示。

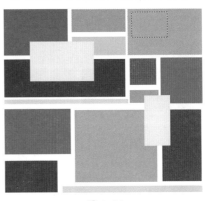

图 4-84

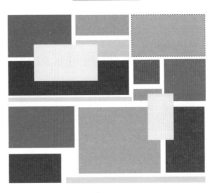

图 4-85

**Step 03** 撤销操作，执行选取相似命令。按【Ctrl+Z】组合键取消上次操作，如图 4-86 所示。执行【选择】→【选取相似】命令，此时图像中所有的青色色块都被选中，如图 4-87 所示。

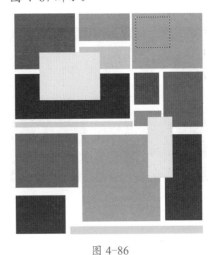

图 4-86

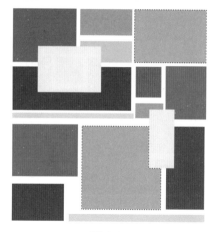

图 4-87

## 4.5.6 实战：使用调整边缘更换背景

| 实例门类 | 软件功能 |
|---|---|

【调整边缘】命令可以对已有的选区进一步编辑，该命令可以对选区进行边缘检测、调整选区的平滑度、羽化、对比度及边缘位置，常用于毛发、动物的抠图，具体操作步骤如下。

**Step01** 创建选区。打开"素材文件\第 4 章\小猫.jpg"文件，选择【快速选择工具】选中小猫，如图 4-88 所示。

图 4-88

**Step02** 修改选区。在选项栏中，单击【调整边缘】按钮，打开【调整边缘】对话框，❶设置【视图】为背景图层；❷选中【智能半径】复选框，设置【半径】为 250.0 像素；❸设置【平滑】值为 2、【移动边缘】值为 -10；❹选中【净化颜色】复选框；❺若选区边缘还有背景杂色，可使用【调整半径工具】在图像边缘进行绘制；设置完成后，❻单击【确定】按钮，如图 4-89 所示，完成后效果如图 4-90 所示。

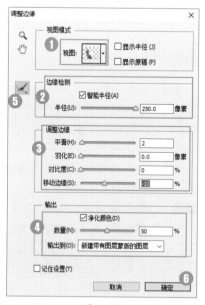

图 4-89

存在背景杂色

完成后效果

图 4-90

**Step03** 添加背景素材。打开"素材文件\第 4 章\背景.jpg"文件，将其拖动到小猫文件中，调整大小和位置，并移动到背景图层上方，效果如图 4-91 所示。

图 4-91

【调整边缘】对话框中常用选项的作用及含义如表 4-7 所示。

表 4-7　选项作用及含义

| 选项 | 作用及含义 |
|------|-----------|
| ❶ 视图模式 | 在【视图】下拉列表框中，可以选择不同的视图模式，以便更好观察选区效果。选中【显示半径】复选框，可查看整个图层，不显示选区；选中【显示原稿】复选框，可查看原始选区 |
| ❷ 边缘检测 | 选中【智能半径】复选框，系统将根据图像智能地调整扩展区域 |
| ❸ 调整边缘 | 【平滑】选项可以减少选区边界中的不规则区域，创建平滑的选区轮廓；【羽化】选项可以让选区边缘图像呈现透明效果；【对比度】选项可以锐化选区边缘并去除模糊的不自然感；【移动边缘】选项可以扩展和收缩选区 |
| ❹ 输出 | 选中【净化颜色】复选框后，设置【数量】值可以去除图像的彩色杂边；在【输出到】下拉列表框中可以选择选区的输出方式 |

### 4.5.7　变换选区

创建选区后，执行【选择】→【变换选区】命令，可以在选区上显示定界框，在选区上右击，在打开的快捷菜单中可以选择变换方式，如选择【透视】变换，如图 4-92 所示。拖动控制点即可单独对选区进行变换，选区内的图像不会受到影响，如图 4-93 所示。

图 4-92

图 4-93

### 4.5.8　选区的存储与载入

如果创建选区或进行变换操作

后想要保留选区，可以使用【存储选区】命令。

执行【选择】→【存储选区】命令后，弹出【存储选区】对话框，如图 4-94 所示。在【名称】文本框中输入选区名称，单击【确定】按钮即可存储选区。

执行【选择】→【载入选区】命令，弹出【载入选区】对话框，如图 4-95 所示。在【通道】下拉列表中选择存储的选区名称，单击【确定】按钮，即可载入之前存储的选区。

图 4-94

图 4-95

## 妙招技法

通过前面内容的学习，相信大家对选区已经有了一个比较全面的了解。下面结合本章内容，给大家介绍一些实用技巧。

### 技巧 01：将选区存储到新文档中

**Step 01** 创建选区，存储选区。创建任意选区，如图 4-96 所示。执行【选择】→【存储选区】命令，❶ 设置【文档】为【花.jpg】、【通道】为【新建】、【名称】为【圆形选区】，❷ 单击【确定】按钮，如

图 4-97 所示。

图 4-96

图 4-97

Step**02** 完成选区存储，载入选区。通过前面的操作，存储选区到新文档中，切换到通道面板中就可以看到存储的选区。若要载入选区，执行【选择】→【载入选区】命令即可。也可切换到【通道】面板中，按【Ctrl】键的同时单击圆形选区通道缩览图载入选区，如图4-98所示。

图 4-98

## 技巧 02：如何避免羽化时弹出【任何像素都不大于 50% 选择，选区边将不可见】警告信息

创建羽化选区时，如果选区范围偏小，而在【羽化选区】对话框中，将【羽化半径】选项值设置得偏大，就会弹出【任何像素都不大于 50% 选择。选区边将不可见】警告信息。如图 4-99 所示。

图 4-99

单击【确定】按钮，可以确认当前设置，选区羽化效果强烈，在画面中将看不到选区边界，但选区依然存在。

如果要避免弹出该警告信息，就要适当增大选区，或者减少【羽化半径】选项值。

## 同步练习 —— 制作褪色记忆效果

褪色记忆效果可以勾起人们的怀旧情节，是图片艺术处理的一个类别。在 Photoshop CS6 中可以制作褪色记忆的效果，营造出怀旧氛围，如图 4-100 所示。

原图

效果图

图 4-100

| 素材文件 | 素材文件 \ 第 4 章 \ 记忆 .jpg，苹果 .jpg |
|---|---|
| 结果文件 | 结果文件 \ 第 4 章 \ 褪色记忆 .psd |

具体操作步骤如下。

Step**01** 打开素材文件并创建正圆选区。打开"素材文件 \ 第 4 章 \ 苹果 .jpg"和"素材文件 \ 第 4 章 \ 记忆 .jpg"文件，选择【椭圆选框工具】 ◯，在"记忆 .jpg"图像上按住【Shift】键创建正圆形选区，如图 4-101 所示。

苹果 .jpg

记忆 .jpg

图 4-101

Step**02** 羽化选区并将"苹果 .jpg"和"记忆 .jpg"素材进行融合。执行【选择】→【修改】→【羽化】命令，❶

设置【羽化半径】为10像素，❷单击【确定】按钮，如图4-102所示。按【Ctrl+C】组合键复制图像，切换到苹果图像中，按【Ctrl+V】组合键粘贴图像，调整大小和位置，更改图层混合模式为【明度】，效果如图4-103所示。

图 4-102　　　　　图 4-103

**Step03** 制作光晕效果。使用【椭圆选框工具】创建选区，如图4-104所示。执行【选择】→【修改】→【边界选区】命令，❶设置【宽度】为50像素，❷单击【确定】按钮，如图4-105所示。

图 4-104　　　　　图 4-105

**Step04** 得到边界选区。通过前面的操作，即可得到50像素宽的边界选区，如图4-106所示。

**Step05** 选中背景图层。在【图层】面板中，单击背景图层，如图4-107所示。

图 4-106　　　　　图 4-107

**Step06** 复制背景图层并更改图层混合模式。按【Ctrl+J】

组合键复制图层，得到【图层2】，更改【图层2】混合模式为【线性减淡（添加）】，效果如图4-108所示。

图 4-108

**Step07** 添加镜头光晕效果。选中【图层2】，执行【滤镜】→【渲染】→【镜头光晕】命令，❶移动光晕中心到左下方，❷设置【亮度】为50%、【镜头类型】为【50-300毫米变焦】，❸单击【确定】按钮，光晕效果如图4-109所示。

图 4-109

**Step08** 重复镜头光晕效果。再次执行【滤镜】→【渲染】→【镜头光晕】命令，❶移动光晕中心到左中部，❷设置【亮度】为70%，【镜头类型】为【50-300毫米变焦】，❸单击【确定】按钮，光晕效果如图4-110所示。

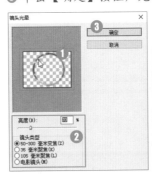

图 4-110

**Step 09** 继续添加光晕效果，完成图像效果制作。使用相同的方法添加其他光晕，效果如图 4-111 所示。

图 4-111

## 本章小结

　　本章主要讲述了选区的创建和编辑方法。创建选区的方法有很多，除了可以通过规则选区工具和不规则选区工具创建选区外，还可以利用颜色差异创建选区。而选区的编辑方法则包括了对选区进行修改、编辑、填充、存储、载入等操作。

　　通过对本章内容的学习，大家可以掌握选区的基本操作，并能更加得心应手地处理图像文件。

# 第5章 绘画与图像修饰

➡ 前景色和背景色的区别是什么？

➡ 夜晚拍摄的照片出现红眼现象怎么办？

➡ 对照片背景不满意，如何才能将背景换成梦幻风格的？

➡ 老照片太旧，只能扔了吗？

➡ 图像描边太细，看不清主体对象怎么办？

本章将介绍画笔的使用及设置、颜色填充与描边、图像修复工具的使用等内容。通过本章内容的学习可以轻松解决以上问题。

## 5.1 颜色的设置步骤

进行图像填充和绘制图像等操作时，需要首先指定颜色。在 Photoshop CS6 中进行颜色设置时，可以从内置色板中选择颜色，也可以随意选择颜色，还可以从画面中选择某种颜色。本节将介绍如何在 Photoshop CS6 中进行颜色设置。

### ★重点 5.1.1 前景色和背景色

Photoshop 工具箱底部有一组前景色和背景色设置图标，如图 5-1 所示。单击【前景色】/【背景色】图标，可以在弹出的【拾色器】对话框中设置【前景色】/【背景色】。默认情况下前景色是黑色，背景色为白色。单击↰按钮可以切换前景颜色和背景颜色，单击↰按钮可以恢复默认的前景色和背景色。

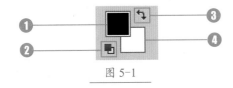

图 5-1

**技术看板**

按下【D】键，可以恢复默认的前景色和背景色；按下【X】键，可以切换前景颜色和背景颜色。

相关选项作用及含义如表 5-1 所示。

表 5-1 选项作用

| 选项 | 作用及含义 |
|------|-----------|
| ❶ 设置前景色 | 该色块中显示当前所使用的前景颜色。单击该色块，即可弹出【拾色器（前景色）】对话框，在其中可对前景色进行设置 |
| ❷ 默认前景色和背景色 | 单击此按钮，即可将当前前景色和背景色调整到默认的前景色和背景色效果状态 |
| ❸ 切换前景色和背景色 | 单击此按钮，可使前景色和背景色互换 |
| ❹ 设置背景色 | 该色块中显示当前所使用的背景颜色。单击该色块，即可弹出【拾色器（背景色）】对话框，在其中可对背景色进行设置 |

前景色决定了使用绘画工具绘制颜色及使用文字工具创建文字时的颜色，背景色则决定了使用橡皮擦擦除图像时，被擦除区域所呈现的颜色。扩展画布时也会默认使用背景色，此外，在应用一些具有特殊效果的滤镜时也会用到前景色和背景色。

## ★重点 5.1.2 了解拾色器

单击工具箱中的前景色或背景色图标,打开相应对话框,也就是拾色器。【拾色器】是 Photoshop 中最常用的颜色设置工具,不仅在设置前景色 / 背景色时会用到,在设置填充颜色、文字颜色、矢量图形颜色、渐变颜色等时都会使用到。在【拾色器】对话框中将鼠标指针移至左侧的色域中,在其上单击即可选择颜色。如果要设定精确数值的颜色,可以在【颜色值】处输入具体的数值。设置完成后,单击【确定】按钮即可,如图 5-2 所示。

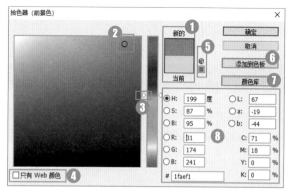

图 5-2

相关选项作用及含义如表 5-2 所示。

表 5-2　选项作用及含义

| 选项 | 作用及含义 |
|---|---|
| ❶ 新的 / 当前 | 【新的】颜色块中显示当前设置的颜色,【当前】颜色块中显示上一次使用的颜色 |
| ❷ 色域 / 拾取的颜色 | 在【色域】中拖动鼠标可以改变当前拾取的颜色 |
| ❸ 颜色滑块 | 拖动颜色滑块可以调整颜色范围 |
| ❹ 只有 Web 颜色 | 表示只在色域中显示 Web 安全颜色 |
| ❺ 非 Web 安全色警告 | 表示当前设置的颜色不能在网上准确显示,单击警告下面的小方块,可以将颜色替换为与其最为接近的 Web 安全颜色 |
| ❻ 添加到色板 | 单击该按钮,可以将当前设置的颜色添加到【色板】面板 |
| ❼ 颜色库 | 单击该按钮,可以切换到【颜色库】中 |

续表

| 选项 | 作用及含义 |
|---|---|
| ❽ 颜色值 | 显示了当前可设置的颜色系统,也可以输入颜色值来精确定义颜色。在 "HSB" 颜色模型内,可通过百分比来指定饱和度和亮度,以 0 ~ 360 度的角度(对应色轮)指定色相;在 "Lab" 颜色模型内,可以输入 0 ~ 100 之间的亮度值来指定颜色;在 "RGB" 模型中,可以通过 R(红)、G(绿)、B(蓝)的 0 ~ 255 之间的数值来指定颜色;在 "CMYK" 模型中,可以通过 C(青)、M(洋红)、Y(黄色)、K(黑)的百分比来指定颜色;在 "#" 文本框中,可以输入十六进制颜色值,如【ff0000】代表红色 |

### 5.1.3　实战:使用吸管工具吸取颜色

| 实例门类 | 软件功能 |
|---|---|

【吸管工具】可以从当前图像中吸取颜色,并将吸取的颜色作为前景色或背景色使用,选择工具箱中的【吸管工具】,其选项栏如图 5-3 所示。

图 5-3

相关选项作用及含义如表 5-3 所示。

表 5-3　选项作用及含义

| 选项 | 作用及含义 |
|---|---|
| ❶ 取样大小 | 用来设置吸管工具的取样范围。选择【取样点】选项,可拾取光标所在位置像素的精确颜色;选择【3×3 平均】选项,可拾取光标所在位置 3 个像素区域内的平均颜色;选择【5×5 平均】选项,可拾取光标所在位置 5 个像素区域内的平均颜色。其他选项依次类推 |
| ❷ 样本 | 【当前图层】表示只在当前图层上取样;【所有图层】表示在所有图层上取样 |
| ❸ 显示取样环 | 选中该复选框,可在拾取颜色时显示取样环 |

使用【吸管工具】设置前景色的具体操作步骤如下。

Step 01 打开素材文件。打开"素材文件\第5章\熠烛.jpg"文件，如图5-4所示。

图 5-4

Step 02 使用吸管工具吸取颜色。在工具箱中选择吸管工具，① 移动鼠标指针至文档窗口，鼠标指针呈 ✏ 形状，在取样点单击，② 工具箱中的前景色就替换为取样点的颜色，如图5-5所示。

图 5-5

Step 03 用快捷键吸取颜色。① 按住【Alt】键在取样点单击，② 工具箱中的背景色就替换为取样点的颜色，如图5-6所示。

图 5-6

Step 04 吸取非图像编辑区域颜色。① 按住鼠标左键并拖动，可以吸取窗口、菜单栏和面板等非图像编辑区域的颜色值，② 并应用于前景色，如图5-7所示。

图 5-7

## 5.1.4　【颜色】面板的使用

在【颜色】面板中可以通过设置颜色参数设置颜色，它最大的优点是可以使用不同的颜色模式来设置颜色，但通常情况下较少使用这种方式设置颜色。执行【窗口】→【颜色】命令，或者按【F6】键，可以打开【颜色】面板，单击【设置前景色】或【设置背景色】图标，然后拖动三角形滑块或在数值框中输入数字即可设置颜色，如图5-8所示。

图 5-8

将鼠标指针移动到下方的条形色谱上，在其上单击可以吸取颜色，如图5-9所示。单击右上角的扩展按钮，在打开的快捷菜单中可以选择其他颜色模式，如图5-10所示。

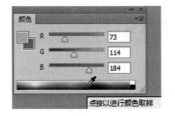

图 5-9

图 5-10

在【色板】面板中除了可以设置系统默认的这些颜色外，还可以载入其他色板的颜色。单击右上角的扩展按钮，在打开的快捷菜单中可以选择需要的色板库，如图 5-11 所示。

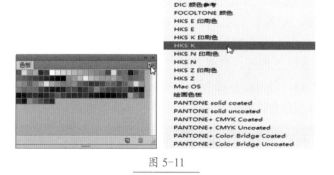

图 5-11

## 5.1.5 【色板】面板的使用

在制图过程中，如果遇到不知该用什么颜色的情况，在【色板】面板中找灵感是个很不错的方法。【色板】面板中提供了很多系统预设好的颜色，设置颜色和载入其他色板库的具体操作步骤如下。

**Step 01** 通过【色板】面板设置前景色和背景色。执行

【窗口】→【色板】命令，打开【色板】面板。单击颜色块即可设置前景色，按住【Ctrl】键的同时单击颜色块，则可设置背景色，如图 5-12 所示。

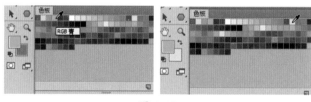

图 5-12

**Step 02** 选择要载入的色板库。单击右上角的扩展按钮，在打开的快捷菜单中可以选择需要的色板库，如图 5-13 所示。

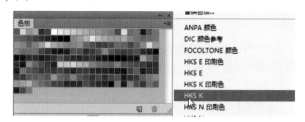

图 5-13

**Step 03** 确认色板库的载入。在弹出的询问对话框中单击【追加】按钮，如图 5-14 所示，载入选择的色板库，如图 5-15 所示。

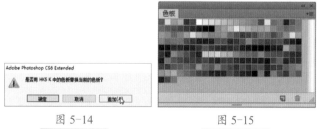

图 5-14                 图 5-15

### 技能拓展——保存和删除色块

单击【色板】面板中的【创建前景色的新色板】按钮，可以将当前的前景色保存到面板中；将色块拖动到【删除色板】按钮上，可以删除该色块。

## 5.2 填充与描边

填充是指使画面整体或部分区域被覆盖上颜色或图案。在 Photoshop CS6 中使用【油漆桶工具】、【渐变工具】和【填充】命令可以填充颜色或图案；而使用【描边】命令则可以对选区进行描边处理。

## ★重点 5.2.1　实战：使用油漆桶工具填充背景色

| 实例门类 | 软件功能 |
|---|---|

图 5-16

相关选项作用及含义如表 5-4 所示。

表 5-4　选项作用及含义

| 选项 | 作用及含义 |
|---|---|
| ❶ 填充内容 | 在下拉列表中选择填充内容，包括【前景】和【图案】 |
| ❷ 模式 / 不透明度 | 设置填充内容的混合模式和不透明度 |
| ❸ 容差 | 用来定义必须填充的像素颜色的相似程度。低容差会填充颜色值范围内与单击点像素非常相似的像素，高容差则填充更大范围内的像素 |
| ❹ 消除锯齿 | 可以平滑填充选区的边缘 |
| ❺ 连续的 | 只填充与单击点相邻的像素；取消选中该复选框时可填充图像中的所有相似的像素 |
| ❻ 所有图层 | 选中该复选框，表示基于所有可见图层中的合并颜色数据填充像素；取消选中该复选框则仅填充当前图层 |

使用【油漆桶工具】填充背景颜色的操作步骤如下。

Step01 打开素材文件。打开"素材文件\第5章\高跟鞋.jpg"文件，如图 5-17 所示。在工具箱中单击【设置前景色】图标，如图 5-18 所示。

图 5-17

图 5-18

【油漆桶工具】是一种方便快捷的填充工具，可以根据图像的颜色容差填充颜色或图案。如果创建了选区，填充的区域为当前选区；如果没有创建选区，填充的就是与单击处颜色相近的区域。选择工具箱中的【油漆桶工具】后，其选项栏如图 5-16 所示。

Step02 设置前景色颜色。在【拾色器（前景色）】对话框中，❶ 拖动中间的颜色滑块，选择洋红颜色范围；❷ 在【色域】中拖动鼠标更改洋红深浅，❸ 单击【确定】按钮，设置前景色为浅洋红色，如图 5-19 所示。

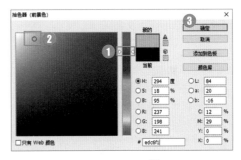

图 5-19

Step03 填充颜色。选择【油漆桶工具】，移动鼠标指针到背景位置，如图 5-20 所示；在该位置单击，即可填充颜色，效果如图 5-21 所示。

图 5-20　　　　　　　　　图 5-21

### 技术看板

按【Alt+Delete】组合键可以快速填充前景色；按【Ctrl+Delete】组合键可以快速填充背景色。

## ★重点 5.2.2　实战：使用渐变工具添加淡彩光晕

【渐变】是指由多种颜色过渡而产生的一种效果，是在设计制图中十分常用的一种填充方式。使用渐变工具可以填充多种颜色，从而丰富画面，增强画面的层次感和空间感。

### 1. 【渐变工具】选项栏

在工具箱中选择【渐变工具】■，其选项栏如图 5-22 所示。

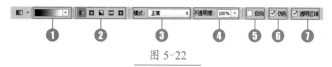

图 5-22

相关选项作用及含义如表 5-5 所示。

表 5-5　选项作用及含义

| 选项 | 作用及含义 |
| --- | --- |
| ❶ 渐变颜色条 | 渐变色条■■■■中显示了当前的渐变颜色，单击它右侧的■按钮，可以在打开的下拉面板中选择一个预设的渐变。如果直接单击渐变颜色条，就会弹出【渐变编辑器】对话框 |
| ❷ 渐变类型 | 单击【线性渐变】按钮■，可以创建以直线从起点到终点的渐变；单击【径向渐变】按钮■，可创建以圆形图案从起点到终点的渐变；单击【角度渐变】按钮■，可创建围绕起点以逆时针扫描方式的渐变；单击【对称渐变】按钮■，可创建使用均衡的线性渐变在起点的任意一侧渐变；单击【菱形渐变】按钮■，可创建以菱形方式从起点向外的渐变，终点定义菱形的一个角 |
| ❸ 模式 | 用来设置应用渐变时的混合模式 |
| ❹ 不透明度 | 用来设置渐变效果的不透明度 |
| ❺ 反向 | 可转换渐变中的颜色顺序，得到反方向的渐变结果 |
| ❻ 仿色 | 选中该复选框，可使渐变效果更加平滑，主要用于防止打印时出现条带化现象，但在屏幕上并不能明显地体现出其作用 |
| ❼ 透明区域 | 选中该复选框，可以创建包含透明像素的渐变；取消选中该复选框则创建实色渐变 |

选择【渐变工具】■后，在选项栏中单击渐变色条■■■■右侧的■按扭，在打开的下拉列表框中选择一种渐变效果，这里选择【线性渐变】选项，在图像中拖动鼠标，释放鼠标后即可填充渐变色，效果如图 5-23 所示。

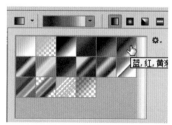

图 5-23

其他渐变效果如图 5-24 所示。

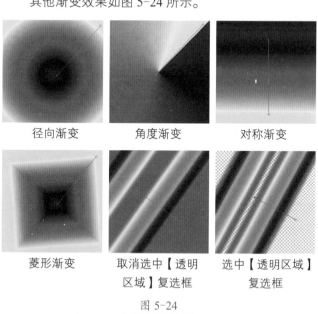

| 径向渐变 | 角度渐变 | 对称渐变 |
| --- | --- | --- |
| 菱形渐变 | 取消选中【透明区域】复选框 | 选中【透明区域】复选框 |

图 5-24

### 2. 【渐变工具】编辑器

选择【渐变工具】■后，在选项栏中单击渐变颜色条，可以打开【渐变编辑器】对话框，如图 5-25 所示。

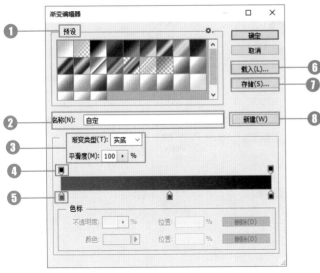

图 5-25

相关选项作用及含义如表 5-6 所示。

表 5-6 选项作用及含义

| 选项 | 作用及含义 |
|---|---|
| ❶ 预设 | 显示 Photoshop CS6 提供的基本预设渐变方式。单击图标后，可以设置该样式的渐变，还可以单击其右侧的 ⚙️ 按钮，弹出快捷菜单，选择其他的渐变样式 |
| ❷ 名称 | 在【名称】文本框中可显示选定的渐变名称，也可以输入新建渐变名称 |
| ❸ 渐变类型和平滑度 | 单击【渐变类型】下拉按钮，可选择显示为单色形态的【实底】和显示为多种色带形态的【杂色】两种类型 |
| ❹ 不透明度色标 | 调整渐变中应用颜色的不透明度，默认值为100，数值越小渐变颜色越透明 |
| ❺ 色标 | 调整渐变中应用的颜色或颜色的范围，通过拖动色标滑块的方式更改色标的位置。双击色标滑块，弹出【选择色标颜色】对话框，在其中可以选择需要的渐变颜色 |
| ❻ 载入 | 可以在弹出的【载入】对话框中打开保存的渐变 |
| ❼ 存储 | 通过【存储】对话框可将新设置的渐变进行存储 |
| ❽ 新建 | 在设置新的渐变样式后，单击【新建】按钮，可将这个样式新建到预设框中 |

使用【渐变工具】▇添加颜色的具体操作步骤如下。

**Step01** 打开素材文件。打开"素材文件\第5章\美女.jpg"文件，如图 5-26 所示。

图 5-26

**Step02** 设置渐变颜色。选择【渐变工具】▇，在选项栏中单击渐变颜色条，在打开的【渐变编辑器】对话框中单击【透明彩虹渐变】图标，如图 5-27 所示。

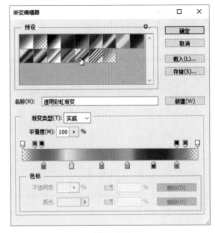

图 5-27

**Step03** 删除色标。选中左侧的红色标，单击右下方的【删除】按钮，删除红色标，如图 5-28 所示。

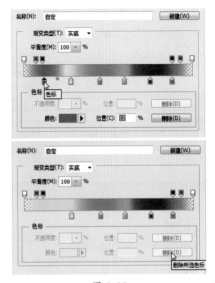

图 5-28

**Step04** 复制色标。选中右侧的洋红色标，按住【Alt】键拖动，将其复制到左侧，如图 5-29 所示。

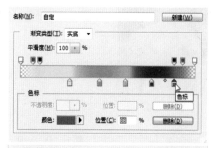

图 5-29

**Step05** 调整渐变颜色的不透明度。① 在绿图标右上方单击，添加不透明度色标，② 更改【不透明度】为 0%，删除右下方的 3 个图标，如图 5-30 所示。

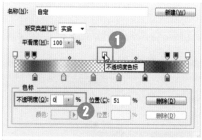

图 5-30

**Step06** 删除不透明度色标。① 选中右上角的不透明度色标，② 单击【删除】按钮，效果如图 5-31 所示。

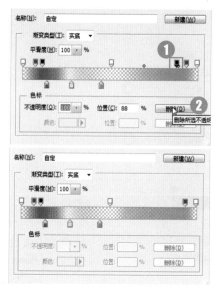

图 5-31

**Step07** 更改不透明度色标值。使用相同的步骤删除右上方的另一个不透明度色标，如图 5-32 所示。① 选中左上方的第二个不透明度色标，② 更改【不透明度】为 20%，如图 5-33 所示。

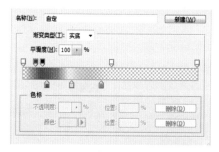

图 5-32

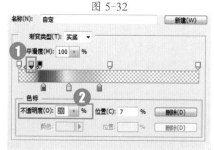

图 5-33

**Step08** 添加橙色色标。① 选中左上方的第三个不透明度色标，② 更改【不透明度】为 50%，在下方单击增加色标，如图 5-34 所示。

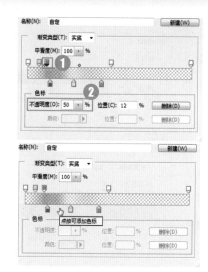

图 5-34

**Step09** 设置色标颜色。双击新添加的色标，在打开的【拾色器（色标颜色）】对话框中，将颜色设置为橙色【#ffd800】，单击【确定】按钮，如图 5-35 所示。

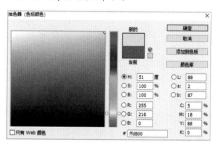

图 5-35

**Step10** 调整色标位置并新建图层。通过前面的操作，设置增加的色标颜色为橙色，再拖动色标及不透明度色标调整位置，如图 5-36 所示。在【图层】面板中，单击【创建新图层】按钮，新建【图层 1】，如图 5-37 所示。

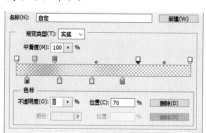

图 5-36

图 5-37

**技术看板**

选中色标后，色标中的三角形位置以黑色显示。设置色标颜色后，色标中的正方形区域将以该颜色进行显示；设置不透明度色标后，不透明色标中的正方形区域会以相应的灰度值进行显示。

Step⑪ 填充渐变颜色。在选项栏中单击【径向渐变】按钮，选中【反向】和【透明区域】复选框，拖动鼠标填充渐变颜色，如图 5-38 所示。

拖动鼠标　填充渐变颜色效果

图 5-38

Step⑫ 添加镜头光晕效果。选中背景图层，执行【滤镜】→【渲染】→【镜头光晕】命令，❶拖动光晕中心至图像右上角位置，❷设置【亮度】为150%、【镜头类型】为【50-300毫米变焦】，❸单击【确定】按钮，其效果如图 5-39 所示。

图 5-39

Step⑬ 更改图层混合模式及不透明度。将【图层1】的图层混合模式设置为【明度】，并设置【不透明度】为40%，最终效果如图 5-40 所示。

图 5-40

### 3. 存储渐变

自定义设置的渐变效果，可以将其存储起来方便下次继续使用。在【渐变编辑器】对话框中调整渐变效果后，在【名称】文本框中输入渐变名称"光环"，单击【新建】按钮，在【预设】选项区域中，可以看到存储的光环渐变，如图 5-41 所示。

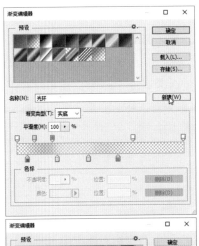

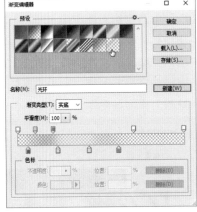

图 5-41

### 4. 删除渐变

【预设】选项区域中若有不需要的渐变，也可以将其删除。选择一个不需要的渐变并右击，在打开的快捷菜单中选择【删除渐变】命令，即可删除渐变色，如图 5-42 所示。

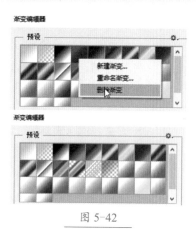

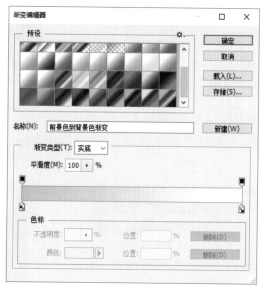

图 5-42

图 5-44

### 5. 重命名渐变

选中一个渐变并右击，在打开的快捷菜单中，选择【重命名渐变】命令，即可打开【渐变名称】对话框，在其中可以将渐变重命名，如图 5-43 所示。

图 5-43

### 6. 载入渐变库

在【渐变编辑器】中单击右上角的❖按钮，在打开的快捷菜单中选择目标渐变库。例如，选择【协调色 1】选项，会弹出一个提示框，单击【确定】按钮，可载入渐变库替换原有渐变，单击【追加】按钮，可在原渐变的基础上添加渐变库，效果如图 5-44 所示。

**技能拓展——载入外部渐变库**

在【渐变编辑器】对话框中，单击右上角的【载入】按钮，可以打开【载入】对话框，在其中可以选择载入外部渐变文件。

### 7. 复位渐变

在【渐变编辑器】中，单击右上角的❖按钮，在打开的快捷菜单中选择【复位渐变】命令，在弹出的提示对话框中单击【确定】按钮，将恢复默认渐变库，效果如图 5-45 所示。

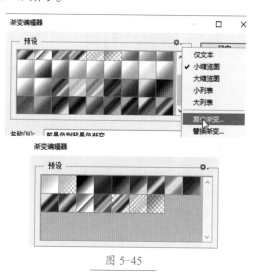

图 5-45

## 5.2.3　实战：使用【填充】命令填充背景

| 实例门类 | 软件功能 |
|---|---|

【填充】命令可以在图层或选区内填充颜色或图案，在填充时还可以设置不透明度和混合模式，使填充内容与原内容产生混合的效果，具体操作步骤如下。

**Step01** 去除污点。打开"素材文件\第5章\红花.jpg"文件，使用【矩形选框工具】创建选区，如图5-46所示。执行【编辑】→【填充】命令，或者按【Shift+F5】组合键，打开【填充】对话框，❶在【内容】选项区域设置【使用】为【内容识别】，❷单击【确定】按钮，如图5-47所示。

图 5-46　　　　　　　　图 5-47

**Step02** 选中背景。内容识别填充效果如图5-48所示。按【Ctrl+D】组合键取消选区，然后选择【快速选择工具】，在背景处拖动鼠标选中背景，如图5-49所示。

图 5-48　　　　　　　　图 5-49

**Step03** 为背景填充图案。再次执行【编辑】→【填充】命令，或者按【Shift+F5】组合键，打开【填充】对话框，❶在【内容】选项区域设置【使用】为【图案】，❷单击【自定图案】下拉列表框右上角的扩展按钮，在扩展菜单中追加【彩色纸】图案到图案列表中，❸再选择【蓝色皱纹纸】图案，❹单击【确定】按钮，按【Ctrl+D】组合键取消选区，效果如图5-50所示。

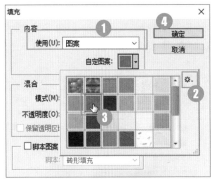

图 5-50

### 技能拓展——内容识别填充

使用内容识别填充时，Photoshop CS6会使用选区附近的图像进行填充，并对明暗、色调进行自由融合，使选区内的图像自然消失。

## 5.2.4　实战：使用自定义图案填充

| 实例门类 | 软件功能 |
|---|---|

使用【填充】命令填充图案时，如果在系统预设图案中未找到合适的图案，可以使用【定义图案】命令自定义填充图案，并使用【填充】命令进行填充，具体操作步骤如下。

**Step01** 设置定义图案。打开"素材文件\第5章\草莓.jpg"文件，如图5-51所示。执行【编辑】→【定义图案】命令，打开【图案名称】对话框，❶设置【名称】为【草莓】，❷单击【确定】按钮，如图5-52所示。

图 5-51　　　　　　　　图 5-52

Step02 新建文档。执行【文件】→【新建】命令，在【新建】对话框中，❶ 设置【宽度】为797像素、【高度】为755像素，❷ 单击【确定】按钮，如图5-53所示。

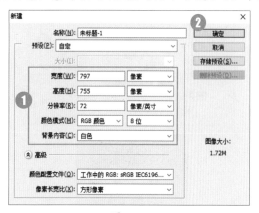

图 5-53

Step03 填充自定图案。执行【编辑】→【填充】命令，或者按【Shift+F5】组合键，打开【填充】对话框，❶ 设置【使用】为【图案】，❷ 在【自定图案】下拉列表框中，选择前面定义的草莓图案，❸ 单击【确定】按钮，如图5-54所示。

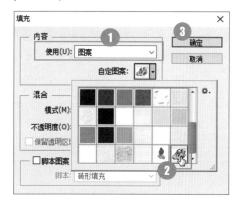

图 5-54

Step04 新建图层。填充效果如图5-55所示。在【图层】面板中新建【图层1】，如图5-56所示。

图 5-55

图 5-56

Step05 在新建图层上填充自定图案。按【Shift+F5】组合键，打开【填充】对话框，❶ 继续使用草莓图案填充，❷ 选中【脚本图案】复选框，设置【脚本】为【螺线】，❸ 单击【确定】按钮，填充效果如图5-57所示。

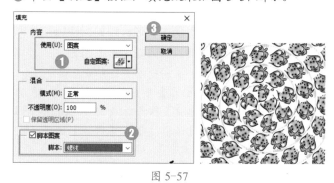

图 5-57

### 技能拓展——脚本图案

选中【脚本图案】复选框后，可以在下方的下拉列表中选择需要的图案。例如，选择【砖形】选项后，Photoshop 将图案以砖块的排列方式进行填充。

Step06 适当缩小【图层1】并调整角度。按【Ctrl+T】组合键，执行自由变换操作，先拖动变换点缩小图像，再拖动变换点旋转图像，最终效果如图5-58所示。

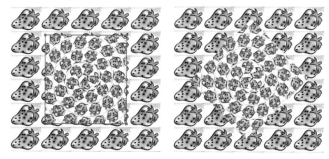

图 5-58

## 5.2.5 实战：使用【描边】命令制作轮廓效果

| 实例门类 | 软件功能 |
|---|---|

【描边】是指为图层边缘或选区边缘添加一圈彩色边线，通常用来为选区或路径创建边框效果。使用【描边】命令制作轮廓效果的具体操作步骤如下。

Step01 选中背景区域。打开"素材文件\第5章\卡通女孩.jpg"文件，使用【魔棒工具】在背景上单击创建选区，如图5-59所示。

图 5-59

**Step02** 设置描边效果。执行【编辑】→【描边】命令，在打开的【描边】对话框中，❶ 设置【宽度】为 20 像素、颜色为黄色【#feff6d】、【位置】为内部，❷ 单击【确定】按钮，如图 5-60 所示。

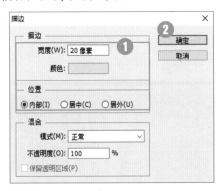

图 5-60

**技术看板**

隐藏图层、文字图层、智能图层和调整图层都不能进行描边操作。如果需要在这些图层上进行描边，需要首先显示隐藏图层，或者栅格化文字和智能图层。

**Step03** 重复添加描边效果。通过前面的操作，得到黄色描边效果，如图 5-61 所示。再次执行【编辑】→【描边】命令，❶ 设置【宽度】为 10 像素、【颜色】为绿色【#a7fd11】、【位置】为内部，❷ 单击【确定】按钮，如图 5-62 所示。

图 5-61　　　　　　　　　　图 5-62

**Step04** 查看最终效果。通过前面的操作，得到绿色描边效果，按【Ctrl+D】组合键取消选区，效果如图 5-63 所示。

绿色描边效果　　　　　　　最终效果

图 5-63

## 5.3　个性化画笔设置

画笔工具是使用频率最高的工具之一，它以前景色作为颜料绘制各种线条。Photoshop CS6 提供了非常强大的画笔工具，不仅在画笔面板中提供了各种画笔样式，而且用户还可以设置绘画和修饰工具的笔尖形状和绘画方式，从而制作出各种图像效果。

### ★重点 5.3.1　"画笔预设"选取器

在【"画笔预设"选取器】中可以设置画笔笔尖样式、大小、硬度等参数。选择绘画或修饰类工具后，在选项栏中单击按钮，打开【画笔预设】选取器下拉面板，如图 5-64 所示。

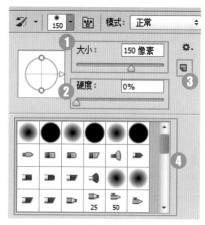

图 5-64

相关选项作用及含义如表 5-7 所示。

表 5-7　选项作用及含义

| 选项 | 作用及含义 |
|---|---|
| ❶ 大小 | 拖动滑块或在文本框中输入数值可以调整画笔的大小 |
| ❷ 硬度 | 用于设置画笔笔尖的硬度 |
| ❸ 创建新的预设 | 单击该按钮，可以打开【画笔名称】对话框，输入画笔的名称后，单击【确定】按钮，可以将当前画笔保存为一个预设的画笔 |
| ❹ 笔尖形状 | Photoshop 提供了多种类型的笔尖，包括圆形笔尖、方形笔尖、毛刷笔尖及图像样本笔尖等 |

## 5.3.2 【画笔预设】面板

　　【画笔预设】面板与【"画笔预设"选取器】的作用类似，可以用来设置画笔笔尖样式、大小等参数。执行【窗口】→【画笔预设】命令，可以打开【画笔预设】面板，面板中提供了多种预设画笔。预设画笔带有特定的大小、形状和硬度等属性，如图 5-65 所示。

## 5.3.3 【画笔】面板

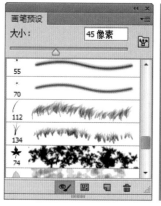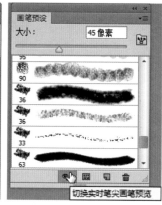

图 5-65

　　在【画笔预设】面板中，单击【切换实时笔尖画笔预览】按钮，画面上会弹出显示窗口，显示笔尖形状和笔尖运行方向，如图 5-66 所示。

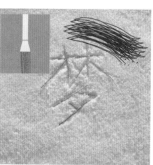

图 5-66

> **技术看板**
>
> 　　在【画笔预设】面板中，单击右上角的【切换画笔面板】按钮，可以打开【画笔】面板；单击【打开预设管理器】按钮，可以打开【预设管理器】面板；单击【创建新画笔】按钮，可以将当前画笔存储为新画笔；单击【删除画笔】按钮，可以删除当前画笔。

　　在【画笔】面板中可以设置画笔的各种属性，如形状动态、散布、纹理、颜色动态、双重画笔等。通过这些属性的设置可以绘制出同时具有多种颜色的线条、带有图案叠加效果的线条、分散的笔触、透明度不均的笔触等效果。执行【窗口】→【画笔】命令，或者按【F5】键，可以打开【画笔】面板，如图 5-67 所示。

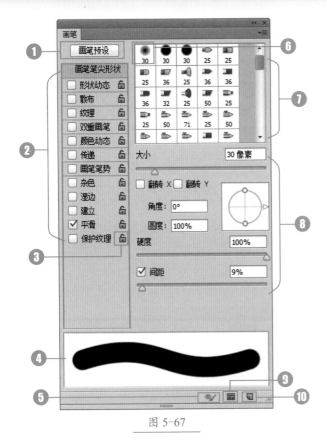

图 5-67

相关选项作用及含义如表 5-8 所示。

表 5-8 选项作用及含义

| 选项 | 作用及含义 |
|---|---|
| ① 画笔预设 | 可以打开【画笔预设】面板 |
| ② 画笔设置 | 改变画笔的角度、圆度，以及为其添加纹理、颜色动态等变量 |
| ③ 锁定 / 未锁定 | 锁定或未锁定画笔笔尖形状 |
| ④ 画笔描边预览 | 可预览选择的画笔笔尖形状 |
| ⑤ 显示画笔样式 | 使用毛刷笔尖时，显示笔尖样式 |
| ⑥ 选中的画笔笔尖 | 当前选择的画笔笔尖 |
| ⑦ 画笔笔尖 | 显示了 Photoshop 提供的预设画笔笔尖 |
| ⑧ 画笔参数选项 | 用于调整画笔参数 |
| ⑨ 打开预设管理器 | 可以打开【预设管理器】对话框 |
| ⑩ 创建新画笔 | 对预设画笔进行调整，可单击该按钮，将其保存为一个新的预设画笔 |

### 1. 画笔笔尖形状

默认情况下，在【画笔】面板中显示的是【画笔笔尖形状】设置页面，这里可以设置画笔的形状、大小、硬度等常用参数，也可以对画笔的角度、间距、圆度等参数进行设置，如图 5-68 所示。

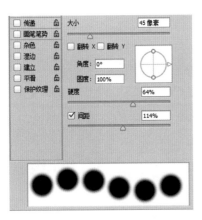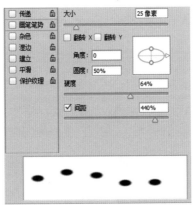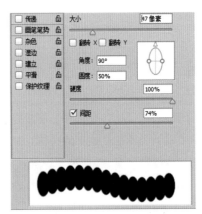

图 5-68

### 2. 形状动态

【形状动态】用于设置绘制出带有大小不同、角度不同、圆度不同笔触效果的线条。在【画笔】面板中，选中【形状动态】复选框，可以在打开的选项卡中设置画笔笔尖的运动轨迹，如图 5-69 所示。

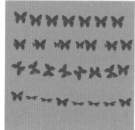

图 5-69

（1）大小抖动：设置画笔笔迹大小的改变方式。该值越高，轮廓越不规则。

（2）最小直径：启用【大小抖动】后，即可使用该选项设置笔迹可缩放的最小百分比，该值越高，笔尖直径的变化越小。

（3）角度抖动：用来设置笔迹的角度。

（4）圆度抖动 / 最小圆度：设置笔迹的圆度在描边中的变化方式。

（5）翻转 X 抖动 / 翻转 Y 抖动：设置笔尖在 X 轴或 Y 轴上的方向。

## 3. 散布

【散布】用于设置绘制出扩散笔迹效果的线条。在【画笔】面板中，选中【散布】复选框，可以在打开的选项卡中设置画笔的笔迹扩散范围，如图 5-70 所示。

图 5-70

（1）散布 / 两轴：设置画笔笔迹分散效果，该值越高，分散范围越广，选中【两轴】复选框后，笔迹将以中心点为基准向两侧分散。

（2）数量：设置每个间距应用的画笔笔迹数量，该值越大，笔迹分布越密集；该值越小，笔迹分布越稀疏。

（3）数量抖动 / 控制：控制笔迹的数量如何针对各种间距进行变化。

## 4. 纹理

【纹理】用于设置画笔笔触的纹理。启用【纹理】功能可以绘制带有图案叠加的笔迹效果。在【画笔】面板中，选中【纹理】复选框，可以在打开的选项卡中设置纹理画笔，这种画笔绘制出的图像就像在带纹理的画布上绘画一样，如图 5-71 所示。

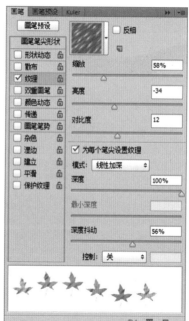

图 5-71

（1）设置纹理 / 反向：在【纹理】下拉列表框中可以选择一种纹理图案，选中【反相】复选框后，可以基于图案中的色调反转纹理中的亮点和暗点。

（2）缩放：设置纹理的缩放比例，数值越小，纹理越多越密集。

（3）为每个笔尖设置纹理：将选定的纹理单独应用于画笔描边的每个画笔笔迹，而不是作为整体应用于画笔描边。如果取消选中【为每个笔尖设置纹理】复选框，则下面的【深度抖动】选项则不可用。

（4）模式：设置纹理和前景色之间的混合模式。

（5）深度：设置油墨渗入纹理中的深度。

（6）最小深度：设置【控制】选项，并选中【为每个笔尖设置纹理】复选框后，【最小深度】选项用来设置油彩可渗入纹理的最小深度。

（7）深度抖动：当选中【为每个笔尖设置纹理】复选框时，【深度抖动】选项用来设置深度的改变方式。在下面的【控制】下拉列表中可以指定如何控制画笔笔迹的深度变化，如渐隐、钢笔压力、钢笔斜度、光轮笔等。

## 5. 双重画笔

【双重画笔】可以设置绘制的线条呈现两种画笔混合的效果。在【画笔】面板中，选中【双重画笔】复选框，在画笔预设选取框中选择一种画笔，再设置画笔的叠加模式、大小、间距等参数，如图5-72所示。

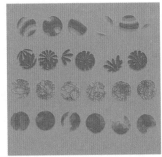

图 5-72

（1）模式：设置两种笔尖在重叠时使用的混合模式。

（2）大小：设置笔尖的大小。

（3）间距：控制描边中双笔尖笔迹之间的距离。

（4）散布：设置双笔尖笔迹的分布方式。

（5）数量：设置在每个间距应用的双笔尖笔迹数量。

## 6. 颜色动态

【颜色动态】用于设置绘制出颜色变化的笔迹效果。笔迹的颜色变化是基于前景色和背景色的颜色来变化的，因此在设置【颜色动态】参数前，需要先设置合适的前景色和背景色。

在【画笔】面板中，选中【颜色动态】复选框，可以在打开的选项卡中设置画笔颜色变化的随机性，如图5-73所示。

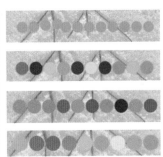

图 5-73

（1）应用每笔尖：选中该复选框后，颜色动态应用于每一笔绘画中。取消选中该复选框时，只有重起一笔时，才会应用颜色动态。

（2）前景/背景抖动：设置前景和背景色之间的色彩变化方式。该值越小，变化后的色彩越接近前景色；该值越大，变化后的色彩越接近背景色。

（3）色相抖动：设置颜色变化范围。该值越小，色相变化越小；该值越大，色相变化越丰富。

（4）饱和度抖动：设置色彩的饱和度变化范围。该值越小，饱和度变化越小；该值越大，色彩饱和度变化越大。

（5）亮度抖动：设置色彩的亮度变化范围。该值越小，亮度变化越小；该值越大，亮度变化越大。

（6）纯度：设置色彩的纯度变化范围。该值越小，笔迹颜色越接近于黑白；该值越大，色彩纯度越高。

## 7. 传递

【传递】用于设置画笔笔触的不透明度、流量、湿度等数值，以控制油彩在绘制过程中的变化方式，通常可以通过结合设置【散布】参数来绘制光斑的效果。在【画笔】面板中，选中【传递】复选框，在打开的选项卡中设置画笔笔迹，效果如图 5-74 所示。

（1）不透明度抖动：设置画笔笔迹中色彩不透明度的变化程度。

（2）流量抖动：设置画笔笔迹中色彩流量的变化程度。

图 5-74

## 8. 画笔笔势

在【画笔】面板中，选中【画笔笔势】复选框，可以在打开的选项卡中设置毛刷画笔笔尖及侵蚀画笔笔尖的角度，如图 5-75 所示。

图 5-75

（1）倾斜 X/ 倾斜 Y：让笔尖沿 X 轴或 Y 轴倾斜。

（2）旋转：设置画笔的旋转效果。

（3）压力：设置画笔压力，数值越大，绘制速度越快，线条越粗。

## 9. 杂色

在【画笔】面板中，选中【杂色】复选框，可以为某些画笔增加随机性。在使用柔边画笔时效果最好，如图 5-76 所示。

图 5-76

## 10. 湿边

在【画笔】面板中，选中【湿边】复选框，可以为画笔笔迹边缘增加油墨，从而创建类似于水彩的效果，如图 5-77 所示。

图 5-77

## 11. 建立

在【画笔】面板中，选中【建立】复选框，可以模拟传统的喷枪手法，并将渐变色调应用于图像。

## 12. 平滑

在【画笔】面板中，选中【平滑】复选框，可以使绘制的线条更加平滑。在使用压感笔进行绘画时，该选项最好选中。

**13. 保护纹理**

在【画笔】面板中，选中【保护纹理】复选框，可以将相同图案和缩放比例应用于具有多个纹理的画笔。

## 5.3.4　实战：使用自定义画笔绘制花瓣

| 实例门类 | 软件功能 |
|---|---|

在 Photoshop CS6 中除了可以使用预设画笔绘制图像外，还可以将喜爱的图像定义为画笔，绘制个性化的图像，具体操作步骤如下。

**Step01** 将图像定义为画笔。打开"素材文件\第5章\玫瑰.png"文件，如图5-78所示。执行【编辑】→【定义画笔预设】命令，打开【画笔名称】对话框，设置【名称】为【玫瑰】，单击【确定】按钮，如图5-79所示。

图 5-78　　　　　　　　　图 5-79

**Step02** 设置画笔笔尖形状参数。在工具箱中选择画笔工具，按【F5】键打开【画笔】面板，❶选择【画笔笔尖形状】选项，❷选中前面定义的【玫瑰】画笔，❸设置【大小】为450像素、【间距】为180%，如图5-80所示。

**Step03** 设置画笔形状动态参数。❶选中【形状动态】复选框，❷设置【大小抖动】为80%、【最小直径】为10%、【角度抖动】为100%，在【控制】选项框中选择【渐隐】选项，并设置为25，如图5-81所示。

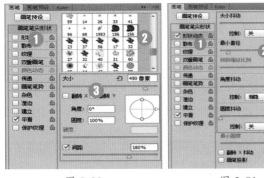

图 5-80　　　　　　　　　图 5-81

**Step04** 设置画笔散布参数。❶选中【散布】复选框，❷在【散布】页面中选中【两轴】复选框，并将其参数设置为720%，【数量】为2，如图5-82所示。

**Step05** 设置颜色动态参数。❶选中【颜色动态】复选框，选中【应用每笔尖】复选框，❷设置【前景/背景抖动】为6%、【色相抖动】为3%、【饱和度抖动】为14%、【亮度抖动】为19%、【纯度】为-9%，如图5-83所示。

图 5-82　　　　　　　　　图 5-83

**Step06** 打开素材文件并设置前景色和背景色。打开"素材文件\第5章\婚纱.jpg"文件，选择【画笔工具】，设置前景色为红色【#c2020a】、背景色为浅红色【#f3686e】，如图5-84所示。

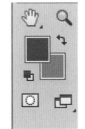

图 5-84

**Step07** 新建图层绘制花瓣效果。单击【图层】面板底部的【新建图层】按钮，新建【图层1】，拖动鼠标在【图层1】上绘制花瓣图像，效果如图5-85所示。

图 5-85

**Step08** 设置画笔大小。在选项栏的【"画笔预设"选取器】下拉列表框中，设置【大小】为300像素，如图5-86所示。

**Step09** 绘制花瓣图像。拖动鼠标在图像中绘制更有层次感的花瓣图像，如图5-87所示。

图 5-86

图 5-87

**技能拓展——快速更改画笔大小和硬度**

按【]】键可将画笔直径快速变大，按【[】键可将画笔直径快速变小。

按【Shift+]】组合键将画笔硬度快速变大，按【Shift+[】组合键将画笔硬度快速变小。

Step⑩ 添加动感模糊效果。选中【图层1】，执行【滤镜】→【模糊】→【动感模糊】命令。在【动感模糊】对话框中设置【角度】为45、【距离】为70像素，单击【确定】按钮，效果如图5-88所示。

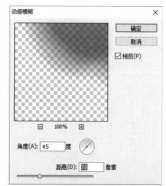

图 5-88

Step⑪ 使用历史记录画笔恢复部分图像。选择【历史记录画笔工具】，在选项栏中设置画笔【硬度】为0、【不透明度】为50%，拖动鼠标恢复部分图像，最终效果如图5-89所示。

图 5-89

**技能拓展——快速更改画笔不透明度**

按键盘上的数字键可调整画笔的不透明度。例如，按下【0】键，不透明度为0%；按下【1】键，不透明度为1%。

# 5.4 绘画工具

数字绘画是 Photoshop CS6 的重要功能之一。Photoshop CS6 提供了非常强大的绘画工具，包括画笔、铅笔、颜色替换和混合器画笔工具，它们可以绘制各种各样的图像效果。

## ★重点 5.4.1 画笔工具

【画笔工具】是以前景色的颜色为颜料在画面中进行绘制。它的笔触形态、大小及材质，都可以随意调整。当然，画笔工具除了可以绘制图像外，还可用于通道和蒙版的修改。选择【画笔工具】后，其选项栏如图 5-90 所示。

图 5-90

相关选项作用及含义如表 5-9 所示。

表 5-9 选项作用及含义

| 选项 | 作用及含义 |
| --- | --- |
| ❶ 画笔预设选取器 | 在【"画笔预设"选取器】下拉面板中，可以选择笔尖，设置画笔的大小和硬度 |
| ❷ 模式 | 在下拉列表中可以选择画笔笔迹颜色与下面像素的混合模式 |
| ❸ 不透明度 | 用于设置画笔的不透明度，该值越低，线条的透明度越高 |
| ❹ 流量 | 用于设置当鼠标指针移动到某个区域上方时应用颜色的速率。在某个区域上方涂抹时，如果一直按住鼠标左键，颜色将根据流动的速率增加，直至达到不透明度设置 |

| 选项 | 作用及含义 |
|---|---|
| ⑤ 喷枪 | 单击该按钮，可以启用喷枪功能，Photoshop 会根据鼠标按键的单击程度确定画笔线条的填充数量 |
| ⑥ 绘图压力按钮 | 单击该按钮，使用数位板绘画时，光笔压力可覆盖【画笔】面板中的不透明和大小设置 |

## 5.4.2　铅笔工具

【铅笔工具】用来绘制硬边线条，其选项栏与【画笔工具】基本相同，只是多了一个【自动抹除】复选框，如图 5-91 所示。

图 5-91

【自动抹除】复选框是【铅笔工具】特有的功能。选中该复选框后，当图像的颜色与前景色相同时，【铅笔工具】会自动抹除前景色而填入背景颜色；当图像的颜色与背景色相同时，【铅笔工具】会自动抹除背景色而填入前景色。

## 5.4.3　实战：使用颜色替换工具更改颜色

| 实例门类 | 软件功能 |
|---|---|

【颜色替换工具】是用前景色替换图像中的颜色，在不同的颜色模式下可以得到不同的颜色替换效果。选择【颜色替换工具】后，其选项栏如图 5-92 所示。

图 5-92

相关选项作用及含义如表 5-10 所示。

表 5-10　选项作用及含义

| 选项 | 作用及含义 |
|---|---|
| ❶ 模式 | 包括【色相】【饱和度】【颜色】【亮度】4 种模式。常用的模式为【颜色】模式，也是默认模式 |
| ❷ 取样 | 取样方式包括【连续】、【一次】、【背景色板】。其中，【连续】是以光标当前位置的颜色为颜色基准；【一次】是始终以开始涂抹时的基准颜色为颜色基准；【背景色板】是以背景色为颜色基准进行替换 |

| 选项 | 作用及含义 |
|---|---|
| ❸ 限制 | 设置替换颜色的方式，以工具涂抹时第一次接触的颜色为基准色。【限制】有 3 个选项，分别为【连续】【不连续】和【查找边缘】。其中，【连续】是以涂抹过程中光标当前所在位置的颜色作为基准颜色来选择替换颜色的范围；【不连续】是指凡是鼠标指针移动到的地方都会被替换颜色；【查找边缘】主要是将色彩区域之间的边缘部分替换颜色 |
| ❹ 容差 | 用于设置颜色替换的容差范围。数值越大，则替换的颜色范围也越大 |
| ❺ 消除锯齿 | 选中该复选框，可以为校正的区域定义平滑的边缘，从而消除锯齿 |

具体操作步骤如下。

Step01 打开素材文件，设置颜色替换工具参数。打开"素材文件 \ 第 5 章 \ 红裙 .jpg"文件。设置前景色为紫色【#9d13bf】，选择【颜色替换工具】，在选项栏中设置【大小】为 40 像素、【模式】为颜色，单击【取样：连续】按钮，并设置【限制】为连续、【容差】为 32%，如图 5-93 所示。

图 5-93

Step02 替换人物服饰颜色。在图像中红色的区域拖动鼠标，更改服装、鞋子及丝带的颜色，如图 5-94 所示。

图 5-94

图 5-95

Step03 查看最终效果。在绘制过程中，可以按【[】或【]】键，调整画笔大小进行绘制，最终效果如图 5-95 所示。

### 5.4.4 实战：使用混合器画笔混合色彩

| 实例门类 | 软件功能 |
|---|---|

【混合器画笔工具】 可以像传统绘画过程中混合颜料一样混合像素，创建真实的颜料绘画效果。选择【混合器画笔工具】 ，其选项栏如图 5-96 所示。

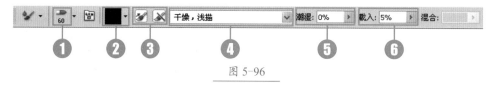

图 5-96

相关选项作用及含义如表 5-11 所示。

表 5-11 选项作用及含义

| 选项 | 作用及含义 |
|---|---|
| ❶ "画笔预设" 选取器 | 单击该按钮可打开【"画笔预设" 选取器】对话框，在其中可以选取需要的画笔形状，以及对画笔进行设置 |
| ❷ 设置画笔颜色 | 单击该按钮可打开【选择绘画颜色】对话框，在其中可以设置画笔的颜色 |
| ❸【每次描边后载入画笔】 和【每次描边后清理画笔】按钮 | 单击【每次描边后载入画笔】按扭，完成涂抹操作后将混合前景色进行绘制。单击【每次描边后清理画笔】按扭，绘制图像时将不绘制前景色 |
| ❹ 预设混合画笔 | 单击【有用的混合画笔组合】下拉列表后面的下三角按钮，可以打开系统自带的混合画笔。当挑选一种混合画笔时，属性栏右边的 4 个相应选项会自动更改为预设值 |
| ❺ 潮湿 | 设置从图像中拾取的油彩量，数值越大，色彩量越多 |
| ❻ 载入 | 可以设置画笔上的色彩量，数值越大，画笔的色彩越多 |

具体操作步骤如下。

Step01 打开素材文件。打开"素材文件\第 5 章\颜料 .jpg"文件，如图 5-97 所示。

Step02 使用混合器画笔工具混合图像颜色。选择【混合器画笔工具】 ，在选项栏中选择一个毛刷画笔，如图 5-98

所示。在选项栏中设置参数后，在图像中拖动鼠标，即可看到颜料混合效果，如图 5-99 所示。

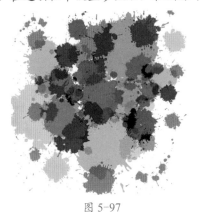

图 5-97

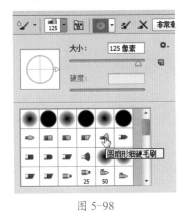

图 5-98

图 5-99

# 5.5 图像修复工具

在处理图像时，总会遇到图像中有很多瑕疵的情况，如人物脸上的斑点、环境中的杂物等。这时就可以使用 Photoshop CS6 提供的修复工具，包括仿制图章工具、修补工具、内容感知移动工具、红眼工具等对图像进行修复，使图像更加完美。

## ★重点 5.5.1 实战：使用污点修复画笔工具去除皱纹

| 实例门类 | 软件功能 |
|---|---|

【污点修复画笔工具】通过自动从所修饰区域的周围取样来去除污点，它适用于消除图像中小面积的瑕疵，如去除人物面部的斑点、皱纹、凌乱的发丝，或者去除画面中细小的杂物等。选中【污点修复画笔工具】后，其选项栏如图 5-100 所示。

图 5-100

相关选项作用及含义如表 5-12 所示。

表 5-12 选项作用及含义

| 选项 | 作用及含义 |
|---|---|
| ❶ 模式 | 用来设置修复图像时使用的混合模式 |
| ❷ 类型 | 【近似匹配】将所涂抹的区域以周围的像素进行覆盖，【创建纹理】以其他的纹理进行覆盖，【内容识别】是由软件自动分析周围图像的特点，并将图像进行拼接组合后填充在该区域进行融合，从而达到快速无缝的拼接效果 |
| ❸ 对所有图层取样 | 选中该复选框，可从所有的可见图层中提取数据。取消选中该复选框，只能从被选取的图层中提取数据。 |

具体操作步骤如下。

**Step 01** 打开素材文件，使用污点修复画笔工具修复皮肤。打开"素材文件\第5章\皱纹修复.jpg"文件，如图 5-101 所示。选择【污点修复画笔工具】，在皱纹上涂抹，如图 5-102 所示。

图 5-101

图 5-102

续表

| 选项 | 作用及含义 |
|---|---|
| ❹ 样本 | 如果要从当前图层及其下方的可见图层中取样,可选择【当前和下方图层】选项;如果仅从当前图层中取样,可选择【当前图层】选项;如果要从所有可见图层中取样,可选择【所有图层】选项 |

**Step 02** 继续修复皮肤,查看最终效果。释放鼠标去除皱纹,继续在其他皱纹的区域进行涂抹,最终效果如图 5-103 所示。

继续修复皮肤　　　　　　最终效果

图 5-103

## ★重点 5.5.2　实战:使用修复画笔工具修复痘痘

| 实例门类 | 软件功能 |
|---|---|

【修复画笔工具】通过用图像中的像素作为样本进行绘制,从而修复画面中的瑕疵。使用【修复画笔工具】 ✐ 修复图像时,需要先取样,再将取样图像复制到修复区域,并自然融合,其选项栏如图 5-104 所示。

图 5-104

相关选项作用及含义如表 5-13 所示。

表 5-13　选项作用及含义

| 选项 | 作用及含义 |
|---|---|
| ❶ 模式 | 在下拉列表中可以设置修复图像的混合模式 |
| ❷ 源 | 设置用于修复像素的源。选中【取样】单选按钮,可以从图像的像素上取样;选中【图案】单选按钮,则可在【图案】下拉列表中选择一个图案作为取样,效果类似于使用图案图章绘制图案 |
| ❸ 对齐 | 选中该复选框,会对像素进行连续取样,在修复过程中,取样点随修复位置的移动而变化;取消选中该复选框,则在修复过程中始终以一个取样点为起始点 |

具体操作步骤如下。

**Step 01** 打开素材文件,取样皮肤。打开"素材文件\第5章\痘痘.jpg"文件,如图 5-105 所示。选择【修复画笔工具】 ✐ ,按住【Alt】键的同时,在干净皮肤上单击进行颜色取样,如图 5-106 所示。

图 5-105　　　　　　　图 5-106

**Step 02** 修复问题皮肤。在脸上有痘痘的位置拖动鼠标,释放鼠标后,痘痘被清除,如图 5-107 所示。

修复皮肤　　　　　　修复效果

图 5-107

**Step 03** 继续修复皮肤并查看最终效果。继续按住【Alt】键,在左侧干净皮肤上单击进行颜色取样,取样时要单击与痘痘颜色相似的区域,多次取样并修复痘痘,效果如图 5-108 所示。

继续修复皮肤　　　　　　最终效果

图 5-108

| 选项 | 作用及含义 |
| --- | --- |
| ❷ 修补 | 用来设置修补模式，包括【正常】和【内容识别】两种。当将修补设置为【正常】时，可以选择图案进行修补；当将修补设置为【内容识别】时，软件会对周围环境进行智能识别并将修补图像与周围环境进行很好的融合。使用【内容识别】模式修补后的图像效果会更自然一些 |
| ❸ 源/目标/透明 | 选中【源】单选按钮，当将选区拖至要修补的区域以后，放开鼠标就会用当前选区中的图像修补原来选中的内容；选中【目标】单选按钮，会将选中的图像复制到目标区域<br>选中【透明】复选框，可以使修补的图像与原始图像产生透明的叠加效果 |
| ❹ 使用图案 | 选中该复选框后，应用图案对所选择区域进行修复 |

**技术看板**

　　使用【修复画笔工具】 ✎ 或【仿制图章工具】 ▟ 修复图像时，均可以使用【仿制源】面板设置多个样本源，以帮助用户复制多个区域。同时，还可以缩放和旋转样本源，以得到更好的修复和仿制效果。

【仿制源】面板详见 5.5.6 节。

★重点 5.5.3　实战：使用修补工具去除画面中多余的元素

| 实例门类 | 软件功能 |
| --- | --- |

　　【修补工具】可以利用画面中的部分内容作为样本，修复所选区域中不理想的部分，通常用来去除画面中多余的内容。选择【修补工具】 ⊕ 后，其选项栏如图 5-109 所示。

图 5-109

相关选项作用及含义如表 5-14 所示。

表 5-14　选项作用及含义

| 选项 | 作用及含义 |
| --- | --- |
| ❶ 运算按钮 | 此处是针对应用创建选区的工具进行的操作，包括对选区进行添加、减去等 |

　　具体操作步骤如下。

Step01 打开素材文件，使用修补工具圈选画面中多余的元素。打开"素材文件\第5章\风车.jpg"文件，如图 5-110 所示。选择【修补工具】 ⊕ ，在选项栏中设置【修补】为内容识别，拖动鼠标选中画面中多余的元素，如图 5-111 所示。

图 5-110　　　　　　　图 5-111

Step02 去除多余元素。拖动鼠标到目标区域，释放鼠标后，即可去除多余元素，如图 5-112 所示。

图 5-112

**Step 03** 查看最终效果。继续用相同的步骤去除画面中其他多余的元素，最终效果如图 5-113 所示。

图 5-113

其他方式创建的选区，也可以使用【修补工具】🌼进行修复。

### 5.5.4 实战：使用内容感知移动工具智能复制对象

| 实例门类 | 软件功能 |
|---|---|

【内容感知移动工具】⚡可以智能复制或移动图像。被移动的对象会自动将图像与周围的环境融合在一起，而移动后的空隙位置则会进行智能填充。使用【内容感知移动工具】可以实现逼真的合成效果，其选项栏如图 5-114 所示。

图 5-114

相关选项作用及含义如表 5-15 所示。

表 5-15　选项作用及含义

| 选项 | 作用及含义 |
|---|---|
| ❶ 模式 | 包括【移动】和【扩展】两个选项，【移动】是指移动原图像的位置；【扩展】是指复制原图像的位置 |
| ❷ 适应 | 包括【非常严格】【严格】【中】【松散】和【非常松散】5 个选项，用户可根据画面要求适当进行调节 |

具体操作步骤如下。

**Step 01** 移动图像。打开"素材文件\第 5 章\长颈鹿 .jpg"

文件，选择【内容感知移动工具】⚡，在小鹿周围拖动鼠标创建选区，如图 5-115 所示。在选项栏中设置【模式】为【移动】，向右侧拖动鼠标，如图 5-116 所示。

图 5-115　　　　　　　　图 5-116

**Step 02** 复制图像。释放鼠标后，将小鹿移动到其他位置，按【Ctrl+Z】组合键取消操作，在选项栏中将模式设置为【扩展】，拖动鼠标即可复制图像，效果如图 5-117所示。

图 5-117

【内容感知移动工具】⚡移动或复制图像时，因为要计算周围的像素，所以会花费大量时间，如果移动的图像和背景较复杂，在操作过程中，会弹出【进程】对话框，提示用户操作正在进行，单击【取消】按钮可以取消操作。

### 5.5.5 实战：使用红眼工具消除人物红眼

| 实例门类 | 软件功能 |
|---|---|

红眼是指在光线不足的情况下拍摄时，闪光灯照射到人眼时，瞳孔会放大让更多的光线通过，使视网膜的血管在照片上产生的泛红现象。使用【红眼工具】可以去除【红眼】现象。选择工具箱中的【红眼工具】 ，其选项栏如图 5-118 所示。

图 5-118

相关选项作用及含义如表 5-16 所示。

表 5-16　选项作用及含义

| 选项 | 作用及含义 |
|---|---|
| ❶ 瞳孔大小 | 可设置瞳孔（眼睛暗色的中心）的大小 |
| ❷ 变暗量 | 用来设置瞳孔的暗度 |

具体操作步骤如下。

**Step 01** 打开素材文件，使用红眼工具校正红眼。打开"素材文件 \ 第 5 章 \ 红眼 .jpg"文件，如图 5-119 所示。选择【红眼工具】💮，在红眼区域拖动鼠标，释放鼠标即可校正部分红眼，如图 5-120 所示。

图 5-119　　　　图 5-120

**Step 02** 重复操作，查看最终效果。将以上操作重复多次，直到清除所有红眼，效果如图 5-121 所示。

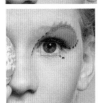

图 5-121

## 5.5.6　【仿制源】面板

【仿制源】面板是【仿制图章工具】和【修复画笔工具】的属性面板，在【仿制源】面板中可以设置仿制图像的大小、角度等参数，通常来说，这个面板用得比较少。

执行【窗口】→【仿制源】命令，可以打开【仿制源】面板，其常用选项如图 5-122 所示。

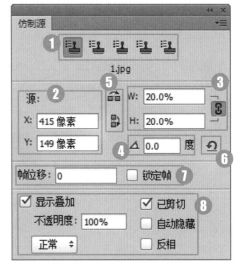

图 5-122

相关选项作用及含义如表 5-17 所示。

表 5-17　选项作用及含义

| 选项 | 作用及含义 |
|---|---|
| ❶ 仿制源 | 单击一个仿制源按钮🖼后，选择【仿制图章工具】🔨或【修复画笔工具】✏️，按住【Alt】键，在图像中单击可定义仿制源。用户最多可定义 5 个仿制源 |
| ❷ 位移 | 要精确位置复制，可以指定 X 和 Y 位移值 |
| ❸ 缩放 | 可以将原图像进行缩放复制。在 W 和 H 文本框中，可以设置具体的缩放值。单击【保持长宽比】按钮🔗，可在缩放时保持长宽比例 |
| ❹ 旋转 | 复制图像时，旋转指定的角度 |
| ❺ 翻转 | 单击【水平翻转】按钮🔁，复制图像时进行水平翻转；单击【垂直翻转】按钮🔁，复制图像时进行垂直翻转 |
| ❻ 重置转换 | 单击该按钮，可以复位仿制源 |
| ❼ 帧位移 / 锁定帧 | 在【帧位移】文本框中输入帧数，可以使用与初始取样帧相关的特定帧进行复制。选中【锁定帧】复选框，则总使用初始取样的帧进行复制 |
| ❽ 其他选项 | 选中【显示叠加】复选框，可在复制图像时更好地查看下方图像。在【不透明度】文本框中，设置叠加图像的不透明度。选中【已剪切】复选框，可将叠加剪切到画布大小；选中【自动隐藏】复选框，可在应用绘画描边时隐藏叠加；选中【反相】复选框，可反相叠加图中的颜色 |

## ★重点 5.5.7　实战：使用仿制图章工具复制图像

| 实例门类 | 软件功能 |
|---|---|

【仿制图章工具】 可以通过涂抹的方式将图像复制到另外的位置，通常可以用来复制图像、去除水印、消除人物脸部痘印、修复图像的缺损等，其选项栏如图 5-123 所示。

图 5-123

相关选项作用及含义如表 5-18 所示。

表 5-18　选项作用及含义

| 选项 | 作用及含义 |
|---|---|
| ❶ 对齐 | 选中该复选框，可以连续对对象进行取样；取消选中该复选框，则每单击一次，都使用初始取样点中的样本像素，因此，每次单击都被视为另一次复制 |
| ❷ 样本 | 在样本列表框中，可以选择取样的目标范围，包括设置【当前图层】【当前和下方图层】和【所有图层】3 种 |

具体操作步骤如下。

**Step01** 打开素材文件并打开【仿制源】面板设置参数。打开"素材文件\第 5 章\女孩.jpg"文件，如图 5-124 所示。打开【仿制源】面板，单击【水平翻转】按钮 ，设置【W】和【H】为 50%，如图 5-125 所示。

图 5-124

图 5-125

**Step02** 复制图像。选择【仿制图章工具】 ，按住【Alt】键，在人物位置单击进行取样，在右侧拖动鼠标，即可逐步复制图像，如图 5-126 所示。

图 5-126

**Step03** 查看最终效果。继续拖动鼠标复制图像，最终效果如图 5-127 所示。

图 5-127

### 技术看板

使用【仿制图章工具】 复制图像时，画面中会出现一个十字形和圆形指针，圆形指针是用户正在涂抹的区域，而涂抹内容来自十字形指针区域。这两个鼠标指针之间一直保持着相同的距离。

## 5.5.8　实战：使用图案图章工具填充石头图案

| 实例门类 | 软件功能 |
|---|---|

【图案图章工具】 可以将图案复制到图像中，其选项栏如图 5-128 所示。

图 5-128

相关选项作用及含义如表 5-19 所示。

表 5-19　选项作用及含义

| 选项 | 作用及含义 |
| --- | --- |
| ❶ 对齐 | 选中该复选框，可以保持图案与原始图案的连续性，即使多次单击也不例外；取消选中该复选框，则每次单击都重新应用图案 |
| ❷ 印象派效果 | 选中该复选框，则绘画选取的图像会产生模糊、朦胧化的印象派效果 |

具体操作步骤如下。

**Step01** 打开素材文件。打开"素材文件\第 5 章\沙.jpg"文件，如图 5-129 所示。

**Step02** 创建地面选区。选择【魔棒工具】，在选项栏中将【容差】值设置为 32，单击地面创建选区，按住【Shift】键，添加未选中的区域到选区，如图 5-130 所示。

图 5-129　　　　　　　图 5-130

**Step03** 修改选区。选择【套索工具】，按住【Shift】键将未选中的地面区域添加到选区，再按住【Alt】键将多余的选区减去，如图 5-131 所示。

图 5-131

**Step04** 设置填充图案。创建好的地面选区如图 5-132 所示。再次选择【图案图章工具】，在选项栏中 ❶ 单击图案图标，❷ 单击下拉列表框右上角的扩展按钮，❸ 在打开的下拉菜单中选择【岩石图案】选项，如

图 5-133 所示。

图 5-132　　　　　　　图 5-133

**Step05** 选择花岗岩图案。在打开的提示对话框中，单击【追加】按钮，如图 5-134 所示。在载入的图案中，选中【花岗岩】图案，如图 5-135 所示。

图 5-134

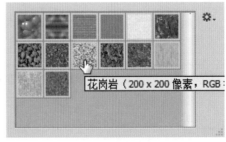

图 5-135

**Step06** 填充图案，查看最终效果。在选区内拖动鼠标进行涂抹，填充石头图案，最终效果如图 5-136 所示。

图 5-136

### 5.5.9 历史记录画笔工具

【历史记录画笔工具】 是以"历史记录"为"颜料"在画面中绘画，需要配合【历史记录】面板一同使用。被绘制的区域会回到历史操作状态下。在【历史记录】面板中，历史记录画笔源所处的步骤，就是使用【历史记录画笔工具】 会恢复到的图像状态。

### 5.5.10 历史记录艺术画笔工具

【历史记录艺术画笔工具】 可以将标记的历史记录状态或快照用作源数据，涂抹图像后，会形成一种特殊的艺术笔触效果，其选项栏如图 5-137 所示。

图 5-137

相关选项作用及含义如表 5-20 所示。

表 5-20 选项作用及含义

| 选项 | 作用及含义 |
| --- | --- |
| ❶ 样式 | 可以用来控制绘画描边的形状，包括【绷紧短】【绷紧中】和【绷紧长】等 |
| ❷ 区域 | 用来设置绘画描边所覆盖的区域。该值越高，覆盖的区域越大，描边的数量也越多 |
| ❸ 容差 | 容差值可以限定可应用绘画描边的区域。低容差可用于在图像中的任何位置绘制无数条描边，高容差会将绘画描边限定在与源状态或快照中的颜色明显不同的区域 |

### 5.5.11 实战：创建艺术旋转镜头效果

| 实例门类 | 软件功能 |
| --- | --- |

前面学习了【历史记录画笔工具】 和【历史记录艺术画笔工具】 ，下面结合这两个工具创建艺术旋转镜头效果，具体操作步骤如下。

Step 01 打开素材文件。打开"素材文件 \ 第 5 章 \ 向日葵 .jpg"文件，如图 5-138 所示。

Step 02 使用照片滤镜调整图像色调。执行【图像】→【调整】→【照片滤镜】命令，❶ 设置【滤镜】为紫、【浓度】为 25%，❷ 单击【确定】按钮，如图 5-139 所示。

 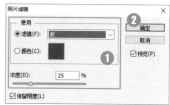

图 5-138         图 5-139

Step 03 为图像添加径向模糊的效果。调整图像色调后，效果如图 5-140 所示。执行【滤镜】→【模糊】→【径向模糊】命令，❶ 设置【数量】为 10、【模糊方法】为旋转，❷ 单击【确定】按钮，如图 5-141 所示。

 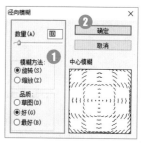

图 5-140         图 5-141

Step 04 使用历史记录画笔恢复人物。径向模糊效果如图 5-142 所示。执行【窗口】→【历史记录】命令，设置历史记录画笔的源到【照片滤镜】步骤，如图 5-143 所示。

图 5-142         图 5-143

Step 05 恢复部分图像。在人物位置涂抹，逐步恢复图像，如图 5-144 所示。

在人物位置涂沫　　　　　　恢复部分图像效果

图 5-144

**Step 06** 使用历史记录艺术画笔为背景创建艺术效果。选择【历史记录艺术画笔工具】，在选项栏中设置

【模式】为【变亮】、【样式】为【绷紧中】，在图像背景处拖动鼠标创建艺术效果，如图 5-145 所示。

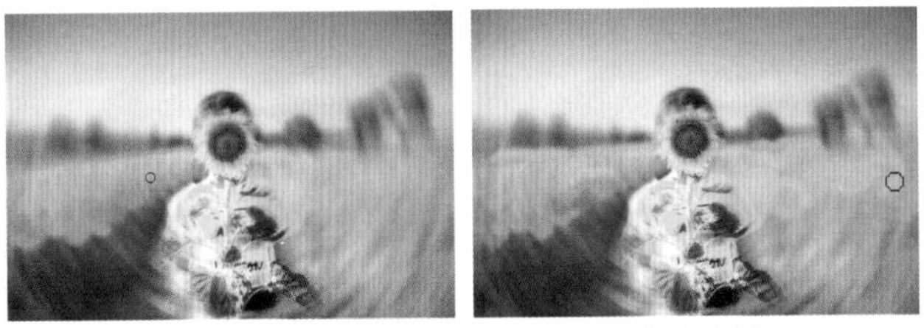

在图像背影处拖动鼠标　　　　创建艺术效果

图 5-145

# 5.6 图像润饰工具

在 Photoshop CS6 中可用于图像局部润饰的工具有【模糊工具】组和【减淡工具】组的工具。其中，【模糊工具】组中的工具可以对图像进行模糊、锐化处理；【减淡工具】组中的工具可以调整图像的明暗、饱和度。

## ★重点 5.6.1 模糊工具和锐化工具

【模糊工具】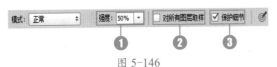可以用来模糊图像；【锐化工具】则用来锐化图像。选择工具后，在图像中进行涂抹即可。这两个工具的选项栏基本相同，只是【锐化工具】多了一个【保护细节】选项，其选项栏如图 5-146 所示。

图 5-146

相关选项作用及含义如表 5-21 所示。

表 5-21　选项作用及含义

| 选项 | 作用及含义 |
| --- | --- |
| ❶ 强度 | 用来设置工具的强度 |
| ❷ 对所有图层取样 | 如果文档中包含多个图层，选中该复选框，表示使用所有可见图层中的数据进行处理；取消选中该复选框，则只处理当前图层中的数据 |
| ❸ 保护细节 | 选中该复选框，可以防止颜色发生色相偏移，在对图像进行加深时更好地保护原图像的色调 |

【模糊工具】与【锐化工具】处理图像的前后效果对比如图 5-147 和图 5-148 所示。

原图　　　　　　模糊工具处理效果

图 5-147

原图　　　　　　锐化工具处理效果

图 5-148

## ★重点 5.6.2 减淡工具与加深工具

【减淡工具】可以对图像的【高光】【阴影】【中间调】分别进行加光处理，以达到提亮图像的目的。【加深工具】与【减淡工具】相反，可以对图像的【高光】【阴影】【中间调】分别进行减光处理，以达到压暗图像的目的。这两个工具的选项栏相同，如图 5-149 所示。

图 5-149

相关选项作用及含义如表 5-22 所示。

表 5-22 选项作用及含义

| 选项 | 作用及含义 |
|------|-----------|
| ❶ 范围 | 可指定修改色调的范围。选择【阴影】选项可处理图像的暗部区域；选择【中间调】选项可处理图像中介于亮部和暗部之间的区域；选择【高光】选项则处理图像的亮部区域 |
| ❷ 曝光度 | 可以为【减淡工具】或【加深工具】指定曝光。该值越高，效果越明显 |

【减淡工具】 🔍 与【加深工具】 👌 处理图像的前后效果对比如图 5-150 和图 5-151 所示。

原图　　　　　　　减淡工具处理效果

图 5-150

原图　　　　　　　加深工具处理效果

图 5-151

### 5.6.3 实战：使用涂抹工具拉长动物毛发

| 实例门类 | 软件功能 |
|----------|----------|

【涂抹工具】 🖐 涂抹图像时，会拾取鼠标单击点的颜色，并沿拖移的方向展开这种颜色，可模拟手指拖过湿油漆的效果。其工具选项栏与【模糊工具】相似，如图 5-152 所示。

图 5-152

相关选项作用及含义如表 5-23 所示。

表 5-23 选项作用及含义

| 选项 | 作用及含义 |
|------|-----------|
| 手指绘画 | 选中该复选框后，可以在涂抹时添加前景色；取消选中该复选框，则使用每个描边起点处鼠标指针所在位置的颜色进行涂抹 |

具体操作步骤如下。

**Step01** 打开素材文件，设置涂抹工具参数。打开"素材文件 \ 第 5 章 \ 动物 .jpg"文件，如图 5-153 所示。选择【涂抹工具】 🖐 ，在选项栏中选择一种毛笔笔刷，如图 5-154 所示。

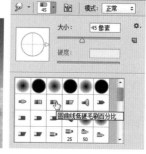

图 5-153　　　　　　　图 5-154

**Step02** 拉长动物毛发。在图像中拖动鼠标，拉长动物毛发，如图 5-155 所示。

图 5-155

**Step03** 继续拉长毛发并查看最终效果。继续拉长毛发，如图 5-156 所示。设置前景色为红色【#e60012】，在选项栏中选中【手指绘画】复选框，在图像中拖动鼠标，在额头位置拖动鼠标拉长毛发，如图 5-157 所示。

图 5-156　　　　　　　图 5-157

## 5.6.4　实战：使用海绵工具制作半彩艺术效果

| 实例门类 | 软件功能 |
|---|---|

【海绵工具】 可以增加或降低彩色图像的饱和度。如果是灰度图像，使用该工具可以用于增加或降低图像的对比度。选择【海绵工具】 后，在选项栏中设置【模式】【流量】等参数就可以调整图像的饱和度，其选项栏如图 5-158 所示。

图 5-158

相关选项作用及含义如表 5-24 所示。

表 5-24　选项作用及含义

| 选项 | 作用及含义 |
|---|---|
| ❶ 模式 | 选择【饱和】选项就是加色，选择【降低饱和度】选项就是去色 |
| ❷ 流量 | 用于设置海绵工具的作用强度 |
| ❸ 自然饱和度 | 选中该复选框后，软件会自动识别图像中饱和度高和饱和度低的区域，并针对性地增加或降低饱和度，从而使图像的整体饱和度趋于一致，得到自然的效果 |

具体操作步骤如下。

Step01 打开素材文件。打开"素材文件\第5章\奔跑.jpg"文件，如图 5-159 所示。

Step02 使用海绵工具为左侧图像去色。选择【海绵工具】 ，在选项栏中设置【模式】为【降低饱和度】、【流量】为100%，在图片左侧拖动鼠标去除颜色，如图 5-160 所示。

图 5-159　　　　　　　图 5-160

Step03 为去色图像区域创建选区。在选项栏中设置【流量】为 50%，继续拖动鼠标去除颜色，如图 5-161 所示。使用【矩形选框工具】 在左侧拖动创建选区，如图 5-162 所示。

图 5-161　　　　　　　图 5-162

Step04 设置动感模糊的效果。执行【滤镜】→【模糊】→【动感模糊】命令，❶ 设置【角度】为 0 度、【距离】为20 像素，❷ 单击【确定】按钮，按【Ctrl+D】组合键取消选区，最终效果如图 5-163 所示。

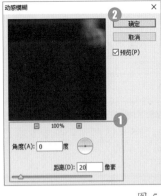 

图 5-163

## 5.7　图像擦除工具

在做创意合成或设计时，有时会遇到需要擦除图像的情况。这时就可以使用 Photoshop CS6 中的【橡皮擦工具】【背景橡皮擦工具】和【魔术橡皮擦工具】来擦除图像。其中，【橡皮擦工具】可以擦除画面中的所有图像，而【背景橡皮擦工具】和【魔术橡皮擦工具】主要用于去除图像的背景。

### 5.7.1　使用橡皮擦工具擦除图像

| 实例门类 | 软件功能 |
| --- | --- |

【橡皮擦工具】可以擦除所有图像。如果处理的是【背景】图层或锁定了透明区域的图层，涂抹区域会显示为背景色；处理其他图层时，可擦除涂抹区域的像素，其选项栏如图 5-164 所示。

图 5-164

相关选项作用及含义如表 5-25 所示。

表 5-25　选项作用及含义

| 选项 | 作用及含义 |
| --- | --- |
| ❶ 模式 | 在模式中可以选择橡皮擦的种类。选择【画笔】选项，可创建柔边擦除效果；选择【铅笔】选项，可创建硬边擦除效果；选择【块】选项，则擦除的效果为块状 |
| ❷ 不透明度 | 设置工具的擦除强度，100% 的不透明度可以完全擦除像素，较低的不透明度将部分擦除像素 |
| ❸ 流量 | 用于控制工具的涂抹速度 |
| ❹ 抹到历史记录 | 选中该复选框后，【橡皮擦工具】就具有历史记录画笔的功能 |

具体操作步骤如下。

**Step 01** 打开素材文件，选中花朵图层。打开"素材文件\第 5 章\薰衣草 .psd"文件，如图 5-165 所示。在【图层】面板中选中【花朵】图层，如图 5-166 所示。

图 5-165　　　　　图 5-166

**Step 02** 删除背景，设置背景色。选择【橡皮擦工具】，在花朵上拖动鼠标，删除该图像，如图 5-167 所示。在【图层】面板中选中【背景】图层，将背景色设置为绿色【#2f9a65】，如图 5-168 所示。

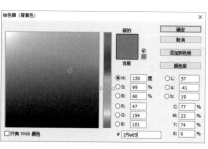

图 5-167　　　　　图 5-168

**Step 03** 填充背景色，查看图像效果。使用【橡皮擦工具】，在图像中拖动鼠标删除图像，删除区域自动填入背景色，最终效果如图 5-169 所示。

图 5-169

## 5.7.2　实战：使用背景橡皮擦工具更换背景

| 实例门类 | 软件功能 |
| --- | --- |

【背景橡皮擦工具】可基于画面中的颜色差异，擦除特定区域范围内的图像，主要用于擦除背景，擦除的图像区域将变为透明，其选项栏如图 5-170 所示。

图 5-170

相关选项作用及含义如表 5-26 所示。

表 5-26　选项作用及含义

| 选项 | 作用及含义 |
| --- | --- |
| ❶ 取样 | 用来设置取样方式。单击【连续】按钮，在拖动鼠标时可连续对颜色取样，凡出现在光标中心十字线内的图像都会被擦除；单击【一次】按钮，只擦除包含第一次单击点颜色的图像；单击【背景色板】按钮，只擦除包含背景色的图像 |
| ❷ 限制 | 定义擦除图像时的限制模式。选择【不连续】选项，可擦除出现在光标下任何位置的样本颜色；选择【连续】选项，只擦除包含样本颜色且互相连接的区域；选择【查找边缘】选项，可擦除包含样本颜色的连续区域，同时更好地保留形状边缘的锐化程度 |
| ❸ 容差 | 用来设置颜色的容差范围。低容差仅限于擦除与样本颜色非常相似的区域，高容差可擦除范围更广的颜色 |

续表

| 选项 | 作用及含义 |
| --- | --- |
| ❹ 保护前景色 | 选中该复选框后，可防止擦除与前景色匹配的区域 |

具体操作步骤如下。

**Step01** 打开素材文件，使用背景橡皮擦工具擦除背景。打开"素材文件\第5章\卷发.jpg"文件，如图 5-171 所示。选择【背景橡皮擦工具】，在背景中拖动鼠标擦除图像，如图 5-172 所示。

图 5-171　　　　　　图 5-172

**Step02** 继续擦除所有的背景。按【[】键缩小画笔，在人物边缘处拖动鼠标擦除图像，如图 5-173 所示。调整画笔大小后，继续单击或拖动鼠标擦除图像，如图 5-174 所示。

图 5-173　　　　　　图 5-174

**Step03** 添加背景素材。打开"素材文件\第5章\背景.jpg"文件，如图 5-175 所示。拖动"卷发"到背景图像中，调整其大小和位置，如图 5-176 所示。

图 5-175　　　　　　图 5-176

**Step04** 查看最终效果。使用【背景橡皮擦工具】在残留的背景上单击，清除图像，最终效果如图 5-177 所示。

消除图像

最终效果

图 5-177

图 5-179

图 5-180

### 5.7.3 实战：使用魔术橡皮擦工具删除背景

【魔术橡皮擦工具】的使用步骤与【魔棒工具】极为相似，可以自动擦除当前图层中与选区颜色相近的像素，其选项栏如图 5-178 所示。

图 5-178

相关选项作用及含义如表 5-27 所示。

表 5-27 选项作用及含义

| 选项 | 作用及含义 |
|---|---|
| ❶ 消除锯齿 | 选中该复选框，可以使擦除区域的边缘变得平滑 |
| ❷ 连续 | 选中该复选框后，只擦除与单击处相邻且在容差范围内的颜色；若取消选中该复选框，则擦除图像中所有在单击点像素容差范围内的颜色 |
| ❸ 不透明度 | 用来设置擦除的强度。数值越大，则图像被擦除得越彻底 |

使用【魔术橡皮擦工具】清除背景的具体操作步骤如下。

**Step01** 打开素材文件，使用魔术橡皮擦工具删除左侧背景。打开"素材文件\第 5 章\彩点 .jpg"文件，如图 5-179 所示。选择【魔术橡皮擦工具】，在右侧背景处单击删除图像，如图 5-180 所示。

**Step02** 删除全部背景，新建图层。继续使用【魔术橡皮擦工具】，在左侧背景处单击删除图像，如图 5-181 所示。在【图层】面板中，按住【Ctrl】键单击【创建新图层】按钮，在当前图层下方新建【图层 1】，如图 5-182 所示。

图 5-181

图 5-182

**Step03** 填充背景颜色。设置前景色为紫色【#6452b4】，按【Alt+Delete】组合键填充前景色，效果如图 5-183 所示。

图 5-183

## 妙招技法

通过前面内容的学习，相信大家已经对 Photoshop CS6 中绘画与图像修饰的内容有了基本的了解。下面就结合本章内容，给大家介绍一些实用技巧。

## 技巧 01：在【拾色器】对话框中，指定颜色的饱和度和亮度

在【拾色器】对话框中，除了可以通过颜色值设置具体颜色外，还可以指定颜色的饱和度和亮度，具体操作步骤如下。

**Step01** 在【拾色器】对话框中选择饱和度选项。单击工具箱中的【设置前景色】图标，打开【拾色器（前景色）】对话框，在【HSB】色彩模式中选中【S】单选按钮，如图 5-184 所示。

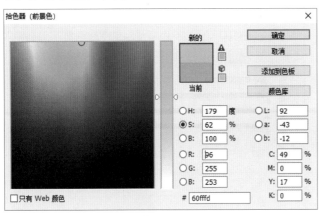

图 5-184

**Step02** 调整饱和度。拖动中间的滑块即可调整颜色饱和度，如图 5-185 所示。

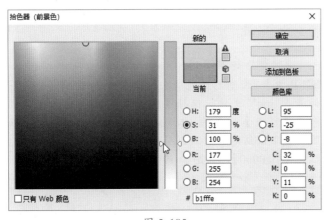

图 5-185

**Step03** 调整亮度。选中【B】单选按钮，拖动中间的滑块即可调整颜色亮度，如图 5-186 所示。

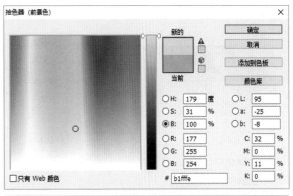

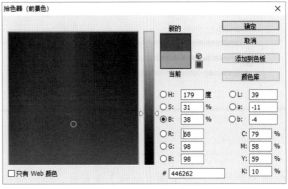

图 5-186

### 技能拓展——什么是 HSB 色彩模式

HSB 色彩模式是基于人眼的一种颜色模式。其中，H(Hue) 代表色相，是指能够比较确切地表示某种颜色色别的名称，如红色、黄色、绿色等；S(Saturation) 代表饱和度，是指颜色的纯度或强度；B（Brightness）代表亮度（或明度），是指颜色的明暗程度。

## 技巧 02：杂色渐变填充

杂色渐变包含了在指定色彩区域内随机分布的颜色，可以创建比纯色渐变颜色变化更为丰富的渐变效果。

选择【渐变工具】后，在选项栏中单击渐变色条，在打开的【渐变编辑器】对话框中将【渐变类型】设置为【杂色】，会显示杂色渐变选项，如图 5-187 所示。

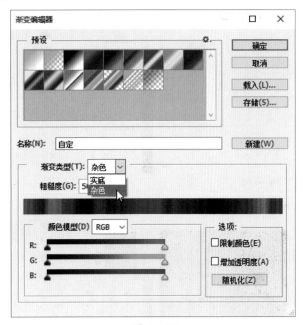

图 5-187

在对话框左下方可以选择颜色模型，拖动滑块即可调整渐变颜色。选中【限制颜色】复选框，可将颜色限制在可打印或印刷范围内，防止溢色。选中【增加透明度】复选框，可以增加透明渐变，单击【随机化】按钮，可以生成随机渐变，如图 5-188 所示。

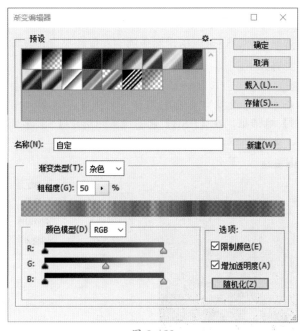

图 5-188

## 同步练习 —— 为圣诞老人简笔画上色

在使用 Photoshop CS6 绘图时，大家可以先用手写板绘制线条图稿，或者直接用铅笔绘制上传到计算机中，然后通过色彩工具为线条稿上色，线条图稿和上色效果对比如图 5-189 所示。

| 素材文件 | 光盘\素材文件\第 5 章\圣诞老人 .jpg，新年快乐 .jpg |
| --- | --- |
| 结果文件 | 光盘\结果文件\第 5 章\圣诞老人 .psd |

线条图稿　　　　　　上色效果

图 5-189

具体操作步骤如下。

Step01 为衣服、帽子上色。打开"素材文件\第 5 章\圣诞老人 .jpg"文件，选择【魔棒工具】，在选项栏中将【容差】设置为 10，按住【Shift】键在帽子、衣服位置单击创建选区，如图 5-190 所示。在选区内填充红色【#fe0000】，如图 5-191 所示。

图 5-190　　　　　　图 5-191

Step⑫ 为手套上色。按住【Shift】键，使用【魔棒工具】在手套位置单击创建选区，再填充绿色【#0d9a0e】，如图 5-192 所示。

图 5-192

Step⑬ 为脸部皮肤上色。使用【魔棒工具】在额头位置单击创建选区，并填充肉色【#f7caa1】，如图 5-193 所示。

图 5-193

Step⑭ 为鼻子上色。使用【魔棒工具】在鼻子位置单击创建选区，并填充橙色【#faa085】，如图 5-194 所示。

图 5-194

Step⑮ 为眼睛、皮带和脚部区域上色。按住【Shift】键，使用【魔棒工具】在皮带、脚等位置单击创建选区，再选择【套索工具】，按住【Shift】键添加眼睛区域，并填充深蓝色【#151845】，如图 5-195 所示。

图 5-195

Step⑯ 为皮带扣上色。使用【矩形选框工具】创建选区，如图 5-196 所示。选择【渐变工具】，在选项栏中，❶ 单击渐变色条右侧的按钮，在打开的下拉列表框中，❷ 选择【橙、黄、橙渐变】选项，设置渐变方式为【线性渐变】，拖动鼠标在选区内填充渐变色，如图 5-197 所示。

图 5-196　　　　　　　　图 5-197

Step⑰ 为皮带扣创建边框效果。执行【选择】→【修改】→【收缩】命令。❶ 设置【收缩量】为 4 像素，❷ 单击【确定】按钮，为选区填充深蓝色【#151845】，如图 5-198 所示。

图 5-198

Step⑱ 为圣诞老人添加背景素材。打开"素材文件\第 5 章\新年快乐.jpg"文件，如图 5-199 所示。

Step⑲ 拖动圣诞老人到文件中。选中圣诞老人后，把圣诞老人图像拖动到【新年快乐】文件中，并使用【背景橡皮擦工具】擦除"圣诞老人"图像中的白色背景，如图 5-200 所示。

图 5-199

图 5-200

**Step⑩** 使用画笔工具为图像添加光点特效，设置画笔参数。选择【画笔工具】，在【画笔】面板中选择【画笔笔尖形状】选项，选择一个柔边圆笔刷，设置【间距】为 136%，如图 5-201 所示。

**Step⑪** 设置画笔形状动态参数。选中【形状动态】复选框，设置【大小抖动】为 82%，在【控制】选项框中选择【渐隐】，并设置为 25，如图 5-202 所示。

**Step⑫** 绘制光效。设置前景色为白色，在图像边缘拖动鼠标绘制图像，如图 5-203 所示，在雪堆上拖动鼠标绘制图像，最终效果如图 5-204 所示。

图 5-203

图 5-204

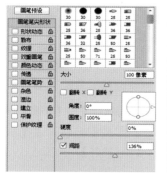

图 5-201

图 5-202

## 本章小结

本章主要介绍了绘画图像修饰的步骤。首先介绍了颜色的设置、填充和描边，接着介绍了画笔工具的设置及使用步骤，最后介绍了图像修复、润色和删除工具的使用与操作步骤。其中，画笔工具、渐变工具、仿制图章工具使用频率很高，也是很重要的工具。只有对这些工具全面掌握后，才能在实际应用中做到得心应手。

# 第2篇

# 核心功能篇

核心功能篇包括图层的应用、文字的创建与编辑、路径的应用、蒙版和通道的应用、图像颜色的调整与校正等内容。本篇是学习 Photoshop CS6 的重中之重，掌握这些核心功能，将极大地提高图像处理的技能与水平。

# 第6章 图层的初级应用

➡ 图层是什么？

➡ 图层顺序可以调整吗？

➡ 找不到目标图层怎么办？

➡ 如何让图层管理变得更加容易？

➡ 图层太多了，可以合并一些吗？

图层是 Photoshop 处理图像的灵魂，几乎在 Photoshop CS6 中的所有操作都是建立在图层基础上的。本章将对图层进行详细的讲解。通过本章内容的学习，大家不仅对图层有一定的认识，还能利用图层制作一些简单的效果。

## 6.1 初识图层

图层是在 Photoshop 中进行一切操作的载体，每个图层就像一块透明玻璃，在不同的玻璃中绘制图像的不同部分，组合起来就变成一幅完整的图像。在许多图像处理软件中都引入了图层概念，用户可以通过图层对图像进行合成，或者制作一些特效来增加图像的表现力，下面详细介绍图层知识。

### 6.1.1 图层

图层就是"图＋层"，其中的"图"即图像，"层"即分层、层叠，也就是以分层的形式来显示图像。每个单独图层上都保存着不同的图像，可以透过上面图层的透明区域看到下面图层的内容。图层分层展示效果如图 6-1 所示。

图 6-1

每个图层中的对象都可以单独进行编辑，如移动位置、变换形状、调整颜色等，而不会影响其他图层

中的内容，如图 6-2 所示。

图 6-2

图层可以移动，也可以调整堆叠顺序，在【图层】面板中除【背景】图层外，其他图层都可以调整不透明度，使图像内容变得透明；还可以修改混合模式，让上下图层之间产生特殊的混合效果，如图 6-3 所示。

图 6-3

在编辑图层前，首先需要在【图层】面板中选中需要的图层，所选图层被称为【当前图层】。绘画、颜色和色调调整都只能在一个图层中进行，而移动、对齐、变换或应用【样式】面板中的样式时，可以一次处理所选的多个图层。

## 6.1.2 【图层】面板

【图层】面板显示了当前图像的图层信息，在这里可以新建、复制、删除图层，也可以调整图层的不透明度及混合模式等，几乎所有图层操作都可以通过【图层】面板来实现。

执行【窗口】→【图层】命令，或者按【F7】键，可以打开【图层】面板，如图 6-4 所示。

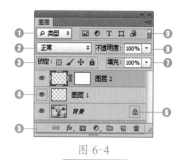

图 6-4

相关选项作用及含义如表 6-1 所示。

表 6-1　选项作用及含义

| 选项 | 作用及含义 |
| --- | --- |
| ❶ 选取图层类型 | 当图层数量较多时，可在此下拉列表中选择一种图层类型（包括名称、效果、模式、属性、颜色），让【图层】面板只显示此类图层，隐藏其他类型的图层 |

续表

| 选项 | 作用及含义 |
| --- | --- |
| ❷ 设置图层混合模式 | 用来设置当前图层的混合模式，使之与下面的图像产生混合 |
| ❸ 锁定按钮 | 用来锁定当前图层的属性，使其不可编辑，包括图像像素、透明像素和位置 |
| ❹ 图层显示标志 | 显示该标志的图层为可见图层，单击它可以隐藏图层，但隐藏的图层不能编辑 |
| ❺ 快捷图标 | 图层操作的常用快捷按钮，主要包括链接图层、图层样式、新建图层、删除图层等 |
| ❻ 锁定标志 | 显示该图标时，表示图层处于锁定状态 |
| ❼ 填充 | 设置当前图层的填充不透明度，它与图层的不透明度类似，但只影响图层中绘制的像素和形状的不透明度，不会影响图层样式的不透明度 |
| ❽ 不透明度 | 设置当前图层的不透明度，使之呈现透明状态，从而显示下面图层中的内容 |
| ❾ 打开 / 关闭图层过滤 | 单击该按钮，可以启动或停用图层过滤功能 |

## 6.1.3　图层类别

在 Photoshop CS6 中，可以创建多种图层，如图 6-5 所示，它们都有各自不同的功能和用途，在【图层】面板中显示图标也不一致，下面对图层类别进行详细介绍。

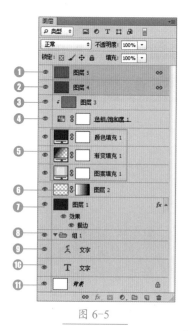

图 6-5

相关选项作用及含义如表 6-2 所示。

表 6-2　选项作用及含义　　　　　　　　　　　　　　　　　　　　　　　　　　　　　　　续表

| 选项 | 作用及含义 |
| --- | --- |
| ❶ 当前图层 | 当前选择的图层，在对图像处理时，编辑操作将在当前图层中进行 |
| ❷ 链接图层 | 保持链接状态的多个图层 |
| ❸ 剪贴蒙版 | 属于蒙版中的一种，可使用一个图层中的图像控制它上面多个图层的显示范围 |
| ❹ 调整图层 | 可调整图像的亮度、色彩平衡等，不会改变像素值，并可重复编辑 |
| ❺ 填充图层 | 显示填充纯色、渐变或图案的特殊图层 |

| 选项 | 作用及含义 |
| --- | --- |
| ❻ 图层蒙版图层 | 添加了图层蒙版的图层，蒙版可以控制图像的显示范围 |
| ❼ 图层样式 | 添加了图层样式的图层，通过图层样式可以快速创建特效，如投影、发光、浮雕等 |
| ❽ 图层组 | 用于组织和管理图层，以便于查找和编辑图层 |
| ❾ 变形文字 | 进行变形处理后的文字图层 |
| ❿ 文字图层 | 使用文字工具输入文字时创建的图层 |
| ⓫ 背景图层 | 新建文档时创建的图层，始终位于面板的最下面，名称为【背景】，且为斜体 |

# 6.2　图层基础操作

图层的基本操作包括新建、复制、删除、合并图层及图层顺序调整等，可以通过【图层】菜单中的相应命令或在【图层】面板中完成。

## ★重点 6.2.1　新建图层

在作图过程中，如果向图像中添加一些新绘制的元素，最好创建新的图层，这样可以避免操作失误而对原图产生影响。

在 Photoshop CS6 中创建图层的步骤有很多种，包括通过【图层】面板创建、在编辑图像的过程中创建及使用菜单命令创建等。下面介绍几种常用的图层创建的方法。

（1）单击【图层】面板下方的【创建新图层】按钮🖿，即可在当前图层的上方创建新图层，如图 6-6 所示。

图 6-6

### 🎯 技术看板

按住【Ctrl】键，单击【创建新图层】按钮🖿，可在当前图层下方创建新图层。

（2）单击【图层】面板右上角的【扩展】按钮🔳，在打开的快捷菜单中选择【新建图层】命令，或者执行

【图层】→【新建】→【图层】命令，都会弹出【新建图层】对话框，在对话框中可以设置图层名称、模式、不透明度等，单击【确定】按钮即可创建新图层，如图 6-7 所示。

图 6-7

（3）按【Ctrl+Shift+N】组合键可以弹出【新建图层】对话框，在对话框中设置图层名称、模式、不透明度等参数，单击【确定】按钮即可新建图层。

## ★重点 6.2.2　选择图层

在 Photoshop 中制图时，文档中通常包含多个图层。编辑图像实际上是对图层进行编辑，所以选择正确的图层进行编辑就显得十分重要。单击【图层】面板中的一个图层即可选中该图层，并成为当前图层，这是最基本的选择步骤，其他图层的选择方法如表 6-3 所示。

表 6-3　图层选择方法

| 选择类型 | 操作方法 |
| --- | --- |
| 选择多个图层 | 如果要选择多个相邻的图层，可以单击第一个图层，按住【Shift】键单击最后一个图层；如果要选择多个不相邻的图层，可以按住【Ctrl】键单击需要选择的图层 |

续表

| 选择类型 | 操作方法 |
|---|---|
| 选择所有图层 | 执行【选择】→【所有图层】命令，即可选择【图层】面板中所有的图层 |
| 选择链接的图层 | 选择一个链接图层，执行【图层】→【选择链接图层】命令，可以选择与之链接的所有图层 |
| 取消选择图层 | 如果不想选择任何图层，可在面板中最下面一个图层下方的空白处单击。也可执行【选择】→【取消选择图层】命令 |

### 技术看板

选择一个图层后，按【Alt+]】组合键，可以将当前图层切换为与之相邻的上一个图层；按【Alt+[】组合键，则可将当前图层切换为与之相邻的下一个图层。

打开任意素材后，在画面中右击，在打开的快捷菜单中会显示鼠标指针所指区域的所在图层名称，选择该图层名称可选中该图层。

选择【移动工具】，选中选项栏中的【自动选择】复选框。此时，在图像窗口中，单击图像所在图层，即可快速选中该图层。

## 6.2.3 背景图层和普通图层的相互转化

背景图层是特殊图层，位于面板最下方，不能调整顺序，不能移动，也不能设置透明度等操作。若要对背景图层执行移动、调整不透明度等的操作就需将其转换为普通图层。

在【图层】面板中，双击背景图层，可以弹出【新建图层】对话框，在对话框中设置参数后，可以将背景图层转换为普通图层；或者按住【Alt】键，双击背景图层，可以直接将背景图层转换为普通图层，并命名为【图层0】。

执行【图层】→【新建】→【背景图层】命令，可以将普通图层转换为背景图层，如图6-8所示。

图 6-8

## 6.2.4 复制图层

复制图层可将选定的图层进行复制，得到一个与原图层相同的图层。下面介绍几个常用的复制图层方法。

（1）在【图层】面板中，选择需要进行复制的图层，如选择【背景】图层将其拖动到面板底部的【创建新建图层】按钮 处，即可复制该图层，并生成【背景副本】图层，如图6-9所示。

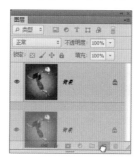 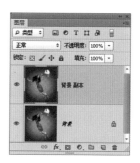

图 6-9

（2）执行【图层】→【复制图层】命令，或者通过【图层】面板中快捷菜单的【复制图层】命令，都会弹出【复制图层】对话框，输入复制的图层名称，单击【确定】按钮完成复制操作，生成复制图层【红裙】，如图6-10所示。

 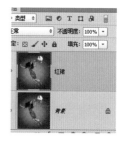

图 6-10

### 技能拓展——复制图层到其他文档或新文档中

在【复制图层】对话框的【目标】选项区域中，在【文档】下拉列表框中，如果打开了多个文件，可以选择相应的文件，将图层复制到该文件中，如果选择【新建】选项，将以当前图层为背景图层，新建一个文档。

（3）如果在图像中创建了选区，执行【图层】→【新建】→【通过拷贝的图层】命令，或者按【Ctrl+J】组合键，都可以将选中的图像复制到新图层中，原图层内容保持不变。如果没有创建选区，就会快速复制当前图层。

（4）如果在图像中创建了选区，执行【图层】→【新建】→【通过剪切的图层】命令，或者按【Shift+Ctrl+J】组合键，可以将选中的图像剪切到新图层中，原图层中的相应内容被清除。

> **技术看板**
>
> 在对数码照片进行修饰时，建议先复制【背景】图层后再进行操作，以免由于操作不当而无法回到最初的状态。

### 6.2.5 更改图层名称和颜色

在【图层】面板中，有时为了更好地区分每个图层中的内容，可修改图层的名称和颜色，以便在操作中快速找到它们。

如果要修改一个图层的名称，可在【图层】面板中双击该图层名称，然后在显示的文本框中输入新的名称，按【Enter】键确认修改，效果如图 6-11 所示。

图 6-11

如果要修改图层的颜色，可以选中该图层并右击，在打开的快捷菜单中选择颜色，如选择【橙色】选项，图层颜色即变为橙色，如图 6-12 所示。

图 6-12

### 6.2.6 实战：显示和隐藏图层

| 实例门类 | 软件功能 |
|---|---|

在图像处理过程中，有时为了便于操作需要将某些

图像隐藏，这时就可以用到显示和隐藏图层功能，具体操作步骤如下。

**Step01** 打开素材文件。打开"素材文件\第 6 章\隐藏与显示图层 .psd"文件，在【图层】面板中，左侧有【指示图层可见性】图标 👁 的图层为可见图层，如图 6-13 所示。

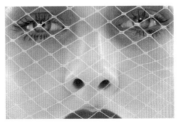

图 6-13

**Step02** 隐藏图层。单击一个图层前面的【指示图层可见性】图标 👁，可以隐藏该图层，如图 6-14 所示。

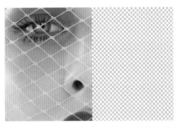

图 6-14

> **技术看板**
>
> 按住【Alt】键，单击【指示图层可见性】图标 👁，可以隐藏该图层以外的所有图层；按住【Alt】键再次单击该图标，可恢复其他图层的可见性。

执行【图层】→【隐藏图层】命令，可以隐藏当前图层，如果选择多个图层，执行该命令后，会隐藏所有选择的图层。

### 6.2.7 实战：链接图层

| 实例门类 | 软件功能 |
|---|---|

链接图层是把多个图层关联到一起，以便对链接好的图层进行整体的移动、复制、剪切等操作。这样可以提高操作的准确性和效率，具体操作步骤如下。

**Step01** 选择多个图层。在【图层】面板中选择两个或多个图层，如图 6-15 所示。

**Step02** 链接图层。单击【链接图层】按钮 👄，或者执行【图层】→【链接图层】命令，即可将它们链接，如图 6-16 所示。

图 6-15　　　　　　图 6-16

| 选项 | 作用及含义 |
|---|---|
| ❸ 锁定位置 | 用于锁定图像的位置，使之不能对图层内的图像进行移动、旋转、翻转和自由变换等操作，但可以对图层内的图像进行填充、描边和其他绘图的操作 |
| ❹ 锁定全部 | 单击该按钮，图层全部被锁定，不能移动位置、不可执行任何图像编辑操作，也不能更改图层的不透明度和图像的混合模式 |

**技术看板**

锁定图层后，图层上会出现一个锁状图标。当图层只有部分属性被锁定时，锁状图标为空心🔓；当所有属性都被锁定时，锁状图标为实心🔒。

**技能拓展——取消链接图层**

选择图层后，再次单击【图层】面板底部的【链接图层】按钮 🔗，即可取消图层间的链接关系。

若要取消锁定状态，再次单击相应的按钮即可取消图层锁定。

### 6.2.8　锁定图层

图层被锁定后，将限制图层编辑的内容和范围，被锁定内容不会受到其他编辑操作的影响。【图层】面板的锁定组中提供了 4 个不同功能的锁定按钮，单击相应的按钮即可锁定相应的元素，如图 6-17 所示。

### 6.2.9　实战：调整图层顺序

| 实例门类 | 软件功能 |
|---|---|

在【图层】面板中，图层是按照创建的先后顺序堆叠排列的，有时为了达到某种图像效果需要对图层顺序进行调整，具体操作步骤如下。

**Step01** 打开素材文件，调整图层顺序。打开"素材文件\第 6 章\调整图层顺序 .psd"文件，拖动【图层 3】到【图层 2】下方，如图 6-18 所示。

**Step02** 查看图像效果。释放鼠标后，即可调整图层的堆叠顺序。改变图层顺序会影响图像的显示效果，如图 6-19 所示。

图 6-17

相关选项作用及含义如表 6-4 所示。

表 6-4　选项作用及含义

| 选项 | 作用及含义 |
|---|---|
| ❶ 锁定透明像素 | 单击该按钮，则图层或图层组中的透明像素被锁定。当使用绘制工具绘图时，将只对图层非透明的区域（即有图像的像素部分）生效 |
| ❷ 锁定图像像素 | 单击该按钮可以将当前图层保护起来，使之不受任何填充、描边及其他绘图操作的影响 |

图 6-18

图 6-19

调整图层既可以执行【图层】→【排列】下拉菜单中的命令，也可以调整图层的堆叠顺序，还可通过右侧的快捷键执行命令。

按【Ctrl + [】组合键可以将当前图层向下移动一层；按【Ctrl + ]】组合键可以将当前图层向上移动一层；按【Ctrl + Shift + ]】组合键可将当前图层置为顶层；按【Ctrl + Shift + [】组合键可将当前图层置于最底部。

### 6.2.10 实战：对齐图层

| 实例门类 | 软件功能 |
|---|---|

在编排版面时，有些元素是必须要对齐的，如某些按钮、图标、文字等。这时就可以使用【对齐】功能快速将多个图层对象排列整齐。首先在【图层】面板中选择需要对齐的图层，然后执行【图层】→【对齐】命令，在弹出的菜单中选择一个对齐命令进行操作。对齐命令的作用及含义如表6-5所示。

表6-5 对齐命令作用及含义

| 命令 | 作用及含义 |
|---|---|
| 顶边 | 所选图层对象将以位于最上方的对象为基准，进行顶部对齐 |
| 垂直居中 | 所选图层对象将以位置居中的对象为基准，进行垂直居中对齐 |
| 底边 | 所选图层对象将以位于最下方的对象为基准，进行底部对齐 |
| 左边 | 所选图层对象将以位于最左侧的对象为基准，进行左对齐 |
| 水平居中 | 所选图层对象将以位于中间的对象为基准，进行水平居中对齐 |
| 右边 | 所选图层对象将以位于最右侧的对象为基准，进行右对齐 |

具体操作步骤如下。

Step01 打开素材文件。打开"素材文件\第6章\图层对齐.psd"文件，选中除背景图层以外的所有图层，如图6-20所示。

图6-20

Step02 对齐图层并查看图像效果。分别执行【图层】→【对齐】菜单中的【顶边】【垂直居中】【底边】【左边】【水平居中】【右边】命令，对齐效果如图6-21所示。

顶边对齐　　　　　　垂直居中对齐

底边对齐　　　　　　左边对齐

水平居中对齐　　　　右边对齐

图6-21

### 6.2.11 分布图层

如果让3个或更多的图层采用一定的规律均匀分布，可以选择这些图层，然后执行【图层】→【分布】下拉菜单中的命令进行操作。分布命令作用及含义如表6-6所示。

表6-6 分布命令作用及含义

| 命令 | 作用及含义 |
|------|-----------|
| 顶边 | 可均匀分布各链接图层或所选择的多个图层的位置，使它们最上方的图像间相隔同样的距离 |
| 垂直居中 | 可将所选图层对象间垂直方向的图像相隔同样的距离 |
| 底边 | 可将所选图层对象间最下方的图像相隔同样的距离 |
| 左边 | 可将所选图层对象间最左侧的图像相隔同样的距离 |
| 水平居中 | 可将所选图层对象间水平方向的图像相隔同样的距离 |
| 右边 | 可将所选图层对象间最右侧的图像相隔同样的距离 |

**技术看板**

如果用户当前选择【移动工具】🖑，可以通过选项栏中的对齐按钮 ▯ ▮ ▮ ▮ 🖊 🖊 来对齐图层。

通过选项栏中的分布按钮 ▤ ▤ ▤ ▥ ▥ ▥ 可以分布图层。

## 6.2.12　实战：将图层与选区对齐

| 实例门类 | 软件功能 |
|---------|---------|

除了对象与对象之间的对齐外，在 Photoshop CS6 中还可以将对象与选区对齐，具体操作步骤如下。

**Step01** 打开素材文件，创建选区。打开"素材文件\第6章\图层对齐选区.psd"文件，在画面中创建选区，选择【图层1】，如图6-22所示。

图 6-22

**Step02** 对齐图层。执行【图层】→【将图层与选区对齐】命令，选择扩展菜单中的任意命令，可基于选区对齐所选的图层，如图6-23所示。

图 6-23

**Step03** 查看其他对齐方式的图像效果。在扩展菜单中，选择【顶边】【底边】和【左边】命令，效果如图6-24所示。

顶边对齐　　底边对齐　　左边对齐

图 6-24

## 6.2.13　栅格化图层

在 Photoshop CS6 中使用文字工具创建的文字图层、置入后的智能对象图层、使用矢量工具创建的形状图层及使用 3D 功能创建的 3D 图层，可以进行移动、旋转、缩放等操作，但是不能使用绘画工具或滤镜对其进行编辑。如果要对这些图层使用绘画工具或滤镜进行编辑，就需要对其执行栅格化操作，将其转换为普通图层。因此，栅格化图层就是将这些特殊图层转换为普通图层的过程。

选择需要栅格化的图层，执行【图层】→【栅格化】下拉菜单中的命令，即可栅格化图层中的内容。或者在【图层】面板中选中需要栅格化的图层并右击，在弹出的快捷菜单中选择【栅格化】命令，也可将图层转换为普通图层。

## 6.2.14　删除图层

在作图过程中若不再需要某个图层，可将其删除，以最大限度地降低图像文件的大小，下面将介绍几种常用的删除方法。

（1）在【图层】面板中，选择需要删除的图层，如选择【图层1】，将其拖动到面板底部的【删除图层】按钮🗑上，即可将【图层1】删除，效果如图6-25所示。

（2）选择需要删除的图层，也可以是多个图层，单击图层面板底部的【删除图层】按钮🗑，即可将其删除。

图 6-25

（3）执行【图层】→【删除】→【图层】命令删除图层。

（4）在【图层】面板的快捷菜单中选择【删除图层】命令删除图层。

## ★重点 6.2.15 图层合并和盖印

在一个文件中，建立的图层越多，该文件所占用的空间也就越大。因此，一些不必要分开的图层可将它们合并为一个图层，从而减少所占用的磁盘空间，也可以加快软件运行速度。盖印是指将多个图层的内容合并到一个新的图层中，同时保持其他图层不变。

### 1. 合并图层

如果要合并两个或者多个图层，可以在【图层】面板中将它们选中，然后执行【图层】→【合并图层】命令，合并后的图层使用最上面图层的名称，如图 6-26 所示。

图 6-26

### 2. 向下合并

如果要将一个图层与它下面的图层合并，可以选择该图层，然后执行【图层】→【向下合并】命令，合并后的图层使用最下面图层的名称，如图 6-27 所示。

图 6-27

### 3. 合并可见图层

合并可见图层是指将图层面板中所有显示的图层进行合并。执行【图层】→【合并可见图层】命令，它们会合并到【背景】图层中，如图 6-28 所示。

图 6-28

### 技术看板

按【Ctrl+E】组合键可以快速向下合并图层，按【Shift+Ctrl+E】组合键可以快速合并可见图层。

### 4. 拼合图层

拼合图层可以将全部图层合并到【背景】图层中，执行【图层】→【拼合图像】命令即可。如果有隐藏的图层，则会弹出一个提示框，询问是否删除隐藏的图层。

### 5. 盖印图层

盖印图层是比较特殊的图层合并步骤，可以将多个图层中的图像内容合并到一个新的图层中，同时保持其他图层完好无损。如果要得到某些图层的合并效果，又不想修改原图层时，那么盖印图层是最好的解决办法。

选择多个图层，按【Ctrl+Alt+E】组合键可以盖印选择图层，在图层面板最上方自动创建盖印图层，如图 6-29 所示。

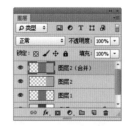

图 6-29

按【Shift+Ctrl+Alt+E】组合键也可以盖印所有可见图层，并在图层面板最上方自动创建盖印图层。若选择了图层，则在所选图层的上方创建盖印图层，如图 6-30 所示。

**技术看板**

盖印图层时，会自动忽略隐藏图层。

图 6-30

# 6.3 图层组的操作

图层组类似于文件夹，可将多个独立的图层放在不同的图层组中，它可以像图层一样进行移动、复制、链接、对齐和分布，也可以合并、添加蒙版。使用图层组组织和管理图层，既可以使图层的结构更加清晰，也可以使管理更加方便。

## 6.3.1 创建图层组

利用图层组管理图层时，首先需要创建一个图层组，再将所有能组成一个组的图层放置到同一个图层组内，创建图层组的方法有以下几种。

（1）单击【图层】面板下面的【创建新组】按钮，即可新建组，如图 6-31 所示。

图 6-31

（2）执行【图层】→【新建】→【组】命令，弹出【新建组】对话框，分别设置图层组的名称、颜色、模式和不透明度，单击【确定】按钮，即可在图层面板上增加一个空白的图层组，如图 6-32 所示。

图 6-32

（3）在【图层】面板中选择要编组的图层，执行【图层】→【新建】→【从图层建立组】命令，在弹出

的【从图层新建组】对话框中可以设置图层组的名称、颜色等参数，单击【确定】按钮，即可将选择的图层编成图层组，如图 6-33 所示。

图 6-33

**技能拓展——创建嵌套图层组**

创建图层组以后，在图层组内还可以继续创建图层组，称为嵌套图层组。

## 6.3.2 将图层移入或移出图层组

将一个或多个图层拖入图层组内，即可将其添加到图层组中，如图 6-34 所示。将图层组中的图层拖出组外，即可将其从图层组中移除，如图 6-35 所示。

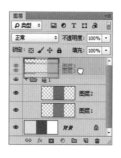 

图 6-34

图 6-35

将图层组拖动到【图层】面板的【删除图层】按钮 上，即可删除图层组及组中的图层。

或者选择图层组后，单击【删除图层】按钮 ，会弹出提示对话框，用户可以选择删除图层组后，是否保留图层组中的图层，如图 6-37 所示。

### ★重点 6.3.3　取消图层组和删除图层组

在操作过程中，如果取消图层编组，但保留图层，可以选择该图层组，执行【图层】→【取消图层编组】命令，即可取消编组，如图 6-36 所示。

图 6-37

图 6-36

**技术看板**

选中要编组的图层，按【Ctrl+G】组合键，即可快速将图层编组。

选中图层组，按【Shift+Ctrl+G】组合键，即可取消图层编组。

## 6.4　图层复合

图层复合是【图层】面板状态的快照，它记录了当前文档中图层的可见性、位置和外观（包括图层的不透明度、混合模式及图层样式等），通过图层复合可以快速在文档中切换不同版面的显示状态，比较适合展示多种设计方案。

### 6.4.1　图层复合面板

执行【窗口】→【图层复合】命令，打开【图层复合】面板，如图 6-38 所示。该面板主要用于创建、编辑、显示和删除图层复合。

图 6-38

相关选项作用及含义如表 6-7所示。

表 6-7　选项作用及含义

| 选项 | 作用及含义 |
| --- | --- |
| ❶ 应用图层复合 | 显示该图层的图层复合为当前使用的图层复合 |
| ❷ 应用选中的上一图层复合 | 切换到上一个图层复合 |
| ❸ 应用选中的下一图层复合 | 切换到下一个图层复合 |
| ❹ 更新图层复合 | 如果更改了图层复合的配置，可单击该按钮进行更新 |
| ❺ 创建新的图层复合 | 用于创建一个新的图层复合 |
| ❻ 删除图层复合 | 用于删除当前创建的图层复合 |

### 6.4.2　更新图层复合

在 Photoshop CS6 中不能找回删除或合并的图层，如果在存储后删除或合并了图层，在【图层复合】面板中会出现【无法完全恢复图层复合警告】图标 ，此时，可以通过以下几种方法进行处理。

（1）单击【无法完全恢复图层复合警告】图标，如果弹出一个提示框，它说明图层复合无法正常恢复，如图 6-39 所示。单击【清除】按钮可清除警告，使其余的图层保持不变。

图 6-39

（2）忽略警告，如果不对警告进行任何处理，可能会导致丢失一个或多个图层，但其他已存储的参数会保存下来。

（3）更新图层复合，单击【更新图层复合】按钮，对图层复合进行更新，这可能导致以前记录的参数丢失，但可以使复合保持最新状态。

（4）右击警告图标，在打开的下拉菜单中可以选择是清除当前图层复合的警告，还是清除所有图层复合的警告。

## 妙招技法

通过前面内容的学习，相信大家对图层已经有了一个基本的了解。下面结合本章内容，给大家介绍一些实用技巧。

### 技巧 01：更改图层缩览图大小

在【图层】面板中，图层名称左侧图标为图层缩览图，它显示了图层基本内容。右击图层缩览图，在弹出的快捷菜单中选择相应的选项。例如，选择【大缩览图】选项，就会增大图层缩览图，如图 6-40 所示。

图 6-40

### 技巧 02：查找图层

当图层数量较多时，若要快速找到某个图层，可执行【选择】→【查找图层】命令，【图层】面板顶部会出现一个文本框，输入需要查找的图层名称，面板中即可显示该图层，如图 6-41 所示。

图 6-41

此外，也可以指定面板中显示某种图层类型（包括名称、效果、模式、属性、颜色），隐藏其他类型的图层。例如，在面板顶部选择【类型】选项，然后单击右侧的【文字图层】按钮，此时面板中就只显示文字类图层，如图 6-42 所示；选择【效果】选项，此时面板中就只显示添加了某种效果的图层，如图 6-43 所示。

图 6-42                    图 6-43

## 同步练习 —— 打造温馨色调效果

图像拍摄时，除了调整好角度、姿势、曝光外，整体色调也是非常重要的，不同的色调能够带来不同的心理感受，例如，暖色调会给人以温暖、舒适的感觉；冷色调会给人以冷峻、严肃的感觉；而黑白色调会给人以庄重、肃穆的感觉。调色前后的对比效果，如图 6-44 所示。

原图

效果图

图 6-44

| 素材文件 | 素材文件 \ 第 6 章 \ 小孩和小狗 .jpg |
|---|---|
| 结果文件 | 结果文件 \ 第 6 章 \ 调色 .psd |

具体操作步骤如下。

**Step01** 打开素材文件。打开"素材文件 \ 第 6 章 \ 小孩和小狗 .jpg"文件，如图 6-45 所示。

图 6-45

**Step02** 调亮图像。单击图层面板底部的【创建新的填充或调整图层】按钮，选择【曲线】命令，在曲线属性面板中向上拖动曲线调亮图像，如图 6-46 所示，效果如图 6-47 所示。

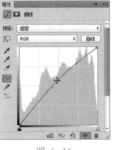

图 6-46　　　　　　　图 6-47

**Step03** 调整图像色调。单击图层面板底部的【创建新的填充或调整图层】按钮，选择【色相 / 饱和度】命令，调整黄色和绿色的色相，使画面中绿色的草偏黄色，如图 6-48 所示，效果如图 6-49 所示。

图 6-48

图 6-49

**Step04** 锐化图像，增加图像的清晰度。按【Alt+Shift+Ctrl+E】组合键盖印图层，生成【图层 1】。执行【滤镜】→【锐化】→【USM 锐化】命令，❶设置【数量】为 140%、【半径】为 0.8 像素、【阈值】为 0 色阶，❷单击【确定】按钮，如图 6-50 所示，锐化效果如图 6-51 所示。

图 6-50　　　　　　　图 6-51

第 1 篇

第 2 篇

第 3 篇

第 4 篇

Step 05 添加光晕效果。执行【滤镜】→【渲染】→【镜头光晕】命令，❶拖动光晕中心到左上角，❷设置【亮度】为150%，选中【50-300毫米变焦】单选按钮，❸单击【确定】按钮，如图6-52所示，光晕效果如图6-53所示。

图 6-52　　　　　　　图 6-53

图 6-54　　　　　　　　　　图 6-55

Step 06 为图像添加柔光效果。单击【创建新图层】按钮，新建【图层1】，并将其命名为【柔光】，如图6-54所示。

Step 07 为【柔光】图层填充黄色。设置前景色为黄色【#fff100】，按【Alt+Delete】组合键填充前景色，设置图层混合模式为【柔光】、【不透明度】为50%，如图6-55所示，最终效果如图6-56所示。

图 6-56

## 本章小结

　　本章介绍了 Photoshop CS6 图层的基本操作，包括图层的新建、复制、删除、链接、锁定、合并等，重点介绍了使用图层组管理图层和图像复合创建与编辑的应用。图层是 Photoshop CS6 处理图像的基础，大家一定要熟练掌握。

# 第7章 图层的高级应用

- ➥ 图层混合模式有几种？
- ➥ 如何添加发光效果？
- ➥ 调整色彩并退出文件后，还可以修改调整效果吗？
- ➥ 如何使用【样式】面板？
- ➥ 什么是中性色图层？

前面学习了图层的基础知识，包括了图层的新建、复制、合并、栅格化图层、图层组的应用等。本章继续学习图层的高级应用，包括图层混合模式的应用、图层样式的应用、智能对象的使用等。熟练掌握图层的高级应用功能可以帮助用户制作出更多炫酷的图像效果。

## 7.1 图层混合模式

使用图层混合模式能够轻松制作出多个图层混叠的效果，如多重曝光、为图像增加光效，增强画面冲击力等，同时不会对图像造成任何实质性的破坏。

### 7.1.1 图层混合模式的应用范围

Photoshop 中的许多工具和命令都包含混合模式设置选项，如【图层】面板、绘画和修饰工具的工具选项栏、【图层样式】对话框、【填充】命令、【描边】命令、【计算】命令和【应用图像】命令等，如此多的功能都与混合模式有关，可见混合模式的重要性。

用于混合图层：在【图层】面板中，混合模式用于控制当前图层中的像素与其下面图层中像素混合的方式，除【背景】图层外，其他图层都支持混合模式。

用于混合像素：在绘画和修饰工具的工具选项栏，以及【渐隐】【填充】【描边】命令和【图层样式】对话框中，混合模式只将添加的内容与当前操作的图层混合，而不会影响其他图层。

用于混合通道：在【应用图像】和【计算】命令中，混合模式用来混合通道，可以创建特殊的图像合成效果，也可以用来制作选区。

### ★重点 7.1.2 混合模式的类别

在【图层】面板中选择一个图层，单击顶部的 ÷ 按钮，在打开的下拉列表中可以选择一种混合模式。混合模式分为 6 组，如图 7-1 所示。

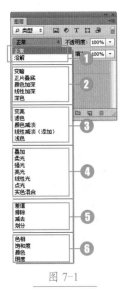

图 7-1

相关选项作用及含义如表 7-1 所示。

表7-1 选项作用及含义

| 选项 | 作用及含义 |
|------|-----------|
| ❶ 组合 | 该组中的混合模式需要降低图层的不透明度才能产生作用 |
| ❷ 加深 | 该组中的混合模式可以使图像变暗,在混合过程中,当前图层中的白色将被底色较暗的像素替代 |
| ❸ 减淡 | 该组与加深模式产生的效果相反,可以使图像变亮。在使用这一组混合模式时,图像中的黑色会被较亮的像素替换,而任何比黑色亮的像素都可能加亮底层图像 |
| ❹ 对比 | 该组中的混合模式可以增强图像的反差。在混合时,50%的灰色会完全消失,任何亮度值高于50%的灰色像素都可能加亮底层的图像,亮度值低于50%的灰色像素则可能使底层图像变暗 |
| ❺ 比较 | 该组中的混合模式可以比较当前图像与底层图像,然后将相同的区域显示为黑色,不同的区域显示为灰度层次或彩色。如果当前图层中包含白色,白色的区域会使底层图像反相,而黑色不会对底层图像产生影响 |
| ❻ 色彩 | 使用该组混合模式时,Photoshop 会将色彩分为色相、饱和度和亮度3种,然后再将其中的一种或两种应用在混合后的图像中 |

## 7.1.3 实战:使用混合模式制作梦幻色彩照片

| 实例门类 | 软件功能 |
|---------|---------|

前面了解了混合模式的类别,下面讲解如果使用混合模式制作梦幻色彩照片,具体操作步骤如下。

**Step 01** 打开素材文件并复制背景图层。打开"素材文件\第7章\美女.jpg"文件,如图7-2所示。按【Ctrl+J】组合键复制背景图层,得到【图层1】。

图7-2

**Step 02** 设置图层混合模式,提亮图像。设置【图层1】混合模式为滤色、不透明度为60%,效果如图7-3所示。

**Step 03** 添加渐变效果,先设置渐变颜色。按【Ctrl+Shift+Alt+E】组合键盖印可见图层,得到【图层2】,选择工具箱中的渐变工具,单击选项栏中的【点按可编辑渐变】按钮,在【渐变编辑器】对话框中选择【透明彩虹渐变】选项,如图7-4所示。

图7-3　　　　　　　　　　图7-4

**Step 04** 创建渐变效果。然后将渐变方式设置为【角度渐变】,从图像的右上方向左下方拖动鼠标创建渐变范围,效果如图7-5所示。

**Step 05** 设置混合模式。设置【图层2】的混合模式为滤色、不透明度为60%、填充为80%,效果如图7-6所示。

图7-5　　　　　　　　　　图7-6

**Step 06** 添加光斑素材,增强梦幻感。执行【文件】→【置入】命令,在打开的界面中选择"素材文件/第7章/光斑.jpg"文件,按住【Shift】键放大图像,按【Enter】键确认置入,如图7-7所示。设置图层混合模式为柔光,最终效果如图7-8所示。

图7-7　　　　　　　　　　图7-8

## 7.1.4　【背后】模式和【清除】模式

【背后】模式和【清除】模式是绘画工具、【填充】和【描边】命令特有的混合模式,如图 7-9 所示。

图 7-9

【背后】模式:仅在图层的透明区域编辑或绘画,不会影响图层中原有的图像,就像在当前图层下面的图层绘画一样。在【正常】模式和【背后】模式下,使用画笔工具涂抹的效果对比如图 7-10 所示。

【正常】模式效果　　　　【背后】模式效果

图 7-10

【清除】模式:与橡皮擦工具的作用类似。在该模式下,工具或命令的不透明度决定了像素是否完全清除。当不透明度为 100% 时,可以完全清除像素;当不透明度小于 100% 时,可以部分清除像素。【清除】模式下使用画笔工具涂抹的效果如图 7-11 所示。

不透明度为 100% 时　　　不透明度小于 100% 时
添抹效果　　　　　　　　涂抹效果

图 7-11

## ★重点 7.1.5　图层不透明度

【图层】面板中有两个控制图层不透明度的选项:【不透明度】和【填充】。其中,【不透明度】用于控制图层、图层组中绘制的像素和形状的不透明度,如果对图层应用了图层样式,则图层样式的不透明度也会受到该值的影响。【填充】只影响图层中绘制的像素和形状的不透明度,不会影响图层样式的不透明度。

【不透明度】为 100% 时的效果如图 7-12 所示。

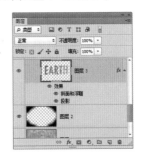

图 7-12

在【图层】面板右上角中,设置【不透明度】为 50%,图层内容和投影均变为 50% 透明效果,如图 7-13 所示。

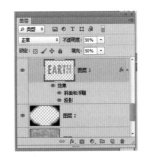

图 7-13

在【图层】面板右上角中,设置【填充】为 50%,图层内容变为 50% 透明的效果,而投影效果并未受到任何影响,如图 7-14 所示。

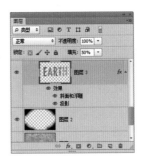

图 7-14

# 7.2 认识图层样式

图层样式也称图层效果，可以为图像或文字添加如外发光、阴影、光泽、图案叠加、渐变叠加和颜色叠加等效果。使用图层样式可以为图像或文字模拟出水晶质感、金属质感、凹凸质感、塑料质感等。图层样式可以随时修改、隐藏或删除，具有非常强的灵活性，下面进行详细的介绍。

## ★重点 7.2.1　添加图层样式

添加图层样式的方法很简单，先选中要添加图层样式的图层，然后采用以下任意一种方法打开【图层样式】对话框，进行效果设定即可。

（1）执行【图层】→【图层样式】命令，在弹出的下拉菜单中选择一个效果命令，即可打开【图层样式】对话框，并进入相应效果的设置面板。

（2）在【图层】面板中单击【添加图层样式】按钮 *fx.*，在打开的下拉菜单中选择一个效果命令，即可打开【图层样式】对话框，并进入相应效果的设置面板，如图 7-15 所示。

（3）双击图层，可打开【图层样式】对话框，在对话框左侧选择需要添加的效果，即可切换到该效果的设置面板。

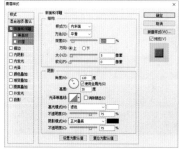

图 7-15

## 7.2.2　【图层样式】对话框

在【图层样式】对话框中可以设置样式效果，对话框的左侧列出了 10 种效果，效果名称前面的复选框有✔标记的，表示在图层中添加了该效果。单击一个效果前面的✔标记，则可以停用该效果。

设置效果参数后，单击【确定】按钮，即可为图层添加效果，该图层会显示一个图层样式图标 *fx.* 和一个效果列表，单击 ▬ 按钮可折叠或展开效果列表，如图 7-16 所示。

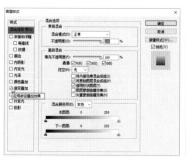

图 7-16

## 7.2.3　斜面和浮雕

【斜面和浮雕】样式主要通过对图层添加高光和阴影，使图像呈现立体的浮雕效果，常用于制作立体感文字或具有浮雕感的图像，其设置面板如图 7-17 所示。在【斜面和浮雕】样式中包含多种凸起效果，其中，【外斜面】和【枕状浮雕】效果如图 7-18 所示。

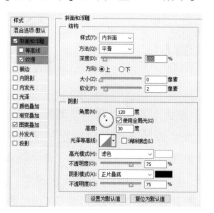

图 7-17

【外斜面】效果　　　　　　　　【枕状浮雕】效果

图 7-18

相关选项作用及含义如表7-2所示。

表7-2 选项作用及含义

| 选项 | 作用及含义 |
| --- | --- |
| 样式 | 在该选项下拉列表中可以选择【斜面和浮雕】样式，包括【外斜面】【内斜面】【浮雕效果】【枕状浮雕】【描边浮雕】。需要先为图层添加【描边】样式，才能添加【描边浮雕】效果 |
| 方法 | 用来选择创建浮雕的方法。其中，【平滑】选项可以得到比较柔和的边缘；【雕刻清晰】选项可以得到最精确的浮雕边缘；【雕刻柔和】选项可以得到中等水平的浮雕效果 |
| 深度 | 用于设置浮雕斜面的应用深度，该值越高，浮雕的立体感越强 |
| 方向 | 定位光源角度后，可通过该选项设置高光和阴影的位置 |
| 大小 | 用于设置斜面和浮雕阴影面积的大小 |
| 软化 | 用于设置斜面和浮雕的柔和程度，该值越高，效果越柔和 |
| 角度 / 高度 | 【角度】用于设置光源的照射角度，【高度】用于设置光源的高度 |
| 光泽等高线 | 用于为斜面和浮雕的表面添加光泽质感。不同的等高线样式光泽质感也不同，也可以自己编辑等高线样式 |
| 消除锯齿 | 可以消除由于设置了光泽等高线而产生的锯齿 |
| 高光模式 | 用于设置高光的混合模式、颜色和不透明度 |
| 阴影模式 | 用于设置阴影的混合模式、颜色和不透明度 |

选中【斜面和浮雕】样式下方的【等高线】复选框，可以切换到【等高线】设置面板。使用【等高线】样式可以在浮雕中创建凹凸起伏的效果，如图7-19所示。

图7-19

选中【斜面和浮雕】样式下方的【纹理】复选框，可以切换到【纹理】设置面板，【纹理】样式可以为图层表面模拟凹凸效果，如图7-20所示。

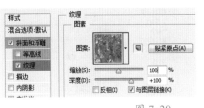

图7-20

相关选项作用及含义如表7-3所示。

表7-3 选项作用及含义

| 选项 | 作用及含义 |
| --- | --- |
| 图案 | 单击图案右侧的下三角按钮，可以在打开的下拉面板中选择一个图案，将其应用到斜面和浮雕上 |
| 从当前图案创建新的预设🔲 | 单击该按钮，可以将当前设置的图案创建为一个新的预设图案，新图案会保存在【图案】下拉面板中 |
| 缩放 | 拖动滑块或输入数值可以调整图案的大小 |
| 深度 | 用于设置图案的纹理应用程度 |
| 反相 | 选中该复选框，可以反转图案纹理的凹凸方向 |
| 与图层链接 | 选中该复选框，可以将图案链接到图层，此时对图层进行变换操作时，图案也会一同变换 |

### 7.2.4 描边

【描边】样式可以使用颜色、渐变或图案在图层的边缘处添加轮廓效果，它对于硬边形状特别有用。【颜色】【渐变】和【图案】描边效果分别如图7-21～图7-23所示。

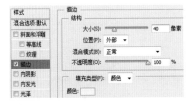

图7-21

图7-22

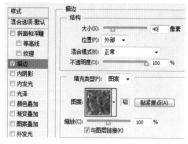

图 7-23

续表

| 选项 | 作用及含义 |
|---|---|
| 等高线 | 用于控制投影的形状。既可以选择内置等高线预设效果，也可以自定义等高线效果。等高线可设置阴影和高光 |
| 消除锯齿 | 混合等高线边缘的像素，使投影更加平滑。该复选框对于尺寸小且具有复杂等高线的投影最有用 |
| 杂色 | 为阴影增加颗粒感，【杂色】值越大，颗粒感越明显 |
| 图层挖空投影 | 用于控制半透明图层中投影的可见性。选中该复选框后，若当前图层的填充不透明度小于100%，则半透明图层中的投影不可见 |

## ★重点 7.2.5 投影

【投影】样式可以为图层边缘添加投影效果，使其产生立体感和层次感，投影的透明度、边缘羽化和投影角度等都可以在【图层样式】对话框中设置，如图 7-24 所示。

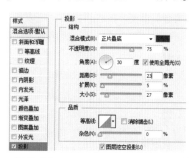

图 7-24

相关选项作用及含义如表 7-4 所示。

表 7-4　选项作用及含义

| 选项 | 作用及含义 |
|---|---|
| 混合模式 | 用于设置投影与下面图层的混合方式，默认为【正片叠底】模式 |
| 投影颜色 | 单击【混合模式】右侧的颜色框，可设定阴影的颜色 |
| 不透明度 | 设置投影的不透明度，不透明度值越大，图像效果就越明显。可直接在后面的数值框中输入数值进行精确调节，或者拖动三角形滑块调节 |
| 角度 | 设置光照角度，可确定投下阴影的方向与角度 |
| 使用全局光 | 选中该复选框，可统一所有图层的光照角度，取消选中该复选框可以为不同的图层分别设置光照角度 |
| 距离 | 设置阴影偏移的幅度，距离越大，层次感越强；距离越小，层次感越弱 |
| 扩展 | 设置投影的扩展范围。该值会受到【大小】选项的影响，值越大，模糊的部分越少，可调节阴影的边缘清晰度 |
| 大小 | 设置投影的模糊范围，该值越大，模糊范围越广 |

### 7.2.6 内阴影

【内阴影】样式可以为图层添加从边缘向内产生的阴影样式，从而使图层内容产生凹陷效果。【内阴影】与【投影】的选项设置方式基本相同。它们的不同之处在于：【投影】是通过【扩展】选项来控制投影边缘的渐变程度的，而【内阴影】则通过【阻塞】选项来控制。【阻塞】选项可以在模糊之前收缩内阴影的边界，它与【大小】选项相关联，【大小】值越高，可设置的【阻塞】范围也就越大。

添加【内阴影】样式效果如图 7-25 所示。

图 7-25

### 7.2.7 外发光和内发光

【外发光】样式可以沿着图层内容的边缘向外创建发光效果，如图 7-26 所示。

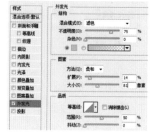

图 7-26

相关选项作用及含义如表 7-5 所示。

表 7-5　选项作用及含义

| 选项 | 作用及含义 |
|---|---|
| 混合模式 / 不透明度 | 【混合模式】用于设置发光效果与下面图层的混合方式；【不透明度】用于设置发光效果的不透明度，该值越低，发光效果越弱 |
| 杂色 | 可以在发光效果中添加随机的杂色，使光晕呈现颗粒感 |
| 发光颜色 | 【杂色】选项下面的颜色和颜色条用于设置发光颜色 |
| 方法 | 用于设置发光的方法，以控制发光的准确程度 |
| 扩展 / 大小 | 【扩展】用于设置发光范围的大小；【大小】用于设置光晕范围的大小 |

　　【内发光】样式可以沿图层边缘向内创建发光效果，如图 7-27 所示。【内发光】效果中除了【源】和【阻塞】选项外，其他选项都与【外发光】效果相同。

图 7-27

相关选项作用及含义如表 7-6 所示。

表 7-6　选项作用及含义

| 选项 | 作用及含义 |
|---|---|
| 源 | 用于控制发光源的位置。【居中】表示应用从图层内容的中心发出的光，此时如果增加【大小】值，发光效果会向图像的中央收缩；【边缘】表示应用从图层内容的内部边缘发出的光，此时如果增加【大小】值，发光效果会向图像的中央扩展 |
| 阻塞 | 用于在模糊之前收缩内发光的杂色边界 |

## 7.2.8　光泽

　　【光泽】样式可以为图层添加受到光线照射后，表面产生的映射效果，通常用于创建金属表面的光泽外观。该效果没有特别的选项，但可以通过选择不同的【等高线】来改变光泽的样式，如图 7-28 所示。

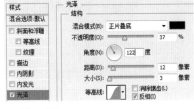

图 7-28

### 7.2.9　颜色、渐变和图案叠加

　　【颜色叠加】样式可以在图层上叠加指定的颜色，通过设置颜色的混合模式和不透明度，可以控制叠加效果，如图 7-29 所示。

图 7-29

　　【渐变叠加】样式可以在图层上叠加指定的渐变颜色，如图 7-30 所示。

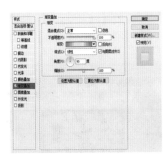

图 7-30

　　【图案叠加】样式可以在图层上叠加图案，并且可以缩放图案、设置图案的不透明度和混合模式，如图 7-31 所示。

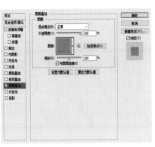

图 7-31

## 7.2.10 实战：制作梦幻文字

| 实例门类 | 软件功能 |
|---|---|

图层样式常用于制作文字特效，如立体文字、质感文字等，下面介绍制作梦幻文字的操作步骤。

**Step01** 打开素材文件。打开"素材文件\第7章\彩球.jpg"文件，如图7-32所示。

**Step02** 定义文字输入起点。选择【横排文字工具】 T ，在图像中单击定义文字输入起点，如图7-33所示。

图 7-32

图 7-33

**Step03** 输入文字。设置文字颜色并输入文字，设置前景色为蓝色【#07c7ea】，在图像中输入文字"梦幻"，选中文字，在选项栏中设置【字体】为汉仪超粗圆简、【字体大小】为262点，如图7-34所示。

**Step04** 调整字符间距。执行【窗口】→【字符】命令，在打开的【字符】面板中设置【字距】为0，如图7-35所示。按【Ctrl+Enter】组合键确认文字输入和编辑。

图 7-34

图 7-35

**Step05** 添加斜面与浮雕效果，增加文字的立体感。设置前景色为绿色【#1af448】，双击【梦幻】文字图层，打开【图层样式】对话框，❶选中【斜面和浮雕】复选框，❷设置【样式】为浮雕效果、【方法】为平滑、【深度】为70%、【方向】为上、【大小】为44像素、【软化】为0像素、【角度】为128度、【高度】为75度、【高光模式】为线性减淡（添加）、【不透明度】为100%、【阴影模式】为正片叠底、【不透明度】为75%，如图7-36所示。

图 7-36

**Step06** 添加描边样式。在【图层样式】对话框中，❶选中【描边】复选框，❷设置【大小】为2像素、描边类型为透明条纹渐变，如图7-37所示。

图 7-37

**Step07** 添加内阴影样式。在【图层样式】对话框中，❶选中【内阴影】复选框，❷设置【混合模式】为正片叠底、阴影颜色为深绿色【#3f8e00】、【角度】为120度、【距离】为0像素、【阻塞】为15%、【大小】为10像素，如图7-38所示。

图 7-38

**Step08** 添加光泽样式。在【图层样式】对话框中，❶选中【光泽】复选框，❷设置光泽颜色为蓝色、【不透明度】为77%、【角度】为19度、【距离】为2像素、【大小】为20像素，调整等高线形状，选中【消除锯齿】和【反相】复选框，如图7-39所示。

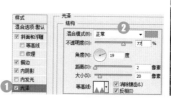

图 7-39

Step09 添加投影样式。在【图层样式】对话框中，①选中【投影】复选框，②设置投影颜色为蓝色（#1c89b7），设置【不透明度】为55%、【角度】为90度、【距离】为25像素、【扩展】为0%、【大小】为12像素，如图7-40所示。

图 7-40

## 7.2.11 实战：打造金属边框效果

| 实例门类 | 软件功能 |
|---|---|

图层样式还常用于打造各类边框，下面介绍制作金属边框的具体步骤。

Step01 新建文档。执行【文件】→【新建】命令，①设置【宽度】和【高度】为1000像素、【分辨率】为72像素/英寸，②单击【确定】按钮，如图7-41所示。

Step02 新建图层并填充颜色。新建【图层1】，填充任意颜色，如图7-42所示。

图 7-41

图 7-42

Step03 添加斜面和浮雕样式。双击【图层1】，打开【图层样式】对话框，①选中【斜面和浮雕】复选框，②设置【样式】为描边浮雕、【方法】为平滑、【深度】为100%、【方向】为上、【大小】为12像素、【软化】为0像素、【角度】为84度、【高度】为37度、【高光模式】为滤色、高光颜色为浅黄色【#ffffcc】、【不透明度】为70%，设置【阴影模式】为正片叠底、阴影颜色为深黄色【#333300】、【不透明度】为58%，如图7-43所示。

Step04 设置等高线样式。①选中【等高线】复选框，②设置【范围】为50%，如图7-44所示。

图 7-43

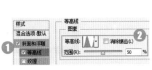

图 7-44

Step05 添加描边样式。①选中【描边】复选框，②设置【大小】为80像素、【位置】为居中、【填充类型】为渐变、【样式】为线性、【角度】为90度、【缩放】为100%，单击渐变色条，如图7-45所示。

Step06 设置描边颜色。打开【渐变编辑器】对话框，①设置渐变色为【#585757】【#443d28】【#c6c6be】【#746a4b】【#282007】【#e7e7e0】【#6f664b】，调整色标位置后，②单击【确定】按钮，如图7-46所示。

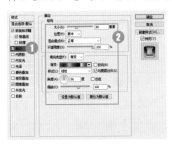

图 7-45

图 7-46

Step07 添加图案叠加样式。①选中【图案叠加】复选框，②设置【不透明度】为100%、【缩放】为100%、【图案】为【金色核皮纸】，效果如图7-47所示。

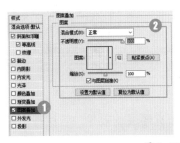

图 7-47

Step08 添加人物素材。打开"素材文件\第7章\人物.png"文件，选择【移动工具】将人物素材拖动至当前文档中，并将其放置到适当的位置，效果如图7-48所示。

图 7-48

**Step09** 添加装饰素材。打开"素材文件/第7章/心形.jpg"文件，按【Ctrl+A】组合键全选图像，再按【Ctrl+C】组合键复制图像，按【Ctrl+V】组合键粘贴

图像到当前文档中，并设置图层混合模式为【线性减淡（添加）】，效果如图 7-49 所示。

图 7-49

## 7.3　图层样式的编辑方法

　　图层样式的功能非常灵活，可以随时修改效果参数、隐藏效果或删除效果，这些操作都不会对图层中的图像造成任何破坏。

### 7.3.1　显示与隐藏效果

　　在【图层】面板中，效果前面的👁图标用于控制效果的可见性。如果要隐藏一个效果，可单击该名称前的【切换单一图层效果可见性】图标👁，如图 7-50 所示；如果要隐藏一个图层中所有的效果，可单击【效果】前面的【切换所有图层效果可见性】图标👁，如图 7-51 所示。

图 7-50

图 7-51

　　如果要隐藏文档中所有图层的效果，可执行【图层】→【图层样式】→【隐藏所有效果】命令。隐藏效果后，在该图标处单击，可以重新显现效果。

### 7.3.2　修改效果

　　在【图层】面板中，双击一个效果名称，可以打

开【图层样式】对话框，并进入该效果的设置面板，此时可以修改效果的参数，也可以在左侧列表中选择新效果，设置完成后，单击【确定】按钮，可以将修改后的效果应用于图像。

### ★重点 7.3.3　复制、粘贴效果

| 实例门类 | 软件功能 |
| --- | --- |

　　如果已经制作好了一个图层样式，其他图层想要应用相同的图层样式效果，就可以执行【拷贝图层样式】命令快速应用相同的图层样式，以节省制作时间。在 Photoshop CS6 中复制粘贴图层样式的具体步骤如下。

**Step01** 打开素材文件。打开"素材文件\第7章\复制粘贴图层样式 .psd"文件，如图 7-52 所示。

**Step02** 拷贝图层样式。右击【christmas】文字图层，在打开的快捷菜单中选择【拷贝图层样式】命令，如图 7-53 所示。

图 7-52　　　　　　　图 7-53

Step 03 粘贴图层样式。右击【merry】图层，在打开的快捷菜单中选择【粘贴图层样式】命令，效果如图7-54所示。

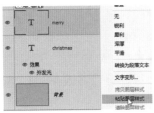

图 7-54

**技术看板**

按住【Alt】键拖动效果图标到目标图层，可以复制图层效果到目标图层；按住【Alt】键拖动效果名称至目标图层，则复制该效果到目标图层；若直接拖动效果图标到目标图层，则图层效果被剪切至目标图层。

### 7.3.4 缩放效果

| 实例门类 | 软件功能 |
|---|---|

对添加了效果的对象进行缩放时，效果仍然保持原来的比例，而不会随着对象大小的变化而改变。如果要获得与图像比例一致的效果，需要在【缩放图层效果】对话框中设置其缩放比例，即可缩放效果，具体操作步骤如下。

Step 01 打开素材文件。打开"素材文件\第7章\缩放效果.psd"文件，单击【蝴蝶】图层，如图7-55所示。

图 7-55

Step 02 缩放图像。按【Ctrl+T】组合键，执行自由变换操作，在选项栏中设置水平和垂直缩放比例为50%，会发现图层样式并没有随着图像而缩小，如图7-56所示。

Step 03 缩放效果。执行【图层】→【图层样式】→【缩放效果】命令，打开【缩放图层效果】对话框，❶设置【缩放】为50%，❷单击【确定】按钮，如图7-57所示。

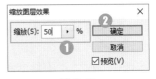

图 7-56 　　　　　　　 图 7-57

Step 04 比较不同缩放值的效果。前面操作中，50%缩放效果如图7-58所示。用户还可以根据需要设置其他缩放值，如设置【缩放】为10%，效果如图7-59所示。

图 7-58 　　　　　　　 图 7-59

### 7.3.5 将效果创建为图层

创建了图层样式后，还可以将效果创建为单独的图层进一步编辑，如在效果内容上绘画或应用滤镜等。选择添加了效果的图层，执行【图层】→【图层样式】→【创建图层】命令，弹出提示对话框，单击【确定】按钮，效果即可从图层中脱离出来成为单独的图层，如图7-60所示。

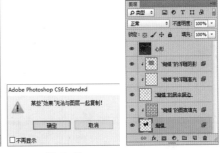

图 7-60

或者右击图层右侧【创建图层样式】图标 *fx*，在弹出的扩展菜单中选择【创建图层】命令，也可将效果创建为单独的图层。

### 7.3.6 全局光

在【图层样式】对话框中,【投影】【内阴影】【斜面和浮雕】效果都包括一个【使用全局光】复选框,选中该复选框后,以上效果就会使用相同角度的光源。例如,在图像中同时添加【斜面和浮雕】和【投影】效果,在调整【斜面和浮雕】的效果时,若选中【使用全局光】复选框,则【投影】的光源也会随之改变;若取消选中该复选框,则【投影】的光源不会改变。

### 7.3.7 等高线

等高线通过控制图像的明暗分布来形成立体感。在【图层样式】对话框中,【投影】【内阴影】【内发光】【外发光】【斜面和浮雕】和【光泽】效果都包含等高线设置选项。单击【等高线】右侧的按钮,可以在打开的下拉面板中选择一个预设的等高线样式。

如果单击【等高线】缩览图,可以打开【等高线编辑器】对话框,【等高线编辑器】对话框与【曲线】对话框非常相似,可以添加、删除和移动控制点来修改等高线的形状,从而影响【投影】和【内发光】等效果的外观。

### 7.3.8 清除效果

在创作过程中,如果对图层样式的效果不满意,也可以将其清除。清除图层样式的方法有以下3种。

（1）在【图层】面板中选择要删除的效果,将它拖动到【图层】面板底部的 按钮上,即可删除该图层样式。如果要删除一个图层所有的效果,可以将效果图标 *fx.* 拖动到 按钮上。

（2）在【图层】面板中需要清除样式的图层位置处右击,在弹出的快捷菜单中选择【清除图层样式】命令。

（3）在【图层】面板中选择需要清除样式的图层,执行【图层】→【图层样式】→【清除图层样式】命令,即可清除图层样式。

## 7.4 样式面板的应用

【样式】面板用于保存、管理和应用图层样式。在这个面板中可以将 Photoshop CS6 提供的预设样式快速应用到图像中,也可以存储常用的图层样式,或者载入外部的【样式库】文件。

### 7.4.1 实战:使用【样式】面板制作卡通文字

| 实例门类 | 软件功能 |
|---|---|

直接使用【样式】面板中预设的图层样式,可以极大地节省制作时间,提高工作效率。使用【样式】面板制作卡通文字的具体操作步骤如下。

**Step01** 新建文档。按【Ctrl+N】组合键打开【新建】对话框,❶ 设置【宽度】为600像素、【高度】为400像素、【分辨率】为72像素/英寸,❷ 单击【确定】按钮,如图7-61所示。

**Step02** 填充背景颜色。设置前景色为青色【#55d4d4】,按【Alt+Delete】组合键填充前景色,如图7-62所示。

**Step03** 输入文字。选择【横排文字工具】,在画面中单击并输入文字。然后在选项栏中设置字体为 Jokerman、字号为120点,如图7-63所示。

**Step04** 调整文字的位置。选择【Merry】图层,按【Ctrl+T】组合键执行自由变换命令,适当旋转文字的角度并移动文字的位置,如图7-64所示。

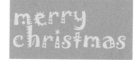
图 7-63

图 7-64

**Step05** 为文字添加图层样式效果。选中文字图层,单击样式面板中的【双环发光(按钮)】图标,文字效果如图7-65所示。

图 7-61

图 7-62

图 7-65

**Step06** 置入装饰素材。执行【文件】→【置入】命令，在打开的对话框中选择"素材文件/第7章/卡通.png"文件，单击【置入】按钮置入素材文件，如图7-66所示。

图 7-66

**Step07** 调整素材大小及位置。按住【Shift】键适当缩小图像，将其拖动到画面右上角的位置，按【Enter】键确认变换，最终效果如图7-67所示。

图 7-67

**技术看板**

输入文字时可将文字分别放于不同的图层，以便后面针对不同的文字调整效果。

## 7.4.2　创建样式

| 实例门类 | 软件功能 |
|---|---|

在设计不同的作品时可能会用到相同的图层样式，可以将该样式存储到【样式】面板中，以方便使用，具体操作步骤如下。

**Step01** 打开素材文件并选中效果图层。打开"素材文件\第7章\水晶字体效果.psd"文件，在【图层】面板中选择添加了效果的图层【CRYSTAL】，如图7-68所示。

**Step02** 创建新样式。执行【窗口】→【样式】命令，打开【样式】面板，单击【样式】面板中的【创建新样式】按钮 ，如图7-69所示。

图 7-68　　　　　　　图 7-69

**Step03** 设置样式名称。在【新建样式】对话框中，设置名称为【水晶】，单击【确定】按钮，【水晶】样式被保存到【样式】面板中，如图7-70所示。

图 7-70

## 7.4.3　删除样式

在【样式】面板中，将样式拖动到【删除样式】按钮 上，即可将其删除，操作过程如图7-71所示。

选中要删除的样式　　　拖动到【删除样式】按钮上

删除样式

图 7-71

## 7.4.4　存储样式库

| 实例门类 | 软件功能 |
|---|---|

如果在【样式】面板中创建了大量的自定义样式，可以将这些样式保存为独立的样式库，具体操作步骤如下。

Step01 执行【存储样式】命令。在【样式】面板中，单击右上角扩展按钮，在打开的快捷菜单中选择【存储样式】命令，如图7-72所示。

Step02 选择保存位置进行保存。打开【存储】对话框，选择保存位置，输入样式库名称，单击【保存】按钮，即可将面板中的样式保存为一个样式库，如图7-73所示。

图 7-72

图 7-73

**技术看板**

如果将自定义的样式库保存在Photoshop程序文件夹的"Presets → Styles"文件夹中，则重新运行Photoshop后，该样式库的名称会出现在【样式】面板菜单下面，如图7-74所示。

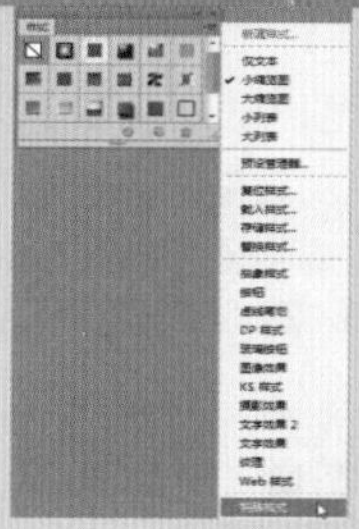

图 7-74

### 7.4.5　载入样式库

| 实例门类 | 软件功能 |
|---|---|

除了【样式】面板中显示的样式外，Photoshop还

提供了其他的样式，它们按照不同的类型放在不同的库中。要使用这些样式，需要将它们载入【样式】面板中，具体操作步骤如下。

Step01 选择样式库。在【样式】面板中，❶单击右上角的扩展按钮，❷在打开的快捷菜单中选择一个样式库，如选择【抽象样式】选项，如图7-75所示。

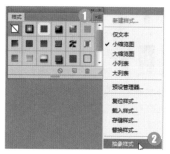

图 7-75

Step02 选择添加样式库的方式。弹出提示对话框，单击【追加】按钮，即可将【抽象样式】样式添加到【样式】面板中，如图7-76所示。

图 7-76

**技术看板**

在弹出的提示对话框中单击【确定】按钮，会载入新样式库，并暂换原始样式库；单击【取消】按钮，取消载入新样式库；单击【追加】按钮，会在原样式库的基础上添加新样式库。

## 7.5　填充图层的应用

在【图层】面板中创建填充图层，属于保护性色彩填充，不会对图像本身造成任何影响。既可以在图层中填充纯色、渐变和图案，也可以设置填充图层的混合模式和不透明度，从而得到不同的图像效果。

### 7.5.1　实战：使用纯色填充图层填充纯色背景

| 实例门类 | 软件功能 |
|---|---|

新建纯色填充图层可以为图像填充纯色背景效果，

具体操作步骤如下。

Step01 打开素材文件。打开"素材文件\第7章\红心.psd"文件，选中背景图层，如图7-77所示。

图 7-77

**Step02** 打开【新建图层】对话框。执行【图层】→【新建填充图层】→【纯色】命令，弹出【新建图层】对话框，单击【确定】按钮，如图 7-78 所示。

**Step03** 设置填充颜色。在弹出的【拾色器（纯色）】对话框中，❶ 设置颜色为黄色【#e38d03】，❷ 单击【确定】按钮，如图 7-79 所示。

图 7-78　　　　　　　　　图 7-79

**Step04** 新建填充图层效果。通过前面的操作，【背景】图层上方自动新建一个纯色填充图层，如图 7-80 所示。

图 7-80

## 7.5.2 实战：使用渐变填充图层创建虚边效果

| 实例门类 | 软件功能 |
|---|---|

新建渐变填充图层可以为图像添加渐变效果，具体操作步骤如下。

**Step01** 打开素材文件。打开"素材文件\第7章\紫色.jpg"文件，如图 7-81 所示。

**Step02** 创建选区并羽化。选择【椭圆选框工具】，在图像上创建选区，按【Shift+F6】组合键执行羽化命令，❶ 设置【羽化半径】为 600 像素，❷ 单击【确定】按钮，

如图 7-82 所示。

图 7-81　　　　　　　　　图 7-82

**Step03** 反向选区。按【Shift+Ctrl+I】组合键反向选区，如图 7-83 所示。

**Step04** 打开【新建图层】对话框。执行【图层】→【新建填充图层】→【渐变】命令，弹出【新建图层】对话框，单击【确定】按钮，如图 7-84 所示。

图 7-83　　　　　　　　　图 7-84

**Step05** 设置渐变参数。打开【渐变填充】对话框，❶ 设置【渐变】为黑白渐变、【样式】为径向、【角度】为 90 度、【缩放】为 1%，❷ 单击【确定】按钮，效果如图 7-85 所示。

图 7-85

**技术看板**

单击图层面板底部的【创建新的填充或调整图层】按钮 ，即可创建填充或调整图层。

**Step06** 设置图层混合模式。更改图层混合模式为【柔光】，最终效果如图 7-86 所示。

图 7-86

### 7.5.3 实战：使用图案填充图层制作编织效果

| 实例门类 | 软件功能 |
|---|---|

新建图案填充图层可以为图像添加图案效果，具体操作步骤如下。

**Step01** 打开素材文件。打开"素材文件\第7章\向日葵.jpg"文件，如图7-87所示。

图 7-87

**Step02** 打开【新建图层】对话框。执行【图层】→【新建填充图层】→【图案】命令，弹出【新建图层】对话框，单击【确定】按钮，如图7-88所示。

图 7-88

**Step03** 将【图案】载入图案库。在弹出的【图案填充】对话框中，❶单击图案图标，❷在打开的下拉列表框中，单击右上角的扩展按钮，❸选择【图案】选项，如图7-89所示。

图 7-89

**技能拓展——修改填充图层**

双击填充图层的缩览图，即可弹出相应填充对话框，修改其参数即可。

执行【图层】→【图层内容选项】命令，也可以打开相应填充对话框。

**Step04** 选择【编织】图案。弹出提示对话框，单击【确定】按钮，将【图案】载入图案库，选择【编织】图案，如图7-90所示。

图 7-90

**Step05** 完成图案填充。通过前面的操作，创建编辑图案填充图层，如图7-91所示。

图 7-91

**Step06** 更改图层混合模式。更改图层混合模式为【柔光】，效果如图7-92所示。

图 7-92

## 7.6 调整图层

调整图层可以调整图像的明暗及色调，不会改变原图像的像素，是一种保护性色彩调整方式。

## 7.6.1 调整图层的优势

图像色彩与色调的调整方式有两种：一种是执行菜单中的【调整】命令，另一种是通过调整图层来操作。但是通过【调整】命令，会直接修改所选图层中的像素；而调整图层可以达到同样的效果，但不会修改像素。在操作过程中，只需隐藏或删除调整图层，就可以将图像恢复为原来的状态。

创建调整图层以后，颜色和色调调整就存储在调整图层中，并影响它下面所有的图层。因此，在调整多个图层时无须分别调整每个图层。通过调整图层可以随时修改参数，而菜单中的命令一旦执行后，如果将文档关闭，图像就不能再恢复了。

## ★重点 7.6.2 调整图层【属性】面板

创建调整图层后，在【属性】面板中设置参数即可调整图像色彩色调。执行【图层】→【新建调整图层】下拉菜单中的命令，即可创建相应的调整图层，同时会自动打开【属性】面板；或者执行【窗口】→【调整】命令，在打开的【调整】面板中单击相应图标。例如，单击【创建新的曲线调整图层】按钮，如图 7-93 所示，可以显示相应的【属性】面板，如图 7-94 所示，并在【图层】面板中，同时创建调整图层，如图 7-95 所示。

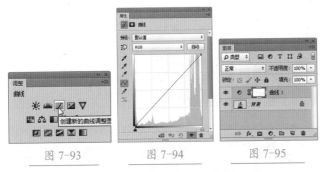

图 7-93 图 7-94 图 7-95

在【属性】面板中，【调整图层】选项栏如图 7-96 所示。

图 7-96

相关选项作用及含义如表 7-7 所示。

表 7-7 选项作用及含义

| 选项 | 作用及含义 |
|---|---|
| ❶ 创建剪贴蒙版 | 单击该按钮，可将当前的调整图层与其下面的图层创建为一个剪贴蒙版组，使调整图层仅影响它下面的一个图层；再次单击该按钮，调整图层会影响下面的所有图层 |
| ❷ 查看上一状态 | 调整参数完成后，单击该按钮，可在窗口查看图像的上个调整状态，以便比较两种效果 |
| ❸ 复位到调整默认值 | 单击该按钮，可将调整参数恢复为默认值 |
| ❹ 切换图层可见性 | 单击该按钮，可以隐藏或重新显示调整图层。隐藏调整图层后，图像便恢复为原状 |
| ❺ 删除调整图层 | 单击该按钮，可以删除当前调整图层 |

### 技术看板

单击【图层】面板底部的【创建新的填充或调整图层】按钮，在弹出的下拉菜单中选择一个命令，即可创建相应的调整或填充图层。

## 7.6.3 实战：使用调整图层创建色调分离效果

| 实例门类 | 软件功能 |
|---|---|

使用调整图层制作色调分离效果的具体操作步骤如下。

**Step 01** 打开素材文件。打开"素材文件\第7章\色调分离.jpg"文件，如图 7-97 所示。

图 7-97

**Step 02** 设置色调分离参数。在【调整】面板中，单击【创建新的色调分离调整图层】按钮，在弹出的【属性】面板中，设置【色阶】为4，如图 7-98 所示。

图 7-98

**Step 03** 完成色调分离图像效果的制作。通过前面的操作，创建色调分离图像效果，如图 7-99 所示。在【图层】面板中，自动生成【色调分离1】调整图层，如图 7-100所示。

图 7-99　　　　　　　　图 7-100

**技能拓展——修改调整图层**

创建调整图层以后，在【图层】面板中单击调整图层的缩览图，打开【属性】面板，修改调整参数即可。

### 7.6.4　调整作用范围

| 实例门类 | 软件功能 |
|---|---|

创建调整图层时，会自动为该图层添加图层蒙版，通过修改图层蒙版就可以控制调整作用范围，具体操作步骤如下。

**Step 01** 打开素材文件。打开"素材文件\第7章\双人 .jpg"文件，如图 7-101 所示。

**Step 02** 创建黑白调整图层。在【调整】面板中，单击【创建新的黑白调整图层】按钮■，如图 7-102 所示。

图 7-101　　　　　　　　图 7-102

**Step 03** 选中黑白调整图层蒙版。创建黑白调整图层后，

图像效果如图 7-103 所示。在【图层】面板中，单击【黑白1】图层蒙版缩览图，选中该蒙版，如图 7-104所示。

图 7-103　　　　　　　　图 7-104

**Step 04** 用渐变工具修改蒙版。选择【黑白渐变工具】▣，拖动鼠标修改蒙版，效果如图 7-105 所示。

图 7-105

**Step 05** 用【画笔工具】修改蒙版。选择【画笔工具】✎，设置前景色为黑色，并将画笔硬度设置为 0%，在图像中拖动鼠标修改蒙版，如图 7-106 所示，【图层】面板如图 7-107 所示。

图 7-106　　　　　　　　图 7-107

**技术看板**

在蒙版中，白色是不透明区域，黑色是透明区域，灰色是半透明区域，具体参见 10.2 节。

### 7.6.5　删除调整图层

| 实例门类 | 软件功能 |
|---|---|

删除调整图层的方法与删除普通图层的方法一样。选择调整图层，将其拖动到【图层】面板底部的【删除

图层】按钮 🗑 上，即可将其删除。如果只需删除蒙版而保留调整图层，可在调整图层的蒙版上右击，在打开的快捷菜单中选择【删除图层蒙版】命令，或者选择调整图层后直接按【Delete】键快速删除调整图层。

### 7.6.6 中性色图层

| 实例门类 | 软件功能 |
|---|---|

中性色图层是一种填充了中性色的特殊图层，它通过混合模式对下面的图像产生影响，中性色图层可用于修饰图像及添加滤镜，所有操作都不会破坏其他图层上的像素，是一种非破坏性的图像编辑方式。因此，中性色修图也常用于商业修图中。

#### 1. 中性化

在 Photoshop 中，黑色、白色和 50% 灰色是中性色，在创建中性色图层时，Photoshop 会用这 3 种中性色的一种来填充图层，并为其设置特定的混合模式，在混合模式的作用下，图层中的中性色不可见，就如同新建的透明图层一样，如果不应用效果，中性色图层不会对其他图层产生任何影响。

#### 2. 实战：使用中性化调亮逆光图像

使用中性化调整图像，可以保护原像素不受破坏，这一点与调整图层是相同的，下面使用中性化调亮图像，具体操作步骤如下。

**Step 01** 打开素材文件。打开"素材文件＼第 7 章＼逆光女孩 .jpg"文件，如图 7-108 所示。

图 7-108

**Step 02** 新建中性色图层。执行【图层】→【新建图层】命令，设置【模式】为柔光，选中【填充柔光中性色（50% 灰）】复选框，如图 7-109 所示。

图 7-109

**Step 03** 添加中性色图层的图像效果。通过前面的操作，即可为图像添加中性色图层，图像效果没有变化，如图 7-110 所示。

图 7-110

**Step 04** 调亮逆光人物。选择【画笔工具】，将画笔【硬度】设置为 0%，【不透明度】设置为 50%，【前景色】设置为白色，在人物上进行涂抹，调亮人物，最终效果如图 7-111 所示。

图 7-111

## 7.7 使用智能对象

智能对象是可以保护栅格或矢量图像原始数据的图层。对智能对象图层进行编辑时，不会直接应用到对象的原始数据，这是一种非破坏性的编辑功能。

### 7.7.1 智能对象的优势

智能对象可以进行非破坏性变换，对图像进行任意比例缩放、旋转、变形等，不会丢失原始图像数据或降低图像的品质。

智能对象可以保留非 Photoshop 处理的数据，当嵌入矢量图形时，Photoshop 会自动将其转换为可识别的内容。

将智能对象创建多个副本，对原始内容进行编辑后，所有与之链接的副本都会自动更新。

将多个图层内容创建为一个智能对象后，可以简化【图层】面板中的图层结构。

应用于智能对象的所有滤镜都是智能滤镜，智能滤镜可以随时修改参数或撤销参数，不会对图像造成任何破坏。

### 7.7.2 智能对象的创建

智能对象的缩览图右下角会显示智能对象图标，创建智能对象的方法有以下几种。

（1）将文件作为智能对象打开。执行【文件】→【打开智能对象】命令，可以选择一个文件作为智能对象打开。

（2）在文档中置入智能对象。打开一个文件后，执行【文件】→【置入】命令，可以将另外一个文件作为智能对象置入当前文档中。

（3）将图层中的对象创建为智能对象。在【图层】面板中选择一个或多个图层，执行【图层】→【智能对象】→【转换为智能对象】命令，或者在图层上右击，选择【转换为智能对象】命令，将它们打包到一个智能对象中，如图 7-112 所示。

图 7-112

（4）在 Illustrator 中选择一个对象，按【Ctrl+C】组合键复制对象，切换到 Photoshop CS6 中，按【Ctrl+V】组合键粘贴，在弹出【粘贴】对话框中选择【智能对象】选项，可以将矢量图形粘贴为智能对象。

（5）将一个 PDF 文件，或者 Illustrator 创建的矢量图形拖动到 Photoshop 文档中，弹出【置入 PDF】对话框，单击【确定】按钮，可将其创建为智能对象。

### ★重点 7.7.3 链接智能对象的创建

创建智能对象后，选择智能对象，执行【图层】→【新建】→【通过拷贝的图层】命令，可以复制出新的智能对象，编辑其中的任意一个，与之链接的智能对象也会同时显示出所做的修改。

### ★重点 7.7.4 非链接智能对象的创建

如果要复制出非链接的智能对象，可以选择智能对象图层，执行【图层】→【智能对象】→【通过拷贝新建智能对象】命令，这些新智能对象各自独立，编辑其中任何一个都不会影响另一个。

### 7.7.5 实战：智能对象的内容替换

| 实例门类 | 软件功能 |
|---|---|

创建智能对象后，还可以替换智能对象的内容，具体操作步骤如下。

Step01 打开素材文件。打开"素材文件\第7章\圣诞.psd"文件，单击【圣诞老人】智能图层，如图 7-113 所示。

图 7-113

Step02 替换智能对象。执行【图层】→【智能对象】→【替换内容】命令，打开【置入】对话框，❶ 选择目标文件夹，❷ 选择目标文件"素材文件\第7章\圣诞马车 png"，❸ 单击【置入】按钮，将其置入文档中，即可替换原有的智能对象，如图 7-114 所示。

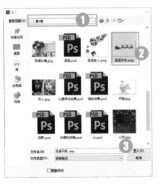

图 7-114

替换智能对象时，将保留对第一个智能对象应用的缩放、变形或效果。

## 7.7.6 实战：智能对象的编辑

| 实例门类 | 软件功能 |
|---|---|

创建智能对象后，还可以编辑智能对象的内容，如果源内容为图像，可以在 Photoshop 中打开它并进行编辑；如果源内容为 EPS 或 PDF 矢量图形，则在 Illustrator 矢量软件中打开它，存储修改后的图像或图形后，与之链接的所有智能对象都会发生改变，具体操作步骤如下。

**Step01** 拷贝智能图层。打开"素材文件\第7章\翅膀 .psd"文件，按【Ctrl+J】组合键复制图层，单击【图层 1 副本】智能图层，如图 7-115 所示。

图 7-115

**Step02** 缩放智能对象并旋转角度。按【Ctrl+T】组合键，执行自由变换操作，适当缩小和旋转对象，按【Enter】键确认变换，如图 7-116 所示。

图 7-116

**Step03** 执行编辑智能对象命令。执行【图层】→【智能对象】→【编辑内容】命令，或者双击智能对象图层缩览图，在弹出的提示对话框中单击【确定】按钮，如图 7-117 所示。

图 7-117

**Step04** 打开智能对象原始文件。通过前面的操作，即可在一个新窗口中打开智能对象的原始文件，如图 7-118 所示。

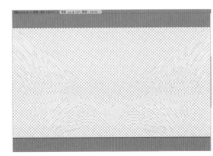

图 7-118

**Step05** 添加滤镜效果。执行【滤镜】→【扭曲】→【极坐标】命令，打开【极坐标】对话框，❶选中【平面坐标到极坐标】单选按钮，❷单击【确定】按钮，按【Ctrl+S】组合键保存图像效果，如图 7-119 所示。

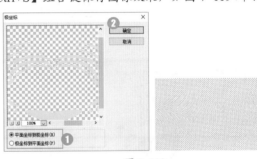

图 7-119

Step06 切换至正在编辑的文档中。在工作界面中，单击【翅膀.psd】文件标签，切换到该文件中，图像效果如图 7-120 所示。

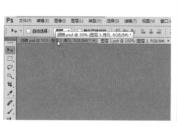

图 7-120

### 7.7.7 栅格化智能对象

选择要转换为普通图层的智能对象，执行【图层】→【智能对象】→【栅格化】命令，可以将智能对象转换为普通图层，原图层缩览图上的智能对象图标会消失，

效果对比如图 7-121 所示。

图 7-121

### 7.7.8 导出智能对象内容

在 Photoshop 中编辑智能对象后，可以将它按照原始的置入格式导出，以便其他程序使用。在【图层】面板中选择智能对象，执行【图层】→【智能对象】→【导出内容】命令，即可导出智能对象。如果智能对象是利用图层创建的，则以 PSB 格式导出。

## 妙招技法

通过前面内容的学习，相信大家已经了解了图层的高级应用功能。下面结合本章内容，给大家介绍一些实用技巧。

### 技巧 01：图层组的混合模式

在 Photoshop CS6 中，不仅图层之间可以设置混合模式，而且图层组和图层之间也可以设置混合模式，它的默认混合模式是【穿透】，如果设置图层组的图层模式，Photoshop 会将图层组内的图层看作一个单独图层，并应用所选模式与下方图层混合，具体操作步骤如下。

Step01 打开素材文件。打开"素材文件＼第 7 章＼东方明珠.psd"文件，如图 7-122 所示。单击【组 1】混合模式，如图 7-123 所示。

Step02 设置图层组混合模式。更改【组 1】混合模式为【颜色】，混合效果如图 7-124 所示。

图 7-124

### 技巧 02：如何清除图层杂边

移动和粘贴带选区的图像时，选区周围通常包括一些背景色，执行【图层】→【修边】命令，在打开的扩展菜单中，可以清除多余的像素，如图 7-125 所示。

 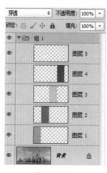

图 7-122          图 7-123

图 7-125

颜色净化：移除图层边缘的彩色杂边。

去边：用纯色的邻近颜色替换边缘颜色。例如，在黑色背景上选择白色图像，不可避免会选中一些黑色背景，该命令可以用白色替换误选的黑色。

移去黑色杂边：如果将黑色背景上创建的消除锯齿的选区移动到其他背景颜色上，执行该命令可以移除黑色杂色。

移去白色杂边：如果将白色背景上创建的消除锯齿

的选区移动到其他背景颜色上，执行该命令可以移除白色杂色。

## 技巧03：复位【样式】面板

在【样式】面板中，载入其他样式库后，如果想恢复默认的预设样式，单击【样式】面板右上角的扩展按钮，在弹出的扩展菜单中选择【复位样式】命令，弹出询问对话框，单击【确定】按钮，即可恢复默认的预设样式。

## 同步练习—— 制作啤酒文字效果

使用图层混合模式可以制作出多个图层混叠的效果。通过图层样式，可以为文字添加投影、渐变颜色、斜面和浮雕等效果。结合文字和图像，可以制作出炫丽的啤酒文字特效，如图 7-126 所示。

图 7-126

| 素材文件 | 素材文件 \ 第7章 \ 啤酒 .jpg、气泡 .jpg |
|---|---|
| 结果文件 | 结果文件 \ 第7章 \ 啤酒文字 .psd |

具体操作步骤如下。

Step01 新建文档。执行【文件】→【新建】命令，❶设置【宽度】为1500像素、【高度】为650像素、【分辨率】为300像素／英寸，❷单击【确定】按钮，如图7-127所示。

Step02 设置渐变颜色。选择工具箱中的渐变工具，单击选项栏中的渐变条，打开【渐变编辑器】对话框，设置绿色的渐变颜色，颜色值分别为【#456c2e】【#3c682a】【#2f621a】【#2b4d1d】，调整色标位置，单击【确定】按钮，如图 7-128 所示。

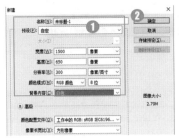

图 7-127

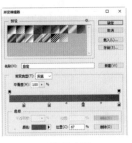

图 7-128

Step03 填充背景颜色。在选项栏中将渐变方式设置为【径向渐变】，然后在背景图层上从中心向右下角拖动鼠标填充渐变颜色，如图 7-129 所示。

图 7-129

Step04 输入文字。选择工具箱中的【横排文字工具】，设置前景色为白色，在图像中输入"啤酒文字"，在选项栏中，设置【字体】为华文琥珀、【字体大小】为80点，如图 7-130 所示。

图 7-130

Step05 为文字添加投影效果。设置双击文字图层打开【图层样式】对话框，选中【投影】复选框，设置【不透明度】为20%、【角度】为120度，选中【使用全局光】复选框，设置【距离】为8像素、【大小】为4像素，如图 7-131 所示。

Step06 为文字添加内阴影效果。选中【内阴影】复选框，设置【混合模式】为颜色加深、【颜色】为黑色、【不透明度】为55%、【大小】为20像素，如图 7-132 所示。

图 7-131 图 7-132

**Step⑩** 创建铜板雕刻效果。新建图层，并命名为【铜板雕刻】，将【前景色】设置为黑色，按【Alt+Delete】组合键填充黑色背景，再执行【滤镜】→【像素化】→【铜板雕刻】命令，在【铜板雕刻】对话框中设置【类型】为中等点，单击【确定】按钮，如图 7-136 所示。

**Step⑪** 为文字添加铜板雕刻效果。按住【Ctrl】键，单击文字图层缩览图，载入文字选区，按【Shift+Ctrl+I】组合键反向选区，按【Delete】键删除图像，按【Ctrl+D】组合键取消选区，效果如图 7-137 所示。

**Step⑦** 为文字添加内发光效果。选中【内发光】复选框，设置【混合模式】为叠加、【不透明度】为 92%、【发光颜色】为黄色【#f3f47b】、【源】为居中、【大小】为 87 像素，如图 7-133 所示。

**Step⑧** 为文字添加渐变颜色效果。选中【渐变叠加】复选框，设置【渐变颜色】分别为【#f49c1a】【#c29119】【#aa5218】【#9c4104】，如图 7-134 所示。

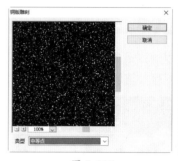

图 7-136 图 7-137

**Step⑫** 为文字添加杂色效果。将铜板雕刻图层混合模式设置为【柔光】，效果如图 7-138 所示。

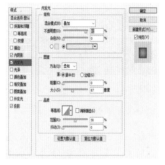

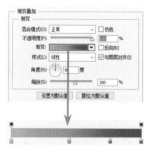

图 7-133 图 7-134

**Step⑨** 为文字添加斜面和浮雕效果。选中【斜面和浮雕】复选框，设置【深度】为 100%、【大小】为 15 像素、【软化】为 1 像素，设置【光泽等高线】为 "画圆步骤"、【高光模式】为滤色、【颜色】为白色、【不透明度】为 65%，设置【阴影模式】为滤色、【颜色】为白色、【不透明度】为 100%，单击【确定】按钮，如图 7-135 所示。

图 7-138

**Step⑬** 为文字制作泡沫效果。新建图层，并命名为【泡沫】。选择【矩形选框工具】，再将【前景色】设置为白色，按【Alt+Delete】组合键填充白色，如图 7-139 所示。

图 7-135

图 7-139

**Step⑭** 将矩形选区剪贴到文字上。按住【Ctrl】键，单击文字图层缩览图，载入文字选区，按【Shift+Ctrl+I】组合键反向选区，按【Delete】键删除图像，按

【Ctrl+D】组合键取消选区，如图 7-140 所示。

图 7-140

**Step⑮** 为泡沫图层添加投影效果。双击泡沫图层，打开【图层样式】对话框，选中【投影】复选框。设置【混合模式】为颜色加深、【不透明度】为 20%、【距离】为 8 像素、【大小】为 9 像素，如图 7-141 所示。

**Step⑯** 为泡沫图层添加内阴影效果。选中【内阴影】复选框，设置【不透明度】为 40%、【大小】为 20 像素，如图 7-142 所示。

图 7-141　　　　　图 7-142

**Step⑰** 为泡沫图层添加图案叠加效果。选中【图案叠加】复选框，将图案设置为【气泡】，设置【混合模式】为正片叠底、【不透明度】为 15%，单击【确定】按钮，如图 7-143 所示。

图 7-143

**Step⑱** 使用【液化】命令制作自然的泡沫效果。选中泡沫图层，执行【滤镜】→【液化】命令，弹出【液化】对话框，单击左上角的【向前变形工具】，在文字下方拖动鼠标，变形文字，完成设置后，单击【确定】按钮，如图 7-144 所示。

变形文字

最终效果

图 7-144

**Step⑲** 绘制水珠效果。新建图层，并命名为【水珠】，选择工具箱中的【画笔工具】，设置画笔硬度为 50%，将【前景色】设置为白色，在图像中绘制水珠图像，如图 7-145 所示。

图 7-145

**Step⑳** 为水珠图层添加内发光的效果。双击【水珠】图层，打开【图层样式】对话框，选中【内发光】复选框。设置【混合模式】为滤色、【不透明度】为 60%、【发光颜色】为黄色【#ffffbe】、【发光源】为居中、【大小】为 10 像素，如图 7-146 所示。

**Step㉑** 为水珠图层添加斜面和浮雕的效果。选中【斜面和浮雕】复选框。设置【大小】为 10 像素、【软化】为 0 像素、【深度】为 120%，将【光泽等高线】设置为【锥形 - 反转】，设置【高光模式】为滤色、【颜色】为白色、【不透明度】为 100%、设置【阴影模式】为柔光、【颜色】为黑色、【不透明度】为 25%，单击【确定】按钮，如图 7-147 所示。

图 7-146

图 7-147

**Step22** 制作透明的水珠效果。将水珠图层的填充设置为0%，效果如图7-148所示。

图 7-148

**Step23** 添加酒瓶素材。置入"素材文件\第7章\酒瓶.jpg"文件，按住【Shift】键等比放大图像，并旋转图像角度，将其拖动到适当的位置，按【Enter】键确认变换，如图7-149所示。

**Step24** 栅格化图层并将酒瓶图层置于文字下方。右击酒

瓶图层，选择【栅格化图层】命令，将其转换为普通图层。选择工具箱中的【魔棒工具】，选中白色背景，按【Delete】键删除背景，按【Ctrl+D】组合键取消选区，再将酒瓶图层移至文字下方，如图7-150所示。

图 7-149

图 7-150

**Step25** 添加气泡效果。打开"素材文件/第7章/气泡.jpg"文件，按【Ctrl+A】组合键全选对象，按【Ctrl+C】组合键复制粘贴到当前文件中，更改图层名为【气泡】，并放置到适当位置，再设置气泡图层的混合模式为【划分】，效果如图7-151所示。

图 7-151

## 本章小结

　　本章主要介绍了图层高级应用的相关内容，包括图层混合模式、不透明度、图层样式的设置，以及填充图层、调整图层和智能对象的应用。其中，图层混合模式与图层样式的设置既是本章学习的重点，也是难点。应用图层混合模式可以合成很多绚丽的图像特效，而使用图层样式可以增强图像的立体感。因此，读者应该熟练掌握这部分知识。

# 第8章 文本编辑与应用

➡ 创建文字有哪些工具？

➡ 可以让文字沿着某种形状排列吗？

➡ 如果查找指定文字？

➡ 如何更改字体预览大小？

➡ 点文字和段落文字的区别是什么？

Photoshop CS6 有着非常强大的文字创建与编辑功能，不仅有多种文字工具可供使用，更有多个参数设置面板可以用来修改文字效果。本章将介绍在 Photoshop CS6 中文字处理的方法，包括文字的创建与编辑。通过对本章内容的学习，可以找到解决上述问题的方法。

## 8.1 认识 Photoshop 文字

文字是设计作品中的重要元素，它不仅可以传达信息，还能起到美化版面、强化主题的作用。使用 Photoshop CS6 提供的文字工具能够制作出各类文字效果。

### 8.1.1 文字类型

Photoshop 中的文字是以矢量的方式存在的，在将文字栅格化以前，Photoshop 会保留基于矢量的文字轮廓，可以任意缩放文字或调整文字大小而不会产生锯齿。

文字的划分方式有很多种，如果从排列方式划分，可分为横排文字和直排文字；如果从形式上划分，可分为文字和文字蒙版；如果从创建的内容上划分，可分为点文字、段落文字和路径文字；如果从样式上划分，可分为普通文字和变形文字。

### 8.1.2 文字工具选项栏

在使用文字工具输入文字前，需要在工具选项栏或【字符】面板中设置字符的属性，包括字体、字号、文字颜色等。文字工具选项栏如图 8-1 所示。

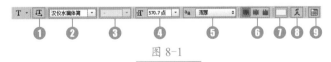

图 8-1

相关选项作用及含义如表 8-1 所示。

表 8-1 选项作用及含义

| 选项 | 作用及含义 |
|---|---|
| ❶ 更改文本方向 | 如果当前文字为横排文字，单击该按钮，可将其转换为直排文字；如果是直排文字，可将其转换为横排文字 |
| ❷ 设置字体 | 在该选项下拉列表中可以选择字体 |
| ❸ 字体样式 | 用来为字符设置样式，包括 Regular（规则的）、Italic（斜体）、Bold（粗体）和 Bold Italic（粗斜体）。该选项只对部分英文字体有效 |
| ❹ 字体大小 | 可以选择字体的大小，或者直接输入数值来进行调整 |
| ❺ 消除锯齿的方法 | 可以为文字消除锯齿选择一种方法，Photoshop 会通过部分地填充边缘像素来产生边缘平滑的文字，使文字的边缘混合到背景中而看不出锯齿，包含【无】【锐利】【犀利】【浑厚】和【平滑】选项 |
| ❻ 文本对齐 | 根据输入文字时光标的位置来设置文本的对齐方式，包括左对齐文本▤、居中对齐文本▤和右对齐文本▤ |
| ❼ 文本颜色 | 单击颜色块，可以在打开的【拾色器】中设置文字的颜色 |
| ❽ 文本变形 | 单击该按钮，可以在打开的【变形文字】对话框中为文本添加变形样式，创建变形文字 |
| ❾ 显示 / 隐藏字符面板和段落面板 | 单击该按钮，可以显示或隐藏【字符】和【段落】面板 |

## 8.2　文字的创建

Photoshop CS6 提供了【横排文字工具】■、【直排文字工具】■、【横排文字蒙版工具】■和【直排文字蒙版工具】■ 4 种文字创建工具。其中，【横排文字工具】■和【直排文字工具】■用于创建点文字、段落文字和路径文字，【横排文字蒙版工具】■和【直排文字蒙版工具】■用于创建文字选区。

### ★重点 8.2.1　实战：为图片添加说明文字

| 实例门类 | 软件功能 |
|---|---|

Step01 打开素材文件。打开"素材文件\第 8 章\花 .jpg"文件，如图 8-2 所示。

Step02 确认文字输入点。选择【横排文字工具】■，在图像中单击确认文字输入点，如图 8-3 所示。

图 8-2　　　　　　　　　图 8-3

Step03 输入文字。输入文字"秋日私语"，并选中文字，如图 8-4 所示。

输入文字　　　　　　　选中文字

图 8-4

Step04 设置字体样式及字号。在选项栏中，设置【字体】为汉仪清韵体简、【字号】为 120 点，效果如图 8-5 所示。

图 8-5

#### 技术看板

在输入文字时，单击鼠标 3 次可以选择一行文字；单击鼠标 4 次可以选择整个段落；按【Ctrl+A】组合键可以选中全部文字。

Step05 设置字体颜色。单击【设置文本颜色】图标，在弹出的【拾色器（文本颜色）】对话框中，❶ 设置文本颜色为白色【#ffffff】，❷ 单击【确定】按钮，如图 8-6 所示。

Step06 确认文字的输入。单击选项栏上的【提交所有当前编辑】按钮■，或者按【Ctrl + Enter】组合键，确认文字的输入，效果如图 8-7 所示。

图 8-6　　　　　　　　图 8-7

#### 技能拓展——输入状态下移动文字

处于文字编辑状态时，按住【Space】键，移动鼠标指针到文字四周，会暂时切换到【移动工具】■，拖动鼠标即可移动文字。

### 8.2.2　【字符】面板

【字符】面板中提供了比工具选项栏更多的选项，单击选项栏中的【切换字符和段落面板】按钮，或者执行【窗口】→【字符】命令，都可以打开【字符】面板，如图 8-8 所示。

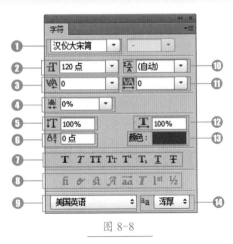

图 8-8

相关选项作用及含义如表 8-2 所示。

表 8-2　选项作用及含义

| 选项 | 作用及含义 |
| --- | --- |
| ❶ 设置字体系列 | 在【设置字体系列】下拉列表中可选择需要的字体，选择不同字体选项将得到不同的文本效果，选中文本将应用当前选中的字体 |
| ❷ 设置字体大小 | 在下拉列表框中选择文字大小值，也可在文本框中输入数值，对文字大小进行设置 |
| ❸ 设置所选字符的字距微调 | 在打开的下拉列表中可选择预设的字距微调值，若要为选中字符使用字体的内置字距微调信息，则选择【度量标准】选项；若要依据选定字符的形状自动调整它们之间的距离，则选择【视觉】选项；若要手动调整字距微调，则可在其后的文本框中直接输入一个数值，或者从该下拉列表中选择需要的选项。若选择了文本范围，则无法手动对文本进行字距微调，需要使用字距调整进行设置 |
| ❹ 设置所选字符的比例间距 | 选中需要进行比例间距设置的文字，在其下拉列表框中选择需要变换的间距百分比，百分比越大比例间距越近 |
| ❺ 垂直缩放 | 选中需要进行缩放的文字后，垂直缩放的文本框显示为 100%，可在文本框中输入任意数值对选中的文字进行垂直缩放。50% 和 100% 的垂直缩放对比效果如下图所示

垂直缩放 50%　　垂直缩放 100% |

续表

| 选项 | 作用及含义 |
| --- | --- |
| ❻ 设置基线偏移 | 在该选项中可以对文字的基线位置进行设置，输入不同的数值设置基线偏移的程度，输入负值可以将基线向下偏移，输入正值则可以将基线向上偏移。例如，选择【球】文字后，0 点和 100 点的偏移效果对比如下图所示

0 点偏移效果　　100 点偏移效果 |
| ❼ 设置字体样式 | 通过单击面板中的按钮可以对文字进行仿粗体、仿斜体、全部大写字母、小型大写字母、设置文字为上标、设置文字为下标、为文字添加下画线、删除线等设置，如下图所示 |
| ❽ open Type 字体 | 包含了当前 postScript 和 TrueType 字体不具备的功能，如花饰字和自由连字 |
| ❾ 连字、拼写规则 | 对字符进行有关联字符和拼写规则的语言设置，Photoshop 使用语言词典检查连字符连接 |
| ❿ 设置行距 | 【设置行距】选项对多行的文字间距进行设置，可以在下拉列表框中选择固定的行距值，也可以在文本框中直接输入数值，输入的数值越大则行间距越大。自动和 100 点的对比效果如下图所示

自动行距效果　　100 点行距效果 |
| ⓫ 设置两个字符间的字距调整 | 选中需要设置的文字后，在其下拉列表框中选择需要调整的字距数值。0 和 100 的对比效果如下图所示

字距为 0 时的效果　　字距为 100 时的效果 |

续表

| 选项 | 作用及含义 |
|------|------------|
| ⑫ 水平缩放 | 选中需要进行缩放的文字，水平缩放的文本框显示默认值为100%，可以在文本框中输入任意数值对选中的文字进行水平缩放。100%和50%的水平缩放对比效果如下图所示<br><br>水平缩放100%　　水平缩放50% |
| ⑬ 设置文本颜色 | 在面板中直接单击颜色块可以弹出【选择文本颜色】对话框，在该对话框中选择适合的颜色即可完成对文本颜色的设置 |
| ⑭ 设置消除锯齿的方法 | 该选项用于设置消除锯齿的方法 |

## 8.2.3 实战：创建段落文字

| 实例门类 | 软件功能 |
|------|------------|

**Step01** 打开素材文件并创建文本框。打开"素材文件\第8章\丽江.psd"文件，选择【横排文字工具】 T ，在图像中拖动鼠标创建段落文本框，如图8-9所示。

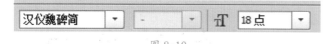

图 8-9

**Step02** 设置字体大小、样式。创建文本框后会出现闪烁的【I】形文本输入点，在【字符】面板中设置【字体】为汉仪魏碑简，【字体大小】为18点，如图8-10所示。

图 8-10

**Step03** 输入文字。输入文字，当文字到达文本框边界时会自动换行，如图8-11所示。

图 8-11

**Step04** 显示所有文字并确认编辑。文本框右下角出现田图标，表示文本框没有显示出所有文字，拖动该图标，显示出所有文字。在选项栏中，单击【提交所有当前编辑】按钮 ✓ ，确认文字输入，如图8-12所示。

图 8-12

**Step05** 设置行距。在【字符】面板中，设置【行距】为25点，效果如图8-13所示。

图 8-13

**Step06** 设置段落格式。选择【段落】选项卡，切换到【段落】面板中。设置【首行缩进】为40点，效果如图8-14所示。

图 8-14

**技术看板**

选择文字后，按【Shift+Ctrl+>】组合键，能够以 2 点为增量调大文字；按【Shift+Ctrl+<】组合键，能以 2 点为增量调小文字。

选择文字后，按【Alt+ →】组合键，可以增加字间距；按【Alt+ ←】组合键，可以减小字间距。

## 8.2.4 【段落】面板

【段落】面板主要用于设置文本的对齐方式和缩进方式等。单击选项栏中的【切换字符面板和段落面板】按钮，或者执行【窗口】→【段落】命令，都可以打开【段落】面板，如图 8-15 所示。

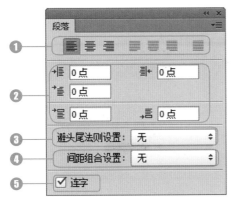

图 8-15

相关选项作用及含义如表 8-3 所示。

表 8-3　选项作用及含义

| 选项 | 作用及含义 |
|---|---|
| ❶ 对齐方式 | 包括左对齐、居中对齐、右对齐、最后一行左对齐、最后一行居中对齐、最后一行右对齐和全部对齐，如下图所示 |

| 选项 | 作用及含义 |
|---|---|
| ❷ 段落调整 | 包括左缩进、右缩进、首行缩进、段前添加空格和段后添加空格，效果如下图所示 |
| ❸ 避头尾法则设置 | 选取换行集为无、JIS 宽松、JIS 严格 |
| ❹ 间距组合设置 | 选取内部字符间距集 |
| ❺ 连字 | 选中该复选框，自动用连字符连接 |

## 8.2.5 字符样式和段落样式

| 实例门类 | 软件功能 |
|---|---|

【字符样式】和【段落样式】面板不仅可以保存文字的样式，还可以快速应用于其他文字、线条或文本段落，从而极大地节省用户的时间。

### 1. 实战：在【字符样式】面板中创建字符样式

字符样式是诸多字符属性的集合，创建并应用字符样式的具体操作步骤如下。

**Step01** 打开【字符样式】面板并创建字符样式。执行【窗口】→【字符样式】命令，打开【字符样式】面板，单击【创建新的字符样式】按钮 ，即可创建一个空白的【字符样式 1】样式，双击【字符样式 1】样式，如图 8-16 所示。

图 8-16

**Step 02** 设置字符样式。打开【字符样式选项】面板，在【基本字符格式】选项卡中，设置字体、字体大小和字体颜色等属性，如图8-17所示。❶ 选择【高级字符格式】选项卡，❷ 设置垂直缩放为50%，❸ 单击【确定】按钮，如图8-18所示。

图 8-17

图 8-18

**Step 03** 应用字符样式。在【图层】面板中，选择任意文字图层，如图8-19所示。在【字符样式】面板中，单击【字符样式1】样式，如图8-20所示，应用后的效果如图8-21所示。

图 8-19

图 8-20

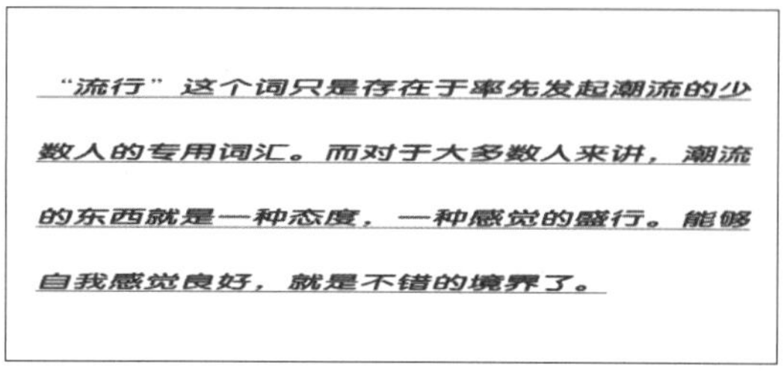

"流行"这个词只是存在于率先发起潮流的少数人的专用词汇。而对于大多数人来讲，潮流的东西就是一种态度，一种感觉的盛行。能够自我感觉良好，就是不错的境界了。

图 8-21

**2.【段落】面板**

段落样式的创建和使用方法与字符样式基本相同。单击【段落样式】面板中的【创建新的段落样式】按钮，即可创建一个空白样式，如图8-22所示。然后双击该样式，可以打开【段落样式选项】面板设置段落属性，如图8-23所示。

图 8-22

图 8-23

### 8.2.6 创建文字选区

【横排文字蒙版工具】和【直排文字蒙版工具】用于创建文字选区，其具体操作步骤如下。

**Step 01** 打开素材文件。打开"素材文件\第8章\蓝天.jpg"文件，如图8-24所示。

图 8-24

**Step 02** 输入文字。选择【横排文字蒙版工具】，在画面中输入文字，效果如图8-25所示。

图 8-25

**Step 03** 为文字填充颜色。单击【图层】面板中的【新建图层】按钮，新建【图层1】，将前景色设置为白色，按【Alt+Delete】组合键填充前景色，效果如图 8-26 所示。

图 8-26

## ★重点 8.2.7　实战：创建沿物体轮廓排列的路径文字

| 实例门类 | 软件功能 |
|---|---|

路径文字是指创建在路径上的文字，文字会沿着路径排列，改变路径形状时，文字的排列方式也会随之改变。图像在输出时，路径不会被输出。另外，在路径控制面板中，也可取消路径的显示，只显示载入路径后的文字。创建路径文字的具体操作步骤如下。

**Step 01** 打开素材并创建路径。打开"素材文件\第8章\树叶.jpg"文件，选择【椭圆工具】 ，在选项栏中选择【路径】选项，拖动鼠标绘制圆形路径，如图 8-27 所示。使用【路径选择工具】 ，选中路径，并移动到下方适当位置，如图 8-28 所示。

图 8-27

图 8-28

**Step 02** 选择文字工具。选择【横排文字工具】 ，在路径上单击设置文字插入点，画面中会出现闪烁的【I】图标，如图 8-29 所示。

**Step 03** 输入文字。此时输入文字即可沿着路径排列，如图 8-30 所示。

图 8-29

图 8-30

**Step 04** 设置字体大小、颜色并复制文字图层。在选项栏中，设置【字体大小】为100点、字体颜色为绿色【#8bbc25】，如图 8-31 所示。按【Ctrl+J】组合键复制文字图层，如图 8-32 所示。

图 8-31

图 8-32

**Step 05** 变换文字大小。选中下方文字图层，按【Ctrl+T】组合键，执行自由变换操作，拖动变换点放大图像，如图 8-33 所示。

图 8-33

**Step 06** 设置图层混合模式。更改上方文字图层的混合模式为【线性减淡（添加）】，效果如图 8-34 所示。

图 8-34

# 8.3 文字的编辑

在 Photoshop CS6 中除了可以调整字体的颜色、大小外，还可以对文字内容进行其他的编辑处理，包括文字的拼写检查、文字变形、栅格化文字，以及将文字转换为路径等。

## 8.3.1 点文字与段落文字的互换

在 Photoshop 中，点文字与段落文字之间可以相互转换。创建点文字后，执行【类型】→【转换为段落文本】命令，即可将点文字转换为段落文字。

创建段落文字后执行【类型】→【转换为点文字】命令，即可将段落文字转换为点文字。

## 8.3.2 实战：使用文字变形添加标题文字

| 实例门类 | 软件功能 |
|---|---|

文字变形是指对创建的文字进行变形处理后得到的文字。例如，可以将文字变形为扇形或波浪形，下面介绍文字变形的具体操作步骤。

Step01 打开素材文件。打开"素材文件\第 8 章\变形文字 .psd"文件，如图 8-35 所示。

Step02 输入文字。选择【横排文字工具】，在图像中输入"六一儿童节快乐"，选中所有文字，在选项栏中设置【字体】为华康海报体、【字体大小】为 200 点、【字体颜色】为黄色【#fff000】，如图 8-36 所示。

图 8-35　　　　　　图 8-36

Step03 设置文字变形样式。在选项栏中，单击【创建文字变形】按钮，❶设置【样式】为旗帜、【弯曲】为 60%，❷单击【确定】按钮，按【Ctrl+Enter】组合键确认文字输入，效果如图 8-37 所示。

图 8-37

Step04 复制文字图层。选中文字图层，按【Ctrl+J】组合键复制文字图层，并将复制的文字颜色设置为黑色，效果如图 8-38 所示。

Step05 移动文字位置，制作阴影效果。将复制的文字图层放置在背景图层上方，并将其命名为【阴影】，选择【移动工具】，按键盘上的【↓】和【→】方向键多次，移动文字位置，效果如图 8-39 所示。

图 8-38　　　　　　图 8-39

Step06 添加动感模糊滤镜效果。选中阴影图层并右击，选择【栅格化】命令栅格化文字图层，执行【滤镜】→【模糊】→【动感模糊】命令，在【动感模糊】对话框中设置角度为 0、距离为 10 像素，最终效果如图 8-40 所示。

图 8-40

在【变形文字】对话框中，常用参数设置如图 8-41 所示。

图 8-41

相关选项作用及含义如表 8-4 所示。

表 8-4　选项作用及含义

| 选项 | 作用及含义 |
|---|---|
| ❶ 样式 | 在该选项的下拉列表中可以选择 15 种变形样式 |
| ❷ 水平 / 垂直 | 文本的扭曲方向为水平方向或垂直方向 |
| ❸ 弯曲 | 设置文本的弯曲程度 |
| ❹ 水平扭曲 / 垂直扭曲 | 可以对文本应用透视 |

创建文字变形后，再次执行【图层】→【文字】→【文字变形】命令，或者单击选项栏中的【创建文字变形】按钮，在打开的【变形文字】对话框中可修改变形样式或参数。

在【变形文字】对话框的【样式】下拉列表中选择【无】，可取消文字变形。

## ★重点 8.3.3 栅格化文字

点文字和段落文字都属于矢量文字，文字栅格化后，就由矢量图变成了位图，这样有利于进一步操作，以制作更丰富的文字效果。文字被栅格化后，就无法返回矢量文字的可编辑状态。

选择文字图层，执行【类型】→【栅格化文字图层】命令，文字即被栅格化。在文字图层上右击，在弹出的快捷菜单中选择【栅格化文字】命令，也可将文字栅格化。

## 8.3.4 将文字转换为工作路径

选择文字图层，执行【类型】→【创建工作路径】命令，可将文字转换为工作路径，原文字属性不变，生成的工作路径可以应用填充和描边，或者通过调整锚点得到变形文字，如图8-42所示。

图 8-42

## 8.3.5 将文字转换为形状

选择文字图层，执行【类型】→【转换为形状】命令可将文字转换为矢量蒙版的形状，不会保留文字图层，如图8-43所示。

图 8-43

## 8.3.6 实战：使用拼写检查纠正拼写错误

| 实例门类 | 软件功能 |
|---|---|

在 Photoshop CS6 中，可以检查当前文本中的英文单词拼写是否有误，具体操作步骤如下。

**Step 01** 打开素材文件。打开"素材文件\第8章\春天.psd"文件，在【图层】面板中，选中文字图层，如图8-44所示。

图 8-44

**Step 02** 执行拼写检查命令。执行【编辑】→【拼写检查】命令，打开【拼写检查】对话框，检查到错误时，Photoshop 会提供修改建议。例如，❶ 在【建议】列表框中选择【Spring】选项，❷ 单击【更改】按钮，弹出提示对话框，单击【确定】按钮，如图8-45所示。

图 8-45

**Step 03** 更正错误拼写。通过前面的操作，错误拼写即可被更正，如图8-46所示。

图 8-46

### 8.3.7 查找和替换文字

执行【编辑】→【查找和替换文本】命令，可以打开【查找和替换文本】对话框，在其中可以查找当前文本中需要修改的文字、单词、标点或字符，并将其替换为指定的内容，如图 8-47 所示。

图 8-47

### 8.3.8 更新所有文字图层

执行【类型】→【更新所有文字图层】命令，可更新当前文件中所有文字图层的属性，以避免重复劳动，提高工作效率。

### 8.3.9 替换所有欠缺字体

打开文件时，如果该文档中的文字使用了系统中没有的字体，会弹出一条警告信息，指明缺少哪些字体，出现这种情况时，执行【类型】→【替换所有欠缺字体】命令，即可使用系统中安装的字体替换文档中欠缺的字体。

### 8.3.10 Open Type 字体

Open Type 字体是 Windows 和 Macintosh 操作系统都支持的字体文件，因此，使用 Open Type 字体后，在这两个操作平台交换文件时，不会出现字体替换或其他导致文本重新排列的问题。输入文字或编辑文本时，可以在选项栏或【字符】面板中选择 Open Type 字体，并设置文字格式。

### 8.3.11 粘贴 Lorem Ipsum 占位符

使用【文字工具】在文本中单击，可以设置文字插入点；执行【文字粘贴 Lorem Ipsum】命令，可以使用 Lorem Ipsum 占位符文本快速填充文本块以进行布局。

## 妙招技法

通过前面内容的学习，相信大家已经掌握了 Photoshop CS6 中文本编辑的基本方法。下面结合本章内容，给大家介绍一些实用技巧。

### 技巧 01：更改字体预览大小

在 Photoshop CS6 中通常安装了大量的字体，如果字体预览太小，看上去就会非常累，下面介绍如何更改字体预览大小。

在【字符】面板或文字工具选项栏中选择字体后，可以看到字体的预览效果，如图 8-48 所示。

执行【文字】→【字体预览大小】命令，在打开的扩展菜单中可以调整字体预览大小，包括【无】【小】【中】【大】【特大】【超大】6 种字体，如选择【特大】选项，效果如图 8-49 所示。

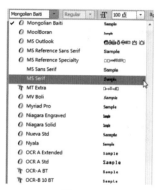

图 8-48

图 8-49

## 技巧02：编辑路径文字

文字除了可以横排和竖排排列外，还可以根据路径轨迹进行排列，具体操作步骤如下。

**Step01** 打开素材文件。打开"素材文件\第8章\编辑路径文字.psd"文件，在【图层】面板中选择文字图层，如图8-50所示。

图8-50

**Step02** 移动路径。选择【直接选择工具】或【路径选择工具】，将鼠标指针移动到文字上，鼠标指针变为形状，如图8-51所示。拖动鼠标即可移动文字，如图8-52所示。

图8-51　　　　　　　　图8-52

**Step03** 翻转文字方向。鼠标指针变为形状时向路径的另一侧拖动，可以翻转文字方向，如图8-53所示。

图8-53

**Step04** 调整文字形状。使用【直接选择工具】单击路径显示出锚点，如图8-54所示。移动方向线调整路径的形状，文字会根据调整后的路径重新排列，如图8-55所示。

图8-54　　　　　　　　图8-55

## 技巧03：设置连字

强制对齐段落时，Photoshop CS6会将一行末端的单词断开至下一行，选中【段落】面板中的【连字】复选框，可以在断开的单词间显示连字标记，如图8-56所示。

图8-56

# 同步练习——童童艺术培训招生宣传单

宣传单在大街小巷都能看到，因其成本低、宣传范围广，所以是应用非常广泛的平面设计产品。下面在Photoshop CS6中设计制作童童艺术培训招生宣传单，效果如图8-57所示。

图8-57

| 素材文件 | 素材文件\第8章\同步练习\按钮.tif，草地.tif，卡通人物.tif，向日葵.tif，小圆.tif，圆圈.tif，彩虹.tif |
| --- | --- |
| 结果文件 | 结果文件\第8章\宣传单.psd |

具体操作步骤如下。

**Step01** 新建文档并填充背景色。执行【文件】→【新建】命令，❶ 设置【宽度】为21.6厘米、【高度】为29.1厘米、【分辨率】为300像素/英寸，❷ 单击【确定】按钮，如图8-58所示；为背景填充蓝色【#a1d8f6】效果，如图8-59所示。

图 8-58

图 8-59

图 8-62

图 8-63

**Step 02** 添加彩虹素材文件。打开"素材文件\第8章\案例实训\彩虹.tif"文件,将其拖动到当前文件中,移动到适当位置,更改图层【不透明度】为60%,效果如图 8-60 所示。

**Step 05** 创建椭圆选区并添加描边效果。使用【椭圆选框工具】 创建选区,如图 8-64 所示。执行【编辑】→【描边】命令,❶ 设置【宽度】为5像素、【颜色】为黄色【#f8f400】、【位置】为居外,❷ 单击【确定】按钮,如图 8-65 所示。

图 8-60

图 8-64

图 8-65

**Step 03** 绘制白圈效果。新建图层,并命名为【白圈】,使用【椭圆选框工具】 创建选区,填充白色,按【Ctrl+D】组合键取消选区,更改图层【不透明度】为70%,效果如图 8-61 所示。

**Step 06** 添加小圆素材。打开"素材文件\第8章\案例实训\小圆.tif"文件,将其拖动到当前文件中,移动到适当位置,更改【不透明度】为80%,效果如图 8-66 所示。

图 8-61

图 8-66

**Step 04** 添加圆圈素材。打开"素材文件\第8章\案例实训\圆圈.tif"文件,将其拖动到当前文件中,移动到适当位置,如图 8-62 所示。新建图层,并命名为【细圆】,如图 8-63 所示。

**Step 07** 添加草地素材。打开"素材文件\第8章\案例实训\草地.tif"文件,将其拖动到当前文件中,移动到适当位置,如图 8-67 所示。

**Step 08** 添加向日葵素材。打开"素材文件\第8章\向

日葵 .tif"文件，将其拖动到当前文件中，移动到适当位置，如图 8-68 所示。

图 8-67

图 8-68

**Step⑨** 在向日葵素材上输入文字。使用【横排文字工具】T，输入文字，在选项栏中设置【字体】为方正水柱简体、【字体大小】为 60 点、【字体颜色】为红色【#e3007b】，如图 8-69 所示。

图 8-69

**Step⑩** 设置描边文字效果。双击文字图层，在【图层样式】对话框中，❶选中【描边】复选框，❷设置【大小】为 10 像素、【颜色】为白色，如图 8-70 所示。

**Step⑪** 设置投影文字效果。❶选中【投影】复选框，❷设置【不透明度】为 75%、【角度】为 120 度、【距离】为 0 像素、【扩展】为 0%、【大小】为 50 像素，选中【使用全局光】复选框，如图 8-71 所示。

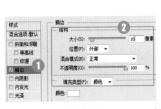
图 8-70              图 8-71

**Step⑫** 继续创建其他的文字。添加图层样式后，文字效果如图 8-72 所示。使用相同的方法继续创建其他文字，

文字颜色分别为绿色【#00ac36】、蓝色【#0669b2】、紫色【#9c5d9e】，【字体大小】分别为 60 点、90 点、56 点，效果如图 8-73 所示。

图 8-72

图 8-73

**Step⑬** 添加卡通人物素材。打开"素材文件\第 8 章\案例实训\卡通人物 .tif"文件，将其拖动到当前文件中，移动到适当位置，如图 8-74 所示。

**Step⑭** 输入海报标题。使用【横排文字工具】T，输入"童童艺术培训"，在选项栏中设置【字体】为方正水柱简体、【字体大小】为 62 点、【字体颜色】为红色【#e3007b】，如图 8-75 所示。

图 8-74

图 8-75

**Step⑮** 设置标题效果。双击文字图层，在打开的【图层样式】对话框中，❶选中【描边】复选框，❷设置【大小】为 10 像素、【颜色】为白色，效果如图 8-76 所示。

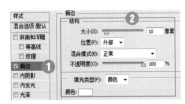

图 8-76

**Step⑯** 输入特殊符号。单击输入法中的软键盘图标，在打开的快捷菜单中选择【特殊符号】选项，在打开的软键盘中选择星形符号，如图 8-77 所示。

图 8-77

**Step⑰** 设置特殊符号和文字的效果。通过前面的操作，插入特殊符号【★】，并输入"教学目的"，如图 8-78 所示。使用前面介绍的方法添加描边图层样式，设置描边大小为 5 像素，效果如图 8-79 所示。

图 8-78　　　　　　　　　图 8-79

**Step⑱** 创建段落文字。拖动【横排文字工具】【T】,创建段落文本框，在其中输入并选中文字，如图 8-80 所示。

图 8-80

**Step⑲** 设置字符样式。在【字符】面板中，❶设置【字体】为方正楷体简体、【字体大小】为 12.03 点、【行距】为 20.06 点，❷单击【仿粗体】图标【T】，如图 8-81 所示。

**Step⑳** 设置段落样式。在【段落】面板中，设置【首行缩进】为 25 点，如图 8-82 所示。

图 8-81　　　　　　　　　图 8-82

**Step㉑** 继续输入文字并设置字体效果。编辑段落文本后，效果如图 8-83 所示。输入红色文字"招生须知"，使用前面介绍的方法设置【字体大小】为 40 点、【描边大小】为 10 点，效果如图 8-84 所示。

图 8-83　　　　　　　　　图 8-84

**Step㉒** 输入段落文字。拖动【横排文字工具】【T】,创建段落文本框，输入并选中段落文字，如图 8-85 所示。

**Step㉓** 设置字符样式。在【字符】面板中，❶设置【字体】为方正楷体简体、【字体大小】为 12.03 点、【行距】为 20.06 点，❷单击【仿粗体】图标【T】，如图 8-86 所示。

图 8-85　　　　　　　　　图 8-86

**Step㉔** 设置段落样式。在【段落】面板中，设置【首行缩进】为 25 点，效果如图 8-87 所示。

图 8-87

**Step㉕** 设置段后距离。将文字插入点定位第一个段落中（非标题），在【段落】面板中，设置【段后添加空格】为 10 点，如图 8-88 所示。

图 8-88

**Step㉖** 设置段落文字的对齐格式。按【Ctrl+A】组合键选中所有段落文字，在【段落】面板中，单击【最后一行左对齐】按钮▤，如图 8-89 所示。

图 8-89

**Step27** 调整句号位置。在【段落】面板中，设置【避头尾法则设置】为【JIS 严格】，如图 8-90 所示。在第二个段落中（非标题），句首标点【句号】被调整到正确位置，如图 8-91 所示。

图 8-90

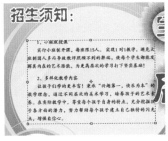

图 8-91

**Step28** 设置标题的段落格式。分别选中标题，调整文字为红色，同时在【段落】面板中，设置【首行缩进】为 0 点，效果如图 8-92 所示。

图 8-92

**Step29** 添加按钮素材。打开"素材文件\第 8 章\实例实训\按钮 .tif"文件，将其拖动到当前文件中，移动到适当位置，如图 8-93 所示。

图 8-93

**Step30** 在按钮素材上输入文字。使用【横排文字工具】T 输入文字，在选项栏中，设置两行文字的【字体】分别为方正黑体简体和 Impact，设置【字体大小】分别为 23 点和 31 点，设置【字体颜色】为红色（#e3007b），效果如图 8-94 所示。

图 8-94

**Step31** 设置文字效果。使用前面的方法添加描边图层样式，设置片【描边大小】为 10 像素、【描边颜色】为白色，效果如图 8-95 所示。

图 8-95

**Step32** 输入报名截止日期信息。设置前景色为黑色，使用【横排文字工具】T 输入文字，在选项栏中，设置【字体】为方正中黑简体。【字体大小】为 17.5 点，如图 8-96 所示，最终效果如图 8-97 所示。

图 8-96

图 8-97

## 本章小结

　　本章主要介绍了 Photoshop CS6 中文字处理的基础知识，包括文字类型和文字工具选项栏、创建编辑文字的方法，以及设置文字的样式和将文字进行变形处理的一些技巧等。文字是图像设计中重要的元素，合理地使用文字可以增强画面的层次感和设计感，希望通过本章的讲解，读者能够熟练掌握文字处理的基础知识。

# 第9章　路径与矢量图形

- ➡ 如何选择绘图模式？
- ➡ 路径可以打印出来吗？
- ➡ 直线和曲线的绘制方法有什么区别？
- ➡ 如何调整路径？
- ➡ 如何绘制特定形状？

　　在 Photoshop CS6 中不仅可以创建位图，还可以创建基于矢量特点的路径。使用钢笔工具和形状工具可以创建矢量图形，其中钢笔工具用于绘制不规则的图形，而形状工具用于创建规则的图形，如正方形、椭圆、五边形等。相比于位图，Photoshop CS6 中创建的矢量图形可以使用编辑路径的工具轻松地修改图像的形状。本章将详细讲解 Photoshop CS6 中矢量图的绘制和编辑方法。

## 9.1　路径概念

　　在使用【钢笔工具】和【形状工具】绘图前需要先在选项栏中设置绘图模式，包括【形状】【路径】和【像素】。在矢量制图的世界中，图形是由路径及颜色构成的，所以【路径】是使用比较多的一种绘图模式。本节将详细地讲解路径的概念及其组成。

### 9.1.1　绘图模式

　　在工具箱中选择绘制工具后，在选项栏中设置绘图模式为【路径】，即可创建工作路径，它出现在【路径】面板中，如图 9-1 所示。

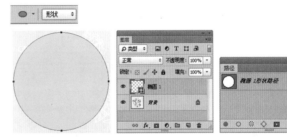

图 9-2

　　设置绘图模式为【像素】，可以在当前图层上绘制栅格化的图形，由于不能创建矢量图形，因此【路径】面板中也不会有路径，如图 9-3 所示。

图 9-1

　　在选项栏中设置绘图模式为【形状】，可在单独的形状图层中创建形状。形状图层由填充区域和形状两部分组成，填充区域定义了形状的颜色、图案和图层的不透明度，形状则是一个矢量图形，它会出现在【路径】面板中，如图 9-2 所示。

图 9-3

## 1. 路径

在选项栏中设置绘图模式为【路径】，并绘制路径后，可以单击【选区】【蒙版】【形状】按钮，如图9-4所示。将路径转换为选区、矢量蒙版或形状图层，如图9-5所示。

图 9-4

路径转换为选区

路径转换为蒙版

路径转换为形状

图 9-5

## 2. 形状

在选择【形状】选项后，可以在【填充】及【描边】选项组中单击下拉按钮，在其下拉面板中选择用纯色、渐变和图案对图形进行填充和描边，如图9-6所示。

图 9-6

相关选项作用及含义如表9-1所示。

表 9-1　选项作用及含义

| 选项 | 作用及含义 |
|---|---|
| ❶ 设置形状填充类型 | 单击下拉按钮，在下拉面板中可以选择【无填充\描边】、【用纯色填充\描边】、【用渐变填充\描边】、【用图案填充\描边】4种填充类型。如果自定义填充颜色，可单击按钮，打开【拾色器】对话框进行调整 |
| ❷ 设置形状描边类型 | 单击下拉按钮，在打开的下拉面板中可以用纯色、渐变与图案为图形进行描边 |
| ❸ 设置形状描边宽度 | 单击下拉按钮，打开下拉菜单，拖动滑块可以调整描边宽度 |
| ❹ 设置形状描边类型 | 单击下拉按钮，可以打开一个下拉面板，在该面板中可以设置描边选项 |

### 技术看板

创建纯色、图案或渐变填充形状图层后，执行【图层】→【图层内容选项】命令，可以打开相应的拾色器、图案或渐变对话框，进行参数设置。

## 3. 像素

在选项栏中选择【像素】选项后，可以为绘制的图像设置混合模式和不透明度，如图9-7所示。

图 9-7

相关选项作用及含义如表9-2所示。

表 9-2　选项作用及含义

| 选项 | 作用及含义 |
|---|---|
| ❶ 模式 | 可以设置混合模式，让绘制的图像与下方其他图像产生混合效果 |
| ❷ 不透明度 | 可以为图像指定不透明度，使其呈现透明效果 |
| ❸ 消除锯齿 | 可以平滑图像的边缘，消除锯齿 |

## ★重点 9.1.2　路径

路径不是图像中的像素，而是用来绘制图形或选择图像的一种依据。利用路径可以编辑不规则图形，建立不规则选区，还可以对路径进行描边、填充来制作特殊的图像效果。通常，路径是由锚点、路径线段及方向线组成的，下面分别进行介绍。

## 1. 锚点

锚点又称为节点，包括平滑点和角点，在绘制路径时，线段与线段之间由一个锚点连接，锚点本身具有直线或曲线属性，如图 9-8 所示。

平滑点　　　　　角点

图 9-8

当锚点为白色空心时，表示该锚点未被选取，如图 9-9 所示；当锚点为黑色实心时，表示该锚点为当前选取的点，如图 9-10 所示。

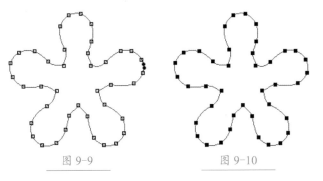

图 9-9　　　　　图 9-10

## 2. 线段

两个锚点之间连接的部分称为线段。如果线段两端的锚点都带有直线属性，则该线段为直线，如图 9-11 所示；如果任意一端的锚点带有曲线属性，则该线段为曲线，如图 9-12 所示。当改变锚点的属性时，通过该锚点的线段也会被影响。

图 9-11　　　　　图 9-12

## 3. 方向线和方向点

当使用【直接选择工具】或【转换点工具】选取带有曲线属性的锚点时，锚点的两侧会出现方向线，如图 9-13 所示。用鼠标拖曳方向线末端的方向点，即可改变曲线段的弯曲程度，如图 9-14 所示。

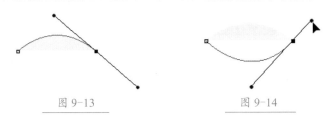

图 9-13　　　　　图 9-14

## ★重点 9.1.3　【路径】面板

执行【窗口】→【路径】命令，打开【路径】面板，当创建路径后，在【路径】面板上会自动创建一个新的工作路径，如图 9-15 所示。

图 9-15

相关选项作用及含义如表 9-3 所示。

表 9-3　选项作用及含义

| 选项 | 作用及含义 |
| --- | --- |
| ❶ 工作路径 | 显示了当前文件中包含的路径，包括临时路径和矢量蒙版 |
| ❷ 从选区生成工作路径 | 可以将当前创建的选区生成为工作路径 |
| ❸ 将路径作为选区载入 | 可以将创建的路径作为选区载入 |
| ❹ 用前景色填充路径 | 可以用当前设置的前景色填充被路径包围的区域 |
| ❺ 用画笔描边路径 | 可以按当前选择的绘画工具和前景色沿路径进行描边 |
| ❻ 添加蒙版 | 从当前路径创建蒙版 |
| ❼ 创建新路径 | 可以创建一个新路径层 |
| ❽ 删除当前路径 | 可以删除当前选择的工作路径 |

### ⚙ 技能拓展——修改路径名

在【路径】面板中，双击路径名称，进入文字编辑状态，即可在显示的文本框中修改路径的名称。

## 9.2 使用钢笔工具组

钢笔工具包括【钢笔工具】 ⟋ 和【自由钢笔工具】 ⟋ ，不仅用于绘制不规则的矢量图形，还可以用作图像勾边。因为使用钢笔工具可以创建精确的选区，所以常用于抠图。

### ★重点 9.2.1 钢笔选项

选择工具箱中的【钢笔工具】 ⟋ ，其选项栏如图 9-16 所示。

图 9-16

相关选项作用及含义如表 9-4 所示。

表 9-4 选项作用及含义

| 选项 | 作用及含义 |
| --- | --- |
| ❶ 绘制方式 | 包括【形状】【路径】【像素】3 个选项。选择【形状】选项，可以创建一个形状图层；选择【路径】选项，绘制的路径会保存在【路径】面板中；选择【像素】选项，会在图层中为绘制的形状填充前景色 |
| ❷ 建立 | 包括【选区】【蒙版】和【形状】3 个选项，单击相应的按钮，可以将路径转换为相应的对象 |
| ❸ 路径操作 | 单击【路径操作】按钮 ▣，将打开下拉列表，单击【合并形状】按钮 ▣，新绘制的图形会添加到现有的图形中；单击【减去图层形状】按钮 ▣，可从现有的图形中减去新绘制的图形；单击【与形状区域相交】按钮 ▣，得到的图形为新图形与现有图形的交叉区域；单击【排除重叠区域】按钮 ▣，得到的图形为合并路径中排除重叠的区域 |
| ❹ 路径对齐方式 | 可以选择多个路径的对齐方式，包括【左边】【水平居中】【右边】等 |
| ❺ 路径排列方式 | 选择路径的排列方式，包括【将路径置为顶层】【将形状前移一层】等 |
| ❻ 橡皮带 | 单击【橡皮带】按钮 ✿，可以打开下拉列表，选中【橡皮带】复选框，在绘制路径时，可以显示路径外延 |
| ❼ 自动添加＼删除 | 选中该复选框，则【钢笔工具】 ⟋ 就具有了智能增加和删除锚点的功能。将【钢笔工具】 ⟋ 放在选取的路径上，指针即可变成 ♣ 形状，表示可以增加锚点；而将钢笔工具放在选中的锚点上，指针即可变成 ♣ 形状，表示可以删除此锚点 |

### ★重点 9.2.2 实战：绘制直线

| 实例门类 | 软件功能 |
| --- | --- |

使用【钢笔工具】 ⟋ 依次单击即可绘制直线，具体操作步骤如下。

**Step 01** 确定路径起点。选择【钢笔工具】 ⟋ ，在选项栏中选择【路径】选项，在图像中单击确定路径起点，如图 9-17 所示。

**Step 02** 创建直线。在下一目标处单击，即可在这两点间创建一条直线段，如图 9-18 所示。

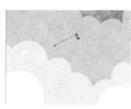

图 9-17                图 9-18

**Step 03** 继续创建锚点，绘制直线。继续在下一锚点处单击，绘制直线，如图 9-19 所示。

**Step 04** 创建其他锚点。使用相同的方法依次确定路径的其他锚点，如图 9-20 所示。

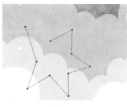

图 9-19                图 9-20

**Step 05** 回到起始点。将鼠标指针放置在路径的起始点上，指针会变成 ♣ 形状，如图 9-21 所示。

**Step 06** 创建闭合路径。此时，在起始点上单击，即可创建一条闭合路径，如图 9-22 所示。

图 9-21                图 9-22

**技术看板**

在绘制路径时，如果不想闭合路径，可以按住【Ctrl】键在空白处单击，或者按【Esc】键也可以结束绘制。

## ★重点 9.2.3 实战：绘制平滑曲线

| 实例门类 | 软件功能 |
|---|---|

曲线的绘制方法稍为复杂，具体操作步骤如下。

**Step01** 确定路径起点。选择【钢笔工具】，在选项栏中选择【路径】选项，在图像中单击确定路径起点，如图 9-23 所示。

**Step02** 创建曲线线段。在下一目标处单击并拖动鼠标，两个锚点间的线段即为曲线线段，如图 9-24 所示。

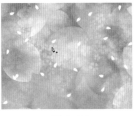

图 9-23          图 9-24

**Step03** 创建其他锚点。通过相同操作依次确定路径的其他锚点，如图 9-25 所示。

**Step04** 回到起始点。将鼠标指针放置在路径的起始点上，指针会变成形状，如图 9-26 所示。

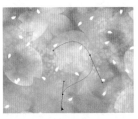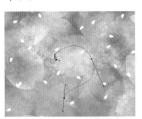

图 9-25          图 9-26

**Step05** 创建闭合路径并调整路径形状。此时，在起始点单击并拖动鼠标，即可创建一条闭合路径，如图 9-27 所示。继续拖动鼠标，调整路径的形状，如图 9-28 所示。

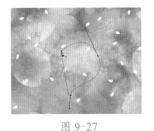

图 9-27          图 9-28

## ★重点 9.2.4 实战：绘制角曲线

| 实例门类 | 软件功能 |
|---|---|

使用【钢笔工具】除了可以绘制平滑曲线外，还可以绘制角曲线，但在绘制过程中，需要转换锚点的性质，具体操作步骤如下。

**Step01** 确定路径起点。选择【钢笔工具】，在选项栏中选择【路径】选项，在图像中单击确定路径起点，如图 9-29 所示。

**Step02** 绘制曲线线段。在下一目标处单击并拖动鼠标，两个锚点间的线段为曲线段，如图 9-30 所示。

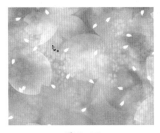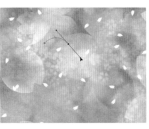

图 9-29          图 9-30

**Step03** 转换平滑锚点为角锚点。按住【Alt】键，切换为【转换点工具】，单击锚点，将平滑锚点转换为角锚点，如图 9-31 所示。

**Step04** 确定下一处锚点。在下一目标处单击并拖动鼠标，定义下一锚点，如图 9-32 所示。

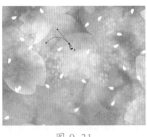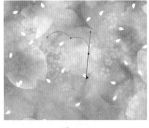

图 9-31          图 9-32

**Step05** 继续绘制锚点。使用相同的方法定义其他锚点，如图 9-33 所示。继续绘制锚点，如图 9-34 所示。

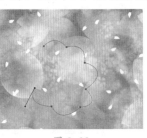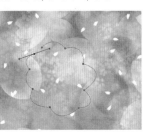

图 9-33          图 9-34

**Step06** 创建闭合路径。将鼠标指针放置在路径的起始点上，指针会变成 ♦。形状，如图9-35所示。此时，在起始点上单击并拖动鼠标，即可闭合路径，如图9-36所示。

图 9-35

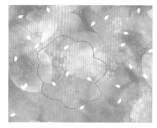

图 9-36

**技术看板**

【钢笔工具】 ✐ 可以快速切换为其他路径编辑工具。例如，将【钢笔工具】 ✐ 放置到路径上时，即可临时切换为【添加锚点工具】 ✐₊。将【钢笔工具】 ✐ 放置到锚点上，将变成【删除锚点工具】 ✐₋；如果此时按住【Alt】键，则【删除锚点工具】 ✐₋ 又会变成【转换点工具】 ⌐。在使用【钢笔工具】 ✐ 时，如果按住【Ctrl】键，则会切换到【直接选择工具】 ⌐。

### 9.2.5 自由钢笔工具

| 实例门类 | 软件功能 |
|---|---|

选择自由钢笔工具后，选项栏如图9-37所示。

图 9-37

相关选项作用及含义如表9-5所示。

表9-5 选项作用及含义

| 选项 | 作用及含义 |
|---|---|
| 磁性的 | 选中该复选框，在绘制路径时，可仿照【磁性套索工具】的用法设置平滑的路径曲线，对创建具有轮廓的图像的路径很有帮助 |

【自由钢笔工具】 ✐ 绘制方法自由，它的使用方法与【套索工具】 ⌐ 非常相似。在图像中单击并拖动鼠标即可绘制路径，其具体操作步骤如下。

**Step01** 使用【自由钢笔工具】绘制路径。在图像中单击确定起点，按住鼠标左键进行拖动，释放鼠标结束路径的创建，Photoshop 会自动为路径添加锚点，如图9-38所示。

图 9-38

**Step02** 使用【磁性自由钢笔工具】绘制路径。在选项栏中，选中【磁性的】复选框，在对象边缘单击定义路径起点，沿着对象边缘拖动鼠标，移动到起始锚点时，指针会变成 ♦。形状，在此处单击闭合路径，Photoshop 会自动为路径添加锚点，如图9-39所示。

图 9-39

## 9.3 使用形状工具组

使用形状工具组中的工具可以绘制规则的矢量图形，其中【矩形工具】 ▪、【圆角矩形工具】 ▪、【椭圆工具】 ▪、【多边形工具】 ▪、【直线工具】 ╱ 可以绘制出标准的几何图形，而【自定形状工具】 ♣ 可以绘制自定义图形。

### ★重点 9.3.1 矩形工具

【矩形工具】主要用于绘制矩形或正方形图形，通过【矩形工具】绘制路径时，只需选择【矩形工具】，然后在图像窗口中拖动鼠标，即可绘制出相应的矩形。单击选项栏中的 ⚙ 按钮，打开一个下拉面板，在面板中可以设置矩形的创建方法，如图9-40所示。

图 9-40

相关选项作用及含义如表9-6所示。

表 9-6 选项作用及含义

| 选项 | 作用及含义 |
|------|-----------|
| 不受约束 | 选中该单选按钮,拖动鼠标可创建任意大小的矩形 |
| 方形 | 选中该单选按钮,拖动鼠标可创建任意大小的正方形 |
| 固定大小 | 选中该单选按钮,并在它右侧的文本框中输入数值(W 为宽度,H 为高度),此后拖动鼠标时,只创建预设大小的矩形 |
| 比例 | 选中该单选按钮,并在它右侧的文本框中输入数值,此后拖动鼠标时,无论创建多大的矩形,矩形的宽度和高度都保持预设的比例 |
| 从中心 | 选中该复选框,以任何方式创建矩形时,在画面中的单击点即为矩形的中心,拖动鼠标时矩形将由中心点向外扩展 |

### 9.3.2 圆角矩形工具

【圆角矩形工具】■用于创建圆角矩形,它的使用方法及选项都与【矩形工具】■相同,只是多了一个【半径】选项,通过【半径】来设置倒角的幅度,数值越大,产生的圆角效果越明显。【半径】分别为 50px、100px 和 200px 创建的圆角矩形效果,如图 9-41 所示。

图 9-41

### ★重点 9.3.3 椭圆工具

【椭圆工具】●可以绘制椭圆或圆形图形,其使用方法与【矩形工具】■相同,只是绘制的形状不同,用户可以创建不受约束的椭圆和圆形,如图 9-42 所示,也可创建固定大小和固定比例的图形,如图 9-43 所示。

图 9-42

图 9-43

### 9.3.4 多边形工具

【多边形工具】●用于绘制多边形和星形,通过在选项栏中设置边数的数值来创建多边形图形,单击工具栏中的●按钮,在打开下拉面板中,可以设置多边形尖角的平滑程度或设置星形形状。也可以在图像中创建多边形描边效果,如图 9-44 所示。

图 9-44

相关选项作用及含义如表 9-7 所示。

表 9-7 选项作用及含义

| 选项 | 作用及含义 |
|------|-----------|
| 半径 | 设置多边形或星形的半径长度,在画面中单击并拖动鼠标将创建指定半径值的多边形或星形 |
| 平滑拐角 | 创建具有平滑拐角的多边形和星形。选中【平滑拐角】复选项后,效果如图 9-45 所示。取消选中该复选框时,效果如图 9-46 所示<br><br>图 9-45 图 9-46 |
| 星形 | 选中该复选框可以创建星形。在【缩进边依据】文本框中可以设置星形边缘向中心缩进的数量,该值越高,缩进量越大,如图 9-47 所示。选中【平滑缩进】复选框,可以使星形的边平滑地向中心缩进,如图 9-48 所示<br><br>图 9-47 图 9-48 |

### 9.3.5 直线工具

【直线工具】是创建直线和带有箭头的线段。使用【直线工具】绘制直线时,首先在工具选项栏中的【精细】文本框中设置直线的宽度,然后在画面中单击并拖动鼠标,释放鼠标后即可绘制一条直线段。在选项栏中

单击　按钮，打开下拉面板，可以设置在图像中创建直线描边的参数，如图 9-49 所示。

图 9-49

相关选项作用及含义如表 9-8 所示。

表 9-8　选项作用及含义

| 选项 | 作用及含义 |
|---|---|
| 起点\终点 | 选中【起点】复选框，可在直线的起点添加箭头，如图 9-50 所示；选中【终点】复选框，可在直线的终点添加箭头；选中两个复选框，则起点和终点都会添加箭头，如图 9-51 所示<br><br>图 9-50　　　　　　　　图 9-51 |
| 宽度 | 用于设置箭头宽度与直线宽度的百分比，范围为 10%~1000%。宽度为 800% 和 500% 的对比效果如图 9-52 所示<br><br>图 9-52 |
| 长度 | 用于箭头长度与直线宽度的百分比，范围为 10%~1000%。长度为 800% 和 500% 的对比效果，如图 9-53 所示<br><br>图 9-53 |
| 凹度 | 用于设置箭头的凹陷程度，范围为 -50% ~ 50%。该值为 0% 时，箭头尾部平齐；该值大于 0% 时，箭头向内凹陷；该值小于 0% 时，箭头向外凸出。凸度值为 -50% 和 0% 的对比效果如图 9-54 所示<br><br>图 9-54 |

### 9.3.6　实战：使用自定形状工具添加云朵和飞鸟图像

| 实例门类 | 软件功能 |
|---|---|

【自定形状工具】可以创建 Photoshop 预设的形状、自定义的形状或外部提供的形状，具体操作步骤如下。

Step01　打开素材文件。打开"素材文件 \ 第 9 章 \ 飞机 .jpg"文件，如图 9-55 所示。

Step02　追加全部自定形状图案。选择【自定形状工具】，在选项栏中，❶ 单击形状右侧的下拉按钮，❷ 单击下拉列表框右上方的❀按钮，在打开的快捷菜单中，❸ 选择【全部】选项，如图 9-56 所示。

图 9-55　　　　　　　　图 9-56

Step03　选择云彩图形。在弹出的提示对话框中，单击【确定】按钮，如图 9-57 所示。载入全部预设形状，单击选择【云彩 1】形状，如图 9-58 所示。

图 9-57　　　　　　　　图 9-58

Step04　绘制图像。在选项栏中选择【路径】选项，在图像中拖动鼠标绘制形状，如图 9-59 所示。新建【云朵】图层，如图 9-60 所示。

图 9-59　　　　　　　　图 9-60

Step05　载入选区并填充颜色。在【路径】面板中，单击【将路径作为选区载入】按钮，如图 9-61 所示。载入路径选区后，填充白色，如图 9-62 所示。

图 9-61

图 9-62

**Step⑥** 绘制鸟的图像。在选项栏中，选择【鸟2】形状，如图 9-63 所示。拖动鼠标绘制鸟的图形，如图 9-64 所示。

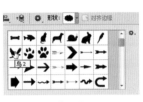

图 9-63

图 9-64

**Step⑦** 翻转图像。执行【编辑】→【变换路径】→【水平翻转】命令，水平翻转路径，如图 9-65 所示。

**Step⑧** 载入选区。按【Ctrl+Enter】组合键，载入路径选区，如图 9-66 所示。

图 9-65

图 9-66

**Step⑨** 填充选区颜色。新建【鸟1】图层，如图 9-67 所示。为选区填充任意颜色，如图 9-68 所示。

图 9-67

图 9-68

**Step⑩** 添加图层样式效果。双击【鸟1】图层，在打开的【图层样式】对话框中，选中【渐变叠加】复选框，设置【样式】为线性、【角度】为 90 度、【缩放】为 100%、【渐变】为黑白渐变，如图 9-69 所示，渐变效果如图 9-70 所示。

图 9-69

图 9-70

**Step⑪** 复制图像并调整大小和位置。按【Ctrl+J】组合键复制图层，命名为【鸟2】，按【Ctrl+T】组合键，执行自由变换操作，调整鸟 2 的大小，如图 9-71 所示。

**Step⑫** 再次复制图像。再次复制图层并命名为【鸟3】，调整"鸟3"的大小，如图 9-72 所示。

图 9-71

图 9-72

**Step⑬** 调整图层不透明度。调整【鸟2】图层不透明度为 60%，如图 9-73 所示。

图 9-73

**Step⑭** 调整图层不透明度。调整【鸟3】图层不透明度为 30%，如图 9-74 所示。

图 9-74

## 9.3.7　实战：绘制积木车

| 实例门类 | 软件功能 |
|---|---|

　　组合使用【形状工具】可以绘制各种复杂图形，下面绘制一个积木车，具体操作步骤如下。

**Step01** 新建文档。按【Ctrl+N】组合键，新建文件，在打开的【新建】对话框中，❶ 设置【宽度】为 1000 像素、【高度】为 452 像素、【分辨率】为 300 像素\英寸，❷ 单击【确定】按钮，如图 9-75 所示。

**Step02** 绘制路径。选择【圆角矩形工具】，在选项栏中选择【路径】选项，设置【半径】为 10 像素，拖动鼠标绘制图形，效果如图 9-76 所示。

图 9-75　　　　　　　　图 9-76

**Step03** 填充颜色。新建图层，并命名为【黄积木】。按【Ctrl+Enter】组合键，将【黄积木】图层载入路径选区后，填充深黄色（#c9a22b），如图 9-77 所示。

**Step04** 添加木纹效果。按【Ctrl+D】组合键取消选区。执行【滤镜】→【渲染】→【纤维】命令，❶ 设置【差异】为 4、【强度】为 9，多次单击【随机化】按钮，得到满意的木纹图案，❷ 单击【确定】按钮，如图 9-78 所示。

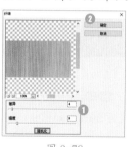

图 9-77　　　　　　　　图 9-78

**Step05** 添加斜面和浮雕样式，增强积木的真实感。双击图层，在打开的【图层样式】对话框中，❶ 选中【斜面和浮雕】复选框，❷ 设置【样式】为内斜面、【方法】为平滑、【深度】为 100%、【方向】为上、【大小】为 5 像素、【软化】为 0 像素、【角度】为 30 度、【高度】为 30 度，设置【高光模式】为滤色、【不透明度】为 75%，设置【阴影模式】为正片叠底、【不透明度】为 75%，如图 9-79 所示，效果如图 9-80 所示。

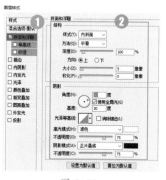

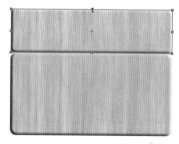

图 9-79　　　　　　　　　　图 9-80

**Step06** 复制图层并缩小图像。复制图层，并命名为【红积木】，按【Ctrl+T】组合键，执行自由变换操作，缩小红积木，如图 9-81 所示。

图 9-81

**Step07** 使用色相\饱和度命令改变图像颜色。按【Ctrl+U】组合键，执行【色相\饱和度】命令，❶ 设置【色相】为 -32、【饱和度】为 53、【明度】为 -23，❷ 单击【确定】按钮，如图 9-82 所示，效果如图 9-83 所示。

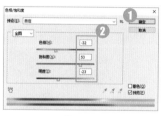

图 9-82　　　　　　　　　　图 9-83

**Step08** 添加蓝积木图像。使用【移动工具】移动图像位置，按【Ctrl+J】组合键复制图层，并命名为【蓝积木】，按【Ctrl+U】组合键调出【色相\饱和度】对话框，调整图像颜色为蓝色，如图9-84所示，效果如图9-85所示。

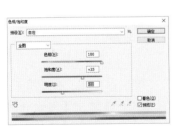

图 9-84

图 9-85

⚙ 技能拓展——【色相／饱和度】命令

在【色相／饱和度】对话框中，拖动相应滑块或在文本框中输入参数值，可以调整图像的色相、饱和度和明度。详见12.4.2节。

Step⑨ 绘制三角形图像。选择【钢笔工具】 ✐ ，依次在画面中单击绘制三角形路径，如图9-86所示。新建图层，并命名为【红积木2】，载入选区后填充红色【#da5131】，如图9-87所示。

图 9-86

图 9-87

Step⑩ 添加木纹效果和斜面浮雕效果，增加三角形积木的真实感。执行【滤镜】→【渲染】→【纤维】命令，添加木纹效果，如图9-88所示；再按【Alt】键拖动【蓝积木】图层的图层样式图标 fx 至【红积木2】图层上，添加【斜面和浮雕】效果，如图9-89所示。

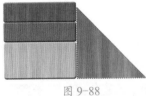

图 9-88

图 9-89

Step⑪ 复制三角形积木图层并翻转图像。按【Ctrl+J】组合键复制图层，并命名为【蓝积木2】，执行【编辑】→【变换】→【水平翻转】命令，如图9-90所示。再次执行【编辑】→【变换】→【垂直翻转】命令，效果如图9-91所示。

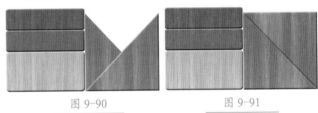

图 9-90　　　　　　　　图 9-91

Step⑫ 放大三角形积木图像。同时选中【红积木2】和【蓝积木2】图层，适当放大图像，如图9-92所示。按【Ctrl+U】组合键调出【色相\饱和度】命令，调整【蓝积木2】图像颜色为蓝色，效果如图9-93所示。

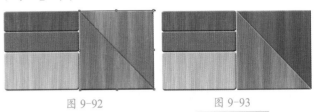

图 9-92　　　　　　　　图 9-93

Step⑬ 绘制正圆角矩形路径。选择【圆角矩形工具】 ▢ ，在选项栏中选择【路径】选项，设置【半径】为10像素，❶单击⚙图标，❷在下列列表框中选中【方形】单选按钮，如图9-94所示；拖动鼠标绘制路径，如图9-95所示。

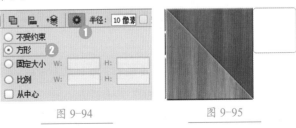

图 9-94　　　　　　　　图 9-95

Step⑭ 填充颜色并添加木纹和图层样式。新建图层，并命名为【黄积木2】。按【Ctrl+Enter】组合键，将【黄积木2】图层载入路径选区后，填充深黄色【#c9a22b】，如图9-96所示；添加木纹和图层样式，效果如图9-97所示。

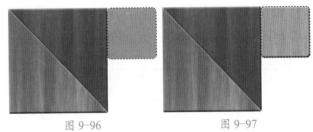

图 9-96　　　　　　　　图 9-97

Step⑮ 添加绿积木图形。复制图层，并命名为【绿积木】。按【Ctrl+U】组合键，执行【色相\饱和度】命令，

❶ 设置【色相】为59、【饱和度】为89、【明度】为-50，
❷ 单击【确定】按钮，如图9-98所示，效果如图9-99所示。

添加木纹、斜面和浮雕图层样式，效果如图9-104所示。

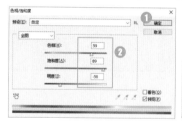

图9-98　　　　图9-99

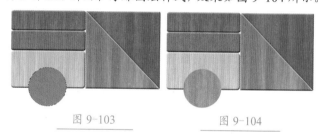

图9-103　　　　图9-104

**Step⑯** 复制黄积木图像。按【Alt】键，拖动【黄积木】图像到右侧，复制图层，并命名为【红积木3】，效果如图9-100所示。

**Step⑳** 制作轮胎凹陷的效果，增加真实感。双击图层，在打开的【图层样式】对话框中，❶ 选中【斜面和浮雕】复选框，❷ 设置【样式】为枕状浮雕、【方法】为雕刻清晰、【深度】为144%、【方向】为上、【大小】为18像素、【软化】为2像素、【角度】为50度、【高度】为48度，设置【高光模式】为叠加、【不透明度】为50%，设置【阴影模式】为正片叠底、【不透明度】为75%，如图9-105所示，效果如图9-106所示。

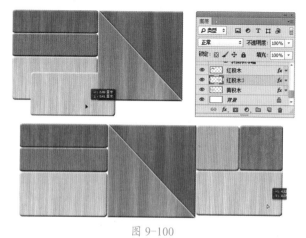

图9-100

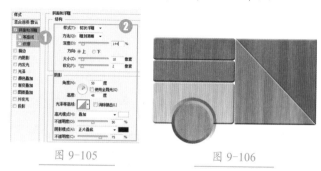

图9-105　　　　图9-106

**Step⑰** 调整积木颜色。通过【色相\饱和度】命令，调整【红积木3】为红色，如图9-101所示。

**Step㉑** 复制【绿圆】图层，制作另一个轮胎。按住【Alt】键，拖动鼠标复制图层，并命名为【黄圆】，如图9-107所示。

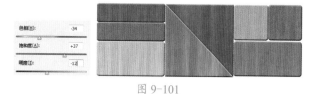

图9-101

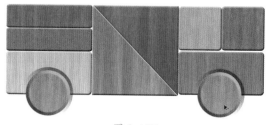

图9-107

**Step⑱** 绘制圆形路径。新建图层，并命名为【绿圆】。使用【椭圆工具】绘制圆形，如图9-102所示。

**Step㉒** 调整图形颜色。按【Ctrl+U】组合键，执行【色相\饱和度】命令，设置【色相】为-59、【饱和度】为49、【明度】为0，效果如图9-108所示。

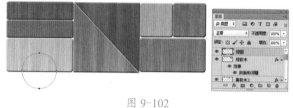

图9-102

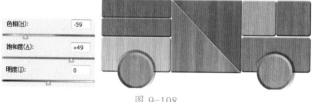

**Step⑲** 填充颜色并添加木纹和图层样式效果。将【绿圆】图层载入选区后填充绿色【#488e34】，如图9-103所示。

图9-108

Step 23 载入预设形状并选择树图形。选择【自定形状工具】，载入所有预设图形，选择【树】图形，如图9-109所示，新建图层，并命名为【树】，如图9-110所示。

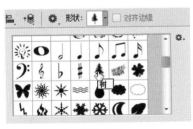 

图9-109　　　　　　图9-110

Step 24 绘制树。拖动鼠标绘制树图形，如图9-111所示。按【Ctrl+Enter】组合键将其载入路径选区，填充绿色【#248600】，如图9-112所示。

 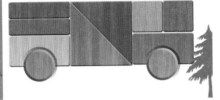

图9-111　　　　　　图9-112

Step 25 添加人物元素。选择【自定形状工具】，载入所有预设图形，选择【学校】图形，新建图层，并命名为【人物】，如图9-113所示。

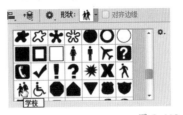 

图9-113

Step 26 绘制人物。拖动鼠标绘制人物，如图9-114所示。按【Ctrl+Enter】组合键将其载入路径选区，填充黑色【#248600】，如图9-115所示。

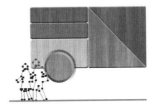 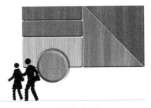

图9-114　　　　　　图9-115

Step 27 变换人物方向。执行【编辑】→【变换】→【水平翻转】命令，水平翻转对象，效果如图9-116所示。

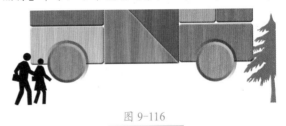

图9-116

## 9.4　编辑路径的方法

　　Photoshop CS6中路径的编辑十分灵活，创建（或绘制）路径和图形后，可以通过选择和移动路径工具，或者添加和删除锚点等操作来修改路径的形状，从而绘制出自己想要的图像。

### ★重点 9.4.1　选择与移动锚点和路径

　　使用工具箱中的【路径选择工具】和【直接选择工具】不仅可以选择路径，还可以移动所选择的路径位置。

　　使用【路径选择工具】在路径上单击，可以选择整条路径，如图9-117所示。

　　使用【直接选择工具】单击一个锚点，即可选择该锚点，选中的锚点为实心方块，未选中的锚点为空心方块，如图9-118所示。单击一个路径线段，可以选择该路径线段，如图9-119所示。

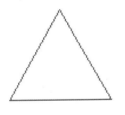 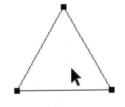

图9-117

 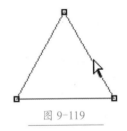

图9-118　　　　　　图9-119

　　选择锚点、路径线段和路径后，按住鼠标左键不放并拖动，即可将其移动。移动锚点效果如图9-120所示，拖动线段效果如图 9-121 所示.

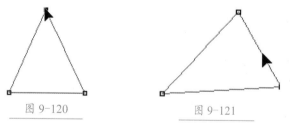

图 9-120　　　　图 9-121

按住【Alt】键单击一个路径线段，可以选择该路径线段及路径线段上的所有锚点。

## ★重点 9.4.2　添加与删除锚点

添加、删除锚点是针对路径中锚点进行的操作，添加锚点是在路径中添加新的锚点，删除锚点是将路径中的锚点删除。

选择工具箱中的【添加锚点工具】，将鼠标指针放在路径上，当鼠标指针变为形状时单击，即可添加一个锚点，如图 9-122 所示。

图 9-122

选择【删除锚点工具】，将鼠标指针放在锚点上，当鼠标指针变为形状时单击，即可删除该锚点，如图 9-123 所示。

图 9-123

使用【直接选择工具】选择锚点后，按【Delete】键也可以删除锚点，同时删除该锚点两侧的路径线段，如图 9-124 所示。

图 9-124

## ★重点 9.4.3　转换锚点类型

【转换点工具】用于转换锚点的类型，选择该工具后，将鼠标指针放在锚点上，如果当前锚点为角点，在其上单击并拖动鼠标，即可将其转换为平滑点，如图 9-125 所示。

图 9-125

在平滑点上单击，可以将其转换为角点，如图 9-126 所示。

图 9-126

## 9.4.4　变换路径

选择路径后，执行【编辑】→【变换路径】命令，在弹出的下拉菜单中选择命令可以显示定界框，拖动控制点即可对路径进行缩放、旋转、斜切、扭曲等变换操作。路径的变换方法与变换图像相同。

按【Ctrl+T】组合键可以进入自由变换路径状态，其操作方法与变换图形相同。

## 9.4.5　路径对齐和分布

选择多个路径后，在选项栏中单击【对齐和分布】按钮，在下拉菜单中选择相应命令，对齐路径效果如图 9-127 所示。

左边对齐　水平居中对齐　右边对齐

顶边对齐　垂直居中对齐　底边对齐

图 9-127

按宽度均匀分布效果如图 9-128 所示，按高度均匀
分布效果如图 9-129 所示。

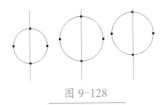
图 9-128

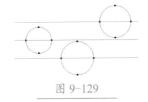
图 9-129

### 9.4.6 调整堆叠顺序

绘制多个路径后，路径是按先后顺序重叠放置的，
在选项栏中单击【形状排列方式】按钮，在打开的下拉
菜单中，选择目标命令可以调整路径的堆叠顺序，如
图 9-130 所示。

图 9-130

### 9.4.7 存储工作路径和新建路径

绘制路径时，默认保存在工作路径中，将工作路径
拖动到【创建新路径】按钮上，可以将工作路径保存
为【路径 1】，如图 9-131 所示。

图 9-131

单击【路径】面板中的【创建新路径】按钮，可
以创建新路径，按住【Alt】键单击该按钮，可以在打
开的【新建路径】对话框中设置路径名称，新建路径如

图 9-132 所示。

图 9-132

### 9.4.8 选择和隐藏路径

在【路径】面板中的路径上单击，即可选中目标路
径，如图 9-133 所示。在【路径】面板空白位置单击，
可以隐藏路径，如图 9-134 所示。

图 9-133

图 9-134

### 9.4.9 复制路径

在【路径】面板中，单击需要复制的路径，将其拖
动到面板底部的【创建新路径】按钮上，即可复制路
径并新建路径图层，如图 9-135 所示。

图 9-135

按住【Alt】键，当鼠标指针变为形状时单击，
向外拖动鼠标，即可移动并复制选择的路径，通过这种
方式复制的子路径在同一路径中，如图 9-136 所示。

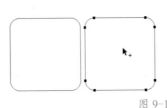

图 9-136

### 9.4.10 删除路径

在【路径】面板中选择路径后，单击【删除当前路径】按钮🗑，如图 9-137 所示，弹出提示对话框，单击【是】按钮，即可删除路径，如图 9-138 所示。

图 9-137　　　　　　图 9-138

使用【路径选择工具】▶选择路径后，按【Delete】键可以快速删除路径。

### 9.4.11 路径和选区的互换

路径除了可以直接使用路径工具来创建外，还可以将创建好的选区转换为路径，而且创建的路径也可以转换为选区。

**1. 将路径作为选区载入**

绘制好路径后，单击【路径】面板底部的【将路径作为选区载入】按钮⊙，就可以将路径直接转换为选区，如图 9-139 所示。

图 9-139

**2. 从选区生成工作路径**

创建选区后，在【路径】面板中单击【从选区生成工作路径】按钮◇，即可将创建的选区转换为路径，如图 9-140 所示。

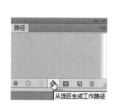

图 9-140

### 9.4.12 实战：使用合并路径功能创建花朵底纹背景

| 实例门类 | 软件功能 |
|---|---|

除了使用路径工具和形状工具创建图形外，使用合并路径功能，还可以创建更加复杂的图形，具体操作步骤如下。

**Step01** 新建文档并填充颜色。按【Ctrl+N】组合键新建文档，设置文档宽度为 800 像素、高度为 600 像素、分辨率为 72 像素/英寸，单击【确定】按钮。设置前景色为黄色【#ffd800】，按【Alt+Delete】组合键填充前景色，效果如图 9-141 所示。

图 9-141

**Step02** 绘制标靶图形。选择【自定形状工具】🐾，载入全部路径后，选择【靶标 2】形状，如图 9-142 所示；拖动鼠标绘制图形，如图 9-143 所示。

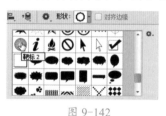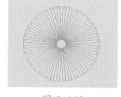

图 9-142　　　　　　图 9-143

**Step03** 绘制花的图形。选择【花 6】形状，如图 9-144 所示；拖动鼠标绘制图形，如图 9-145 所示。

图 9-144　　　　　　图 9-145

**Step04** 水平居中对齐路径。使用【路径选择工具】▶，按住【Shift】键选中两个图形，如图 9-146 所示。❶ 单击【路径对齐方式】按钮🖿，❷ 选择【水平居中】选项，如图 9-147 所示。

Step05 垂直居中对齐路径。❶再次单击【路径对齐方式】按钮 🔲,❷选择【垂直居中】选项,如图9-148所示。

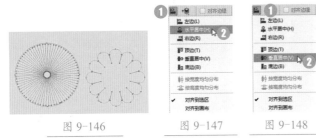

图9-146          图9-147          图9-148

Step06 与形状区域相交。水平和垂直居中对齐,效果如图9-149所示。❶单击【路径操作】按钮 🔲,❷选择【与形状区域相交】选项,如图9-150所示。

Step07 ❶再次单击【路径操作】按钮 🔲,❷选择【合并形状组件】选项,如图9-151所示。

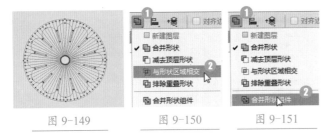

图9-149          图9-150          图9-151

Step08 载入选区。通过前面的操作,得到路径合并效果,如图9-152所示。单击【路径】面板底部的【将路径作为选区载入】按钮 ⊙ 载入选区,效果如图9-153所示。

图9-152          图9-153

Step09 填充选区颜色。设置前景色为青色【#82d6e8】,在图层面板中新建【图层1】,按【Alt+Delete】组合键为选区填充蓝色,按【Ctrl+D】组合键取消选区,效果如图9-154所示。

图9-154

Step10 复制图层并调整图像大小及位置。按【Ctrl+J】组合键多复制几次【图层1】,再按【Ctrl+T】组合键分别对各图层执行【自由变换】命令,调整图像的大小及位置,效果如图9-155所示。

图9-155

Step11 设置图层混合模式。将【图层1副本6】和【图层1副本2】图层的混合模式设置为滤色,其余图层混合模式均设置为【线性加深】,效果如图9-156所示。

图9-156

Step12 调整图像颜色。选中【图层1】,按【Ctrl+U】组合键调出【色相/饱和度】命令,设置【色相】为180,调整图层不透明度为50%,设置填充为60%,效果如图9-157所示。

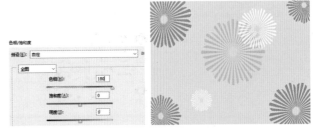

图9-157

Step13 设置图层不透明度。分别设置【图层1副本6】和【图层1副本2】图层的不透明度为60%,效果如图9-158所示。

图 9-158

## 9.4.13 填充和描边路径

| 实例门类 | 软件功能 |
|---|---|

对于绘制的路径，可以对路径进行描边和填充，下面进行详细介绍。

### 1. 填充路径

填充路径的操作方法与填充选区类似，可以填充纯色或图案，其作用效果相同，只是操作方法不同，具体操作步骤如下。

**Step01** 打开素材文件。打开"素材文件\第9章\蓝裙.jpg"文件，如图9-159所示。

**Step02** 选择边框形状。选择【自定形状工具】，载入全部路径后，选择【边框6】形状，如图9-160所示。

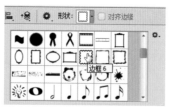

图 9-159　　　　图 9-160

**Step03** 绘制图形并填充路径。拖动鼠标绘制图形，在【路径】面板中，❶单击右上角的扩展按钮，❷在打开的下拉菜单中选择【填充路径】命令，如图9-161所示。

图 9-161

**Step04** 设置填充图案。在【填充路径】对话框中，❶使用图案填充，设置图案为【绳线】、【羽化半径】为20像素，❷单击【确定】按钮，效果如图9-162所示。

图 9-162

**Step05** 隐藏路径。在【路径】面板中，单击面板其他位置隐藏路径，效果如图9-163所示。

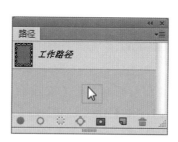

图 9-163

### 技术看板

在【路径】面板中，单击【用前景色填充路径】按钮，将直接使用前景色填充路径。

### 2. 描边路径

在【路径】面板中，可以直接将颜色、图案填充至路径中，或者直接用设置的前景色对路径进行描边，具体操作步骤如下。

Step01 打开素材文件。打开"素材文件\第9章\黑猫.jpg"文件，如图9-164所示。

Step02 选择【鱼】形状。选择【自定形状工具】 🐾，载入全部路径后，选择【鱼】形状，如图9-165所示。

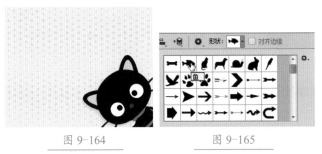

图9-164　　　　　图9-165

Step03 绘制路径并设置画笔样式。拖动鼠标绘制路径，如图9-166所示；选择【铅笔工具】 ✏️，在【画笔预设】面板中，选择【水彩大溅滴】选项，如图9-167所示。

 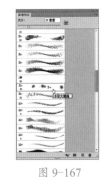

图9-166　　　　　图9-167

Step04 设置描边路径颜色。设置前景色为蓝色【#00f0ff】，

① 在【路径】面板中，单击右上角的【扩展】按钮 ▼≡，

② 在打开的下拉菜单中选择【描边路径】命令，如图9-168所示。

Step05 设置描边路径工具。在弹出的【描边路径】对话框中，① 设置【工具】为铅笔，② 单击【确定】按钮，如图9-169所示。

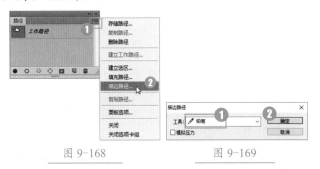

图9-168　　　　　图9-169

Step06 隐藏路径。在【路径】面板中，单击空白区域隐藏工作路径，路径描边效果如图9-170所示。

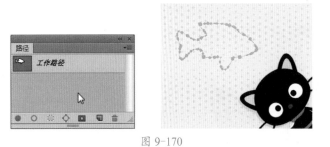

图9-170

**技术看板**

　　在【路径】面板中，单击【用画笔描边路径】按钮 ⃝，将直接用当前画笔描边路径。

# 妙招技法

　　通过前面内容的学习，相信大家已经了解了绘制路径和矢量图形的方法。下面结合本章内容，给大家介绍一些实用技巧。

## 技巧01：预判路径走向

　　选择【钢笔工具】 ✏️，在选项栏中单击 ⚙ 按钮，在下拉面板中选中【橡皮带】复选框，此后在绘制路径时，可以预览将要创建的路径线段，判断路径走向，从而绘制出更加准确的路径，选中【橡皮带】复选框后，路径绘制过程如图9-171所示。取消选中【橡皮带】复选框，路径绘制过程如图9-172所示。

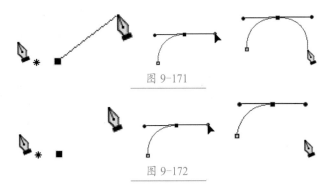

图9-171

图9-172

## 技巧 02：合并形状

创建多个形状图层后，可以将其合并为一个形状图层，具体操作步骤如下。

**Step 01** 新建文档并选择形状。新建空白文件，选择【自定形状工具】，载入全部路径后，选择【蝴蝶】形状，如图 9-173 所示。

**Step 02** 设置绘图模式及颜色。在选项栏中，设置绘图模式为【形状】，单击【填充】后面的色块，在打开的下拉列表框中单击洋红色块，如图 9-174 所示。

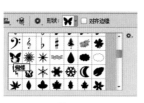

图 9-173

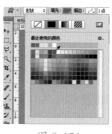

图 9-174

**Step 03** 绘制图形。拖动鼠标绘制形状，生成【形状 1】图层，如图 9-175 所示。

图 9-175

**Step 04** 继续绘制图形。继续拖动鼠标绘制形状，生成【形状 2】图层，如图 9-176 所示。

图 9-176

**Step 05** 选中两个图形。使用【路径选择工具】拖动鼠标选中两个图形，如图 9-177 所示。

图 9-177

**Step 06** 合并形状。执行【图层】→【合并形状】→【减去重叠处形状】命令，如图 9-178 所示。

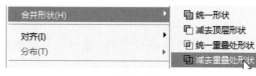

图 9-178

> **技术看板**
>
> 在【合并形状】的扩展菜单中，可以选择多种形状合并方法进行合并。

**Step 07** 合并形状的效果。合并形状后，效果如图 9-179 所示。而且图层也合并为一个形状图层，并以上层名称命名，如图 9-180 所示。

图 9-179

图 9-180

## 同步练习——绘制可爱卡通熊

利用 Photoshop CS6 矢量绘图的特点可以绘制卡通漫画。Photoshop CS6 常应用于绘制卡通漫画。下面在 Photoshop CS6 中设计制作卡通熊图像，并将其放置在特定的场景中，效果如图 9-181 所示。

图 9-181

| 素材文件 | 素材文件 \ 第 9 章 \ 生日 .psd |
|---|---|
| 结果文件 | 结果文件 \ 第 9 章 \ 熊 .psd、可爱卡通熊 .psd |

具体操作步骤如下。

**Step01** 新建文档。按【Ctrl+N】组合键，执行【新建】命令，设置【宽度】为9.5厘米、【高度】为11厘米、分辨率为300像素/英寸，单击【确定】按钮，如图9-182所示。

**Step02** 绘制椭圆。选择工具箱中的【椭圆工具】，在选项栏中，选择【路径】选项，在图像中绘制椭圆路径，如图9-183所示。

图 9-182      图 9-183

**Step03** 存储路径。在【路径】面板中，将【工作路径】拖动到【创建新路径】按钮上，如图9-184所示。

**Step04** 存储【工作路径】为【路径1】，并更名为【头部轮廓】，如图9-185所示。

图 9-184      图 9-185

**Step05** 新建路径。在【路径】面板中，单击【创建新路径】按钮新建路径，并更名为【身体轮廓】，如图9-186所示。

**Step06** 绘制身体部分。选择工具箱中的【钢笔工具】，在头部下方绘制路径，如图9-187所示。

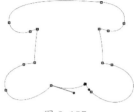

图 9-186      图 9-187

**Step07** 新建路径。在【路径】面板中，单击【创建新路径】按钮新建路径，并更名为【左耳轮廓】，如图9-188所示。

**Step08** 绘制左耳。选择工具箱中的【钢笔工具】，在头部左上方绘制路径，如图9-189所示。

图 9-188      图 9-189

**Step09** 复制左耳。按住【Alt】键，向右拖动鼠标复制【左耳轮廓】，生成复制的右耳轮廓对象，如图9-190所示。

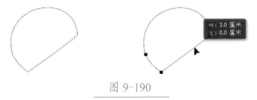

图 9-190

**Step10** 变换图像大小并移动至适当位置。按【Ctrl+T】组合键，执行【自由变换路径】命令，水平翻转对象，并适当缩小对象，如图9-191所示。

图 9-191

**Step11** 新建图层并设置前景色。在【图层】面板中新建图层，并命名为【底色】。设置前景色为洋红色【#ea609e】，如图 9-192 所示。

Step⑫ 载入耳朵轮廓选区。切换到【路径】面板中，按住【Ctrl】键，单击【耳朵轮廓】路径载入选区，如图 9-193 所示。

图 9-192　　　　　　　　图 9-193

Step⑬ 载入其他路径选区。按住【Ctrl+Shift】组合键的同时，依次单击【身体轮廓】和【头部轮廓】路径，如图 9-194 所示；载入新选区并加入耳朵轮廓选区中，如图 9-195 所示。

图 9-194　　　　　　　　图 9-195

Step⑭ 填充选区颜色。按【Alt+Delete】组合键填充前景色，按【Ctrl+D】组合键取消选区，如图 9-196 所示。

Step⑮ 绘制头部阴影。复制【头部轮廓】路径，并更名为【头部阴影】。选择工具箱中的【椭圆工具】，在选项栏中单击【路径操作】按钮，在打开的下拉列表中，选择【减去顶层形状】命令，拖动鼠标创建椭圆路径，如图 9-197 所示。

图 9-196　　　　　　　　图 9-197

Step⑯ 填充阴影颜色。新建图层，并命名为【阴影】，设置前景色为较深的红色【#d35690】，按【Ctrl+Enter】组合键载入选区，按【Alt+Delete】组合键填充前景色，如图 9-198 所示。

图 9-198

Step⑰ 绘制嘴部。新建图层，并命名为【浅粉面】，如图 9-199 所示；设置前景色为浅粉色【#f6c7dc】，拖动工具箱中的【椭圆选框工具】，创建选区，填充前景色，如图 9-200 所示。

图 9-199　　　　　　　　图 9-200

Step⑱ 绘制左眼。新建图层，并命名为【眼睛】。设置前景色为黑色，按住【Shift】键拖动【椭圆选框工具】创建正圆选区，并填充黑色，如图 9-201 所示。

Step⑲ 绘制右眼。选择【移动工具】，按住【Alt+Shift】组合键，向右拖动复制对象，生成右侧眼睛，如图 9-202 所示。

图 9-201　　　　　　　　图 9-202

Step⑳ 绘制鼻子。在【路径】面板中新建路径，并命名为【鼻子】。使用【钢笔工具】绘制路径，如图 9-203 所示。

Step㉑ 填充鼻子颜色。新建图层，并命名为【鼻子】。按【Ctrl+Enter】组合键载入选区，并填充黑色，按【Ctrl+D】组合键取消选区，如图 9-204 所示。

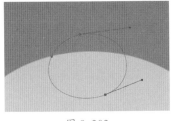

图 9-203

图 9-204

**Step22** 绘制嘴唇。在【路径】面板中新建路径，并命名为【嘴唇】。使用【钢笔工具】 绘制路径，如图 9-205 所示。

**Step23** 设置画笔参数。新建图层，并命名为【嘴唇】。设置前景色为红色【#e60012】，选择工具箱中的【画笔工具】 ，在选项栏的【画笔选取器】中，设置【大小】为 28 像素、【硬度】为 100%，如图 9-206 所示。

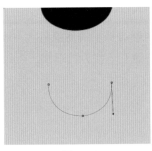

图 9-205

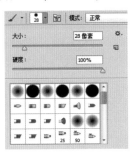

图 9-206

**Step24** 描边嘴唇。在【路径】面板中，单击【用画笔描边路径】按钮 ，如图 9-207 所示，路径描边效果如图 9-208 所示。

图 9-207

图 9-208

**Step25** 创建选区并填充颜色。选中【浅粉面】图层，使用与前面相似的方法创建多个选区，填充浅粉色【#f6c7dc】，如图 9-209 所示。

**Step26** 绘制蝴蝶结。在【路径】面板中，新建路径，并命名为【蝴蝶结】。使用【钢笔工具】 绘制路径。新建图层，并命名为【蝴蝶结】。设置前景色为蓝色【#3885c7】，载入选区后填充颜色，如图 9-210 所示。

图 9-209

图 9-210

**Step27** 为蝴蝶结描边。保持选区，执行【编辑】→【描边】命令，打开【描边】对话框，设置参数如图 9-211 所示，描边效果如图 9-212 所示。

图 9-211

图 9-212

**Step28** 添加装饰线条。设置前景色为深蓝色【#006ab8】，绘制一些深蓝色装饰线条，增加蝴蝶结的层次感，如图 9-213 所示。

**Step29** 绘制阴影。选中【阴影】图层，使用前面介绍的方法创建一些肢体阴影，增加画面的立体效果，如图 9-214 所示。

图 9-213

图 9-214

**Step30** 盖印图层。隐藏背景图层，按【Ctrl+Shift+Alt+E】组合键盖印可见图层，并命名为【熊】，如图 9-215 所示。

中文版 Photoshop CS6　完全自学教程

Step31 打开素材文件。打开"素材文件\第7章\生日.psd"文件，如图9-216所示。

绘制好的熊移动到生日文档中，再按【Ctrl+T】组合键执行【自由变换】命令，调整熊的大小及位置，效果如图9-217所示。

图9-215　　　　　　　图9-216

Step32 添加【熊】到素材文件中。使用【移动工具】将

图9-217

## 本章小结

　　本章主要介绍了矢量图的绘制方法。首先介绍了路径的概念，然后介绍了 Photoshop CS6 中绘制矢量图形的工具 —— 钢笔工具组和形状工具组，最后介绍了路径控制与编辑方面的内容。Photoshop 虽然是处理位图的软件，但在处理矢量图形时，也毫不逊色。在实际工作应用中，大家可以将两者结合，以实现更多富有想象力的效果。

# 第 10 章　解密蒙版功能

- ➡ 蒙版有什么作用？
- ➡ 图层蒙版和矢量蒙版有什么区别？
- ➡ 如何复制蒙版？
- ➡ 剪贴蒙版的优势是什么？
- ➡ 如何释放剪贴蒙版？

蒙版是 Photoshop 中用于制作图像特效的一种处理手段，它不仅可以保护图像的选择区域，还可以将部分图像处理成透明或半透明效果，被广泛应用于图像合成。Photoshop CS6 中有多种蒙版类型，包括图层蒙版、矢量蒙版和剪贴蒙版，不同的蒙版具有不同的特征和效果。本章将详细介绍如何创建与编辑图层蒙版、矢量蒙版和剪贴蒙版等。

## 10.1　蒙版概述

"蒙版"一词源于摄影，是用于控制照片不同区域曝光的传统暗房技术，而 Photoshop 中的蒙版与曝光无关，它只是借鉴了区域处理这一概念，可以局部处理图像以及用于图像合成。

### 10.1.1　认识蒙版

在 Photoshop 中，可以使用【蒙版】将图像部分区域遮住，从而控制画面的显示内容，并不会删除图像，而是将其隐藏起来。因此，蒙版是一种非破坏性的图像编辑方式。

### 10.1.2　蒙版【属性】面板

在 Photoshop CS6 中，创建蒙版后，打开蒙版【属性】面板，可以快速创建图层蒙版和矢量蒙版，并能对蒙版进行浓度、羽化和范围的调整，使蒙版的管理更为集中。

创建蒙版后，执行【窗口】→【属性】命令，打开【属性】面板，如图 10-1 所示。

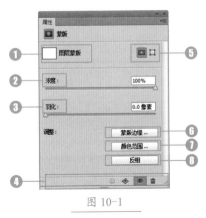

图 10-1

相关选项作用及含义如表 10-1 所示。

表 10-1　选项作用及含义

| 选项 | 作用及含义 |
| --- | --- |
| ❶ 蒙版预览框 | 通过预览框可查看蒙版形状，且在其后显示当前创建的蒙版类型 |
| ❷ 浓度 | 拖动滑块可以控制蒙版的不透明度，即蒙版的遮盖强度 |
| ❸ 羽化 | 拖动滑块可以柔化蒙版的边缘 |
| ❹ 快速图标 | 单击 ⊙ 按钮，可将蒙版载入为选区，单击 ◈ 按钮将蒙版效果应用到图层中，单击 ◉ 按钮可停用或启用蒙版，单击 🗑 按钮可删除蒙版 |

续表

| 选项 | 作用及含义 |
|---|---|
| ❺ 添加蒙版 | 单击 按钮添加像素蒙版，单击 按钮添加矢量蒙版 |
| ❻ 蒙版边缘 | 单击该按钮，可以打开【调整蒙版】对话框修改蒙版边缘，并针对不同的背景查看蒙版。这些操作与调整选区边缘基本相同 |
| ❼ 颜色范围 | 单击该按钮，可以打开【色彩范围】对话框，通过在图像中取样并调整颜色容差可修改蒙版范围 |
| ❽ 反相 | 可反转蒙版的遮盖区域 |

**技能拓展——蒙版【属性】面板菜单**

单击蒙版【属性】面板右上角的（扩展）按钮，即可弹出面板快捷菜单，通过这些菜单命令可以对蒙版选项进行设置，并对蒙版与选区进行编辑。当为图层创建图层蒙版和矢量蒙版后，面板中的菜单命令也会不同。

## 10.2 图层蒙版的应用与编辑

图层蒙版是设计和修图使用频率极高的一种工具，可以通过隐藏图层的局部内容，来对画面局部进行修饰或合成图像。图层蒙版附加在目标图层上，为某个图层添加图层蒙版后，可以通过在图层蒙版中绘制黑色或白色来控制图层的显示与隐藏。此外，在创建调整图层、填充图层或应用智能滤镜时，Photoshop 也会自动为其添加图层蒙版。因此，图层蒙版不仅可以用来控制图像的隐藏和显示，还可以控制图像效果的隐藏和显示。

### ★重点 10.2.1 实战：使用图层蒙版更改天空

| 实例门类 | 软件功能 |
|---|---|

在 Photoshop CS6 中创建图层蒙版的方法主要有以下几种。

（1）执行【图层】→【图层蒙版】→【显示全部】命令，创建显示图层内容的白色蒙版，如图 10-2 所示。

（2）执行【图层】→【图层蒙版】→【隐藏全部】命令，创建隐藏图层内容的黑色蒙版，如图 10-3 所示。

（3）如果图层中有透明区域，执行【图层】→【图层蒙版】→【从透明区域】命令，创建隐藏透明区域的图层蒙版，如图 10-4 所示。

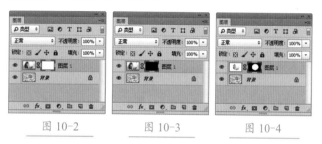

图 10-2 　　　　图 10-3 　　　　图 10-4

（4）创建选区后，如图 10-5 所示，单击【图层】面板下方的【添加图层蒙版】按钮 ，可以创建只显示选区内图像的蒙版，如图 10-6 所示。

图 10-5 　　　　　　　　　图 10-6

使用图层蒙版更换天空，具体操作步骤如下。

**Step①** 打开素材文件。打开"素材文件\第 10 章\油菜花 .jpg"和"素材文件\第 10 章\天空 .jpg"文件，如图 10-7 和图 10-8 所示。

图 10-7 　　　　　　　　　图 10-8

**Step②** 将天空文件拖动到油菜花文件中，并调整图像大小。在"天空"文件中，双击背景图层将其转换为普通图层，并使用【移动工具】拖动"天空"到"油菜花"文件中，如图 10-9 所示。按【Ctrl+T】组合键，进行自由变换操作，适当放大图像，如图 10-10 所示。

图 10-9

图 10-10

**Step03** 添加图层蒙版。单击【图层】面板下方的【添加图层蒙版】按钮 ◻，如图 10-11 所示。因为图像中没有选区，添加显示图层内容的白色蒙版，如图 10-12 所示。

图 10-11

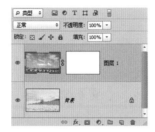

图 10-12

**Step04** 融合图像。设置前景色为黑色，选择柔边【画笔工具】 ✐，在画面中涂抹显示出下层图像，如图 10-13 所示，最终效果如 10-14 所示。

图 10-13

图 10-14

**Step05** 调亮图像。单击图层面板底部的【新建填充或调整图层】按钮，新建曲线调整图层，在属性面板中，向上方拖动曲线调亮图像，如图 10-15 所示，图像效果如图 10-16 所示。

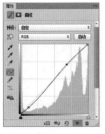

图 10-15

图 10-16

**Step06** 统一图像色调。在【调整】面板中，单击【创建新的颜色查找调整图层】按钮 ▦，如图 10-17 所示。在弹出的【属性】面板中，设置【3DLUT 文件】为

【3Strip.look】，如图 10-18 所示。

图 10-17

图 10-18

**Step07** 查看图像最终效果。通过前面的方法，统一图像整体色调，效果如图 10-19 所示。

图 10-19

⚙ **技能拓展——蒙版原理**

在蒙版中只能绘制 3 种颜色，即黑色、白色和灰色。其中，在蒙版中绘制黑色会隐藏图像，绘制白色会显示图像，绘制灰色则图像会变成半透明的状态。

## ★重点 10.2.2　复制与转移图层蒙版

在编辑图像的过程中，如果需要对相同的图像区域进行不同效果的编辑，那么不需要每次都创建选区再添加蒙版，只需将蒙版复制到目标图层即可。

按住【Alt】键，将一个图层的蒙版拖至另外的图层，可以将蒙版复制到目标图层，如图 10-20 所示。如果直接将蒙版拖动至另外的图层，则会将该蒙版转移到目标图层，而源图层则不再有蒙版，如图 10-21 所示。

图 10-20

图 10-21

### 10.2.3 链接与取消链接蒙版

创建图层蒙版后，蒙版缩图和图像缩览图中间有一个链接图标 8，它表示蒙版与图像处于链接状态，此时进行变换操作，蒙版会与图像一同变换，如图 10-22 所示。

执行【图层】→【图层蒙版】→【取消链接】命令，或者单击该图标，可以取消链接，取消后可以单独变换图像和蒙版，如图 10-23 所示。

图 10-22　　　　　　　　图 10-23

### 10.2.4 停用图层蒙版

创建图层蒙版后，如果需要查看原图，就可以暂时隐藏蒙版效果，下面介绍停用图层蒙版的几种方法。

（1）执行【图层】→【图层蒙版】→【停用】命令。

（2）在蒙版缩览图处右击，在弹出的快捷菜单中选择【停用图层蒙版】命令。

（3）按住【Shift】键的同时，单击该蒙版的缩览图，可快速关闭该蒙版；若再次单击该缩览图，则显示蒙版。

（4）在【图层】面板中选择需要关闭的蒙版缩览图，单击【属性】面板底部的【停用 / 启用蒙版】按钮 👁。

停用图层蒙版后，图层蒙版缩览图上会出现一个红叉，如图 10-24 所示。

执行【图层】→【图层蒙版】→【启用图层蒙版】命令，可以重新启用图层蒙版，如图 10-25 所示。

图 10-24　　　　　　　　图 10-25

### 10.2.5 应用图层蒙版

当确定不再修改图层蒙版时，可将蒙版进行应用，即合并到图层中，下面介绍应用图层蒙版的两种方法。

（1）在【属性】面板中，单击【应用蒙版】按钮 ✦，可将设置的蒙版应用到当前图层中，即将蒙版与图层中的图像合并。

（2）在蒙版缩览图上右击，在弹出的快捷菜单中选择【应用蒙版】命令，也可以应用图层蒙版。应用蒙版的前后效果如图 10-26 所示。

图 10-26

### 10.2.6 删除图层蒙版

如果不需要创建的蒙版效果，可以将其删除。删除蒙版的操作方法有以下几种。

（1）在【图层】面板中选择需要删除的蒙版，并在该蒙版缩览图处右击，在弹出的快捷菜单中选择【删除图层蒙版】命令。

（2）选中带蒙版的图层，执行【图层】→【图层蒙版】→【删除】命令。

（3）在【属性】面板底部单击【删除蒙版】按钮 🗑。

（4）在【图层】面板中选择该蒙版缩览图，并将其拖动至面板底部的【删除图层】按钮处 🗑。

> **技术看板**
>
> 删除图层蒙版后，蒙版效果也不再存在；而应用图层蒙版时，虽然删除了图层蒙版，但蒙版效果依然存在，并合并到图层中。

# 10.3 矢量蒙版的应用与编辑

矢量蒙版是由钢笔、自定形状等矢量工具创建的蒙版，它以路径的形态控制图层内容的显示和隐藏。路径以内的部分被显示，路径以外的部分被隐藏。由于以矢量路径进行控制，因此蒙版可以沿着路径变化出特殊形状的效果。矢量蒙版常用于制作Logo、按钮或其他Web设计元素。

## 10.3.1 实战：使用矢量蒙版制作时尚相框

| 实例门类 | 软件功能 |
|---|---|

在Photoshop CS6中创建矢量蒙版的方法主要有以下几种。

（1）执行【图层】→【矢量蒙版】→【显示全部】命令，创建显示图层内容的矢量蒙版。执行【图层】→【图层蒙版】→【隐藏全部】命令，创建隐藏图层内容的矢量蒙版。

（2）创建路径后，执行【图层】→【矢量蒙版】→【当前路径】命令，或者按住【Ctrl】键，单击【图层】面板中的【添加图层蒙版】按钮，可创建矢量蒙版，路径外的图像会被隐藏。

使用矢量蒙版制作时尚相框的操作步骤如下。

**Step01** 打开素材文件。打开"素材文件\第10章\光斑背景.jpg"和"素材文件\第10章\可爱.jpg"文件，如图10-27所示。

图 10-27

**Step02** 将素材文件放置到一个文件中，并放大图像。拖动"可爱"文件到"光斑背景"文件中，如图10-28所示。按【Ctrl+T】组合键，执行【自由变换】命令，适当放大图像，如图10-29所示。

图 10-28　　　　　　图 10-29

**Step03** 绘制路径。选择【自定形状工具】，载入全部形状后，选择【花1】形状，在选项栏中，选择【路径】选项，拖动鼠标绘制路径，再选择【路径选择工具】，移动路径位置，如图10-30所示。

**Step04** 添加矢量蒙版。按住【Ctrl】键，单击【图层】面板下方的【添加图层蒙版】按钮，添加矢量蒙版，效果如图10-31所示。

图 10-30　　　　　　图 10-31

**Step05** 添加路径。单击矢量蒙版将其选中，选择【自定形状工具】，设置形状为【花形装饰2】，在图像中添加路径，如图10-32所示。

图 10-32

**Step06** 添加内阴影样式。双击矢量蒙版图层，在弹出的【图层样式】对话框中，选中【内阴影】复选框，设置【角度】为30，选中【使用全局光】复选框，设置【距离】为7像素、【阻塞】为5%、【大小】为5像素，如图10-33所示。

图 10-33

**Step 07** 添加描边样式。选中【描边】复选框，设置【大小】为30像素、描边颜色为黄色【#fffa00】，如图10-34所示。

图 10-34

**Step 08** 查看最终效果。设置完成后，单击【确定】按钮，最终效果如图10-35所示。

图 10-35

### 技能拓展——修改矢量蒙版

使用路径工具修改矢量图形，即可修改矢量蒙版效果。设置好矢量蒙版后，也可以对矢量蒙版进行应用、停用、链接、删除等操作，其操作方法与图层蒙版相似。

## 10.4 剪贴蒙版的应用与编辑

剪贴蒙版是以下层图层的形状来控制上层图层内容的显示，常用于合成中为某个图层赋予另外一个图层的内容，或者将填充或调整图层的效果限制在下方图层上。与图层蒙版和矢量蒙版相比，剪贴蒙版的最大优点是可以通过一个图层来控制多个图层的可见内容，而图层蒙版和矢量蒙版都只能控制一个图层。

### 10.3.2 变换矢量蒙版

单击【图层】面板中的矢量蒙版缩览图，执行【编辑】→【变换路径】命令，即可对矢量蒙版进行各种变换操作，矢量蒙版与分辨率无关，因此，在进行变换和变形操作时不会产生任何锯齿，如图10-36所示。

图 10-36

### 10.3.3 栅格化矢量蒙版

栅格化矢量蒙版就是将矢量蒙版转换为图层蒙版，是一个从矢量对象栅格化为像素的过程。选择矢量蒙版所在的图层，如图10-37所示。执行【图层】→【栅格化】→【矢量蒙版】命令，即可将其转换为图层蒙版，如图10-38所示。

图 10-37　　　　　图 10-38

### 技术看板

在【图层】面板中，图层蒙版缩览图是黑白图，而矢量蒙版缩览图是灰度图。

或者在矢量蒙版缩览图上右击，在弹出的快捷菜单中选择【栅格化矢量蒙版】命令，即可将其转换为图层蒙版。

## 10.4.1 剪贴蒙版的图层结构

剪贴蒙版需要至少两个图层才能使用。在剪贴蒙版组中，最下面的图层称为基底图层，它的名称带有下画线；位于上面的图层称为内容图层，它们的缩览图是缩进的，并带有 ↓ 形状图标，如图 10-39 所示。

图 10-39

剪贴蒙版的原理是通过使用基底图层的形状来限制内容图层的显示内容。也就是说，基底图层的形状决定了图像的形状，而内容图层则控制显示的图像内容。如果移动下方的基底图层，则内容图层的显示区域也会发生改变，如图 10-40 所示。

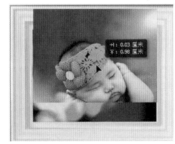

图 10-40

## ★重点 10.4.2 实战：使用剪贴蒙版创建挂画效果

| 实例门类 | 软件功能 |
|---|---|

使用剪贴蒙版创建挂画效果，具体操作步骤如下。

**Step01** 打开素材文件，创建矩形选区。打开"素材文件\第10章\装饰.jpg"文件，如图 10-41 所示。使用【矩形选框工具】[::]创建选区，如图 10-42 所示。

图 10-41                图 10-42

**Step02** 复制图层并打开素材文件。按【Ctrl+J】组合键复制图层，如图 10-43 所示。打开"素材文件\第10章\儿童.jpg"文件，如图 10-44 所示。

图 10-43                图 10-44

**Step03** 拖动儿童素材到当前文件中，并缩小图像。将"儿童"文件拖动到"装饰"文件中，如图 10-45 所示。按【Ctrl+T】组合键，进行自由变换操作，适当缩小图像，如图 10-46 所示。

图 10-45                图 10-46

**Step04** 创建剪贴蒙版。执行【图层】→【创建剪贴蒙版】命令，或者按【Alt+Ctrl+G】组合键，创建剪贴蒙版，如图 10-47 所示。

图 10-47

Step05 添加太阳素材。打开"素材文件\第 10 章\太阳.jpg"文件，如图 10-48 所示。将"太阳"文件拖动到"装饰"文件中，如图 10-49 所示。

图 10-48　　　　　　　图 10-49

Step06 删除白色背景。使用【魔棒工具】选中白色背景，按【Delete】键删除图像，如图 10-50 所示。适当缩小图像，并移动到左侧适当位置，如图 10-51 所示。

图 10-50　　　　　　　图 10-51

Step07 添加滤镜效果。执行【滤镜】→【模糊】→【高斯模糊】命令，❶设置【半径】为 10 像素，❷单击【确定】按钮，如图 10-52 所示，模糊效果如图 10-53 所示。

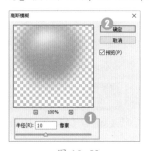

图 10-52　　　　　　　图 10-53

Step08 复制图层并调整图层位置。按【Ctrl+J】组合键复制图层，将其拖动到右上方适当位置，如图 10-54 和图 10-55 所示。

图 10-54　　　　　　　图 10-55

Step09 创建剪贴蒙版。同时选中两个太阳图层，如图 10-56 所示。执行【图层】→【创建剪贴蒙版】命令，或者按【Ctrl+G】组合键，创建剪贴蒙版，效果如图 10-57 所示。

图 10-56　　　　　　　图 10-57

### 10.4.3　调整剪贴蒙版的不透明度

剪贴蒙版组统一使用基底图层的不透明度属性，因此调整基底图层的不透明度时，可以控制整个剪贴蒙版组的不透明度。例如，调整基底图层（图层 1）的【不透明度】为 80%，如图 10-58 所示，图像效果如图 10-59 所示。

图 10-58　　　　　　　图 10-59

### 10.4.4　调整剪贴蒙版的混合模式

剪贴蒙版组统一使用基底图层的混合属性，当基底图层为【正常】模式时，所有的图层会按照各自的混合模式与下面的图层混合。调整基底图层的混合模式时，整个剪贴蒙版中的图层都会使用此模式与下面的图层混合，如调整基底图层（图层 1）混合模式为【变亮】，如图 10-60 所示，图像效果如图 10-61 所示。

图 10-60　　　　　　　图 10-61

当调整内容图层时，仅对其自身产生作用，不会影响其他图层。

## 10.4.5 将图层加入或移出剪贴蒙版组

将一个图层拖动剪贴蒙版组中，可将其加入该组，如图 10-62 所示。

将剪贴图层移出蒙版组，则可以释放该图层，如图 10-63 所示。

图 10-62

图 10-63

## ★重点 10.4.6 释放剪贴蒙版组

选择基底图层上方的内容图层，如图 10-64 所示，

执行【图层】→【释放剪贴蒙版】命令，可以释放全部剪贴蒙版，如图 10-65 所示。

图 10-64      图 10-65

选择一个内容图层，如图 10-66 所示，执行【图层】→【释放剪贴蒙版】命令，可以从剪贴蒙版组中释放该图层，如果该图层上面还有其他内容图层，则这些图层也会一同释放，如图 10-67 所示。

图 10-66      图 10-67

按住【Alt】键不放，将鼠标指针移动到剪贴图层和基底图层之间，在此处单击即可创建剪贴蒙版。选择基底图层上方的内容图层，按【Alt+Ctrl+G】组合键，可以快速创建或释放剪贴蒙版。

# 妙招技法

通过前面内容的学习，相信大家已经对各类蒙版的编辑和创建有了基本的了解。下面结合本章内容，给大家介绍一些实用技巧。

## 技巧 01：如何分辨选中的是图层还是蒙版

为图层添加图层蒙版，未进行其他操作时，蒙版缩览图会有一层黑色的边框包围▓▓，这表示当前选中和编辑的是蒙版，如图 10-68 所示。

单击图层缩览图，其周围会出现一个黑色的边框▓▓，表示当前选中和编辑的是图层，如图 10-69 所示。

图 10-68　　　　　　　图 10-69

图 10-71　　　　　　　图 10-72

## 技巧 02：如何查看蒙版灰度图

创建图层蒙版后，图层蒙版缩览图比较小，通常不能清晰地看到蒙版灰度图，如图 10-70 所示。

图 10-70

按住【Alt】键，单击蒙版缩览图，如图 10-71 所示，即可显示蒙版灰度图，如图 10-72 所示。

再次按住【Alt】键，单击蒙版缩览图，或者直接单击图层缩览图，可以切换到正常图像显示状态。

## 技巧 03：在蒙版【属性】面板中，为什么不能进行参数设置

在 Photoshop CS6 中，通过进行了相关操作，【属性】面板中才会出现相对应的参数选项。例如，使用【圆角矩形工具】绘制图形后，【属性】面板中会出现实时形状属性选项，如图 10-73 所示。

只有创建蒙版后，【属性】面板中才会出现蒙版选项，如图 10-74 所示。

图 10-73　　　　　　　图 10-74

总体来说，【属性】面板呈现的内容不是固定的，它会随着用户的操作智能变化，出现相对应的参数选项。

# 同步练习——打造双重曝光效果

双重曝光是一种特殊的摄影方式，可以将两张甚至多张照片叠加在一起，以实现图片虚幻效果的目的。进入数码时代后，要实现双重曝光的效果就更加简单了。只需将拍摄好的照片导入图像处理软件中，就可以制作双重曝光的效果。因为双重曝光通常会产生既神秘又难以言喻的视觉效果，因此它不仅受到很多摄影爱好者的青睐，而且在很多广告设计中也常常会使用。下面在 Photoshop CS6 中进行双重曝光合成，图像效果如图 10-75 所示。

图 10-75

| 素材文件 | 素材文件 \ 第 10 章 \ 女孩 .jpg，鸟 .jpg，霞浦 .jpg，舞蹈 .jpg |
|---|---|
| 结果文件 | 结果文件 \ 第 10 章 \ 双重曝光 .psd |

具体操作步骤如下。

Step01 新建文档。按【Ctrl+N】组合键新建文档，❶ 设置【宽度】1080 像素、【高度】720 像素、【分辨率】72 像素 / 英寸，❷ 单击【确定】按钮，如图 10-76 所示。

Step 02 置入素材文件。置入"素材文件\第10章\女孩.jpg"文件,如图10-77所示。

图 10-76　　　　　　图 10-77

Step 03 把人物从背景中抠取出来。使用快速选择工具选中女孩,创建选区,如图10-78所示;单击图层面板中的【添加图层蒙版】按钮,如图10-79所示。

图 10-78　　　　　　图 10-79

Step 04 置入素材文件。置入"素材文件\第10章\鸟.jpg"和"素材文件\第10章\霞浦.jpg"文件,如图10-80所示。

图 10-80

Step 05 变换图像方向。选中【霞浦】图层,按【Ctrl+T】组合键执行【自由变换】命令,适当移动图像的位置,右击【霞浦】,在弹出的快捷菜单中选择【水平翻转】选项,按【Enter】键确认变换,如图10-81所示。

图 10-81

Step 06 融合鸟和霞浦素材。选中【霞浦】图层,单击图层面板中的【添加图层蒙版】按钮添加蒙版,如图10-82所示。选中蒙版,使用黑色柔角画笔在蒙版上涂抹,显示出下方的图像,如图10-83所示。

图 10-82　　　　　　图 10-83

Step 07 复制蒙版。选中【霞浦】图层和【鸟】图层,按【Ctrl+G】组合键,将【霞浦】图层和【鸟】图层编组,得到【组1】图层,选中【女孩】图层的图层蒙版,按【Alt】键,将蒙版复制到【组1】图层,如图10-84所示。

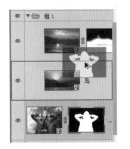
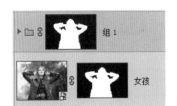

图 10-84

Step 08 修改蒙版显示图像。选中【霞浦】图层和【鸟】图层,按【Ctrl+T】组合键执行【自由变换】命令,适当移动图像的位置,效果如图10-85所示。

图 10-85

Step 09 添加舞蹈素材文件。置入"素材文件\第10章\舞蹈.jpg"文件,如图10-86所示;右击舞蹈图层,在弹出的快捷菜单中选择【栅格化图层】命令栅格化图层。

Step 10 删除白色背景。使用魔棒工具,选中舞蹈素材的白色背景,按【Delete】键删除白色背景,按【Ctrl+D】组合键取消选区,如图10-87所示。

图 10-86　　　　　　　　图 10-87

**Step⑪** 调整图像效果。将【舞蹈】图层拖动至【组1】图层内，并将其置于【霞浦】图层上方。按【Ctrl+T】组合键执行【自由变换】命令，适当缩小图像，并将其放置到适当的位置，如图 10-88 所示。设置【舞蹈】图层的不透明度为 60%，效果如图 10-89 所示。

图 10-88　　　　　　　　图 10-89

**Step⑫** 添加渐变映射效果，渲染图像氛围。单击图层面板底部的【创建新的调整或填充图层】按钮，创建【渐变映射】调整图层，单击属性面板中的【点按可编辑渐变】按钮，打开【渐变编辑器】对话框，分别设置渐变颜色为【#ffa837】【#ff9308】【#ff6633】【#b0de24】，如图 10-90 所示；将图层混合模式设置为柔光，效果如图 10-91 所示。

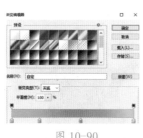

图 10-90　　　　　　　　图 10-91

**Step⑬** 盖印图层。隐藏背景图层，按【Ctrl+Shift+Alt+E】

组合键盖印可见图层，得到【图层1】，如图 10-92 所示。

**Step⑭** 添加文字。选择【横排文字工具】，在图像中输入文字，选中文字，在打开的字符面板中设置【字体】为 Segoe UI、【字体大小】为 46 点、【行距】为 54 点、【字距】为 320 点、字体颜色为【#875139】，如图 10-93 所示。

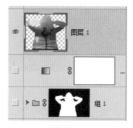

图 10-92　　　　　　　　图 10-93

**Step⑮** 设置背景图层颜色。选中背景图层，设置前景色为【#ffe5ce】，按【Alt+Delete】组合键填充前景色，效果如图 10-94 所示。

图 10-94

**Step⑯** 添加滤镜效果。选中背景，执行【滤镜】→【纹理】→【纹理化】命令，❶ 在打开的【纹理化】对话框中设置【纹理】为砂岩、【缩放】为 55%、【凸现】为 3，❷ 单击【确定】按钮，最终效果如图 10-95 所示。

图 10-95

## 本章小结

　　本章主要讲解了 Photoshop CS6 蒙版功能的综合应用，包括图层蒙版、矢量蒙版及剪贴蒙版的创建与编辑。其中，图层蒙版主要用于合成图像，矢量蒙版常用于制作矢量设计元素，剪贴蒙版最大的优点就是可以通过一个图层来控制多个图层的可见内容。灵活使用蒙版功能，可以在不破坏原图像的基础上制作出很多真实而神奇的合成效果。

# 第 11 章 解析通道应用

- ➡ 通道有什么作用？
- ➡ 通道有哪些类型？
- ➡ 专色通道的作用是什么？
- ➡ 通道计算的应用范围？
- ➡ 什么是通道混合？

通道是存储不同类型信息的灰度图像，通过通道可以建立选区，也可以利用滤镜进行单种原色通道的变形、色彩调整等操作。此外，通道还常用于对同图像层进行计算合成，从而生成许多意想不到的特效。本章将介绍通道的相关内容。通过本章内容的学习，可以轻松解决上述问题。

## 11.1 通道概述

通道具有存储颜色信息和选区信息的功能。利用通道可以创建精准的选区，从而对图像进行精准抠图和调整；利用通道存储颜色信息的功能，可以通过通道调整图像颜色，从而实现一些特殊色彩的图像效果创作。此外，在通道中还可以进行应用图像及计算命令等高级操作。下面介绍通道的类型和通道面板。

### 11.1.1 通道的分类

通道是通过灰度图像来保存颜色信息及选区信息的，Photoshop 提供了 3 种类型的通道：颜色通道、专色通道和 Alpha 通道。

#### 1. 颜色通道

颜色通道就像摄影胶片，它们记录了图像内容和颜色信息，是用于描述图像颜色信息的彩色通道，与图像的颜色模式有关。图像的颜色模式不同，颜色通道的数量也不相同。

每个颜色通道都是一个灰度图像，只代表一种颜色的明暗变化。例如，一个 RGB 颜色模式的图像，其通道显示为 RGB、红、绿、蓝 4 个，如图 11-1 所示。在 CMYK 颜色模式下的图像，其通道显示为 CMYK、青色、洋红、黄色、黑色 5 个，如图 11-2 所示。

在 Lab 颜色模式下的图像通道，其显示为 Lab、明度、a、b 4 个，如图 11-3 所示。灰度模式图像的颜色通道只有一个，用于保存图像的灰度信息，如图 11-4 所示。

图 11-1

图 11-2

图 11-3

图 11-4

位图模式图像的通道只有一个，用于表示图像的黑白两种颜色，如图 11-5 所示；索引颜色模式通道只有一个，用于保存调色板中的位置信息，如图 11-6 所示。

图 11-5

图 11-6

### 2. Alpha 通道

Alpha 通道主要有 3 种用途：一是用于保存选区；二是可以将选区存储为灰度图像，这样用户就能够用画笔、加深、减淡等工具及各种滤镜，通过编辑 Alpha 通道来修改选区；三是可以从 Alpha 通道中载入选区。

在 Alpha 通道中，白色为选区部分，黑色为非选区部分，中间的灰度表示具有一定透明效果的选区（即选区区域）。用白色涂抹 Alpha 通道可以扩大选区范围；用黑色涂抹 Alpha 通道可以缩小选区；用灰色涂抹 Alpha 通道可以增加羽化范围。因此，利用对 Alpha 通道添加不同灰阶值的颜色可以修改调整图像选区。

### 3. 专色通道

专色通道用于存储印刷用的专色，专色是特殊的预混油墨，如金属金银色油墨、荧光油墨等，它们用于替代或补充普通的印刷色（CMYK）油墨，通常情况下，专色通道都是以专色的名称来命名的。每个专色通道以灰度图形式存储相应专色信息，这与其在屏幕上的彩色显示无关。

每一种专色都有其固定的色相，所以它解决了印刷中颜色传递准确性的问题。在打印图像时因为专色色域很宽，超过了 RGB、CMYK 的表现色域，所以大部分颜色使用 CMYK 四色印刷油墨是无法呈现的。

## 11.1.2　【通道】面板

【通道】面板可以创建、保存和管理通道。打开图像时，Photoshop 会自动创建该图像的颜色信息通道，执行【窗口】→【通道】命令，即可打开【通道】面板，如图 11-7 所示。

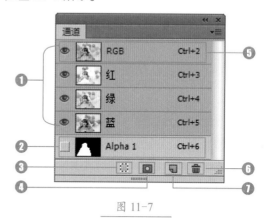

图 11-7

相关选项作用及含义如表 11-1 所示。

表 11-1　选项作用及含义

| 选项 | 作用及含义 |
|---|---|
| ❶ 颜色通道 | 用于记录图像颜色信息的通道 |
| ❷ Alpha 通道 | 用于保存选区的通道 |
| ❸ 将通道作为选区载入 | 单击该按钮，可以载入所选通道内的选区 |
| ❹ 将选区存储为通道 | 单击该按钮，可以将图像中的选区保存在通道内 |
| ❺ 复合通道 | 面板中最先列出的通道是复合通道，在该通道下可以同时预览和编辑所有颜色通道 |
| ❻ 删除当前通道 | 单击该按钮，可删除当前选择的通道。但复合通道不能删除 |
| ❼ 创建新通道 | 单击该按钮，可创建 Alpha 通道 |

> **技术看板**
>
> 单击【通道】面板右上角的【扩展】按钮，即可弹出面板快捷菜单，在其中可以对通道进行设置。

# 11.2　编辑通道

在使用通道编辑图像之前，需要先了解一些基本的通道编辑方法，包括通道的创建、复制、删除、分离和合并等操作。

## 11.2.1 选择通道

通道中包含的是灰度图像，可以像编辑任何图像一样使用绘画工具、修饰工具、选区工具等对它们进行处理。在通道面板中单击目标通道，可将其选中，并在文档窗口中显示所选通道的灰度图像。例如，选择【绿】通道，如图 11-8 所示，效果如图 11-9 所示；选择【蓝】通道，如图 11-10 所示，效果如图 11-11 所示。

图 11-8

图 11-9

图 11-10

图 11-11

## 11.2.2 创建 Alpha 通道

在【通道】面板中单击【创建新通道】按钮，即可创建一个新通道。也可通过单击【通道】面板右上方的【扩展】按钮，在弹出的菜单中选择【新建通道】命令，在弹出的【新建通道】对话框中可设置新建通道的名称、色彩指示和颜色，如图 11-12 所示。创建的 Alpha 通道如图 11-13 所示。

图 11-12

图 11-13

## 11.2.3 创建专色通道

创建专色通道可以解决印刷色差的问题，使用专色进行印刷，是避免出现色差的最好方法，具体操作步骤如下。

**Step 01** 打开素材文件，选中背景。打开"素材文件 \ 第 11 章 \ 颜料 .jpg"文件，使用【魔棒工具】选中黄色背景，如图 11-14 所示。

**Step 02** 执行新建专色通道命令。打开【通道】面板，❶单击【扩展】按钮，❷选择【新建专色通道】命令，如图 11-15 所示。

图 11-14

图 11-15

**Step 03** 打开【拾色器】对话框。选择区域被默认专色（红色）填充，如图 11-16 所示；在【新建专色通道】对话框中，单击【颜色】色块，如图 11-17 所示。

图 11-16

图 11-17

### 技术看板

在【新建专色通道】对话框中，【密度】选项用于在屏幕上模拟印刷时的专色密度，100% 可以模拟完全覆盖下层油墨的油墨（如金属油墨），0% 可以模拟完全显示下层油墨的油墨（如透明油墨）。

**Step 04** 打开【颜色库】对话框。在打开的【拾色器（专色）】对话框中，单击【颜色库】按钮，如图 11-18 所示。

**Step 05** 设置专色颜色。在【颜色库】对话框中，❶单击需要的专色色条，❷单击【确定】按钮，如图 11-19 所示。

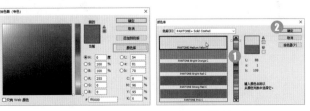
图 11-18　　　　　　图 11-19

**Step06** 确定颜色设置。在【新建专色通道】对话框中，单击【确定】按钮，如图 11-20 所示。

图 11-20

**Step07** 查看图像效果。通过前面的操作，创建专色效果，如图 11-21 所示。在【通道】面板中，可以查看创建的专色通道，如图 11-22 所示。

图 11-21　　　　　　　　图 11-22

> **技能拓展——编辑与修改专色**
>
> 用黑色绘画或编辑工具可添加不透明度为 100% 的专色；用灰色绘画可添加透明度较低的专色；用白色绘画则清除专色。
>
> 双击专色通道缩览图，可以打开【专色通道选项】对话框，在其中可以进行参数设置。

## 11.2.4　重命名通道

双击【通道】面板中一个通道的名称，在显示的文本框中可以输入新的名称，如图 11-23 所示。但复合通道和颜色通道不能重命名。

图 11-23

## 11.2.5　复制通道

在编辑通道之前，可以将通道创建一个备份。复制通道的方法与复制图层类似，单击并拖曳通道至【通道】面板底部的【创建新通道】按钮即可，如图 11-24 所示。复制得到的通道是一个 Alpha 通道，在这个 Alpha 通道中可以进行各种各样的编辑操作，如将通道转换为选区并进行抠图，或者在通道中填充渐变、绘图等操作。

图 11-24

## 11.2.6　删除通道

在【通道】面板中选择需要删除的通道，单击【删除当前通道】按钮，即可将其删除，也可以直接将通道拖动到该按钮上进行删除，如图 11-25 所示。

图 11-25

复合通道不能被复制，也不能删除。颜色通道可以复制，但是如果将其删除，图像就会自动转换为多通道模式。例如，删除【红】通道，效果如图 11-26 所示。

图 11-26

## 11.2.7　显示或隐藏通道

通过【通道】面板中的【指示通道可见性】按钮，可以将单个通道暂时隐藏，此时，图像中有关该通道的信息也被隐藏，再次单击才可显示。例如，隐藏【绿】通道，效果如图 11-27 所示；隐藏【蓝】通道，效果如图 11-28 所示。

图 11-27

图 11-28

## ★重点 11.2.8　通道和选区的相互转换

在图像编辑过程中，经常会遇到需要重复使用同一个选区的情况，如果每次都重新创建选区会特别麻烦。这时可以利用通道和选区相互转换的特点，将选区存储为通道，在需要时再将通道作为选区载入。

### 1. 将选区存储为通道

将选区存储为通道的具体操作步骤如下。

**Step01** 打开素材文件，选中背景。打开"素材文件\第11章\紫色头发.jpg"文件，使用【魔棒工具】选中白色背景，如图11-29所示。

**Step02** 将选区存储为通道。在【通道】面板中，单击【将选区存储为通道】按钮，即可将选区存储为一个新的【Alpha1】通道，如图11-30所示。

图 11-29　　　　图 11-30

### 2. 载入通道中的选区

载入通道中选区的具体操作步骤如下。

**Step01** 选中通道。❶在【通道】面板中选择一个通道，这里选择【绿】通道，❷单击【将通道作为选区载入】按钮，如图11-31所示。

**Step02** 查看载入效果。通过前面的操作，【绿】通道作为选区载入，效果如图11-32所示。

图 11-31　　　　图 11-32

## 11.2.9　实战：分离与合并通道改变图像色调

在 Photoshop CS6 中，可以将通道拆分为几个灰度图像，同时也可以将通道打乱组合在一起，得到特殊的图像色调效果，具体操作步骤如下。

**Step01** 打开素材文件。打开"素材文件\第11章\风车.jpg"文件，如图11-33所示。

**Step02** 执行分离通道命令。单击【通道】面板中的【扩展】按钮，在弹出的下拉菜单中选择【分离通道】命令，如图11-34所示。

图 11-33　　　　图 11-34

**Step03** 查看图像效果。在图像窗口中可以看到，已将原图像分离为3个单独的灰度图像，如图11-35所示。

图 11-35

Step04 执行合并通道命令。单击【通道】面板右上角的【扩展】按钮 ▼≡，在打开的下拉菜单中选择【合并通道】命令，如图 11-36 所示。

Step05 设置通道合并颜色模式。打开【合并通道】对话框，在【模式】下拉列表中选择【RGB 颜色】选项，单击【确定】按钮，如图 11-37 所示。

图 11-36　　　　　　图 11-37

Step06 设置通道混合。打开【合并 RGB 通道】对话框，设置【红色】为【风车.jpg-蓝】，设置【绿色】为【风车.jpg-红】，设置【蓝色】为【风车.jpg-绿】，如图 11-38 所示。

图 11-38

Step07 查看图像效果。单击【确定】按钮，即可合并通道，图像色调如图 11-39 所示。

图 11-39

**技术看板**

将多个灰度图像合并为一个图像通道时，要合并的图像必须满足以下条件：全部在 Photoshop 中打开、灰度模式、像素尺寸相同，否则【合并通道】命令将不可用。

【分离通道】命令分离通道的数量取决于当前图像的色彩模式。例如，对 RGB 模式的图像执行分离通道操作，可以得到 R、G 和 B 3 个单独的灰度图像。单个通道出现在单独的灰度图像窗口，新窗口中的标题栏显示原文件名，以及通道的缩写或全名。

# 11.3　通道的运算

通道是 Photoshop 中的高级功能，它存储颜色信息和选择范围的功能非常强大。利用通道运算可以得到精确的选区，方便对图像进行局部调整；此外，也可以使用通道运算来合成图像，从而得到炫酷的图像特效。通道运算包括【应用图像】和【计算】两个命令，下面进行详细介绍。

## 11.3.1　实战：使用【应用图像】命令制作霞光中的地球效果

【应用图像】命令将一个图像的图层和通道（源）与现有图像（目标）的图层和通道混合。使用【应用图像】命令可将两个图像进行混合，也可在同一图像中选择不同的通道来进行应用。打开源图像和目标图像，并在目标图像中选择所需图层和通道。图像的像素尺寸必须与【应用图像】对话框中出现的图像名称匹配。

使用【应用图像】命令制作霞光中的地球效果，具体操作步骤如下。

Step01 打开素材文件。打开"素材文件\第 11 章\霞光.jpg"和"素材文件\第 11 章\地球.jpg"两个文件，如图 11-40 和图 11-41 所示。

图 11-40　　　　　　　　图 11-41

Step **02** 执行【应用图像】命令并查看图像效果。执行【图像】→【应用图像】命令，在弹出的【应用图像】对话框中，❶ 设置【源】为【霞光】、【混合】为【点光】，❷ 单击【确定】按钮，如图 11-42 所示，通道混合效果如图 11-43 所示。

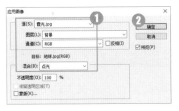

图 11-42　　　　　　　图 11-43

在【应用图像】对话框中，各选项设置如图 11-44 所示。

图 11-44

相关选项作用及含义如表 11-2 所示。

表 11-2　选项作用及含义

| 选项 | 作用及含义 |
| --- | --- |
| ❶ 源 | 默认的当前文件，也可以选择其他文件与当前图像混合，但选择的文件必须打开，并且与当前文件具有相同尺寸和分辨率的图像 |
| ❷ 图层和通道 | 【图层】选项用于设置源图像需要混合的图层，当只有一个图层时，就显示背景图层。【通道】选项用于选择源图像中需要混合的通道，如果图像的颜色模式不同，通道也会有所不同 |
| ❸ 目标 | 显示目标图像，以执行【应用图像】命令的图像为目标图像 |
| ❹ 混合和不透明度 | 【混合】选项用于选择混合模式，【不透明度】选项用于设置源中选择的通道或图层的透明度 |
| ❺ 反相 | 该复选框对源图像和蒙版后的图像都有效。如果要使用与选择区相反的区域，可选中该复选框 |

## 11.3.2　计算

　　【计算】命令与【应用图像】命令基本相同，也可将两个不同图像中的通道混合在一起。它与【应用图】像】命令不同的是，使用【计算】命令混合出来的图像以黑、白、灰显示，并且通过【计算】面板中结果选项的设置，可将混合的结果新建为通道、文档或选区。

　　使用【计算】命令混合通道的具体操作步骤如下。

Step **01** 打开素材文件。打开"素材文件\第 11 章\红.jpg"文件，如图 11-45 所示。

Step **02** 执行计算命令。执行【图像】→【计算】命令，在弹出的【计算】对话框中，❶ 设置【源 2】的【通道】为蓝、【混合】为正片叠底、【结果】为新建通道，❷ 单击【确定】按钮，如图 11-46 所示。

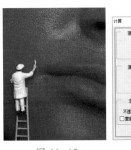

图 11-45　　　　　　　图 11-46

Step **03** 查看图像效果。通过前面的操作，即可进行通道运算，效果如图 11-47 所示。在【通道】面板中，生成【Alpha 1】新通道，如图 11-48 所示。

图 11-47　　　　　　　图 11-48

在【计算】对话框中，各选项设置如图 11-49 所示。

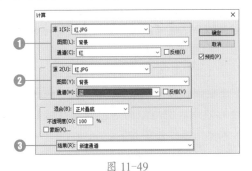

图 11-49

相关选项作用及含义如表 11-3 所示。

表 11-3 选项作用及含义

| 选项 | 作用及含义 |
|---|---|
| ❶ 源 1 | 用于选择第一个源图像、图层和通道 |
| ❷ 源 2 | 用于选择与【源 1】混合的第二个源图像、图层和通道。该文件必须是打开的，并且与【源 1】的图像具有相同尺寸和分辨率 |

续表

| 选项 | 作用及含义 |
|---|---|
| ❸ 结果 | 可以选择一种计算结果的生成方式。选择【新建通道】选项，可以将计算结果应用到新的通道中；选择【新建文档】选项，可以得到一个新的黑白图像；选择【选区】选项，可得到一个新的选区 |

## 11.4 通道高级混合

在【图层样式】对话框中，除了可以设置图层样式外，还可以显示【混合选项】参数，它主要用于控制通道高级混合、图层蒙版、矢量蒙版和剪贴蒙版的混合效果，以及创建挖空效果。

### 11.4.1 常规和高级混合

打开【图层样式】对话框后，选择【混合选项：默认】选项，进入【混合选项】设置界面中，【常规混合】选项区域和【图层】面板中的混合和不透明度相同，【高级混合】选项区域中的【填充不透明度】和【图层】面板中的【填充】选项相同，如图 11-50 所示。

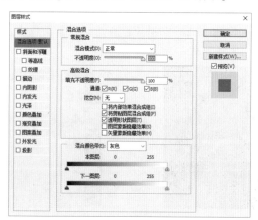

图 11-50

**1. 实战：使用限制混合通道制作 LOMO 风格图像**

在【高级混合】选项区域中，【通道】选项与【通道】面板中的通道是一样的。如果取消选中一个通道，如取消选中【R】复选框，就会从复合通道中排除该通道。通常在这里设置通道混合的方式，可以使图像产生奇异的色彩效果。使用限制混合通道打造 LOMO 风格色调照片的具体操作步骤如下。

**Step01** 打开文件。打开"素材文件\第 11 章\度假 .jpg"文件，照片效果灰暗有意境，非常适合制作 LOMO 风格的照片，如图 11-51 所示。

**Step02** 复制图层，设置混合模式。为了调整照片的整体颜色，按【Ctrl+J】组合键复制图层为【图层 1】，设置【图层 1】的图层【混合模式】为滤色，效果如图 11-52 所示。

图 11-51  　　　　图 11-52

**Step03** 复制并调整图层。单击【背景】图层，按【Ctrl+J】组合键复制，并命名为【背景副本】，将【背景副本】图层移动到【图层 1】的上方，并设置其图层【混合模式】为柔光，效果如图 11-53 所示。

**Step04** 盖印图层并反相照片。按【Shift+Ctrl+Alt+E】组合键盖印可见图层得到【图层 2】，按【Ctrl+I】组合键将照片反相，效果如图 11-54 所示。

图 11-53  　　　　图 11-54

**Step05** 添加图层样式。双击【图层 2】，在弹出的【图层样式】对话框中选择【混合选项：默认】选项，在弹出的【混合选项】设置界面中设置【不透明度】为 35%，在【高级混合】选项区域中只选中【B】通道，如图 11-55 所示。

Step 06 盖印图层。通过上一步操作，照片有了LOMO色调的风格，为了调整整体图像的最后效果，按【Shift+Ctrl+Alt+E】组合键盖印可见图层得到【图层3】，如图11-56所示。

图 11-55　　　　　　　图 11-56

Step 07 添加镜头光晕。为了给照片添加晕影效果，执行【滤镜】→【镜头校正】命令，在弹出的【镜头校正】对话框中，选择【自定】选项卡，在其中设置晕影参数，如图11-57所示。

Step 08 完成LOMO风格制作。为了加强晕影效果，按【Ctrl+F】组合键重复上一步操作，最终效果如图11-58所示。

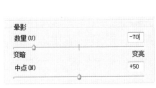 

图 11-57　　　　　　　图 11-58

## 2. 实战：使用挖空制作镂空文字效果

在【高级混合】选项区域中，挖空的方式有3种：无、深、浅，用来设置当前层在下面的图层上打孔，并显示下面图层内容的方式。如果没有背景层，当前层就会在透明层上打孔。若想看到挖空效果，必须将当前层的填充不透明度数值设置为0%或小于100%，使其效果显示出来。使用挖空制作镂空文字效果的具体操作步骤如下。

Step 01 新建文档。按【Ctrl+N】组合键打开【新建】对话框，设置文件宽度为800像素、高度为1200像素、分辨率为72像素/英寸，单击【确定】按钮，如图11-59所示。

Step 02 添加素材文件。置入"素材文件\第11章\女孩.jpg"文件，按住【Shift+Alt】组合键等比放大图像至画布大小，按【Enter】确认，如图11-60所示。

图 11-59　　　　　　　图 11-60

Step 03 新建图层。单击图层面板底部的【新建图层】按钮，新建【图层1】，设置前景色为【#ffe5ce】，按【Alt+Delete】组合键填充前景色，如图11-61所示。

Step 04 输入文字。选择横排文字工具，在选项栏中设置【字体】为Engravers MT，输入字体，按【Ctrl+Enter】组合键确认输入，如图11-62所示；按【Ctrl+T】组合键执行自由变换命令，放大文字并移动到适当的位置，如图11-63所示。

图 11-61　　　　图 11-62　　　　图 11-63

Step 05 编组图层，设置挖空方式。选中【A图层】和【图层1】，按【Ctrl+G】组合键将选中的图层编组，得到【组1】图层。再双击【A图层】，打开【图层样式】对话框，在【混合选项】面板中，设置【高级混合】选项区域中的【填充不透明度】为0%，将【挖空】设置为浅，如图11-64所示，单击【确定】按钮，效果如图11-65所示。

图 11-64　　　　　　　图 11-65

Step06 调整显示的图像内容。选中女孩图层，按【Ctrl+T】组合键执行自由变换命令，适当放大图像并调整其位置，如图 11-66 所示。

Step07 输入文字。选择【横排文字工具】，在选项栏中设置【字体】为 Century、【字体大小】为 100 点、【字体颜色】为【#013f5b】，在图像中输入文字，按【Ctrl+A】组合键选中文字，单击选项栏中的【切换字符和字段面板】按钮，打开【字符】面板，设置字符间距为 40，效果如图 11-67 所示。

图 11-66

图 11-67

Step08 输入段落文字。选择【横排文字工具】，在图像中创建段落文本框，并输入文字，按【Ctrl+A】组合键选中文字，单击选项栏中的【切换字符和字段面板】按钮，打开【字符】面板，设置【字体】为 Calisto MT、【字体大小】为 32 点、【行距】为 30 点、字符【间距】为 60 点，在【段落】面板中设置文本对齐方式为左对齐，如图 11-68 所示；按【Ctrl+Enter】组合键确认文字的输入，使用移动工具将文字移动到适当的位置，如图 11-69 所示。

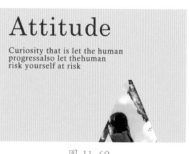

图 11-68

图 11-69

Step09 继续输入段落文字。选择【横排文字工具】，在选项栏中设置字号为 25 点，继续输入段落文字，并将其放置在适当的位置，如图 11-70 所示，图像最终效果如图 11-71 所示。

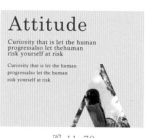

图 11-70

图 11-71

### 技术看板

对图层组内的成员层设置挖空效果时，将挖空方式设置为浅，则效果只会穿透到图层组的最后一层；而挖空方式设置为深，效果则会穿透到背景层。

若对不是图层组成员的层设置挖空效果，则效果会一直穿透到背景层，在这种情况下，挖空方式设置为浅或深，其效果是一样的。

### 3. 将内部效果混合成组

将内部效果混合成组是将内发光、光泽、颜色叠加、渐变叠加、图案叠加这几种样式合并到图层中，使这几种图层样式只作用于基底图层，不再遮挡上方被剪切图层的内容。

给两个图层分别添加图层样式，效果如图 11-72 所示。

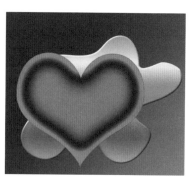

图 11-72

然后创建剪贴蒙版，效果如图 11-73 所示。可以发现由于剪贴蒙版的缘故，【形状 2】图层被【形状 1】图层的【渐变叠加】样式覆盖了。

这时选中【形状 1】图层【高级混合】选项区域中的【将内部效果混合成组】复选框，如图 11-74 所示；那么【形状 2】图层就会显示出来，如图 11-75 所示。

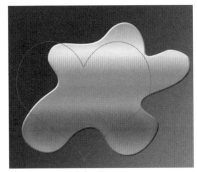

图 11-73

图 11-74

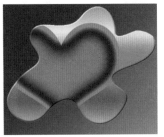

图 11-75

## 4. 将剪贴图层混合成组

默认情况下，在剪贴蒙版组中，基底图层的混合模式效果会应用于该组中的所有图层，如图 11-76 所示。如果取消图层【高级混合】选项区域中的【将剪贴图层混合成组】复选框，则基底图层的混合模式仅影响自身，不会影响上方被剪切图层的内容，如图 11-77 所示。

图 11-76

图 11-77

## 5. 透明形状图层

默认情况下，创建挖空效果时，【透明形状图层】复选框处于选中状态，此时，图层样式或挖空被限定在图层的不透明度区域，如图 11-78 所示。

图 11-78

若取消选中【透明形状图层】复选框，如图 11-79 所示，则可以在整个图像范围内应用效果，如图 11-80 所示。

图 11-79　　　图 11-80

## 6. 图层蒙版隐藏效果

创建挖空时，默认取消选中【图层蒙版隐藏效果】复选框，则图层效果也会在蒙版中显示，如图 11-81 所示。

图 11-81

创建挖空时，选中【图层蒙版隐藏效果】复选框，如图 11-82 所示，则图层效果不会在蒙版中显示，如图 11-83 所示。

图 11-82　　　　　　　图 11-83

### 7. 矢量蒙版隐藏效果

创建挖空时，在默认状态下，若【矢量蒙版隐藏效果】复选框处于取消选中状态，则图层效果也会在矢量蒙版区域内显示，如图 11-84 所示。

图 11-84

选中【矢量蒙版隐藏效果】复选框，矢量蒙版中的图层效果将不会显示，如图 11-85 所示。

图 11-85

## 11.4.2　实战：使用混合颜色带打造彩色地球效果

在【混合选项】设置面板中，最下方有一个【混合

颜色带】选项区域，该选项区域主要用于控制当前图层与下方图层混合时像素的显示范围，具体操作步骤如下。

Step01 打开素材文件。打开"素材文件\第 11 章\地球 .jpg"文件，如图 11-86 所示。

Step02 添加光晕文件。打开"素材文件\第 11 章\光晕 .jpg"文件，将其拖动到地球文件中，并命名为【光晕】图层，如图 11-87 所示。

图 11-86　　　　　　　图 11-87

Step03 设置上方图层的显示范围。双击【光晕】图层，打开【图层样式】对话框，在【混合颜色带】选项区域中，按住【Alt】键，在上方颜色带中拖动左侧的右三角滑块到 189 位置，如图 11-88 所示，图像效果如图 11-89 所示。

图 11-88　　　　　　　图 11-89

Step04 设置下方图层的显示范围。在【混合颜色带】选项区域中，按住【Alt】键，在下方颜色带中拖动右侧的左三角滑块到 126 位置，如图 11-90 所示，图像效果如图 11-91 所示。

图 11-90　　　　　　　图 11-91

Step 05 更改图层混合模式，查看图像效果。按【Ctrl+J】组合键复制背景图层，并将其移动到最上方，更改图层混合模式为【色相】，如图 11-92 所示，图像效果如图 11-93 所示。

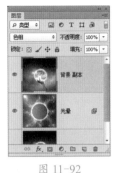

图 11-92　　　　　　　　图 11-93

Step 06 添加镜头光晕效果。执行【滤镜】→【渲染】→【镜头光晕】命令，❶ 拖动光晕中心到左上方，❷ 设置【亮度】为100%、【镜头类型】为【50-300 毫米变焦】，❸ 单击【确定】按钮，如图 11-94 所示，图像效果如图 11-95 所示。

图 11-94　　　　　　　　图 11-95

Step 07 选中光晕图层。单击【光晕】图层，如图 11-96

所示。

Step 08 再次添加镜头光晕效果。再次执行【滤镜】→【渲染】→【镜头光晕】命令，❶ 拖动光晕中心到左上角，❷ 设置【亮度】为 150%，【镜头类型】为【电影镜头】，❸ 单击【确定】按钮，如图 11-97 所示。

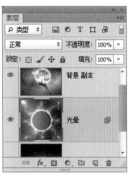

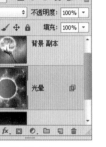

图 11-96　　　　　　　　图 11-97

Step 09 完成彩色地球效果的制作。通过前面的操作，即可为图像添加电影镜头光晕，效果如图 11-98 所示。

图 11-98

# 妙招技法

通过前面知识的学习，相信大家已经掌握了通道编辑的基本操作方法。下面结合本章内容，给大家介绍一些实用技巧。

## 技巧 01：载入通道选区

在【通道】面板中，除了通过按钮操作载入选区外，还可以通过单击【通道】缩览图的方式快速载入选区。

例如，在【通道】面板中，按住【Ctrl】键，单击通道缩览图，如图 11-99 所示，即可载入通道选区，如图 11-100 所示。

图 11-99　　　　　　　　图 11-100

## 技巧 02：执行【应用图像】和【计算】命令时，如何找到混合通道所在的文件

使用【应用图像】和【计算】命令进行操作时，除了确保合并的文件处于打开状态外，如果是两个文件之间进行通道合成，还需要确保两个文件有相同的大小和分辨率，否则将找不到需要混合的文件。

## 技巧 03：快速选择通道

按【Ctrl+3】【Ctrl+4】【Ctrl+5】组合键可一次选择红色、绿色和蓝色通道；按【Ctrl+2】组合键可重新回到 RGB 复合通道，显示色彩图像。

## 技巧 04：使用【计算】命令计算出图像的高光、阴影和中间调区域

使用通道计算可以分别计算出图像的高光区域、阴影区域和中间调区域。计算出这些区域之后，可以针对性地对它们的图像进行色调、亮度等方面的编辑，而不会对图像的其他区域造成影响。

执行【计算】命令后，在【计算】对话框中取消选中【反相】复选框，则新建通道记录的是高光区域的内容，如图 11-101 所示；分别选中源 1 和源 2 的【反相】复选框，则新建通道记录的是阴影区域的内容，如图 11-102 所示；选中其中一个【反相】复选框，

则新建通道记录的是中间调区域的内容，如图 11-103 所示。

图 11-101

图 11-102　　　　图 11-103

**技术看板**

在【计算】对话框中设置计算通道和混合方式可以控制生成的选区范围。

在计算出高光、阴影区域后，若想缩小高光、阴影区域的范围，可以选择记录高光或阴影区域的通道，多次重复执行【计算】命令。

# 同步训练 —— 更改人物背景

通道中，白色的图像代表选择区域，黑色的图像代表非选择区域，而灰色图像代表半透明区域。了解了这个特点，通过【通道】抠取发丝就变得非常容易，下面使用【通道】抠取发丝，并更改人物背景，前后对比效果如图 11-104 所示。

原图　　　　　　　　效果图

图 11-104

| 素材文件 | 素材文件 \ 第 11 章 \ 卷发 .jpg，戒指 .jpg |
| --- | --- |
| 结果文件 | 结果文件 \ 第 11 章 \ 卷发 .psd |

具体操作步骤如下。

Step01 打开素材文件。打开"素材文件 \ 第 11 章 \ 卷发 .jpg"文件，如图 11-105 所示。在【通道】面板中，复制【蓝】通道，如图 11-106 所示。

图 11-105　　　　图 11-106

Step 02 在图像中设置白场。按【Ctrl+L】组合键，执行【色阶】命令，单击【在图像中取样以设置白场】图标 ✐，如图 11-107 所示。在背景处单击，重新设置白场，如图 11-108 所示。

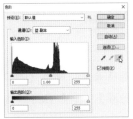

图 11-107　　　　　图 11-108

Step 03 在图像中设置黑场。单击【在图像中取样以设置黑场】图标 ✐，如图 11-109 所示。在头发处单击，重新设置黑场，如图 11-110 所示。

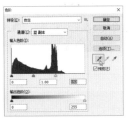

图 11-109　　　　　图 11-110

Step 04 创建选区，选中主体对象。使用【套索工具】 ♀ 选中主体对象，如图 11-111 所示。为选区填充黑色，如图 11-112 所示。

图 11-111　　　　　图 11-112

Step 05 修改图像。使用黑色【画笔工具】 ✐ 在中间涂抹，修改图像，如图 11-113 所示。

Step 06 调整左下角图像的对比度。使用【套索工具】 ♀ 选中左下角对象，如图 11-114 所示。

图 11-113　　　　　图 11-114

Step 07 使用【色阶】命令增加对比度。按【Ctrl+L】组合键，执行【色阶】命令，❶ 设置【输入色阶】为"5，0.82，181"，❷ 单击【确定】按钮，如图 11-115 所示。调整对比度后，效果如图 11-116 所示。

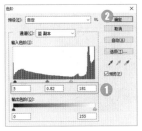

图 11-115　　　　　图 11-116

Step 08 反相图像，创建选区。按【Ctrl+D】组合键取消选区，按【Ctrl+I】组合键反相图像，如图 11-117 所示。在【通道】面板中，单击【将通道作为选区载入】按钮 ❖，如图 11-118 所示。

图 11-117　　　　　图 11-118

Step 09 复制图像。选中【RGB】复合通道，如图 11-119 所示，按【Ctrl+J】组合键复制图像，如图 11-120 所示。

图 11-119　　　　　图 11-120

Step 10 添加背景素材文件。打开"素材文件\第11章\戒指.jpg"文件，如图 11-121 所示。将其拖动到卷发图像中，并移动到【背景】图层上方，如图 11-122 所示。

图 11-121　　　　　图 11-122

Step⑪ 调整图像大小及角度。图像效果如图 11-123 所示。按【Ctrl+T】组合键，进行自由变换操作，适当放大图像，并水平翻转图像，效果如图 11-124 所示。

图 11-123

图 11-124

Step⑫ 添加滤镜效果。按【Ctrl+J】组合键复制【图层 2】，生成【图层 2 拷贝】图层，如图 11-125 所示。执行【滤镜】→【滤镜库】命令，❶单击【素描】滤镜组中的【水彩画纸】图标，❷设置【纤维长度】为 15、【亮度】为 100、【对比度】为 80，❸单击【确定】按钮，如图 11-126 所示。

图 11-125

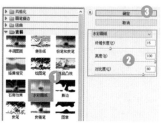

图 11-126

Step⑬ 更改图层混合模式，增强图像效果。更改【图层 2 副本】图层混合模式为【线性加深】，如图 11-127 所示，图像效果如图 11-128 所示。

图 11-127

图 11-128

# 本章小结

本章介绍了通道的相关内容，包括通道的概念、分类、基本编辑方式等基础应用，以及通道的运算、高级混合等高级应用。熟练掌握通道的相关知识，将会大大提高利用 Photoshop 进行图像艺术创作的能力。

# 第12章　图像色彩的调整和编辑

➥ 颜色模式包括哪些类别？

➥ Photoshop CS6 能够自动分析图像、自动调整图像颜色吗？

➥ 【色阶】和【曲线】命令有什么区别？

➥ 如何一次调整多个通道？

➥ 如何将图像变为灰度图像，并保持色彩模式不变？

　　调色是摄影后期非常重要的部分，图像的色彩在很大程度上能够决定图像的好坏。不同的色彩往往带有不同的情感倾向，只有与图像主题相匹配的色彩才能正确传达图像的内涵。设计作品也是一样，只有与设计主题相匹配的色调，才能为作品锦上添花。

## 12.1　颜色模式的分类

　　颜色模式是指将某种颜色表现为数字形式的模型，或者是指一种记录图像颜色的方式。在 Photoshop 中有多种颜色模式，分别为位图模式、灰度模式、双色调模式、索引颜色模式、多通道模式、RGB 颜色模式、CMYK 颜色模式、HSB 颜色模式、Lab 颜色模式，不同的颜色模式有不同的应用领域和应用优势。其中，RGB、CMYK、Lab 等是常用的颜色模式，索引颜色和双色调等则是用于特殊色彩输出的颜色模式，下面进行详细介绍。

### ★重点 12.1.1　RGB 颜色模式

　　RGB 颜色模式是进行图像处理时最常用到的一种图像模式，是一种加色混合模式。其中，R 代表 red（红色），G 代表 green（绿色），B 代表 blue（蓝色）。RGB 颜色模式是所有显示屏、投影设备及其他传递或过滤光线的设备所依赖的颜色模式，如显示器、电视机等，该模式所包括的颜色信息（色域）有 1670 多万种，是一种真色彩颜色模式。

　　执行【图像】→【模式】→【RGB 颜色】命令，即可将图像的颜色模式转换为 RGB 颜色模式。通常情况下，人们所看到的图像都是 RGB 颜色模式。

### ★重点 12.1.2　CMYK 颜色模式

　　CMYK 颜色模式是印刷图像时所用的颜色模式，是一种减色混合模式。其中，CMY 是 3 种印刷油墨名称的首字母，C 代表 Cyan（青色），M 代表 Magenta（洋红），Y 代表 Yellow（黄色），而 K 代表 Black（黑色）。CMYK 颜色模式包含的颜色总数比 RGB 模式少很多，所以在显示器上观察到的图像要比印刷出来的图像鲜

艳些。

　　打开图像文件，执行【图像】→【模式】→【CMYK 颜色】命令，弹出提示询问框，单击【确定】按钮，即可将图像转换为 CMYK 颜色模式，如图 12-1 所示。

图 12-1

### ★重点 12.1.3　Lab 颜色模式

　　Lab 颜色模式的色域最广，是唯一不依赖于设备的颜色模式。该模式由 L（照度）和有关色彩的 a、b 3 个要素组成。其中，L 表示 Luminosity（照度），相当于亮度；a 表示从红色到绿色的范围；b 表示从黄色到蓝

色的范围。

Lab 模式是 Photoshop 的标准模式，若将 RGB 图像转换为 CMYK 模式，Photoshop 会先将其转换为 Lab 模式，再由 Lab 模式转换为 CMYK 模式，其特点是在使用不同的显示器或打印机设备时所显示的颜色是相同的。

执行【图像】→【模式】→【Lab 颜色】命令，可以将图像的颜色模式转换为 Lab 颜色模式。

### 12.1.4　灰度模式

灰度模式用单一色调表现图像，将彩色图像转换为灰度模式后会扔掉图像的颜色信息。

灰度图像中的每个像素都有一个 0 ~ 255 之间的亮度值，0 代表黑色，255 代表白色，其他值代表了黑、白中间过渡的灰色。在 8 位图像中，最多有 256 级灰度，在 16 位和 32 位图像中，图像中的级数比 8 位图像要大得多。

打开图像文件，执行【图像】→【模式】→【灰度】命令，会弹出一个提示框，询问是否删除颜色属性，单击【确定】按钮，即可将图像转换为灰度图像，如图 12-2 所示。

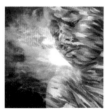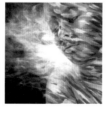

图 12-2

### 12.1.5　位图模式

位图模式只使用黑白两种颜色中的一种来表示图像中的像素，因此也称黑白图像。该颜色模式适合用于制作艺术样式或创作单色图形。

若将彩色图像转换为位图模式，需要先将其转换为灰度模式，删除像素中的色相和饱和度信息之后才能转换为位图模式。

打开图像，执行【图像】→【模式】→【灰度】命令，先将它转换为灰度模式，再执行【图像】→【模式】→【位图】命令，打开【位图】对话框，如图 12-3 所示，单击【确定】按钮，图像转换后效果如图 12-4 所示。

| 图 12-3 | 图 12-4 |

相关选项作用及含义如表 12-1 所示。

表 12-1　选项作用及含义

| 选项 | 作用及含义 |
| --- | --- |
| 输出 | 在此对话框中输入数值可设定黑白图像的分辨率。如果要精细控制打印效果，可提高分辨率数值。通常情况下，输出值是输入值的 200%~250% |
| 50% 阈值 | 以 50% 为界限，将图像中大于 50% 的所有像素全部变成黑色，小于 50% 的所有像素全部变成白色 |
| 图案仿色 | 使用一些随机的黑白像素点来抖动图像 |
| 扩散仿色 | 通过使用从图像左上角开始的误差扩散过程来转换图像，由于转换过程中的误差原因，会产生颗粒状的纹理 |
| 半调网屏 | 产生一种半色调网版印刷的效果 |
| 自定图案 | 选择图案列表中的图案作为转换后的纹理效果 |

### 12.1.6　实战：将图像转换为双色调模式

| 实例门类 | 软件功能 |

双色调模式用一种灰色油墨或彩色油墨来渲染一个灰度图像，采用 2~4 种彩色油墨混合其色阶来创建双色调（2 种颜色）、三色调（3 种颜色）、四色调（4 种颜色）的图像，在将灰度图像转换为双色调模式的图像过程中，可以对色调进行编辑，产生特殊的效果。若将图像模式转换为双色调模式，必须先将图像转换为灰度模式，再转换为双色调模式。

例如，将冰块图像转换为双色调模式，具体操作步骤如下。

**Step 01** 打开素材文件，转换为灰度模式。打开"素材文件\第 12 章\夏天 .jpg"文件，如图 12-5 所示。执行【图像】→【模式】→【灰度】命令，先将它转换为灰度模式，如图 12-6 所示。

图 12-5　　　　　　　　图 12-6

**Step 02** 打开双色调对话框，设置双色调类型。执行【图像】→【模式】→【双色调】命令，打开【双色调选项】对话框，设置【类型】为双色调，单击【油墨 1】后面的色块，如图 12-7 所示。

**Step 03** 设置油墨颜色。在打开的【拾色器（墨水 1 颜色）】对话框中，设置颜色【#f5aa1a】，如图 12-8 所示。

图 12-7　　　　　　　　图 12-8

**Step 04** 指定油墨名称。单击【颜色库】按钮，在【颜色库】对话框中，❶ 单击黄色色标，❷ 单击【确定】按钮，如图 12-9 所示，单色调效果如图 12-10 所示。

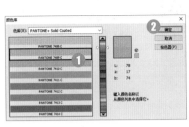

图 12-9　　　　　　图 12-10

**Step 05** 设置第二种油墨颜色。单击【油墨 2】后面的色块，如图 12-11 所示，在打开的【拾色器（墨水 2 颜色）】对话框中，设置颜色为【#8067fd】，如图 12-12 所示。

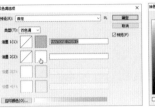

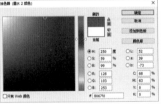

图 12-11　　　　　　图 12-12

**Step 06** 指定油墨名称。单击【颜色库】按钮，在【颜色库】对话框中，❶ 单击紫色色标，❷ 单击【确定】按钮，如图 12-13 所示。

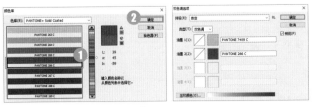

图 12-13

**Step 07** 完成双色调颜色模式的设置。返回【双色调选项】对话框中，单击【确定】按钮，最终效果如图 12-14 所示。

图 12-14

在【双色调选项】对话框中，各选项设置如图 12-15 所示。

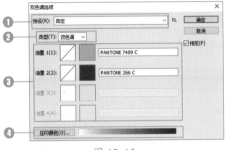

图 12-15

相关选项作用及含义如表 12-2 所示。

表 12-2 选项作用及含义 续表

| 选项 | 作用及含义 |
| --- | --- |
| ❶ 预设 | 可以选择一个预设的调整文件 |
| ❷ 类型 | 可以选择使用几种色调模式，如单色调、双色调、三色调和四色调 |
| ❸ 编辑油墨颜色 | 单击左侧的图标可以打开【双色调曲线】对话框，调整曲线可以改变油墨的百分比。单击右侧的颜色块，可以打开【颜色库】对话框选择油墨 |
| ❹ 压印颜色 | 指相互打印在对方之上的两种无网屏油墨，单击此按钮可以看到每种颜色混合后的结果 |

| 选项 | 作用及含义 |
| --- | --- |
| ❷ 强制 | 可选择将某些颜色强制包括在颜色表中的选项 |
| ❸ 杂边 | 指定用于填充与图像的透明区域相邻的消除锯齿边缘的背景色 |
| ❹ 仿色 / 数量 | 在其下拉列表中可以选择是否使用仿色。在【数量】文本框中输入值越高，所仿颜色越多 |

## 12.1.7 索引模式

索引颜色模式是采用一个颜色表存放并索引图像中的颜色，它使用最多 256 种颜色。当转换为索引颜色时，Photoshop CS6 将构建一个颜色查找表，用以存放并索引图像中的颜色。如果原图像中的颜色不能用 256 色表现，则程序将从可使用的颜色中选取最相近的颜色来模拟这些颜色。

通过限制【颜色】面板，索引颜色可以在保持图像视觉品质的同时减少文件大小。在这种模式下只能进行有限的编辑，若要进一步编辑，应临时转换为 RGB 模式。

执行【图像】→【模式】→【索引颜色】命令，打开【索引颜色】对话框，如图 12-16 所示。

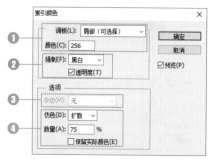

图 12-16

相关选项作用及含义如表 12-3 所示。

表 12-3 选项作用及含义

| 选项 | 作用及含义 |
| --- | --- |
| ❶ 调板 / 颜色 | 可以选择转换为索引颜色后使用的调板类型，可在【颜色】文本框中输入数值，指定要显示的实际颜色数量 |

## 12.1.8 颜色表

将图像的颜色模式转换为索引模式后，执行【图像】→【模式】→【颜色表】命令，Photoshop 会从图像中提取 256 种典型颜色，索引图像如图 12-17 所示，它的颜色表如图 12-18 所示。

图 12-17          图 12-18

## 12.1.9 多通道模式

多通道模式是把含有通道的图像分割成单个的通道，这种模式通常被用于处理特殊打印需求。多通道是一种减色模式，将 RGB 图像模式转换为该模式后，之前的红、绿、蓝通道将变成青色、洋红和黄色通道，如图 12-19 所示。

图 12-19

在灰度、RGB 或 CMYK 模式下，可以使用 16 位通道来代替默认的 8 位通道。根据默认情况，8 位通道中包含 256 个色阶，如果增到 16 位，每个通道的色阶数量为 65 536 个，这样能得到更多的色彩细节。Photoshop 可以识别和输入 16 位通道的图像，但对于这种图像限制很多，所有的滤镜都不能使用。另外，16 位通道模式的图像不能被印刷。

### 12.1.10 位深度

位深度是指在记录数字图像的颜色时，计算机实际上是用每个像素需要的位深度来表示的。"位（bit）"是计算机存储器中的最小单元，它用来记录每一个像素颜色的值。所以通俗地讲，位深度用于指定图像中的每个像素可以使用的颜色信息数量。每个像素使用的信息位数越多，可用的颜色就越多，颜色表现就越逼真。在Photoshop 中，可以根据不同场合和需求来设定图像的位深度，通常情况下，设定为 8 位就足以满足眼睛对颜色的分辨需求了。所以，一般情况下打开一个图像文件，可以发现都是 8 位的图像，或者在新建文档时都是设定为 8 位，Photoshop 最大可以将图像设定为 32 位。

打开一个图像后，在菜单项中可以查看该图像的位深度，如图 12-20 所示。执行【图像】→【模式】命令，在下拉菜单中可以选择【8 位 / 通道】【16 位 / 通道】【32 位 / 通道】命令，如选择【16 位通道】命令，如图 12-21 所示，即可改变图像的位深度，如图 12-22 所示。

图 12-20

图 12-21

图 12-22

相关选项作用及含义如表 12-4 所示。

表 12-4　选项作用及含义

| 选项 | 作用及含义 |
| --- | --- |
| 8 位 / 通道 | 位深度为 8 位，每个通道可支持 256 种颜色，图像可以有 1 600 万个以上的颜色值 |
| 16 位 / 通道 | 位深度为 16 位，每个通道可以包含高达 65 536 种颜色信息。无论是通过扫描得到的 16 位 / 通道文件，还是通过数码相机拍摄的到的 16 位 / 通道的 Raw 文件，都包含了比 8 位 / 通道文件更多的颜色信息，因此，色彩渐变更加平滑、色调更加丰富 |
| 32 位 / 通道 | 32 位 / 通道图像也称为高动态范围（HDR）图像，文件的颜色和色调更胜于 16 位 / 通道文件。目前，HDR 图像主要用于影片、特殊效果、3D 作品及某些高端图片 |

## 12.2　图像的自动调整

在图像菜单中，【自动色调】【自动对比度】和【自动颜色】命令可以自动对图像的颜色和色调进行简单的调整，执行这 3 个命令后，Photoshop CS6 会自动计算图像中的颜色和明暗问题并进行调整，适合处理一些数码照片中常见的偏色或偏灰、偏暗、偏亮等问题。由于这 3 个命令无须进行参数设置，因此很适合对各种调色工具不太熟悉的初学者使用。

### 12.2.1 自动色调

【自动色调】命令可以自动调整图像中的黑场和白场，将每个颜色通道中最亮和最暗的像素映射到纯白和纯黑，中间像素值按比例重新分布，从而增强图像的对比度。由于【自动色调】命令单独调整每个通道，因此可能会移去颜色或引入色偏。执行【图像】→【自动色调】命令，或者按【Shift+Ctrl+L】组合键，Photoshop会自动调整图像，如图 12-23 所示。

图 12-23

### 12.2.2 自动对比度

【自动对比度】命令可以调整图像的对比度，使高光区域显得更亮，阴影区域显得更暗，增加图像之间的对比，适用于色调较灰、明暗对比不强的图像。【自动对比度】命令不会单独调整通道，它只调整色调，而不会改变色彩平衡。因此不会产生色偏，但也不能用于消除色偏。执行【图像】→【自动对比度】命令，或者按【Alt+Shift+Ctrl+L】组合键，即可对选择的图像自动调整对比度，如图 12-24 所示。

原图　　　　　　　　效果图

图 12-24

### 12.2.3　自动颜色

【自动颜色】命令可以通过搜索图像来标示阴影、

中间调和高光，还原图像中各部分的真实颜色，使其不受环境色的影响。在实例中，可以通过【自动颜色】命令改善图像的偏色问题。例如，原图像偏红，执行【图像】→【自动颜色】命令，或者按【Shift+Ctrl+B】组合键，即可自动调整图像的偏色，如图 12-25 所示。

原图　　　　　　　　效果图

图 12-25

**技术看板**

　　自动调色命令，只是一种自动的微调。使用这些命令时，无须进行其他参数的调整，所以其作用有限，不可能适用于所有的图像。

## 12.3　图像的明暗调整

　　在 Photoshop CS6 中有很多种调色命令，不同的命令有着不同的作用。其中的【亮度/对比度】【色阶】【曲线】【曝光度】【阴影/高光】等命令主要用于调整图像的明暗效果。通过增强图像亮部区域的明亮程度，降低暗部区域的亮度，就可以增强画面的对比度，否则会降低画面的对比度。

### 12.3.1　实战：使用【亮度/对比度】命令调整图像

| 实例门类 | 软件功能 |
|---|---|

　　【亮度/对比度】命令可调整一些光线不足、比较昏暗的图像。它的使用方法非常简单，具体操作步骤如下。

**Step01** 打开素材文件，调整亮度/对比度。打开"\素材文件\第12章\花瓶.jpg"文件，如图 12-26 所示。执行【图像】→【调整】→【亮度/对比度】命令，设置【亮度】为 39、【对比度】为 65，如图 12-27 所示。

 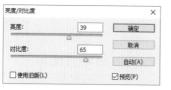

图 12-26　　　　　　　　图 12-27

**Step02** 完成图像效果调整。图像调整效果如图 12-28 所示。在【亮度/对比度】对话框中，选中【使用旧版】复选框后，再使用相同参数进行调整，即可得到与 Photosohp CS3 版本相同的结果，如图 12-29 所示。

图 12-28　　　　　　　　图 12-29

**技术看板**

　　【亮度/对比度】命令没有【色阶】【曲线】的可控性强，调整时有可能丢失图像的细节，对于印刷输出的设计图建议使用【色阶】或【曲线】命令调整。

## ★重点 12.3.2 使用【色阶】命令调整图像对比度

| 实例门类 | 软件功能 |
|---|---|

【色阶】是 Photoshop 最为重要的调整工具之一，它可以单独对图像中的高光、中间调、阴影区域进行调整，从而改善图像的明暗分布或对比度。而且还可以对各个颜色通道进行调整，从而调整图像的色调。使用【色阶】命令调整图像对比度的具体操作步骤如下。

**Step01** 打开素材文件。打开"\素材文件\第12章\花.jpg"文件，如图 12-30 所示。

图 12-30

### 📄 技术看板

打开【色阶】对话框后，按【Alt】键，【取消】按钮即可变为【复位】按钮，单击该按钮即可复位参数。

**Step02** 打开【色阶】对话框，观察图像。执行【图像】→【调整】→【色阶】命令，或者按【Ctrl+L】组合键，打开【色阶】对话框，如图 12-31 所示，从直方图的分布可以看到，这张图像的曝光没有多大问题，但是图像总体上给人感觉比较平，色彩层次感不够。

**Step03** 调整色阶参数，增强图像对比度，提高画面层次感。在【色阶】对话框中，拖动右边的滑块，提升图像亮部区域的亮度；拖动左边的滑块，降低图像暗部的亮度；向左拖动中间的滑块，提升图像中间调的亮度，如图 12-32 所示。

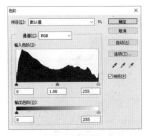

图 12-31

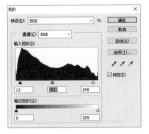

图 12-32

**Step04** 完成图像效果的调整。单击【确定】按钮，调整后的图像整体对比度得到了提升，最终效果如图 12-33 所示。

图 12-33

在【色阶】对话框中，各选项设置如图 12-34 所示。

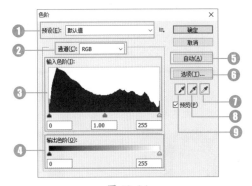

图 12-34

相关选项作用及含义如表 12-5 所示。

表 12-5 选项作用及含义

| 选项 | 作用及含义 |
|---|---|
| ❶ 预设 | 单击【预设】右侧的 ≣ 按钮，在打开的下拉列表中选择【存储】命令，可以将当前的调整参数保存为一个预设文件。在使用相同的方式处理其他图像时，可以用该文件自动完成调整 |
| ❷ 通道 | 在【色阶】对话框中，可以选择一个通道进行调整，如选择【蓝】通道，调整该通道会影响图像的颜色，如下图所示 |
| ❸ 输入色阶 | 从左到右依次用于调整图像的阴影、中间调和高光区域。可拖动滑块或在滑块下面的文本框中输入数值来进行调整 |

续表

| 选项 | 作用及含义 |
|---|---|
| ❹ 输出色阶 | 可以限制图像的亮度范围，从而降低对比度，使图像呈现褪色效果。在【输出色阶】选项区域中，拖动右侧滑块到220，图像效果如下图所示<br> |
| ❺ 自动 | 单击该按钮，可应用自动颜色校正，Photoshop 会以 0.5% 的比例自动调整图像色阶，使图像的亮度分布更加均匀 |
| ❻ 选项 | 单击该按钮，可以打开【自动颜色校正选项】对话框，在其中可以设置黑色像素和白色像素的比例 |
| ❼ 设置白场 | 使用该工具在图像中单击，可以将单击点的像素调整为白色，比该点亮度值高的像素也都会变为白色，如下图所示<br><br>原图　　　　　　设置白色后效果 |
| ❽ 设置灰场 | 使用该工具在图像中灰阶位置单击，可根据单击点像素的亮度来调整其他中间色调的平均亮度。通常使用它来校正色偏，如下图所示<br><br>原图　　　　　　设置灰场后效果 |
| ❾ 设置黑场 | 使用该工具在图像中单击，可将单击点的像素调整为黑色，原图中比该点暗的像素也变为黑色，如下图所示<br><br>原图　　　　　　设置黑场后效果 |

## ★重点 12.3.3 使用【曲线】命令调整图像明暗

| 实例门类 | 软件功能 |
|---|---|

　　【曲线】命令与【色阶】命令一样，不仅可以用于调整画面的明暗和对比度，还可以对各个颜色通道进行调整，改变图像的色调。在【曲线】对话框中，通过添加控制点来改变曲线的形态，从而调整图像的明暗或色调。由于可以在曲线上添加多个控制点来达到想要的图像效果，因此，相比【色阶】命令，【曲线】命令可以实现更精准的调整，具体操作步骤如下。

Step01 打开素材文件。打开"素材文件\第12章\拖鞋.jpg"文件，如图12-35所示。

图 12-35

Step02 调亮图像。执行【图像】→【曲线】命令，或者按【Ctrl+M】组合键，在【曲线】对话框中，在曲线的中间区域按住鼠标左键不放，向上方拖动曲线，如图12-36所示，画面整体被调亮，效果如图12-37所示。

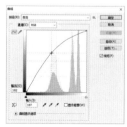

图 12-36　　　　　　　　图 12-37

Step03 压暗图像。在【曲线】对话框中，在曲线的中间区域按住鼠标左键不放，向下方拖动曲线，如图12-38所示，画面整体被压暗，效果如图12-39所示。

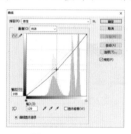

图 12-38　　　　　　　　图 12-39

Step04 增加图像对比度。在【曲线】对话框中，拖动曲线为"S"形，如图 12-40 所示，增大图像对比度，效果如图 12-41 所示。

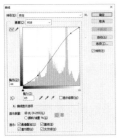

图 12-40          图 12-41

🔧 **技术看板**

曲线上半部分控制画面的亮部区域，中间部分控制画面中间调区域，下半部分控制画面的暗部区域。

在【曲线】对话框中，各选项设置如图 12-42 所示。

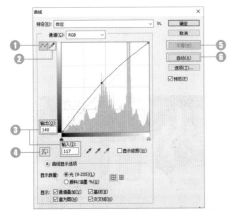

图 12-42

相关选项作用及含义如表 12-6 所示。

表 12-6  选项作用及含义

| 选项 | 作用及含义 |
|---|---|
| ① 通过添加点来调整曲线 | 该按钮为按下状态，此时在曲线中单击可添加新的控制点，如下图所示。拖动控制点改变曲线形状，即可调整图像 |

| 选项 | 作用及含义 |
|---|---|
| ② 使用铅笔绘制曲线 | 单击该按钮后，可绘制手绘效果的自由曲线。绘制完成后效果如下图所示 |
| ③ 输入 / 输出 | 【输入】选项显示了调整前的像素值，【输出】选项显示了调整后的像素值 |
| ④ 图像调整工具 | 选择该工具后，将鼠标指针放在图像上，曲线上会出现一个圆形，它代表了鼠标指针处的色调在曲线上的位置，在画面中单击并拖动鼠标，可添加控制点并调整相应的色调，如下图所示 |
| ⑤ 平滑 | 使用铅笔绘制曲线后，单击该按钮，可以对曲线进行平滑处理，如下图所示 |
| ⑥ 自动 | 单击该按钮，可对图像应用【自动颜色】【自动对比度】或【自动色调】校正。具体的校正内容取决于【自动颜色校正选项】对话框中的设置 |

🔧 **技术看板**

如果图像为 RGB 模式，当曲线向上弯曲时，可以将色调调亮；当曲线向下弯曲时，可以将色调调暗；曲线为 S 形时，可以加大图像的对比度。

如果图像为 CMYK 模式，调整方向与 RGB 模式相反即可。

### 12.3.4 实战：使用【曝光度】命令调整照片曝光度

| 实例门类 | 软件功能 |
|---|---|

在照片的拍摄过程中，经常会因为一些主观或客观的原因使照片曝光过度，从而导致图像偏白，或者因曝光不足而导致图像偏暗，使用【曝光度】命令可以调整图像的曝光度，使图像中的曝光度恢复正常，具体操作步骤如下。

Step01 打开素材文件。打开"素材文件\第 12 章\紫裙 .jpg"文件，可以发现图像整体偏暗，曝光不足，如图 12-43 所示。

Step02 设置曝光度参数，提高曝光度。执行【图像】→【调整】→【曝光度】命令，弹出【曝光度】对话框，❶ 设置【曝光度】为 1、【灰度系数校正】为 1.5，❷ 单击【确定】按钮，如图 12-44 所示。

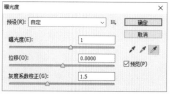

图 12-43　　　　　　　图 12-44

Step03 完成曝光度的调整。通过前面的操作，即可将图像补足曝光度，效果如图 12-45 所示。

图 12-45

在【曝光度】对话框中，各选项作用及含义如表 12-7 所示。

表 12-7　选项作用及含义

| 选项 | 作用及含义 |
|---|---|
| 曝光度 | 设置图像的曝光度，向右拖动下方的滑块可增强图像的曝光度，向左拖动滑块可降低图像的曝光度 |
| 位移 | 该选项将使数码照片中的阴影和中间调变暗，对高光的影响很小，通过设置【位移】参数可快速调整数码照片的整体明暗度 |
| 灰度系数校正 | 该选项使用简单的乘方函数调整数码照片的灰度系数 |

### 12.3.5 实战：使用【阴影/高光】命令调整照片

| 实例门类 | 软件功能 |
|---|---|

【阴影/高光】命令可以调整图像的阴影和高光区域的明暗，常用于恢复由于图像过暗造成的暗部细节缺失，以及图像过亮造成的亮部细节缺失等问题，具体操作步骤如下。

Step01 打开素材文件。打开"素材文件\第 12 章\阴影高光 .jpg"文件，可以发现该图像暗部过暗、亮部过亮，缺少高光和阴影的细节，如图 12-46 所示。

图 12-46

Step02 打开【阴影/高光】对话框，设置参数。执行【图像】→【调整】→【阴影/高光】命令。弹出【阴影/高光】对话框，在【阴影】选项区域中，设置【数量】为 100%，在【高光】选项区域，设置【数量】为 50%，如图 12-47 所示，调整效果如图 12-48 所示。

图 12-47　　　　　　　图 12-48

Step03 平滑图像色调，恢复图像【阴影/高光】细节。

选中【显示更多选项】复选框，在【阴影】选项区域设置【半径】为 60 像素，在【高光】选项区域设置【半径】为 80 像素，将更多像素定义为阴影和高光，使色调变得平滑，消除不自然的感觉，如图 12-49 所示。单击【确定】按钮，调整效果如图 12-50 所示。

图 12-49

图 12-50

在【阴影 / 高光】对话框中，各选项设置如图 12-51 所示。

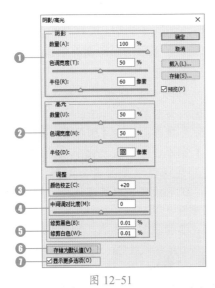

图 12-51

相关选项作用及含义如表 12-8 所示。

表 12-8 选项作用及含义

| 选项 | 作用及含义 |
| --- | --- |
| ❶ 阴影 | 拖动【数量】滑块可以控制调整强度，其值越高，阴影区域越亮；【色调宽度】用来控制色调的修改范围，较大的值会影响更多色调，较小的值只对较暗的区域进行校正；【半径】可控制每个像素周围像素的大小，相邻像素决定像素是在阴影中还是在高光中 |
| ❷ 高光 | 【数量】控制调整强度，其值越大，高光区域越暗；【色调宽度】控制色调的修改范围，较小的值只对较亮的区域进行校正，较大的值会影响更多色调；【半径】可以控制每个像素周围像素的大小 |
| ❸ 颜色校正 | 调整已改区域的色彩。例如，增加【阴影】选项区域中的【数量】值，使图像中较暗的颜色显示出来以后，再增加【颜色校正】值，就可以使这些颜色更加鲜艳 |
| ❹ 中间调对比度 | 调整中间调的对比度 |
| ❺ 修剪黑色 / 修剪白色 | 可以指定在图像中将多少阴影和高光剪切到新的极端阴影（色阶为 0，黑色）和高光（色阶为 255，白色）。该值越大，色调对比度越强 |
| ❻ 存储为默认值 | 单击该按钮，可以将当前参数设置存储为预设，再次打开【阴影 / 高光】对话框时，会显示该参数 |
| ❼ 显示更多选项 | 选中此复选框，可以显示全部选项 |

# 12.4 图像的颜色调整

在 Photoshop CS6 中除了可以调整图像的明暗外，还可以对图像的色彩进行调整。这些调整色彩的命令包括【自然饱和度】【色相 / 饱和度】【色彩平衡】等，通过对图像色彩的调整不仅可以校正图像的偏色问题，还可以为画面打造出各具特色的色彩风格，下面进行详细介绍。

## 12.4.1 实战：使用【自然饱和度】命令打造"冷淡风格"照片

| 实例门类 | 软件功能 |
| --- | --- |

【自然饱和度】功能可以增加或减少画面颜色的鲜艳程度，其特别之处是在增加饱和度的同时能防止颜色因过于饱和而出现溢色，具体操作步骤如下。

Step01 打开素材文件，复制图层。打开"素材文件 \ 第 12 章 \ 风景 .jpg"文件，按【Ctrl+J】组合键复制图层，如图 12-52 所示。

图 12-52

**Step02** 调整图像亮度。执行【图像】→【调整】→【曲线】命令，调整图像亮度，如图 12-53 所示。

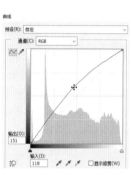

图 12-53

**Step03** 降低图像饱和度。执行【图像】→【调整】→【自然饱和度】命令，设置【自然饱和度】为 -45，如图 12-54 所示，降低图像饱和度，单击【确定】按钮，完成"冷淡风格"图像的制作，效果如图 12-55 所示。

图 12-54          图 12-55

### 技能拓展——自然饱和度与饱和度的区别

　　自然饱和度和饱和度的效果相同，都可以增加或降低画面的饱和度。【饱和度】命令会提升或降低画面中所有颜色的饱和度，所以在使用【饱和度】命令增加饱和度时，

容易造成过饱和，显得画面不自然；【自然饱和度】命令则会对画面中的颜色进行智能分析，然后有针对性地提升或降低饱和度，使画面饱和度整体趋于一致，达到自然的图像效果。

　　但值得注意的是，不管是饱和度还是自然饱和度，都不要过度调整，特别是在增加饱和度时。如果饱和度太高，就可能造成颜色不真实、过度不自然、细节丢失等问题。

## 12.4.2　实战：使用【色相/饱和度】命令更改背景颜色

| 实例门类 | 软件功能 |
|---|---|

　　【色相/饱和度】命令不仅可以对图像整体或局部的色相、饱和度、明度进行调整，还可以对图像中各个颜色（红、黄、绿、青、蓝、洋红）的色相、饱和度、明度分别进行调整。【色相/饱和度】命令常用于更改画面局部的颜色，或者增强画面的饱和度，具体操作步骤如下。

**Step01** 打开素材文件。打开"素材文件\第 12 章\花朵 .jpg"文件，如图 12-56 所示。

**Step02** 定位背景颜色。执行【图像】→【调整】→【色相/饱和度】命令，或者按【Ctrl+U】组合键，在【色相/饱和度】对话框中单击【全图】下拉按钮，如图 12-57 所示，在下拉列表中随意选择一种颜色。将鼠标指针放到图像背景处，这时指针变成吸管形状，单击背景吸取颜色，自动定位到青色，如图 12-58 所示。

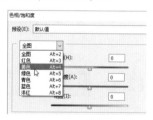

图 12-56          图 12-57

图 12-58

续表

Step03 改变背景颜色。调整【色相】为50、【饱和度】为+15，如图12-59所示，单击【确定】按钮，调整后的图像如图12-60所示。

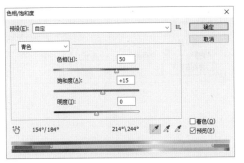

图 12-59

图 12-60

在【色相/饱和度】对话框中，各选项设置如图12-61所示。

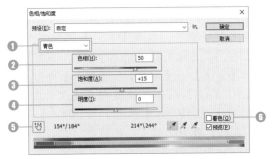

图 12-61

相关选项作用及含义如表12-9所示。

表 12-9　选项作用及含义

| 选项 | 作用及含义 |
| --- | --- |
| ❶ 编辑 | 在下拉列表框中可选择要改变的颜色如红色、蓝色、绿色、黄色或全图 |
| ❷ 色相 | 指各类颜色的相貌称谓，用于改变图像的颜色。可通过在数值框中输入数值或拖动滑块来调整 |

| 选项 | 作用及含义 |
| --- | --- |
| ❸ 饱和度 | 指色彩的鲜艳程度，也称为色彩的纯度 |
| ❹ 明度 | 指图像的明暗程度，数值设置越大图像越亮；数值设置越小图像越暗 |
| ❺ 图像调整工具 | 选择该工具后，将鼠标指针移动至需要调整颜色的区域上，单击并拖动鼠标可修改单击颜色点的饱和度，向左拖动鼠标可以降低饱和度，向右拖动鼠标则增加饱和度，如下图所示 原图　降低饱和度后的效果 |
| ❻ 着色 | 选中该复选框后，若前景色是黑色或白色，图像会转换为红色；若前景色不是黑色或白色，则图像会转换为当前前景色的色相；变为单色图像以后，可以拖动【色相】滑块修改颜色，或者拖动下面的两个滑块调整饱和度和明度 |

⚙ **技术看板**

如果不知道要调整的颜色属于哪种，可以让软件自动识别。先单击【全图】下拉按钮，随意选择一种颜色，单击要调整颜色的图像区域，软件会自动定位到该颜色，然后进行参数调整即可。

### 12.4.3 实战：使用【色彩平衡】命令纠正色偏

| 实例门类 | 软件功能 |
| --- | --- |

【色彩平衡】命令可以分别对图像的阴影、中间调和高光区域进行色调调整，它根据颜色的补色原理，控制图像颜色的分布，从而达到色彩的平衡。在【色彩平衡】对话框中，相对应的两个颜色互为补色，根据颜色的补色关系，要减少某种颜色就是增加该颜色的补色。因此，可以利用【色彩平衡】命令校正偏色，具体操作步骤如下。

Step01 打开素材文件，观察图像。打开"素材文件\第12章\桃花.jpg"文件，图像整体偏黄，如图12-62所示。

图 12-62

**Step02** 改善【中间调】偏黄的状态。执行【图像】→【调整】→【色彩平衡】命令，设置【色调平衡】为中间调、【色阶】为"40，0，80"，以减少黄色，如图 12-63 所示，图像偏黄的状态得到修复，如图 12-64 所示。

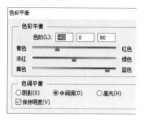 

图 12-63                          图 12-64

**Step03** 改善高光区域的偏色问题。查看图像会发现高光区域还有些偏黄、偏红，设置【色调平衡】为高光、【色阶】为"-8，0，35"，如图 12-65 所示，高光区域偏黄、偏红状态得到修复，如图 12-66 所示。

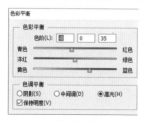 

图 12-65                          图 12-66

**Step04** 改善阴影区域的偏色问题。设置【色调平衡】为阴影、【色阶】为"-9，3，5"，如图 12-67 所示，阴影偏黄、偏红的状态得到修复，图像最终效果如图 12-68 所示。

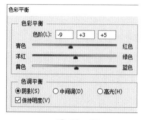 

图 12-67                          图 12-68

在【色彩平衡】对话框中，各选项设置如图 12-69 所示。

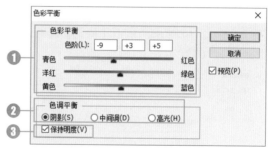

图 12-69

相关选项作用及含义如表 12-10 所示。

表 12-10  选项作用及含义

| 选项 | 作用及含义 |
|---|---|
| ① 色彩平衡 | 往图像中增加一种颜色，同时减少另一侧的补色 |
| ② 色调平衡 | 选择一个色调来进行调整 |
| ③ 保持明度 | 防止图像亮度随颜色的更改而改变 |

### 12.4.4  实战：使用【黑白】命令制作单色图像效果

| 实例门类 | 软件功能 |
|---|---|

【黑白】命令可以控制每一种颜色的色调深浅，如彩色照片换为黑白图像时，红色与绿色的灰度非常相似，色调的层次感不明显，那么使用【黑白】命令就可以解决这个问题。下面分别调整这两种颜色的灰度，将它们有效区分，具体操作步骤如下。

**Step01** 打开素材文件，设置【黑白】命令参数。打开"素材文件\第12章\彩绘.jpg"文件，如图 12-70 所示。执行【图像】→【调整】→【黑白】命令，或者按【Alt+Shift+Ctrl+B】组合键快速打开【黑白】对话框。设置【红色】为 107%、【黄色】为 79%、【绿色】为 244%、【青色】为 103%、【蓝色】为 -41%、【洋红】为 259%，如图 12-71 所示。

 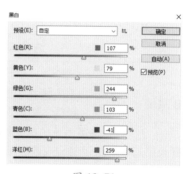

图 12-70                          图 12-71

Step**02** 选中【色调】复选框，为图像着色。通过前面的操作，即可得到层次感丰富的黑白图像，如图 12-72 所示。在【黑白】对话框中，选中【色调】复选框，设置【色相】为 91°、【饱和度】为 17%，如图 12-73 所示。

图 12-72　　　　　　　　图 12-73

Step**03** 完成单色图像效果的制作。通过前面的操作，即可得到单色图像，如图 12-74 所示。

图 12-74

在【黑白】对话框中，各选项设置如图 12-75 所示。

图 12-75

相关选项作用及含义如表 12-11 所示。

表 12-11　选项作用及含义

| 选项 | 作用及含义 |
| --- | --- |
| ❶ 拖动颜色滑块调整 | 拖动各个原色的滑块可调整图像中特定颜色的灰色调，向左拖动滑块灰色调变暗，向右拖动滑块灰色调变亮 |
| ❷ 色调 | 选中该复选框，可为灰度着色，创建单色调效果，拖动【色相】和【饱和度】滑块进行调整，单击颜色块，可打开【拾色器】对话框对颜色进行调整 |
| ❸ 自动 | 单击该按钮，可设置基于图像颜色值的灰度混合，并使灰度值的分布最大化 |

## 12.4.5 实战：使用【照片滤镜】命令打造炫酷冷色调

| 实例门类 | 软件功能 |
| --- | --- |

　　滤镜是相机的一种配件，将它安装在镜头前既可以保护镜头，也可以降低或消除水面和非金属表面的反光。【照片滤镜】命令可以模拟彩色滤镜，调整通过镜头传输光的色彩平衡和色温，对于调整照片的整体色调特别有用，具体操作步骤如下。

Step**01** 打开素材文件，复制图层。打开"素材文件\第12章\海边屋.jpg"文件，如图 12-76 所示，按【Ctrl+J】组合键复制背景图层，如图 12-77 所示。

图 12-76　　　　　　　　图 12-77

Step**02** 调亮图像。选中【背景 副本】图层，按【Ctrl+M】组合键，调出【曲线】对话框，向上拖动曲线调亮图像，如图 12-78 所示，图像效果如图 12-79 所示。

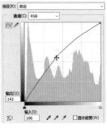

图 12-78　　　　　　　　图 12-79

**Step03** 添加冷色调滤镜。执行【图像】→【调整】→【照片滤镜】命令，❶设置【使用】为【冷却滤镜（LBB）】、【浓度】为20%，❷单击【确定】按钮，如图12-80所示。

图 12-80

**Step04** 完成冷色调照片的制作。通过前面的操作，最终图像效果如图12-81所示。

图 12-81

在【照片滤镜】对话框中，各选项设置如图12-82所示。

图 12-82

相关选项作用及含义如表12-12所示。

表 12-12　选项作用及含义

| 选项 | 作用及含义 |
|---|---|
| ❶ 滤镜 / 颜色 | 在【滤镜】下拉列表中可以选择要使用的滤镜。如果要自定义滤镜颜色，则单击【颜色】右侧的颜色块，打开【拾色器】对话框调整颜色 |
| ❷ 浓度 | 可调整应用到图像中的颜色数量，该值越高，颜色的调整强度越大 |
| ❸ 保留明度 | 选中复选框，可以保持图像的明度不变。取消选中该复选框，则会因为添加滤镜效果而使图像色调变暗 |

## 12.4.6　实战：使用【通道混合器】命令打造复古色调照片

| 实例门类 | 软件功能 |
|---|---|

在【通道】面板中，各个颜色通道保存着图像的色彩信息，将颜色通道调亮或调暗，都会改变图像的颜色。【通道混合器】命令就是通过混合其他通道色彩的亮度来影响源通道色彩亮度，从而改变图片色彩的。它能够对目标颜色通道进行修复和调整，常用于偏色图像的校正，但同时也擅长于营造整体偏色。

使用【通道混合器】命令打造复古色调照片的具体操作步骤如下。

**Step01** 打开素材文件，复制图层。打开"素材文件\第12章\背影.jpg"文件，如图12-83所示，按【Ctrl+J】组合键复制图层，通道面板效果如图12-84所示。

图 12-83　　　　　　图 12-84

**Step02** 修改蓝色通道参数，使画面整体偏黄色调。执行【图像】→【调整】→【通道混合器】命令，在【通道混合器】对话框中，设置【输出通道】为蓝，设置【常数】为 -30%，压暗蓝通道，使画面偏黄，在【源通道】选项区域中设置红色为 -6%、绿色为 -12%、蓝色为 +118%，如图12-85所示，以起到巩固黄色的作用，图像效果如图12-86所示。

图 12-85　　　　　　图 12-86

**Step03** 调整红色通道参数，增加红色。设置【输出通道】为"红"，设置【常数】为 +12%，提亮红色通道，使画面偏红，在【源通道】选项区域中设置红色为 +116%、绿色为 -6%、蓝色为 -7%，如图12-87所示，图像效果如图12-88所示。

图 12-87　　　　　　图 12-88

**Step 04** 调整绿色通道参数，减少一点红色。设置【输出通道】为绿，设置【常数】为 +2%，提亮绿色通道，减少一点红色，在【源通道】选项区域中设置红色为 15%、绿色为 100%，蓝色为 -8%，如图 12-89 所示，图像效果如图 12-90 所示。

图 12-89　　　　　　图 12-90

**Step 05** 添加杂色效果。通过通道混合器修改参数后，通道面板效果如图 12-91 所示；执行【滤镜】→【杂色】→【添加杂色】命令，在【添加杂色】对话框中设置【数量】为 35%、【分布】为高斯分布，选中【单色】复选框，如图 12-92 所示。

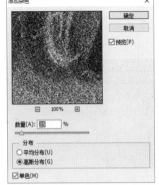

图 12-91　　　　　　图 12-92

**Step 06** 完成效果制作。单击【确定】按钮，最终图像效果如图 12-93 所示。

图 12-93

在【通道混合器】对话框中，各选项设置如图 12-94 所示。

图 12-94

相关选项作用及含义如表 12-13 所示。

表 12-13　选项作用及含义

| 选项 | 作用及含义 |
| --- | --- |
| ① 预设 | 该选项下拉列表中包含了 Photoshop 提供的预设调整设置文件 |
| ② 输出通道 | 可以选择要调整的通道 |
| ③ 源通道 | 用于设置输出通道中源通道所占的百分比 |
| ④ 总计 | 显示了通道的总计值。如果通道混合后总值高于 100%，会在数值前面添加一个警告符号 ▲，该符号表示混合后的图像可能损失细节 |
| ⑤ 常数 | 用于调整输出通道的灰度值 |
| ⑥ 单色 | 选中该复选框，可以将彩色图像转换为黑白效果 |

### 12.4.7　实战：使用【反相】命令制作发光的玻璃效果

| 实例门类 | 软件功能 |
| --- | --- |

【反相】命令可以将黑色变成白色，如果是一张彩

色的图像，它不仅可以把每一种颜色都反转成该颜色的互补色，还可以从扫描的黑白阴片中得到一个阳片。下面使用【反相】命令制作发光的玻璃效果，具体操作步骤如下。

**Step01** 打开素材文件，复制图层。打开"素材文件\第12章\蜂蜜.jpg"文件，按【Ctrl+J】组合键复制图层，如图 12-95 所示。

图 12-95

**Step02** 反相图像，新建图层。执行【图像】→【调整】→【反相】命令，或者按【Ctrl+I】组合键得到反相效果，如图 12-96 所示。新建【图层 2】，如图 12-97 所示。

图 12-96　　　　　　　图 12-97

**Step03** 创建选区并羽化。使用【椭圆选框工具】创建选区，如图 12-98 所示，按【Shift+F6】组合键执行【羽化选区】命令，❶ 设置【羽化半径】为 100 像素，❷ 单击【确定】按钮，如图 12-99 所示。

图 12-98　　　　　　　图 12-99

**Step04** 填充选区颜色。设置前景色为黄色【#fff100】，按【Alt+Delete】组合键填充前景色，如图 12-100 所示。

**Step05** 取消选区。按【Ctrl+D】组合键取消选区，如图 12-101 所示。

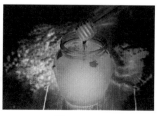

图 12-100　　　　　　　图 12-101

**Step06** 复制图层，加深发光效果。按【Ctrl+J】组合键复制图层，如图 12-102 所示。加深发光效果，如图 12-103 所示。

图 12-102　　　　　　　图 12-103

**Step07** 缩小图像，添加图层蒙版。按【Ctrl+T】组合键，执行【自由变换】命令，适当缩小图像，如图 12-104 所示，即可为图层添加图层蒙版，如图 12-105 所示。

图 12-104　　　　　　　图 12-105

**Step08** 修复图像边缘，增强图像真实感。用黑色【画笔工具】在图像下方涂抹，修复明显的边缘，如图 12-106 所示。拖动对象到图像下方适当位置，如图 12-107 所示。

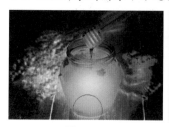

图 12-106　　　　　　　图 12-107

## 12.4.8　实战：使用【色调分离】命令制作艺术画效果

| 实例门类 | 软件功能 |
|---|---|

【色调分离】命令可以按照指定的色阶数减少图像的颜色（或灰度图像中的色调），从而简化图像内容。该命令适合创建大的单调区域，或者在彩色图像中产生有趣的效果，具体操作步骤如下。

**Step01** 打开素材文件，复制图层。打开"素材文件 \ 第 12 章 \ 鲜花 .jpg"文件，按【Ctrl+J】组合键复制图层，如图 12-108 所示。

图 12-108

**Step02** 添加模糊效果，模糊图像。执行【滤镜】→【模糊】→【高斯模糊】命令，❶ 设置【半径】为 3 像素，❷ 单击【确定】按钮，如图 12-109 所示，模糊效果如图 12-110 所示。

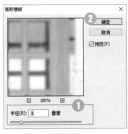

图 12-109　　　　　图 12-110

### 技术看板

执行【色调分离】命令前，对图像稍作模糊处理，可以得到的色块数量会变少，但是色块面积会变大。

**Step03** 执行【色调分离】命令。执行【图像】→【调整】→【色调分离】命令，❶ 设置【色阶】为 4 像素，❷ 单击【确定】按钮，如图 12-111 所示，效果如图 12-112 所示。

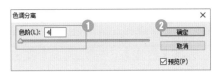

图 12-111

图 12-112

### 技术看板

在【色调分离】对话框中，【色阶】选项用于设置图像产生色调的色调级，其设置的数值越大，图像产生的效果越接近原图像。

## 12.4.9　实战：使用【色调均化】命令制作花仙子场景

| 实例门类 | 软件功能 |
|---|---|

【色调均化】命令可以重新分布像素的亮度值，将最亮的值调整为白色、最暗的值调整为黑色、中间的值分布在整个灰度范围中，使它们更均匀地呈现所有范围的亮度级别（0 ~ 255）。该命令还可以增加颜色相近的像素之间的对比度，当图像中没有选区时，将不会弹出选项设置对话框。下面使用【色调均化】命令制作花仙子场景，具体操作步骤如下。

**Step01** 打开素材文件，复制图层。打开"素材文件 \ 第 12 章 \ 花仙子 .jpg"文件，按【Ctrl+J】组合键复制图层，如图 12-113 所示。

图 12-113

**Step02** 创建选区并羽化。使用【套索工具】创建自由选区，如图 12-114 所示。按【Shift+F6】组合键羽化选区，设置【羽化半径】为 30 像素，效果如图 12-115 所示。

图 12-114　　　　　　　图 12-115

**Step03** 反相选区，执行【色调均化】命令。按【Ctrl+Shift+I】组合键反相选区，如图 12-116 所示。执行【图像】→【调整】→【色调均化】命令，弹出【色调均化】对话框，❶ 选中【仅色调均化所选区域】单选按钮，❷ 单击【确定】按钮，如图 12-117 所示。

图 12-116

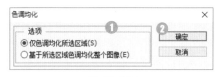

图 12-117

**Step04** 完成色调均化，绘制装饰图案。通过前面的操作，即可色调均化所选区域，如图 12-118 所示。使用【画笔工具】绘制一些装饰图案，如图 12-119 所示。

图 12-118　　　　　　　图 12-119

## 12.4.10　实战：使用【渐变映射】命令制作特殊色调

| 实例门类 | 软件功能 |
|---|---|

　　【渐变映射】命令的主要功能是将图像灰度范围映射到指定的渐变填充色。例如，指定双色渐变作为映射

渐变，图像中暗调像素将映射到渐变填充的左边端点颜色，高光像素将映射到右边端点颜色，中间调将映射到两个端点之间的过渡颜色，具体的操作步骤如下。

**Step01** 打开素材文件，复制图层。打开"素材文件 \ 第 12 章 \ 太阳 .jpg"文件，按【Ctrl+J】组合键复制图层，如图 12-120 所示。

图 12-120

**Step02** 设置渐变颜色。执行【图像】→【调整】→【渐变映射】命令，在打开的【渐变映射】对话框中，❶ 单击色条右侧的 ▼ 按钮，在打开的下拉列表框中，单击右上角的 ✿ 按钮，❷ 载入【蜡笔】选项，选择【绿色、蓝色、黄色】渐变，❸ 单击【确定】按钮，如图 12-121 所示，效果如图 12-122 所示。

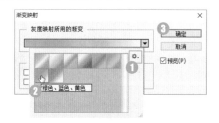

图 12-121

图 12-122

**Step03** 设置图层混合模式。在【图层】面板中，更改图层混合模式为【颜色】，如图 12-123 所示，效果如图 12-124 所示。

图 12-123　　　　　图 12-124

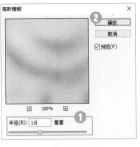

图 12-129　　　　　图 12-130

**技术看板**

复制图层应用【渐变映射】命令后，将复制图层混合模式更改为【颜色】，可以避免【渐变映射】命令对图像造成的亮度改变。

Step 04 盖印图层。按【Alt+Shift+Ctrl+E】组合键盖印图层，如图 12-125 所示。

Step 05 使用【色阶】命令调亮图像。按【Ctrl+L】组合键，执行【色阶】命令，❶设置【输入色阶】为"0，0.8，224"，❷单击【确定】按钮，如图 12-126 所示。

Step 08 设置图层混合模式，完成图像效果制作。更改图层混合模式为【浅色】，如图 12-131 所示，效果如图 12-132 所示。

图 12-131　　　　　图 12-132

在【渐变映射】对话框中，各选项设置如图 12-133 所示。

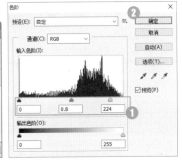

图 12-125　　　　　图 12-126

Step 06 调亮图像。复制图层，如图 12-127 所示，适当调亮图像，效果如图 12-128 所示。

图 12-133

相关选项作用及含义如表 12-14 所示。

表 12-14　选项作用及含义

| 选项 | 作用及含义 |
|---|---|
| ❶ 调整渐变 | 单击渐变颜色条右侧的下拉按钮，在打开的下拉面板中选择一个预设渐变。如果要创建自定义渐变，则可单击渐变条，打开【渐变编辑器】对话框进行设置 |
| ❷ 仿色 | 可以添加随机的杂色来平滑渐变填充的外观，减少带宽效应，使渐变效果更加平滑 |
| ❸ 反向 | 可以反转渐变填充的方向 |

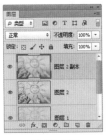

图 12-127　　　　　图 12-128

Step 07 添加高斯模糊滤镜。执行【滤镜】→【模糊】→【高斯模糊】命令，❶设置【半径】为 10 像素，❷单击【确定】按钮，如图 12-129 所示，效果如图 12-130 所示。

## ★重点 12.4.11 实战：使用【可选颜色】命令调整单一色相

| 实例门类 | 软件功能 |
|---|---|

所有的印刷色都是由青、洋红、黄、黑4种油墨混合而成的。【可选颜色】命令通过调整印刷油墨的含量来控制颜色，该命令可以修改某一种颜色的油墨成分，而不影响其他主要颜色。例如，修改红色中的青色油墨含量，绿色中的青色油墨不受影响，具体操作步骤如下。

**Step01** 打开素材文件，复制图层。打开"素材文件\第12章\花束.jpg"文件，按【Ctrl+J】组合键复制图层，如图12-134所示。

图 12-134

**Step02** 调整红色参数，使花朵颜色偏洋红色。执行【图像】→【调整】→【可选颜色】命令，打开【可选颜色】对话框，设置【颜色】为红色"+100%，+44%，-100%，0%"，如图12-135所示，效果如图12-136所示。

图 12-135

图 12-136

**Step03** 设置中性色参数，更改背景色调。设置【颜色】为中性色"+55%，0%，-23%，0%"，如图12-137所示，效果如图12-138所示。

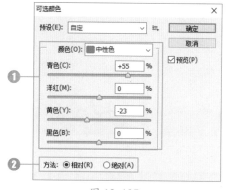

图 12-137

图 12-138

在【可选颜色】对话框中，各选项作用及含义如表12-15所示。

表 12-15  选项作用及含义

| 选项 | 作用及含义 |
|---|---|
| ❶ 颜色 | 用于设置图像中要改变的颜色，单击【颜色】右侧的下拉按钮，在弹出的下拉列表中选择要改变的颜色。然后通过青色、洋红、黄色、黑色的滑块对选择的颜色进行调整，设置的参数越小颜色就越淡，参数越大颜色就越浓 |
| ❷ 方法 | 用于设置调整的方式。选中【相对】单选按钮，可按照总量的百分比修改现有的颜色含量；选中【绝对】单选按钮，则采用绝对值调整颜色 |

### 12.4.12 【HDR色调】命令

【HDR色调】命令允许使用超出普通范围的颜色值，增强画面亮部和暗部的细节和颜色感，从而使画面颜色层次感丰富，具有超强的视觉冲击力。

执行【图像】→【调整】→【HDR色调】命令，打开【HDR色调】对话框，如图12-139所示。设置【方法】

为局部适应，单击【确定】按钮，效果如图 12-140 所示。

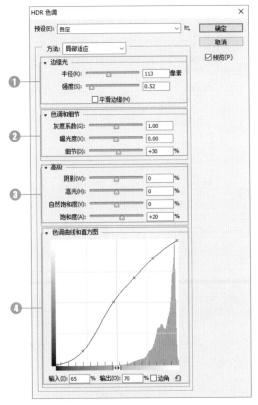

图 12-139

图 12-140

相关选项作用及含义如表 12-16 所示。

表 12-16　选项作用及含义

| 选项 | 作用及含义 |
| --- | --- |
| ❶ 边缘光 | 控制调整范围和调整的应用强度 |
| ❷ 色调和细节 | 调整图像曝光度及阴影、高光中的细节。可使用简单的函数调整图像灰度系数 |
| ❸ 高级 | 调整图像的饱和度 |
| ❹ 色调曲线和直方图 | 显示图像的直方图，可通过曲线调整图像色调 |

## 12.4.13　【变化】命令

【变化】命令是一个简单直观的图像调整工具，其优点体现在用户能够预览颜色变化的整个过程，并比较调整结果与原图像之间的差异。此外，在增加饱和度时，如果出现溢色，Photoshop 还会标出溢色区域，该命令非常适合初学者使用。执行【图像】→【调整】→【变化】命令，打开【变化】对话框，如图 12-141 所示，多次单击【加深蓝色】缩览图，效果如图 12-142 所示。

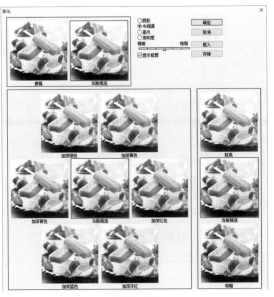

图 12-141

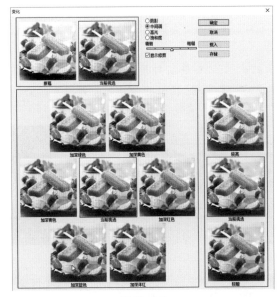

图 12-142

相关选项作用及含义如表 12-17 所示。

表 12-17 选项作用及含义

| 选项 | 作用及含义 |
|---|---|
| 原稿 / 当前挑选 | 对话框顶部的【原稿】缩览图中显示了原始图像,【当前挑选】缩览图中显示了图像的调整结果 |
| 阴影 / 中间色调 / 高光 | 选中相应的单选按钮,可以调整图像阴影、中间调和高光的颜色 |
| 饱和度 / 显示修剪 | 【饱和度】选项用于调整颜色的饱和度。在增加饱和度时,选中【显示修剪】复选框,如果出现溢色,颜色就会被修剪,以标示溢色区域 |
| 精细 / 粗糙 | 用于控制每次的调整量,每移动一格滑块,可以使调整量双倍增加 |

**技术看板**

【变化】命令是基于色轮进行颜色调整的。在【变化】对话框中的 7 个缩览图,处于对角位置的颜色互为补色,当单击一个缩览图增加一种颜色的含量时,会自动减少其补色的含量。

## 12.4.14 实战:使用【匹配颜色】命令统一色调

| 实例门类 | 软件功能 |
|---|---|

【匹配颜色】命令不仅可以匹配不同图像之间、多个图层之间及多个颜色选区之间的颜色,还可以通过改变亮度和色彩范围来调整图像中的颜色,具体操作步骤如下。

**Step 01** 打开素材文件。打开"素材文件\第 12 章\三女.jpg"文件,如图 12-143 所示。打开"素材文件\第 12 章\单女.jpg"文件,如图 12-144 所示。

图 12-143　　　　　　图 12-144

**Step 02** 执行匹配颜色命令,匹配颜色。执行【图像】→【调整】→【匹配颜色】命令,弹出【匹配颜色】对话框,在【源】下拉列表中选择【三女.jpg】选项,单击

【确定】按钮,如图 12-145 所示。通过前面的操作,"单女"图像的色彩风格被"三女"图像影响,效果如图 12-146 所示。

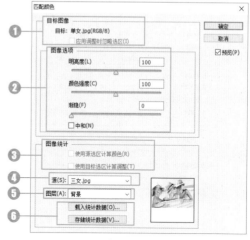

图 12-145

图 12-146

在【匹配颜色】对话框中,相关选项作用及含义如表 12-18 所示。

表 12-18 选项作用及含义

| 选项 | 作用及含义 |
|---|---|
| ❶ 目标图像 | 【目标】中显示了被修改图像的名称和颜色模式。如果当前图像中包含选区,选中【应用调整时忽略选区】复选框,可忽略选区,将调整应用于整个图像;取消选中该复选框,则仅影响选中的图像 |
| ❷ 图像选项 | 【明亮度】选项调整图像的亮度;【颜色强度】选项调整色彩的饱和度;【渐隐】选项控制应用于图像的调整量,该值越高,调整强度越弱。选中【中和】复选框,可以消除图像中出现的色偏 |

续表

| 选项 | 作用及含义 |
|---|---|
| ❸ 图像统计 | 如果在源图像中创建了选区，选中【使用源选区计算颜色】复选框，可使用选区中的图像匹配当前图像的颜色；取消选中该复选框，则会使用整幅图像进行匹配。如果在目标图像中创建了选区，选中【使用目标选区计算调整】复选框，可使用选区内的图像来计算调整；取消选中该复选框，则使用整个图像中的颜色来计算调整 |
| ❹ 源 | 可选择要将颜色与目标图像中的颜色相匹配的源图像 |
| ❺ 图层 | 用于选择需要匹配颜色的图层，如果将【匹配颜色】命令用于目标图像中的特定图层，应确保在执行【匹配颜色】命令时该图层处于当前选择状态 |
| ❻ 载入统计数据 / 存储统计数据 | 单击【存储统计数据】按钮，将当前的设置保存；单击【载入统计数据】按钮，可载入已存储的设置 |

## 12.4.15　实战：使用【替换】命令更改衣帽颜色

| 实例门类 | 软件功能 |
|---|---|

　　【替换颜色】命令可以选中图像中的特定颜色，然后修改其色相、饱和度和明度。该命令包含了颜色选择和颜色调整两个选项，分别与【色彩范围】【色相 / 饱和度】命令非常相似，具体操作步骤如下。

Step01 打开素材文件。打开"素材文件\第 12 章\女孩 .jpg"文件，如图 12-147 所示。

Step02 执行【替换颜色】命令，选择替换颜色。执行【图像】→【调整】→【替换颜色】命令，弹出【替换颜色】对话框，用吸管工具在图像中单击需要替换的颜色，如图 12-148 所示。

图 12-147　　　　　　　图 12-148

Step03 选中部分图像。通过前面的操作，选中部分图像，如图 12-149 所示。设置【颜色容差】为 200，如图 12-150所示。

Step04 设置替换颜色。在【替换】选项区域中，设置【色相】为 -45、【饱和度】为 0、【明度】为 +25，如图 12-151 所示，即可更改人物衣帽颜色为紫色，如图 12-152 所示。

图 12-149　　　　　　　图 12-150

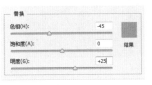

图 12-151　　　　　　　图 12-152

　　在【替换颜色】对话框中，各选项作用及含义如表12-19 所示。

表 12-19　选项作用及含义

| 选项 | 作用及含义 |
|---|---|
| ❶ 本地化颜色簇 | 如果在图像中选择多种颜色，可以选中该复选框，再用吸管工具进行颜色取样 |
| ❷ 吸管工具 | 用【吸管工具】在图像上单击，可以选中鼠标指针下面的颜色；用【添加到取样】工具 🖊 在图像中单击，可以添加新的颜色；用【从取样中减去】工具 🖊 在图像中单击，可以减少颜色 |
| ❸ 颜色容差 | 控制颜色的选择精度。该值越高，选中的颜色范围越广 |
| ❹ 选区 / 图像 | 选中【选区】单选按钮，可在预览区中显示蒙版。选中【图像】单选按钮，则会显示图像内容，不显示选区。其中，黑色代表了被选择的区域，白色代表了选中的区域，灰色代表了被部分选择的区域 |
| ❺ 替换 | 拖动各个滑块即可调整选中颜色的色相、饱和度和明度 |

## 12.4.16 实战：使用【阈值】命令制作涂鸦墙

| 实例门类 | 软件功能 |
|---|---|

使用【阈值】命令可以将灰度或彩色图像转换为高对比度的黑白图像。如果指定某个色阶作为阈值，那么所有比阈值色阶亮的像素转换为白色，反之转换为黑色，适用于制作单色照片或模拟手绘效果的线稿，具体操作步骤如下。

**Step01** 打开素材文件。打开"素材文件\第12章\砖墙.jpg"文件，如图12-153所示。

图 12-153

**Step02** 置入模特素材。置入"素材文件\第12章\女模特.jpg"文件，使用【移动工具】将其移动至适当的位置，按【Enter】键确认置入，如图12-154所示。

图 12-154

**Step03** 栅格化图像。选中【女模特】图层并右击，在弹出的快捷菜单中选择【栅格化图层】命令，即可栅格化图像，如图12-155所示。

**Step04** 设置阈值参数。执行【图像】→【调整】→【阈值】命令，弹出【阈值】对话框，❶设置【阈值色阶】为105，❷单击【确定】按钮，如图12-156所示。

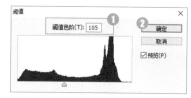

图 12-155　　　　　　　图 12-156

**Step05** 得到设置阈值后的图像效果。通过前面的操作，即可得到阈值效果，如图12-157所示。

图 12-157

**Step06** 置入渐变素材，为人物图像添加颜色。置入"素材文件\第12章\渐变.jpg"文件，放大图像并将其放置人物图像的位置，如图12-158所示；按【Enter】键确认置入，更改图层【混合模式】为滤色，效果如图12-159所示。

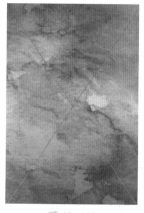

图 12-158　　　　　　图 12-159

**Step07** 编组图层，设置图层混合模式。选中【女模特】和【渐变】图层，按【Ctrl+G】组合键编组图层，得到【组1】图层，设置【组1】图层混合模式为【正片叠底】，如图12-160所示。

图 12-160

**Step 08** 添加文字素材。置入"素材文件 \ 第 12 章 \ 文字 .jpg"文件，适当放大图像并将其放置在画面右边，如图 12-161 所示，按【Enter】键确认置入，更改图层混合模式为【颜色加深】，效果如图 12-162 所示。

图 12-161

图 12-162

**Step 09** 添加蒙版，融合图像。选中【文字】图层，单击图层面板底部的【添加矢量蒙版】按钮 ，为【文字】图层添加蒙版，使用黑色柔角画笔在文字背景处涂抹，使文字与图像融合，如图 12-163 所示。

图 12-163

**Step 10** 完成涂鸦墙效果制作。最终图像效果如图 12-164 所示。

图 12-164

### 12.4.17 【去色】命令

【去色】命令可以将彩色图像转换为相同颜色模式下的灰度图像，常用于制作黑白图像效果，执行【图像】→【调整】→【去色】命令，或者按【Ctrl+Shift+U】组合键即可，效果对比如图 12-165 所示。

原图

效果图

图 12-165

### 12.4.18 实战：使用【颜色查找】命令打造黄蓝色调

| 实例门类 | 软件功能 |
|---|---|

很多数字图像输入 / 输出设备都有自己特定的色彩空间，这会导致色彩在这些设备间传递时出现不匹配的现象，【颜色查找】命令可以让颜色在不同的设备之间精确地传递和再现，具体操作步骤如下。

**Step 01** 打开素材文件，复制图层。打开"素材文件 \ 第 12 章 \ 雪景 .jpg"文件，按【Ctrl+J】组合键复制图层，如图 12-166 所示。

图 12-166

**Step 02** 执行【颜色查找】命令，匹配颜色。执行【图像】→【调整】→【颜色查找】命令，弹出【颜色查找】对话框，单击【3DLUT 文件】下拉按钮，在弹出的下拉列表中选择【FallColors.look】选项，如图 12-167 所示。

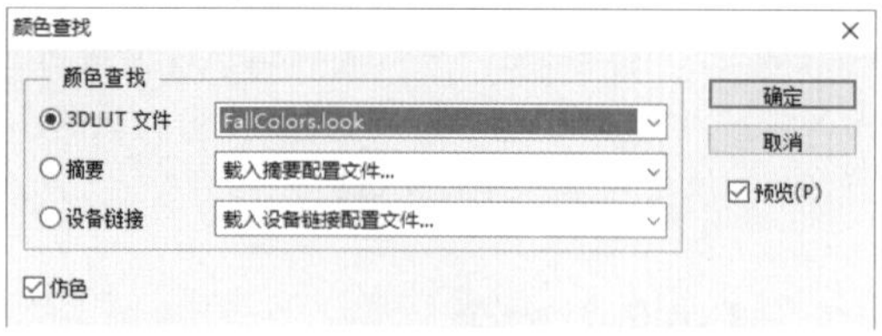

图 12-167

Step 03 设置图层混合模式，完成图像效果的制作。单击【确定】按钮，使用【颜色查找】命令匹配颜色后的

图像效果如图 12-168 所示，更改图层混合模式为【强光】，效果如图 12-169 所示。

图 12-168

图 12-169

## 妙招技法

通过前面知识的学习，相信大家已经掌握了 Photoshop CS6 图像和色调调整的基本操作。下面结合本章内容，给大家介绍一些实用技巧。

### 技巧 01：一次调整多个通道

在调整图像时，可以同时调整多个通道，在执行【曲线】命令之前，可以在【通道】面板中选择多个通道。例如，选择【红】【绿】通道，如图 12-170 所示。在【曲线】对话框的【通道】下拉列表框中会显示目标通道，【RG】代表【红】【绿】通道，如图 12-171 所示。

图 12-170

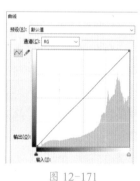
图 12-171

### 技巧 02：使用【调整图层】校正图像偏色

使用【调整】命令进行调色时，因为【调整】命令是直接作用于原图层的，操作之后就无法再进行参数的修改。如果对效果不满意，只有在现有效果的基础上再进行修改，或者撤销之前的操作，再重新制作一遍。这样操作起来十分烦琐，而且多次修改也会对图像质量造成损失。为了确保图像质量和修改方便，可以使用调整图层对图像进行调色。调整图层是指将调色操作以图层的形式存在于图层面板中，因其具有图层的属性，所以

具有以下几个特点。

①可以随时隐藏或显示调色效果。
②可以通过蒙版控制调色影响的范围。
③可以创建剪贴蒙版。
④可以调整图层透明度以减弱调色效果。
⑤可以随时调整图层所处的位置。
⑥可以随时更改调色参数，修改调色效果。
⑦不会对图像质量造成任何的损失。

使用【调整图层】对图像调色的具体操作步骤如下。

Step 01 打开素材文件，创建调整图层。打开"素材文件\第 12 章\偏色 .jpg"文件，如图 12-172 所示。执行【图层】→【新建调整图层】命令，或者单击图层面板底部的【创建新的填充或调整图层】按钮，即可在弹出的扩展菜单中选择一种调整命令，这里选择【色彩平衡】命令，可以发现在图层面板中创建了一个带蒙版的调整图层，并自动弹出【属性】面板，如图 12-173 所示。

图 12-172

图 12-173

**Step02** 设置色彩平衡参数，调整偏色。因为原图像偏黄、偏红，所以要减去黄色和红色。在【属性】面板中设置色调为中间调，调整参数为"-70，10，35"，如图 12-174 所示，设置色调为高光，调整参数为"-12，4，6"，如图 12-175 所示。

图 12-174

图 12-175

**Step03** 继续修正人物偏色。调整色彩平衡后的图像效果如图 12-176 所示，观察图像可以发现，虽然背景的偏色问题基本已经解决，但是人物还有些偏黄色。单击图层面板底部的【创建新的填充或调整图层】按钮，新建【可选颜色】调整图层，在【属性】面板中设置【颜色】为红色，调整参数为"0，-12，-21，0"，如图 12-177 所示；设置颜色为黄色，调整参数为"0，-10，-20，0"，如图 12-178 所示。

**Step04** 反相蒙版，涂抹出人物部分。选中图层蒙版，按【Ctrl+I】组合键，反相蒙版，使用白色柔角画笔工具在蒙版上涂抹人物部分，如图 12-179 所示，这样调色效果就只作用于人物部分，不会对背景产生影响，效果如图 12-180 所示。

图 12-176

图 12-177

图 12-178

图 12-179

图 12-180

**Step05** 提亮图像。原图像背景有点偏暗，新建【曲线】调整图层，在【属性】面板中向上拖动曲线，增加图像的亮度，如图 12-181 所示，效果如图 12-182 所示。

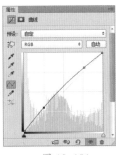

图 12-181

图 12-182

**Step06** 使用蒙版追回人物。提亮图像后会发现人物有点过亮了，使画面整体看起来不和谐。选中【曲线1】图层的蒙版，使用黑色柔角画笔工具在人物处涂抹，追回人物的亮度，效果如图 12-183 所示。

图 12-183

技能拓展——使用【调整】面板

执行【窗口】→【调整】命令，打开【调整】面板，单击【调整】面板中的按钮也可以创建调整图层。

**Step07** 降低图像饱和度，完成图像偏色的校正。创建【自然饱和度】调整图层，在【属性】面板中，设置【自然饱和度】为 -23，【饱和度】为 -3，如图 12-184 所示，图像最终效果如图 12-185 所示。

图 12-184

图 12-185

## 技巧 03：在【色阶】对话框的阈值模式下调整照片的对比度

使用【色阶】对话框调整图像时，滑块越靠近中间，对比度越强烈，也容易丢失细节。如果能将滑块精确定位于直方图的起点和终点，就可以在调整对比度的同时，保持细节不会丢失，具体操作步骤如下。

**Step01** 打开素材文件。打开"素材文件 \ 第 12 章 \ 动物 .jpg"文件，如图 12-186 所示。

**Step02** 打开【色阶】对话框，观察图像。按【Ctrl+L】组合键，执行【色阶】命令，打开【色阶】对话框，观察直方图可以发现，图像的阴影和高光都缺乏像素，说明图像整体偏灰，如图 12-187 所示。

图 12-186

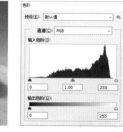
图 12-187

**Step03** 进入阈值模式预览图像。按住【Alt】键向右拖动阴影滑块，如图 12-188 所示，切换为阈值模式，出现

一个高对比度的预览图像，如图 12-189 所示。

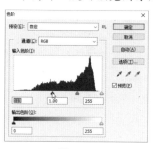
图 12-188

图 12-189

**Step04** 确认阴影调整参数。往回拖动滑块，当画面出现少量图像时放开滑块，如图 12-190 所示，效果如图 12-191 所示。

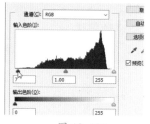
图 12-190

图 12-191

**Step05** 调整高光参数。使用相同的方法向左拖动高光滑块，如图 12-192 所示，效果如图 12-193 所示。

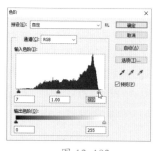
图 12-192

图 12-193

**Step06** 完成对比度的调整。通过前面的操作，即可调整对比度，并且最大限度地保留图像细节，如图 12-194 所示。

图 12-194

# 同步练习 —— 打造日系小清新色调

　　日系小清新风格照片，主要以朴素淡雅的色彩和明亮的色调为主，给人一种舒服、低调而又温暖惬意的感觉，因此广受大众的喜爱。这种风格的照片特点是亮度偏高，使画面显得干净、清新；多使用冷色调，且以蓝色、青色为主，从而给人以清爽、静谧的感觉；画面对比度低且光线感较强，从而使画面呈现出柔和、明亮、有活力的特点。下面就用本章学习的色彩调整工具打造日系小清新色调的照片，处理前后效果如图 12-195 所示。

处理前效果　　　　　处理后效果

图 12-195

| 素材文件 | 素材文件\第12章\西瓜.jpg |
|---|---|
| 结果文件 | 结果文件\第12章\日系小清新.psd |

　　具体操作步骤如下。

Step01 打开素材文件。打开"素材文件\第12章\西瓜.jpg"文件，如图 12-196 所示。

Step02 新建【曲线】调整图层，调亮图像。单击图层面板底部的【创建新的填充或调整图层】按钮，新建【曲线】调整图层，在【属性】面板中向上拖动曲线，调亮图像，再向上拖动左下角的控制点，提高图像的明度，营造一种朦胧的氛围；向左拖动右上角的滑块，提亮高光区域的图像，如图 12-197 所示。

 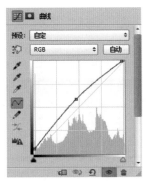

图 12-196　　　　　图 12-197

Step03 创建【色相/饱和度】调整图层，改变背景颜色。使用【曲线】调整图层的效果如图 12-198 所示；单击图层面板底部的【创建新的填充或调整图层】按钮，创建【色相/饱和度】调整图层，在【属性】面板中选择【绿色】，设置参数为"+45，-18，+30"，如图 12-199 所示。

图 12-198　　　　　图 12-199

Step04 使用【色相/饱和度】图层调整绿叶颜色。在【属性】面板中选择【黄色】，设置参数为"-6，-2，+15"，如图 12-200 所示，调整后的效果如 12-201 所示。

图 12-200　　　　　图 12-201

Step05 使用【可选颜色】调整图层，调整西瓜颜色。单击图层面板底部的【创建新的填充或调整图层】按钮，创建【可选颜色】调整图层,设置【颜色】为红色、参数为"+20,-5,-15,-4",如图12-202所示,设置【颜色】为黄色、参数为"-10,-6,-25,0",如图12-203所示。

图 12-202　　　　　　　　图 12-203

**Step06** 创建【照片滤镜】调整图层,统一图像色调。使用【可选颜色】调整图像的效果如图12-204所示;单击图层面板底部的【创建新的填充或调整图层】按钮 ,创建【照片滤镜】调整图层,在【属性】面板中设置【滤镜】为【冷却滤镜(LBB)】,其他参数保持不变,如图12-205所示。

图 12-204

图 12-205

**Step07** 完成效果制作。最终图像效果如图12-206所示。

图 12-206

## 本章小结

　　本章系统地讲解了图像色彩模式的原理及转换操作,以及各种颜色和色调的调整命令,如【亮度/对比度】【色阶】【曲线】【色相/饱和度】【色彩平衡】【通道混合器】【可选颜色】【匹配颜色】等命令的应用。在众多的调色命令中,并不是每一种调色命令都会经常使用,很多调色命令都可以达到相同的结果,所以在实际的调色过程中,大家不必拘泥于书上所学的某种特定命令,只需根据自己的使用习惯选择即可。此外,在调色时,如果想要达到某种色调效果,并不能仅依靠一种调色命令,往往还会配合其他的命令共同实现。所以,大家在实际的操作中,需要灵活运用这些色彩调整命令,从而达到更好的图像效果。

# 第13章　图像色彩的校正

- ➥ 【信息】面板和【颜色取样器】的关系是什么？
- ➥ 色域和溢色分别代表什么？
- ➥ 【直方图】分析色调准确吗？
- ➥ 如何在计算机上模拟印刷色彩？
- ➥ Lab 调色的优势是什么？

前面学习了色彩的基本调整方法，本章将继续讲解有关色彩的高级处理方法。掌握色彩的高级处理方法不仅可以提高大家对色彩的理解能力，还可以帮助大家制作出更多特殊色调的图像。

## 13.1　【信息】面板应用

【信息】面板显示有关图像的文件信息，包括颜色值、文档状态、指针坐标信息等。打开【信息】面板后，若在图像上移动鼠标指针，会提供有关颜色值和指针坐标信息的反馈；若在图像中创建选区并进行变换，面板中则会显示指针位置的坐标轴及选框的高度和宽度，同时还会显示选框变换的角度。

### 13.1.1　【信息】面板基础操作

执行【窗口】→【信息】命令，打开【信息】面板，默认情况下，面板中会显示以下选项。

（1）显示颜色信息：将鼠标指针放在图像上，如图 13-1 所示。【信息】面板中会显示鼠标指针的准确坐标和鼠标指针下面的颜色值，如图 13-2 所示。

图 13-1

图 13-2

图 13-3

图 13-4

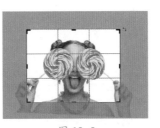

图 13-5

图 13-6

（2）显示选区大小：使用选框工具创建选区时，这里选择【椭圆选框工具】，拖动鼠标创建选区，如图 13-3 所示。面板中会随着鼠标的拖动而实时显示选框的宽度（W）和高度（H），如图 13-4 所示。

（3）显示定界框的大小：使用【裁剪工具】裁剪图像时，如图 13-5 所示，会显示定界框的宽度（W）和高度（H）；如果旋转裁剪框，还会显示旋转角度，如图 13-6 所示。

（4）显示开始位置、变化角度和距离：当移动选区，或者使用【直线工具】【钢笔工具】【渐变工具】时，会随着鼠标的拖动显示开始位置的 X 和 Y 坐标，以及 X 的变化（ΔX）、Y 的变化（ΔY）及角度（A）和距离（L）。例如，使用【直线工具】绘制直线路径，如图 13-7 所示，【信息】面板如图 13-8 所示。

图 13-7　　　　　　　图 13-8

（5）显示变换参数：在执行变换操作时，这里执行透视变换，如图 13-9 所示。在【信息】面板中会显示宽度（W）和高度（H）的百分比变化、旋转角度（A）及水平切线（H）或垂直切线（V）的角度。旋转选区内的图像时显示的信息如图 13-10 所示。

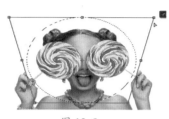

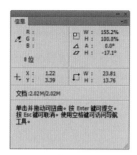

图 13-9　　　　　　　图 13-10

（6）显示状态信息：显示文档的大小、文档的配置文件、文档尺寸、暂存盘大小、效率、计时及当前工具等。

（7）显示工具提示：如果选中【显示工具提示】复选框，则可以显示当前选择工具的提示信息。

## 13.1.2　设置【信息】面板

在【信息】面板中，单击【扩展】按钮，在弹出的下拉菜单中选择【面板选项】命令，如图 13-11 所示。打开【信息面板选项】对话框，如图 13-12 所示。

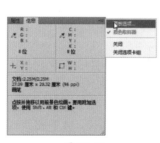

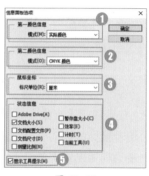

图 13-11　　　　　　　图 13-12

相关选项作用及含义如表 13-1 所示。

表 13-1　选项作用及含义

| 选项 | 作用及含义 |
|---|---|
| ❶ 第一颜色信息 | 在该选项的下拉列表内可以设置面板中第一个吸管显示的颜色信息。选择【实际颜色】选项，可显示图像当前颜色模式下的值；选择【校样颜色】选项，可显示图像输出颜色空间的值；选择【灰度】【RGB】【CMYK】等颜色模式，可显示相应颜色模式下的颜色值；选择【油墨总量】选项，可显示指针当前位置的所有 CMYK 油墨的总百分比；选择【不透明度】选项，可显示当前图层的不透明度，该选项不适用于背景 |
| ❷ 第二颜色信息 | 用于设置面板中第二个吸管显示的颜色信息 |
| ❸ 鼠标坐标 | 用于设置鼠标指针位置的测量单位 |
| ❹ 状态信息 | 设置面板中【状态信息】处的显示内容 |
| ❺ 显示工具提示 | 选中该复选框，可以在面板底部显示当前使用工具的各种提示信息 |

## ★重点 13.1.3　实战：使用【颜色取样器工具】吸取图像颜色值

| 实例门类 | 软件功能 |
|---|---|

【颜色取样器工具】和【信息】面板是密不可分的。在处理图像时，配合【信息】面板就可以精确了解颜色值的变化情况，具体操作步骤如下。

Step01 打开素材文件，建立取样点。打开"素材文件\第13章\变化.jpg"文件，使用【颜色取样器工具】在需要观察的位置单击，建立取样点，如图 13-13 所示。这时会弹出【信息】面板显示取样位置的颜色值，如图 13-14 所示。

图 13-13　　　　　　　图 13-14

Step02 使用【色相/饱和度】命令调整图像颜色。按【Ctrl+U】

组合键执行【色相 / 饱和度】命令，如图 13-15 所示。在开始调整时，面板中会出现两组数字，斜杠前面是调整前的颜色值，斜杠后面是调整后的颜色值，如图 13-16 所示。

图 13-15

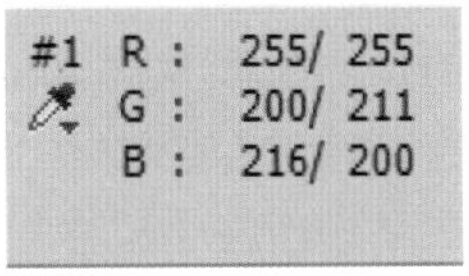

#1　R：　255/ 255
　　G：　200/ 211
　　B：　216/ 200

图 13-16

### 技能拓展——删除和移动颜色取样点

按住【Alt】键单击颜色取样点，可将其删除；如果要在【调整】面板处于打开的状态下删除颜色取样点，可按住【Alt+Shift】组合键单击取样点。一个图像中最多可以放置 4 个取样点。单击并拖动取样点，可以移动它的位置，【信息】面板中的颜色值也会随之改变。

选择【颜色取样器工具】后，其选项栏如图 13-17 所示。

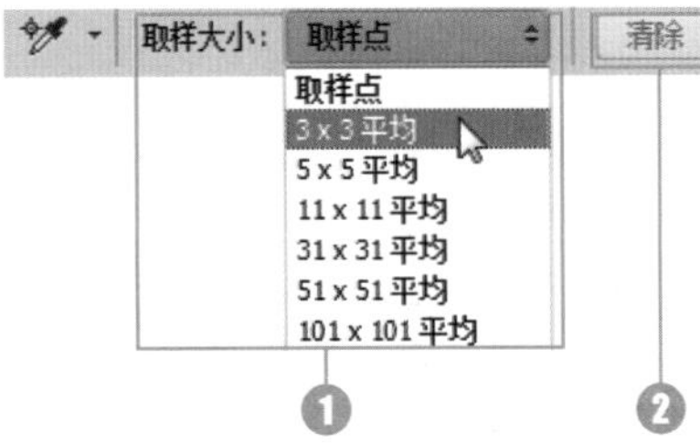

图 13-17

相关选项作用及含义如表 13-2 所示。

表 13-2　选项作用及含义

| 选项 | 作用及含义 |
| --- | --- |
| ❶ 取样大小 | 在【取样大小】下位列表框中，可选择取样点附近平均值的精确颜色。例如，选择【3×3 平均】选项，则吸取取样点附近 3 个像素区域内的平均颜色 |
| ❷ 清除 | 如果要删除所有颜色取样点，可单击该按钮 |

## 13.2　色域和溢色概述

将显示器上看起来很漂亮的颜色印刷出来时，会发现印刷出来的颜色效果与显示器上看到的有一定的偏差。这是因为计算机上显示器使用的是屏幕颜色，印刷机使用的是印刷色。这两种颜色模式的色域不同，就造成了偏色问题。在 Photoshop CS6 中可以开启【色域警告】功能来高亮显示溢色，从而避免在设计时使用一些无法印刷出来的颜色，减少显示器和印刷颜色的色差。

### 13.2.1　色域与溢色

色域是对一种颜色进行编码的方法，也指一个技术系统能够产生颜色的总和。简单来说，色域就是指色彩范围。在现实生活中，自然界可见光谱的颜色组成了最大的色域空间，它包含了人眼能看到的所有颜色。CIELab 国际照明协会根据人眼视觉特性，把光线波长转换为亮度和色相，创建了一套描述色域的色彩数据。

针对不同领域范围，有不同的色域标准。RGB 模式（屏幕模式）比 CMYK 模式（印刷模式）的色域范围广，所以当 RGB 图像转换为 CMYK 模式后，图像的颜色信息会有损失。这也是在屏幕上看起来漂亮的色彩无法印刷出来的原因，而那些不能被打印输出的颜色就称为"溢色"。

使用【拾色器】对话框或【颜色】面板设置颜色时，如果出现溢色，Photoshop 就会给出一个警告。在它下面有一个小颜色块，这是 Photoshop 提供的与当前颜色最为接近的打印颜色，单击该颜色块，就可以用它来替换溢色，如图 13-18 所示。

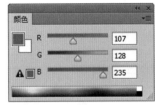

图 13-18

### 13.2.2　开启溢色警告

若要知道哪些图像内容出现了溢色，可执行【视图】→【色域警告】命令，画面中出现的灰色便是溢色区域，效果对比如图 13-19 所示。再次执行该命令，可以关闭该警告。

溢色效果　　　　　开启溢色警告后效果

图 13-19

## 13.3　直方图

直方图记录了图像的明暗及颜色信息的分布情况。通过直方图可以随时观察照片的曝光情况，以辅助图像调整。多数中高档数码相机的 LCD（显示屏）上都可以显示直方图，在 Photoshop CS6 中对数码照片进行后期处理时，也可以调出【直方图】面板，查看图像信息。

### ★重点 13.3.1　【直方图】面板知识

Photoshop 的直方图表示了图像的每个亮度级别的像素数量，展现了像素在图像中的分布情况。通过观察直方图，可以判断出照片的阴影、中间调和高光中包含的细节是否充足，以便对其做出正确的调整。

执行【窗口】→【直方图】命令，可以打开【直方图】面板，【扩展视图】模式如图 13-20 所示。

图 13-20

相关选项作用及含义如表 13-3 所示。

表 13-3　选项作用及含义

| 选项 | 作用及含义 |
|---|---|
| ❶ 通道 | 在下拉列表中选择一个通道（包括颜色通道、Alpha 通道和专色通道）后，面板中会显示该通道的直方图；选择【明度】选项，则可以显示复合通道的亮度或强度值；选择【颜色】选项，可显示颜色中单个颜色通道的复合直方图 |

### 13.2.3　在计算机屏幕上模拟印刷

当用户制作海报、杂志、宣传单等时，可以在计算机屏幕上查看这些图像印刷后的效果。打开一个文件，执行【视图】→【校样设置】→【工作中的 CMYK】命令，然后执行【视图】→【校样颜色】命令，启动电子校样，Photoshop 就会模拟图像在商业印刷机上的效果。

【校样颜色】只提供了一个 CMYK 模式预览，以便用户查看转换后 RGB 颜色信息的丢失情况，而并没有真正地将图像转换为 CMYK 模式，若要关闭电子校样，可再次执行【校样颜色】命令。

续表

| 选项 | 作用及含义 |
|---|---|
| ❷ 不使用高速缓存的刷新 | 单击该按钮可以刷新直方图，显示当前状态下最新的统计结果 |
| ❸ 高速缓存数据警告 | 使用【直方图】面板时，Photoshop 会在内存中高速缓存直方图。也就是说，新的直方图是被 Photoshop 存储在内存中的，而并非实时显示在【直方图】面板中。此时直方图的显示速度较快，但若不能及时显示统计结果，面板中就会出现 ⚠ 图标。单击该图标，可以刷新直方图 |
| ❹ 面板的显示方式 | 【直方图】面板菜单中包含切换面板显示方式的命令。【紧凑视图】是默认的显示方式，它显示不带统计数据或控件的直方图；【扩展视图】显示带统计数据和空间的直方图；【全部通道视图】显示带有统计数据和控件的直方图，同时还显示每一个通道的单个直方图（不包含 Alpha 通道、专色通道和蒙版） |

### 13.3.2　【直方图】中的统计数据

在【直方图】面板菜单中，选择【扩展视图】和【全部通道视图】选项，可以在面板中查看统计数据，如图 13-21 所示。

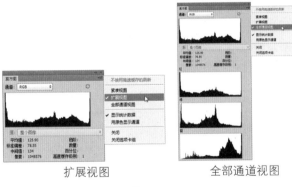

扩展视图　　　　　全部通道视图

图 13-21

如果在直方图上单击并拖动鼠标，则可以显示所选范围内的数据，如图 13-22 所示。

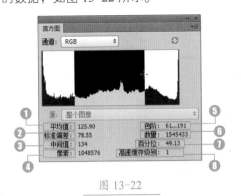

图 13-22

在【直方图】对话框中，相关选项作用及含义如表 13-4 所示。

表 13-4　选项作用及含义

| 选项 | 作用及含义 |
| --- | --- |
| ❶ 平均值 | 显示了像素的平均亮度值（0~255 之间的平均亮度）。通过观察该值，可以判断出图像的色调类型 |
| ❷ 标准偏差 | 显示了亮度值的变化范围，该值越高，说明图像的亮度变化越剧烈 |
| ❸ 中间值 | 显示了亮度值范围内的中间值，图像的色调越亮，它的中间值越高 |
| ❹ 像素 | 显示了用于计算直方图的像素总数 |
| ❺ 色阶 | 显示了鼠标指针下面区域的亮度级别 |
| ❻ 数量 | 显示了相当于鼠标指针下面亮度级别的像素总数 |
| ❼ 百分位 | 显示了鼠标指针所指的级别或该级别以下的像素累计数。如果对全部色阶范围进行取样，该值为 100；对部分色阶取样时，显示的是取样部分占总量的百分比 |
| ❽ 高速缓存级别 | 显示了当前用于创建直方图的图像高速缓存的级别 |

# 13.4　通道调色

Photoshop CS6 中有 3 种类型的通道：颜色通道、Alpha 通道和专色通道。其中，图像的颜色信息存储在颜色通道中，通过调整颜色通道的明暗就可以直接调整图像的色彩，这是一种高级调色技术，下面进行详细介绍。

## 13.4.1　调色命令与通道的关系

图像的颜色信息保存在通道中，因此，使用任何一个调色命令调整图像时，实际上都是通过通道来影响色彩的。

当使用调色命令调整图像时，实际上是 Photoshop CS6 在内部改变通道的值，使之变亮或变暗，从而实现图像色彩的变化。例如，使用【可选颜色】命令调整图像时，会发现通道也发生了变化，如图 13-23 所示。

图 13-23

## 13.4.2　观察色轮调整色彩

将一个颜色通道调亮，就会在图像中增加该种颜色的含量，反之，调暗则会减少这种颜色的含量。但是，这只是一方面，在颜色通道中，色彩是可以互相影响的。增加某种颜色含量的同时，还会减少其补色的含量；反之，减少某种颜色含量，则增加其补色的含量。

补色又称互补色，是指任何两种以适当比例混合后而呈现白色或灰色的颜色，即这两种颜色互为补色。色轮的任何直径两端相对之色都称为补色，如红色与绿色、黄色与蓝色等，如图 13-24 所示。

了解了色轮，在调整颜色通道时，就会知道调整某种颜色通道会对画面产生怎样的影响。例如，将【蓝】通道调亮，就会增加蓝色，并减少它的补色黄色；将【蓝】通道调暗，则会减少蓝色，同时增加黄色。其他颜色通道也是如此。

图 13-24

### 13.4.3 实战：调整通道纠正图像偏色

| 实例门类 | 软件功能 |
|---|---|

在颜色通道中，灰色代表了一种颜色的含量，该颜色越多的区域就越明亮，反之，含量越少的区域就越暗。如果要在图像中增加某种颜色，可以将相应的通道调亮；要减少某种颜色，则将相应的通道调暗。【色阶】和【曲线】对话框中都有包含通道的选项。选择一个通道，调整它的明度，就可以调整图像的色彩。通过调整通道对图像进行调色的具体操作步骤如下。

Step01 打开素材文件，使用【曲线】命令减少黄色。打开"素材文件\第13章\发丝.jpg"文件，因为光照原因，图像有点偏黄，如图 13-25 所示。在 RGB 颜色模式下，没有【黄】通道，但若要减少黄色，可以在画面

中增加黄色的补色，即蓝色，因此，这里选择【蓝】通道进行调整即可。在【图层】面板中创建【曲线】调整图层，❶ 在【属性】面板中选择【蓝】通道，❷ 向上方拖动曲线，增加蓝色，如图 13-26 所示。

图 13-25　　　　　　图 13-26

Step02 完成图像颜色校正，查看通道变化。通过前面的操作，即可校正图像偏黄现象，如图 13-27 所示。在【通道】面板中，【蓝】通道变亮，通道变化效果如图 13-28 所示。

图 13-27　　　　　　图 13-28

## 13.5　Lab 调色

Lab 模式具有较大的色域宽度，它包含了 RGB 和 CMYK 两种颜色模式的色域。Lab 模式将图像的亮度信息和颜色信息分别存储在不同的通道中，实现了明度与颜色的分离。因此，在 Lab 模式下可以分别对图像的色彩和亮度进行调整，且两者不会互相影响。相比 RGB 模式，使用 Lab 模式可以调整出更加丰富的色调，而利用其明度与色彩分离的特点，还可以营造出更为特殊的影调效果，下面详细介绍 Lab 模式的调色方法。

### 13.5.1　Lab 模式的通道

将图像由 RGB 模式转换为 Lab 模式，图像看起来不会发生任何改变，但是通道却由 RGB 通道变为 Lab 通道，如图 13-29 所示。

图 13-29

在 Lab 模式中，【L（明度）】通道包含图像的明度分量，它的范围为 0~100，其中 0 代表纯黑色、100 代表纯白色；【a】与【b】通道则包含图像的颜色分量，其中【a】通道代表了由绿色到红色的光谱变化、【b】通道代表由蓝色到黄色的光谱变化。颜色分量 a 和 b 的取值范围均为 −128~+127。

### 13.5.2　Lab 通道与色彩

将图像转换为 Lab 模式后，图像的色彩就被分离到【a】和【b】通道中。

将【a】通道调亮，就会增加洋红色，如图 13-30 所示。

图 13-30

将【a】通道调暗，则会增加绿色，如图 13-31 所示。

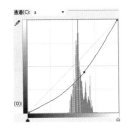

图 13-31

将【b】通道调亮时，会增加黄色，如图 13-32 所示。

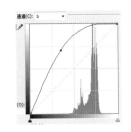

图 13-32

将【b】通道调暗时，则增加蓝色，如图 13-33 所示。

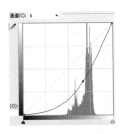

图 13-33

如果是一个黑白图像，则【a】和【b】通道均会变为 50% 灰色，如图 13-34 所示。

图 13-34

调整【a】或【b】通道的亮度时，就会将图像转换为一种单色。例如，调整【a】通道，图像变为单色，如图 13-35 所示。

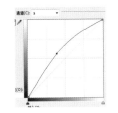

图 13-35

### 13.5.3 Lab 通道与色调

在 Lab 模式中，【L】通道包含亮度信息，所以调整【L】通道就可以改变图像的明暗，却不会影响图像的颜色。【a】与【b】通道包含颜色信息，所以调整【a】【b】通道就可以调整图像色调，却不会影响图像的亮度。

### 13.5.4 实战：用 Lab 调出特殊蓝色调

| 实例门类 | 软件功能 |
|---|---|

了解了 Lab 颜色模式的特点后，下面通过调整 Lab 通道调出特殊蓝色调，具体操作步骤如下。

Step01 打开素材文件，并将文件转换为 Lab 颜色模式。打开"素材文件\第13章\小狗.jpg"文件，如图 13-36 所示。执行【图像】→【模式】→【Lab 模式】命令，将图像转换为 Lab 模式，【通道】面板如图 13-37 所示。

图 13-36　　　　　　图 13-37

Step02 复制【a】通道图像。在【通道】面板中，单击【a】通道，如图 13-38 所示。按【Ctrl+A】组合键全选图像，按【Ctrl+C】组合键复制图像，如图 13-39 所示。

图 13-38　　　　　　图 13-39

Step **03** 将【a】通道图像粘贴至【b】通道。单击【b】通道，如图 13-40 所示。按【Ctrl+V】组合键粘贴图像，如图 13-41 所示。

Step **04** 完成特殊蓝效果的制作。单击【Lab】复合通道，如图 13-42 所示。按【Ctrl+D】组合键取消选区，效果如图 13-43 所示。

图 13-40

图 13-41

图 13-42

图 13-43

## 妙招技法

通过前面知识的学习，相信大家已经了解了色彩校正的高级处理技术。下面结合本章内容，给大家介绍一些实用技巧。

### 技巧 01：在【拾色器（前景色）】对话框中查看溢色

在【拾色器（前景色）】对话框中可以查看溢色范围，帮助用户更好地分辨哪些色彩能够在印刷中真实呈现，具体操作步骤如下。

Step **01** 开启色域警告。打开 Photoshop CS6，打开【拾色器（前景色）】对话框，执行【视图】→【色域警告】命令，对话框中的溢色也会显示为灰色，如图 13-44 所示。

Step **02** 观察颜色丢失情况。上下拖动颜色滑块，可观察将 RGB 图像转换为 CMYK 模式后，哪个色系丢失的颜色最多，如图 13-45 所示。

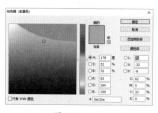
图 13-44

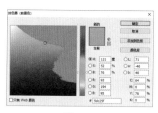
图 13-45

### 技巧 02：通过直方图判断影调和曝光

直方图是判断照片影调和曝光是否正常的重要工具，拍摄完照片以后，可以在相机上查看照片，通过观察它的直方图来分辨曝光参数是否正确，再根据情况修改参数重新拍摄。

而在 Photoshop 中处理照片时，可以打开【直方图】面板，根据直方图形态和照片的实际情况，采取具有针对性的方法，调整照片的影调和曝光。无论是在拍摄时使用相机中的直方图评价曝光，还是在 Photoshop 中使用【直方图】面板辅助调整照片的影调，首先要看懂直方图。在直方图中左侧代表了阴影区域，中间代表了中间调，右侧代表了高光区域，从阴影（黑色，色阶 0）到高光（白色，色阶 255）共有 256 级色调。

直方图中的山脉代表了图像的数据分布，山峰则代表了数据的分布方式，较高的山峰表示该区域所包含的像素较多，较低的山峰表示该区域所包含的像素较少。

**1. 曝光准确的照片**

曝光准确的照片色调均匀，明暗层次丰富，亮部不会丢失细节，暗部也不会漆黑一片。直方图的山峰基本在中心，并且从左到右每个色阶都有像素分布，如图 13-46 所示。

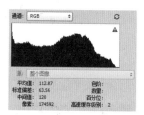
图 13-46

**2. 曝光不足的照片**

曝光不足的照片，画面色调非常暗，在它的直方图中，山峰分布在直方图左侧，中间调和高光部分都缺少像素，如图 13-47 所示。

图 13-50

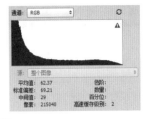

图 13-47

### 3. 曝光过度的照片

曝光过度的照片，画面色调较亮，失去了层次感。在它直方图中，山峰整体都向右偏移，阴影部分缺少像素，如图 13-48 所示。

图 13-48

### 4. 反差过小的照片

反差过小的照片，照片灰蒙蒙的。在它的直方图中，两个端点出现空缺，说明阴影和高光区域缺少必要的像素，图像中最暗的色调不是黑色，最亮的色调不是白色，该暗的地方没有暗下去，该亮的地方没有亮起来，如图 13-49 所示。

图 13-49

### 5. 暗部缺失的照片

暗部缺失的照片，在它的直方图中，一部分山峰紧贴直方图左端，就是全黑的部分，如图 13-50 所示。

### 6. 高光溢出的照片

高光溢出的照片，高光部分完全变成了白色，没有任何层次。在它直方图中，一部分山峰紧贴直方图右端，就是全白的部分，如图 13-51 所示。

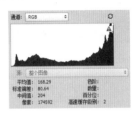

图 13-51

### 技巧 03：通过【直方图】面板分析图像的注意事项

调整图像时，通过【直方图】面板可以掌握图像的影调分布。但是，直方图不能作为调整图像的唯一参考。用户应该根据客观常识，对图像进行综合调整。例如，拍摄夜景图像时，直方图山峰偏左就是正确的；拍摄雪景时，山峰偏右也是正确的。但要尽量避免暗部缺失和高光溢出的情况发生。

调整图像时，如果直方图出现锯齿状空白，就说明图像受到损坏丢失了细节，造成平滑的色调产生断裂，效果对比如图 13-52 所示。

调整图像前效果

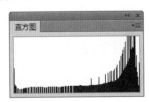

调整图像后效果

图 13-52

## 同步练习——调出浪漫风格照片

大家都喜欢浪漫唯美的事物，因此浪漫风格的照片在影楼后期是非常受欢迎的。下面结合调色命令、画笔工具和模糊命令制作出浪漫风格的照片，效果对比如图 13-53 所示。

原图　　　　　　　　效果图

图 13-53

| 素材文件 | 素材文件 \ 第 13 章 \ 侧面 .jpg |
| --- | --- |
| 结果文件 | 结果文件 \ 第 13 章 \ 侧面 .psd |

具体操作步骤如下。

**Step01** 打开素材文件，创建【可选颜色】调整图层。打开"素材文件 \ 第 13 章 \ 侧面 .jpg"文件，如图 13-54 所示。在【调整】面板中，单击【创建新的可选颜色调整图层】按钮，如图 13-55 所示。

图 13-54　　　　　　　　图 13-55

**Step02** 调整黄色的颜色值。在【属性】面板中，❶设置【颜色】为黄色，❷设置颜色值为"-39%，0%，-4%，-18%"，如图 13-56 所示。

**Step03** 调整绿色的颜色值。在【属性】面板中，❶设置【颜色】为绿色，❷设置颜色值为"-100%，-23%，-100%，-64%"，如图 13-57 所示。

图 13-56　　　　　　　　图 13-57

**Step04** 调出高光选区并反向。通过前面的调整，即可使图像增加黄色调，如图 13-58 所示。按【Ctrl+Alt+2】组合键调出高光选区，按【Ctrl+Shift+I】组合键反向选中暗调区域，如图 13-59 所示。

图 13-58　　　　　　　　图 13-59

**Step05** 创建【曲线】调整图层。创建【曲线】调整图层，分别调整【RGB】【绿】【蓝】通道，如图 13-60 所示。

【RGB】通道　　【绿】通道　　【蓝】通道

图 13-60

**Step06** 调亮图像暗部，增加蓝色。通过前面的操作，即可调亮暗调，并增加淡蓝色，如图 13-61 所示。

图 13-61

Step07 复制图层，创建剪贴蒙版。复制【曲线 1】调整图层，执行【图层】→【创建剪贴蒙版】命令，创建剪贴蒙版，如图 13-62 所示。

图 13-62

Step08 创建纯色图层。执行【图层】→【新建填充图层】→【纯色】命令，在弹出的【新建图层】对话框中，单击【确定】按钮，如图 13-63 所示。在弹出的【拾色器（纯色）】对话框中，设置颜色为橙色【#e6a754】，如图 13-64 所示。

图 13-63

图 13-64

Step09 完成纯色填充图层的创建。通过前面的操作，即可创建橙色填充图层，如图 13-65 所示。

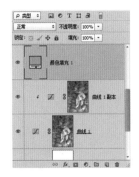

图 13-65

Step10 设置图层混合模式。更改【颜色填充 1】图层混合模式为【颜色】，如图 13-66 所示，效果如图 13-67 所示。

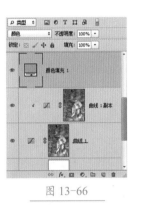

图 13-66

图 13-67

Step11 修改图层蒙版，设置画笔参数。使用黑色【画笔工具】在下方涂抹，修改图层蒙版，如图 13-68 所示。设置前景色为黄色【#fff100】、背景色为橙色【#e0a853】，新建【圆点】图层，选择【画笔工具】，选择一个柔边圆画笔，在【画笔】面板中，选中【形状动态】【散布】和【颜色动态】复选框，并设置参数，如图 13-69 所示。

图 13-68

图 13-69

Step⑫ 绘制圆点。选择【画笔工具】 ，在图像中拖动鼠标绘制圆点，如图 13-70 所示。

图 13-70

Step⑬ 设置图层混合模式。更改图层【混合模式】为滤色，如图 13-71 所示，效果如图 13-72 所示。

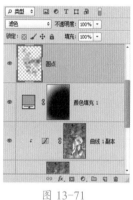 

图 13-71 　　　　　　 图 13-72

Step⑭ 复制背景图层。复制背景图层，得到【背景 副本】图层，将其拖动到面板最上方，如图 13-73 所示，图像效果如图 13-74 所示。

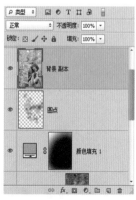 

图 13-73 　　　　　　 图 13-74

Step⑮ 添加高斯模糊效果。执行【滤镜】→【模糊】→

【高斯模糊】命令，❶ 设置【半径】为 100 像素，❷ 单击【确定】按钮，如图 13-75 所示，图像效果如图 13-76 所示。

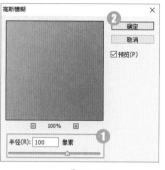 

图 13-75 　　　　　　 图 13-76

Step⑯ 设置图层混合模式。更改【背景 副本】图层混合模式为【柔光】，如图 13-77 所示，图像效果如图 13-78 所示。

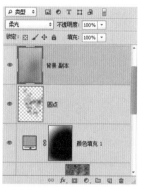 

图 13-77 　　　　　　 图 13-78

Step⑰ 添加图层蒙版，画出背景。为图层添加图层蒙版，使用黑色【画笔工具】在背景上涂抹，显示出背景，如图 13-79 所示。

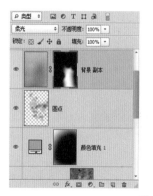 

图 13-79

Step⑱ 为圆点添加模糊效果。选择【圆点】图层，如

图 13-80 所示。执行【滤镜】→【模糊】→【高斯模糊】命令，❶设置【半径】为 15 像素，❷单击【确定】按钮，如图 13-81 所示。

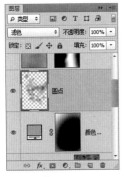

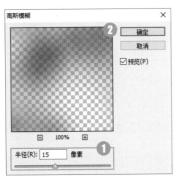

图 13-80　　　　　　图 13-81

**Step⑲** 盖印图层。通过前面的操作，得到圆点的模糊效果，如图 13-82 所示。按【Alt+Shift+Ctrl+E】组合键盖印图层，并命名为【效果图】，如图 13-83 所示。

图 13-84

**Step㉑** 设置图层混合模式，完成最终效果制作。添加光照效果的图像如图 13-85 所示；更改【效果图】图层混合模式为【柔光】，最终效果如图 13-86 所示。

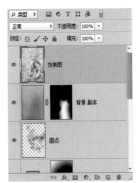

图 13-82　　　　　　图 13-83

**Step⑳** 添加光照效果。执行【滤镜】→【渲染】→【光照效果】命令，❶设置【预设】为【平行光】，❷单击【确定】按钮，如图 13-84 所示。

图 13-85　　　　　　图 13-86

# 本章小结

　　本章主要介绍了图像色彩校正的高级处理技术，包括【信息】面板、【颜色取样器工具】、色域和溢色、【直方图】面板、通道调色、Lab 调色等。了解色域和溢色能帮助设计师减小设计稿与打印稿之间的色差，而熟练掌握通道调色和 Lab 调色，可以调整出更多色彩绚丽的图像。

# 3 第 篇

## 高级功能篇

高级功能是 Photoshop CS6 图像处理的拓展功能，包括 Camera Raw、滤镜、视频、动画、动作、Web 图像处理、3D 图像制作及图像文件的打印输出等知识。通过本篇内容的学习，将提升读者对 Photoshop CS6 图像处理的综合应用能力。

## 第 14 章 数字底片处理大师 Camera Raw

➡ Camera Raw 是软件吗？

➡ Camera Raw 的优势是什么？

➡ 如何保存数码照片的摄影原始数据？

➡ 数码照片的非破坏调整方式是什么？

➡ Camera Raw 可以进行污点修复吗？

数码相机所拍摄的 Raw 文件，是直接由 CCD 或 CMOS 感测元件取得的原始图像信息，必须经过特殊处理并转换成通用的图像格式后，才能够载入一般的图像处理软件，处理 Raw 格式照片的软件有很多，Adobe Camera Raw 就是其中之一。Camera Raw 是 Photoshop CS6 自带的专业处理数码照片的插件，它的最大优势是可以保留照片的原始拍摄数据。本章将对 Camera Raw 进行详细介绍，通过本章的学习，读者可以了解 Camera Raw 的具体操作方法。

## 14.1 熟悉 Camera Raw 的操作界面

Camera Raw 是 Photoshop CS6 提供的专门处理数码相机原始数据的增效工具。它可以对照片中出现的曝光度、色彩偏差、镜头光晕等一系列问题进行快速处理，而且不会损坏照片的原始数据。

### 14.1.1 操作界面

Camera Raw 既可以对数码照片进行基础处理，包括白平衡、色调及饱和度，也可以对图像进行锐化处理、减少杂色、纠正镜头问题及重新修饰。Camera Raw 的操作界面如图 14-1 所示。

图 14-1

相关选项的作用及含义如表 14-1 所示。

表 14-1　相关选项的作用及含义

| 选项 | 作用及含义 |
| --- | --- |
| ❶ 相机名称或文件格式 | 打开 Raw 文件时，窗口左上角可以显示相机的名称，打开其他格式的文件时，则显示文件的格式 |
| ❷ 工具栏 | 显示 Camera Raw 中所有的工具 |
| ❸ 预览 | 可在窗口中实时显示对照片所做的调整 |
| ❹ 窗口缩放级别 | 可以从菜单中选取一个放大设置，或者单击加、减按钮缩放窗口的视图比例 |
| ❺ 切换全屏模式 | 单击该按钮，可以将对话框切换为全屏模式 |
| ❻ 直方图 | 显示图像的直方图 |
| ❼ 图像调整选项卡 | 显示图像调整的所有选项 |
| ❽ Camera Raw 设置菜单 | 单击扩展按钮，可以打开 Camera Raw 设置菜单，访问菜单中的命令 |
| ❾ 调整滑块 | 通过调整滑块，可以对照片进行调整 |
| ❿【显示工作流程选项】按钮 | 单击该按钮，可以打开【工作流程选项】对话框，在其中可以设置文件颜色深度、色彩空间和像素尺寸等 |

## ★重点 14.1.2  工具栏

在 Camera Raw 操作界面中，工具栏各选项的作用及含义如表 14-2 所示。

表 14-2  工具栏各选项的作用及含义

| 选项 | 作用及含义 |
|------|-----------|
| 缩放工具🔍 | 单击该工具可以放大窗口中图像的显示比例，按住【Alt】键的同时单击该工具则缩小图像的显示比例。如果要恢复到 100% 的显示，可以双击该工具 |
| 抓手工具✋ | 放大窗口后，可使用该工具在预览窗口中移动图像。此外，按住【Space】键可以切换为该工具 |
| 白平衡工具🖋 | 使用该工具在白色或灰色的图像内容上单击，可以校正照片的白平衡。双击该工具，可以将白平衡恢复为照片的原来状态 |
| 颜色取样器工具🖋 | 使用该工具在图像中单击，可以建立颜色取样点，对话框顶部会显示取样像素的颜色值，以便用户调整图像时观察颜色的变化情况。一个图像最多放置 9 个取样点 |
| 目标调整工具📷 | 选择该工具，在打开的下拉列表中选择一个选项，包括【参数曲线】【色相】【饱和度】【明亮度】，然后在图像中单击并拖动鼠标即可应用调整 |
| 裁剪工具📐 | 可用于裁剪图像。如果按照一定的长宽比裁剪照片，可在【裁剪工具】上右击，在弹出的快捷菜单中选择一个比例尺寸 |
| 拉直工具📐 | 可用于校正倾斜的照片。使用【拉直工具】在图像中单击并拖出一条水平基准线，放开鼠标后会显示裁剪框，可以拖动控制点，调整它的大小或将其旋转。角度调整完成后，按【Enter】键确认 |
| 污点去除✏ | 可以使用另一区域中的样本修复图像中选中的区域 |
| 红眼去除👁 | 可以去除红眼。在红眼区域上单击并拖出一个选区，选中红眼，放开鼠标后 Camera Raw 会使选区大小适合瞳孔。拖动选框的边框，使其选中红眼，即可对红眼进行校正 |

续表

| 选项 | 作用及含义 |
|------|-----------|
| 调整画笔✏/渐变滤镜📷 | 可以处理局部图像的曝光度、亮度、对比度、饱和度、清晰度等 |
| 【Camera Raw 首选项】按钮☰ | 单击该按钮，可以打开【Camera Raw 首选项】对话框 |
| 旋转 ↺ ↻ | 可以逆时针或顺时针旋转照片 |

### 14.1.3  【图像调整】选项卡

在【Camera Raw】对话框中，【图像调整】选项卡中各选项的作用及含义如表 14-3 所示。

表 14-3  各选项的作用及含义

| 选项 | 作用及含义 |
|------|-----------|
| 基本🌓 | 可以调整白平衡、颜色饱和度和色调 |
| 色调曲线📈 | 可以使用【参数】曲线和【点】曲线对色调进行微调 |
| 细节🔺 | 可对图像进行锐化处理，或者减少杂色 |
| HSL/灰度▤ | 可以使用【色相】【饱和度】和【明亮度】对颜色进行微调 |
| 分离色调▥ | 可以为单色图像添加颜色，或者为彩色图像创建特殊的效果 |
| 镜头校正🔲 | 可以补偿相机镜头造成的色差和晕影 |
| 效果𝑓𝑥 | 可以为照片添加颗粒和晕影效果 |
| 相机校准📷 | 可以校正阴影中的色调，以及调整非中性色来补偿相机特性与该相机型号的 Camera Raw 配置文件之间的差异 |
| 预设▦ | 可以将一组图像调整设置存储为预设并进行应用 |
| 快照📷 | 单击该按钮，可以将图像的当前调整效果创建为一个快照，在后面的处理过程中若要将图像恢复到此快照状态，则可通过单击【快照】按钮进行恢复 |

## 14.2 Raw 格式照片的打开和存储

在 Photoshop CS6 中，打开 Raw 格式的照片时会自动打开 Camera Raw 组件，图像处理完成后，可以将 Raw 格式图像另存为 PSD、TIFF、JPEG 或 DNG 格式。此外，Camera Raw 除了可以打开 Raw 格式文件外，还可以打开和处理 JPEG 和 TIFF 格式文件。下面详细介绍 Camera Raw 打开文件和存储文件的方法。

### 14.2.1 在 Photoshop CS6 中打开 Raw 格式照片

在 Photoshop CS6 中，执行【文件】→【打开】命令，弹出【打开】对话框，选择一张 Raw 格式照片，单击【打开】按钮，即可运行 Camera Raw 并将其打开。

### 14.2.2 在 Photoshop CS6 中打开多张 Raw 格式照片

| 实例门类 | 软件功能 |
|---|---|

在实际工作中，一般会一次性处理很多张照片。这时，在 Photoshop CS6 中打开多张 Raw 格式照片并同时进行处理即可，具体操作步骤如下。

**Step01** 打开【打开】对话框，选择需要调整的 Raw 格式文件。打开 Photoshop CS6 软件，执行【文件】→【打开】命令，选择需要打开的 Raw 格式照片，单击【打开】按钮，如图 14-2 所示。

图 14-2

**Step02** 进入【Camera Raw】操作界面。进入【Camera Raw】操作界面，打开的图像以"连环缩览幻灯胶片视图"形式排列在对话框左侧，如图 14-3 所示。

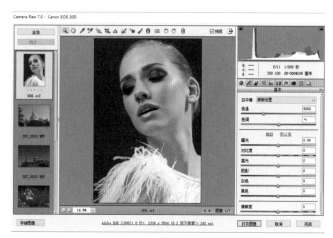

图 14-3

**Step03** 切换照片。单击目标照片，可以在打开的图像中进行切换，如图 14-4 所示。

图 14-4

**Step04** 选中多张照片进行处理。按住【Ctrl】键选中多张照片，设置参数的同时对选中的照片进行调整，如图 14-5 所示。

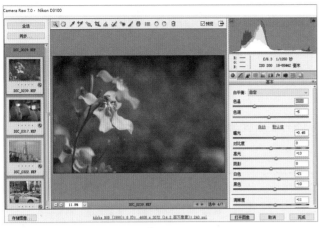

图 14-5

## 14.2.3　在 Bridge 中打开 Raw 格式照片

在 Bridge 中也可以打开 Raw 格式照片。打开 Adobe Bridge，选择 Raw 格式照片，执行【文件】→【在 Camera Raw 中打开】命令，可以在 Camera Raw 中将其打开；或者在 Adobe Bridge 中选择 Raw 格式照片，按【Ctrl+R】组合键，也可以快速将其在 Camera Raw 中打开。

## 14.2.4　在 Camera Raw 中打开其他格式照片

要使用 Camera Raw 处理普通的 JPEG 或 TIFF 格式照片，可在 Photoshop 中执行【文件】→【打开为】命令，弹出【打开为】对话框，选择照片，然后在【打开为】下拉列表中选择【Camera Raw】选项，单击【打开】按钮，如图 14-6 所示；即可在 Camera Raw 中打开照片，Camera Raw 的标题栏会显示照片的格式，如图 14-7 所示。

图 14-6

## 14.2.5　使用其他格式存储 Raw 格式照片

在 Camera Raw 中完成对 Raw 格式照片的编辑以后，可单击对话框底部的按钮，选择一种方式存储照片，或者放弃修改结果，如图 14-8 所示。

图 14-8

相关选项的作用及含义如表 14-4 所示。

表 14-4　选项的作用及含义

| 选项 | 作用及含义 |
| --- | --- |
| 取消 | 单击该按钮，可放弃所有调整并关闭【Camera Raw】对话框 |
| 完成 | 单击该按钮，可以将调整应用到 Raw 图像上，并更新其在 Bridge 中的缩览图 |
| 打开图像 | 将调整应用到 Raw 图像上，然后在 Photoshop 中打开图像 |
| 存储图像 | 如果要将 Raw 格式照片存储为 PSD、TIFF、JPEG 或 DNG 格式，可单击该按钮，打开【存储选项】对话框，设置文件名称和存储位置，在【文件扩展名】下拉列表中选择保存格式 |

### 🛠 技能拓展——Raw 格式的优势

Raw 格式与其他格式的区别在于：将照片存储为其他格式时，数码相机会调节图像的颜色、清晰度、色阶和分辨率，然后进行压缩；而 Raw 格式是相机的原始数据文件，它包含来自数码相机未经压缩的原始像素。因此，Raw 图像拥有其他图像无可比拟的拍摄信息，在后期调整时可操作的空间也更大。

图 14-7

## 14.3 使用 Camera Raw 调整照片颜色和色调

Camera Raw 使用有关相机的信息及图像元数据来构建和处理彩色图像。它可以调整照片的白平衡、色调、饱和度及锐化等。在调整相机原始图像时，原来相机的原始数据将保存下来。调整内容将作为元数据存储在附带的文件、数据库或文件本身（如 DNG 格式）中。

### ★重点 14.3.1 实战：白平衡纠正偏色

| 实例门类 | 软件功能 |
|---|---|

白平衡是描述显示器中红、绿、蓝三基色混合生成后白色精确度的一项指标。通俗地讲，在拍摄照片时，通过设置正确的白平衡可以避免偏色问题，还原图像的真实色彩，或者在后期处理照片时，可以使用【白平衡】工具来纠正偏色。使用【白平衡】工具时，首先指定应该为白色或灰色的对象，这样，Camera Raw 就可以确定拍摄场景的光线颜色，然后自动调整场景光照。在Camera Raw 中调整白平衡的具体操作步骤如下。

Step01 打开素材文件。执行【文件】→【打开为】命令，在【打开为】对话框中选择"素材文件\第14章\纯真.jpg"文件，在【Camera Raw】对话框中打开文件，如图 14-9 所示，照片有点偏蓝。

Step02 指定白色对象。选择【白平衡工具】，在图像中性色（黑白灰）区域单击，Camera Raw 会自动分析光线，调整光照，如图 14-10 所示。

图 14-11　　　　图 14-12

图 14-9　　　　　图 14-10

Step03 调整高光／阴影参数。设置【高光】为 -27、【阴影】为 +16，如图 14-11 所示，效果如图 14-12 所示。

Step04 存储图像。单击【Camera Raw】对话框左下角的【存储图像】按钮，在打开的【存储选项】对话框中，设置【目标】为【在新位置存储】，如图 14-13 所示。

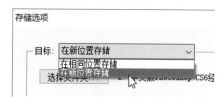

图 14-13

Step05 选择存储文件夹。在弹出的【新建目标文件夹】对话框中，选择目标文件夹，单击【选择】按钮，如图 14-14 所示。

图 14-14

Step06 设置存储格式。返回【存储选项】对话框，设置【文件扩展名】为 DNG，如图 14-15 所示，单击【存储】按钮，即可存储文件。打开存储目标文件夹，可以看到存储的文件，如图 14-16 所示。

图 14-15　　　　　　　图 14-16

**技术看板**

使用 Camera Raw 对照片进行调整后，建议最好将其保存为 DNG 格式，这样 Photoshop 就会存储所有调整参数，以后在打开文件时，都可以重新修改参数，或者将照片还原到修改前的原始状态。

在【Camera Raw】对话框中，【白平衡】中整个选项如图 14-17 所示，相关选项的作用及含义如表 14-5 所示。

图 14-17

表 14-5　选项的作用及含义

| 选项 | 作用及含义 |
| --- | --- |
| ❶ 白平衡 | 默认情况下，该选项显示的是相机拍摄此照片时所使用的原始平衡设置（原照设置），可以在其下拉列表中选择其他的预设（日光、阴天、白炽灯等） |
| ❷ 色温 | 可以将白平衡设置为自定的色温。若拍摄照片时的光线色温较低，则可通过降低【色温】来校正照片，Camera Raw 可以使图像颜色变得更蓝以补偿周围光线的低色温，相反，若拍摄照片的光线色温较高，则提高【色温】可以校正照片，图像颜色会变得更暖（发黄）以补偿周围光线的高色温（发蓝） |

| 选项 | 作用及含义 |
| --- | --- |
| ❸ 色调 | 可通过设置白平衡来补偿绿色或洋红色色调。减少【色调】可在图像中添加绿色；增加【色调】可在图像中添加洋红色 |
| ❹ 曝光 | 调整整体图像的亮度，对高光部分的影响较大。减少【曝光】会使图像变暗，增加【曝光】会使图像变亮。该值的每个增量等同于光圈大小 |
| ❺ 对比度 | 可以增加或减少图像对比度，主要影响中间色调。增加【对比度】时，中到暗图像区域会变得更暗，中到亮图像区域会变得更亮 |
| ❻ 高光 | 从阴影中恢复细节，但不会使黑色变亮 |
| ❼ 阴影 | 从阴影中恢复细节，但不会使白色变暗 |
| ❽ 白色 | 指定哪些输入色阶将在最终图像中映射为白色。增加【白色】可以扩展映射为白色的区域。它主要影响阴影高光区域，对中间调和阴影影响较小 |
| ❾ 黑色 | 指定哪些输入色阶将在最终图像中映射为黑色。增加【黑色】可以扩展映射为黑色的区域，使图像的对比度看起来更高。它主要影响阴影区域，对中间调和高光影响较小 |

### 14.3.2　实战：调整照片清晰度和饱和度

| 实例门类 | 软件功能 |
| --- | --- |

在 Camera Raw 中，调整照片清晰度和饱和度的具体操作方法如下。

在【Camera Raw】对话框中打开"素材文件 \ 第14章 \ 泳装 .jpg"文件，如图 14-18 所示。设置【清晰度】为 77，【自然饱和度】为 73，效果如图 14-19 所示。

图 14-18

图 14-19

在【Camera Raw】增效工具中，各选项的作用及含义如表 14-6 所示。

表 14-6　选项的作用及含义

| 选项 | 作用及含义 |
|------|-----------|
| 清晰度 | 可以调整图像的清晰度 |
| 自然饱和度 | 可以调整饱和度，并在颜色接近最大饱和度时减少溢色。该设置更改所有低饱和度颜色的饱和度，对高饱和度颜色的影响较小，类似于 Photoshop 中的【自然饱和度】命令 |
| 饱和度 | 可以均匀地调整所有颜色的饱和度，调整范围为 -100（单色）~+100（饱和度加倍）。该命令类似于 Photoshop 中【色相/饱和度】命令的饱和度功能 |

### 14.3.3　实战：色调曲线调整对比度

| 实例门类 | 软件功能 |
|---------|---------|

通过【色调曲线】功能可以调整图像的对比度，具体操作步骤如下。

Step 01 打开素材文件。在【Camera Raw】对话框中打开"素材文件\第 14 章\隐身人 .jpg"文件，如图 14-20 所示。

图 14-20

Step 02 调整【色调曲线】参数，增加图像对比度。单击 Camera Raw 增效工具中的【色调曲线】按钮，切换到【色调曲线】面板，拖动【高光】【高调】【暗调】或【阴影】滑块针对这几个色调进行微调，效果如图 14-21 所示。

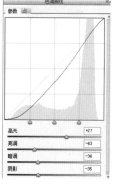

图 14-21

### 14.3.4　实战：锐化调整图像的清晰度

| 实例门类 | 软件功能 |
|---------|---------|

Camera Raw 的锐化只应用于图像的亮度，而不会影响色彩，锐化调整图像清晰度的具体操作步骤如下。

Step 01 打开素材文件。在【Camera Raw】对话框中打开"素材文件\第 14 章\艺术发型 .jpg"文件，如图 14-22 所示。

图 14-22

Step 02 设置【细节】参数，锐化图像。单击【Camera Raw】对话框中的【细节】按钮，切换到【细节】面板进行参数设置，效果如图 14-23 所示。

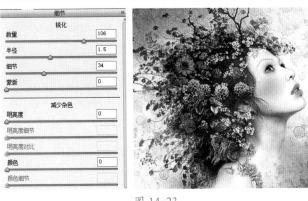

图 14-23

在【Camera Raw】对话框中，锐化各选项的作用及含义如表 14-7 所示。

表 14-7　选项的作用及含义

| 选项 | 作用及含义 |
|---|---|
| 数量 | 调整边缘的清晰度。该值为 0 时关闭锐化 |
| 半径 | 调整应用锐化细节的大小。该值过大会导致图像内容不自然 |
| 细节 | 调整锐化影响的边缘区域的范围，它决定了图像细节的显示程度。较低的值将主要锐化边缘，以便消除模糊；较高的值可以使图像中的纹理更清楚 |
| 蒙版 | Camera Raw 是通过强调图像边缘的细节来实现锐化效果的。将【蒙版】设置为 0 时，图像中的所有部分均接受等量的锐化；设置为 100 时，可将锐化限制在饱和度最高的边缘附近，避免非边缘区域锐化 |

### 14.3.5　图像的调整色彩

Camera Raw 提供了一种与 Photoshop 中【色相/饱和度】命令非常相似的调整功能，可以调整各种颜色的色相、饱和度和明度。单击 Camera Raw 增效工具中的【HSL/ 灰度】按钮▤，切换到【HSL/ 灰度】面板，其中各选项设置如图 14-24 所示。

图 14-24

相关选项作用及含义如表 14-8 所示。

表 14-8　相关选项及含义作用

| 选项 | 作用及含义 |
|---|---|
| ❶ 转换为灰度 | 选中该复选框后，可以将彩色照片转换为黑白效果，并显示一个嵌套选项【灰度混合】。拖动此选项卡中的滑块可以指定每个颜色范围在图像灰度中所占的比例，类似于 Photoshop 中的【黑白】命令 |
| ❷ 色相 | 可以改变颜色。需要改变哪种颜色就拖动相应的滑块，滑块向哪个方向拖动就会得到哪种颜色 |
| ❸ 饱和度 | 可调整各种颜色的鲜明度或颜色纯度 |
| ❹ 明亮度 | 可以调整各种颜色的亮度 |

### 14.3.6　实战：为黑白照片上色

| 实例门类 | 软件功能 |
|---|---|

在 Camera Raw 中，【分离色调】选项卡中的选项可以为黑白照片或灰度图像着色，既可以为整个图像添加一种颜色，也可以对高光和阴影应用不同的颜色，从而创建分离色调效果，具体操作步骤如下。

Step01 打开素材文件。在【Camera Raw】对话框中打开"素材文件\第 14 章\黑白 .jpg"文件，如图 14-25 所示。

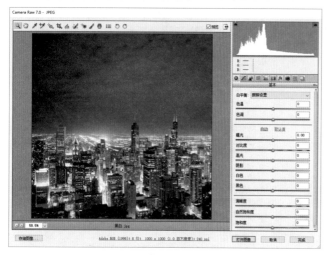

图 14-25

**Step02** 在【分离色调】面板中设置参数。单击 Camera Raw 增效工具中的【分离色调】按钮 ▤，切换到分离色调面板，在其中进行参数设置，效果如图 14-26 所示。

图 14-26

> **技术看板**
>
> 在【饱和度】为 0 的情况下，调整【色相】参数时是看不出效果的。可以按住【Alt】键拖动【色相】滑块，此时显示饱和度为 100 的彩色图像，确定【色相】参数后，释放【Alt】键，再对【饱和度】进行调整。

### 14.3.7　实战：镜头校正缺陷

通过调整【镜头校正】面板 ▣ 中的各选项，可以校正镜头缺陷，包括调整照片的色差、几何扭曲和晕影。在【镜头校正】面板中有两个选项卡：【配置文件】和【手动】，如图 14-27 所示。

图 14-27

在【配置文件】选项卡中，选中【启用镜头配置文件校正】复选框，可以选择相机、镜头型号，Camera Raw 会自动启用相应的镜头配置文件校正图像。

【手动】选项卡中各选项的作用及含义如表 14-9 所示。

表 14-9　选项的作用及含义

| 选项 | 作用及含义 |
| --- | --- |
| ❶【变换】选项区域 | 【扭曲度】选项可以校正桶形失真和枕形失真；【垂直】和【水平】选项可以校正透视畸变；【旋转】选项可以校正照片的角度；【缩放】选项可以调整图像的比例，消除由透视校正和扭曲而产生的空白；【长宽比】选项可以拉宽和拉高图像 |
| ❷【镜头晕影】选项区域 | 主要用于校正暗角。【数量】为正数时图像边角变亮，为负数时边角变暗；【中点】选项可以调整晕影的校正范围，向左拖动滑块时，使变亮区域向画面中心扩展，向右拖动滑块时，收缩变亮区域 |

### 14.3.8　实战：为图像添加特效

| 实例门类 | 软件功能 |
| --- | --- |

在 Camera Raw 中，可通过【效果】面板 ⨍ 为照片添加特效，具体操作步骤如下。

**Step01** 打开素材文件。在【Camera Raw】对话框中打开"素材文件\第 14 章\跳跃.jpg"文件，如图 14-28 所示。

图 14-28

Step02 设置【效果】面板参数，为照片添加特效。单击 Camera Raw 增效工具中的【效果】按钮 *fx*，切换到【效果】面板，在【裁剪后晕影】栏中，设置【数量】为 −40、【中点】为 15、【圆度】为 0、【羽化】为 55，如图 14-29 所示。

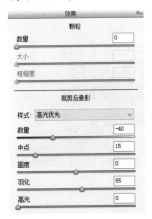 

图 14-29

各选项的作用及含义如表 14-10 所示。

表 14-10 选项的作用及含义

| 选项 | 作用及含义 |
|---|---|
| 【颗粒】栏 | 在图像中添加颗粒。【数量】选项控制颗粒数量；【大小】选项控制颗粒大小；【粗糙度】选项控制颗粒的匀称性 |
| 【裁剪后晕影】栏 | 为裁剪后的图像添加晕影效果 |

## 14.3.9 调整相机的颜色显示

当用户在使用数码相机进行拍摄时，可以发现拍摄后的效果总是存在色偏。在 Camera Raw 操作界面中进行调整，并将它定义为这款相机的默认设置。以后打开

该相机拍摄的照片时，就会自动对颜色进行补偿。

打开一张问题相机拍摄的典型照片，选择 Camera Raw 操作界面中的【相机校准】面板 ，如果阴影区域出现色偏，就可以移动【阴影】选项中的色调滑块进行校正。如果是各种原色出现问题，就可以移动原色滑块，这些滑块也可以用于模拟不同类型的胶卷。校正完成后，单击右上角的【扩展】按钮，在打开的菜单中选择【存储新的 Camera Raw 默认值】命令将设置保存，以后打开该相机拍摄的照片时，Camera Raw 就会对照片进行自动校正。

## 14.3.10 【预设】面板

编辑完图像后，单击【预设】面板 中的 按钮，可以保存当前调整参数，将其设置为默认参数，如图 14-30 所示，再启用 Camera Raw 编辑其他照片时，单击存储的预设，即可将它应用于其他照片，如图 14-31 所示。

图 14-30　　　　　　图 14-31

## 14.3.11 【快照】面板

单击【快照】面板 中的 按钮，如图 14-32 所示，可以弹出【新建快照】对话框，在其中设置快照名称，将图像的当前调整效果创建为快照，类似 Photoshop CS6 中的【历史记录面板】功能，如图 14-33 所示。在后面的调整过程中，随时可以单击快照来恢复状态，如图 14-34 所示。单击 按钮，可以删除快照。

图 14-32

新建快照

名称：偏色　　　　　　　　　确定

取消

图 14-33

图 14-34

### 技能拓展——删除预设和快照

在【预设】面板 中，单击 按钮，可以删除保存的预设。

在【快照】面板 中，单击 按钮，可以删除保存的快照。

## 14.4  使用 Camera Raw 修饰照片

Camera Raw 提供了基本的照片修饰功能，如对照片进行裁剪、去污、修改曝光等。下面详细介绍在 Camera Raw 中修饰照片的方法。

### 14.4.1  实战：使用【目标调整工具】制作黑白背景效果

| 实例门类 | 软件功能 |
| --- | --- |

【目标调整工具】 与 Photoshop CS6 中的【色相/饱和度】命令类似，可以分别调整图像颜色的色相、饱和度及明度。使用【目标调整工具】调整图像时，以单击点的颜色为基准，调整图像中所有与单击点颜色类似的颜色饱和度、色相或明度。此外，【目标调整工具】还可以调整图像的明暗。下面使用【目标调整工具】制作黑白背景效果的照片，具体操作步骤如下。

Step01 打开素材文件，调整饱和度。在【Camera Raw】对话框中打开"素材文件\第 14 章\火车.jpg"文件，单击【目标调整工具】 并按住不放，在弹出的下拉菜单中选择【饱和度】选项，如图 14-35 所示。

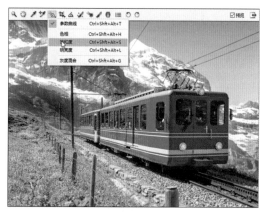

图 14-35

Step02 降低背景饱和度。山脉区域单击并向左拖动鼠标，降低山脉区域的饱和度，如图 14-36 所示，继续降低草地区域的饱和度，如图 14-37 所示。

图 14-36　　　　　　　图 14-37

Step03 增加火车饱和度。在火车区域单击并向右拖动鼠标，提高火车区域的饱和度，效果如图 14-38 所示。

原图　　　　　　　　　　效果图

图 14-38

## 14.4.2 实战：使用【裁剪工具】调整图像构图

| 实例门类 | 软件功能 |

【裁剪工具】🔲 和 Photoshop CS6 中【裁剪工具】🔲 的使用方法基本相同，使用【裁剪工具】🔲 调整图像构图的具体操作步骤如下。

**Step01** 打开素材文件，创建裁剪框。打开"素材文件＼第14章＼母子.jpg"文件，在工具栏中单击【裁剪工具】按钮🔲，在弹出的下拉菜单中选项选择一种裁剪方式，如选择【正常】，如图 14-39 所示。拖动鼠标创建裁剪框，如图 14-40 所示。

图 14-39　　　　　　　　图 14-40

**Step02** 确认裁剪。调整裁剪框的大小和旋转角度，如图 14-41 所示。按【Enter】键，或者在调整好的裁剪框内双击确认变换，如图 14-42 所示。

图 14-41　　　　　　　　图 14-42

## 14.4.3 实战：使用【拉直工具】校正倾斜的照片

| 实例门类 | 软件功能 |

使用【拉直工具】🔲 在图像上拖动，可以校正倾斜的照片，具体操作步骤如下。

**Step01** 打开素材文件。打开"素材文件＼第14章＼田野.jpg"文件，在工具栏中选择【拉直工具】🔲，如图 14-43 所示。

**Step02** 绘制水平基准线。在图像中单击并拖出一条水平基准线，如图 14-44 所示。

图 14-43　　　　　　　　图 14-44

**Step03** 创建裁剪框，确认裁剪。放开鼠标后，Camera Raw 会根据用户创建的水平基准线，自动创建裁剪框，如图 14-45 所示。用户可以调整裁剪框的大小和角度，按【Enter】键可以确认变换，如图 14-46 所示。

图 14-45　　　　　　　　图 14-46

## 14.4.4 实战：使用【污点去除工具】修复污点

| 实例门类 | 软件功能 |

使用【污点去除工具】🔲 可以修复图像中的污点，具体操作步骤如下。

**Step01** 打开素材文件。打开"素材文件＼第14章＼污点.jpg"文件，在工具栏中单击【污点去除】工具🔲，如图 14-47 所示。

Step02 设置污点修复参数。在右侧的【污点去除】面板中，设置【类型】为修复、【大小】为18、【不透明度】为100，如图14-48所示。

图 14-47　　　　　　　　图 14-48

Step03 单击修复污点。在污点上单击，Camera Raw 会自动在污点附近选择图像来修复污点，如图 14-49 所示。拖动鼠标调整选框的大小和位置，如图 14-50 所示。

图 14-49　　　　　　　　图 14-50

## 14.4.5　实战：使用【红眼去除工具】修复红眼

| 实例门类 | 软件功能 |
| --- | --- |

顾名思义，使用【红眼去除工具】 可以去除人物红眼，具体操作步骤如下。

Step01 打开素材文件，使用【红眼去除工具】框选图像。打开"素材文件\第 14 章\红眼 .jpg"文件，在工具栏中单击【红眼去除工具】 ，如图 14-51 所示。在红眼上拖动鼠标，如图 14-52 所示。

图 14-51　　　　　　　　图 14-52

Step02 修正红眼。释放鼠标后，Camera Raw 会自动分析并修正红眼，用户可以调整瞳孔选框的大小，如图 14-53 所示。使用相同的方法修正另一侧的红眼，效果如图 14-54 所示。

图 14-53　　　　　　　　图 14-54

## 14.4.6　实战：使用【调整画笔工具】修改局部曝光

| 实例门类 | 软件功能 |
| --- | --- |

使用【调整画笔工具】 可以调整图像局部的色调、曝光、锐化等效果。首先在图像上绘制需要调整的区域，通过蒙版将这些区域覆盖；然后隐藏蒙版，最后调整所选区域的色调、色彩饱和度和锐化即可。其具体操作步骤如下。

Step01 打开素材文件，选择【调整画笔工具】。打开"素材文件\第 14 章\红衣 .jpg"文件，在工具栏中单击【调整画笔工具】 ，如图 14-55 所示。在【调整画笔】面板中选中【显示蒙版】复选框，如图 14-56 所示。

图 14-55　　　　　　　　图 14-56

Step02 绘制需要调整的区域。将鼠标指针放在画面中，鼠标指针会变为图 14-57 所示的状态。其中，十字线代表了画笔中心，实圆代表了画笔的大小，黑白虚圆代表了羽化范围，拖动鼠标在绘制区域涂抹。在人物位置进行涂抹后，涂抹区域覆盖了一层淡淡的灰色，且在单击处显示一个图钉图标 ，如图 14-58 所示。

| 图 14-57 | 图 14-58 |

**Step03** 调整饱和度。取消选中【显示蒙版】复选框，设置【饱和度】为 95，即可将调整画笔工具涂抹的区域调亮，其他图像没有受到影响，如图 14-59 所示。效果如图 14-60 所示。

| 图 14-59 | 图 14-60 |

在【Camera Raw】对话框中，【调整画笔】面板中各选项的作用及含义如表 14-11 所示。

表 14-11 选项的作用及含义

| 选项 | 作用及含义 |
| --- | --- |
| 新建 | 选择调整画笔以后，该单选按钮为选中状态，此时在图像中涂抹可以绘制蒙版 |
| 添加 | 绘制一个蒙版区域后，选中该单选按钮，可在其他区域添加新的蒙版 |
| 清除 | 要删除部分蒙版或撤销部分调整，可以选中该单选按钮，并在原蒙版区域上涂抹。创建多个调整区域后，若要删除其中的一个调整区域，则可单击该区域的图钉图标 ，然后按【Delete】键 |
| 自动蒙版 | 将画笔描边限制到颜色相似的区域 |

续表

| 选项 | 作用及含义 |
| --- | --- |
| 显示蒙版 | 选中该复选框可以显示蒙版。如果要修改蒙版颜色，可单击该复选框右侧的颜色块，在打开的【拾色器】面板中进行调整 |
| 清除全部 | 单击该按钮可删除所有调整和蒙版 |
| 大小 | 用于指定画笔笔尖的直径（以像素为单位） |
| 羽化 | 用于控制画笔描边的硬度。羽化值越高，画笔的边缘越柔和 |
| 流动 | 用于控制应用调整的速率 |
| 浓度 | 用于控制描边中的透明程度 |
| 显示笔尖 | 显示图钉图标  |
| 曝光 | 设置整体图像亮度，对亮光部分的影响较大 |
| 亮度 | 调整图像亮度，它对中间调的影响更大 |
| 对比度 | 调整图像对比度，它对中间调的影响更大 |
| 饱和度 | 调整颜色鲜明度或颜色纯度 |
| 清晰度 | 拖动增加局部对比度来增加图像深度 |
| 锐化程度 | 可增强边缘清晰度以显示细节 |
| 颜色 | 可以在选中的区域中叠加颜色。单击右侧的颜色块，可以修改颜色 |

### 14.4.7 实战：使用【渐变滤镜工具】制作渐变色调效果

| 实例门类 | 软件功能 |

使用【渐变滤镜工具】可以为图像添加渐变色调效果，具体操作步骤如下。

**Step01** 打开素材文件。打开"素材文件\第 14 章\女模特 .jpg"文件，在工具栏中单击【渐变滤镜工具】，如图 14-61 所示。

图 14-61

Step**02** 设置渐变颜色。切换到【渐变滤镜】面板中，单击颜色右侧的色块，如图 14-62 所示，打开【拾色器】对话框，将其设置为蓝色，如图 14-63 所示，单击【确定】按钮。

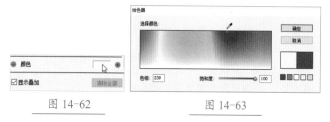

图 14-62　　　　　　　　图 14-63

Step**03** 创建蓝色渐变效果。从左上角向右下角拖动鼠标，绘制渐变框，创建蓝色渐变效果，如图 14-64 所示。在【渐变滤镜】面板中设置【色温】为 -60、【色调】为 +19、【曝光】为 -0.30、【高光】为 -13、【阴影】为 -9、【饱和度】为 +30，加强渐变效果，如图 14-65 所示。

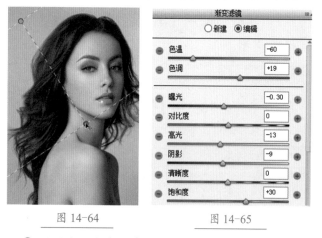

图 14-64　　　　　　　　图 14-65

Step**04** 设置渐变颜色。在【渐变滤镜】面板中选中【新建】单选按钮，单击颜色右侧的色块，如图 14-66 所示；打开【拾色器】对话框，将其设置为红色，如图 14-67

所示，单击【确定】按钮。

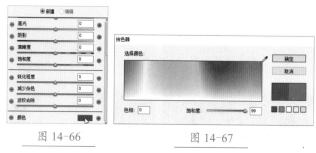

图 14-66　　　　　　　　图 14-67

Step**05** 创建红色渐变效果。从右下角向左上角拖动鼠标，绘制渐变框，创建红色渐变效果，如图 14-68 所示。在【渐变滤镜】面板中设置【色温】为 -60、【色调】为 +30、【曝光】为 -0.30、【阴影】为 -15、【饱和度】为 +20，加强渐变效果，如图 14-69 所示。

图 14-68　　　　　　　　图 14-69

Step**06** 调整渐变效果，完成最终制作。选中渐变框，拖动鼠标调整渐变框大小，如图 14-70 所示，调整渐变效果范围，最终效果如图 14-71 所示。

图 14-70　　　　　　　　图 14-71

## 14.4.8 调整照片大小和分辨率

在 Camera Raw 中可以修改照片尺寸或分辨率，单击【Camera Raw】对话框底部的【显示工作流程选项】按钮，如图 14-72 所示。

图 14-72

弹出【工作流程选项】对话框，如图 14-73 所示。

图 14-73

在【工作流程选项】对话框中，各选项的作用及含义如表 14-12 所示。

表 14-12　选项的作用及含义

| 选项 | 作用及含义 |
|---|---|
| ❶ 色彩空间 | 指定目标颜色的配置文件。通常用于 Photoshop RGB 工作空间的颜色配置文件 |
| ❷ 色彩深度 | 可以选择照片的位深度，包括 8 位 / 通道和 16 位 / 通道，它决定了 Photoshop 在黑白之间可以使用多少级灰度 |
| ❸ 大小 | 可设置导入 Photoshop 时图像的像素尺寸。默认像素尺寸是拍摄图像时所用的像素尺寸。要重定图像像素，可打开【大小】菜单进行设置 |

## 14.4.9 Camera Raw 自动处理照片

| 实例门类 | 软件功能 |
|---|---|

Camera Raw 提供了自动处理照片的功能，如果要对多张照片应用相同的调整，可以先在 Camera Raw 中处理一张照片，然后再通过 Bridge 将相同的调整应用于其他照片，具体操作步骤如下。

Step01 打开 Bridge，并在 Camera Raw 中打开文件。执行【文件】→【在 Bridge 中浏览】命令，运行 Bridge，导航到"第 14 章\素材文件\sucai"文件夹，在第二张照片上右击，在弹出的快捷菜单中选择【在 Camera Raw

中打开】命令，如图 14-74 所示。

图 14-74

Step02 将图像调整为灰度图像。在 Camera Raw 中打开照片以后，将它调整为灰度图像。单击【完成】按钮，关闭照片和 Camera Raw，返回 Bridge，如图 14-75 所示。

图 14-75

Step03 将效果应用到其他照片。在 Bridge 中，经 Camera Raw 处理后的照片右上角有一个 图标。按住【Ctrl】键并单击需要处理的其他照片，在选中的照片上右击，在弹出的快捷菜单中选择【开发设置】→【上一次转换】命令，如图 14-76 所示。

图 14-76

**Step 04** 完成效果的批量应用。通过上一步设置，即可将选择的照片都处理为灰度效果，如图 14-77 所示。

图 14-77

> ⚙ **技能拓展——恢复原始效果**
>
> 　　选择【开发设置】→【清除设置】命令可恢复原始效果。

# 妙招技法

　　通过前面内容的学习，相信大家已经了解了 Camera Raw 的用法，下面结合本章内容，给大家介绍一些实用技巧。

## 技巧 01：在 Camera Raw 中，如何自动打开 JPEG 和 TIFF 格式照片

　　执行【编辑】→【首选项】→【Camera Raw】命令，打开【Camera Raw 首选项】对话框。

　　在【JPEG 和 TIFF 处理】栏中，可以选择 JPEG 和 TIFF 格式照片的处理方式，如图 14-78 所示。

图 14-78

　　选择【禁用 JPEG 支持】和【禁用 TIFF 支持】选项时，仍可通过【打开为】命令和【Camera Raw】滤镜打开 JPEG 和 TIFF 格式照片。

　　选择【自动打开设置的 JPEG】和【自动打开设置的 TIFF】选项时，只有特殊设置过的照片才能在 Camera Raw 中自动打开。

　　选择【自动打开所有受支持的 JPEG】和【自动打开所有受支持的 TIFF】选项时，将 JPEG 和 TIFF 格式照片拖动到 Photoshop CS6 中时，将会自动在 Camera Raw 软件中打开照片。

## 技巧 02：Camera Raw 中的直方图

　　打开【Camera Raw】软件，直方图显示在面板右上方。

直方图中包括红、绿、蓝3个通道。白色代表3个通道的重叠颜色。两个RGB通道重叠，会显示黄色、洋红色或青色。

调整照片时，直方图也会发生变化。如果直方图两侧出现竖线，代表照片发生了溢色（如修剪时），出现细节丢失的现象，如图14-79所示。

单击高光图标，或者按【O】键，会以红色标识高光溢出区域，如图14-81所示；再次单击相应图标，可以取消剪切显示。

图 14-79

单击直方图上面的图标，或者按【U】键，会以蓝色标识阴影修剪区域，如图14-80所示

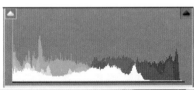

图 14-81

### 技巧03：扩展名为ORF是否属于Raw格式照片

Raw格式是记录相机原始数据信息的统一格式，不同的数码相机商家有不同的扩展名，但这些照片都属于Raw格式照片。例如，奥林巴斯相机拍摄的照片扩展名为ORF，佳能相机拍摄的照片扩展名为Cr2或CRW。

图 14-80

## 同步练习——制作胶片风格照片

在胶片时代，还原色彩的技术并不成熟。其中，胶片的种类、涂料、药水比例、冲洗时间等因素，都会影响最终成像的色彩质感。这种在可接受范围内的色偏极具特色，加上胶片独有的颗粒感，更为图像增添了独特的魅力，而这种风格的照片也被称为胶片风格照片。随着技术的发展，即使没有胶片机，也可以通过后期手段来模拟胶片，制作胶片风格的照片。胶片风格照片有几个显而易见的特点：对比度高，色彩浓郁；无纯黑纯白部分，且画面有些发灰；有色偏及颗粒感；图像有明显的暗角。下面根据这些特点在 Camera Raw 中制作胶片风格照片，效果对比如图 14-82 所示。

| 素材文件 | 素材文件 \ 第 4 章 \ 记忆 .jpg，苹果 .jpg |
| --- | --- |
| 结果文件 | 结果文件 \ 第 4 章 \ 褪色记忆 .psd |

原图

效果

图 14-82

具体操作步骤如下。

Step01 打开素材文件。在【Camera Raw】对话框中打开"素材文件\第14章\建筑.NEF"文件，如图14-83所示。

图 14-83

Step02 纠正色偏。在工具栏中选择【白平衡工具】，在

图像中的白色区域单击，修正照片偏色，如图 14-84 所示。

图 14-84

Step03 调整基本参数，提亮图像。原图像偏暗，单击【基本】按钮，在【基本】面板中，设置【曝光】

为 +0.90、【对比度】为 +25、【高光】为 +15、【阴影】为 +10、【白色】为 +25、【黑色】为 +20，如图 14-85 所示，提亮图像的效果，如图 14-86 所示。

图 14-85　　　　　图 14-86

Step④ 二次构图，去除图像不必要的元素。选择【裁剪工具】，裁剪画面左边不必要的元素，如图 14-87 所示。选择【污点去除工具】，去除画面下方不必要的元素，如图 14-88 所示。

图 14-87　　　　　图 14-88

Step⑤ 调整图像色彩，增加图像颜色鲜艳度。切换到【HSL/灰度】面板，选择【饱和度】选项卡，设置【黄色】为 -8、【蓝色】为 +40，如图 14-89 所示；选择【色相】选项卡，设置【橙色】为 -10、【黄色】为 -30、【蓝色】为 -8，如图 14-90 所示；选择【明亮度】选项卡，设置【黄色】为 +5、【蓝色】为 -15，如图 14-91 所示，调整后的图像效果如图 14-92 所示。

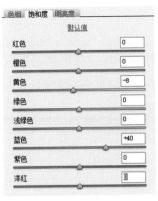 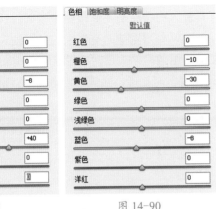

图 14-89　　　　　图 14-90

图 14-91　　　　　图 14-92

Step⑥ 增加图像对比度。切换到【色调曲线】面板，选择【点】选项卡，选择【RGB】通道，绘制 S 形曲线，提亮高光，压暗暗部，如图 14-93 所示，增加图像对比度，效果如图 14-94 所示。

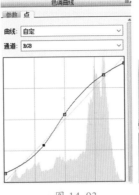 

图 14-93　　　　　图 14-94

Step⑦ 调整图像高光阴影色调。切换到【分离色调】面板，在【高光】栏中，设置【色相】为 216、【饱和度】为 25，使高光区域偏青蓝；在【阴影】栏中，设置色相为 25、【饱和度】为 40，使阴影区域偏橙黄，如图 14-95 所示。

图 14-95

Step⑧ 统一图像色调。切换到【色调曲线】面板，选择【蓝色】通道，绘制 S 形曲线，如图 14-96 所示，增加蓝色，使画面整体偏蓝，效果如图 14-97 所示。

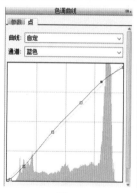

图 14-96

图 14-97

**Step 09** 添加暗角效果和颗粒感。切换到【效果】面板，在【颗粒】栏中设置【数量】为40、【大小】为60、【粗糙度】为56；在【裁剪后晕影】栏中设置【样式】为高光优先、【数量】为-25、【中点】为70、【羽化】为65，如图 14-98 所示。

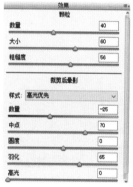

图 14-98

**Step 10** 微调图像，完成效果制作。添加暗角和颗粒感后，画面有点平。切换到【色调曲线】面板，选择【红色】通道，绘制曲线，如图 14-99 所示，增加画面层次感，最终效果如图 14-100 所示

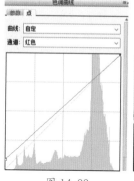

图 14-99

图 14-100

## 本章小结

　　本章主要介绍了【Camera Raw】增效工具的使用方法，包括操作界面、打开和存储 Raw 格式照片及调整和修改照片。Camera Raw 是专业处理数码相机原始图像的工具，其最大的特点是在修改图像的同时保留照片的原始数据，不会对图像质量产生影响。但也正因如此，在使用 Camera Raw 处理图像时有很大的局限性：它处理图像局部的能力及制作特效的能力都远不如 Photoshop 强大。因此，在进行图像后期处理时需结合 Photoshop 和 Camera Raw 来使用：首先在 Camera Raw 中对图像进行基本的调整，如曝光度、对比度、色调等；然后在 Photoshop 中打开图像进行细节调整及特效的制作。

# 第 15 章　解密神奇的滤镜

- ➡ 滤镜是什么？
- ➡ 智能滤镜和普通滤镜的区别是什么？
- ➡ 如何加快滤镜运动速度？
- ➡ 怎样使用外挂滤镜？
- ➡ 滤镜有哪些类别？

Photoshop 中的滤镜主要用来实现各种特效的制作，其实质是简化图像处理的过程，通过对亮度、对比度和饱和度等的综合运算，将多个步骤在一个过程中完成，从而快速实现某种图像效果的制作。Photoshop 滤镜分为两类：一类是内部滤镜，即安装 Photoshop 时自带的滤镜；另一类是外挂滤镜，需要进行安装后才能使用。本章将介绍 Photoshop CS6 滤镜的特效功能及使用技巧。

## 15.1　初识滤镜

滤镜可以快速实现各种图像特效的制作，包括模糊、绘画、浮雕、纹理等特殊效果。Photoshop CS6 中滤镜的操作非常简单，只需执行相应菜单中的命令即可，但是真正用起来却很难做到恰到好处。滤镜通常需要与通道、图层等联合使用，才能达到最佳艺术效果。下面介绍 Photoshop CS6 中各种滤镜的特点与使用方法。

### 15.1.1　滤镜的定义

滤镜本是一种摄影器材，是安装在相机镜头前用于过滤自然光线的附加镜头，可以影响色彩或产生特殊的拍摄效果。

Photoshop CS6 中的滤镜与相机滤镜有异曲同工之妙。它遵循一定的程序计算法对图像中像素的颜色、亮度、饱和度、色调、分布等属性进行计算和变换处理，从而快速实现某种图像效果。

### 15.1.2　滤镜的用途

Photoshop 中的内置滤镜主要有以下两种用途。

第一种用于创建具体的图像特效，如可以生成素描、波浪、纹理等各种效果。此类滤镜的数量多，而且基本上都是通过【滤镜库】来管理和应用的。

第二种主要用于编辑图像，如减少杂色、模糊图像等，这些滤镜在【模糊】【锐化】【杂色】等滤镜组中。此外，独立滤镜中的【液化】【消失点】等也属于此类滤镜。

### 15.1.3　滤镜的种类

滤镜分为内置滤镜和外挂滤镜两大类。其中，内置滤镜是 Photoshop CS6 自身提供的各种滤镜，外挂滤镜是由其他厂商开发的滤镜，它们需要安装在 Photoshop CS6 中才能使用。Photoshop 中的所有滤镜都在【滤镜】菜单中。其中，【滤镜库】【自适应广角】【镜头校正】【液化】【油画】和【消失点】等是特殊滤镜，被单独列出，而其他滤镜都依据其主要功能放置在不同类别的滤镜组中。如果安装了外挂滤镜，那么它们会出现在【滤镜】菜单底部。

### 15.1.4　滤镜的使用规则

在使用滤镜时，需要注意以下几点规则。

（1）若创建了选区，滤镜则只处理选区内的图像；若没有选区，则处理当前图层中的全部图像。

（2）滤镜的处理效果是以像素为单位进行计算的，因此，相同的参数处理不同分辨率的图像，其效果也不同。

（3）使用滤镜处理图层中的图像时，需要选择该图层，并且图层必须是可见的。

（4）滤镜可以处理图层蒙版、快速蒙版和通道。

（5）滤镜必须应用在包含像素的区域，否则不能使用，但【云彩】和外挂滤镜除外。

（6）RGB模式的图像可以使用全部滤镜，一部分滤镜不能用于CMYK模式的图像，索引和位图模式不能使用任何滤镜。若想对位图、索引或CMYK模式的图像应用滤镜，则将其转换为RGB模式后，再使用滤镜进行处理。

### 15.1.5 加快滤镜运行速度

Photoshop中一部分滤镜在使用时会占用大量的内存，如使用【光照效果】等滤镜编辑高分辨率的图像时，Photoshop CS6的处理速度会变得很慢。在这样的情况下，可以先在一小部分图像上试验滤镜，找到合适的设置后，再将滤镜应用于整个图像，或者在使用滤镜之前先执行【编辑】→【清理】命令释放内存。

### 15.1.6 查找联机滤镜

执行【滤镜】→【浏览联机滤镜】命令，可以链接到Adobe网站，查找需要的滤镜和增效工具，如图15-1所示。

图 15-1

### 15.1.7 查看滤镜的信息

执行【帮助】→【关于增效工具】命令，在弹出的下拉列表中包含了Photoshop CS6所有滤镜和增效工具的目录，选择任意一个，将显示它的详细信息，如滤镜版本、制作者、所有者等，如图15-2所示。

图 15-2

## 15.2 【滤镜库】的应用

Photoshop CS6中的大部分滤镜都放置在【滤镜库】中，打开【滤镜库】对话框后，可以直观地查看应用滤镜后的图像效果，并且能够设置多个滤镜效果的叠加，以及调整滤镜效果图层的顺序，使滤镜的操作更加方便，功能也更加强大。

### 15.2.1 滤镜库的定义

执行【滤镜】→【滤镜库】命令，即可打开【滤镜库】对话框。

在【滤镜库】对话框中，包括【风格化】【画笔描边】【扭曲】【素描】【纹理】和【艺术效果】6组滤镜。其中，对话框的左侧是预览区，中间是6组滤镜，右侧是参数设置区，如图15-3所示。

图 15-3

在【滤镜库】对话框中，各选项的作用及含义如表 15-1 所示。

表 15-1 选项的作用及含义

| 选项 | 作用及含义 |
| --- | --- |
| ❶ 预览区 | 用于预览滤镜效果 |
| ❷ 缩放区 | 单击 ⊞ 按钮，可放大预览区图像的显示比例；单击 ⊟ 按钮，则缩小显示比例 |
| ❸ 显示 / 隐藏滤镜缩览图 | 单击该按钮，可以隐藏滤镜组，将窗口空间留给图像预览区，再次单击该按钮，则显示滤镜组 |
| ❹ 弹出式菜单 | 单击 ▾ 按钮，可在弹出的下拉菜单中选择一个滤镜 |
| ❺ 参数设置区 | 【滤镜库】中共包含 6 组滤镜，单击一个滤镜组前的 ▶ 按钮，可以展开滤镜组；单击滤镜组中的一个滤镜可使用该滤镜，与此同时，右侧的参数设置区内会显示该滤镜的参数选项 |
| ❻ 当前使用的滤镜 | 显示了当前使用的滤镜 |
| ❼ 效果图层 | 显示当前使用的滤镜列表。单击 ◉ 图标可以隐藏或显示滤镜 |

## 15.2.2 应用效果图层

在【滤镜库】对话框中应用一个滤镜后，该滤镜就会出现在对话框右下角的已应用的滤镜列表中，如图 15-4 所示。单击【新建效果图层】按钮 ▣，可以添加一个效果图层，如图 15-5 所示。

图 15-4　　　　　　　　　　图 15-5

图 15-7

　　添加效果图层后，可以选取要应用的另一个滤镜，如图 15-6 所示。滤镜效果图层与图层的编辑方法相同，上下拖动效果图层可以调整它们的顺序，滤镜效果也会发生改变，如图 15-7 所示。

> **技能拓展——删除效果图层**
>
> 　　单击【删除效果图层】按钮 🗑，可以删除效果图层。

图 15-6

# 15.3　独立滤镜的应用

　　【自适应广角】【镜头校正】【液化】【油画】和【消失点】滤镜为独立的滤镜，它们具有独特的功能，下面详细进行介绍。

### 15.3.1　【自适应广角】滤镜

| 实例门类 | 软件功能 |
|---|---|

　　【自适应广角】滤镜可以轻松拉直全景图像或用鱼眼及广角镜头拍摄照片中的弯曲对象。而且全新的画布工具会运用个别镜头的物理特性自动校正弯曲，具体操作步骤如下。

**Step01** 打开素材文件。打开"素材文件\第 15 章\鱼眼.jpg"文件，如图 15-8 所示。

图 15-8

Step02 打开【自适应广角】对话框。执行【滤镜】→【自适应广角】命令，或者按【Shift+Ctrl+A】组合键，打开【自适应广角】对话框，Photoshop CS6 会自动进行简单校正，如图 15-9 所示。

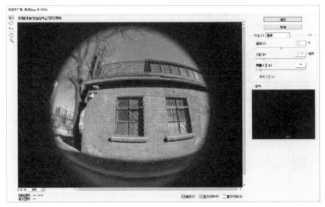

图 15-9

Step03 拉直弯曲图像。选择【约束工具】 ，在弯曲的图像中拖动鼠标，释放鼠标后，即可拉直弯曲的图像，如图 15-10 所示。

图 15-10

Step04 继续校正图像并裁剪多余图像。使用相似的方法，在弯曲图像上多次拖动鼠标创建约束线校正图像，如图 15-11 所示。使用【裁剪工具】 裁掉多余图像，效果如图 15-12 所示。

图 15-11　　　　　　图 15-12

【自适应广角】对话框如图 15-13 所示。

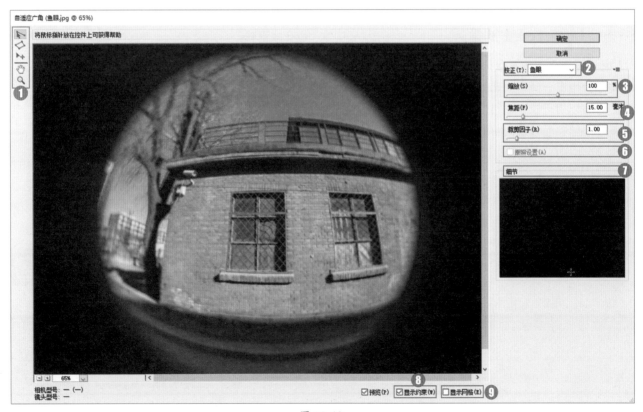

图 15-13

相关选项的作用及含义如表 15-2 所示。

表 15-2　相关选项的作用及含义

| 选项 | 作用及含义 |
|---|---|
| ❶ 工具按钮 | 使用【约束工具】🖱单击图像或拖动端点，可以添加或编辑约束线；使用【多边形约束工具】◔单击图像或拖动端点，可以添加或编辑多边形约束线；使用【移动工具】▶✛可以移动对话框中的图像；使用【抓手工具】✋可以移动画面；使用【缩放工具】🔍可以放大或缩小窗口的显示比例 |
| ❷ 校正 | 在该选项的下拉列表中可以选择投影模型，包括【鱼眼】【透视】【自动】和【完整球面】 |
| ❸ 缩放 | 校正图像后，可通过该选项来缩放图像，以填满空缺 |
| ❹ 焦距 | 用于指定焦距 |
| ❺ 裁剪因子 | 用于指定裁剪因子 |
| ❻ 原照设置 | 选中该复选框，可以使用照片元数据中的焦距和裁剪因子 |
| ❼ 细节 | 该选项中会显示光标下方图像的细节 |
| ❽ 显示约束 | 选中该复选框，可以显示约束线 |
| ❾ 显示网格 | 选中该复选框，可以显示网格 |

## 15.3.2　【镜头校正】滤镜

【镜头校正】滤镜可以修复由数码相机镜头缺陷而导致的照片中出现桶形失真、枕形失真、色差及晕影等问题，也可以用于校正倾斜的照片，或者修复由于相机垂直或水平倾斜而导致的图像透视现象。

### 1. 自动校正照片

执行【滤镜】→【镜头校正】命令，或者按【Shift+Ctrl+R】组合键，打开【镜头校正】对话框，如图 15-14 所示。

图 15-14

在【自动校正】选项卡中，Photoshop CS6 提供了可以自动校正照片问题的各种配置文件。首先在【相机制造商】和【相机型号】下拉列表框中指定拍摄该数码照片的相机制造商及相机型号；然后在【镜头型号】下拉列表框中选择一款镜头。这些选项指定后，Photoshop CS6 就会给出与之匹配的镜头配置文件。如果没有出现配置文件，就可以单击【联机搜索】按钮进行在线查找。

以上内容设置完成后，在【校正】栏中选择一个选项，Photoshop CS6 就会自动校正照片中出现的几何扭曲、色差或晕影。

【自动缩放图像】复选框用于指定如何处理由于校正枕形失真、旋转或透视而产生的空白区域。在【边缘】下拉列表框中选择【边缘扩展】选项，可扩展图像的边缘像素填充空白区域；选择【透明度】选项，空白区域保持透明；选择【黑色】或【白色】选项，则使用黑色或白色填充空白区域。

> ⚙ **技能拓展——桶形和枕形失真**
>
> 　桶形失真是指由镜头引起的成像画面呈桶形膨胀状的失真现象，使用广角镜头或变焦镜头的最广角时，容易出现这种情况；枕形失真与之相反，它会导致画面向中间收缩，使用长焦镜头或变焦镜头的长焦端时，容易出现这种情况。

## 2. 手动校正照片

在【镜头校正】对话框中选择【自定】选项卡，显示手动设置面板，可以手动调整参数，并校正照片。【自定】选项卡中各选项如图 15-15 所示。

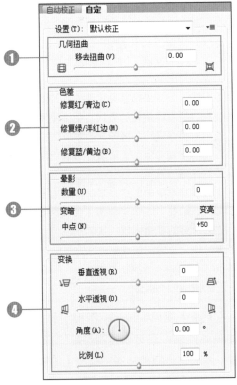

图 15-15

相关选项作用及含义如表 15-3 所示。

表 15-3　相关选项的作用及含义

| 选项 | 作用及含义 |
| --- | --- |
| ❶ 几何扭曲 | 拖动【移去扭曲】滑块可以拉直从图像中心向外弯曲或朝图像中心弯曲的水平和垂直线条，这种变形功能可以校正镜头的桶形失真和枕形失真 |
| ❷ 色差 | 色差是由于镜头对不同平面中不同颜色的光进行对焦而产生的，具体表现为背景与前景对象相接的边缘会出现红色、蓝色或绿色的异常杂边。通过拖动各个滑块，可消除各种色差 |
| ❸ 晕影 | 表现为图像的边缘比图像中心暗。【数量】选项用于设置运用量的多少。【中点】选项用于指定受【数量】滑块所影响区域的宽度，数值大只会影响图像的边缘；数值小则会影响较多的图像区域 |

续表

| 选项 | 作用及含义 |
| --- | --- |
| ❹ 变换 | 该选项区域可以修复图像倾斜透视现象。【垂直透视】选项可以使图像中的垂直线平行；【水平透视】选项可以使水平线平行；【角度】选项可以旋转图像以针对相机歪斜加以校正；【比例】选项可以向上或向下调整图像缩放，图像的像素尺寸不会改变 |

### 技术看板

　　【镜头校正】对话框左侧的工具栏中，单击【移去扭曲工具】，向画面边缘拖动鼠标可以校正桶形失真，向画面中心拖动鼠标可以校正枕形失真；选择【拉直工具】，在画面中单击并拖出一条直线，图像会以该直线为基准进行角度校正。

## 15.3.3　实战：使用【液化工具】为人物烫发

| 实例门类 | 软件功能 |
| --- | --- |

　　【液化】滤镜是修饰图像和创建艺术效果的强大工具，可创建推拉、扭曲、旋转、收缩等变形效果，既可以对图像做细微的扭曲变化，也可以对图像做剧烈的变化。使用【液化工具】为人物烫发，具体操作步骤如下。

Step01 打开【液化】对话框。打开"素材文件\第 15 章\红心 .jpg"文件，执行【滤镜】→【液化】命令，或者按【Shift+Ctrl+X】组合键，打开【液化】对话框，如图 15-16 所示。

图 15-16

**Step02** 使用【顺时针旋转扭曲工具】扭曲图像。单击
【顺时针旋转扭曲工具】 ，在右侧设置【画笔大小】
为 100、【画笔密度】为 50，在人物头发位置拖动，如
图 15-17 所示。

图 15-17

**Step03** 使用【向前变形工具】制作烫发效果。单击【向
前变形工具】 ，在人物头发位置拖动，制作烫发效
果，如图 15-18 所示。

图 15-18

在【液化】对话框中，各选项作用及含义如表 15-4
所示。

表 15-4　选项作用及含义

| 选项 | 作用及含义 |
| --- | --- |
| ❶ 工具按钮 | 包括执行液化的各种工具，其中【向前变形工具】 通过在图像上拖动，向前推动图像而产生变形；【重建工具】 通过绘制变形区域，能够部分或全部恢复图像的原始状态；【冻结蒙版工具】 将不需要液化的区域创建为冻结的蒙版；【解冻蒙版工具】 擦除保护的蒙版区域 |
| ❷ 工具选项 | 用于设置当前选择工具的各种属性 |
| ❸ 重建选项 | 选择重建液化的方式。单击【重建】按钮，可以将未冻结的区域逐步恢复为初始状态；单击【恢复全部】按钮，可以一次性恢复全部未冻结的区域 |
| ❹ 蒙版选项 | 设置蒙版的创建方式。单击【全部蒙住】按钮冻结整个图像；单击【全部反相】按钮反相所有的冻结区域 |
| ❺ 视图选项 | 定义当前图像、蒙版及背景图像的显示方式 |

### 15.3.4　【油画】滤镜

【油画】滤镜使用 Mercury 图形引擎，能快速让作
品呈现油画的效果，还可以控制画笔的样式及光线的方
向和亮度，以产生出色的效果。执行【滤镜】→【油画】
命令，弹出【油画】对话框，如图 15-19 所示。

图 15-19

在【油画】对话框中，各选项作用及含义如表
15-5 所示。

表 15-5 选项作用及含义

| 选项 | 作用及含义 |
| --- | --- |
| ❶ 画笔 | 【样式化】选项用于调整笔触样式；【清洁度】选项用于设置纹理的柔化程度；【缩放】选项用于对纹理进行缩放；【硬毛刷细节】选项用于设置画笔细节的丰富程度 |
| ❷ 光照 | 【角方向】选项用于设置光线的照射角度；【闪亮】选项可以提高纹理的清晰度 |

### 15.3.5 实战：使用【消失点】命令复制图像

| 实例门类 | 软件功能 |
| --- | --- |

　　【消失点】滤镜可以在包含透视平面的图像中进行透视校正。在应用绘画、仿制、复制或粘贴及变换等编辑操作时，Photoshop CS6 可以确定这些编辑操作的方向，并将它们缩放到透视平面，制作出立体效果的图像，具体操作步骤如下。

Step01 打开素材文件，添加节点。打开"素材文件 \ 第 15 章 \ 效果图 .jpg"文件，执行【滤镜】→【消化点】命令，或者按【Alt+Ctrl+V】组合键，打开【消失点】对话框，选择【创建平面工具】，在图像中单击，添加节点，如图 15-20 所示。

图 15-20

Step02 定义透视平面。多次在图像中单击添加节点，定义透视平面，如图 15-21 所示。

图 15-21

Step03 调整节点。拖动平面，调整透视平面的节点，如图 15-22 所示。

图 15-22

Step04 取样图像。单击【图章工具】，在【消失点】对话框顶部设置【修复】为【开】，在透视平面内按住【Alt】键并单击进行取样，如图 15-23 所示。

315

图 15-23

图 15-25

**Step05** 复制图像。在图像右侧进行涂抹，将取样点的图像复制到鼠标指针涂抹处，如图 15-24 所示。

【消失点】对话框中左侧各选项作用及含义如表 15-6 所示。

表 15-6 选项作用及含义

图 15-24

**Step06** 完成图像复制。继续涂抹，Photoshop CS6 会自动复制图像，并自动调整色调与背景相融合，如图 15-25 所示。

| 选项 | 作用及含义 |
| --- | --- |
| 编辑平面工具 | 用于选择、编辑、移动平面的节点及调整平面的大小 |
| 创建平面工具 | 用于定义透视平面的 4 个角节点。创建 4 个角节点后，可以移动、缩放平面或重新确定其形状；按住【Ctrl】键拖动平面的边节点可以拉出一个垂直平面。在定义透视平面的节点时，若节点的位置不正确，则按下【Backspace】键将该节点删除 |
| 选框工具 | 在平面上单击并拖动鼠标可以选择平面上的图像。选择图像后，将鼠标指针放在选区内，按住【Alt】键拖动选区，可以复制图像；按住【Ctrl】键拖动选区，则可以用源图像填充该区域 |
| 图章工具 | 使用该工具时，按住【Alt】键在图像中单击，可以为仿制设置取样点；在其他区域拖动鼠标可以复制图像；按住【Shift】键在图像中单击，可以将描边扩展到上一次单击处 |
| 画笔工具 | 可在图像上绘制选定的颜色 |
| 变换工具 | 使用该工具时，可以通过移动定界框的控制点来缩放、旋转和移动浮动选区，类似于在矩形选区上使用【自由变换】命令 |

续表

| 选项 | 作用及含义 |
|---|---|
| 吸管工具 ✏ | 可拾取图像中的颜色作为画笔工具的绘画颜色 |
| 测量工具 📏 | 可以在透视平面中测量项目的距离和角度 |

## 15.4 普通滤镜的应用

　　Photoshop CS6 中的滤镜种类非常多，不同类型的滤镜可制作出的效果大相径庭。例如，锐化和模糊滤镜可以锐化和模糊图像；杂色滤镜用于添加或减少图像中的杂色；风格化、扭曲、像素化滤镜可以为图像创建特殊质感的效果。下面对这些滤镜逐一进行讲解。

### 15.4.1 【风格化】滤镜组

　　【风格化】滤镜组中包含 9 种滤镜，其主要作用是移动选区内图像的像素、提高像素的对比度，使之产生绘画和印象派风格效果。

　　（1）查找边缘：可以自动搜索图像像素对比度变化剧烈的边界，将高反差区变亮、低反差区变暗，其他区域则介于两者之间，硬边变为线条，而柔边变粗，形成一个清晰的轮廓。原图像如图 15-26 所示，【查找边缘】滤镜效果如图 15-27 所示。

图 15-26　　　　　　　图 15-27

　　（2）等高线：可以查找画面中主要的亮度区域，并为每个颜色通道勾勒主要的亮度区域，以获得与等高线中线条类似的效果。如图 15-28 所示。

　　（3）风：可以在图像上设置被风吹过的效果，有【风】【大风】和【飓风】3 个选项，效果如图 15-29 所示。但该滤镜只在水平方向起作用，要产生其他方向的风吹效果，需要先将图像旋转，然后再使用此滤镜。

图 15-28　　　　　　　图 15-29

　　（4）浮雕效果：可通过勾画图像或选区的轮廓，或者降低周围色值来生成凸起或凹陷的浮雕效果，如图 15-30 所示。

　　（5）扩散：可以将图像的像素扩散显示，设置图像绘画溶解的艺术效果，如图 15-31 所示。

图 15-30　　　　　　　图 15-31

　　（6）拼贴：可以将图像分割成有规则的方块，并使其偏离原来的位置，产生不规则瓷砖拼凑成的图像效果，如图 15-32 所示。

　　（7）曝光过度：将图像正片和负片混合，翻转图像的高光部分，模拟摄影中曝光过度的效果，如图 15-33 所示。

图 15-32    图 15-33

（8）照亮边缘：可以搜索图像中颜色变化较大的区域，标识颜色的边缘，并向其添加类似霓虹灯的光亮，效果如图 15-34 所示。

（9）凸出：可以将图像分成一系列大小相同且有机重叠放置的立方体或锥体，以产生特殊的 3D 效果，如图 15-35 所示。

图 15-34    图 15-35

### 15.4.2 【画笔描边】滤镜组

【画笔描边】滤镜组中包含 8 种滤镜，其中的一部分滤镜通过不同的油墨和画笔勾画图像产生绘画效果，一部分滤镜可以添加颗粒、绘画、杂色、边缘细节或纹理效果。

（1）成角的线条：通过描边重新绘制图像，用相反的方向来绘制亮部和暗部区域，效果如图 15-36 所示。

（2）墨水轮廓：模拟钢笔画的风格，使用纤细的线条在原细节上重绘图像，效果如图 15-37 所示。

图 15-36    图 15-37

（3）喷溅：通过模拟喷枪，使图像产生笔墨喷溅的艺术效果，如图 15-38 所示。

（4）喷色描边：可以使用图像的主导色用成角的、喷溅的颜色线条重新绘制图像，产生斜纹飞溅效果，如

图 15-39 所示。

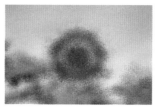

图 15-38    图 15-39

（5）强化的边缘：可以强调图像边缘。设置高的边缘亮度值时，强化效果类似白色粉笔；设置低的边缘亮度值时，强化效果类似黑色油墨，效果如图 15-40 所示。

（6）深色线条：可以使图像产生一种很强烈的黑色阴影，利用图像的阴影设置不同的画笔长度。其中，阴影用短线条表示，高光用长线条表示，效果如图 15-41 所示。

图 15-40    图 15-41

（7）烟灰墨：可以使图像产生一种类似毛笔在宣纸上绘画的效果。这些效果具有非常黑的柔化模糊边缘，效果如图 15-42 所示。

（8）阴影线：可以保留原图像的细节和特征，同时使用模拟的铅笔阴影线添加纹理，使图像中色彩区域的边缘变粗糙，效果如图 15-43 所示。

图 15-42    图 15-43

### 15.4.3 【模糊】滤镜组

【模糊】滤镜组中包含 14 种滤镜，既可以对图像进行柔化处理，也可以将图像像素的边线设置为模糊状态，在图像上表现出速度感或晃动感。

（1）场景模糊：可以通过一个或多个图钉对图像场景中不同的区域应用模糊效果，如图 15-44 所示。

（2）光圈模糊：可以对照片应用模糊，并创建一个椭圆形的焦点范围，模拟出柔焦镜头拍出的梦幻、朦胧的画面效果，如图 15-45 所示。

图 15-44　　　　　　图 15-45

（3）倾斜偏移：能模拟移轴镜头拍摄出的缩微模型效果，如图 15-46 所示。

图 15-46

（4）表面模糊：可以在保存图像边缘的同时，对图像表面添加模糊效果，主要用于创建特殊效果并消除杂色或颗粒度，如图 15-47 所示。

（5）动感模糊：可以使图像按照指定方向和指定强度变模糊，此滤镜效果类似以固定的曝光时间给一个正在移动的对象拍照。在表现对象的速度感时经常用到该滤镜，如图 15-48 所示。

 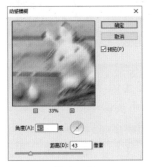

图 15-47　　　　　　图 15-48

（6）方框模糊：可以基于相邻像素的平均颜色来模糊图像，如图 15-49 所示。

（7）高斯模糊：可以通过控制模糊半径对图像进行模糊处理，使其产生一种朦胧的效果，如图 15-50 所示。

图 15-49　　　　　　图 15-50

（8）进一步模糊：可以得到应用【模糊】滤镜三四次的效果。

（9）径向模糊：与相机拍摄过程中进行移动或旋转后所拍摄照片产生的模糊效果相似，如图 15-51 所示。

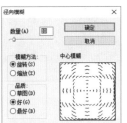 

图 15-51

（10）镜头模糊：能够将图像处理为与相机镜头类似的模糊效果，并且可以设置不同的焦点位置，如图 15-52 所示。

图 15-52

（11）模糊：用于柔化整体或部分图像。

（12）平均：寻找图像或选区的平均颜色，然后将该颜色填充图像或选区。

（13）特殊模糊：提供了半径、阈值和模糊品质等设置选项，可以精确地模糊图像。

（14）形状模糊：可通过选择的形状对图像进行模糊处理。选择的形状不同，模糊的效果也不同。

### 15.4.4　【扭曲】滤镜组

【扭曲】滤镜组中包含 12 种滤镜，既可以对图像进行移动、扩展或收缩来设置图像的像素，又可以对图像进行各种形状，如波浪、波纹、玻璃等的变换。在处理图像时，这些滤镜会占用大量内存，如果文件较大，建议先在较小的图像上进行试验。

（1）波浪：使用【波浪】滤镜可以使图像产生强烈波纹起伏的波浪效果，原图和效果对比如图 15-53 所示。

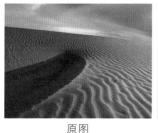

原图　　　　　　　　效果图

图 15-53

（2）波纹：与【波浪】滤镜相似，可以使图像产生波纹起伏的效果，但提供的选项较少，只能控制波纹的数量和波纹大小，如图 15-54 所示。

（3）玻璃：用于制作一系列细小纹理，产生一种透过不同类型的玻璃观察图片的效果，如图 15-55 所示。

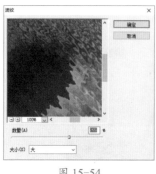

图 15-54

图 15-55

（4）海洋波纹：可以将随机分隔的波纹用到图像表面，它产生的波纹细小，边缘有较多抖动，使图像看起来就像在水中一样，如图 15-56 所示。

（5）极坐标：可以使图像坐标从直角坐标系转化为极坐标系，或者将极坐标转化为直角坐标系。使用该滤镜可以创建 18 世纪流行的曲面扭曲效果，如图 15-57 所示。

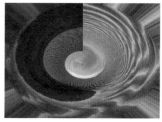

图 15-56　　　　　　　　图 15-57

（6）挤压：可以把图像挤压变形，使其收缩或膨胀，从而产生离奇的效果，如图 15-58 所示。

（7）扩散亮光：可以在图像中添加白色杂色，并从图像中心向外渐隐亮光，让图像产生一种光芒漫射的亮度效果，如图 15-59 所示。

图 15-58　　　　　　　　图 15-59

（8）切变：可以将图像沿用户所设置的曲线进行变形，产生扭曲的图像，如图 15-60 所示。

（9）球面化：可以将图像挤压，如包在球面或柱面上的立体效果，如图 15-61 所示。

图 15-60　　　　　　　　图 15-61

（10）水波：可以模拟出水池中的波纹，在图像中产生类似于向水池中投入石头后水面产生的涟漪效果，如图 15-62 所示。

（11）旋转扭曲：可以将选区内的图像旋转，图像中心的旋转程度比图像边缘的旋转程度大，如图 15-63

所示。

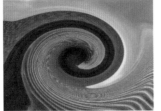

图 15-62　　　　　图 15-63

（12）置换：【置换】滤镜需要使用一个 PSD 格式的图像作为置换图，然后对置换图进行相应的设置，以确定当前图像如何根据位移图产生弯曲、破碎的效果。

### 15.4.5　【锐化】滤镜组

【锐化】滤镜组中包含 5 种滤镜，既可以将图像制作得更清晰，使画面中的图像更加鲜明，又可以通过提高主像素的颜色对比度使画面更加细腻。

（1）USM 锐化：可以调整图像边缘的对比度，并在边缘的每一侧生成一条暗线和一条亮线，使图像的边缘变得更清晰、突出。

（2）进一步锐化：可对图像实现进一步的锐化，使之产生强烈的锐化效果。

（3）锐化：通过增加相邻像素的反差，使模糊的图像变得更清晰。

（4）锐化边缘：只强调图像边缘部分，而保留图像总体的平滑度。

（5）智能锐化：通过设置锐化算法来锐化图像，也可通过设置阴影和高光中的锐化量使图像产生锐化效果。

### 15.4.6　【视频】滤镜组

【视频】滤镜组中包含两种滤镜，它们既可以处理从隔行扫描方式的设备中提取的图像，又可以将普通图像转换为视频设备接收的图像，以解决视频图像交换时的系统差异问题。

（1）NTSC 颜色：可以将不同色域的图像转化为电视可以接受的颜色模式，以防止过饱和颜色渗到电视扫描行中。NTSC 即（美国）国家电视标准委员会。

（2）逐行：通过隔行扫描方式显示画面的电视，以及视频设备中捕捉的图像都会出现扫描线，【逐行】滤镜可以移去视频图像中的奇数或偶数隔行线，使在视频上捕捉的运动图像变得平滑。

### 15.4.7　【素描】滤镜组

【素描】滤镜组中包含 14 种滤镜，它们可以将纹理添加到图像中，常用于模拟素描和速写等艺术效果或手绘外观。其中，大部分滤镜在重绘图像时都要使用前景色和背景色，因此，设置不同的前景色和背景色，可以获得不同的效果。

（1）半调图案：可以在保持连续色调范围的同时，模拟半调网屏效果，如图 15-64 所示。

（2）便条纸：可以将图像简化，制作出有浮雕凹陷和颗粒感纸质纹理的效果，如图 15-65 所示。

图 15-64　　　　　图 15-65

（3）粉笔和炭笔：可以重绘高光和中间调，并使用粗糙粉笔绘制中间调的灰色背景。阴影区域用黑色对角炭笔线条替换，炭笔用前景色绘制，粉笔用背景色绘制，如图 15-66 所示。

（4）铬黄渐变：可以渲染图像，创建如擦亮的铬黄表面一般的金属效果，高光在反射表面上是高点，阴影则是低点，如图 15-67 所示。

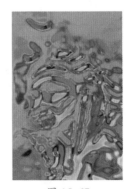

图 15-66　　　　　图 15-67

（5）绘图笔：使用精细的油墨线条来捕捉图像中的细节，可以模拟铅笔素描的效果，如图 15-68 所示。

（6）基底凸现：可以变换图像，使之呈现浮雕的雕刻状或突出光照下变化各异的表面，图像的暗区将呈现前景色，而浅色使用背景色，如图 15-69 所示

图 15-68　　　　　图 15-69

（7）石膏效果：可以按 3D 效果塑造图像，然后使用前景色与背景色为结果图像着色，图像中的暗区凸起、亮区凹陷，如图 15-70 所示。

（8）水彩画纸：指素描滤镜组中唯一能够保留图像颜色的滤镜，利用有污点的、像画在潮湿的纤维纸上的涂抹，使颜色流动并混合，如图 15-71 所示。

图 15-72　　　　　图 15-73

（11）炭精笔：可以在图像上模拟浓黑和纯白的炭精笔纹理，暗区使用前景色，亮区使用背景色，如图 15-74 所示。

（12）图章：简化图像，使之呈现出用橡皮或木制图章盖印的效果，如图 15-75 所示。

（13）网状：可以模拟胶片乳胶的可控收缩和扭曲来创建图像，使之在阴影处结块，在高光处呈现轻微的颗粒化，如图 15-76 所示。

（14）影印：可以模拟影印效果，大的暗区趋向于只复制边缘四周，而中间色调为纯黑色或纯白色，如图 15-77 所示。

图 15-70　　　　　图 15-71

图 15-74　　　　　图 15-75

（9）撕边：可以用粗糙的颜色边缘模拟碎纸片的效果，使用前景色和背景色为图像着色，如图 15-72 所示。

（10）炭笔：可以产生色调分离的涂抹效果。图像的主要边缘以粗线条绘制，而中间色调用对角描边进行素描，炭笔是前景色，背景色是纸张颜色，如图 15-73 所示。

图 15-76　　　　　图 15-77

### 15.4.8 【纹理】滤镜组

【纹理】滤镜组中包含 6 种滤镜，它们可以模拟具有深度或物质感的外观。

（1）龟裂缝：可以将图像绘制在一个高凸显的石膏表面上，循着图像等高线生成精细的网状裂缝。使用此滤镜可以对包含多种颜色值或灰度值的图像创建浮雕效果，如图 15-78 所示。

（2）颗粒：可以通过模拟不同种类的颗粒对图像添加纹理，如图 15-79 所示。

图 15-78　　　　　　图 15-79

（3）马赛克拼贴：可以渲染图像，使图像看起来就像由多种碎片拼贴而成，且在拼贴之间有深色的缝隙，如图 15-80 所示。

（4）拼缀图：可以将图像分解为若干个正方形，每个正方形都由该区域的主色进行填充，如图 15-81 所示。

图 15-80　　　　　　图 15-81

（5）染色玻璃：可将图像重新绘制成玻璃拼贴起来的效果，生成的玻璃块之间的缝隙使用前景色来填充，如图 15-82 所示。

（6）纹理化：可以将选择或创建的纹理应用于图像，如图 15-83 所示。

图 15-82　　　　　　图 15-83

> **技能拓展——【马赛克】和【马赛克拼贴】滤镜的区别**
>
> 在【像素化】滤镜组中也有一个【马赛克】滤镜，它可以将图像分解为各种颜色的像素块，而【马赛克拼贴】滤镜用于将图像创建为拼贴块。

### 15.4.9 【像素化】滤镜组

【像素化】滤镜组中包含 7 种滤镜，它们通过平均分配色度值使单元格中颜色相近的像素结成块，用于清晰地定义一个选区，从而使图像产生彩块、晶格、碎片等效果。

（1）彩块化：使纯色或相近颜色的像素结成相近颜色的像素块，图像如同手绘效果，也可以使现实主义图像产生类似抽象派的绘画效果，使用滤镜前后的效果对比如图 15-84 所示。

原图　　　　　　　　效果图

图 15-84

（2）彩色半调：可以使图像变为网点状效果。它先将图像的每一个通道划分出矩形区域，再以和矩形区域亮度成比例的圆形替代这些矩形，且圆形的大小与矩形的亮度成比例，高光部分生成的网点较小，阴影部分生成的网点较大，如图 15-85 所示。

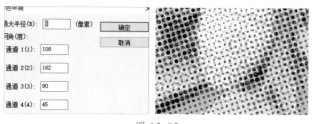

图 15-85

（3）点状化：将图像的颜色分解为随机分布的网点，就像点状化绘画一样，背景色将作为网点之间的画布区域，如图 15-86 所示。

（4）晶格化：可以使图像中相近的像素集中到多边形色块中，产生类似结晶的颗粒效果，如图 15-87 所示。

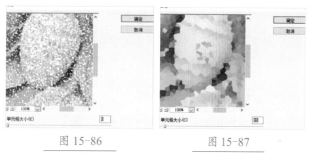

图 15-86          图 15-87

（5）马赛克：可以使像素结为方形块，再对块中的像素应用平均的颜色，从而生成马赛克效果，如图 15-88 所示。

（6）碎片：可以把图像的像素进行 4 次复制，再将它们平均，并使其相互偏移，使图像产生一种类似相机没有对准焦距而拍摄出的模糊照片的效果，如图 15-89 所示。

图 15-88          图 15-89

（7）铜版雕刻：可以在图像中随机生成各种不规则的直线、曲线和斑点，使图像产生年代久远的金属板效果，如图 15-90 所示。

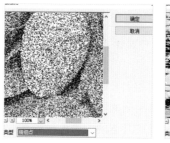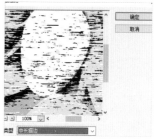

图 15-90

## 15.4.10　【渲染】滤镜组

【渲染】滤镜组中包含 5 种滤镜，它们可以在图像中创建出灯光、云彩、折射图案及模拟的光反射，是非常重要的特效制作滤镜。

（1）分层云彩：与【云彩】滤镜原理相同，但在使用【分层云彩】滤镜时，图像中的某些部分会被反相为云彩图案，原图和效果对比如图 15-91 所示。

原图          效果图

图 15-91

（2）光照效果：可以在图像上产生不同的光源、光类型，以及不同的光的特性形成的光照效果，如图 15-92 所示。

图 15-92

相关选项作用及含义如表 15-7 所示。

表 15-7　相关选项作用及含义

| 选项 | 作用及含义 |
|---|---|
| ❶ 使用预设光源 | 在左侧【预设】下拉列表框中包含预设的各种灯光效果，选择即可直接使用 |
| ❷ 调整聚光灯 | Photoshop CS6 提供了 3 种光源：【聚光灯】【点光】和【无限光】，在右上方的【光照类型】下拉列表框中选择光源后，就可以在左侧调整光源的位置和照射范围，在右侧调整灯光属性 |
| ❸ 设置纹理通道 | 通过一个灰度图像来控制灯光反射，以形成立体效果 |

（3）镜头光晕：可以模拟亮光照射到相机镜头所产生的折射效果，在预览框中拖动鼠标，可以调整光晕的位置，如图 15-93 所示，效果如图 15-94 所示。

图 15-93　　　　　　　　图 15-94

（4）纤维：使用前景色和背景色来创建编织纤维的外观，如图 15-95 所示。

（5）云彩：使用前景色和背景色之间的随机值来生成柔和的云彩图案，如图 15-96 所示。

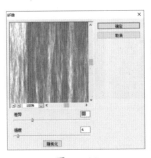 

图 15-95　　　　　　　　图 15-96

## 15.4.11 【艺术效果】滤镜组

【艺术效果】滤镜组中包含 15 种滤镜，既可以为图像添加具有艺术特色的绘制效果，又可以使普通的图像具有绘画或艺术风格的效果。

（1）壁画：指用小块的颜色以短且圆的粗略涂抹的笔触，重新绘制一种粗糙风格的图像，如图 15-97 所示。

（2）彩色铅笔：可以模拟各种颜色的铅笔在图像上的绘制效果，绘制的图像中较明显的边缘将被保留，如图 15-98 所示。

图 15-97　　　　　　　　图 15-98

（3）粗糙蜡笔：可以在布满纹理的图像背景上应用彩色画笔描边，如图 15-99 所示。

（4）底纹效果：可以在带有纹理效果的图像上绘制图像，然后将最终图像效果绘制在原图像上，如图 15-100 所示。

图 15-99　　　　　　　　图 15-100

（5）干画笔：一般使用干画笔技术绘制图像边缘，此滤镜通过将图像的颜色范围降到普通颜色范围来简化图像，如图 15-101 所示。

（6）海报边缘：可以减少图像中的颜色数量，查找图像的边缘并在边缘上绘制黑色线条，如图 15-102 所示。

图 15-101

图 15-102

（7）海绵：使用颜色对比强烈且纹理较重的区域绘制图像，如图 15-103 所示。

（8）绘画涂抹：可以使用各种类型的画笔绘画，使图像产生模糊的艺术效果，如图 15-104 所示。

图 15-103

图 15-104

（9）胶片颗粒：可以将平滑的图案应用在图像的阴影和中间调区域，将一种更平滑、更高饱和度的图像应用到图像的高光区域，如图 15-105 所示。

（10）木刻：可以使图像看上去好像是用彩纸上剪下的边缘粗糙的剪纸片拼贴而成，高对比度的图像看起来呈剪影状，如图 15-106 所示。

图 15-105

图 15-106

（11）霓虹灯光：可将各种各样的灯光效果添加到图像中的对象上，产生类似霓虹灯的发光效果，如图 15-107 所示。

（12）水彩：以水彩绘画风格绘制图像，使用蘸了水和颜料的画笔绘制简化的图像细节，使图像颜色饱满，如图 15-108 所示。

图 15-107

图 15-108

（13）塑料包装：可以给图像涂上一层光亮的塑料，使图像表面质感强烈，如图 15-109 所示。

（14）调色刀：可以减少图像中的细节，产生描绘得很淡的画布效果，如图 15-110 所示。

（15）涂抹棒：使用较短的对角线条涂抹图像中的暗部区域，从而柔化图像，亮部区域会因变亮而丢失细节，使整个图像显示涂抹扩散的效果，如图 15-111 所示。

图 15-109

图 15-110

图 15-111

### 15.4.12 【杂色】滤镜组

【杂色】滤镜组中包含 5 种滤镜，它们用于增加图像上的杂点，使之产生色彩漫散的效果，或者用于去除图像中的杂点，如扫描图像的斑点和折痕。

（1）减少杂色：既可以减少图像中的杂色，又可以保留图像的边缘。

（2）蒙尘与划痕：可通过更改相应的像素来减少杂色，该滤镜对去除扫描图像中的杂点和折痕特别有效，原图如图 15-112 所示，效果如图 15-113 所示。

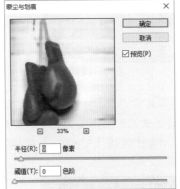

图 15-112　　　　　图 15-113

（3）去斑：可以检测图像边缘发生显著颜色变化的区域，并模糊除边缘外的所有选区，消除图像中的斑点，同时保留细节。

（4）添加杂色：可以在图像中应用随机像素，使图像产生颗粒状效果，常用于修饰图像中不自然的区域，如图 15-114 所示。

（5）中间值：通过混合像素的亮度来减少图像中的杂色，如图 15-115 所示。

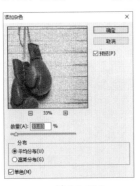

图 15-114　　　　　图 15-115

## 15.4.13　【其他】滤镜组

【其他】滤镜组中包含 5 种滤镜，其中，有允许自定义滤镜的命令；也有使用滤镜修改蒙版，在图像中使选区发生位移和快速调整颜色的命令。

（1）高反差保留：可调整图像的亮度，降低阴影部分的饱和度，原图和效果对比如图 15-116 所示。

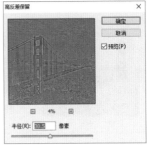

图 15-116

（2）位移：可通过输入水平和垂直方向的距离值来移动图像，如图 15-117 所示。

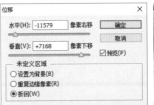

图 15-117

（3）最大值：可用高光颜色的像素代替图像的边缘部分，如图 15-118 所示。

图 15-118

（4）最小值：可用阴影颜色的像素代替图像的边缘部分，如图 15-119 所示。

图 15-119

（5）自定：可通过数学运算使图像颜色发生变化，如图 15-120 所示。

中文版 Photoshop CS6 完全自学教程

图 15-120

图 15-121

图 15-122

## 15.4.14 【Digimarc】滤镜组

Digimarc 滤镜可以将数学水印嵌入图像中以存储版权信息，使图像的版权通过 Digimarc Image Bridge 技术的数字水印受到保护。水印是一种以杂色方式添加到图像中的数字代码，肉眼是看不到这些代码的。添加数字水印后，无论是进行通常的图像编辑，还是进行文件格式转换，水印仍然存在。在复制带有嵌入水印的图像时，水印和与水印相关的任何信息也会被复制。

（1）嵌入水印：可以在图像中加入著作权信息。在嵌入水印之前，必须先向 Digimarc Coorporation 公司注册，取得一个 Digimarc ID 账号，然后将该 ID 账号随同著作权信息一并嵌入图像中，但要支付一定的费用。

（2）读取水印：主要用于阅读图像中的数字水印内容。当一个图像中含有数字水印时，则在图像窗口的标题栏和状态栏上显示一个"C"符号。

## 15.4.15 实战：制作流光溢彩文字特效

| 实例门类 | 软件功能 |
|---|---|

精彩的文字特效可以增加画面的吸引力，下面制作流光溢彩文字，具体操作步骤如下。

**Step01** 打开素材文件。打开"素材文件\第15章\舞台.jpg"文件，如图 15-121 所示。

**Step02** 设置字体格式并输入文字。使用【横排文字工具】输入白色文字"流光溢彩"，设置【字体】为粗宋、【字体大小】为 150 点，如图 15-122 所示。

**Step03** 载入文字选区并存储为通道。按【Ctrl】键的同时单击文字图层缩览图，将其载入文字选区，在【通道】面板中新建【Alpha 1】通道，将其填充为白色，如图 15-123 所示。

图 15-123

**Step04** 添加光照效果。取消选区后，在【图层】面板中，选择【背景】图层，隐藏文字图层，如图 15-124 所示。执行【滤镜】→【渲染】→【光照效果】命令，在打开的【光照效果】对话框中，设置【预设】为手电筒，如图 15-125 所示。

图 15-124

图 15-125

**Step05** 设置光照效果参数。在右侧的【属性】面板中，设置【纹理】为 Alpha 1、【高度】为 1，如图 15-126 所示。通过前面的操作，得到文字立体效果，如图 15-127 所示。

图 15-126

图 15-127

**Step06** 创建选区并羽化。使用【椭圆选框工具】□创建选区，如图 15-128 所示。按【Shift+F6】组合键，执行【羽化选区】命令，设置【羽化半径】为 50 像素，如图 15-129 所示。

图 15-128

图 15-129

**Step07** 复制图层，添加颗粒效果。按【Ctrl+J】组合键复制图层，如图 15-130 所示。执行【滤镜】→【滤镜库】→【纹理】→【颗粒】命令，设置【强度】和【对比度】均为 100，设置【颗粒类型】为扩大，单击【确定】按钮，如图 15-131 所示。

图 15-130

图 15-131

**Step08** 设置图层混合模式，完成文字效果的制作。更改图层混合模式为【浅色】，如图 15-132 所示。图像效果如图 15-133 所示。

图 15-132

图 15-133

### 15.4.16 实战：打造气泡中的人物

| 实例门类 | 软件功能 |
|---|---|

下面结合【球面化】和【镜头光晕】命令，打造气泡中的人物，具体操作步骤如下。

**Step01** 打开素材文件，创建选区。打开"素材文件\第 15 章\晚霞 .jpg"文件，如图 15-134 所示。使用【椭圆选框工具】□创建选区，如图 15-135 所示。

图 15-134

图 15-135

**Step02** 复制图层，添加球面化效果。按【Ctrl+J】组合键复制图层，如图 15-136 所示。按【Ctrl+T】组合键执行自由变换操作适当缩小图像，执行【滤镜】→【扭曲】→【球面化】命令，❶ 设置【数量】为 100，❷ 单击【确定】按钮，如图 15-137 所示。

图 15-136

图 15-137

**Step03** 在球体右上方添加镜头光晕效果。执行【滤镜】→【渲染】→【镜头光晕】命令，❶ 移动光晕中心到球体右上角，❷ 设置【亮度】为 150%、【镜头类型】为【50-300 毫米变焦】，❸ 单击【确定】按钮，如图 15-138 所示。光晕效果如图 15-139 所示。

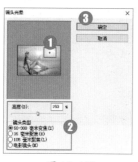

图 15-138　　　　　　　图 15-139

**Step04** 在球体左下方添加镜头光晕效果。使用相似的方法在左下方添加光晕，效果如图 15-140 所示。选择【背景】图层，如图 15-141 所示。

图 15-140　　　　　　　图 15-141

**Step05** 在画面右上角添加镜头光晕的效果，完成图像效果制作。执行【滤镜】→【渲染】→【镜头光晕】命令，❶移动光晕中心到右上角，❷设置【亮度】为100%、【镜头类型】为【105毫米聚焦】，❸单击【确定】按钮，如图 15-142 所示，效果如图 15-143 所示。

图 15-142　　　　　　　图 15-143

## 15.5　智能滤镜的应用

　　智能滤镜可以对图像进行非破坏性的编辑，应用于智能对象的任何滤镜都是智能滤镜，可以进行参数调整、移除、隐藏等操作；而且智能滤镜带有蒙版，可以调整其作用范围。下面详细介绍智能滤镜的使用方法。

### 15.5.1　智能滤镜的优势

　　普通滤镜是通过修改像素来生成效果的。在【图层】面板中，【背景】图层的像素被修改了，如果将图像保存并关闭，就无法恢复原来的效果了，如图 15-144 所示。智能滤镜是一种非破坏性的滤镜，它将滤镜效果应用于智能对象上，不会修改图像的原始数据，如图 15-145 所示。

　　智能滤镜包含一个类似图层样式的列表，列表中显示了使用的滤镜，只要单击智能滤镜前面的切换智能滤镜可见性图标 ，就可以将滤镜效果隐藏，将滤镜拖到 按钮上，也可以将滤镜删除。

图 15-144　　　　　　　图 15-145

**技术看板**

　　【消失点】命令不能应用智能滤镜。【图像】→【调整】菜单中的【阴影 / 高光】【HDR 色调】和【变化】命令也可以作为智能滤镜来应用。

## 15.5.2 实战：应用智能滤镜

| 实例门类 | 软件功能 |
|---|---|

应用智能滤镜的具体操作步骤如下。

**Step01** 打开素材文件。打开"素材文件\第15章\女孩.jpg"文件，如图15-146所示。

**Step02** 转换为智能滤镜。执行【滤镜】→【转换为智能滤镜】命令，在弹出的提示对话框中单击【确定】按钮，如图15-147所示。

图 15-146　　　　　　　　　图 15-147

**Step03** 添加滤镜效果。执行【滤镜】→【艺术效果】→【海报边缘】命令，❶设置【边缘厚度】为2、【边缘强度】为1、【海报化】为2，❷单击【确定】按钮，如图15-148所示。

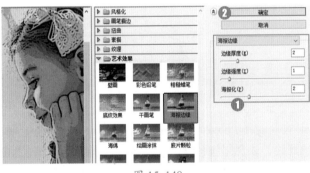

图 15-148

**Step04** 查看智能滤镜图层面板。应用智能滤镜后,【图层】面板如图15-149所示。

图 15-149

## 15.5.3 修改智能滤镜

| 实例门类 | 软件功能 |
|---|---|

应用智能滤镜后，还可以修改滤镜效果，具体操作步骤如下。

**Step01** 双击【海报边缘】滤镜。打开"素材文件\第15章\女孩.psd"文件，在【图层】面板中，双击【海报边缘】滤镜，如图15-150所示。

**Step02** 打开【海报边缘】对话框。打开【海报边缘】对话框，❶设置【边缘厚度】为1、【边缘强度】为2、【海报化】为0，❷单击【确定】按钮，如图15-151所示。

图 15-150　　　　　　　　　图 15-151

**Step03** 打开【混合选项】对话框。双击智能滤镜旁边的【编辑混合选项】图标，如图15-152所示。

**Step04** 设置参数，修改智能滤镜。弹出【混合选项（海报边缘）】对话框，❶设置【模式】为【溶解】、【不透明度】为50%,❷单击【确定】按钮，如图15-153所示。

 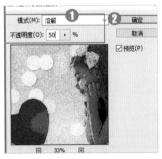

图 15-152　　　　　　　　　图 15-153

## 15.5.4 移动和复制智能滤镜

在【图层】面板中，将智能滤镜从一个智能对象拖动到另一个智能对象上，如图15-154所示。可以移动智能滤镜，如图15-155所示。

按住【Alt】键或拖动鼠标到智能滤镜表中的新位置，释放鼠标后，可以复制智能滤镜，如图15-156所示。

图 15-154　　　　图 15-155　　　　图 15-156

## 15.5.5　遮盖智能滤镜

智能滤镜包含一个蒙版，它与图层蒙版完全相同，编辑蒙版可以有选择地遮盖智能滤镜，使滤镜只影响图像的一部分，如图 15-157 所示。

图 15-157

遮盖智能滤镜时，蒙版会应用于当前图层中的所有

智能滤镜。执行【图层】→【智能滤镜】→【停用滤镜蒙版】命令，可以暂时停用智能滤镜的蒙版，蒙版上会出现一个 ✕ 符号；执行【图层】→【智能滤镜】→【删除滤镜蒙版】命令，可以删除蒙版。

## 15.5.6　重新排列智能滤镜

对一个图层应用了多个智能滤镜以后，可以在智能滤镜列表中上下拖动这些滤镜，重新排列它们的顺序，排列顺序不同，图像的效果也会发生改变，如图 15-158 所示。

图 15-158

# 15.6　外挂滤镜

在 Photoshop CS6 中除了可以使用软件内置的滤镜外，还可以安装第三方厂商开发的滤镜，以实现更丰富的图像效果的制作。第三方滤镜被称为"外挂滤镜"，以插件的形式安装在 Photoshop CS6 中。外挂滤镜的种类繁多，有专门针对图像调色的滤镜、有抠图滤镜、有皮肤润色磨皮的滤镜，以及制作各种特效的滤镜。合理利用这些滤镜不仅可以制作各种各样的图像效果，还可以节省时间，提高工作效率。下面介绍外挂滤镜的安装方法及常用的外挂滤镜。

## 15.6.1　外挂滤镜的安装

对于封装的外挂滤镜，它与一般程序的安装方法基本相同，但要将其安装在 Photoshop CS6 的 Plug-ins 目录下，否则无法直接运行。非封装的外挂滤镜，可以直接复制到 Photoshop CS6 的 Plug-ins 目录下。安装完成后，重新运行 Photoshop CS6，在【滤镜】菜单底部即可看到它们，如图 15-159 所示。

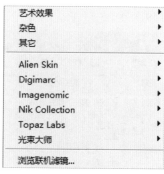

图 15-159

### 15.6.2 常用外挂滤镜

外挂滤镜种类繁多，可以方便快捷地实现各种图像效果的制作，是图像后期制作中必不可少的工具。下面介绍一些常见的外挂滤镜。

#### 1. Alien Skin Eye Candy

Eye Candy（眼睛糖果）是 Photoshop 外挂滤镜中应用最广泛的一组，包括 30 多种 Photoshop 滤镜集。它的功能千变万化，拥有极为丰富的特效，包括 HSB 噪点、编织、玻璃、大理石、发光、反相、铬合金、火焰、毛发、木纹、溶化、闪耀、水滴、水迹、挖剪、斜面、斜视、星星、漩涡、烟幕、摇动、阴影、运动痕迹 23 个特效滤镜。使用 Alien Skin Eye Candy 滤镜可以为字体、LOGO、图案等快速设计出各种特效，其中应用编织效果对比如图 15-160 所示。

原图　　　　　　　　应用编织效果

图 15-160

#### 2. Alien Skin Xenofex 2

Xenofex 是 Alien Skin Softwave 公司的另一个精品滤镜，它延续了 Alien Skin Softwave 设计的一贯风格，操作简单、效果精彩，是图形图像设计的又一个好助手。Xenofex 2 在原先的 10 种特效基础上新增了 4 种新的滤镜，包括边缘燃烧、经典马赛克、星云特效、干裂特效、褶皱特效、电光特效、旗帜特效、闪电特效、云团特效、拼图特效、纸张撕裂特效、粉碎特效、污染特效、电视特效。其中，应用闪电特效后图像对比如图 15-161 所示。

原图　　　　　　　　应用闪电特效

图 15-161

#### 3. Imagenomic Portraiture

Imagenomic Portraiture 是一款颇受后期好评的人物磨皮插件。Portraiture 除了具备其他磨皮插件类似的功能外，还有一个非常重要的特点：该插件具有非常强大的屏蔽功能，可以有选择性地平滑皮肤色调的图像区域，同时保持皮肤的纹理和其他重要肖像的细节，如头发、眉毛、睫毛等。使用 Portaiture 对人像磨皮的效果对比如图 15-162 所示。

原图　　　　　　　　应用磨皮效果

图 15-162

#### 4. Snowflks

Snowflks 滤镜为雪花效果滤镜，使用此滤镜可以轻松地制作出漂亮的雪花效果，其效果对比如图 15-163 所示。

原图　　　　　　　　应用雪花效果

图 15-163

## 5. Nik Collection

Nik Collection 滤镜是谷歌收购 Nik SoftWare 后重新推出的一套专注于图像后期处理、调色的 PS 滤镜套装，包括 Color Efex Pro( 图像调色滤镜 )、HDR Efex Pro( HDR 成像滤镜 )、Silver Efex Pro( 黑白胶片滤镜 )、Viveza（选择性调节滤镜 )、Sharpener Pro( 锐化滤镜 )、Dfine( 降噪滤镜 )、Analog Efex Pro( 胶片特效滤镜 )7 款滤镜插件，是摄影师和设计爱好者必备的图像后期处理滤镜。使用

Nik Collection 滤镜套装中的 Analog Efex Pro( 胶片特效滤镜 ) 处理图像后，其效果对比如图 15-164 所示。

原图　　　　　　　使用胶片特效

图 15-164

# 妙招技法

通过前面内容的学习，相信大家已经掌握了滤镜特效功能的操作和应用，下面结合本章内容，给大家介绍一些实用技巧。

## 技巧 01：如何在菜单中显示所有滤镜命令

默认设置下，【滤镜库】中出现的滤镜，将不再出现在【滤镜】菜单中，如图 15-165 所示。执行【文件】→【首选项】→【增效工具】命令，打开【首选项】对话框，选中【显示滤镜库的所有组和名称】复选框，即可让所有滤镜命令都显示在【滤镜】菜单中，如图 15-166所示。

图 15-165

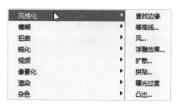

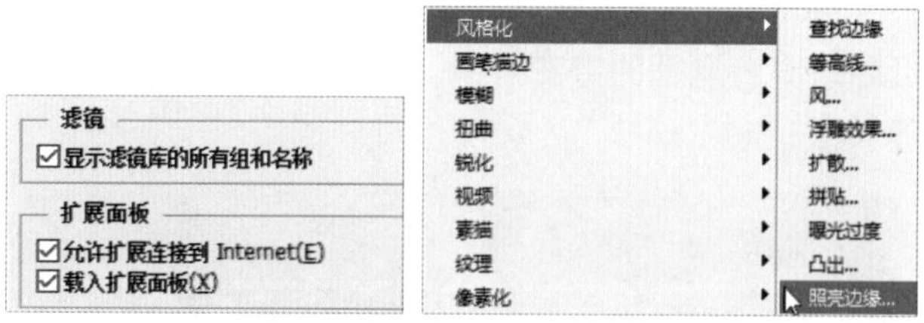

图 15-166

## 技巧 02：【消失点】命令使用技巧

在使用【消失点】命令时，掌握一些使用技巧，可以使操作更加得心应手。

（1）操作过程中，按【Ctrl+Z】组合键，可以还原一次操作；按【Alt+Ctrl+Z】组合键，可以逐步还原操作；按住【Alt】键，单击【复位】按钮，可以恢复默认状态。

（2）如果想保留透视平面，可以用 PSD、TIFF 或 JPEG 格式保存图像。

（3）执行【消失点】命令前新建一个图层，图像修改状态会保存在新图层中，原始图像不会发生改变。

（4）在定义透视平面时，按【X】键，可以缩放预览图像。

## 技巧 03：滤镜使用技巧

在使用滤镜时，掌握一些技巧，可以提高工作效率，具体有以下几种。

（1）当执行完一个滤镜命令后，【滤镜】菜单的第一行会出现该滤镜的名称，单击它便可以快速应用此滤镜。

（2）按【Ctrl+F】组合键可快速执行上一次执行的滤镜。若要对该滤镜的参数做出调整，则可以按【Alt+Ctrl+F】组合键，打开滤镜的对话框设置。

（3）在任意滤镜对话框中按住【Alt】键，【取消】按钮都会变成【复位】按钮，单击该按钮可以将参数恢复到初始状态。

（4）应用滤镜的过程中要取消该滤镜时，可以按【Esc】键。

（5）使用滤镜时通常会打开【滤镜库】或相应的对话框，在预览框中可以预览滤镜效果。单击 ⊞ 或 ⊟ 按钮可以放大或缩小显示比例；单击并拖动预览框内的图像，可以移动图像；若想查看某一区域内的图像，则可以在文档中单击，滤镜预览框中就会显示单击处的图像。

## 同步练习——制作烟花效果

烟花是五颜六色的，非常炫目。它代表喜庆、节日，能够带给人愉悦的心理感受，下面利用滤镜在 Photoshop CS6 中制作逼真的烟花效果，如图 15-167 所示。

| 素材文件 | 素材文件 \ 第 15 章 \ 闪电 .jpg、星空 .jpg |
|---|---|
| 结果文件 | 结果文件 \ 第 15 章 \ 烟花 .psd |

图 15-167

具体操作步骤如下。

**Step01** 打开素材文件。打开"素材文件 \ 第 15 章 \ 闪电 .jpg"文件，如图 15-168 所示。

**Step02** 添加【极坐标】滤镜效果。执行【滤镜】→【扭曲】→【极坐标】命令，❶ 选中【平面坐标到极坐标】单选按钮，❷ 单击【确定】按钮，如图 15-169 所示。

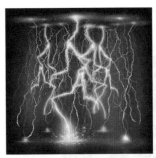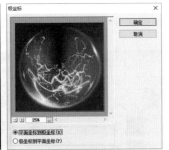

图 15-168　　　　　图 15-169

**Step03** 模糊图像。执行【滤镜】→【模糊】→【高斯模糊】命令，❶ 设置【半径】为 20.0 像素，❷ 单击【确定】按钮，如图 15-170 所示。

**Step04** 添加【点状化】滤镜效果。执行【滤镜】→【像素化】→【点状化】命令，❶ 设置【单元格大小】为 28，❷ 单击【确定】按钮，如图 15-171 所示。

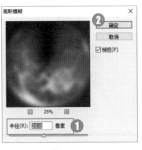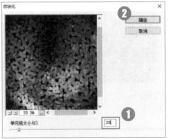

图 15-170　　　　　图 15-171

**Step05** 反相图像。点状化效果如图 15-172 所示。按【Ctrl+I】组合键反相图像，如图 15-173 所示。

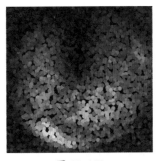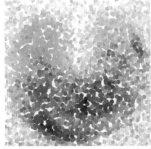

图 15-172　　　　　图 15-173

**Step06** 添加【查找边缘】滤镜效果，并反相图像。执行【滤镜】→【风格化】→【查找边缘】命令，图像效果如图 15-174 所示。再次按【Ctrl+I】组合键反相图像，效果如图 15-175 所示。

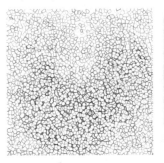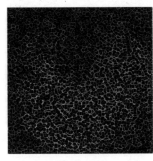

图 15-174　　　　　图 15-175

Step⑦ 添加【点状化】滤镜效果。设置前景色为白色、背景色为黑色。执行【滤镜】→【像素化】→【点状化】命令，❶设置【单元格大小】为10,❷单击【确定】按钮，如图15-176所示。

Step⑧ 新建黑色填充图层。执行【图层】→【新建填充图层】→【纯色】命令，新建一个黑色填充图层，如图15-177所示。

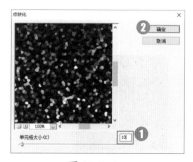

图 15-176　　　　　图 15-177

Step⑨ 创建选区并羽化。使用【椭圆选框工具】 创建选区，如图15-178所示。按【Shift+F6】组合键，执行【羽化选区】命令，❶设置【羽化半径】为80像素，❷单击【确定】按钮，如图15-179所示。

图 15-178　　　　　图 15-179

Step⑩ 修改蒙版。将选区填充为黑色，修改蒙版，效果如图15-180所示。

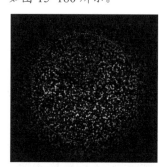

图 15-180

Step⑪ 盖印图层并设置混合模式。按【Alt+Shift+Ctrl+E】组合键，盖印生成【图层1】，更改图层混合模式为【正

片叠底】，如图15-181所示，效果如图15-182所示。

图 15-181　　　　　图 15-182

Step⑫ 复制图层，加强效果。按【Ctrl+J】组合键复制图层，如图15-183所示，效果如图15-184所示。

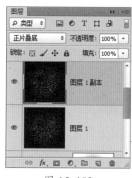

图 15-183　　　　　图 15-184

Step⑬ 盖印图层。【Alt+Shift+Ctrl+E】组合键，盖印生成【图层2】，如图15-185所示。

Step⑭ 添加【极坐标】滤镜效果。执行【滤镜】→【扭曲】→【极坐标】命令，❶选中【极坐标到平面坐标】单选按钮，❷单击【确定】按钮，如图15-186所示。

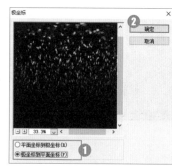

图 15-185　　　　　图 15-186

Step⑮ 旋转图像。执行【图像】→【图像旋转】→【90度（顺时针）】命令，旋转图像，如图15-187所示。

Step⑯ 添加【风】滤镜效果。执行【滤镜】→【风格化】→【风】命令，❶设置【方法】为【风】、【方向】为【从左】，❷单击【确定】按钮，如图15-188所示。

 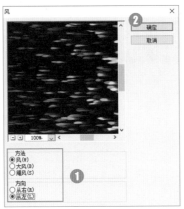

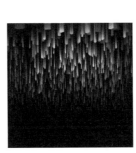 

图 15-187　　　　　图 15-188

图 15-191　　　　　图 15-192

**Step⑰** 重复执行滤镜命令。按【Ctrl+F】组合键，重复执行一次滤镜命令，效果如图 15-189 所示。再次按【Ctrl+F】组合键，重复执行一次滤镜命令，效果如图 15-190 所示。

**Step⑳** 添加星空素材文件。打开"素材文件\第15章\星空.jpg"文件，如图 15-193 所示。将前面制作的烟花拖动到当前文件中，如图 15-194 所示。

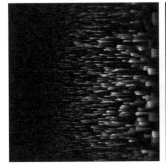 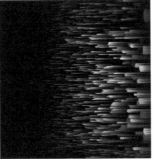

图 15-189　　　　　图 15-190

图 15-193　　　　　图 15-194

**Step⑱** 旋转图像。执行【图像】→【图像旋转】→【90度（逆时针）】命令，旋转图像，如图 15-191 所示。

**Step㉑** 设置图层混合模式，完成图像效果的制作。更改图层混合模式为【浅色】，如图 15-195 所示。调整烟花大小，效果如图 15-196 所示。

**Step⑲** 添加【极坐标】滤镜效果。执行【滤镜】→【扭曲】→【极坐标】命令，❶选中【平面坐标到极坐标】单选按钮，❷单击【确定】按钮，如图 15-192 所示。

图 15-195　　　　　图 15-196

## 本章小结

　　本章介绍了滤镜的相关内容，包括滤镜的概念、基本原理、滤镜命令的具体功能及使用方法。使用滤镜不仅可以制作出各种炫目的图像特效，还可以简化图像制作的过程。但是，要想真正用好滤镜绝非易事。读者在学习过程中，应该多思考，熟练掌握各种滤镜的特点，并开拓思路，结合图层及各种滤镜，制作出各种神奇的图像特效。

# 第16章 视频与动画的制作

→ 视频图层和普通图层有什么区别？

→ 如何导入视频文件？

→ 如何插入空白视频帧？

→ 如何导出视频？

→ 如何制作动画？

　　Photoshop CS6 不仅可以编辑静态图片文件，还可以编辑动态图片文件。虽然相较于 Adobe After Effects、Adobe Premiere 等专业视频处理软件还有很大的差距，但是在简单的动态效果制作和视频处理方面，表现还是很不错的。本章将介绍在 Photoshop CS6 中制作动画和编辑视频的方法。

## 16.1　视频基础知识

　　在 Photoshop CS6 中，可以使用任意工具编辑视频的各个帧和图像序列文件。此外，还可以在视频上应用滤镜、蒙版、变换、图层样式和混合模式等来制作图像特效。下面介绍视频的基础知识。

### 16.1.1　视频图层

　　在 Photoshop CS6 中打开视频文件或图像序列时，会自动创建视频图层（视频图层带有█图标），帧包含在视频图层中。可以使用【画笔工具】和【图章工具】在视频文件的各个帧上进行绘制和仿制，也可以创建选区或应用蒙版以限定对帧的特定区域进行编辑。

　　此外，不仅可以像编辑常规图层一样调整混合模式、不透明度、位置和图层样式，还可以在【图层】面板中为视频图层分组，或者将颜色和色调调整应用于视频图层。视频图层参考的是原始文件，因此，对视频图层进行的编辑不会改变原始视频或图像序列文件。

### ★重点 16.1.2　【视频时间轴】面板

　　执行【窗口】→【时间轴】命令，打开【时间轴】面板，单击【创建视频时间轴】下拉按钮▼，在下拉列表中可以看到【创建视频时间轴】和【创建帧动画】两个选项，分别用于创建视频动画和帧动画效果，如图 16-1 所示。制作不同的动画效果所打开的【时间轴】面板及创建与编辑动态效果的方式都是不同的。

图 16-1

　　选择【创建视频时间轴】选项，打开【视频时间轴】面板，在其中显示了文档图层的帧持续时间和动画属性，如图 16-2 所示。

> **技能拓展——【视频时间轴】与【帧动画时间轴】**
>
> 　　视频时间轴：以视频图层的方式处理视频等帧数多的文件，可以制作一些稍复杂的效果，类似于 Adobe After Effects。在处理视频时，既能制作特效也能进行剪辑。
>
> 　　帧动画时间轴：只能用静态图片制作一些机械式的简单效果，可以处理一些帧数少的文件。

图 16-2

相关选项作用及含义如表 16-1 所示。

表 16-1　相关选项作用及含义

| 选项 | 作用及含义 |
|---|---|
| ❶ 播放控件 | 提供了用于控制视频播放的按钮，包括转到第一帧 ⏮、转到上一帧 ◀、播放 ▶ 和转到下一帧 ⏭ |
| ❷ 音频控制按钮 | 单击该按钮可以关闭或启用音频播放 |
| ❸ 在播放头处拆分 | 单击该按钮，可以在当前时间指示器所在位置拆分视频或音频 |
| ❹ 过渡效果 | 单击该按钮，在打开的下拉菜单中即可为视频添加过渡效果，从而创建专业的淡化和交叉淡化效果 |

续表

| 选项 | 作用及含义 |
|---|---|
| ❺ 当前时间指示器 | 拖动当前时间指示器可导航或更改当前时间或帧 |
| ❻ 时间标尺 | 根据文档的持续时间与帧速率，用于水平测量视频持续时间 |
| ❼ 工作区域指示器 | 如果需要预览或导出部分视频，可拖动位于顶部轨道两端的标签进行定位 |
| ❽ 图层持续时间条 | 指定图层在视频中的时间位置，要将图层移动至其他时间位置，可拖动该时间条 |
| ❾ 向轨道添加媒体/音频 | 单击轨道右侧的 ➕ 按钮，可以打开一个对话框，将视频或音频添加到轨道中 |
| ❿ 时间-变化秒表 | 可启用或停用图层属性的关键帧设置 |
| ⓫ 转换为帧动画 | 单击该按钮，可以切换【时间轴】面板 |
| ⓬ 渲染组 | 单击该按钮，可以打开【渲染视频】对话框 |
| ⓭ 音轨 | 可以编辑和调整音频。单击 ◀ 按钮，可以让音轨静音或取消静音。在音轨上右击，在弹出的快捷菜单中可调节音量或对音频进行淡入、淡出设置。单击【音符】按钮打开下拉菜单，可以选择【新建音轨】或【删除音频剪辑】等命令 |
| ⓮ 控制时间轴显示比例 | 单击 ▲ 按钮可以缩小时间轴；单击 ⏶ 按钮可以放大时间轴；拖动滑块可以进行自由调整 |

## 16.2　如何创建视频图像

在 Photoshop CS6 中，可以打开多种格式的视频文件，包括 MPEG-1、MPEG-4、MOV 和 AVI；若计算机上安装了 Adobe Flash 8，则可支持 FLV 格式文件；若安装了 MPEG-2 编码器，则可以支持 MPEG-2 格式文件。将视频导入 Photoshop CS6 后再对其进行编辑即可，下面详细介绍在 Photoshop CS6 中创建视频图像的方法。

### 16.2.1　打开和导入视频文件

执行【文件】→【打开】命令，选择一个视频文件，单击【打开】按钮，如图 16-3 所示，即可在 Photoshop CS6 中将其打开，如图 16-4 所示。

图 16-3

图 16-4

在 Photoshop CS6 中创建或打开一个图像文件后，执行【图层】→【视频图层】→【从文件新建视频图层】命令，也可以将视频导入当前文档中。

### 16.2.2 创建空白视频图层

执行【文件】→【新建】命令，打开【新建】对话框，在【预设】下拉列表框中选择【胶片和视频】选项，然后在【大小】下拉列表框中选择所需选项，如图 16-5 所示。

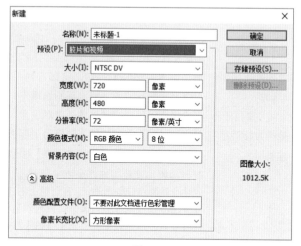

图 16-5

在创建的空白视频文件中显示了两组参考线，它们表示动作安全区域和标题安全区域。例如，大多数电视剧都使用一个称为"过扫描"的过程切掉图片的外部边缘。因此，图像中重要的细节应包含在外侧参考线之内。此外，有些电视屏幕的边缘图像会发生变形，为了确保所有内容都适用于大多数电视机显示的区域，需要将文本保留在标题安全区域内，并将所有其他重要元素保留

在动作安全区域内，如图 16-6 所示。

图 16-6

### 16.2.3 在【视频时间轴】上添加空白视频图层

执行【图层】→【视频图层】→【新建空白视频图层】命令，可以创建一个空白的视频图层。

### 16.2.4 像素长宽比校正

计算机显示器上的图像是由方形像素组成的，而视频编码设备则由非方形像素组成，这就导致在两者之间交换图像时会由于像素的不一致而造成图像扭曲。执行【视图】→【像素长宽比校正】命令可以校正图像，这样就可以在显示器的屏幕上准确地查看视频格式的文件了。

## 16.3　视频的编辑方法

【时间轴】面板就如同编辑视频的工作台，既可以对视频进行添加文字、特效、过渡效果等操作，还可以控制视频的播放速度。下面详细介绍视频的编辑方法。

### 16.3.1 插入、删除和复制空白视频帧

创建空白视频图层后，可在【时间轴】面板中选择该视频图层，然后将当前时间指示器🛡拖动到所需帧处，执行【图层】→【视频图层】→【插入空白帧】命令，即可在当前时间处插入空白视频帧；执行【图层】→【视频图层】→【删除帧】命令，则会删除当前时间处的视频帧；执行【图层】→【视频图层】→【复制帧】命令，可以添加一个处于当前时间的视频帧的副本。

### 16.3.2 实战：从视频中获取静帧图像

| 实例门类 | 软件功能 |
|---|---|

在 Photoshop CS6 中，可以从视频文件中获取静帧图像，具体操作步骤如下。

**Step01** 打开【将视频导入图层】对话框。执行【文件】→【导入】→【视频帧到图层】命令，在弹出的【打开】对话框中选择"素材文件 \ 第 16 章 \ 彩灯 .avi"文件，单击【打开】按钮，打开【将视频导入图层】对话框，

单击【确定】按钮，如图16-7所示。

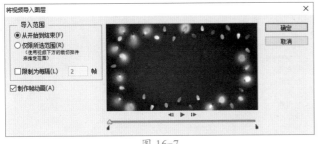

图 16-7

**Step 02** 导入视频。通过前面的操作，将视频帧导入图层中，如图16-8所示。

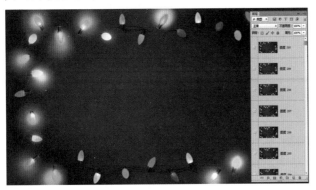

图 16-8

### 16.3.3　解释视频素材

如果使用了包含Alpha通道的视频，就需要指定Photoshop解释Alpha通道的方法，以便获得所需结果。在【时间轴】面板或【图层】面板中选择视频图层，执行【图层】→【视频图层】→【解释素材】命令，打开【解释素材】对话框，如图16-9所示。

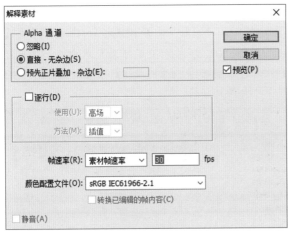

图 16-9

相关选项作用及含义如表16-2所示。

表 16-2　相关选项作用及含义

| 选项 | 作用及含义 |
| --- | --- |
| Alpha 通道 | 当视频素材包含 Alpha 通道时，选中【忽略】单选按钮，表示忽略 Alpha 通道；选中【直接 - 无杂边】单选按钮，表示将 Alpha 通道解释为直接 Alpha 透明度；选中【预先正片叠加 - 杂边】单选按钮，表示使用 Alpha 通道来确定有多少杂边颜色与颜色通道混合 |
| 帧速率 | 可以指定每秒播放的视频帧数 |
| 颜色配置文件 | 可以选择一个配置文件，对视频图层中的帧或图像进行色彩管理 |

### 16.3.4　在视频图层中替换素材

在操作过程中，如果由于某种原因导致视频图层和源文件之间的链接断开，那么【图层】面板中的视频图层上就会显示出一个警告图标。出现这种情况时，可在【时间轴】面板或【图层】面板中选择要重新链接到源文件或替换内容的视频图层，执行【图层】→【视频图层】→【替换素材】命令，在打开的【替换素材】对话框中选择视频或图像序列文件，单击【打开】按钮重新建立链接。

使用【替换素材】命令还可以将视频图层中的视频或图像序列帧替换为不同的视频或图像序列源中的帧。

### 16.3.5　在视频图层中恢复帧

若要放弃对帧视频图层和空白视频图层所做的修改，可在【时间轴】面板中选择视频图层，再将当前时间指示器移动到特定的视频帧上，然后执行【图层】→【视频图层】→【恢复帧】命令恢复特定的帧。若要恢复视频图层或空白视频图层中的所有帧，则可以执行【图层】→【视频图层】→【恢复所有帧】命令。

**技术看板**

如果在不同的应用程序中修改了视频图层的源文件，就需要在Photoshop中执行【图层】→【视频图层】→【重新载入帧】命令，在【动画】面板中重新载入和更新当前帧。

### 16.3.6 实战：制作宝贝电子相册

利用【视频时间轴】制作宝贝电子相册，具体操作步骤如下。

**Step01** 打开素材文件。打开"素材文件/第16章/电子相册.psd 文件"，此文件有6个图层，如图16-10所示。

图 16-10

**Step02** 定位视频图层位置。在视频【时间轴】面板中，拖动位于顶部的【工作区域指示器】按钮至10：00秒的位置，如图16-11所示。

图 16-11

**Step03** 缩短视频图层时长。分别单击视频图层右侧，当显示 图标后拖动至02：00秒处，如图16-12所示。

图 16-12

**Step04** 调整【视频图层1】位置。将【图层1】拖动至【宝贝成长日记】后方，如图16-13所示。

**Step05** 将所有图层都拖动至同一个视频图层。采用相同的操作方法，将剩下的图层拖动至视频组后方，如图16-14所示。

图 16-13

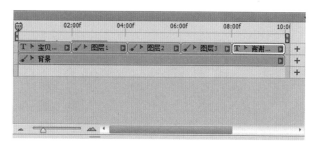

图 16-14

**Step06** 添加过渡效果。❶ 单击【过渡效果】按钮，❷ 在打开的下拉菜单中设置【持续时间】为0.25秒，❸ 选择【渐隐】效果，并将其拖动至【宝贝成长日记】上，如图16-15所示。

图 16-15

**Step07** 继续添加过渡效果。释放鼠标后，❶ 继续单击【过渡效果】按钮，❷ 在打开的下拉菜单中选择【交叉渐隐】效果并将其拖动至【图层1】与【图层2】衔接处，如图16-16所示。

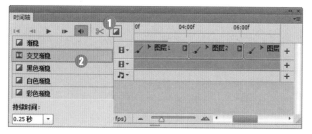

图 16-16

Step⑧ 继续添加过渡效果。按照同样的方法，接着在【图层2】与【图层3】的衔接处创建【交叉渐隐】效果；在【图层3】与【谢谢观看】衔接处创建渐隐效果，如图16-17所示。

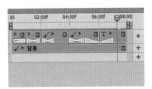

图 16-17

Step⑨ 完成相册制作，渲染视频。执行【文件】→【导出】→【渲染视频】命令，弹出【渲染视频】对话框，

❶ 设置【名称】和存储路径，❷ 单击【渲染】按钮，如图16-18所示。

图 16-18

Step⑩ 播放视频，观看效果。播放视频内容，视频中的文字与照片的切换都呈现淡入、淡出效果，如图16-19所示。

图 16-19

## 16.4　视频的存储与导出

完成视频文件的编辑后，可将其存储为PSD文件或QuickTime影片。将文件存储为PSD格式，不仅可以保留操作过程，而且Adobe数字视频程序和许多电影编辑程序都支持该格式的文件。

### 16.4.1　渲染和保存视频文件

执行【文件】→【导出】→【渲染视频】命令，在【渲染视频】对话框中，将视频存储为QuickTime影片，如图16-20所示。

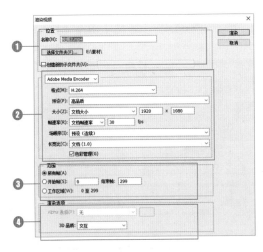

图 16-20

相关选项作用及含义如表16-3所示。

表 16-3　相关选项作用及含义

| 选项 | 作用及含义 |
| --- | --- |
| ❶ 位置 | 在该选项区域中可以设置视频的名称和存储位置 |

续表

| 选项 | 作用及含义 |
| --- | --- |
| ❷ 渲染方式 | 在【格式】下拉列表框中选择视频格式。选择一种格式后，可在下面的选项中设置文档的大小、帧速率、像素长宽比等 |
| ❸ 范围 | 可以选择渲染文档中的所有帧，也可以只渲染部分帧 |
| ❹ 渲染选项 | 在【Alpha通道】选项中可以指定Alpha通道的渲染方式，在该选项中仅使用支持Alpha通道的格式，如PSD或TIFF |

如果还没有对视频进行渲染更新，最好使用【文件】→【存储】命令，将文件存储为PSD格式。因为该格式可以保留用户所做的编辑，并且该文件可以在其他类似于Premiere Pro和After Effects的Adobe应用程序中播放，或者在其他应用程序中作为静态文件。

### 16.4.2　导出视频预览

如果将显示设置通过Fire Wire并链接到计算机上，就可以在该设备上预览视频文件。如果要在预览之前设置输出选项，可执行【文件】→【导出】→【视频预览】命令。如果要在视频设备上查看文件，但不想设置输出选项，可执行【文件】→【导出】→【将视频预览发送到设备】命令。

## 16.5 制作逐帧动画

逐帧动画是常见的一种动画形式，其原理是在"连续的关键帧"中分解动画动作，也就是在时间轴的每帧上逐帧绘制不同的内容，使其连续播放而形成动画。在 Photoshop CS6 的【帧动画】面板中可以制作逐帧动画效果，下面介绍这种动画的制作方法。

### ★重点 16.5.1 【帧动画时间轴】面板

执行【窗口】→【时间轴】命令，打开【时间轴】面板，选择【创建帧动画】选项，如图 16-21 所示。在【帧动画】面板中会显示时间轴上每个帧的缩览图，如图 16-22 所示。

图 16-21

图 16-22

相关选项作用及含义如表 16-4 所示。

表 16-4　相关选项作用及含义

| 选项 | 作用及含义 |
| --- | --- |
| ❶ 当前帧 | 显示了当前选择的帧 |
| ❷ 帧延迟时间 | 设置帧在回放过程中的持续时间 |
| ❸ 转换为视频时间轴 | 单击该按钮，面板中会显示视频编辑选项 |
| ❹ 循环选项 | 设置动画作为 GIF 文件导出时的播放次数 |
| ❺ 面板底部工具 | 单击 ◀◀ 按钮，可自动选择序列中的第一个帧作为当前帧；单击 ◀ 按钮，可选择当前帧的前一帧；单击 ▶ 按钮播放动画，再次单击该按钮停止播放；单击 ▶▶ 按钮可选择当前帧的下一帧；单击 ◥ 按钮打开【过渡】对话框，可以在两个现有帧之间添加一系列帧，并让新帧之间的图层属性均匀变化；单击 ◻ 按钮可向面板中添加帧；单击 🗑 按钮可删除选择的帧 |

### 16.5.2 实战：制作跷跷板小动画

| 实例门类 | 软件功能 |
| --- | --- |

使用【帧动画时间轴】面板制作跷跷板小动画，具体操作步骤如下。

**Step①** 打开素材文件，转换背景图层为普通图层。打开"素材文件 \ 第 16 章 \ 跷跷板 .jpg"文件，如图 16-23 所示。按住【Alt】键，双击背景图层，将其转化为普通图层，如图 16-24 所示。

图 16-23　　　　　　图 16-24

**Step②** 新建图层。按住【Ctrl】键，单击【创建新图层】按钮 ◻，在当前图层下方新建【图层 1】，如图 16-25 所示。

**Step③** 重命名图层。分别将两个图层命名为【动画】和【底色】，如图 16-26 所示。

图 16-25　　　　　　图 16-26

**Step④** 删除【动画】图层背景。选择【动画】图层，如图 16-27 所示，使用【快速选择工具】 ◙ 选中白色背景，按【Delete】键删除，选择【底色】图层，如图 16-28 所示。

图 16-27

图 16-28

**Step05** 为背景填充渐变色。选择【渐变工具】■，在选项栏中，❶ 单击渐变色条右侧的■按钮，❷ 在打开的下拉列表框中选择【橙，黄，橙渐变】选项，❸ 单击【径向渐变】按钮■，如图 16-29 所示。拖动鼠标填充渐变色，效果如图 16-30 所示。

图 16-29

图 16-30

**Step06** 复制图层，使用【色相/饱和度】命令调整图像色彩。复制【底色】图层，命名为【闪】，如图 16-31 所示。按【Ctrl+U】组合键，执行【色相/饱和度】命令，❶ 设置【色相】为 20，❷ 单击【确定】按钮，如图 16-32 所示。

图 16-31

图 16-32

**Step07** 添加径向模糊效果。调整色彩，效果如图 16-33 所示。执行【滤镜】→【模糊】→【径向模糊】命令，❶ 设置【数量】为 100、【模糊方法】为缩放，❷ 单击【确定】按钮，如图 16-34 所示。

**Step08** 完成径向模糊效果的制作。通过前面的操作，即可得到径向模糊效果，如图 16-35 所示。

图 16-33

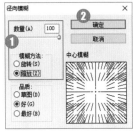
图 16-34

图 16-35

**Step09** 打开【帧动画】面板。在【时间轴】面板中，选择【创建帧动画】选项，如图 16-36 所示。创建【帧 1】，如图 16-37 所示。

图 16-36

图 16-37

**Step10** 复制帧并复制图层。单击【复制所选帧】按钮■两次，复制两个帧，如图 16-38 所示。复制【动画】图层，命名为【右跷】，如图 16-39 所示。

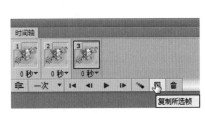
图 16-38

图 16-39

**Step11** 旋转图像，隐藏图层。按【Ctrl+T】组合键，执行自由变换操作，旋转图像，如图 16-40 所示。隐藏【动画】图层，如图 16-41 所示。【帧 3】效果如图 16-42 所示。

图 16-40　　　　　图 16-41　　　　　图 16-42

**Step⑫** 复制图层，旋转图像。复制【右跷】图层，命名为【中跷】，如图 16-43 所示。按【Ctrl+T】组合键，执行自由变换操作，旋转图像，效果如图 16-44 所示。

图 16-43　　　　　　　图 16-44

**Step⑬** 选中【帧 1】，隐藏图层。在【时间轴】面板中，选中【帧 1】，如图 16-45 所示。隐藏【中跷】和【右跷】图层，如图 16-46 所示。

图 16-45　　　　　　　图 16-46

**Step⑭** 选中【帧 2】，隐藏图层。在【时间轴】面板中，选中【帧 2】，如图 16-47 所示。隐藏【右跷】【动画】和【闪】图层，如图 16-48 所示。

图 16-47　　　　　　　图 16-48

**Step⑮** 选中【帧 3】，隐藏图层。在【时间轴】面板中，选中【帧 3】，如图 16-49 所示。隐藏【中跷】和【动画】图层，如图 16-50 所示。

图 16-49　　　　　　　图 16-50

**Step⑯** 复制【帧 2】。按住【Alt】键，拖动【帧 2】到右侧，如图 16-51 所示。释放鼠标后，复制生成【帧 4】，如图 16-52 所示。

图 16-51　　　　　　　图 16-52

**Step⑰** 设置帧延迟时间。单击【选择帧延迟时间】下拉按钮，如图 16-53 所示。设置帧延迟时间为 0.5 秒，如图 16-54 所示。

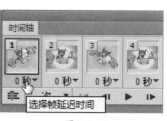

图 16-53　　　　　　　图 16-54

**Step⑱** 设置循环模式。❶ 将 4 个帧延迟时间都设置为 0.5 秒，❷ 设置循环为【永远】，❸ 单击【播放动画】按钮▶，即可播放动画，如图 16-55 所示。

图 16-55

Step⑲ 预览动画效果。通过前面的操作，即可播放动画，效果如图16-56所示。

图 16-56

# 妙招技法

通过前面学习，相信大家已经了解了在 Photoshop CS6 中创建和编辑动画的基本方法，下面结合本章内容，给大家介绍一些实用技巧。

## 技巧 01：如何精确控制动画播放次数

在【时间轴】面板中，单击左下方的动画循环按钮，在打开的下拉列表框中，选择【其他】选项，如图16-57所示。在打开的【设置循环次数】对话框中，可以设置精确的动画播放次数，如设置为10次，如图16-58所示。

图 16-57　　　　图 16-58

## 技巧 02：在视频中添加文字

导入视频后，在视频中添加文字的具体操作步骤如下。

Step① 打开素材文件。打开"素材文件\第16章\彩灯.avi"文件，如图16-59所示。

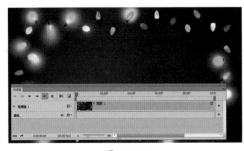

图 16-59

Step② 输入文字。使用【横排文字工具】T，在图像中输入黄色文字"彩灯演示"，设置【字体】为粗宋、【字体大小】为400点，如图16-60所示。

图 16-60

Step③ 更改文字素材的位置。将文字剪辑拖动到视频前方，单击按钮展开文字列表，如图16-61所示。

图 16-61

Step④ 设置文字出现效果。在面板左上方单击【选择过滤效果】并拖动以应用按钮，在打开的面板中选择【彩色渐隐】效果，设置【持续时间】为3秒，如图16-62所示。

Step⑤ 应用效果。将效果拖动到文字剪辑上，如图16-63所示。

图 16-62

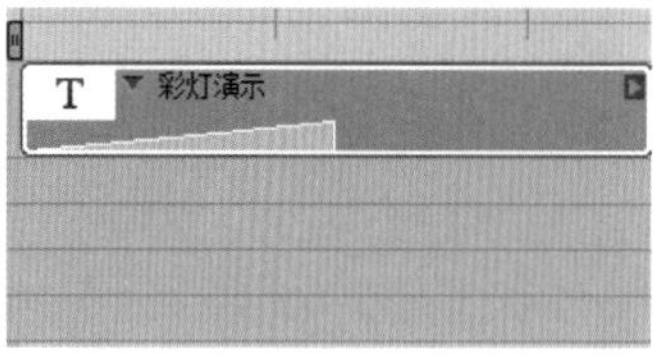

图 16-63

**Step06** 缩短文字出现时间，新建图层。拖动文字剪辑右侧边线，缩短文字剪辑的时间，如图 16-64 所示。在【视频组 1】下方新建【图层 2】，如图 16-65 所示。

图 16-64

图 16-65

**Step07** 填充颜色，并添加渐隐效果。为【图层 2】填充蓝色【#00a0e9】，调整位置和时间长短，确保与文字剪辑一致，如图 16-66 所示。使用相同的方法为【图层 2】添加白色渐隐效果，如图 16-67 所示。

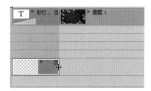

图 16-66

图 16-67

**Step08** 添加过渡效果。使用相同的方法为文字和效果之间添加彩色渐隐，如图 16-68 所示。

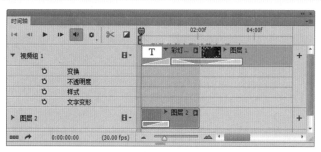

图 16-68

**Step09** 播放视频，预览效果。单击左侧的【播放】按钮▶，即可预览播放效果，如图 16-69 所示。

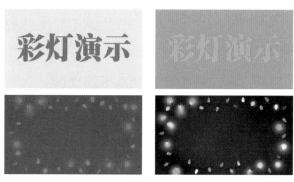

图 16-69

## 技巧 03：如何将动画存储为动态图片

动态图片是将一组特定的静态图像以指定的频率切换而产生某种动态效果。网络上常见的表现形式是 GIF 动画。

在 Photoshop CS6 中，利用【时间轴】面板就可以制作动图。动画制作完成后，执行【文件】→【存储为 Web 和设备所用格式】命令，即可将它存储为 GIF 动态图。

# 同步练习 —— 制作美人鱼动画

使用【时间轴】面板可以制作出很多生动、有趣的动画效果，其操作方法并不难。首先要制作好每一帧画面上的效果，然后再将这些画面连接起来以一定的频率切换展示即可。下面利用【时间轴】面板制作美人鱼动画效果，如图 16-70 所示。

图 16-70

| 素材文件 | 素材文件 \ 第 16 章 \ 美人鱼 .psd |
|---|---|
| 结果文件 | 结果文件 \ 第 16 章 \ 美人鱼 .psd |

具体操作步骤如下。

**Step01** 打开素材文件。打开"素材文件 \ 第 16 章 \ 美人鱼 .psd"，如图 16-71 所示。

Step**02** 设置渐变颜色。设置【前景色】为紫色【#c792ee】、【背景色】为白色。选择【渐变工具】■，在选项栏中，① 单击渐变色条右侧的·按钮，② 在打开的下拉列表框中，选择前景色到背景色的渐变，③ 单击【径向渐变】按钮■，如图 16-72 所示。

图 16-71　　　　　　图 16-72

Step**03** 新建图层并填充渐变色。新建【底色】图层，拖动鼠标填充渐变色，如图 16-73 所示。

图 16-73

Step**04** 调整图像大小，在【帧动画时间轴】面板中新建帧。选择【美人鱼】图层，按【Ctrl+T】组合键，执行自由变换操作，调整美人鱼的大小，如图 16-74 所示。在【时间轴】面板中，新建两个帧，设置帧延迟时间为 0.03 秒，如图 16-75 所示。

图 16-74　　　　　　图 16-75

Step**05** 制作【帧1】的图像效果。选中【帧1】，如图 16-76 所示。设置【美人鱼】图层不透明度为 0%，如图 16-77 所示；移动美人鱼到面板左侧，如图 16-78 所示。

Step**06** 制作【帧2】的图像效果。选中【帧2】，如图 16-79 所示。设置【美人鱼】图层不透明度为 100% 所示。移动美人鱼到面板中间，效果如图 16-81 所示。

图 16-76　　　图 16-77　　　图 16-78

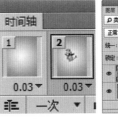

图 16-79　　　图 16-80　　　图 16-81

Step**07** 设置过渡效果。单击面板右上角的扩展按钮▼▤，在打开的下拉列表中选择【过渡】命令，如图 16-82 所示。在【过渡】对话框中，① 设置【要添加的帧数】为 10，选中【所有图层】单选按钮，选中【位置】【不透明度】和【效果】复选框，② 单击【确定】按钮，如图 16-83 所示。

图 16-82　　　　　　图 16-83

Step**08** 完成过渡帧的插入。Photoshop CS6 会自动插入 10 个过渡帧，如图 16-84 所示。

图 16-84

Step**09** 设置画笔效果。选择【画笔工具】✎，载入特殊效果预设画笔，选择【散落玫瑰】笔刷，如图 16-85 所示。在【画笔】面板中，选中【形状动态】【散布】和【颜色动态】复选框，如图 16-86 所示。

Step**10** 绘制玫瑰。新建图层，命名为【玫瑰】，如图 16-87 所示。使用【画笔工具】✎拖动鼠标绘制玫瑰，效果如图 16-88 所示。

Step**11** 新建帧。在【时间轴】面板中，新建【帧13】，如图 16-89 所示。

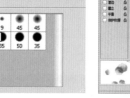

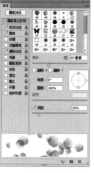

图 16-85　　　　　　　图 16-86

图 16-87　　　　　　　图 16-88

图 16-89

**Step⑫** 复制图层，放大图像。复制【玫瑰】图层，如图16-90所示。按【Ctrl+T】组合键，执行自由变换操作，适当放大图像，效果如图 16-91 所示。

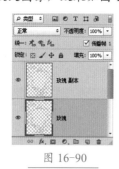

图 16-90　　　　　　　图 16-91

**Step⑬** 隐藏图层。隐藏【美人鱼】和【玫瑰】图层，如图 16-92 所示。效果如图 16-93 所示。

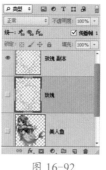

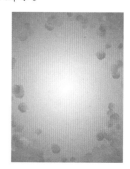

图 16-92　　　　　　　图 16-93

**Step⑭** 添加过渡效果。单击面板右上角的扩展按钮▼≡，在打开的下拉列表中选择【过渡】命令。在【过渡】对话框中，❶ 设置【要添加的帧数】为 5，选中【所有图层】单选按钮，选中【位置】【不透明度】和【效果】复选框，❷ 单击【确定】按钮，如图 16-94 所示。

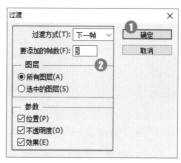

图 16-94

**Step⑮** 完成美人鱼动画效果制作。添加 5 个过渡帧后，【时间轴】面板如图 16-95 所示。

图 16-95

## 本章小结

　　本章介绍了 Photoshop CS6 中视频的创建与编辑，以及帧动画的制作。虽然 Photoshop CS6 制作视频和动画的效果远不及专业的视频制作和动画制作软件。但如果是简单处理一些小视频，或者制作一些简单的小动画，使用 Photoshop CS6 就已经足够了。

# 第17章 动作与文件批处理

- ➥ 可以调整动作的播放速度吗?
- ➥ 动作和动作组有什么区别?
- ➥ 如何在 Photoshop CS6 中制作演示文稿?
- ➥ 如何拼合全景图?
- ➥ 【限制图像】命令有什么作用?

在 Photoshop CS6 中,为了减少用户重复进行相同操作的次数,设置了【动作】选项。【动作】选项不仅可以帮助用户对一系列的操作进行自动化处理,还可以批处理多个图像,如将大量图片转换为特定尺寸、特定格式及批量修改文件属性等。本章将详细介绍在 Photoshop CS6 中批处理文件的方法。

## 17.1 动作的创建与编辑

动作是用于记录、播放、编辑和删除单个文件的一系列命令。在 Photoshop CS6 中,可以将图像的处理过程通过动作记录下来,以后对其他图像进行相同处理时,执行该动作就可以自动完成操作任务。通过动作可以快速高效地完成文件处理。下面介绍动作创建与编辑的方法。

### ★重点 17.1.1 【动作】面板

【动作】面板不仅可以记录、播放、编辑和删除动作,还可以存储和载入动作文件。执行【窗口】→【动作】命令,打开【动作】面板,如图 17-1 所示。

图 17-1

相关选项作用及含义如表 17-1 所示。

表 17-1 相关选项作用及含义

| 选项 | 作用及含义 |
| --- | --- |
| ❶ 切换对话开 / 关 | 设置动作在运行过程中是否显示有参数对话框的命令。若动作左侧显示▣图标,则表示该动作运行时使用具有对话框的命令 |

续表

| 选项 | 作用及含义 |
| --- | --- |
| ❷ 切换项目开 / 关 | 设置控制动作或动作中的命令是否被跳过。若某一个命令的左侧显示✔图标,则表示此命令正常。若显示▢图标,则表示此命令被跳过 |
| ❸ 面板扩展按钮 | 单击【扩展】按钮,可打开隐藏的面板菜单,在其中可以对面板模式进行选择,并提供动作的创建、记录、删除等基本选项,不仅可以对动作进行载入、复位、替换、存储等操作,还可以快速查找不同类型的动作选项 |
| ❹ 动作组 | 一系列动作的集合 |
| ❺ 动作 | 一系列操作命令的集合 |
| ❻ 快速按钮 | 单击▪按钮用于停止播放和记录动作;单击●按钮,可录制动作;单击▶按钮,可以播放动作;单击▢按钮,可以创建一个新组;单击▣按钮,可以创建一个新的动作;单击🗑按钮,可以删除动作组、动作和命令 |

### ★重点 17.1.2 实战:使用预设动作制作聚拢效果

| 实例门类 | 软件功能 |
| --- | --- |

【动作】面板中提供了多种预设动作,使用这些动

作可以快速地制作文字效果、边框效果、纹理效果和图像效果等。其具体操作步骤如下。

Step01 打开素材文件，复制图层。打开"素材文件\第17章\红玫瑰.jpg"文件，复制【背景】图层，如图17-2所示。

图 17-2

Step02 添加【图像效果】动作组到【动作】面板中。在【动作】面板中，单击【扩展】按钮，如图17-3所示。在弹出的下拉菜单中选择【图像效果】选项，如图17-4所示。

图 17-3                          图 17-4

Step03 应用动作。选择【水平颜色渐隐】选项，如图17-5所示。❶单击左侧的三角折叠图标展开动作，可以看到动作操作步骤，❷单击【播放选定的动作】按钮，如图17-6所示。

图 17-5                          图 17-6

Step04 完成图像效果制作。Photoshop CS6将自动对素材图像应用【水平颜色渐隐】动作，效果如图17-7所示。

图 17-7

Step05 查看操作步骤。【图层】面板如图17-8所示。在【历史记录】面板中，可以看到操作步骤，如图17-9所示。

图 17-8                          图 17-9

### 17.1.3 创建并记录动作

在 Photoshop CS6 中，不仅可以应用预设动作制作特殊效果，还可以根据需要创建新的动作，具体操作步骤如下。

Step01 打开素材文件。打开"素材文件\第17章\海星.jpg"文件，如图17-10所示。

图 17-10

Step02 创建新动作。在【动作】面板中，单击【创建新动作】按钮，如图17-11所示。

Step03 设置新动作的基本参数。弹出【新建动作】对话框，❶设置【名称】【组】【功能键】和【颜色】等参数，❷单击【记录】按钮，如图17-12所示。

图 17-11　　　　　图 17-12

**Step04** 录制动作。在【动作】面板中新建了一个【圆形图像】动作，【开始记录】按钮■变为红色，表示正在录制动作，如图 17-13 所示。

**Step05** 复制图层。执行【图层】→【复制图层】命令，在【复制图层】对话框中，❶ 设置【复制背景】为【反相】，❷ 单击【确定】按钮，如图 17-14 所示。

 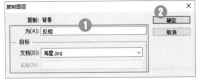

图 17-13　　　　　图 17-14

**Step06** 添加【球面化】滤镜效果。执行【滤镜】→【扭曲】→【球面化】命令，❶ 设置【数量】为 100%，❷ 单击【确定】按钮，如图 17-15 所示。

**Step07** 反相图像。执行【图像】→【调整】→【反相】命令，反相图像，效果如图 17-16 所示。

图 17-15　　　　　图 17-16

**Step08** 设置图层混合模式。更改图层混合模式为【颜色减淡】，如图 17-17 所示，效果如图 17-18 所示。

图 17-17　　　　　图 17-18

**Step09** 停止播放，完成动作记录。在【动作】面板中单击【停止播放/记录】按钮■，完成动作的记录，如图 17-19 所示。

图 17-19

**Step10** 打开素材文件，应用新建动作。打开"素材文件\第17章\黑发.jpg"文件，如图 17-20 所示。❶ 选择前面录制的【圆形图像】动作，❷ 单击【播放选定的动作】按钮▶，如图 17-21 所示。

图 17-20　　　　　图 17-21

**Step11** 完成图像效果制作。通过前面的操作，为图像应用录制的动作【圆形图像】，效果如图 17-22 所示。

图 17-22

## 17.1.4　创建动作组

在创建新动作之前，可以创建一个新组来放置新建的动作，方便动作的管理。其创建方法与创建新动作类似。

在【动作】面板中单击【创建新组】按钮■，如图 17-23 所示。弹出【新建组】对话框，❶ 在【名称】文本框中输入名称，❷ 单击【确定】按钮，如图 17-24 所示。即可在【动作】面板中新建了一个【组1】动作组，如图 17-25 所示。

图 17-23

图 17-24

图 17-25

## 17.1.5 修改动作的名称和参数

如果需要修改动作组或动作的名称，可以先选中该动作组或动作，然后在【扩展】菜单中选择【动作选项】或【组选项】命令，打开【动作选项】或【组选项】对话框进行设置，如图 17-26 所示。

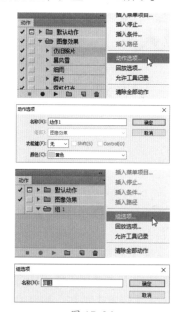

图 17-26

如果需要修改命令的参数，可

以双击该命令，如图 17-27 所示。在打开的对话框中修改参数即可，如图 17-28 所示。

图 17-27

图 17-28

## 17.1.6 重排、复制与删除动作

在【动作】面板中，将动作或命令拖动至同一动作或另一动作中的新位置，即可重新排列动作或命令。

将动作和命令拖动至【创建新动作】按钮 上，可将其复制。按【Alt】键移动动作和命令，可快速复制动作和命令。

将动作或命令拖动至【动作】面板中的【删除】按钮 上，可将其删除。

选择下拉菜单中的【清除全部动作】命令，可删除所有动作。

## 17.1.7 在动作中添加新命令

| 实例门类 | 软件功能 |
|---|---|

完成动作录制后，还可以在动作中添加新命令，具体操作步骤如下。

Step01 记录任意动作命令。选择动作中的任意命令，如❶选择【转换

模式】命令，❷单击【开始记录】按钮 ，如图 17-29 所示。

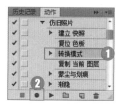

图 17-29

Step02 添加【色相/饱和度】命令。执行【图像】→【调整】→【色相/饱和度】命令，如图 17-30 所示。

Step03 停止录制。单击【停止播放/记录】按钮 停止录制，即可将【色相/饱和度】命令添加到【转换模式】命令后面，如图 17-31 所示。

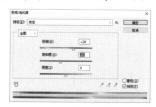

图 17-30

图 17-31

## 17.1.8 在动作中插入非菜单操作

| 实例门类 | 软件功能 |
|---|---|

在记录动作的过程中，如果无法对【绘画工具】【调色工具】【视图】和【窗口】菜单下的命令进行记录，可以使用【动作】下拉菜单中的【插入菜单项目】命令，将这些不能记录的操作插入动作中，具体操作步骤如下。

Step01 打开【插入菜单项目】对话

框。在记录动作过程中，❶单击右上角的【扩展】按钮 ▼，❷在打开的下拉列表中选择【插入菜单项目】命令，如图 17-32 所示。

Step❷ 插入【铅笔工具】的操作。在打开的【插入菜单项目】对话框中，单击【确定】按钮，选择工具箱中的【铅笔工具】 🖉，该操作会记录到动作中，如图 17-33 所示。

图 17-32　　　　　　　图 17-33

## 17.1.9　在动作中插入路径

| 实例门类 | 软件功能 |
|---|---|

【插入路径】命令可将路径插入动作中，具体操作步骤如下。

Step❶ 绘制路径并执行【插入路径】命令。在图像中绘制任意路径，如图 17-34 所示。在【动作】面板中选择任意命令，执行【插入路径】命令，如图 17-35 所示。

图 17-34　　　　　　　图 17-35

Step❷ 完成路径插入。通过前面的操作，将路径插入动作中，如图 17-36 所示。为其他图像播放动作时，该路径会被插入图像中，如图 17-37 所示。

图 17-36　　　　　　　图 17-37

如果要记录多个【插入路径】命令，需要在记录每个命令后，执行【路径】面板→【存储路径】命令；否则，后面的路径将会替换前面的路径。

## 17.1.10　在动作中插入停止

| 实例门类 | 软件功能 |
|---|---|

用户可以在动作中插入停止，以便在播放动作过程中，执行无法记录的任务，如使用绘图工具。完成绘图操作后，单击【动作】面板中的【播放选中的动作】按钮 ▶ 可以继续完成未完成的动作，也可以在动作停止时显示一条简短消息，提醒用户在继续执行下面的动作之前需要完成的任务。其具体操作步骤如下。

Step❶ 执行【插入停止】命令。单击【动作】面板右上角的按钮 ▼，在弹出的菜单中选择【插入停止】命令，如图 17-38 所示。

图 17-38

Step❷ 设置【记录停止】参数。弹出【记录停止】对话框。❶在【信息】文本框中输入文字，❷完成设置后，单击【确定】按钮即可，如图 17-39 所示。

Step❸ 插入停止操作。通过前面的操作，停止操作被插入动作中，如图 17-40 所示。

图 17-39　　　　　　　图 17-40

## 17.1.11　存储动作

在创建动作后，可以存储自定义的动作，以方便将该动作运用到其他图像文件中。在【动作】面板中选择需要存储的动作组，在其扩展菜单中选择【存储动作】命令，如图 17-41 所示。弹出【存储】对话框，选择保存路径，单击【保存】按钮，即可将需要存储的动作组进行保存，如图 17-42 所示。

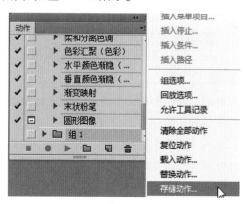

图 17-41

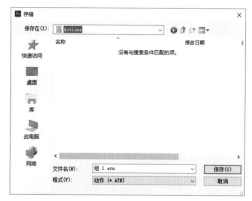

图 17-42

## 17.1.12 指定回放速度

在【动作】面板的扩展菜单中选择【回放选项】命令，如图 17-43 所示，在打开的【回放选项】对话框中，可以设置回放的动作，包括【加速】【逐步】和【暂停】3 个选项，如图 17-44 所示。

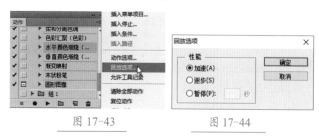

图 17-43                图 17-44

相关选项作用及含义如表 17-2 所示。

表 17-2　相关选项作用及含义

| 选项 | 作用及含义 |
| --- | --- |
| 加速 | 快速播放选定动作 |
| 逐步 | 显示每个命令的处理结果，然后再转入下一个命令，速度较慢 |
| 暂停 | 可指定播放动作时各个命令的间隔时间 |

## 17.1.13 载入外部动作库

执行【动作】面板扩展菜单中的【载入动作】命令，可以载入外部动作库。

## 17.1.14 条件模式更改

应用动作时，如果在动作步骤中包括转换图像模式的操作（如将 RGB 模式转换为 CMYK 模式），而当时处理的图像不是 RGB 模式，就会出现动作错误。

在记录动作时，使用【条件模式更改】命令，可以为源模式指定多个模式，并为目标模式指定一个模式，以便在动作运行时进行转换。

执行【文件】→【自动】→【条件模式更改】命令，可以打开【条件模式更改】对话框，如图 17-45 所示。

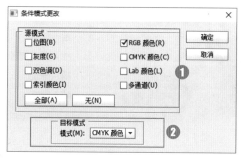

图 17-45

相关选项作用及含义如表 17-3 所示。

表 17-3　相关选项作用及含义

| 选项 | 作用及含义 |
| --- | --- |
| ❶ 源模式 | 选择源文件的颜色模式，只有与选择的颜色模式相同的文件才可以被更改。单击【全部】按钮，可选择所有可能的模式，单击【无】按钮，不选择颜色模式 |
| ❷ 目标模式 | 设置图像转换后的颜色模式 |

## 17.2 批处理命令的应用

批处理是指将动作应用于所有的目标文件。通过批处理可以完成大量相同的、重复性操作，以节省时间、提高工作效率，并实现图像处理的自动化。

### 17.2.1 【批处理】对话框

执行【文件】→【自动】→【批处理】命令，打开【批处理】对话框，如图17-46所示。

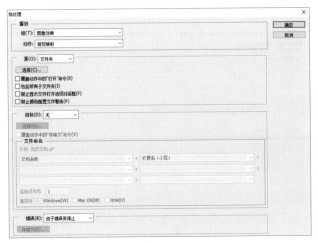

图 17-46

相关选项作用及含义如表17-4所示。

表 17-4　相关选项作用及含义

| 选项 | 作用及含义 |
| --- | --- |
| 播放的动作 | 在进行批处理前，首先要选择应用的动作，分别在【组】和【动作】两个选项的下拉列表中进行选择 |
| 批处理源文件 | 在【源】下拉列表框中可以设置文件的来源为【文件夹】【导入】【打开的文件】或从 Bridge 中浏览的图像文件。若设置源图像的位置为文件夹，则可以选择批处理文件的所在文件夹位置 |
| 批处理目标文件 | 【目标】下拉列表框中包含【无】【存储并关闭】和【文件夹】3个选项。选择【无】选项，对处理后的图像文件不做任何操作；选择【存储并关闭】选项，将文件存储在当前位置，并覆盖原来的文件；选择【文件夹】选项，将处理过的文件存储到另一位置。在【文件命名】选项组中可以设置存储文件的名称 |

### 17.2.2 实战：使用【批处理】命令处理图像

| 实例门类 | 软件功能 |
| --- | --- |

使用【批处理】命令处理图像，首先要在【动作】面板中设置动作，然后再通过【批处理】对话框进行设置，具体操作步骤如下。

**Step 01** 载入图像效果动作组到动作面板中。执行【窗口】→【动作】命令，打开【动作】面板，❶ 单击【动作】面板右上角的【扩展】按钮，❷ 在弹出的菜单中选择【图像效果】选项，载入图像效果动作组，如图17-47所示。

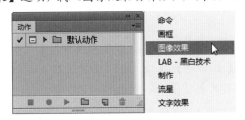

图 17-47

**Step 02** 设置【批处理】动作。执行【文件】→【自动】→【批处理】命令，打开【批处理】对话框，在【组】下拉列表框中选择【图像效果】动作组。在【播放】栏的【动作】下拉列表框中选择【鳞片】选项，如图17-48所示。

图 17-48

**Step 03** 设置批处理源文件夹。❶ 在【源】下拉列表框中选择【文件夹】选项，❷ 单击【选择】按钮，如图17-49所示。

图 17-49

Step(04) 选择文件路径。打开【浏览文件夹】对话框。❶ 选择"素材文件 \ 第 17 章 \ 批处理"文件夹，❷ 单击【确定】按钮，如图 17-50 所示。

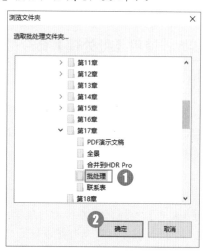

图 17-50

Step(05) 选择【文件夹】选项。❶ 在【目标】下拉列表框中选择【文件夹】选项，❷ 单击【选择】按钮，打开【浏览文件夹】对话框，如图 17-51 所示。

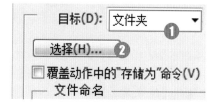

图 17-51

Step(06) 选择文件路径。❶ 选择"结果文件 \ 第 17 章 \ 批处理"文件夹，❷ 单击【确定】按钮，如图 17-52 所示。

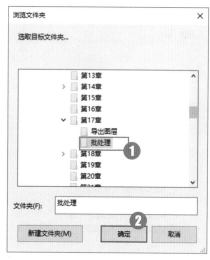

图 17-52

Step(07) 完成【批处理】参数设置。在【批处理】对话框中设置好参数后，单击【确定】按钮，如图 17-53 所示。

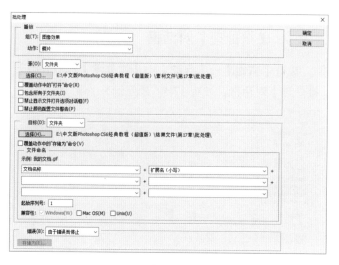

图 17-53

Step(08) 存储图像。处理完 "1.jpg" 文件后，将弹出【存储为】对话框，❶ 用户可以重新选择存储位置、存储格式，并将其重命名，❷ 单击【保存】按钮，弹出【JPEG 选项】对话框，❸ 单击【确定】按钮，如图 17-54 所示。

图 17-54

Step(09) 完成所有文件的效果制作。Photoshop CS6 将继续自动处理图像，完成后效果对比如图 17-55 所示。

图 17-55

### 17.2.3 实战：创建快捷批处理小程序

| 实例门类 | 软件功能 |
|---|---|

快捷批处理是一个小程序，它可以简化批处理操作的过程，具体操作步骤如下。

**Step01** 打开【创建快捷批处理】对话框。执行【文件】→【自动】→【创建快捷批处理】命令，弹出【创建快捷批处理】对话框，单击【选择】按钮，如图 17-56 所示。

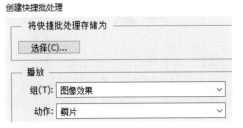

图 17-56

**Step02** 存储快捷批处理小程序。打开【存储】对话框，❶ 选择快捷批处理存储的位置，❷ 设置快捷批处理的文件名，❸ 单击【保存】按钮，如图 17-57 所示。

图 17-57

**Step03** 设置参数。返回【创建快捷批处理】对话框，设置组、动作等参数值，如图 17-58 所示。

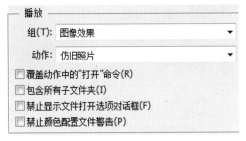

图 17-58

**Step04** 查看快捷批处理程序。打开快捷批处理存储的位置，可以查看到创建批处理文件的图标，如图 17-59 所示。

图 17-59

**技能拓展——快捷批处理的使用**

将图像拖动到快捷批处理图标上，即可运行批处理小程序处理图像。

## 17.3 应用脚本

使用【脚本】命令可以对图像进行拼合、导出复合图层等设置，实现另一种自动图像处理。使用【脚本】命令时，用户不用自己编写脚本，直接使用 Photoshop CS6 提供的脚本进行操作即可。

### 17.3.1 图像处理器

使用【图像处理器】命令可以将一组文件中的不同文件以特定的格式、大小或执行同样操作后保存，执行【文件】→【脚本】→【图像处理器】命令，打开【图像处理器】对话框，如图 17-60 所示。

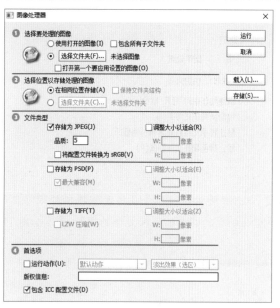

图 17-60

相关选项作用及含义如表 17-5 所示。

表 17-5　相关选项作用及含义

| 选项 | 作用及含义 |
|---|---|
| ❶ 选择要处理的图像 | 在该组选项中，可以通过选择打开需要处理的图像或图像所在的文件夹 |
| ❷ 选择位置以存储处理的图像 | 在该组选项中，可以选择将处理后的图像存放在相同位置或另存在其他文件夹中 |
| ❸ 文件类型 | 在该选项组中，可以将处理的图像分别以 JPEG、PSD 和 TIFF 格式进行保存，还可以根据需要对图像大小进行限制 |
| ❹ 首选项 | 可以对图像应用动作，应用的动作在下拉列表中进行选择 |

## 17.3.2　实战：将图层导出文件

| 实例门类 | 软件功能 |
|---|---|

通过执行【文件】→【脚本】→【将图层导出到文件】命令，可以将 PSD 文件中的每一个图层，分别进行导出并对每一个图层的图像重新创建一个文件，使用多种格式进行存储，主要包括 PSD、BMP、JPEG、PDF、Targa 等格式。将图层导出文件的具体操作步骤如下。

**Step01** 打开素材文件。打开"素材文件\第 17 章\黑猫 .psd"文件，如图 17-61 所示。在【图层】面板中一共有 3 个图层，如图 17-62 所示。

图 17-61　　　　　　　　图 17-62

**Step02** 打开【将图层导出到文件】对话框并设置参数。执行【文件】→【脚本】→【将图层导出到文件】命令，弹出【将图层导出到文件】对话框，❶ 设置存储位置和文件类型，❷ 单击【运行】按钮，如图 17-63 所示。

**Step03** 完成将图层导出到文件操作。Photoshop CS6 将自动导出图层，完成操作后，弹出【脚本警告】提示框，单击【确定】按钮，如图 17-64 所示。

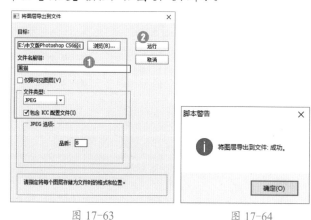

图 17-63　　　　　　　　图 17-64

**Step04** 查看导出文件效果。打开目标文件夹，查看每个图层为 JPEG 文件的效果，如图 17-65 所示。

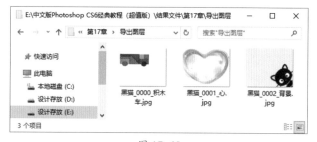

图 17-65

# 17.4 数据驱动图形

利用数据驱动图形，可以准确地生成图像的多个版本以用于印刷项目或 Web 项目。例如，以模板设计为基础，使用不同的文本和图像可以制作多种 Web 横幅。

## 17.4.1 定义变量

变量用来定义模板中的哪些元素将发生变化，在 Photoshop CS6 中可以定义 3 种类型的变量：可见性变量、像素替换变量及文本替换变量。要定义变量，需要首先创建模板图像，然后执行【图像】→【变量】→【定义】命令，打开【变量】对话框，在【图层】下拉列表框中可以选择一个包含要定义为变量的内容的图层，如图 17-66 所示。

图 17-66

## 17.4.2 定义数据组

数据组是变量及其他相关数据的集合，执行【图像】→【变量】→【数据组】命令，可以打开【变量】对话框设置数据组选项，如图 17-67 所示。

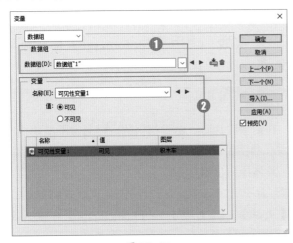

图 17-67

相关选项作用及含义如表 17-6 所示。

表 17-6 相关选项作用及含义

| 选项 | 作用及含义 |
|---|---|
| ❶ 数据组 | 单击 按钮可以创建数据组。如果创建了多个数据组，可单击 ▶ 按钮切换数据组。选择一个数据组，单击 按钮将其删除 |
| ❷ 变量 | 在该选项内可以编辑变量数据。对于【可见性】变量，选中【可见】单选按钮，可以显示图层的内容，选中【不可见】单选按钮，则隐藏图层的内容；对于【像素替换】变量，选择文件，然后选择替换图像文件，如果在应用数据组前选择【不替换】选项，将使图层保持当前状态；对于【文本替换】变量，可在【值】文本框中输入一个文本字符串 |

## 17.4.3 预览与应用数据组

在创建模板图像和数据组后，执行【图像】→【应用数据组】命令，打开【应用数据组】对话框。从列表中选择数据组，选中【预览】复选框，可在窗口中预览图像，单击【应用】按钮，可以将数据组的内容应用于基本图像，同时所有变量和数据组保持不变。

## 17.4.4 导入与导出数据组

如果在其他程序（如文本编辑器或电子表格程序）中创建了数据组，可以执行【文件】→【导入】→【变量数据组】命令，将其导入 Photoshop CS6 中。定义变量及一个或多个数据组后，可执行【文件导出数据组作为文件】命令，按批处理模式使用数据组值将图像输出为 PSD 文件。

## 17.5 其他文件自动化功能

除了动作、批处理和脚本功能外，在 Photoshop CS6 中还有一些其他文件自动化功能，包括制作 PDF 演示文稿、裁剪并修齐照片等。

### 17.5.1 实战：裁剪并修齐图像

| 实例门类 | 软件功能 |
|---|---|

【裁剪并修齐照片】命令是一项自动化功能，用户可以同时扫描多张图像，然后通过该命令创建单独的图像文件，具体操作步骤如下。

**Step01** 打开素材文件。打开"素材文件\第 17 章\三联画.jpg"文件，如图 17-68 所示。

图 17-68

**Step02** 拆分图像。执行【文件】→【自动】→【裁剪并修齐照片】命令，文件自动进行操作，拆分出 3 个图像文件，如图 17-69 所示。

图 17-69

**Step03** 设置窗口排列方式，完成裁剪修齐图像的操作。执行【窗口】→【排列】→【三联垂直】命令，如图 17-70 所示。即可展示裁切出的单独图像文件，同时，原文件得到保留，如图 17-71 所示。

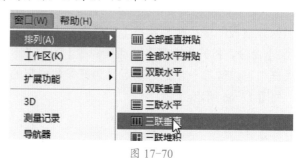

图 17-70

图 17-71

### 17.5.2 实战：使用【Photomerge】命令创建全景图

| 实例门类 | 软件功能 |
|---|---|

在拍摄照片时，由于相机的问题通常不能拍摄出范围太广的图片，因此用户可以拍摄几幅图像来进行拼合，具体操作步骤如下。

**Step01** 打开【Photomerge】对话框。打开软件后，执行【文件】→【自动】→【Photomerge】命令，打开【Photomerge】对话框，如图 17-72 所示。

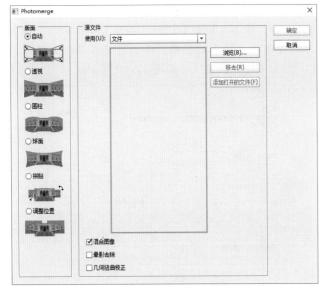

图 17-72

**Step 02** 选择要拼合的图像文件。在【Photomerge】对话框中设置【使用】为文件，单击【浏览】按钮，打开【打开】对话框，选择拼合图像文件，如图 17-73 所示，单击【打开】按钮。

图 17-73

**技术看板**

使用【Photomerge】命令制作全景图像时，可以先将要拼合的图像放到一个文件夹中，然后在【Photomerge】对话框中将【使用】设置为【文件夹】。

**Step 03** 设置拼合方式。将图像文件导入【Photomerge】对话框后，在【版面】栏中，选中【调整位置】单选按钮，单击【确定】按钮，如图 17-74 所示。

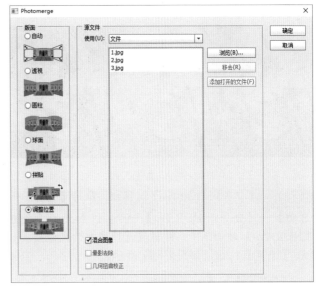

图 17-74

**Step 04** 完成全景图像制作。Photoshop 会自动分析并拼合图像，最终合成全景图像，效果如图 17-75 所示。

图 17-75

### 17.5.3 实战：将多张图片合并为 HDR 图像

| 实例门类 | 软件功能 |
|---|---|

HDR 图像全称为高动态范围图像，可以提供更多的动态范围和图像细节。其原理是需要不同曝光时间的LDR( 低动态范围 ) 图像，而且利用每个曝光时间相对应最佳细节的 LDR 图像来合成最终 HDR 图像。它可以更好地反映真实环境中的视觉效果。在 Photoshop CS6中使用【HDR 色调】命令就可以制作 HDR 图像。除此之外，还可以使用【合并到 HDR Pro】命令来制作HDR 图像。与【HDR 色调】命令不同，使用【合并到HDR Pro】命令的前提是需要提供几张相同构图、相同机位，但不同曝光度的照片进行合并，具体操作步骤如下。

**Step01** 打开素材文件。打开"素材文件\第17章\合并到 HDR Pro\1.jpg、2.jpg、3.jpg"文件，如图 17-76 所示。

图 17-76

**Step02** 打开【合并到 HDR Pro】对话框。执行【文件】→【自动】→【合并到 HDR Pro】命令，在打开的【合并到 HDR Pro】对话框中，❶ 设置【使用】为文件夹，❷ 单击【浏览】按钮，如图 17-77 所示。

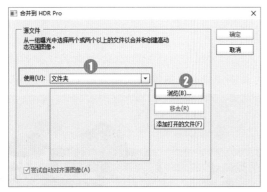

图 17-77

**Step03** 选择目标文件夹。在打开的【选择文件夹】对话框中，❶ 选择目标文件夹，❷ 单击【确定】按钮，如图 17-78 所示。

图 17-78

**Step04** 设置照片曝光值。通过前面的操作，将文件添加到列表中，单击【确定】按钮，如图 17-79 所示。弹出【手动设置曝光值】对话框，手动设置每张照片的曝光值，单击【确定】按钮，如图 17-80 所示。

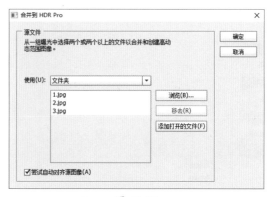

图 17-79

图 17-80

**Step05** 细微调整图像，完成 HDR 效果制作。Photoshop CS6 会自动处理图像，并打开【合并到 HDR Pro】对话框，在其中显示合并前的源图像，以及合并后的预览图像，在右侧中设置参数，同时观察图像，使细节得到充分显示，如图 17-81 所示。

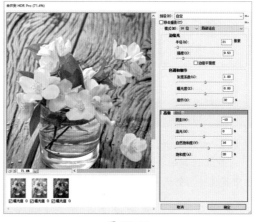

图 17-81

## 17.5.4 实战：制作 PDF 演示文稿

| 实例门类 | 软件功能 |
|---|---|

使用【PDF 演示文稿】命令可以制作 PDF 演示文稿，具体操作步骤如下。

**Step01** 打开【PDF 演示文稿】对话框。执行【文件】→【自动】→【PDF 演示文稿】命令，单击【浏览】按钮，如图 17-82 所示。

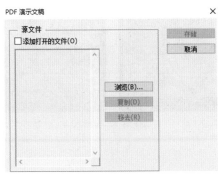

图 17-82

**Step02** 添加文件到 PDF 演示文稿中。在打开的【打开】对话框中，❶ 选择"素材文件\第 17 章\PDF 演示文稿\1.jpg、2.jpg、3.jpg、4.jpg"文件，❷ 单击【打开】按钮，如图 17-83 所示。

**Step03** 设置演示文稿参数。在【PDF 演示文稿】对话框的【输出选项】栏中，❶ 设置【存储为】为演示文稿，设置【背景】为黑色。在【演示文稿选项】栏中，❷ 设置【换片间隔】为 2 秒、【过渡效果】为溶解，如图 17-84 所示。

图 17-83　　　　　　图 17-84

**Step04** 存储文档。在【PDF 演示文稿】对话框中，单击【存储】按钮，弹出【存储】对话框，❶ 设置幻灯片保存路径和文件名，❷ 单击【保存】按钮，如图 17-85 所示。

图 17-85

**Step05** 设置基础信息。弹出【存储 Adobe PDF】对话框，在【一般】选项卡中，可以设置一些基础信息，如图 17-86 所示。

图 17-86

**Step06** 设置压缩参数。在【压缩】选项卡中，可以设置幻灯片的压缩选项，如图 17-87 所示。

图 17-87

**Step07** 为文档加密。在【安全性】选项卡中，可以对幻灯片进行加密，如 ❶ 选中【要求打开文档的口令】复选框，❷ 在【文档打开口令】文本框中输入密码，❸ 单击【存储 PDF】按钮，如图 17-88 所示。

图 17-88

**Step08** 确认密码设置。在打开的【确认密码】对话框中，❶ 再次输入密码，❷ 单击【确定】按钮，Photoshop CS6 将会自动创建幻灯片，如图 17-89 所示。

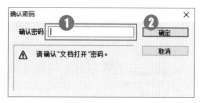

图 17-89

**Step09** 打开 PDF 幻灯片文档。在目标文件夹中，可以看到保存的 PDF 幻灯片文档，在文档上双击将其打开，如图 17-90 所示。弹出【密码】对话框，❶ 在【输入密码】文本框中输入密码，❷ 单击【确定】按钮，如图 17-91 所示。

图 17-90

图 17-91

**Step10** 播放幻灯片。通过前面的操作，在 Adobe Reader 中打开幻灯片，并以溶解的切换方式播放幻灯片，如图 17-92 所示。

打开幻灯片　　溶解方式播放幻灯片

图 17-92

## 17.5.5 实战：制作联系表

| 实例门类 | 软件功能 |
|---|---|

使用【联系表】命令可以为文件夹中的图片制作缩览图，具体操作步骤如下。

**Step01** 建立文件夹，保存图像。将需要创建缩览图的图像保存在【联系表】文件夹中，如图 17-93 所示。

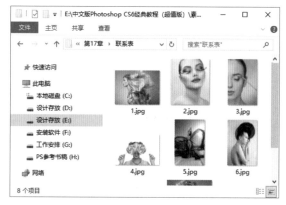

图 17-93

**Step02** 打开联系表对话框。执行【文件】→【自动】→【联系表】命令，在打开的【联系表 II】对话框中，将【使用】设置为【文件夹】，单击【选取】按钮，如图 17-94 所示。

**Step03** 选择文件夹。选择"素材文件 \ 第 17 章 \ 联系表"文件夹，如图 17-95 所示。

图 17-94　　　　图 17-95

图 17-97

**Step 04** 设置文档参数。在【文档】栏中，❶ 设置【宽度】和【高度】均为 10 厘米、【分辨率】为 72 像素 / 厘米；❷ 在【缩览图】栏中，设置【位置】为先横向、【列数】为 4、【行数】为 2，如图 17-96 所示。

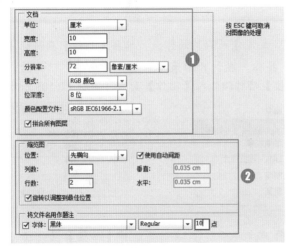

图 17-96

**Step 05** 完成联系表的制作。完成设置后，在【联系表Ⅱ】对话框中，单击【确定】按钮，Photoshop CS6 将自动创建图像缩览图，如图 17-97 所示。

## 17.5.6　限制图像

使用【限制图像】命令可以按比例缩放图像，并限制在指定的宽高范围内。

执行【文件】→【自动】→【限制图像】命令，打开【限制图像】对话框，在其中的【宽度】和【高度】文本框中可以输入图像的像素值，选中【不放大】复选框后，图像像素只能进行缩小处理，完成设置后，单击【确定】按钮，如图 17-98 所示。

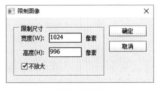

图 17-98

⚙ **技能拓展——【限制图像】命令的实际作用**

应用【限制图像】命令后，图像会按照用户指定的高度或宽度等比例进行缩放，【限制图像】命令可以改变图像的整体像素数量，而不会改变图像的分辨率，用户可以结合动作命令，对大量图片统一修改尺寸。

## 妙招技法

通过前面内容的学习，相信大家已经掌握了动作的应用与文件批处理的基础知识，下面结合本章内容，给大家介绍一些实用技巧。

### 技巧 01：如何快速创建功能相似的动作

创建动作时，如果动作中的步骤差别不大，可以将动作拖动到【创建新动作】按钮上，复制该动作，然后更改其中不同的步骤即可，如图 17-99 所示。

图 17-99

### 技巧 02：如何删除动作

在【动作】面板中，将动作拖动到【删除】按钮 🗑上，即可删除选定的动作。执行【动作】面板扩展菜单中的【清除全部动作】命令，可以删除所有的动作。

删除动作后，可以再次执行【动作】面板扩展菜单中的相应命令，载入动作。

## 同步练习——利用动作快速制作照片卡角

使用 Photoshop CS6 制作图像时，应用动作可以简化图像制作过程，快速完成某种图像效果的制作；合理地利用动作功能，可以极大地提高工作效率。下面利用 Photoshop CS6 中的动作功能制作照片卡角，效果对比如图 17-100 所示。

原图

效果图

图 17-100

| 素材文件 | 素材文件 \ 第 17 章 \ 火车 .jpg |
|---|---|
| 结果文件 | 结果文件 \ 第 17 章 \ 火车 .psd |

具体操作步骤如下。

**Step 01** 打开素材文件。打开"素材文件 \ 第 17 章 \ 火车 .jpg"文件，如图 17-101 所示。

图 17-101

**Step 02** 制作霓虹边缘效果。在【动作】面板中，选择【图像效果】动作组中的【霓虹边缘】动作，单击【播放选定的动作】按钮▶，应用【霓虹边缘】动作，效果如图 17-102 所示。

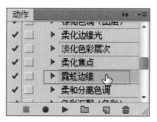

图 17-102

**Step 03** 载入【画框】动作组。单击【动作】面板的【扩展】按钮，在打开的菜单中选择【画框】动作组，将【画框】动作组载入【动作】面板，如图 17-103 所示。

图 17-103

**Step 04** 制作照片卡角效果。选择【画框】动作组中的【照片卡角】动作，单击【播放选定的动作】按钮▶，应用【照片卡角】动作，效果如图 17-104 所示。

图 17-104

## 本章小结

本章主要介绍了在 Photoshop CS6 中应用【动作】【批处理】及【自动化】功能处理图像的方法，包括动作的创建、编辑及应用，以及批处理命令的应用、图像处理器、数据驱动图像、裁剪并修齐图像、制作 PDF 演示文稿、制作联系表等内容。熟练掌握这些功能的应用，可以避免重复操作，能极大地提高工作效率。

# 第18章 创建 3D 图像效果

- ➜ 什么是 3D 图像？
- ➜ 如何创建与编辑 3D 对象？
- ➜ 如何创建与编辑纹理？
- ➜ 如何保存 3D 文档？
- ➜ 什么是渲染？

Photoshop 虽然是一款以图像处理和平面设计为主的软件，但是在近几年的更新中，其 3D 功能也在日益完善。虽然与 3d Max 或 Maya 等专业三维制图软件相比，Photoshop 的 3D 效果尚有差距，但是用其制作一些平面作品中的立体装饰元素还是绰绰有余的。本章将介绍 Photoshop CS6 的 3D 功能，包括 3D 图像的基本工具、3D 面板的运用、3D 图像的基础操作、创建和编辑 3D 模型纹理及渲染 3D 图像等相关内容。

## 18.1 进入 3D 世界

3D 是指三维空间，在 Photoshop CS6 中，对 3D 功能进行了更为系统的设置和管理，新增了 3D 工作区，这使得用户对 3D 功能的运用更为轻松，对 3D 图像的处理更加方便。下面分别介绍 3D 操作界面和 3D 文件组件等知识。

### 18.1.1 3D 操作界面

在 Photoshop 中，可以打开和编辑 U3D、3DS、OBJ、KMZ、DAE 等格式的 3D 文件。在 Photoshop CS6 中打开 3D 文件时，会自动切换至 3D 操作界面，如图 18-1 所示。

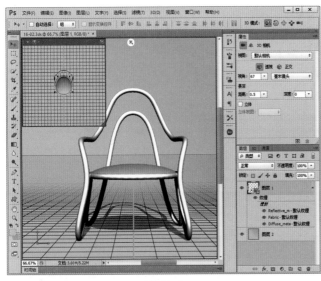

图 18-1

在 3D 操作界面的工具栏中提供了一组 3D 工具，可以移动、旋转或滑动 3D 对象，并且在右侧提供了 3D 面板和属性面板。在 3D 面板的顶部有切换【整个场景】【网格】【材质】【光源】组件的显示按钮，在【属性】面板中可以设置这些组件的显示方式。

### ★重点 18.1.2 3D 文件组件

3D 文件包含网格、材质和光源等组件。其中，网格相当于 3D 模型的骨骼，材质相当于 3D 模型的皮肤，而光源相当于拍摄的光源，使 3D 场景亮起来，让 3D 模型可见。

#### 1. 网格

网格提供 3D 模型的底层结构。通常，网格是由成千上万个单独的多边形框架组成的线框。3D 模型至少包含一个网格，也可能包含多个网格。在 Photoshop 中，不仅可以在多种渲染模式下查看网格，还可以分别对每个网格进行操作。若无法修改网格中实际的多边形，则更改其方向，并且可以通过沿不同坐标进行缩放以变换其形状。此外，还可以通过使用预先提供的形状或转换现有的 2D 图层，创建自己的 3D 网格。

**2. 材质**

　　一个网格可具有一种或多种相关的材质，它们控制整个网格或局部网格的外观。这些材质依次构建于被称为纹理映射的子组件，它们的积累效果可创建材质的外观。纹理映射本身就是一种 2D 图像文件，可以产生各种品质，如颜色、图案、反光度或崎岖度。

**3. 光源**

　　光源类型包括无限光、点测光、点光及环绕场景的基于图像的光。可以移动和调整现有光照的颜色和强度，并且将新光照添加到 3D 场景中。

### 18.1.3　3D 工具

　　在 Photoshop 中打开 3D 文件后，选择【移动】工具，在它的工具栏中包含一组 3D 工具，如图 18-2 所示。使用这些工具可以对 3D 模型的位置、方向、大小，以及 3D 场景视图、光源位置等进行调整。

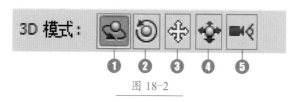

图 18-2

　　相关选项作用及含义如表 18-1 所示。

表 18-1　相关选项作用及含义

| 选项 | 作用及含义 |
| --- | --- |
| ❶ 旋转 3D 对象 | 单击【旋转 3D 对象】按钮，即选择了【3D 对象旋转工具】。使用该工具在 3D 模型文件中竖向拖曳可将模型绕 $X$ 轴旋转，横向拖曳可将模型绕 $Y$ 轴旋转，按住【Alt】键拖曳可滚动模型 |
| ❷ 滚动 3D 对象 | 单击【滚动 3D 对象】按钮，即选择了【3D 对象滚动工具】，使用该工具在 3D 模型文件中横向拖曳可使模型绕 $Z$ 轴旋转 |
| ❸ 拖动 3D 对象 | 单击【拖动 3D 对象】按钮，即选择了【3D 对象平移工具】。使用该工具在 3D 模型文件中横向拖曳可沿水平方向移动模型，竖向拖曳可沿垂直方向移动模型，按住【Alt】键拖曳可沿 $X/Y$ 轴方向移动模型 |
| ❹ 滑动 3D 对象 | 单击【滑动 3D 对象】按钮，即可切换到【3D 对象滑动工具】。使用该工具在 3D 模型文件中横向拖曳可沿水平方向移动模型，竖向拖曳可将模型移近或移远，按住【Alt】键拖曳可将模型沿 $X/Y$ 轴方向移动模型 |
| ❺ 缩放 3D 对象 | 单击【缩放 3D 对象】按钮，即可切换到【3D 缩放相机工具】，使用该工具在 3D 模型文件中竖向拖曳可将模型放大或缩小 |

**▣ 技术看板**

　　进入 3D 操作界面后，为确保当前工具为【移动工具】▶┿，在模型以外的位置单击，此时，可通过操作调整相机视图，同时保持 3D 对象的位置不变。

## 18.2　使用 3D 面板

　　在 3D 面板中显示了打开的 3D 图像的网格、材质和光源等相关信息，通过【3D】面板中的选项可设置 3D 模型的材质、光源等。执行【窗口】→【3D】命令，即可打开【3D】面板，打开 3D 格式的文件后选择【3D】图层，【3D】面板中会显示相关联的 3D 文件的组件。在【3D】面板顶部列出文件中的网格、材质和光源，且该面板的底部显示选定的 3D 组件的设置和选项。

### 18.2.1　3D 场景设置

　　在【3D】面板中提供了【整个场景】【网格】【材质】【光源】4 个组件。单击【3D】面板中的【整个场景】按钮┋，则会显示整个 3D 场景包含的内容条目，如网格模型条目、材质条目、光源条目等，如图 18-3 所示；单击某一条目，即可在【属性】面板中设置相关参数，如单击【场景】条目，即可在属性面板中设置渲染模式，如图 18-4 所示。

图 18-3

图 18-4

## ★重点 18.2.2　3D 网格设置

在【3D】面板中单击【网格】按钮 ▤，在面板中只显示网格组件，如图 18-5 所示。此时，可在【属性】面板中设置网格属性，如图 18-6 所示。

图 18-5　　　　　　　图 18-6

相关选项作用及含义如表 18-2 所示。

表 18-2　相关选项作用及含义

| 选项 | 作用及含义 |
|---|---|
| ❶ 捕捉阴影 | 在【光线跟踪】渲染模式下，控制选定的网格是否在其表面显示来自其他网格的阴影 |
| ❷ 投影 | 在【光线跟踪】渲染模式下，控制选定的网格是否在其他网格表面产生投影，但必须设置光源才能产生阴影 |
| ❸ 不可见 | 隐藏网格，但显示其表面的所有阴影 |

## ★重点 18.2.3　3D 材质设置

在【3D】面板中单击【滤镜材料】按钮 ▣，在面板顶部列出在 3D 文件中使用的材质，如图 18-7 所示。此时在【属性】面板中可以设置材质属性，单击【材质球】下拉按钮就可以为对象应用一种预设材质。在 Photoshop 中可以对纹理进行非常细致的调整，除了对基本颜色进行调整外，还可以赋予 3D 对象凹凸、反射等属性，以模拟真实的物体材质，如图 18-8 所示。

在创建模型时，可能使用一种或多种材料来创建模型的整体外观。如果模型中包含多个网格，那么每个网格可能会关联与之特定的材料，或者模型可以从一个网格创建，但使用多种材料。在这种情况下，每个材料分别控制网格特定部分的外观。

图 18-7　　　　　　　图 18-8

相关选项作用及含义如表 18-3 所示。

表 18-3　相关选项作用及含义

| 选项 | 作用及含义 |
|---|---|
| ❶ 材质球 | Photoshop CS6 提供了多种预设材质，单击【材质球】右侧的▾按钮，在打开的面板中可以选择一种预设材质 |
| ❷ 漫射 | 材质的颜色，可以是实色或任意的 2D 内容 |
| ❸ 镜像 | 可以为镜面属性设置显示的颜色 |
| ❹ 发光 | 定义不依赖于光照即可显示的颜色，可创建从内部照亮 3D 对象的效果 |
| ❺ 环境 | 设置在反射表面上可见的环境光颜色。该颜色与用于整个场景的全局环境色相互作用 |
| ❻ 闪亮 | 定义【光泽度】设置所产生的反射光的散射。低反光度（高散射）产生更明显的光照，而焦点不足；高反光度（低散射）产生较不明显、更亮、更耀眼的亮光 |
| ❼ 反射 | 设置反射率，当两种反射率不同的介质（如空气和水）相交时，光线方向发生改变，即产生反射。新材料的默认值是 1.0（空气的近似值） |
| ❽ 粗糙度 | 设置粗糙度参数，可以使制作的效果更加逼真立体 |
| ❾ 凹凸 | 通过灰度图像在材质表面创建凹凸效果，而并不实际修改网格。灰度图像中较亮的值可创建突出的表面区域；较暗的值可创建平坦的表面区域 |
| ❿ 不透明度 | 用来增加或减少材质的不透明度 |
| ⓫ 折射 | 可增加 3D 场景、环境映射和材质表面上其他对象的反射 |
| ⓬ 正常 | 像凹凸映射纹理一样，正常映射会增加表面细节 |
| ⓭ 环境 | 可存储 3D 模型周围环境的图像。环境映射会作为球面全景来应用，可以在模型的反射区域中看到环境映射的内容 |

相关选项作用及含义如表 18-4 所示。

表 18-4　相关选项作用及含义

| 选项 | 作用及含义 |
|---|---|
| ❶ 预设 | Photoshop CS6 提供了很多种预设光照样式，单击【预设】下拉按钮，在下拉列表框中可选择光照样式，包括蓝光、冷光、晨曦、火焰、夜光等 15 种预设光照样式 |
| ❷ 类型 | 在【类型】下拉列表框中可选择光照类型，包括点光、聚光灯、无限光。点光显示为小球；聚光灯显示为锥形；无限光显示为直线，效果如图 18-11 所示 <br>点光　　　聚光灯　　　无限光<br>图 18-11 |
| ❸ 颜色/强度 | 单击【颜色】右侧的色块，可以打开【拾色器】面板设置光源颜色。【强度】选项用于调整光源的亮度 |
| ❹ 阴影/柔和度 | 创建从前景表面到背景表面，从单一网格到自身或从一个网格到另一个网格的投影。取消选择时可稍微改善性能，可以模糊阴影边缘，使其逐渐衰弱 |

### 18.2.4　3D 光源设置

　　3D 光源可从不同角度照亮模型，从而添加逼真的深度和阴影。单击【3D】面板顶部的【光源】按钮，面板中会列出场景中所包含的全部光源，如图 18-9 所示。在 Photoshop CS6 中提供点光、聚光灯和无限光 3 种类型的光源，每种光源在【属性】面板中都有独特的选项，其【属性】面板如图 18-10 所示。

图 18-9

图 18-10

## 18.3　创建与编辑 3D 对象

　　在 Photoshop CS6 中通过 3D 命令，可以将 2D 图层作为起始点，产生各种基本的 3D 对象。例如，创建 3D 明信片、3D 形状或 3D 网格。创建 3D 对象后，可以在 3D 空间对其进行移动、更改渲染设置、添加光源或将其他 3D 图层合并等操作。下面介绍 3D 图层的基本操作。

### ★重点 18.3.1 实战：基于 2D 对象创建 3D 对象

　　Photoshop CS6 可基于 2D 对象（如图层、文字、路径等）生成各种基本的 3D 对象，创建 3D 对象后，可以在 3D 工作界面旋转、移动 3D 对象；设置材质、更改渲染设置，以及添加光源或将其他 3D 图层进行合并，具体操作步骤如下。

Step01 打开素材文件，创建 3D 对象。打开"素材文件\第 18 章\热气球.psd"文件，如图 18-12 所示。选中【热气球】图层，执行【3D】→【从所选图层新建 3D 凸出】命令，在选项栏中选择【旋转 3D 对象工具】旋转图像，如图 18-13 所示。

图 18-12

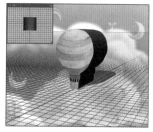
图 18-13

Step02 设置网格类型。在【3D】面板种选择网格模型条目，打开【网格属性】面板，单击【形状预设】下拉按钮，打开【凹凸】拾色器，选择【枕状膨胀】选项，如图 18-14 所示，图像效果如图 18-15 所示。

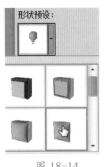

图 18-14

图 18-20

图 18-21

**Step03** 设置网格属性。单击【网格】面板顶部的【变形】按钮 🔧 ，设置【凸出深度】为 70、【锥度】为 103%，如图 18-16 所示。单击【网格】面板顶部的【盖子】按钮 🔧 ，设置【角度】为 60°、【强度】为 12%，如图 18-17 所示。

## 18.3.2 实战：创建 3D 明信片

在 Photoshop CS6 中，可以将 2D 图层或多图层转换为 3D 明信片，即具有 3D 属性的平面。若起始图层是文本图层，则会保留所有透明度，具体操作步骤如下。

**Step01** 打开素材文件。打开"素材文件\第 18 章\明信片 .psd"文件，如图 18-22 所示。

**Step02** 创建 3D 明信片。执行【3D】→【从图层新建网格】→【明信片】命令，生成 3D 明信片，原始的 2D 图层会作为 3D 明信片对象的【漫射】纹理映射在【图层】面板中，如图 18-23 所示。

图 18-16

图 18-17

图 18-22

图 18-23

**Step04** 设置材质属性。网格参数设置完成后，图像效果如图 18-18 所示。单击热气球右侧黑色区域，如图 18-19 所示，选中【热气球凸出】材质。

**Step03** 缩小图像。在选项栏中单击【缩放 3D 对象】按钮 🔧 ，在图像中单击并拖动鼠标，将明信片进行适当的缩小，如图 18-24 所示。

**Step04** 旋转对象，从不同透视角度观察 3D 图像。在选项栏中单击【旋转 3D 对象】按钮 🔧 ，旋转明信片，即可从不用的透视角度观察它，如图 18-25 所示。

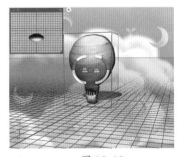

图 18-18

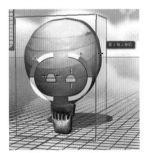

图 18-19

图 18-24

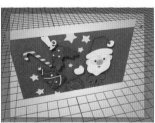

图 18-25

**Step05** 完成 3D 图像效果制作。在【材质属性】面板中，设置【漫射】颜色为【#fbc5c5】、【镜像】颜色为【#f5e66b】、【发光】颜色为【#312401】、【环境】颜色为【#000000】，如图 18-20 所示。使用【旋转 3D 对象工具】旋转图像，效果如图 18-21 所示。

### 18.3.3 实战：利用预设网格创建 3D 易拉罐

在 Photoshop CS6 中，提供了许多 3D 模型，执行【3D】→【从图层新建网格】→【网格预设】命令，即可在下拉菜单中选择一个 3D 形状。这些形状包括【圆环】【球体】或【帽形】等单一网格对象，以及【锥形】【立方体】【圆柱体】【易拉罐】或【酒瓶】等多网格对象。利用预设网格创建 3D 易拉罐，具体操作步骤如下。

**Step01** 打开素材文件。打开"素材文件 \ 第 18 章 \ 背景 .jpg"文件，新建【图层 1】，效果如图 18-26 所示。

**Step02** 创建易拉罐模型。执行【3D】→【从图层新建网格】→【网格预设】→【汽水】命令，即可创建易拉罐模型，如图 18-27 所示。

图 18-26

图 18-27

**Step03** 添加标签包装。为了给易拉罐添加标签包装，在【图层】面板中双击【标签材质-默认纹理】，自动打开【图层 1】窗口，如图 18-28 所示。

**Step04** 置入包装素材文件。在【图层 1】窗口置入"素材文件 \ 第 18 章 \ 包装 .jpg"文件，按【Enter】键确定置入，如图 18-29 所示。

图 18-28

图 18-29

**Step05** 设置材质属性。在【3D】面板中单击【标签材质】，在【属性】面板中单击 图标，在打开的下拉列

表中选择【编辑 UV 属性】命令，如图 18-30 所示。

**Step06** 设置纹理属性。在弹出的【纹理属性】对话框中设置相关参数，单击【确定】按钮，如图 18-31 所示。

图 18-30

图 18-31

**Step07** 完成标签包装的添加。通过前面的操作，易拉罐外包装制作完成，效果如图 18-32 所示。

**Step08** 设置【盖子材质】参数。单击【3D】面板中的【显示所有材质】按钮，选中【盖子材质】，如图 18-33 所示。

图 18-32

图 18-33

**Step09** 设置材质颜色。单击【属性】面板中【漫射】右侧的颜色条，在弹出的【拾色器】对话框中设置颜色值为【#f4e754】，如图 18-34 所示。图像效果如图 18-35 所示。

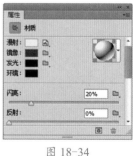
图 18-34

图 18-35

### 18.3.4 实战：利用深度映射 3D 网格制作星云海报

Photoshop 可以将灰度图像转换为深度映射，基于

图像的明度值转换出深度不一的表面。较亮的值生成表面上凸起的区域，较暗的值生成表面凹下的区域，从而生成 3D 模型。

执行【3D】→【从图层新建网格】→【深度映射到】命令，在【扩展】菜单中有 4 个选项，分别是【平面】【双面平面】【圆柱体】和【球体】，选择不同的选项可以得到不同的图像效果。利用深度映射 3D 网格制作星云海报，具体操作步骤如下。

Step01 打开素材文件。打开"素材文件\第18章\星云.jpg"文件，如图 18-36 所示。

Step02 复制图层。按【Ctrl+J】组合键复制图层，如图 18-37 所示。

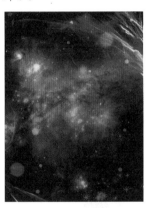
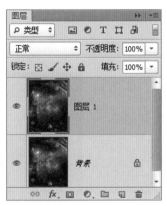

图 18-36　　　　　图 18-37

Step03 旋转扭曲图像。选中【图层 1】，执行【滤镜】→【扭曲】→【旋转扭曲】命令，在【旋转扭曲】对话框中设置【角度】为 174 度，如图 18-38 所示。图像效果如图 18-39 所示。

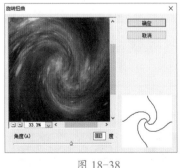

图 18-38　　　　　图 18-39

Step04 执行深度映射命令，进入 3D 操作界面。执行【3D】→【从图层新建网格】→【深度映射到】→【平面】命令，进入 3D 操作界面，图像效果如图 18-40 所示。

Step05 调整图像位置及大小。选择工具栏中的【旋转 3D

对象工具】旋转图像，调整图像视角，再使用【缩放 3D 对象工具】适当放大图像，使用【拖动 3D 对象工具】调整图像位置，效果如图 18-41 所示。

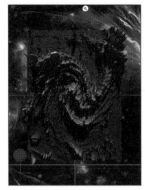

图 18-40　　　　　图 18-41

Step06 设置渲染样式。在【3D】面板中选择【场景】，如图 18-42 所示。在【场景】的【属性】面板中，设置【样式】为【未照亮的纹理】，如图 18-43 所示。

图 18-42　　　　　图 18-43

Step07 退出 3D 操作界面。单击右上角的下拉按钮，在扩展菜单中选择【基本功能】选项，如图 18-44 所示。退出 3D 操作界面，图像效果如图 18-45 所示。

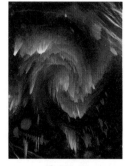

图 18-44　　　　　图 18-45

Step08 提亮图像。新建【曲线】调整图层，向上拖动曲线，如图 18-46 所示。提亮图像，效果如图 18-47 所示。

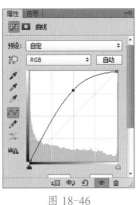

图 18-46

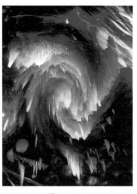

图 18-47

**Step⑨** 模糊背景图像。选中【背景】图层，执行【滤镜】→【模糊】→【高斯模糊】命令，在【高斯模糊】对话框中设置【半径】为 10 像素，如图 18-48 所示。图像效果如图 18-49 所示。

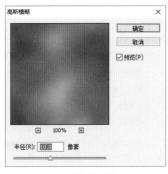

图 18-48

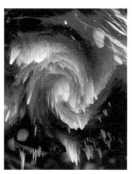

图 18-49

**Step⑩** 添加图层蒙版，融合图像。选中【图层 1】，单击【图层】面板底部的【新建图层蒙版】按钮 ▣，添加图层蒙版，如图 18-50 所示。使用黑色柔角画笔，设置【流

量】为 30，在图像边界处涂抹使图像融合得更加自然，如图 18-51 所示。

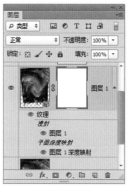

图 18-50

图 18-51

**Step⑪** 添加文字，完成图像效果制作。选择【横排文字工具】，在图像上输入文字，完成图像效果制作，如图 18-52 所示。

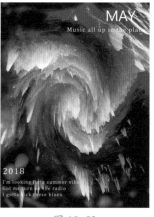

图 18-52

# 18.4 创建和编辑 3D 模型纹理

使用 Photoshop 的绘画工具和调整工具可以编辑 3D 文件中包含的纹理，或者创建新的纹理。打开 3D 文件时，纹理作为 2D 文件与 3D 模型一起导入。它们会作为条目显示在【图层】面板中，嵌套在 3D 图层下方，并按散射、凹凸、光泽度等映射类型编组，下面进行详细介绍。

## ★重点 18.4.1 实战：编辑 2D 格式纹理

在【图层】面板中双击 3D 图层纹理，即可将该纹理作为智能对象在一个独立窗口中打开，在该窗口中对 2D 纹理图像进行任何编辑，其效果都会应用在 3D 图像中。编辑 2D 格式纹理的具体操作步骤如下。

**Step①** 打开素材文件。打开"素材文件\第 18 章\沙发 .psd"文件，如图 18-53 所示。

**Step②** 双击 3D 纹理。在【图层】面板中，双击【Calligaris-

默认纹理】，如图 18-54 所示。

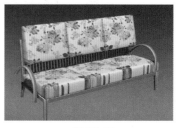

图 18-53

图 18-54

Step③ 打开纹理窗口。在图像窗口中弹出 3D 模型的纹理文件为 2D 格式的图像，如图 18-55 所示。

Step④ 创建木纹效果。执行【滤镜】→【渲染】→【纤维】命令，在【纤维】对话框中设置【差异】为 16、【强度】为 6，单击【确定】按钮，如图 18-56 所示，创建木纹效果。

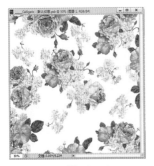 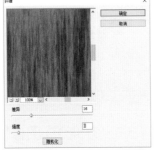

图 18-55         图 18-56

Step⑤ 完成木纹效果的创建。通过前面的操作，即可得到真实的木纹效果，如图 18-57 所示。

Step⑥ 完成沙发纹理的替换。回到【沙发 .psd】文件中，沙发的纹理发生了变化，变为木纹效果，如图 18-58 所示。

图 18-57         图 18-58

## 18.4.2 创建 UV 纹理

3D 模型上多种材料所使用的漫射纹理文件可应用于模型上不同表面的多个内容区域，这个过程称为 UV 映射。它将 2D 纹理映射中的坐标与 3D 模型上的特定坐标相匹配，UV 映射可以使 2D 纹理正确地绘制在 3D 模型中。

双击【图层】面板中 3D 图层的纹理，打开纹理映射，执行【3D】→【创建绘图叠加】命令，在弹出的菜单中可以选择【线框】【着色】和【正常】3 种叠加选项，分别应用这 3 种叠加选项，效果如图 18-59 所示。

线框         着色

正常

图 18-59

相关选项作用及含义如表 18-5 所示。

表 18-5 相关选项作用及含义

| 选项 | 作用及含义 |
| --- | --- |
| 线框 | 显示 UV 映射的边缘数据 |
| 着色 | 显示使用实色渲染模式的模型区域 |
| 正常映射 | 显示转换为 RGB 值的几何常值，即 R=X、G=Y、B=Z |

## 18.4.3 创建重复纹理的拼贴

重复纹理由网格图案中完全相同的拼贴构成，可以提供更逼真的模型表面，使用更少的存储空间，并且可以改善渲染性能。重复纹理还可以将任意 2D 文件转换成拼贴绘画。在预览多个拼贴在绘画中的相互作用之后，可存储一个拼贴作为重复纹理。创建重复纹理拼贴的具体操作步骤如下。

Step① 打开素材文件。打开"素材文件 \ 第 18 章 \ 女孩 .jpg"文件，如图 18-60 所示。

Step② 创建重复纹理拼贴。执行【3D】→【从图层新建拼贴绘画】命令，2D 图层转换为 3D 图层，在图像窗口中显示包含原始内容的 9 个完全相同的拼贴，图像尺寸保持不变，如图 18-61 所示。

图 18-60         图 18-61

# 18.5 渲染与输出 3D 图像

完成 3D 文件的制作后,通过【渲染】可以使 3D 对象的色泽、质感、凹凸、纹理、透明、反光等属性更加真实地以平面图像的方式呈现出来。通常情况下,【渲染】是三维制作的最后一步,用于 Web、打印或动画的最高品质输出效果。下面介绍 3D 图像的渲染、导出和存储 3D 文件,以便将创建的 3D 模型输出成其他三维软件能处理的格式。

## 18.5.1 渲染设置

【渲染】是指将制作的 3D 内容用软件本身或辅助软件制作成最终精细的 2D 图像的过程。渲染设置决定如何绘制 3D 模型,Photoshop CS6 提供了很多预设场景,也可以自定义创建需要的预设。渲染设置是图层特定的,若文档包含多个 3D 图层,则需要为每个图层分别指定渲染设置。

完成 3D 效果制作后,单击【3D】面板顶部的【场景】按钮 ,在【场景属性】面板的【预设】下拉列表框中,可以设置渲染场景,如图 18-62 所示。

图 18-62

## 18.5.2 渲染 3D 图像

渲染设置完成之后,执行【3D】→【渲染】命令,即可对画面进行渲染;或者单击【场景属性】面板底部的【渲染】按钮 ,也可以对画面进行渲染,如图 18-63 所示。在渲染过程中,如果执行了其他操作,Photoshop 会终止渲染操作,再次执行【3D】→【恢复渲染】命令,即可重新渲染 3D 图像。

图 18-63

**技术看板**

在渲染最终效果之前,需先渲染场景中的一小部分,测试最终渲染效果。使用【选区工具】在画面中创建选区,再执行【3D】→【渲染】命令,即可渲染选中的区域。

## 18.5.3 存储 3D 图像

编辑 3D 文件后,如果要保留文件中的 3D 内容,包括位置、光源、渲染模式和横截面,可执行【文件】→【存储】命令,选择 PSD、PDF 或 TIFF 作为保存格式。

## 18.5.4 导出 3D 图像

在【图层】面板中选择要导出的 3D 图层,执行【3D】→【导出 3D 图层】命令,打开【存储为】对话框,在【格式】下拉列表框中可以选择将文件导出为 Collada、Wavefront/OBJ、U3D 或 Google Earth 4 格式,如图 18-64 所示。

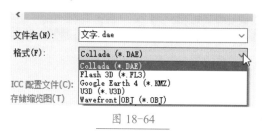

图 18-64

## 18.5.5 合并 3D 图像

当一个文档中创建了多个 3D 对象后,会发现这些对象都处于不同的图层中,如果想要调整画面视图或光照效果,就需要逐一调整,这样操作起来会非常麻烦。此时执行【3D】→【合并 3D 图层】命令,就可以将所选 3D 图层合并为一个 3D 图层。合并图层后既可以单独处理每一个模型,也可以同时在所有模型上使用 3D 对象工具和 3D 相机工具。

## 技能拓展——3D 相机工具

Photoshop 中有两类 3D 工具：3D 相机工具与 3D 对象工具。这两类工具都可用于 3D 对象的移动、旋转、缩放等，它们的作用与用法都基本相同。不同的是：在【3D】面板中选中【当前视图】时，显示为 3D 相机工具；选中【模型对象】时，显示为 3D 对象工具。3D 相机工具是针对整个空间的；而 3D 对象工具则针对选中的对象。

### 18.5.6 栅格化 3D 图像

在完成 3D 模型的编辑后，若不再编辑 3D 模型位置、渲染位置、纹理或光源时，可将 3D 图层转换为 2D 图层，以减轻设备的负担。执行【3D】→【栅格化】命令，或者在【图层】面板中选中【3D 图层】并右击，在弹出的快捷菜单中选择【栅格化 3D】命令，即可将 3D 图层转换为普通的 2D 图层。栅格化的图像会保留 3D 场景的外观，但转换为平面化的 2D 格式。

### 18.5.7 将 3D 图层转换为智能对象

在【图层】面板中选中【3D 图层】，在面板【扩展】菜单中选择【转换为智能对象】命令，可将 3D 图层转换为智能对象。转换后，可保留 3D 图层中的 3D 信息，也可对它应用智能滤镜，或者双击智能对象图层，重新编辑原始的 3D 场景。

# 妙招技法

通过前面内容的学习，相信大家已经基本了解了在 Photoshop CS6 中创建和编辑 3D 图像的基本方法，下面就结合本章内容，为大家介绍一些小技巧。

## 技巧 01：如何添加和删除光源

如果要添加新的光源，单击【3D】面板顶部的【光源】按钮，切换到【光源】面板，单击【光源】面板底部的【新建】按钮，在打开的下拉菜单中选择光源类型即可，如图 18-65 所示。

如果要删除光源，可在 3D 场景中选中光源，或者在【3D】面板中选中光源，然后单击面板底部的删除按钮。

图 18-65

## 技巧 02：将 3D 图像保存为工作路径

选择 3D 对象所在的图层，执行【3D】→【从 3D 图层生成工作路径】命令，可基于当前 3D 对象生成工作路径，如图 18-66 所示。

图 18-66

## 技巧 03：自定义对象材质

如果不满意 Photoshop 预设的材质效果，可以进行自定义设置，具体操作步骤如下。

Step 01 选择需编辑的材质条目。打开"素材文件\第 18 章\伞 .psd"文件，进入 3D 操作界面，在【3D】面板中选择需要编辑的材质条目，如选择【形状 1 前膨胀材质】选项，如图 18-67 所示。

Step 02 新建纹理。单击【材质属性】面板中【漫射】右侧的按钮，选择【新建纹理】选项，如图 18-68 所示；在【新建】对话框中进行参数设置，如图 18-69 所示。

图 18-67

图 18-70

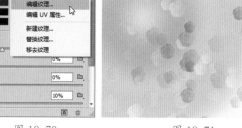

图 18-71

**Step04** 完成纹理编辑并应用于图像。绘制完成后，按【Ctrl+S】组合键保存纹理，切换到正在编辑的 3D 文档中，新绘制的纹理被应用于图像上，如图 18-72 所示。

图 18-68

图 18-69

**Step03** 编辑纹理。单击【材质属性】面板中【漫射】右侧的 ▣. 按钮，选择【编辑纹理】选项，如图 18-70 所示，打开纹理窗口，在其中绘制图案，如图 18-71 所示。

图 18-72

# 同步练习 —— 制作 3D 立体文字效果

　　3D 图像在视觉上层次分明、色彩鲜艳，具有很强的视觉冲击力，能给人留下深刻的印象。下面利用 Photoshop CS6 中的 3D 功能制作 3D 立体文字效果。先新建文档输入文字，再进入 3D 操作界面设置 3D 文字效果，随后绘制一些小元素丰富画面，最终图像效果如图 18-73 所示。

图 18-73

具体操作步骤如下。

**Step01** 新建文档。按【Ctrl+N】组合键新建文档，设置【宽度】为 800 像素、【高度】为 600 像素、【分辨率】为 72 像素 / 英寸，如图 18-74 所示。

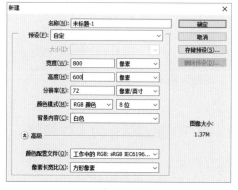

| 素材文件 | 素材文件 \ 第 18 章 \ 波点 .jpg、蝴蝶 .png |
|---|---|
| 结果文件 | 结果文件 \ 第 18 章 \3D 文字 .psd |

图 18-74

Step 02 填充背景。设置前景色为绿色【#8dd2b6】，背景色为黄色【#fdd420】，在工具箱中选择【渐变工具】，单击选项栏中的【点按可编辑渐变】按钮，打开【渐变编辑器】对话框，选择【从前景色到背景色渐变】，渐变方式设置为【角度渐变】，在背景图层拖动鼠标创建渐变效果，如图18-75所示。

Step 03 输入文字。选择【横排文字工具】，在选项栏中设置【字体】为Cooper Blac、【字体大小】为180、【颜色】为白色，在图像中输入字母"D"，如图18-76所示。

图18-75　　　　　　　图18-76

Step 04 进入3D操作界面。执行【3D】→【从所选图层新建3D凸出】命令，进入3D操作界面，如图18-77所示。

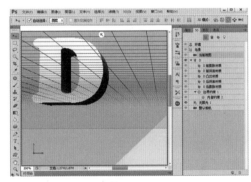

图18-77

Step 05 调整3D对象位置及大小。使用【旋转3D对象工具】调整对象角度，使用【拖动3D对象工具】移动对象位置，如图18-78所示。

图18-78

Step 06 取消文字投影，设置文字凸出深度。选中【3D】面板中的文字网格，如图18-79所示。在网格【属性】面板中设置【凸出深度】为100，如图18-80所示。

图18-79　　　　　　　图18-80

Step 07 调整文字样式。单击网格【属性】面板顶部的【盖子】按钮，设置【宽度】为3%、【强度】为2%，如图18-81所示。文字效果如图18-82所示。

 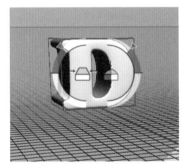

图18-81　　　　　　　图18-82

Step 08 设置文字对象暗部材质颜色。单击文字侧面暗部区域，如图18-83所示。选中【凸出材质】网格，在网格【属性】面板中，设置材质发光颜色为浅灰色【#414141】，效果如图18-84所示。

图18-83　　　　　　　图18-84

Step 09 载入纹理。选中【3D】面板中的【当前膨胀材质】。在材质【属性】面板中单击【漫射】下拉按钮，在弹出的下拉列表中选择【载入纹理】选项，如图18-85所示。弹出【打开】对话框，选择"素材文件\第18章\波点.jpg"

文件，单击【打开】按钮，载入纹理，如图18-86所示。

图18-85　　　　　　　　图18-86

**Step⑩** 为文字正面添加纹理效果。单击材质【属性】面板中【漫射】右侧的█按钮，选择【编辑UV属性】选项，如图18-87所示。打开【纹理属性】对话框，在其中设置参数，如图18-88所示。

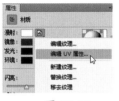
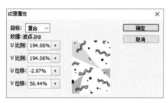

图18-87　　　　　　　　图18-88

**Step⑪** 为文字侧面添加纹理效果。为文字正面添加纹理效果，如图18-89所示。单击文字侧面，选中【凸出材质】，在材质【属性】面板中单击【漫射】右侧的█按钮，选择【载入纹理】选项，载入【波点.jpg】文件，打开【纹理属性】对话框，在其中设置参数，为文字侧面添加同样的纹理效果，如图18-90所示。

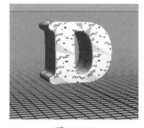

图18-89　　　　　　　　图18-90

**Step⑫** 输入剩下的文字，并设置3D效果。切换到【图层】面板，使用文字工具继续输入文字"R、E、A、M"，并用前面的方法设置文字的3D效果，如图18-91所示。

**Step⑬** 合并3D图层。在【图层】面板中选中所有的文字图层，执行【3D】→【合并3D图层】命令，合并3D图层，如图18-92所示。

**Step⑭** 调整文字位置。使用3D工具移动文字，如图18-93所示。

**Step⑮** 设置光源角度。单击【3D】面板中的【光源】按钮，在图像中设置光源角度，如图18-94所示。

图18-91　　　　　　　　图18-92

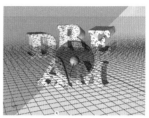

图18-93　　　　　　　　图18-94

**Step⑯** 添加蝴蝶素材。退出3D操作界面，打开"蝴蝶.png"文件，使用套索工具选择需要的蝴蝶，如图18-95所示。使用移动工具将其拖动至正在编辑的3D文档中，按【Ctrl+T】组合键执行自由变换操作，缩小蝴蝶并将其放置在适当的位置，如图18-96所示。

图18-95　　　　　　　　图18-96

**Step⑰** 绘制装饰图案。选择【自定形状工具】，在选项栏中设置绘制模式为【形状】，在画面中绘制形状，为画面添加一些小元素，完成图像效果的制作，如图18-97所示。

图18-97

# 本章小结

　　本章主要介绍了 Photoshop CS6 中 3D 功能的使用方法，包括 3D 操作界面、3D 工具、3D 面板，以及 3D 对象的创建与编辑、3D 纹理的创建与编辑等内容。在设计作品的过程中，适当地应用 Photoshop CS6 中的 3D 功能，为画面增添一些 3D 元素，可以起到锦上添花的作用。

# 第19章 Web 图像的制作与打印

- ➥ 什么是 Web 图像？
- ➥ 切片有什么用处？
- ➥ 如何清除切片？
- ➥ 如何设置打印标记？
- ➥ 陷印和打印有什么区别？

在 Photoshop CS6 中，可以根据需要将处理完成的图像存储为 Web 环境所需的图像，也就是网络需要的图像。在打印输出中，要注意对纸张的设置与打印机的选择，以及在打印预览中对图像位置、大小的调整。

本章将主要介绍 Web 图像的概念，以及在 Photoshop CS6 中用于创建 Web 图像的工具、Web 图像的常用文件格式及设置图像打印输出的方法。

## 19.1 关于 Web 图像

Web 图像的特点是体积小、色彩丰富，常见的 Web 格式有 GIF、JPEG、PNG 等。下面介绍 Web 图像相关的内容。

### 19.1.1 了解 Web

Web 工具可以帮助用户设计和优化单个 Web 图形或整个页面布局，轻松创建网页的组件。例如，使用图层和切片可以设计网页和网页界面元素，使用图层复合可以试验不同的页面组合或导出页面的各种变化形式等。在 Photoshop CS6 中对图像进行编辑后，可将图像直接进行切片、优化，然后存储为 Web 中图像所需的格式，便于网络传输或直接在网页上使用。

### ★重点 19.1.2 Web 安全色

颜色是网页设计的重要内容，计算机屏幕上看到的颜色不一定都能在其他系统的 Web 浏览器中以同样的效果显示。为了使 Web 图形的颜色能够在所有的显示器上看起来一样，在制作网页时，就需要使用 Web 安全颜色。

在【拾色器】或【颜色】面板中选择颜色时，若出现警告图标，则可单击该图标，将当前颜色替换为与其最为接近的 Web 安全颜色，如图 19-1 所示。选中【只有 Web 颜色】复选框，将只显示 Web 安全颜色，如图 19-2 所示。

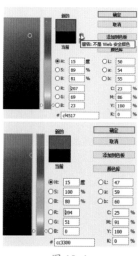

图 19-1

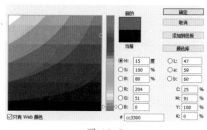

图 19-2

在设置颜色时，可在【颜色】面板的扩展菜单中选择【Web 颜色滑块】选项，这样在【拾色器】面板中，始终在 Web 安全颜色模式下工作，如图 19-3 所示。

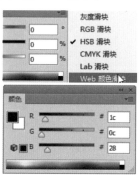

图 19-3

## 19.2 切片的创建与编辑

在制作网页时，通常要对网页进行分割，即制作切片。通过优化切片可以对分割的图像进行不同程度的压缩，以便减小图像质量，从而提升图像下载的速度。另外，还可以为切片制作动画，链接到 URL 地址，或者使用它们制作翻转按钮。

### 19.2.1 了解切片类型

在 Photoshop CS6 中，使用切片工具创建的切片称为用户切片，通过图层创建的切片称为基于图层的切片。

创建新的用户切片或基于图层的切片时，会生成附加的自动切片来占据图像的其余区域，自动切片可填充图像中用户切片或基于图层的切片未定义的空间。每次添加或编辑用户切片，或者基于图层的切片时，都会重新生成自动切片。用户切片和基于图层的切片由实线定义，而自动切片则由虚线定义。

### ★重点 19.2.2 实战：创建切片

| 实例门类 | 软件功能 |
|---|---|

创建切片的方式包括使用【切片工具】创建用户切片和基于图层创建切片，下面分别进行介绍。

#### 1. 切片工具

【切片工具】主要是根据图像优化和链接要求裁切图像，其选项栏如图 19-4 所示。

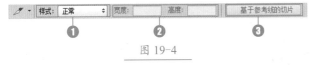

图 19-4

相关选项作用及含义如表 19-1 所示。

表 19-1 相关选项作用及含义

| 选项 | 作用及含义 |
|---|---|
| ❶ 样式 | 选择切片的类型，选择【正常】选项，通过拖动鼠标确定切片的大小；选择【固定长宽比】选项，输入切片的高宽比，可创建具有固定长宽比的切片；选择【固定大小】选项，输入切片的高度和宽度，然后在画面中单击，即可创建指定大小的切片 |
| ❷ 宽度/高度 | 设置裁剪区域的宽度和高度 |
| ❸ 基于参考线的切片 | 可以先设置好参考线，然后单击该按钮，让软件自动按参考线切分图像 |

Step 01 打开素材文件，创建切片。打开"素材文件\第19章\绿.jpg"文件，选择【切片工具】，在创建切片的区域上单击，并拖出一个矩形框，如图 19-5 所示。

图 19-5

Step 02 完成切片的创建。释放鼠标，即可创建一个用户切片，效果如图 19-6 所示。

图 19-6

#### 技术看板

按住【Shift】键拖动【切片工具】，可以创建正方形切片；按住【Alt】键拖动【切片工具】，可以从中心向外创建切片。

#### 2. 基于图层创建切片

基于图层创建切片，必须要有两个或两个以上的图层。基于图层创建切片后，当对图层进行移动、变形、缩放等操作时，切片会跟随该图层进行自动调整。基于图层创建切片的具体操作步骤如下。

Step 01 打开素材文件，选择图层。打开"素材文件\第19章\太阳.psd"文件，选择【切片工具】，在【图层】面板中选择【大】图层，如图 19-7 所示。

图 19-7

**Step02** 基于图层创建切片。执行【图层】→【新建基于图层的切片】命令，基于图层创建切片，切片会包含该图层中所有的像素，如图 19-8 所示。

**Step03** 编辑图层，自动调整切片。当创建基于图层切片后，在移动和编辑图层内容时，切片区域也会随着自动调整，如图 19-9 所示。

图 19-8　　　　　　　图 19-9

### 19.2.3　实战：选择、移动和调整切片

| 实例门类 | 软件功能 |
|---|---|

使用【切片选择工具】，可以选择切片，也可以移动和调整切片大小，其选项栏如图 19-10 所示。

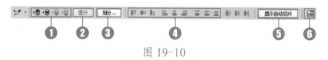

图 19-10

相关选项作用及含义如表 19-2 所示。

表 19-2　相关选项作用及含义

| 选项 | 作用及含义 |
|---|---|
| ❶ 调整切片堆叠顺序 | 在创建切片时，最后创建的切片是堆叠顺序中的顶层切片。当切片重叠时，可单击相应的按钮，改变切片的堆叠顺序，以便能够选择底层的切片 |
| ❷ 提升 | 单击该按钮，可以将所选的自动切片或图层切片转换为用户切片 |

续表

| 选项 | 作用及含义 |
|---|---|
| ❸ 划分 | 单击该按钮，可以在打开的【划分切片】对话框中对所选切片进行划分 |
| ❹ 对齐与分布切片 | 选择多个切片后，单击相应的按钮可对齐或分布切片，这些按钮的使用方法与对齐和分布图层的按钮相同 |
| ❺ 隐藏 / 显示自动切片 | 单击该按钮，可以隐藏 / 显示自动切片 |
| ❻ 设置切片选项 | 单击该按钮，可在打开的【切片选项】对话框中设置切片的名称、类型，并指定 URL 地址等 |

使用【切片选择工具】单击一个切片可将它选中，如图 19-11 所示。按住【Shift】键单击其他切片，可同时选中多个切片，选中的切片边框为黄色，如图 19-12 所示。

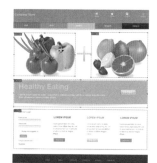

图 19-11　　　　　　　图 19-12

选中切片后，拖动切片定界框上的控制点可以调整切片大小，如图 19-13 所示。选中切片后并拖动，即可移动切片，如图 19-14 所示。

图 19-13　　　　　　　图 19-14

**技术看板**

选中切片后，按住【Shift】键拖动，则可将移动限制在垂直、水平或 45° 对角线的方向上；按住【Alt】键拖动，可以复制切片。

## 19.2.4　组合切片

使用【切片选择工具】 选择两个或更多的切片并右击，在弹出的快捷菜单中选择【组合切片】命令，可以将所选切片组合为一个切片，如图 19-15 所示。

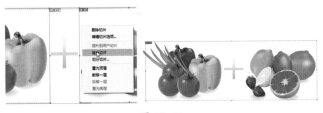

图 19-15

## 19.2.5　删除切片

使用【切片选择工具】选择一个或多个切片并右击，在弹出的快捷菜单中选择【删除切片】命令，或者按【Delete】键，可以将所选切片删除。若要删除所有切片，则可执行【视图】→【清除切片】命令。

## 19.2.6　划分切片

使用【切片选择工具】 选中切片，单击其选项栏中的【划分】按钮，打开【划分切片】对话框，在其中可沿水平、垂直方向或同时沿这两个方向重新划分切片，如图 19-16 所示。

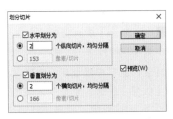 

图 19-16

在【划分切片】对话框中，各选项作用及含义如表 19-3 所示。

表 19-3　各选项作用及含义

| 选项 | 作用及含义 |
| --- | --- |
| 水平划分为 | 选中该复选框后，可在长度方向上划分切片。有两种划分方式：选中【个纵向切片，均匀分隔】单选按钮，可输入切片的划分数目；选中【像素/切片】单选按钮，可输入一个数值，基于指定数目的像素创建切片，若按该像素数目无法平均地划分切片，则会将剩余部分划分为另一个切片 |

续表

| 选项 | 作用及含义 |
| --- | --- |
| 垂直划分为 | 选中该复选框后，可在宽度方向上划分切片，它也包含两种划分方式 |

## 19.2.7　提升为用户切片

基于图层的切片与图层的像素内容相关联，当用户对切片进行移动、组合、划分、调整大小和对齐等操作时，唯一方法就是编辑相应的图层。只有将其转换为用户切片，才能使用【切片工具】 对其进行编辑。此外，在图像中，所有自动切片都链接在一起并共享相同的优化设置，如果要为自动切片设置不同的优化设置，也必须将其转换为用户切片。

使用【切片选择工具】 选择要转换的切片，在其选项栏中单击【提升】按钮，即可将其转换为用户切片。

## 19.2.8　锁定切片

创建切片后，为防止误操作，可执行【视图】→【锁定切片】命令，锁定所有切片。再次执行该命令可取消锁定。

## 19.2.9　切片选项设置

使用【切片选择工具】 双击切片，或者选中切片，然后单击其选项栏中的 按钮，可以打开【切片选项】对话框，为当前切片设置参数，如图 19-17 所示。

图 19-17

相关选项作用及含义如表 19-4 所示。

表 19-4　相关选项作用及含义　　　　　　　　　　　　　　　　　　　　　　　　　　　　　　　续表

| 选项 | 作用及含义 |
| --- | --- |
| ❶ 切片类型 | 可以选择要输出切片的内容类型，即在与 HTML 文件一起导出时，切片数据在 Web 浏览器中的显示方式。【图像】为默认的类型，切片包含图像数据；选择【无图像】选项，可以在切片中输入 HTML 文本，但不能导出为图像，并且无法在浏览器中预览；选择【表】选项，切片导出时将作为嵌套表写入 HTML 文本文件中 |
| ❷ 名称 | 用于输入切片的名称 |
| ❸ URL | 输入切片链接的 Web 地址，在浏览器中单击切片图像时，即可链接到此选项设置的网址和目标框架。该选项只能用于【图像】切片 |

| 选项 | 作用及含义 |
| --- | --- |
| ❹ 目标 | 输入目标框架的名称 |
| ❺ 信息文本 | 指定哪些信息出现在浏览器中。这些选项只能用于图像切片，并且只会在导出的 HTML 文件中出现 |
| ❻ Alt 标记 | 指定选定切片的 Alt 标记。Alt 文本在图像下载过程中取代图像，并在一些浏览器中作为工具提示出现 |
| ❼ 尺寸 | 【X】和【Y】选项用于设置切片的位置，【W】和【H】选项用于设置切片的大小 |
| ❽ 切片背景类型 | 可以选择一种背景色来填充透明区域或整个区域 |

# 19.3　优化 Web 图像

创建切片后需要对图像进行优化，主要优化文件的大小。在 Web 上发布图像时，较小的文件可以使 Web 服务器更加高效地存储和传输图像，用户也能更快地下载图像和浏览网页。

## 19.3.1　优化图像

执行【文件】→【存储为 Web 所用格式】命令，打开【存储为 Web 所用格式】对话框，使用其中的优化功能可以对图像进行优化和输出，如图 19-18 所示。

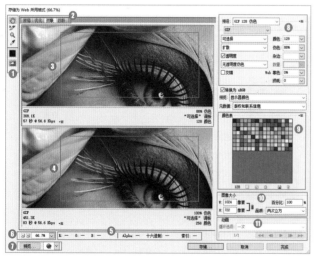

图 19-18

相关选项作用及含义如表 19-5 所示。

表 19-5　相关选项作用及含义

| 选项 | 作用及含义 |
| --- | --- |
| ❶ 工具栏 | 使用【抓手工具】可以移动、查看图像；使用【切片选项工具】可选择窗口中的切片，以便对其进行优化。使用【缩放工具】可以放大或缩小图像的比例；使用【吸管工具】可吸取图像中的颜色，并显示在【吸管颜色】图标中；单击【切换切片可视性】按钮可以显示或隐藏切片的定界框 |
| ❷ 显示选项 | 单击【原稿】标签，窗口中只显示没有优化的图像；单击【优化】标签，窗口中只显示应用了当前优化设置的图像；单击【双联】标签，并排显示优化前和优化后的图像；单击【四联】标签，可显示除原稿外的其他 3 个图像，可以进行不同的优化，每个图像下面都提供了优化信息，可以通过对比选择最佳优化方案 |
| ❸ 原稿图像 | 显示没有优化的图像 |
| ❹ 优化的图像 | 显示应用了当前优化设置的图像 |
| ❺ 状态栏 | 显示光标所在位置的图像的颜色值等信息 |
| ❻ 图像大小 | 将图像大小调整为指定的像素尺寸或原稿大小的百分比 |
| ❼ 预览 | 可以在 Adobe Device Central 或浏览器中预览图像 |

续表

| 选项 | 作用及含义 |
|---|---|
| ❽ 预设 | 设置优化图像的格式和每个格式的优化选项 |
| ❾ 颜色表 | 将图像优化为 GIF、PNG-8 和 WBMP 格式时，可在【颜色表】中对图像颜色进行优化设置 |
| ❿ 图像大小 | 设置图像的尺寸大小 |
| ⓫ 动画 | 设置动画的循环选项，显示动画控制按钮 |

## 19.3.2　优化为 JPEG 格式

JPEG 格式是用于压缩连续色调图像的标准格式。将图像优化为 JPEG 格式时采用的是有损压缩，它会有选择性地扔掉数据以减小文件。在【存储为 Web 所用格式】对话框中的文件格式下拉列表框中选择【JPEG】选项，可显示它的优化选项，如图 19-19 所示。

图 19-19

相关选项作用及含义如表 19-6 所示。

表 19-6　相关选项作用及含义

| 选项 | 作用及含义 |
|---|---|
| ❶ 压缩品质 / 品质 | 用于设置压缩程度。【品质】设置越高，图像的细节越多，但生成的文件也越大 |
| ❷ 连续 | 选中该复选框，在 Web 浏览器中以渐进方式显示图像 |
| ❸ 优化 | 选中该复选框，创建比文件稍小的增强 JPEG。若要最大限度地压缩文件，则建议使用优化的 JPEG 格式 |
| ❹ 嵌入颜色配置文件 | 选中该复选框，在优化文件中保存颜色配置文件，某些浏览器会使用颜色配置文件进行颜色的校正 |
| ❺ 模糊 | 指定应用于图像的模糊量。可创建与【高斯模糊】滤镜相同的效果，并允许进一步压缩文件以获得更小的文件 |
| ❻ 杂边 | 为原始图像中透明的像素指定一个填充颜色 |

## 19.3.3　优化为 GIF 和 PNG-8 格式

GIF 格式是用于压缩具有单调颜色和清晰细节图像

的标准格式，是一种无损的压缩格式。PNG-8 格式与 GIF 格式一样，也可以有效地压缩纯色区域，同时保留清晰的细节，这两种格式都支持 8 位颜色，因此它们可以显示多达 256 种颜色。

在【存储为 Web 所用格式】对话框中的文件格式下拉列表框中选择【GIF】选项，可显示它的优化选项，如图 19-20 所示。

图 19-20

在【存储为 Web 所用格式】对话框中的文件格式下拉列表框中选择【PNG-8】选项，可显示它的优化选项，如图 19-21 所示。

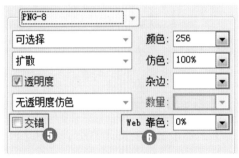

图 19-21

相关选项作用及含义如表 19-7 所示。

表 19-7　相关选项作用及含义

| 选项 | 作用及含义 |
|---|---|
| ❶ 减低颜色深度算法 / 颜色 | 指定用于生成颜色查找表的方法，以及想要在颜色查找表中使用的颜色数量 |
| ❷ 仿色算法 / 仿色 | 【仿色】是指通过模拟计算机的颜色来显示系统中未提供的颜色的方法。较高的仿色百分比会使图像中出现更多的颜色和细节，但也会增加文件占用的存储空间 |
| ❸ 透明度 / 杂边 | 确定如何优化图像中的透明像素 |
| ❹ 损耗 | 通过有选择地扔掉数据来减小文件，可以将文件减小 5% ~ 40% |

续表

| 选项 | 作用及含义 |
|---|---|
| ❺ 交错 | 选中该复选框，当图像文件正在下载时，在浏览器中显示图像的低分辨率版本，使用户感觉下载时间更短，但会增加文件的大小 |
| ❻ Web 靠色 | 指定将颜色转换为最接近的 Web 面板等效颜色的容差级别，并防止颜色在浏览器中进行仿色。该值越高，转换的颜色越多 |

### 19.3.4 优化为 PNG-24 格式

PNG-24 格式适合于压缩连续色调图像，其优点是可在图像中保留多达 256 个透明度级别，但生成的文件比 JPEG 格式生成的文件大得多。

### 19.3.5 优化为 WBMP 格式

WBMP 格式是用于优化移动设置（如移动电话）图像的标准格式。使用该格式优化后，图像中包含黑色和白色像素。

### 19.3.6 Web 图像的输出设置

优化 Web 图像后，在【存储为 Web 所用格式】对话框中，单击右上角的【优化菜单】按钮▼≡，在打开的菜单中选择【编辑输出设置】命令，打开【输出设置】对话框，如图 19-22 所示。在该对话框中可以设置 HTML 文件的格式、切片名称和输出格式等参数。

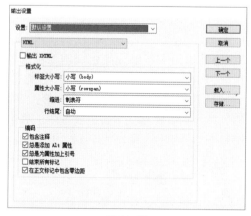

图 19-22

## 19.4 打印输出图像

打印输出是指将图像打印到纸张上。在【打印】对话框中可以预览打印文件，并对打印机、打印份数、输出选项和色彩管理进行设置。下面详细介绍 Photoshop CS6 中文件的打印输出。

### 19.4.1 【打印】对话框

执行【文件】→【打印】命令，打开【Photoshop 打印设置】对话框，如图 19-23 所示。

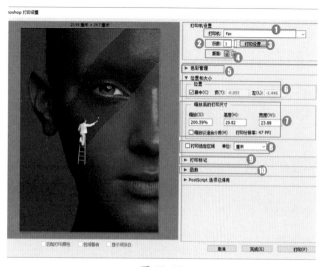

图 19-23

相关选项作用及含义如表 19-8 所示。

表 19-8 相关选项作用及含义

| 选项 | 作用及含义 |
|---|---|
| ❶ 打印机 | 在该选项的下拉列表框中可以选择打印机 |
| ❷ 份数 | 可以设置打印份数 |
| ❸ 打印设置 | 单击该按钮，可以打开一个对话框设置纸张的方向、页面的打印顺序和打印页数 |
| ❹ 版面 | 设置文件的打印方向。单击【纵向打印纸张】按钮，可以纵向打印图像；单击【横向打印纸张】按钮，可以横向打印图像 |
| ❺ 色彩管理 | 设置文件的打印色彩管理，包括颜色处理和打印机配置文件等 |
| ❻ 位置 | 选中【居中】复选框，可以将图像定位于可打印区域的中心；取消选中该复选框，则在【顶】和【左】文本框中输入数值定位图像，从而只打印部分图像 |

续表

| 选项 | 作用及含义 |
|---|---|
| ❼ 缩放后的打印尺寸 | 选中【缩放以适合介质】复选框，可自动缩放图像至适合纸张的可打印区域；取消选中该复选框，可在【缩放】文本框中输入图像的缩放比例，或者在【高度】和【宽度】文本框中设置图像的尺寸 |
| ❽ 打印选定区域 | 选中该复选框后，在打印预览框四周会出现黑色箭头符号，拖动该符号，可以自定义文件的打印区域 |
| ❾ 打印标记 | 该选项可以控制是否输出打印标记，包括角裁剪标记、套准标记等 |
| ❿ 函数 | 控制打印图像外观的其他选项，包括药膜朝下、负片等印前处理设置 |

## 19.4.2　色彩管理

在【打印设置】对话框右侧的【色彩管理】栏中，可以设置色彩管理选项，以获得尽可能好的打印效果，如图 19-24 所示。

图 19-24

相关选项作用及含义如表 19-9 所示。

表 19-9　相关选项作用及含义

| 选项 | 作用及含义 |
|---|---|
| ❶ 颜色处理 | 用于确定是否使用色彩管理。若使用则需要确定是将其应用在程序中，还是应用在打印设备中 |
| ❷ 打印机配置文件 | 可选择适用于打印机和即将使用的纸张类型的配置文件 |
| ❸ 正常打印 / 印刷校样 | 选择【正常打印】选项，可进行普通打印；选择【印刷校样】选项，可打印印刷校样，即可模拟文档在打印机上的输出效果 |
| ❹ 渲染方法 | 指定 Photoshop CS6 如何将颜色转换为打印机颜色空间 |
| ❺ 黑场补偿 | 通过模拟输出设备的全部动态范围来保留图像中的阴影细节 |

## 19.4.3　设置打印标记

设计商业印刷品时，可在【打印标记】栏中指定在页面中显示哪些标记，如图 19-25 所示。

图 19-25

## 19.4.4　设置函数

【函数】栏中包含【背景】【边界】【出血】等按钮，单击其中一个按钮即可打开相应的选项设置对话框，如图 19-26 所示。

图 19-26

相关选项作用及含义如表 19-10 所示。

表 19-10　相关选项作用及含义

| 选项 | 作用及含义 |
|---|---|
| ❶ 药膜朝下 | 可以水平翻转图像 |
| ❷ 负片 | 可以反转图像颜色 |
| ❸ 背景 | 用于设置图像区域外的背景 |
| ❹ 边界 | 用于在图像边缘打印出黑色边框 |
| ❺ 出血 | 用于将裁剪标志移动到图像中，以便剪切图像时不会丢失重要内容 |

## 19.4.5　设置陷印

在叠印套色版时，如果套印不准、相邻的纯色之间没有对齐，便会出现小的缝隙，如图 19-27 所示。使用【陷印】命令可以纠正这个现象。

执行【图像】→【陷印】命令，打开【陷印】对话框，【宽度】代表了印刷时颜色向外扩张的距离，如图 19-28 所示。该命令仅用于 CMYK 模式的图像。

图 19-27　　　　　　图 19-28

　　图像是否需要陷印一般也由印刷厂确定，若需要陷印，则会告知具体陷印值。

## 妙招技法

　　通过前面内容的学习，相信大家已经掌握了 Web 图像处理与打印输出的基础内容，下面结合本章内容，给大家介绍一些实用技巧。

### 技巧 01：如何快速打印一份图像

　　若要使用当前的打印选项打印一份文件，则可执行【文件】→【打印一份】命令，该命令不会弹出对话框。

### 技巧 02：如何隐藏切片

　　创建切片后，在图像中会显示切片标识，这样通常

会影响图像编辑。

　　取消选择【视图】菜单中的【显示额外内容】命令，可以隐藏图像的所有额外显示内容，包括参考线和切片等。

　　执行【视图】→【显示切片】命令，可以单独显示或隐藏切片。

## 同步练习——切片并优化图像

　　对图像进行切片并优化，可以使图像的不同部分在保证显示质量的同时，得到最小的文件尺寸。下面对一幅图像进行切片优化并导出，效果对比如图 19-29 所示。

原图　　　　效果

图 19-29

| 素材文件 | 素材文件 \ 第 19 章 \ 侧面 .jpg |
|---|---|
| 结果文件 | 结果文件 \ 第 19 章 \images 文件夹 |

　　具体操作步骤如下。

**Step01** 打开素材文件。打开"素材文件 \ 第 19 章 \ 侧

面 .jpg"文件，如图 19-30 所示。

图 19-30

**Step02** 创建切片 1。选择【切片工具】，在图像中拖动鼠标，如图 19-31 所示。释放鼠标后，创建切片 1，如图 19-32 所示。

**Step03** 创建下方切片。继续使用【切片工具】创建下方切片，如图 19-33 所示。

图 19-31

图 19-32

创建下方切片前

创建下方切片后

图 19-33

**Step04** 创建右侧切片。继续使用【切片工具】 ✎ 创建右侧切片，如图 19-34 所示。

创建右侧切片前

创建右侧切片后

图 19-34

**Step05** 调整切片长度。向下方拖动边框，调整切片的长度，如图 19-35 所示。

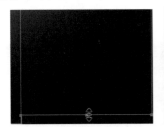

调整切片长度

调整后效果

图 19-35

**Step06** 选择切片。使用【切片选择工具】 ✎ 选择左上角的切片，如图 19-36 所示。

**Step07** 划分切片。在选项栏中，单击【划分】按钮，如图 19-37 所示。

图 19-36

图 19-37

**Step08** 完成切片划分。弹出【划分切片】对话框，❶ 选中【垂直划分为】复选框，选中【横向切片，均匀分隔】单选按钮，将切片的划分数目设置为2，❷ 单击【确定】按钮，如图 19-38 所示。即可切分切片，效果如图 19-39 所示。

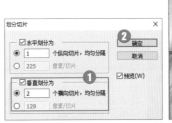

图 19-38

图 19-39

**Step09** 存储图像为 Web 所用格式，优化头发区域切片。执行【文件】→【存储为 Web 所用格式】命令，在【双联】选项卡中，可以观察原图和优化后图像的对比效果和对比参数，选择左上角的切片，如图 19-40 所示。头发色彩比较单一，采用 GIF 图像格式即可达到效果，并设置【预设】为【GIF 128 仿色】，如图 19-41 所示。

图 19-40

图 19-41

393

**Step⑩** 优化脸部区域切片质量。按住【Space】键，向右侧拖动，调整视图。选择脸部切片，如图 19-42 所示。脸部是这张图像的视觉中心，对图像质量要求较高，设置【预设】为【JPEG 高】，如图 19-43 所示。

图 19-42　　　　　　　　图 19-43

**Step⑪** 优化身体部位切片质量。选择左下方切片，如图 19-44 所示。身体部位虽然没有脸部质量要求那么高，但是，为了突出耳环的闪亮，仍然选择 JPEG 图像格式进行优化。设置【预设】为【JPEG 中】，如图 19-45 所示。

图 19-44　　　　　　　　图 19-45

**Step⑫** 优化右侧切片质量。按【Space】键移动视图后，选择右侧切片，如图 19-46 所示。右侧色块单一，对图像质量要求较低，用 GIF 图像格式即可，选择【GIF】选项，参数设置如图 19-47 所示。

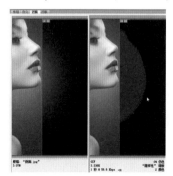

图 19-46　　　　　　　　图 19-47

**Step⑬** 存储图像。完成切片优化后，单击右下方的【存储】按钮，如图 19-48 所示。

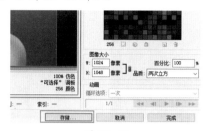

图 19-48

**Step⑭** 设置存储位置及格式。在打开的【将优化结果存储为】对话框中，❶ 选择保存位置，❷ 设置【格式】为【仅限图像】、【切片】为【所有切片】，❸ 单击【保存】按钮，如图 19-49 所示。

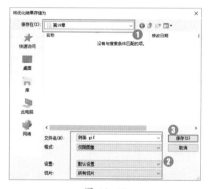

图 19-49

**Step⑮** 查看图像优化效果。在保存的文件夹中，Photoshop CS6 会新建一个【images】文件夹，优化的图像分别保存在该文件夹中，如图 19-50 所示。

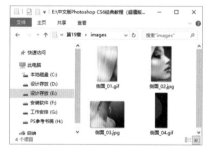

图 19-50

### 技术看板

　　优化图像时，对质量要求高、色彩鲜艳的网页图像，通常选择 JPEG 格式进行输出。因为 GIF 格式对色彩的支持不像 JPEG 格式那样多。而对色调暗淡、色彩单一的网页图像，使用 GIF 格式即可达到需要。相同图像效果下，GIF 图像尺寸通常偏小。

# 本章小结

　　本章主要介绍了创建切片、编辑切片、Web 图像优化和打印输出等。切片对于制作网络图像是非常重要的功能，是制作网页时必不可少的操作。将图像存储为 Web 图像，可以获得更小的文件，并加快上传和下载的速度。打印输出则是在纸张上预览的必要步骤。熟练掌握本章内容之后，相信会对读者以后的工作带来很大的帮助。

# 第4篇

## 实战应用篇

本篇主要结合 Photoshop 的常见应用领域，列举相关案例来讲解 Photoshop CS6 图像处理与设计的综合技能，包括艺术字设计、图像特效制作、数码照片后期处理、商业广告设计和 UI 界面设计等综合案例。通过本篇内容的学习，将提升读者对 Photoshop CS6 的灵活运用和实战能力。

## 第20章 艺术字设计与图像特效制作

- ➥ 制作五彩玻璃裂纹字
- ➥ 制作翡翠文字效果
- ➥ 制作透射文字效果
- ➥ 制作冰雪字效果
- ➥ 制作万花筒特效
- ➥ 制作魅惑人物特效
- ➥ 合成虎豹脸

在平面设计中，文字的形式和效果占据了非常重要的地位，它可以使图像整体效果更加多元化。而图像特效制作是 Photoshop CS6 中最强大的功能，结合滤镜、图层、蒙版等应用，可以产生视觉冲击的效果。本章将通过列举艺术字和图像特效制作的案例，让读者理解和掌握制作艺术字与图像特效的构思方式和处理技巧，并创作出独特的艺术效果。

## 20.1 艺术字设计

艺术字是将传统字体进行创意性、特殊化的美化与修饰，是一种字体艺术的创新。经过加工的艺术字千姿百态、变化万千，不仅可以平衡画面构图，使图像更具有视觉冲击力，同时也可以配合图像内容，凸显图像内涵。艺术字广泛应用于多个领域，如宣传、广告、商标、标语、黑板报、企业名称、展览会、商品包装和装潢，以及各类广告、报刊和书籍的装帧上等。下面通过几个典型案例，讲解艺术字的具体制作方法。

## 案例 01：制作五彩玻璃裂纹字

| 素材文件 | 素材文件 \ 第 20 章 \ 案例 01\ 干裂 .jpg |
|---|---|
| 结果文件 | 结果文件 \ 第 20 章 \ 五彩玻璃裂纹字 .psd |

　　本案例主要通过图层样式来制作五彩玻璃裂纹文字效果。在制作该文字效果时，需要通过不同的图层来表现不同的效果。其中，一个图层表现文字的投影效果；另一个图层表现文字的光感效果；再用一个图层表现玻璃质感，玻璃质感是非常通透的，根据它的特征，结合【斜面和浮雕】【内阴影】【光泽】【渐变叠加】和【图案叠加】图层样式制作出五彩玻璃质感效果；然后用一个图层表现文字的裂纹效果；最后在文字图层下方添加裂纹图层，烘托整体意境，图像最终效果如图 20-1 所示。

图 20-1

Step01 新建文档。执行【文件】→【新建】命令，在弹出的【新建】对话框中，❶ 设置【宽度】为 1000 像素、【高度】为 650 像素、【分辨率】为 72 像素 / 英寸，❷ 单击【确定】按钮，如图 20-2 所示。

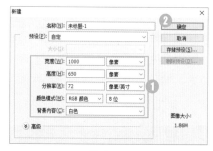

图 20-2

Step02 填充背景图层。设置前景色为深黄色【#987d0c】、背景色为深灰色【#1a1a1a】，选择【渐变工具】██，在选项栏中，单击【点按可编辑】按钮，在【拾色器】对话框中设置渐变为【从前景色到背景色渐变】，在选项栏中设置渐变方式为【径向渐变】，从中心往外拖动鼠标，填充渐变色，如图 20-3 所示。

图 20-3

Step03 添加"干裂"素材文件。打开"素材文件 \ 第 20 章 \ 案例 01\ 干裂 .jpg"文件，并将素材拖动到当前文档中，如图 20-4 所示。

图 20-4

Step04 设置图层混合模式。更改【干裂】图层混合模式为【深色】，如图 20-5 所示。

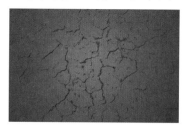

图 20-5

Step05 输入文字。使用【横排文字工具】输入字母"CRACK"，在选项栏中，设置【字体】为华文琥珀、【字体大小】为 290 点，如图 20-6 所示。

图 20-6

Step06 添加投影效果。双击文字图层，在打开的【图层样式】对话框中，❶ 选中【投影】复选框，❷ 设置【不透明度】为 75%、【角度】为 120 度、【距离】为 5 像素、【扩展】为 0%、【大小】为 24 像素，选中【使用全局光】复选框，如图 20-7 所示。

图 20-7

**Step 07** 复制图层，清除图层样式。按【Ctrl+J】组合键复制文字图层，如图 20-8 所示。执行【图层】→【图层样式】→【清除图层样式】命令，清除图层样式，如图 20-9 所示。

图 20-8  图 20-9

**Step 08** 添加投影效果。双击文字副本图层，在打开的【图层样式】对话框中，❶ 选中【投影】复选框，❷ 设置投影颜色为橙色【#fe7d0a】，设置【不透明度】为 70%、【角度】为 120 度、【距离】为 5 像素、【扩展】为 32%、【大小】为 2 像素，选中【使用全局光】复选框，如图 20-10 所示。

图 20-10

**Step 09** 添加外发光效果。继续在【图层样式】对话框中，❶ 选中【外发光】复选框，❷ 设置【混合模式】为颜色减淡、发光颜色为黄色【#fee31a】、【不透明度】为 100%、【扩展】为 0%、【大小】为 13 像素、【等高线】为画圆步骤、【范围】为 40%、【抖动】为 0%，如图 20-11 所示。

图 20-11

**Step 10** 复制图层，清除图层样式。按【Ctrl+J】组合键复制文字副本图层，得到【CRACK 副本 2】图层，如图 20-12 所示。执行【图层】→【图层样式】→【清除图层样式】命令，清除图层样式，如图 20-13 所示。

图 20-12  图 20-13

**Step 11** 添加斜面和浮雕效果。双击文字副本 2 图层，在打开的【图层样式】对话框中，❶ 选中【斜面和浮雕】复选框，❷ 设置【样式】为内斜面、【方法】为平滑、【深度】为 1000%、【方向】为上、【大小】为 10 像素、【软化】为 0 像素、【角度】为 120 度、【高度】为 39 度、【高光模式】为正常、【不透明度】为 100%、【阴影模式】为柔光、【不透明度】为 100%，设置【光泽等高线】为环形 - 双，如图 20-14 所示。单击【光泽等高线】图标，如图 20-15 所示。

图 20-14  图 20-15

**Step 12** 编辑等高线。在弹出的【等高线编辑器】对话框中，❶ 调整等高线的形状，❷ 单击【确定】按钮，如图 20-16 所示。

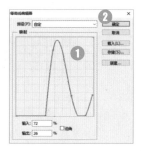

图 20-16

图 20-21

Step⑬ 添加内阴影效果。在【图层样式】对话框中，❶选中【内阴影】复选框，❷设置【混合模式】为正片叠底、【不透明度】为74%、阴影颜色为黑色、【角度】为120度、【距离】为5像素、【阻塞】为0%、【大小】为16像素，如图20-17所示。

Step⑭ 添加光泽效果。在【图层样式】对话框中，❶选中【光泽】复选框，❷设置【混合模式】为正片叠底、【不透明度】为34%、【角度】为0度【距离】为19像素、【大小】为0像素、【等高线】为高斯曲线，如图20-18所示。

图 20-17　　　　　　　图 20-18

Step⑮ 添加渐变叠加效果。在【图层样式】对话框中，❶选中【渐变叠加】复选框，❷设置【混合模式】为划分、【样式】为线性、【角度】为-160度、【缩放】为100%，如图20-19所示。

Step⑯ 设置渐变叠加样式。单击渐变色条右侧的 ▼ 按钮，在打开的下拉列表框中，选择【色谱】选项，如图20-20所示。

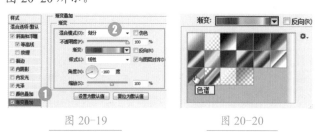

图 20-19　　　　　　　图 20-20

Step⑰ 查看图像效果。添加内阴影、光泽和渐变叠加图层样式后，图像效果如图20-21所示。

Step⑱ 定义图案。切换到【干裂】文件中，执行【编辑】→【定义图案】命令，在打开的【图案名称】对话框中，❶设置【名称】为干裂，❷单击【确定】按钮定义图案，如图20-22所示。

图 20-22

Step⑲ 添加图案叠加效果。双击文字副本2图层，在【图层样式】对话框中，❶选中【图案叠加】复选框，❷设置【混合模式】为划分、【不透明度】和【缩放】均为100%、【图案】为干裂，如图20-23所示。

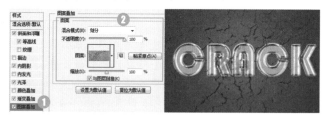

图 20-23

Step⑳ 复制图层，清除图层样式。按【Ctrl+J】组合键复制文字副本2图层，得到【CRACK 副本 3】图层，如图20-24所示。执行【图层】→【图层样式】→【清除图层样式】命令，清除图层样式，如图20-25所示。

图 20-24　　　　　　　图 20-25

Step㉑ 添加斜面和浮雕效果。双击文字副本3图层，在打开的【图层样式】对话框中，❶选中【斜面和浮雕】

复选框，❷设置【样式】为内斜面、【方法】为平滑、【深度】为 100%、【方向】为上、【大小】为 32 像素、【软化】为 0 像素、【角度】为 120 度、【高度】为 39 度、【高光模式】为饱和度、【颜色】为黑色、【不透明度】为100%、【阴影模式】为叠加、【不透明度】为 57%，如图 20-26 所示。

Step22 添加内发光效果。在【图层样式】对话框中，❶选中【内发光】复选框，❷设置【混合模式】为叠加、发光颜色为白色、【不透明度】为 24%、【阻塞】为 0%、【大小】为 33 像素，如图 20-27 所示。

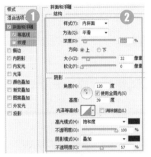 

图 20-26　　　　　图 20-27

Step23 添加图案叠加效果。在【图层样式】对话框中，❶选中【图案叠加】复选框，❷设置【混合模式】为点光、【不透明度】和【缩放】均为 100%、【图案】为干裂，如图 20-28 所示，效果如图 20-29 所示。

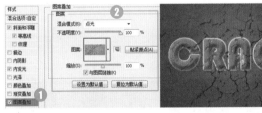

图 20-28　　　　　图 20-29

Step24 设置填充效果。同时选中 4 个文字图层，更改【填充】为 0%，如图 20-30 所示。最终效果如图 20-31 所示。

图 20-30　　　　　图 20-31

## 案例 02：制作翡翠文字效果

| 素材文件 | 素材文件 \ 第 20 章 \ 案例 01\ 干裂 .jpg |
| --- | --- |
| 结果文件 | 结果文件 \ 第 20 章 \ 五彩玻璃裂纹字 .psd |

本例首先通过【云彩】命令制作翡翠的玉质纹理，然后结合图层样式制作出翡翠通透、灵秀的效果，最后将文字放入意境图像中，使效果更加真实，完成后的图像效果如图 20-32 所示。

图 20-32

Step01 新建文档。执行【文件】→【新建】命令，在【新建】对话框中，❶设置【宽度】为 700 像素、【高度】为 500 像素、【分辨率】为 300 像素 / 英寸，❷单击【确定】按钮，如图 20-33 所示。

图 20-33

Step02 输入文字。选择【横排文字工具】T，在选项栏中设置【字体】为汉仪行楷简、【字体大小】为 135 点，在图像中输入文字"玉"，如图 20-34 所示。

Step03 制作云彩效果。隐藏文字图层，新建图层，命名为【云彩】。按【D】键恢复默认的前景色和背景色，执行【滤镜】→【渲染】→【云彩】命令，效果如图 20-35 所示。

图 20-34

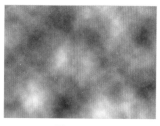

图 20-35

**Step04** 打开【色彩范围】对话框。执行【选择】→【色彩范围】命令，弹出【色彩范围】对话框，在对话框中选择【吸管工具】，如图 20-36 所示。

图 20-36

**Step05** 创建选区。在图像灰色区域单击，如图 20-37 所示。确定操作后，选区如图 20-38 所示。

图 20-37

图 20-38

**Step06** 填充选区颜色。新建图层，命名为【绿色】，设置前景色为绿色【#077600】，按【Alt+Delete】组合键填充选区，效果如图 20-39 所示。

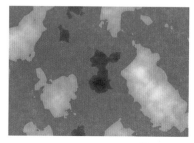

图 20-39

**Step07** 为【云彩】图层创建渐变填充效果。按【Ctrl+D】组合键取消选区，选择【云彩】图层，选择【渐变工具】，在选项栏中设置渐变样式为【从前景色到背景色的渐变】，渐变方式为【线性渐变】，从图像左边沿到右边沿拖动鼠标创建渐变填充，效果如图 20-40 所示。

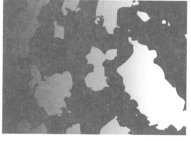

图 20-40

**Step08** 盖印图层。同时选中【云彩】和【绿色】图层，如图 20-41 所示。按【Alt+Ctrl+E】组合键盖印选中图层，生成【绿色（合并）】图层，如图 20-42 所示。

图 20-41

图 20-42

**Step09** 载入文字选区。按住【Ctrl】键，单击【玉】文字图层，载入文字选区，如图 20-43 所示。

图 20-43

**Step10** 反向选区并删除图像。按【Ctrl+Shift+I】组合键反向选区，按【Delete】键删除图像，按【Ctrl+D】组合键取消选区，隐藏【绿色】和【云彩】图层，如图 20-44 所示。

图 20-44

**Step 11** 添加斜面和浮雕效果。双击【绿色（合并）】图层，在打开的【图层样式】对话框中，❶ 选中【斜面和浮雕】复选框，❷ 设置【样式】为内斜面、【方法】为平滑、【深度】为 321%、【方向】为上、【大小】为 24 像素、【软化】为 0 像素、【角度】为 120 度、【高度】为 65 度、【高光模式】为滤色、【不透明度】为 100%、【阴影模式】为正片叠底、【不透明度】为 0%，如图 20-45 所示。

图 20-45

**Step 12** 添加内阴影效果。在【图层样式】对话框中，❶ 选中【内阴影】复选框，❷ 设置【混合模式】为滤色、阴影颜色为绿色【#6fff1c】、【不透明度】为 75%、【角度】为 120 度、【距离】为 10 像素、【阻塞】为 0%、【大小】为 50 像素，如图 20-46 所示。

图 20-46

**Step 13** 添加光泽效果。在【图层样式】对话框中，❶ 选中【光泽】复选框，❷ 设置光泽颜色为深绿色【#00b400】，设置【混合模式】为正片叠底、【角度】为 19 度、【距离】

为 88 像素、【大小】为 88 像素、【等高线】为高斯曲线，如图 20-47 所示。

**Step 14** 添加外发光效果。在【图层样式】对话框中，❶ 选中【外发光】复选框，❷ 设置【混合模式】为滤色、发光颜色为浅绿色【#6fff1c】、【不透明度】为 65%、【扩展】为 0%、【大小】为 70 像素，如图 20-48 所示。

图 20-47　　　　　　图 20-48

**Step 15** 添加投影效果。继续在【图层样式】对话框中，❶ 选中【投影】复选框，❷ 设置【不透明度】为 75%、【角度】为 120 度、【距离】为 15 像素、【扩展】为 0%、【大小】为 15 像素，选中【使用全局光】复选框，如图 20-49 所示。

图 20-49

**Step 16** 添加背景素材。打开"素材文件\第 20 章\案例 02\玉 .jpg"文件，将前面创建的【绿色（合并）】图层拖动到当前文件中，如图 20-50 所示。按【Ctrl+T】组合键，调整图像的大小和位置，如图 20-51 所示。

图 20-50

图 20-51

Step17 更改斜面和浮雕效果，完成最终效果制作。双击【斜面和浮雕】图层样式，在打开的【图层样式】对话框中，更改【大小】为 16 像素，如图 20-52 所示。细微调整后，最终效果如图 20-53 所示。

图 20-52

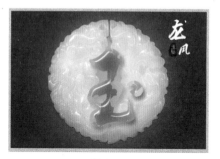

图 20-53

## 案例 03：制作透射文字效果

| 素材文件 | 素材文件：素材文件\第20章\案例 03\炫光 .jpg |
| --- | --- |
| 结果文件 | 结果文件\第 20 章\五彩玻璃裂纹字 .psd |

本例通过结合路径文字、透视变换、扭曲变形及图层混合模式制作透视光的效果。在制作过程中只要掌握好透视角度，就能达到理想的效

果，最终图像效果如图 20-54 所示。

图 20-54

Step01 新建文档。执行【文件】→【新建】命令，在【新建】对话框中，❶ 设置【宽度】为 1025 像素、【高度】为 1025 像素、【分辨率】为 72 像素 / 英寸，❷ 单击【确定】按钮，如图 20-55 所示，将背景图层填充为黑色。

Step02 创建圆形路径。选择【椭圆工具】，按住【Shift】键在图像中拖动鼠标创建圆形路径，如图 20-56 所示。

图 20-55

图 20-56

Step03 输入文字。设置前景色为白色，使用【横排文字工具】 T 在路径上单击，创建路径文字输入起点，如图 20-57 所示。设置【字体】为方正粗宋简体、【字体大小】为 63 点，沿着路径输入白色文字，如图 20-58 所示。

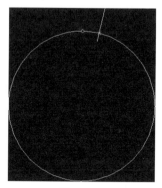

图 20-57

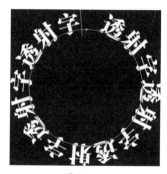

图 20-58

Step04 复制图层，更改图层名称。复制文字图层，执行【图层】→【栅格化】→【文字】命令，栅格化文字，隐藏下方文字图层，如图 20-59 所示。再次复制图层，更改两个图层名称，如图 20-60 所示。

图 20-59

图 20-60

图 20-64　　　　　　图 20-65

**Step05** 添加动感模糊滤镜效果。选择【动感模糊】图层，执行【滤镜】→【模糊】→【动感模糊】命令，在打开的【动感模糊】对话框中，❶ 设置【角度】为90度、【距离】为999像素，❷ 单击【确定】按钮，如图20-61所示。

图 20-61

**Step06** 加强图像效果。按【Ctrl+J】组合键8次，复制图层加强图像效果，如图20-62所示。

**Step07** 合并图层。选择复制的图层，按【Ctrl+E】组合键合并图层，重命名为【动感模糊】，如图20-63所示。

图 20-62　　　　　　图 20-63

**Step08** 透视变换图像。同时选中【高斯模糊】和【动感模糊】图层，如图20-64所示。执行【编辑】→【变换】→【透视】命令，进入透视变换，拖动左上角的控制点变换图像，如图20-65所示。

**Step09** 完成透视变换。向上拖动左中部的控制点，继续变换图像，如图20-66所示。选择【高斯模糊】图层，如图20-67所示。

图 20-66　　　　　　图 20-67

**Step10** 旋转文字方向。按【Ctrl+T】组合键，执行自由变换操作，旋转文字方向，如图20-68所示。选择【动感模糊】图层，如图20-69所示。

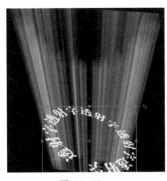
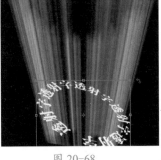

图 20-68　　　　　　图 20-69

**Step11** 扭曲变换图像。执行【编辑】→【变换】→【扭曲】命令，拖动控制点变换图像，如图20-70所示。调整图像位置，如图20-71所示。

图 20-70

图 20-71

图 20-75

图 20-76

Step⑫ 使用图层蒙版虚化光限边界。为【动感模糊】图层添加图层蒙版，使用【不透明度】为20%的黑色【画笔工具】✐涂抹修改蒙版，使光限边界变得虚化，如图20-72所示。

图 20-72

Step⑬ 添加高斯模糊滤镜效果。选择【高斯模糊】图层，如图20-73所示。执行【滤镜】→【模糊】→【高斯模糊】命令，在打开的【高斯模糊】对话框中，❶设置【半径】为2像素，❷单击【确定】按钮，如图20-74所示。

图 20-73

图 20-74

Step⑭ 打开炫光素材文件。高斯模糊效果如图20-75所示。打开"素材文件\第20章\案例03\炫光.jpg"文件，如图20-76所示。

Step⑮ 更改图层混合模式。将"炫光"文件拖动到文字效果文件中，命名为【炫光】，设置图层【混合模式】为滤色，如图20-77所示。

图 20-77

Step⑯ 修改图层蒙版，虚化下侧光限边界。单击【动感模糊】图层蒙版缩览图，使用【不透明度】为20%的黑色【画笔工具】✐涂抹修改蒙版，使下侧光限边界变得虚化，如图20-78所示。

图 20-78

Step⑰ 复制图层，缩小图像。按【Ctrl+J】组合键复制【高斯模糊】图层，按【Ctrl+T】组合键，执行自由变换操作，拖动节点适当缩小图像，如图20-79所示。

图 20-79

图 20-82　　图 20-83

**Step⑱** 复制图层，缩小图像。按【Ctrl+J】组合键复制【高斯模糊 副本】图层，按【Ctrl+T】组合键，执行自由变换操作，拖动节点适当缩小图像，如图 20-80 所示。

图 20-80

**Step⑲** 更改图层不透明度。更改【高斯模糊】图层【不透明度】为 60%，如图 20-81 所示。

图 20-81

**Step⑳** 调整图像色调，完成图像效果制作。选择【炫光】图层，按【Ctrl+U】组合键，执行【色相 / 饱和度】命令，在打开的【色相 / 饱和度】对话框中，❶ 设置【饱和度】为 10，❷ 单击【确定】按钮，如图 20-82 所示。最终效果如图 20-83 所示。

## 案例 04：制作冰雪字效果

| 素材文件 | 素材文件 \ 第 20 章 \ 案例 04\ 冰雪背景 .jpg，雪人 .jpg |
|---|---|
| 结果文件 | 结果文件 \ 第 20 章 \ 冰雪字 .psd |

冰雪字带给人纯洁、干净的视觉感受。本例通过【碎片】和【晶格化】滤镜创建冰雪字的边缘效果，结合图像旋转和【风】滤镜，得到冰雪溶化的效果；然后通过【高斯模糊】【铬黄渐变】和【云彩】滤镜创建冰雪字的纹理效果；最后添加冰雪背景和雪人素材，完成后的图像效果如图 20-84 所示。

图 20-84

**Step①** 新建文档。执行【文件】→【新建】命令，在【新建】对话框中，❶ 设置【宽度】为 800 像素、【高度】为 500 像素、【分辨率】为 200 像素 / 英寸，❷ 单击【确定】按钮，如图 20-85 所示。

图 20-85

**Step 02** 填充背景图层颜色。背景填充任意颜色，如图 20-86 所示。

图 20-86

**Step 03** 输入文字。使用【横排文字工具】 T 输入文字 "冰雪字"，在选项栏中，设置【字体】为方正胖头鱼简体、【字体大小】为 80 点、字体颜色为白色，如图 20-87 所示。

**Step 04** 栅格化文字。执行【图层】→【栅格化】→【文字】命令，栅格化文字，如图 20-88 所示。

图 20-87　　　　　　　　　图 20-88

**Step 05** 载入文字选区，新建【Alpha 1】通道。按【Ctrl】键，单击【冰雪字】图层，载入图层选区，如图 20-89 所示。在【通道】面板中，单击【创建新通道】按钮 ，新建一个【Alpha 1】通道，如图 20-90 所示。

图 20-89　　　　　　　　　图 20-90

**Step 06** 填充【Alpha 1】通道颜色，并复制通道。为【Alpha 1】通道填充白色，如图 20-91 所示。将【Alpha 1】通道拖动到【创建新通道】按钮 上，生成【Alpha 1 副本】通道，如图 20-92 所示。

图 20-91　　　　　　　　　图 20-92

**Step 07** 添加碎片滤镜效果。执行【滤镜】→【像素化】→【碎片】命令，如图 20-93 所示。按【Ctrl+F】组合键两次，重复碎片滤镜，效果如图 20-94 所示。

图 20-93　　　　　　　　　图 20-94

**Step 08** 添加晶格化滤镜效果。执行【滤镜】→【像素化】→【晶格化】命令，在打开的【晶格化】对话框中，❶ 设置【单元格大小】为 6，❷ 单击【确定】按钮，如图 20-95 所示。按【Ctrl+F】组合键两次，重复晶格化滤镜，效果如图 20-96 所示。

图 20-95　　　　　　　　　图 20-96

**Step 09** 新建图层并复制通道内容。按【Ctrl+D】组合键取消选区，按【Ctrl+A】组合键全选图像，按【Ctrl+C】组合键复制图像，如图 20-97 所示。在【图层】面板中，新建【图层 1】，按【Ctrl+V】组合键粘贴图像，如图 20-98 所示。

图 20-97　　　　　　　图 20-98　　　　　　　图 20-103　　　　　　　图 20-104

**Step⑩** 利用【色彩平衡】调整图层色调。新建【色彩平衡】调整图层，在【属性】面板中设置【中间调】参数分别为"-36，0，100"，如图 20-99 所示。色调调整效果如图 20-100 所示。

**Step⑭** 添加高斯模糊效果。执行【滤镜】→【模糊】→【高斯模糊】命令，在打开的【高斯模糊】对话框中，❶设置【半径】为 8 像素，❷单击【确定】按钮，如图 20-105 所示。

**Step⑮** 利用【色阶】命令使文字全部变成白色区域。按【Ctrl+L】组合键，执行【色阶】命令，打开【色阶】对话框，❶设置参数分别为"0、0.15、75"，❷单击【确定】按钮，如图 20-106 所示。

图 20-99　　　　　　　图 20-100

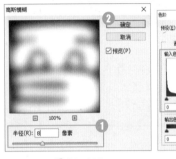
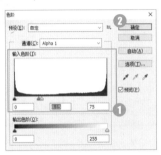

图 20-105　　　　　　　图 20-106

**Step⑪** 旋转画布，添加风滤镜效果。选中【图层 1】图层，执行【图像】→【图像旋转】→【90 度（顺时针）】命令，将画布旋转，如图 20-101 所示。然后执行【滤镜】→【风格化】→【风】命令，在打开的【风】对话框中，❶使用默认设置，❷单击【确定】按钮，如图 20-102 所示。

**Step⑯** 载入通道选区。按住【Ctrl】键，单击【Alpha 1】通道缩览图，如图 20-107 所示。载入通道选区，效果如图 20-108 所示。

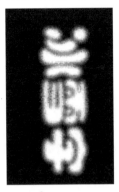

图 20-101　　　　　　　图 20-102

图 20-107　　　　　　　图 20-108

**Step⑫** 旋转画布。执行【图像】→【图像旋转】→【90 度（逆时针）】命令，效果如图 20-103 所示。

**Step⑬** 选择【Alpha 1】通道。在【通道】面板中，选择【Alpha 1】通道，如图 20-104 所示。

**Step⑰** 新建图层并制作云彩滤镜效果。切换到【图层】面板，新建【图层 2】图层，如图 20-109 所示。将前景色设置为白色，背景色设置为黑色，执行【滤镜】→【渲染】→【云彩】命令，效果如图 20-110 所示。

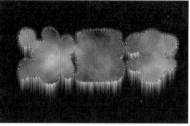

图 20-109　　　　　　　　　图 20-110

图 20-114　　　　　　　　　图 20-115

Step⑱ 添加铬黄渐变滤镜效果。执行【滤镜】→【滤镜库】→【素描】→【铬黄渐变】命令，在打开的对话框中，❶ 设置【细节】为 3、【平滑度】为 3，❷ 单击【确定】按钮，如图 20-111 所示。

Step㉑ 添加背景素材。打开"素材文件\第20章\案例04\冰雪背景.jpg"文件，将其拖动到当前图像中，调整大小，如图 20-116 所示。

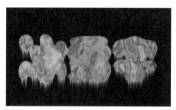

图 20-111

图 20-116

Step⑲ 添加内发光效果。在【图层样式】对话框中，❶ 选中【内发光】复选框，❷ 设置【混合模式】为滤色、发光颜色为蓝色【#50aff1】、【不透明度】为 86%、【阻塞】为 25%、【大小】为 24 像素、【范围】为 50%、【抖动】为 0%，如图 20-112 所示。内发光效果如图 20-113 所示。

Step㉒ 设置图层混合模式。更改图层混合模式为【变亮】，如图 20-117 所示。最终效果如图 20-118 所示。

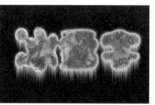

图 20-112　　　　　　　　　图 20-113

图 20-117　　　　　　　　　图 20-118

Step⑳ 设置图层混合模式和不透明度。设置图层混合模式为【叠加】、【不透明度】为 80%，如图 20-114 所示。图像效果如图 20-115 所示。

Step㉓ 添加小元素点缀画面，完成图像效果制作。打开"素材文件\第20章\案例04\雪人.jpg"文件，选中主体对象，如图 20-119 所示。将其复制粘贴到当前图像中，调整大小和位置，如图 20-120 所示。

图 20-119　　　　　　　　　图 20-120

## 20.2　图像特效制作

　　图像特效能让原本平淡的画面呈现出特殊的立体效果，表现出强烈的视觉冲击力和吸引力，给人留下更深刻的印象。图像特效与艺术字一样，可应用于诸多的设计领域。在任何设计中都可以运用特效制作，将素材和图像特效相结合，从而为设计添加意想不到的艺术效果。下面通过几个具体案例来介绍图像特效制作的方法。

### 案例 05：制作万花筒特效

| 素材文件 | 素材文件 \ 第 20 章 \ 案例 05\ 人物 .jpg |
|---|---|
| 结果文件 | 结果文件 \ 第 20 章 \ 人物 .psd，万花筒 .psd，万花筒 - 终 .psd |

　　万花筒是一种光学玩具，只要往筒里看就会出现美丽的花纹图案，而将它稍微转一下又会出现另一种花纹图案。万花筒的原理在于光的反射，将有鲜艳颜色的实物放于圆筒的一端，圆筒中间放置三棱镜，转动万花筒时，随着三棱镜角度的变化就可以看到不断变换的图案。本例通过图层操作和图像变换（包括旋转、对称变换），模拟万花筒的成像原理，制作万花筒特效，最终效果对比如图 20-121 所示。

原图

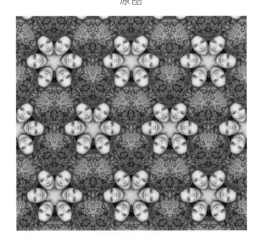

万花筒特效

图 20-121

**Step 01** 打开素材文件，裁剪图像。打开"素材文件 \ 第

20 章 \ 案例 05\ 人物 .jpg"文件，选择【裁剪工具】，在图像中拖动鼠标，裁剪局部图像，如图 20-122 所示。

图 20-122

**Step 02** 记录图像大小参数。按【Enter】键确认裁剪后，效果如图 20-123 所示。执行【图像】→【图像大小】命令，在【图像大小】对话框中记录参数值，如图 20-124 所示。

图 20-123　　　　　　图 20-124

**Step 03** 新建文档。执行【文件】→【新建】命令，在【新建】对话框中，❶ 设置前面记录的参数值（【宽度】和【高度】为 572 像素，【分辨率】为 96 像素 / 英寸），【背景内容】设置为透明，❷ 单击【确定】按钮，如图 20-125 所示。效果如图 20-126 所示。

图 20-125　　　　　　图 20-126

**Step 04** 复制图层。返回人物图像中，右击图层，在打开

的快捷菜单中，选择【复制图层】命令，如图 20-127 所示。

Step**05** 设置复制目标。在【复制图层】对话框中，❶ 设置【文档】为【未标题 -1】，❷ 单击【确定】按钮，如图 20-128 所示。

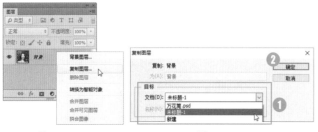

图 20-127　　　　　图 20-128

Step**06** 旋转画布。切换到【未标题 -1】文件中，执行【图像】→【图像旋转】→【任意角度】命令，在打开的【旋转画布】对话框中，❶ 设置【角度】为 -30 度（逆时针），❷ 单击【确定】按钮，如图 20-129 所示。图像旋转效果如图 20-130 所示。

图 20-129　　　　　图 20-130

Step**07** 创建选区并删除。选择【矩形选框工具】［□］，拖动鼠标创建选区，如图 20-131 所示。按【Delete】键删除选区，如图 20-132 所示。

图 20-131　　　　　图 20-132

Step**08** 旋转画布。按【Ctrl+D】组合键取消选区，再次执行【图像】→【图像旋转】→【任意角度】命令，在打开的【旋转画布】对话框中，❶ 设置【角度】为 60 度（逆时针），❷ 单击【确定】按钮，如图 20-133 所示。图像旋转效果如图 20-134 所示。

图 20-133　　　　　图 20-134

Step**09** 创建选区并删除。拖动【矩形选框工具】［□］创建选区，如图 20-135 所示。按【Delete】键删除选区，如图 20-136 所示。

图 20-135　　　　　图 20-136

Step**10** 裁切图像透明像素。按【Ctrl+D】组合键取消选区，执行【图像】→【裁切】命令，在打开的【裁切】对话框中，❶ 设置【基于】为透明像素，❷ 单击【确定】按钮，如图 20-137 所示。通过前面的操作，裁切图像的透明区域，效果如图 20-138 所示。

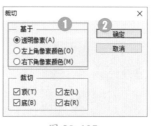 

图 20-137　　　　　图 20-138

Step**11** 保存文档。按【Ctrl+S】组合键，执行【保存】命令，在弹出的【存储为】对话框中，❶ 设置保存路径和文件名，❷ 单击【保存】按钮，如图 20-139 所示。

Step**12** 记录图像大小参数。执行【图像】→【图像大小】命令，在【图像大小】对话框中，记录参数值，如图 20-140 所示。

图 20-139　　　　　　　　图 20-140

Step⑬ 新建文档。执行【文件】→【新建】命令，在【新建】对话框中，设置【宽度】和【高度】为前面记录参数值的 2 倍（【宽度】为 984 像素、【高度】为 1138 像素、【分辨率】为 96 像素 / 英寸），【背景内容】设置为透明，单击【确定】按钮，如图 20-141 所示。

Step⑭ 复制图层。返回前面制作的三角形图像中，右击【背景】图层，在打开的快捷菜单中，选择【复制图层】命令，如图 20-142 所示。

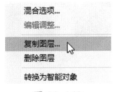

图 20-141　　　　　　　　图 20-142

Step⑮ 设置复制图层目标文档。在【复制图层】对话框中，❶ 设置【文档】为【未标题-1】，❷ 单击【确定】按钮，如图 20-143 所示。

Step⑯ 查看复制效果。切换回【未标题-1】文件中，图像效果如图 20-144 所示。

图 20-143　　　　　　　　图 20-144

Step⑰ 复制图层，移动变换中心。按【Ctrl+J】组合键复制图层，命名为【右上】，如图 20-145 所示。按【Ctrl+T】组合键，执行自由变换操作，移动变换中心

点到右中部，如图 20-146 所示。

图 20-145　　　　　　　　图 20-146

Step⑱ 水平翻转图像。执行【编辑】→【变换】→【水平翻转】命令，效果如图 20-147 所示。

Step⑲ 复制图层。按【Ctrl+J】组合键复制图层，命名为【右中】，如图 20-148 所示。

图 20-147　　　　　　　　图 20-148

Step⑳ 移动变换中心点。按【Ctrl+T】组合键，执行自由变换操作，移动变换中心点到左下部，如图 20-149 所示。

Step㉑ 设置旋转角度，旋转图像。在选项栏中，设置【旋转角度】为 60 度，如图 20-150 所示。

图 20-149　　　　　　　　图 20-150

Step㉒ 复制图层。按【Ctrl+J】组合键复制图层，命名为【左中】，如图 20-151 所示。

Step㉓ 移动变换中心点。按【Ctrl+T】组合键，执行自由变换操作，移动变换中心点到左中部，如图 20-152 所示。

图 20-151

图 20-152

**Step 24** 水平翻转图像，复制图层。执行【编辑】→【变换】→【水平翻转】命令，效果如图 20-153 所示。按【Ctrl+J】组合键复制图层，命名为【左下】，如图 20-154 所示。

图 20-153

图 20-154

**Step 25** 移动变换中心点。按【Ctrl+T】组合键，执行自由变换操作，移动变换中心点到左中部，如图 20-155 所示。

**Step 26** 设置旋转角度，旋转图像。在选项栏中，设置【旋转角度】为 -60 度，如图 20-156 所示。

图 20-155

图 20-156

**Step 27** 复制图层。按【Ctrl+J】组合键复制图层，命名为【右下】，如图 20-157 所示。

**Step 28** 移动变换中心点。移动变换中心点至图像中部，如图 20-158 所示。

图 20-157

图 20-158

**Step 29** 水平翻转图像。执行【编辑】→【变换】→【水平翻转】命令，效果如图 20-159 所示。

**Step 30** 保存图像。按【Ctrl+S】组合键，执行【保存】命令，在弹出的【存储为】对话框中，❶ 设置保存路径和文件名，❷ 单击【保存】按钮，如图 20-160 所示。

图 20-159

图 20-160

**Step 31** 合并复制图像，并记录图像大小参数。按【Ctrl+A】组合键全选图像，再按【Shift+Ctrl+C】组合键合并复制图像，执行【图像】→【图像大小】命令，在【图像大小】对话框中记录参数值，如图 20-161 所示。

**Step 32** 新建文档。执行【文件】→【新建】命令，在【新建】对话框中，❶ 设置【宽度】和【高度】为前面记录参数值的 3 倍（【宽度】为 2952 像素、【高度】为 3414 像素、【分辨率】为 96 像素/英寸），【背景内容】设置为透明，❷ 单击【确定】按钮，如图 20-162 所示。

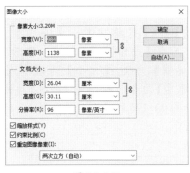

图 20-161

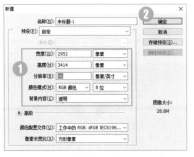

图 20-162

**Step33** 粘贴图像。执行【编辑】→【选择性粘贴】→【原位粘贴】命令，效果如图 20-163 所示。

**Step34** 启用智能参考线，复制图层。执行【视图】→【对齐】命令，启用智能参考线，按住【Alt】键，拖动复制图层，如图 20-164 所示。

图 20-163

图 20-164

**Step35** 继续复制图层。继续按住【Alt】键，拖动复制图层，如图 20-165 所示。同时选中 3 个图层，如图 20-166 所示。

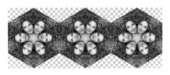

图 20-165

图 20-166

**Step36** 同时复制 3 个图层。按住【Alt】键，向下方拖动复制图层，如图 20-167 所示。

**Step37** 复制图层，铺满整个图像。使用相同的方法，继续复制图层，直到铺满整个图像，完成万花筒效果制作，如图 20-168 所示。

图 20-167

图 20-168

## 案例 06： 制作魅惑人物特效

| 素材文件 | 素材文件 \ 第 20 章 \ 案例 06\ 魅惑 .jpg |
|---|---|
| 结果文件 | 结果文件 \ 第 20 章 \ 魅惑人物 .psd |

魅惑人物是带有神秘色彩的图像特效。本例首先通过【渐变工具】结合图层混合模式打造图像的魅惑色调，然后通过【凸出】滤镜制作神秘的背景效果，最后通过【动感模糊】和【高斯模糊】滤镜渲染出动感朦胧的氛围，最终图像效果对比如图 20-169 所示。

原图

魅惑特效

图 20-169

**Step01** 打开素材文件，新建图层。打开"素材文件 \ 第 20 章 \ 案例 06\ 魅惑 .jpg"文件，如图 20-170 所示。新建【图层 1】图层，如图 20-171 所示。

图 20-170

图 20-171

**Step02** 设置渐变参数。选择【渐变工具】 ▇ ，在选项栏中，❶ 单击渐变色条右侧的下拉按钮 ▾，❷ 在打开的下拉列表框中，选择【色谱】渐变，❸ 单击【角度渐变】按钮 ▇ ，如图 20-172 所示。

**Step03** 创建渐变填充效果。从中部向右下方拖动鼠标，填充渐变色，如图 20-173 所示。

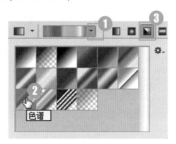

图 20-172

图 20-173

**Step04** 更改图层混合模式。更改图层混合模式为【叠加】，如图 20-174

所示。效果如图 20-175 所示。

图 20-174

图 20-175

**Step05** 添加动感模糊滤镜效果。执行【滤镜】→【模糊】→【动感模糊】命令，在【动感模糊】对话框中，❶ 设置【角度】为 47 度、【距离】为 400 像素，❷ 单击【确定】按钮，如图 20-176 所示。效果如图 20-177 所示。

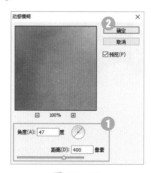

图 20-176

图 20-177

**Step06** 添加凸出滤镜效果。执行【滤镜】→【风格化】→【凸出】命令，在【凸出】对话框中，❶ 设置【类型】为块、【大小】为 40 像素、【深度】为 40，❷ 单击【确定】按钮，如图 20-178 所示。效果如图 20-179 所示。

图 20-178

图 20-179

**Step07** 复制【背景】图层。按【Ctrl+J】组合键复制【背景】图层，如图 20-180 所示，将其移动到面板最上方，如图 20-181 所示。

图 20-180　　　　图 20-181

**Step08** 添加动感模糊滤镜效果。执行【滤镜】→【模糊】→【动感模糊】命令，在【动感模糊】对话框中，❶ 设置【角度】为 47 度、【距离】为 150 像素，❷ 单击【确定】按钮，如图 20-182 所示。效果如图 20-183 所示。

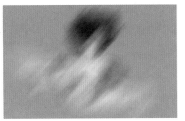

图 20-182　　　　　　图 20-183

**Step 09** 添加马赛克效果。执行【滤镜】→【像素化】→【马赛克】命令，在【马赛克】对话框中，❶ 设置【单元格大小】为 50 方形，❷ 单击【确定】按钮，如图 20-184 所示。效果如图 20-185 所示。

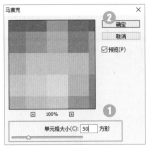

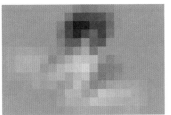

图 20-184　　　　　　图 20-185

**Step 10** 添加墨水轮廓效果。执行【滤镜】→【画笔描边】→【墨水轮廓】命令，在打开的对话框中，❶ 设置【描边长度】为 4、【深色强度】为 10、【光照强度】为 10，❷ 单击【确定】按钮，如图 20-186 所示。

图 20-186

**Step 11** 用图层蒙版涂抹出人物。为图层添加图层蒙版，使用黑色【画笔工具】 在人物位置涂抹，显示出人物，如图 20-187 所示。

图 20-187

**Step 12** 设置图层混合模式。更改图层混合模式为【线性加深】，如图 20-188 所示。图像效果如图 20-189 所示。

图 20-188　　　　　　图 20-189

**Step 13** 盖印图层，添加高斯模糊滤镜效果。按【Alt+Shift+Ctrl+E】组合键，盖印图层，如图 20-190 所示。执行【滤镜】→【模糊】→【高斯模糊】命令，在打开的【高斯模糊】对话框中，❶ 设置【半径】为 5 像素，❷ 单击【确定】按钮，如图 20-191 所示。

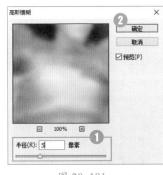

图 20-190　　　　　　图 20-191

**Step 14** 设置图层混合模式，完成图像效果制作。更改图层混合模式为【柔光】，如图 20-192 所示。最终效果如图 20-193 所示。

图 20-192　　　　　　图 20-193

## 案例 07：合成虎豹脸

| 素材文件 | 素材文件 \ 第 20 章 \ 案例 07\ 男士 .jpg，虎 .jpg，豹 .jpg |
|---|---|
| 结果文件 | 结果文件 \ 第 20 章 \ 置换 .psd、虎豹脸 .psd |

本案例合成虎豹脸，生动有趣。首先结合【磁性套索工具】和【调整边缘】命令得到精致的脸部轮廓；然后通过【置换】滤镜使豹脸与人物脸部贴合，并结合图层蒙版融合图像，得到自然的图像效果；最后利用【色阶】和【色相 / 饱和度】命令调整图层，统一图像亮度和色调，最终效果对比如图 20-194 所示。

原图　　　　　　　　虎豹脸

图 20-194

**Step 01** 打开素材文件。打开"素材文件 \ 第 20 章 \ 案例 07\ 男士 .jpg"文件，如图 20-195 所示。

图 20-195

**Step 02** 选中人物脸部区域。沿着人物面部拖动【磁性套索工具】，如图 20-196 所示。释放鼠标后，选中人物脸部区域，效果如图 20-197 所示。

图 20-196　　　　　　　图 20-197

**Step 03** 调整选区边缘。执行【选择】→【调整边缘】命令，或者单击选项栏中的【调整边缘】按钮，打开【调整边缘】对话框，❶ 设置【视图】为白底，选中【智能半径】复选框，设置【半径】为 4 像素，设置【平滑】为 7、【羽化】为 2.5 像素，设置【输出到】为选区，❷ 单击【确定】按钮，如图 20-198 所示，得到细调后的选区，效果如图 20-199 所示。

图 20-198　　　　　　　图 20-199

**Step 04** 存储选区。执行【选择】→【存储选区】命令，在【存储选区】对话框中，❶ 设置【名称】为脸，❷ 单击【确定】按钮，如图 20-200 所示。

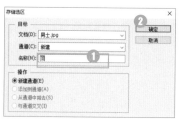

图 20-200

Step 05 复制图层。执行【图层】→【复制图层】命令，在【复制图层】对话框中，❶ 设置【文档】为新建、【名称】为置换，❷ 单击【确定】按钮，如图 20-201 所示。

Step 06 新建置换文档。通过前面的操作，在窗口中新建【置换】文档，如图 20-202 所示。

图 20-201　　　　　　　　图 20-202

Step 07 添加高斯模糊滤镜效果。执行【滤镜】→【模糊】→【高斯模糊】命令，在【高斯模糊】对话框中，❶ 设置【半径】为 5 像素，❷ 单击【确定】按钮，如图 20-203 所示。图像效果如图 20-204 所示。

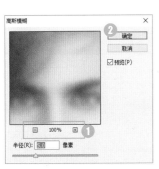

图 20-203　　　　　　　　图 20-204

Step 08 保存【置换】文档。按【Ctrl+S】组合键，保存为"置换 .psd"文件，如图 20-205 所示。

Step 09 打开素材文件。打开"素材文件 \ 第 20 章 \ 案例 07\ 豹 .jpg"文件，如图 20-206 所示。

图 20-205　　　　　　　　图 20-206

Step 10 选中动物脸部区域。使用【套索工具】在豹的脸部拖动，如图 20-207 所示。释放鼠标后，生成脸部选区，如图 20-208 所示。

图 20-207　　　　　　　　图 20-208

Step 11 调整选区边缘。执行【选择】→【调整边缘】命令，或者单击选项栏中的【调整边缘】按钮，打开【调整边缘】对话框，❶ 设置【视图】为白底，选中【智能半径】复选框，设置【半径】为 50 像素、【羽化】为 8 像素，设置【输出到】为新建图层，❷ 单击【确定】按钮，如图 20-209 所示。得到细调后的选区，效果如图 20-210 所示。

图 20-209　　　　　　　　图 20-210

Step 12 重命名图层。选中新图层并重命名为【豹】，如图 20-211 所示。

图 20-211

Step⑬ 拖动豹脸到人物文件中。将豹脸图像拖动到人物文件中，如图 20-212 所示。按【Ctrl+T】组合键，执行自由变换操作，适当缩小豹脸图像，如图 20-213 所示。

图 20-212　　　　　　　　图 20-213

Step⑭ 设置图层不透明度。更改【豹】图层【不透明度】为 50%，如图 20-214 所示。图像效果如图 20-215 所示。

图 20-214　　　　　　　　图 20-215

Step⑮ 将豹的面部与人物脸部重合。按【Ctrl+T】组合键，执行自由变换操作，调整大小，将豹的面部与人物脸部重合，如图 20-216 所示。执行【编辑】→【变换】→【变形】命令，拖动节点调整豹的面部轮廓，如图 20-217 所示。

图 20-216　　　　　　　　图 20-217

Step⑯ 复制【豹】图层，隐藏图层。将【豹】图层拖动到【创建新图层】按钮 上，释放鼠标后，生成复制图层【豹 副本】，如图 20-218 所示。更改【豹 副本】图层【不透明度】为 100%，隐藏下方图层，如图 20-219 所示。

图 20-218　　　　　　　　图 20-219

Step⑰ 置换图像。执行【滤镜】→【扭曲】→【置换】命令，在【置换】对话框中，❶ 设置【水平比例】和【垂直比例】均为 5，选中【伸展以适合】和【重复边缘像素】单选按钮，❷ 单击【确定】按钮，如图 20-220 所示。

Step⑱ 选择置换图像。在【选取一个置换图】对话框中，❶ 选择【置换 .psd】文件，❷ 单击【打开】按钮，如图 20-221 所示。

图 20-220　　　　　　　　图 20-221

Step⑲ 载入通道选区。通过前面的操作完成图像置换，在【通道】面板中，按住【Ctrl】键，选择【脸】通道，如图 20-222 所示。载入通道选区，如图 20-223 所示。

图 20-222　　　　　　　　图 20-223

Step20 添加图层蒙版。在【图层】面板中，单击【添加图层蒙版】按钮 ，如图20-224所示。图像效果如图20-225所示。

图 20-224　　　　图 20-225

Step21 设置画笔参数。设置前景色为黑色，选择【画笔工具】，在画笔选取器中，设置【大小】为30像素、【硬度】为0%，如图20-226所示。

Step22 涂抹出人物眼睛。在人物的眼睛位置涂抹，显示出眼睛，如图20-227所示。

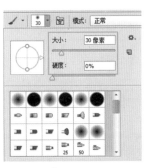

图 20-226　　　　图 20-227

Step23 调整图层顺序。选择【豹】图层，如图20-228所示。将其移动到面板最上方，单击图层前面【显示/隐藏图层】按钮，显示【豹】图层，设置【豹】图层【不透明度】为100%，如图20-229所示。

图 20-228　　　　图 20-229

Step24 添加图层蒙版并反向蒙版。选择【豹】图层，添加图层蒙版，如图20-230所示。按【Ctrl+I】组合键反向蒙版，如图20-231所示。

图 20-230　　　　图 20-231

Step25 调整脸部边缘效果。使用白色【画笔工具】在人物脸部边缘涂抹，使脸部更加饱满，如图20-232所示。

图 20-232

Step26 设置图层混合模式。更改【豹 副本】图层混合模式为【颜色加深】，如图20-233所示。图像效果如图20-234所示。

图 20-233　　　　图 20-234

Step27 打开素材文件，选中虎嘴。打开"素材文件\第20章\案例07\虎.jpg"文件，使用【矩形选框工具】选中虎嘴图像，如图20-235所示。

**Step28** 复制虎嘴图像到当前文件中。复制虎嘴图像将其粘贴到当前文件中，调整其大小和位置，如图 20-236 所示。

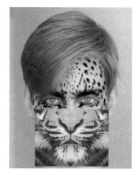

图 20-235　　　　　　图 20-236

**Step29** 添加图层蒙版，盖印图层。添加图层蒙版，使用黑色【画笔工具】修改蒙版，如图 20-237 所示。按【Alt+Shift+Ctrl+E】组合键盖印图层，如图 20-238 所示。

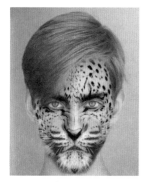

图 20-237　　　　　　图 20-238

**Step30** 提亮图像。执行【图层】→【新建调整图层】→【色阶】命令，新建【色阶】调整图层，在【属性】面板中向左拖动白场滑块，如图 20-239 所示。提亮图像，效果如图 20-240 所示。

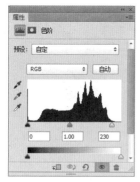

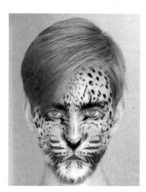

图 20-239　　　　　　图 20-240

**Step31** 调整图像色调。执行【图层】→【新建调整图层】→【色相/饱和度】命令，添加【色相/饱和度】调整图层，选择【黄色】选项，设置【饱和度】为 +20，如图 20-241 所示。选择【青色】选项，设置【色相】为 +20、【饱和度】为 +16，如图 20-242 所示。

图 20-241　　　　　　图 20-242

**Step32** 修改图层蒙版，调整图像效果。选中【色相/饱和度】调整图层的图层蒙版，使用【黑色柔角画笔】在图像过度饱和的区域进行涂抹，如图 20-243 所示。图像最终效果如图 20-244 所示。

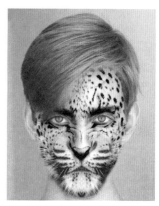

图 20-243　　　　　　图 20-244

## 本章小结

　　本章主要介绍了艺术文字和特效图像的制作。在 Photoshop CS6 中，各种字体效果大都可通过图层样式和色彩调整制作出来，而运用图层、通道、蒙版、图层混合模式等功能则可以制作出千变万化的图像特效。只要读者充分理解 Photoshop CS6 中的各种命令，并结合自己的想象力，就可以制作出许多"脑洞大开"的图像作品。

# 第21章 数码照片后期处理

- ➡ 去除照片中的杂乱景物
- ➡ 修复破损的旧照片
- ➡ 消除照片暗角
- ➡ 快速给照片降噪
- ➡ 使模糊的照片变清晰
- ➡ 制作金色沙漠效果
- ➡ 校正逆光照片
- ➡ 制作炫影色调的照片

- ➡ 为黑白照片上色
- ➡ 去除人物脸部皱纹
- ➡ 去除黑痣和痘痘
- ➡ 去除大片雀斑
- ➡ 人物彩妆速成
- ➡ 修出 S 形曲线身段
- ➡ 美白牙齿
- ➡ 修整骆驼鼻

数码照片后期处理是 Photoshop 中一个极为重要的应用领域，它不仅可以修复照片问题，还可以改造平淡的照片，使其更加富有意境。本章主要对数码照片进行艺术化处理，相信通过对本章内容的学习，读者能快速掌握数码照片后期处理的技巧与方法。

## 21.1 数码照片画面修饰与修复

在日常拍摄照片的过程中，常常因受到一些客观条件的限制，使一些杂乱的景物进入画面，从而影响画面构图；或者由于拍摄技术的限制，导致拍摄的照片有暗角或有明显的噪点，从而影响照片的效果。下面通过几个案例来介绍数码照片画面修饰与修复的技巧。

### 案例08：去除照片中的杂乱景物

| 素材文件 | 素材文件 \ 第 21 章 \ 案例 08\ 自行车 .jpg |
| --- | --- |
| 结果文件 | 结果文件 \ 第 21 章 \ 自行车 .psd |

在拍摄照片时，有时为了构图的需要不得不将一些不必要的元素纳入画面中，使得画面变得杂乱。这时可以利用 Photoshop CS6 中的相关工具去除画面中不必要的元素，使画面变得简洁。照片处理前后对比效果如图 21-1 所示。

处理前效果

处理后效果

图 21-1

**Step 01** 复制【背景】图层。打开"素材文件 \ 第 21 章 \ 案例 08\ 自行车 .jpg"文件，如图 21-2 所示。按【Ctrl+J】组合键复制图层，得到【图层 1】图层，如图 21-3 所示。

图 21-2

图 21-3

**Step02** 创建选区。选择【修补工具】 ，在选项栏中设置【修补】为内容识别，如图 21-4 所示。在画面中多余物体的区域创建选区，如图 21-5 所示。

| 修补：| 内容识别 ÷ |

图 21-4　　　　　　　图 21-5

**Step03** 修复画面。将选区中的杂乱景物拖动到照片中的路面干净区域，修复画面，如图 21-6 所示。按【Ctrl+D】组合键取消选区，修复画面效果如图 21-7 所示。

图 21-6　　　　　　　图 21-7

**Step04** 继续修复画面。使用相同的方法，在画面中多余物体的区域创建选区，如图 21-8 所示。将选区拖动到照片中的海面区域，修复画面，按【Ctrl+D】组合键取消选区，画面修复效果如图 21-9 所示。

图 21-8　　　　　　　图 21-9

**Step05** 新建图层，取样修复。单击【图层】面板底部的【新建图层】按钮 新建图层，选择【仿制图章工具】，在选项栏中设置【流量】为 100%、【样本】为当前和下方图层，按住【Alt】键并单击，在需要修复的图像周围取样，如图 21-10 所示。取样后在修复画面处涂抹以修复画面，如图 21-11 所示。

图 21-10　　　　　　　图 21-11

**Step06** 取样海水区域。地面修复效果如图 21-12 所示。此时发现海水区域有一部分与周围画面差异很大，选择【仿制图章工具】，按住【Alt】键在海水区域取样，如图 21-13 所示。

图 21-12　　　　　　　图 21-13

**Step07** 修复海水区域。在与周围图像差异大的海水区域进行涂抹，修复画面，如图 21-14 所示。修复效果如图 21-15 所示。

图 21-14

图 21-15

**Step 08** 裁剪照片，二次构图。由于去除了照片中的杂乱景物，照片左侧显得较空，失去了平衡感，可以使用工具箱中的【裁剪工具】 ，创建裁剪范围，如图 21-16 所示。按【Enter】键确认裁剪，最终图像效果如图 21-17 所示。

图 21-16

图 21-17

## 案例 09：修复破损的旧照片

| 素材文件 | 素材文件 \ 第 21 章 \ 案例 09 \ 老照片 .jpg |
|---|---|
| 结果文件 | 结果文件 \ 第 21 章 \ 老照片 .psd |

　　由于长时间的存放，照片可能因为空气氧化出现裂缝或霉点，从而破坏了照片的美感，如果想将照片恢复到最初拍摄时的状态，可以使用 Photoshop CS6 中的相关修复工具修复破损的旧照片。照片修复前后对比如图 21-18 所示。

修复前效果

修复后效果

图 21-18

**Step 01** 打开素材文件。打开"素材文件 \ 第 21 章 \ 案例 09 \ 老照片 .jpg"文件，照片上面有很多污渍，不仅非常碍眼，还影响照片的美观，如图 21-19 所示。

图 21-19

**Step 02** 新建调整图层，提亮图像。照片的整体亮度偏暗，执行【图层】→【新建调整图层】→【色阶】命令，创建【色阶】调整图层，调整色阶参数，提亮图像，如图 21-20 所示。图像效果如图 21-21 所示。

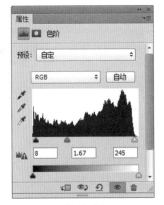

图 21-20

图 21-21

**Step 03** 去除大块污渍。在修复污渍时，首先应该去除大块的污渍，再对小块污渍进行仔细的处理。新建图层，选择【污点修复画笔工具】，在选项栏中选中【对所有图层取样】复选框，在照片中的大块污渍上面进行涂抹将其去除，如图 21-22 所示。效果如图 21-23 所示。

图 21-22

图 21-23

**Step 04** 修复小块污渍。修复完大块污渍后，就需要耐心地修复小块污渍。新建图层，选择【仿制图章工具】，在其选项栏中设置【不透明度】为30%、【样本】为所有图层，在图像中按【Alt】键取样，然后在污渍上面进行涂抹将其修复，如图 21-24 所示。图像效果如图 21-25 所示。

图 21-24

图 21-25

## 案例 10：消除照片暗角

| | |
|---|---|
| 素材文件 | 素材文件 \ 第 21 章 \ 案例 10\ 暗角 .jpg |
| 结果文件 | 结果文件 \ 第 21 章 \ 暗角 .psd |

由于技术的原因，使用数码相机拍摄照片时会出现一定的暗角，在 Photoshop CS6 中可以轻松解决这个问题。在本例中主要运用【镜头校正】滤镜校正画面晕影暗角，添加【色阶】调整图层对画面亮度进行调整，最后使用【污点修复画笔工具】继续修复没有完全消失的暗角，使照片的晕影暗角处完全消失不见。效果对比如图 21-26 所示。

修复前效果

修复后效果

图 21-26

**Step 01** 打开素材文件，复制图层。打开"素材文件 \ 第 21 章 \ 案例 10\ 暗角 .jpg"文件，如图 21-27 所示。按【Ctrl+J】组合键复制图层，得到【图层 1】图层，如图 21-28 所示。

图 21-27

图 21-28

**Step 02** 执行【镜头校正】命令。执行【滤镜】→【镜头校正】命令，弹出【镜头校正】对话框，选择【自定】选项卡，在【晕影】选项区域中设置【数量】为 +48、【中点】为 +42，如图 21-29 所示。单击【确定】按钮，效果如图 21-30 所示。

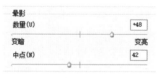

图 21-29

图 21-30

Step 03 压暗图像。单击【调整】面板中的【色阶】按钮，创建【色阶1】调整图层，在【属性】面板设置参数压暗图像，如图 21-31 所示。图像压暗后，灰蒙蒙的照片变得清晰、层次分明，效果如图 21-32 所示。

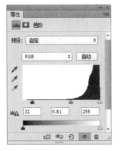

图 21-31

图 21-32

Step 04 修复暗角，完成效果制作。新建图层，选择【污点修复画笔工具】，在选项栏中选中【对所有图层取样】复选框，在画面暗角区域进行涂抹。修复没有完全消失的暗角，如图 21-33 所示。最终图像效果如图 21-34 所示。

图 21-33

图 21-34

## 案例 11：快速给照片降噪

| 素材文件 | 素材文件 \ 第 21 章 \ 案例 11\ 夜景 .jpg |
|---|---|
| 结果文件 | 结果文件 \ 第 21 章 \ 夜景 .psd |

在黄昏、夜晚等低光照环境下拍摄照片，或者拍摄照片时使用了高 ISO，照片都会出现噪点。尽管现在数码相机的控噪能力越来越强，但是噪点和杂色始终是无法完全避免的。下面介绍如何处理照片的噪点问题，图像效果对比如图 21-35 所示。

处理噪点前效果

处理噪点后效果

图 21-35

Step 01 打开素材文件，复制图层。打开"素材文件 \ 第 21 章 \ 案例 11\ 夜景 .jpg"文件，按【Ctrl+J】组合键复制图层，如图 21-36 所示。

图 21-36

Step 02 模糊图像。执行【滤镜】→【模糊】→【高斯模糊】命令，在【高斯模糊】对话框中设置【半径】为 4 像素，单击【确定】按钮，如图 21-37 所示。

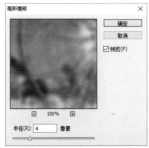

图 21-37

Step03 利用图层蒙版涂抹出图像。选中图层，单击【图层】面板底部的【添加图层蒙版】按钮，添加图层蒙版。使用黑色柔角画笔，在选项栏中设置【流量】为30%、【不透明度】为80%，涂抹出图像，模糊图像背景，如图 21-38 所示。

Step04 创建【色阶】调整图层。单击【调整】面板中的【色阶】按钮，创建【色阶 1】调整图层，设置参数增加图像对比度，如图 21-39 所示。效果如图 21-40 所示。

图 21-38

图 21-39　　　　　图 21-40

## 21.2　数码照片光影与色调调整

摄影是光与影的艺术。光影是一张好照片不可或缺的重要元素。在摄影过程中，摄影师可以利用对光影的把控拍摄出优美的画面。如果在拍摄前期没有掌握好光线，那么在图片后期可以通过对光与影的调配制作出美观的图片，甚至可以为图片带来画龙点睛之效。下面介绍 Photoshop CS6 中数码照片光影与色调的调整方法。

### 案例 12：使模糊的照片变清晰

| 素材文件 | 素材文件 \ 第 21 章 \ 案例 12\ 车 .jpg |
| --- | --- |
| 结果文件 | 结果文件 \ 第 21 章 \ 车 .psd |

照片模糊的原因有很多种。一种可能是前期拍摄时对焦不准而导致的照片模糊，但在这种情况下，再强大的后期也无能为力；另一种可能是由于环境或曝光等多方面的因素使照片的色彩集中于直方图的中间范围，导致缺少高光和阴影信息，从而使照片呈现出灰蒙蒙、不清晰的特点，在这种情况下，可以利用 Photoshop CS6 调配照片的光影使模糊的照片变清晰。两种效果对比如图 21-41 所示。

对焦不准

环境或曝光等因素导致

图 21-41

Step01 打开素材文件。打开"素材文件 \ 第 21 章 \ 案例 12\ 车 .jpg"文件，如图 21-42 所示。

图 21-42

Step02 复制图层，设置图层混合模式。按【Ctrl+J】组合键复制图层，得到【图层 1】图层，设置图层混合模式为滤色，如图 21-43 所示。效果如图 21-44 所示。

图 21-43

图 21-44

图 21-49　　　　　　　图 21-50

**Step03** 新建【色阶】调整图层。单击【调整】面板中的【色阶】按钮,新建【色阶 1】调整图层,在【属性】面板中设置参数,调整图像的明暗增加对比度,如图 21-45 所示。效果如图 21-46 所示。

图 21-45　　　　　　　图 21-46

**Step06** 盖印图层。按【Ctrl+Alt+Shift+E】组合键盖印图层,得到【图层 2】图层,如图 21-51 所示。

**Step07** 提亮图像暗部。选择【图层 2】图层,执行【图像】→【调整】→【阴影 / 高光】命令,在【阴影 / 高光】对话框中设置【阴影】的【数量】为 70%,如图 21-52 所示。

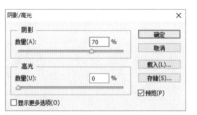

图 21-51　　　　　　　图 21-52

**Step04** 新建【色相 / 饱和度】调整图层。单击【调整】面板中的【色相 / 饱和度】按钮,新建【色相 / 饱和度 1】调整图层,在【属性】面板中选择【黄色】选项,设置【饱和度】为 +40,调整画面中车和草地的饱和度,如图 21-47 所示。选择【蓝色】选项,设置【色相】为 -16、【饱和度】为 +10,调整天空的色调,如图 21-48 所示。

**Step08** 提亮图像高光部分。单击【调整】面板中的【曲线】按钮,创建【曲线 1】调整图层,向上拖动曲线,提亮图像高光部分,如图 21-53 所示。效果如图 21-54 所示。

图 21-47　　　　　　　图 21-48

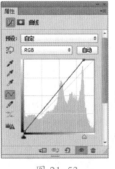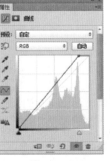

图 21-53　　　　　　　图 21-54

**Step05** 继续调整天空色调。选择【青色】选项,设置【色相】为 -10、【饱和度】为 +19,如图 21-49 所示。效果如图 21-50 所示。

**Step09** 利用图层蒙版,恢复部分图像,完成图像的调整。使用黑色【柔角画笔工具】,设置【流量】为 20%,在【曲线】调整图层的蒙版上涂抹画面中过曝的天空区域,如图 21-55 所示。最终图像效果如图 21-56 所示。

图 21-55

图 21-56

## 案例 13：制作金色沙漠效果

| 素材文件 | 素材文件 \ 第 21 章 \ 案例 13\ 沙漠 .jpg |
|---|---|
| 结果文件 | 结果文件 \ 第 21 章 \ 沙漠 .psd |

在沙漠等环境拍摄时，可能因为天气的影响无法拍摄出金碧辉煌的沙漠风光。在图片进行后期制作时，利用 Photoshop CS6 能够调整出浪漫金色的沙漠效果。图像效果对比如图 21-57 所示。

调整前

调整后

图 21-57

Step01 打开素材文件。打开"素材文件 \ 第 21 章 \ 案例

13\ 沙漠 .jpg"，如图 21-58 所示。

图 21-58

Step02 调整图像明暗，增加图像对比度。单击【调整】面板中的【色阶】按钮，创建【色阶 1】调整图层，在【属性】面板中设置参数，增加图像对比度，如图 21-59 所示。效果如图 21-60 所示。

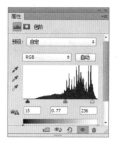

图 21-59      图 21-60

Step03 增加图像饱和度。单击【调整】面板中的【色相/饱和度】按钮，创建【色相/饱和度 1】调整图层，在【属性】面板中设置【明度】为 -12、【饱和度】为 +30，如图 21-61 所示。效果如图 21-62 所示。

图 21-61      图 21-62

Step04 创建选区。选择【快速选择工具】在天空处单击，拖动鼠标创建选区，选中天空区域，如图 21-63 所示。

Step05 调整天空色调。单击【调整】面板中的【色彩平衡】按钮，创建【色彩平衡 1】调整图层，在【属性】面板中，选择【中间调】选项，设置参数为"-18，+26，+60"，如图 21-64 所示。

图 21-63

图 21-64

**Step 06** 完成图像效果制作。天空色调调整完成后，最终图像效果如图 21-65 所示。

图 21-65

## 案例 14：校正逆光照片

| 素材文件 | 素材文件 \ 第 21 章 \ 案例 14\ 长颈鹿 .jpg |
|---|---|
| 结果文件 | 结果文件 \ 第 21 章 \ 长颈鹿 .psd |

　　由于在逆光下拍摄的照片不能进行准确的曝光，图像会明显的偏暗。在 Photoshop CS6 中通过调整暗部的色调，就可以校正逆光照片。图像效果对比如图 21-66 所示。

校正前效果

校正后效果

图 21-66

**Step 01** 打开素材文件。打开"素材文件 \ 第 21 章 \ 案例 14\ 长颈鹿 .jpg"文件，如图 21-67 所示。

**Step 02** 提亮图像。单击【调整】面板中的【色阶】按钮，创建【色阶 1】调整图层，在【属性】面板中设置参数，如图 21-68 所示。

图 21-67

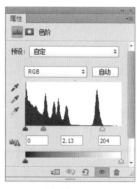
图 21-68

**Step 03** 创建【亮度 / 对比度】调整图层。利用【色阶 1】调整图层提亮图像，效果如图 21-69 所示。单击【调整】面板中的【亮度 / 对比度】按钮，创建【亮度 / 对比度 1】调整图层，如图 21-70 所示。

图 21-69

图 21-70

**Step 04** 增加图像亮度和对比度。在【属性】面板中设置【亮度】为 39、【对比度】为 10，如图 21-71 所示。图像效果如图 21-72 所示。

图 21-71

图 21-72

原图

炫影效果

图 21-75

**Step 05** 调整图像饱和度。单击【调整】面板中的【自然饱和度】按钮，创建【自然饱和度1】调整图层，在【属性】面板中设置【自然饱和度】为+46，如图21-73所示。最终图像效果如图21-74所示。

**Step 01** 打开素材文件。打开"素材文件\第21章\案例15\炫影色调.jpg"文件，如图21-76所示。按【Ctrl+J】组合键复制图层，得到【图层1】图层，如图21-77所示。

图 21-73

图 21-74

图 21-76

图 21-77

## 案例 15：制作炫影色调的照片

| 素材文件 | 素材文件 \ 第 21 章 \ 案例 15\ 炫影色调 .jpg |
|---|---|
| 结果文件 | 结果文件 \ 第 21 章 \ 炫影色调 .psd |

　　在照片进行后期制作时，可以充分发挥自己的想象力，为照片添加奇妙的色彩。本例主要通过【渐变工具】配合图层混合模式制作照片的炫影效果。图像效果对比如图21-75所示。

**Step 02** 设置图层混合模式，提亮图像。设置图层【混合模式】为滤色、【不透明度】为65%，如图21-78所示。效果如图21-79所示。

图 21-78

图 21-79

Step 03 设置渐变参数。单击【图层】面板底部的【新建图层】按钮，新建【图层 2】图层，选择【渐变工具】，单击选项栏中的【点按可编辑】下拉按钮，选择【透明彩虹渐变】选项，渐变方式设置为角度渐变，如图 21-80 所示。

Step 04 绘制渐变效果。选中【图层 2】图层，在照片的左上角绘制渐变，效果如图 21-81 所示。

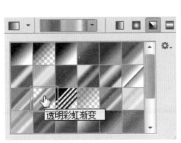 

图 21-80　　　　　　　　图 21-81

Step 05 设置图层混合模式，完成图像效果的制作。设置【图层 2】的图层【混合模式】为滤色、【不透明度】为 80%，如图 21-82 所示。最终效果如图 21-83 所示。

图 21-82　　　　　　　　图 21-83

## 案例 16：为黑白照片上色

| 素材文件 | 素材文件 \ 第 21 章 \ 案例 16\ 上色 .jpg |
|---|---|
| 结果文件 | 结果文件 \ 第 21 章 \ 上色 .psd |

　　本案例首先通过对画面中需要上色的各个区域分别创建选区；然后使用【色相 / 饱和度】调整图层进行上色，在上色过程中，同一色系的区域可使用【画笔工具】修改蒙版进行上色；最后使用【色阶】命令调整整体画

面层次感。图像效果对比如图 21-84 所示。

原图　　　　　　　　上色后效果

图 21-84

Step 01 打开素材文件。打开"素材文件 \ 第 21 章 \ 案例 16\ 上色 .jpg"文件，如图 21-85 所示。

Step 02 创建选区。由于天空和大海都属于一个色系，因此使用【快速选择工具】选中天空和大海区域，创建选区，如图 21-86 所示。

图 21-85　　　　　　　　图 21-86

Step 03 羽化选区。执行【选择】→【修改】→【羽化】命令，在【羽化选区】对话框中设置【羽化半径】为 3 像素，如图 21-87 所示。

图 21-87

Step 04 为天空和大海上色。单击【调整】面板中的【色相 / 饱和度】按钮，创建【色相 / 饱和度 1】调整图层。在【属性】面板中，选中【着色】复选框，设置【色相】为 213、【饱和度】为 55、【明度】为 +8，如图 21-88 所示。天空和大海上色效果如图 21-89 所示。

图 21-88

图 21-89

**Step05** 创建帽子选区。使用【快速选择工具】选中帽子，创建选区，如图 21-90 所示。

图 21-90

**Step06** 羽化选区，为帽子上色。选中【背景】图层，执行【选择】→【修改】→【羽化】命令，在【羽化选区】对话框中设置【羽化半径】为3像素。单击【调整】面板中的【色相/饱和度】按钮，创建【色相/饱和度2】调整图层。在【属性】面板中，选中【着色】复选框，设置【色相】为25、【饱和度】为25，如图 21-91 所示。图像效果如图 21-92 所示。

图 21-91

图 21-92

**Step07** 为腰带、沙滩上色。由于腰带、沙滩的颜色与帽子颜色类似，可以使用修改蒙版的方法为它们上色。选中【色相/饱和度2】调整图层，使用白色【柔角画笔工具】，在选项栏中设置【流量】为25%，在蒙版上腰带和沙滩的区域进行涂抹为腰带和沙滩上色，如图 21-93 所示。图像效果如图 21-94 所示。

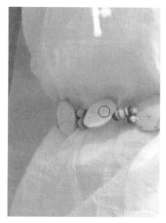

图 21-93　　　　　　　图 21-94

**Step08** 创建皮肤、头发选区。使用【快速选择工具】并结合【套索工具】选中皮肤和头发区域，创建选区，如图 21-95 所示。选中【背景】图层，执行【选择】→【修改】→【羽化】命令，在【羽化选区】对话框中设置【羽化半径】为3像素，如图 21-96 所示。

图 21-95　　　　　　　图 21-96

**Step09** 为皮肤、头发上色。单击【调整】面板中的【色相/饱和度】按钮，创建【色相/饱和度3】调整图层。在【属性】面板中，选中【着色】复选框，设置【色相】为24、【饱和度】为31，如图 21-97 所示。图像效果如图 21-98 所示。

图 21-97

图 21-98

中设置参数，增加画面对比度与层次感，如图 21-99 所示。最终图像效果如图 21-100 所示。

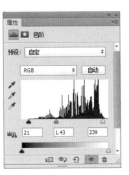

图 21-99

图 21-100

Step10 调整画面整体色调。单击【调色】面板中的【色阶】按钮，创建【色阶 1】调整图层，在【属性】面板

## 21.3 人像照片美容技法

人像修饰是数码照片后期的一个重要部分，能使人像在照片中呈现出更好的状态，留下更靓丽的身影，常用于影楼后期处理、商业摄影、家庭摄影等。下面介绍人像照片后期的处理方法。

### 案例 17：去除人物脸部皱纹

| 素材文件 | 素材文件 \ 第 21 章 \ 案例 17\ 皱纹 .jpg |
| --- | --- |
| 结果文件 | 结果文件 \ 第 21 章 \ 皱纹 .psd |

本案例首先使用【修补工具】去除面部较大的皱纹，其次用【污点修复画笔工具】去除细小皱纹，然后使用【仿制图章工具】均匀肤色，最后细微调整嘴唇、眉毛、眼睛等部分图像即可完成照片的修饰。照片处理前后效果对比如图 21-101 所示。

处理前效果

处理后效果

图 21-101

Step01 打开素材文件，复制图层。打开"素材文件 \ 第 21 章 \ 案例 17\ 皱纹 .jpg"文件，如图 21-102 所示。按【Ctrl+J】组合键复制图层，得到【图层 1】图层，如图 21-103 所示。

图 21-102

图 21-103

Step02 去除面部大皱纹。选择【修补工具】勾选脸部有大皱纹的区域，并将其拖动到面部平滑的区域进行修补，如图 21-104 所示。效果如图 21-105 所示。

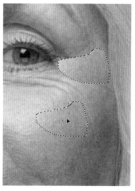

图 21-104

图 21-105

Step03 去除细小皱纹。使用【污点修复画笔工具】在面部有细小皱纹的区域拖动鼠标修复细纹，如图 21-106 所示。效果如图 21-107 所示。

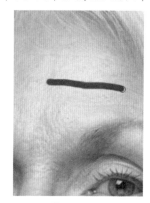

图 21-106

图 21-107

Step04 新建图层，均匀肤色。使用【修补工具】和【污点修复画笔工具】去除皱纹后会发现皮肤颜色不均匀。单击【图层】面板底部的【新建图层】按钮，新建【图层 2】图层。选择【仿制图章工具】，在选项栏中设置【不透明度】为 15%，【取样】为对所有图层取样，然后按住【Alt】键在面部干净皮肤区域取样，并拖动鼠标在面部涂抹，如图 21-108 所示。效果如图 21-109 所示。

图 21-108

图 21-109

Step05 提亮图像。新建【曲线】调整图层，在【属性】面板中向上拖动曲线，提亮图像，如图 21-110 所示。效果如图 21-111 所示。

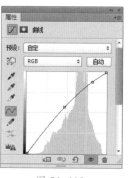

图 21-110

图 21-111

Step06 创建嘴唇选区，调整【色相/饱和度】参数。使用【套索工具】勾选嘴唇区域，创建选区，如图 21-112 所示。新建【色相/饱和度 1】调整图层，在【属性】面板中设置【色相】为 -8、【饱和度】为 +7、【明度】为 +4，如图 21-113 所示。

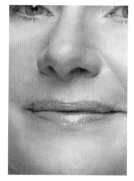

图 21-112

图 21-113

Step07 调整嘴唇颜色。将【色相/饱和度 1】调整图层蒙版填充为黑色，隐藏图像效果，如图 21-114 所示。使用白色【柔角画笔工具】，设置【流量】为 20%，在嘴唇处涂抹显示出蒙版效果，如图 21-115 所示。

图 21-114

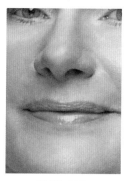

图 21-115

Step⑧ 新建图层，修饰眉毛。新建图层并将其命名为【眉毛】。选择【画笔工具】，按住【Alt】键吸取眉毛颜色，如图 21-116 所示。使用【画笔工具】在眉毛处涂抹，加深眉毛的颜色，如图 21-117 所示。

图 21-116　　　　　图 21-117

Step⑨ 液化眼睛。选中【图层 1】图层，使用【套索工具】勾选眼睛，创建选区，如图 21-118 所示。按【Ctrl+Shift+X】组合键打开【液化】对话框，选择【向前变形工具】调整眼睛形状，如图 21-119 所示。

图 21-118　　　　　图 21-119

Step⑩ 创建背景选区。使用液化滤镜调整眼睛效果，如图 21-120 所示。使用【魔棒工具】单击背景区域，选中背景，创建背景选区，如图 21-121 所示。

图 21-120　　　　　图 21-121

Step⑪ 调整背景颜色，完成图像制作。新建【色相/饱和度 2】调整图层，在【属性】面板中选中【着色】复选框，设置【色相】为 211、【饱和度】为 39、【明度】为 +8，如图 21-122 所示。将【色相/饱和度 2】调整图层蒙版填充为黑色，隐藏图像效果。使用白色【柔角画笔工具】在蒙版上绘制，将背景效果显示出来，最终图像效果如图 21-123 所示。

图 21-122　　　　　图 21-123

## 案例 18：去除黑痣和痘痘

| 素材文件 | 素材文件 \ 第 21 章 \ 案例 18 \ 痘痘 .jpg |
|---|---|
| 结果文件 | 结果文件 \ 第 21 章 \ 痘痘 .psd |

在 Photoshop CS6 中去除黑痣和痘痘的方法很多。例如，使用【修补工具】【污点修复画笔工具】【仿制图章工具】【加深减淡工具】等都可以去除黑痣和痘痘。本例中首先使用【污点修复画笔工具】去除黑痣和痘痘，然后配合【色阶】【曲线】等调整图层调整肤色，即可完成图像制作。图像效果对比如图 21-124 所示。

原图　　　　　　　效果图

图 21-124

Step① 打开素材文件，新建图层。打开"素材文件 \ 第

21 章\案例 18\痘痘 .jpg"文件，如图 21-125 所示。新建【图层 1】图层，如图 21-126 所示。

图 21-125　　　　　　图 21-126

**Step 02** 设置画笔参数。选择【污点修复画笔工具】，在选项栏中设置【模式】为变亮、【类型】为近似匹配，选中【对所有图层取样】复选框，如图 21-127 所示。

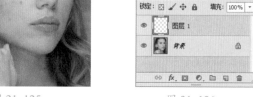

图 21-127

**Step 03** 修复黑痣和痘痘。使用【污点修复画笔工具】在有黑痣和痘痘的区域涂抹，如图 21-128 所示。修复效果如图 21-129 所示。

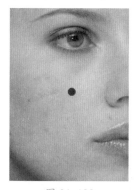

图 21-128　　　　　　图 21-129

**Step 04** 圈选红色肌肤区域，新建【色相/饱和度】调整图层。去除痘痘和黑痣后发现面部肌肤有几处呈现红色，使用【套索工具】勾选红色肌肤区域，如图 21-130 所示。在【图层】面板中新建【色相/饱和度 1】调整图层，如图 21-131 所示。

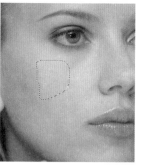

图 21-130　　　　　　图 21-131

**Step 05** 设置色相/饱和度参数，调整红色皮肤颜色。在【属性】面板中设置【色相】为 +2，【饱和度】为 -5、【明度】为 +5，如图 21-132 所示。图像效果如图 21-133 所示。

图 21-132　　　　　　图 21-133

**Step 06** 改善面部红色肌肤颜色。填充【色相/饱和度 1】调整图层蒙版为黑色，隐藏图像效果，如图 21-134 所示。按【B】键切换到【画笔工具】，在选项栏中设置【硬度】为 0%、【流量】为 20%，设置前景色为白色，在【色相/饱和度 1】调整图层蒙版上涂抹红色皮肤区域，显示蒙版效果，改善红色皮肤颜色，图像效果如图 21-135 所示。

图 21-134　　　　　　图 21-135

Step 07 提亮图像。图像整体偏暗，新建【色阶1】调整图层，在【属性】面板中设置参数，如图21-136所示。提亮图像效果如图21-137所示。

图 21-136

图 21-137

Step 08 统一图像色调。新建【曲线1】调整图层，在【属性】面板中选择【RGB】通道，向上拖动曲线，整体提亮图像，再选择【蓝】通道，向上拖动曲线，为图像添加蓝色，同时会减少黄色，使皮肤颜色变得白皙，如图21-138所示。最终图像效果如图21-139所示。

图 21-138

图 21-139

## 案例19：去除大片雀斑

| 素材文件 | 素材文件\第21章\案例19\雀斑.jpg |
|---|---|
| 结果文件 | 结果文件\第21章\雀斑.psd |

如果人物脸部有大块比较聚集的色斑，无论使用【修补工具】还是【污点修复画笔工具】都不好处理图像。面对这种情况，可以使用【高斯模糊】滤镜并结合【画笔工具】对皮肤进行简单的磨皮处理，对色斑进行模糊即可去除脸部大片雀斑。最后根据实际情况调整图像色调，即可完成图像的后期处理。图像效果对比如图21-140所示。

原图　　　　　　　效果图

图 21-140

Step 01 打开素材文件，复制图层。打开"素材文件\第21章\案例19\雀斑.jpg"文件，如图21-141所示。按【Ctrl+J】组合键复制图层，得到【图层1】图层，如图21-142所示。

图 21-141

图 21-142

Step 02 模糊图像。执行【滤镜】→【模糊】→【高斯模糊】命令，在【高斯模糊】对话框中设置【半径】为8像素，如图21-143所示。效果如图21-144所示。

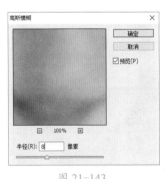

图 21-143

图 21-144

Step 03 添加蒙版，隐藏图像效果。选中【图层1】图层，单击【图层】面板底部的【添加矢量蒙版】按钮，添加蒙版。按【Ctrl+I】组合键反向蒙版，如图 21-145 所示。隐藏图像效果如图 21-146 所示。

图 21-145　　　　　　图 21-146

Step 04 修改蒙版，显示图像效果。按【B】键切换到【画笔工具】，在选项栏中设置【硬度】为 0%、【流量】为 20%，设置前景色为白色，在蒙版上涂抹雀斑皮肤区域，效果如图 21-147 所示。

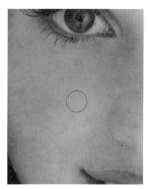

图 21-147

Step 05 提亮图像，完成图像效果制作。新建【色阶 1】调整图层，在【属性】面板中设置参数，如图 21-148 所示。提亮图像效果如图 21-149 所示。

图 21-148　　　　　　图 21-149

## 案例 20：人物彩妆速成

| 素材文件 | 素材文件 \ 第 21 章 \ 案例 20\ 彩妆 .jpg |
|---|---|
| 结果文件 | 结果文件 \ 第 21 章 \ 彩妆 .psd |

本案例主要介绍了为人物快速添加彩妆的方法。首先结合【画笔工具】和图层混合模式得到夸张的眼影和唇彩效果；然后通过【收缩选区】和【羽化选区】命令，得到唇线效果；最后通过【颜色替换工具】替换发色，将红棕发色更换为金黄发色，图像效果对比如图 21-150 所示。

红棕发色　　　　　　金黄发色

图 21-150

Step 01 打开素材文件，新建图层。打开"素材文件 \ 第 21 章 \ 案例 20\ 彩妆 .jpg"文件，如图 21-151 所示。新建图层，命名为【眼影】，如图 21-152 所示。

图 21-151　　　　　　图 21-152

Step 02 设置画笔参数。选择【画笔工具】，在选项栏中，设置【大小】为 70 像素、【硬度】为 0%，如图 21-153 所示。在【画笔】面板中，选中【形状动态】复选框，设置【大小抖动】为 0%、【控制】为渐隐 50，如图 21-154 所示。

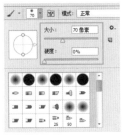 

图 21-153　　　　　　图 21-154

**Step 03** 绘制左眼眼影。设置前景色为紫色【#824ecc】，从眼尾往眼角处拖动鼠标，绘制紫色眼影，如图 21-155 所示。

**Step 04** 绘制右眼眼影。使用相同的方法，从眼尾往眼角处拖动鼠标，绘制另一侧的眼影，如图 21-156 所示。

图 21-155　　　　　　图 21-156

**Step 05** 设置图层混合模式。更改眼影图层混合模式为【柔光】，如图 21-157 所示。效果如图 21-158 所示。

图 21-157　　　　　　图 21-158

**Step 06** 绘制红色眼影。设置前景色为红色【#f50808】，拖动鼠标绘制红色眼影，如图 21-159 所示。继续绘制另一侧的红色眼影，如图 21-160 所示。

图 21-159　　　　　　图 21-160

**Step 07** 绘制粉色眼影。设置前景色为粉红色【#e783cb】，拖动鼠标绘制粉红色眼影，如图 21-161 所示。继续绘制另一侧的粉红色眼影，如图 21-162 所示。

图 21-161　　　　　　图 21-162

**Step 08** 新建图层，绘制黄色眼影。新建图层，命名为【眼影2】，更改图层混合模式为【颜色】，如图 21-163 所示。设置前景色为黄色【#ffff00】，在眼角处单击，绘制黄色眼影，如图 21-164 所示。

图 21-163　　　　　　图 21-164

**Step 09** 绘制蓝色眼影。选择【眼影】图层，如图 21-165 所示。设置前景色为蓝色【#000cff】，在眼尾处拖动，绘制蓝色眼影，如图 21-166 所示。

图 21-165

图 21-166

图 21-171

图 21-172

Step⑩ 创建嘴唇选区。新建图层，命名为【唇彩】，如图 21-167 所示。选择【磁性套索工具】，沿着嘴唇拖动鼠标，如图 21-168 所示。

图 21-167

图 21-168

Step⑬ 羽化选区并删除图像。按【Shift+F6】组合键羽化选区，在【羽化选区】对话框中，设置【羽化半径】为 10 像素，如图 21-173 所示。按【Delete】键删除图像，如图 21-174 所示。

Step⑪ 更改唇彩颜色。释放鼠标后创建选区，填充桃红色【#e06cdb】，如图 21-169 所示。更改【唇彩】图层混合模式为【饱和度】，如图 21-170 所示。

图 21-173

图 21-174

Step⑭ 设置图层混合模式。更改【唇线】图层混合模式为【线性加深】，如图 21-175 所示。图像效果如图 21-176 所示。

图 21-169

图 21-170

图 21-175

图 21-176

Step⑫ 收缩选区。复制【唇彩】图层，命名为【唇线】，如图 20-171 所示。执行【选择】→【修改】→【收缩】命令，在【收缩选区】对话框中，设置【收缩量】为 10 像素，单击【确定】按钮，如图 21-172 所示。

Step⑮ 替换头发颜色。选择【颜色替换工具】，设置前景色为【#6d3f17】，选中【背景】图层，在头发上绘制替换头发颜色，最终图像效果如图 21-177 所示。

图 21-177

## 案例 21：修出 S 形曲线身段

| 素材文件 | 素材文件 \ 第 21 章 \ 案例 21\ 塑形 .jpg |
|---|---|
| 结果文件 | 结果文件 \ 第 21 章 \ 塑形 .psd |

使用【液化】滤镜可以轻松为身体塑形，打造 S 形曲线身段。本例首先使用【向前变形工具】将臀部变翘、腰部变细，然后塑造胸部轮廓，最后使用【褶皱工具】将腹部变小即可完成 S 形曲线身段制作。在液化图像时需要注意调整液化变形的区域。图像效果对比如图 21-178 所示。

调整前效果

调整后效果

图 21-178

Step 01 打开素材文件。打开"素材文件 \ 第 21 章 \ 案例 21\ 塑形 .jpg"文件，如图 21-179 所示。按【Ctrl+J】组合键复制【背景】图层，得到【图层 1】图层，如图 21-180 所示。

图 21-179

图 21-180

Step 02 液化臀部。按【Ctrl+Shift+X】组合键打开【液化】对话框，在【工具选项】面板中设置【画笔密度】为 25、【画笔压力】为 25，如图 21-181 所示。选择【向前变形工具】，将鼠标指针指向臀部，向外拖动鼠标使臀部变翘，如图 21-182 所示。

图 21-181

图 21-182

Step 03 调整裙角。由于裙角显得太大，不利于表现曲线感。将鼠标指针指向裙角边缘，将裙角向腿部拖动，使腿部形状更好，如图 21-183 所示。

Step 04 缩小腹部。照片中人物腹部的裙子向外鼓起，将鼠标指针指向人物腹部，向内拖动鼠标使腹部变小，如图 21-184 所示。

图 21-183

图 21-184

Step 05 继续调整腹部。选择【褶皱工具】将鼠标指针指向腹部，单击凸起的衣服区域，将腹部继续变平，如图 21-185 所示。

Step 06 液化收腰。选择【向前变形工具】，自背部向手臂方向拖动鼠标，达到细腰效果，如图 21-186 所示。

图 21-185

图 21-186

Step 07 液化丰胸。将人物胸部向左侧拖动，使胸部丰满，如图 21-187 所示。

Step 08 调整变形图像，完成效果制作。调整液化变形的区域，单击【确定】按钮，确认液化完成图像制作，效果如图 21-188 所示。

图 21-187

图 21-188

## 案例 22：美白牙齿

| 素材文件 | 素材文件\第 21 章\案例 22\牙齿美白 .jpg |
|---|---|
| 结果文件 | 结果文件\第 21 章\牙齿美白 .psd |

洁白的牙齿给人一种干净的感觉，若照片中的人物牙齿泛黄，则会影响整张照片的美观。使用 Photoshop CS6 美白牙齿的方法很简单，先创建牙齿选区，再调整牙齿色调即可完成制作。图像效果对比如图 21-189 所示。

原图

效果图

图 21-189

Step 01 打开素材文件，创建选区。打开"素材文件\第 21 章\案例 22\牙齿美白 .jpg"文件，如图 21-190 所示。按【Q】键进入【快速蒙版编辑】状态，使用【画笔工具】涂抹牙齿区域，按【Q】键退出【快速蒙版编辑】状态，得到选区，如图 21-191 所示。

图 21-190

图 21-191

**Step02** 反向选区。按【Ctrl+Shift+I】组合键反向选区，如图 21-192 所示。按【Shift+F6】组合键羽化选区，在【羽化选区】对话框中，设置【羽化半径】为 4 像素，如图 21-193 所示。

图 21-192

图 21-193

**Step03** 调整牙齿色调。新建【色彩平衡】调整图层，在【属性】面板中，选择【中间调】选项，设置参数分别 "-6，+21，+50"，如图 21-194 所示。图像效果如图 21-195 所示。

图 21-194

图 21-195

**Step04** 提亮图像。新建【曲线 1】调整图层，在【属性】面板中，向上

拖动曲线，提亮图像，如图 21-196 所示。图像效果如图 21-197 所示。

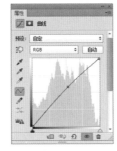

图 21-196

图 21-197

**Step05** 复制蒙版，提亮牙齿。按住【Alt】键拖动【色彩平衡 1】调整图层的蒙版至【曲线 1】调整图层，如图 21-198 所示。弹出替换蒙版效果询问框，单击【是】按钮，复制蒙版使【曲线 1】调整图层效果只应用于牙齿图像上，最终图像效果如图 21-199 所示。

图 21-198

图 21-199

## 案例 23：修整骆驼鼻

| 素材文件 | 素材文件 \ 第 21 章 \ 案例 23\ 骆驼鼻 .jpg |
| --- | --- |
| 结果文件 | 结果文件 \ 第 21 章 \ 骆驼鼻 .psd |

如果人物鼻梁中间有一个隆起的小包，就会显得鼻梁凹凸不平，这种鼻子称为骆驼鼻。在 Photoshop CS6 中使用【液化】滤镜就可以修复骆驼鼻，图像效果对比如图 21-200 所示。

原图

效果图

图 21-200

Step01 打开素材文件,复制图层。打开"素材文件\第21章\案例23\骆驼鼻.jpg"文件,如图 21-201 所示。按【Ctrl+J】组合键复制图层,得到【图层 1】图层,如图 21-202 所示。

图 21-201          图 21-202

Step02 创建选区并羽化。使用【套索工具】圈选出鼻子区域,如图 21-203 所示。按【Shift+F6】组合键羽化选区,在【羽化选区】对话框中,设置【羽化半径】为 3 像素,单击【确定】按钮,如图 21-204 所示。

图 21-203          图 21-204

Step03 打开【液化】对话框,设置画笔参数。按【Ctrl+Shift+X】组合键打开【液化】对话框,在【工具选项】面板中设置【画笔密度】为 25、【画笔压力】为 25,如图 21-205 所示。

Step04 液化鼻子。使用【向前变形工具】在鼻子隆起的区域向左拖动鼠标,如图 21-206 所示。

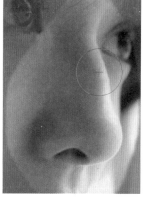

图 21-205          图 21-206

Step05 完成骆驼鼻的修复。液化完成后单击【确定】按钮,确认液化效果,如图 21-207 所示。按【Ctrl+D】组合键取消选区,如图 21-208 所示。

图 21-207          图 21-208

Step06 提亮图像。新建【曲线 1】调整图层,在【属性】面板中选择【RGB】通道,向上拖动曲线,提亮图像,如图 21-209 所示。图像效果如图 21-210 所示。

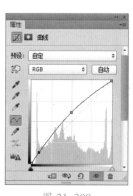

图 21-209          图 21-210

**Step 07** 调整图像色调。在【属性】面板中选择【蓝】通道，向上拖动曲线，如图 21-211 所示，图像效果如图 21-212 所示。选择【红】通道，向上拖动曲线，如图 21-213 所示，最终图像效果如图 21-214 所示。

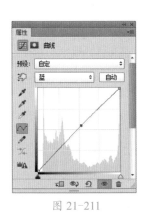

图 21-211

图 21-212

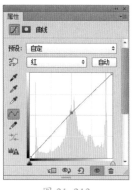

图 21-213

图 21-214

## 本章小结

　　本章主要介绍了数码照片后期处理的基本方法，包括数码照片画面修饰与修复、数码照片光影与色调调整，以及人像照片的美容技法。图片后期已经成为摄影必不可少的一部分，通过后期修图可以弥补相机拍摄的缺陷，还原真实的图像色彩；同时也可以赋予照片生命力，表达作者的主观情感。

中文版 Photoshop CS6　完全自学教程

# 第22章　商业广告设计

- ➙ 网站 LOGO 设计
- ➙ 卡片设计
- ➙ 宣传单页设计
- ➙ 宣传海报设计
- ➙ 食品包装设计
- ➙ 灯箱户外广告设计

　　商业广告设计是通过视觉元素传播设计人员的设想和计划，用文字和图形把信息传递给受众，最终达到宣传的目的。商业广告设计内容丰富、种类繁多，主要包括 LOGO 设计、名片 \ 卡证设计、宣传单 \ 折页设计、画册 \ 书刊设计、海报设计、包装设计、户外展示广告设计、界面设计等。本章通过几个案例来介绍一些常见的商业广告设计。

## 案例 24：网站 LOGO 设计

　　在本例中，首先使用【椭圆选框工具】和【钢笔工具】绘制出熊猫的抽象图案；然后绘制竹叶元素，将竹叶抽象化为购物篮，表明 LOGO 的寓意；最后选择潮流风格字体制作文字效果，与 LOGO 的寓意相协调，即可完成网站 LOGO 的设计制作。图像效果如图 22-1 所示。

| 素材文件 | 素材文件 \ 第 22 章 \ 无 |
|---|---|
| 结果文件 | 结果文件 \ 第 22 章 \ 网站 logo.psd |

图 22-1

**Step 01** 新建文件。按【Ctrl+N】组合键，执行【新建】命令。在【新建】对话框中，设置【宽度】为 15 厘米、【高度】为 11 厘米、【分辨率】为 300 像素 / 英寸，单击【确定】按钮，如图 22-2 所示。

图 22-2

**Step 02** 创建左耳。新建图层，命名为【左耳】。使用【椭圆选框工具】创建选区，并填充黑色，如图 22-3 所示。使用【钢笔工具】创建路径，按【Ctrl+Enter】组合键将路径转换为选区，按【Delete】键删除图像，如图 22-4 所示。

图 22-3

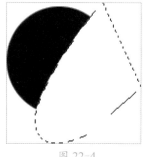

图 22-4

**Step 03** 创建右耳。按住【Alt】键，拖动鼠标到右侧，复制图层并命名为【右耳】，如图22-5所示。执行【编辑】→【变换】→【水平翻转】命令，水平翻转图像，如图22-6所示。

图 22-5

图 22-6

Step04 旋转右耳。按【Ctrl+T】组合键执行自由变换操作，适当旋转图像，并将其移动到合适的位置，如图22-7所示。

Step05 创建左眼。新建【左眼】图层，使用【椭圆选框工具】创建选区，如图22-8所示。

图 22-7

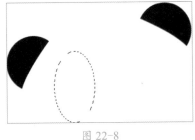

图 22-8

Step06 旋转选区。执行【选择】→【变换选区】命令，旋转选区，并将其移动到合适的位置，如图22-9所示。

Step07 填充颜色。设置前景色为黑色，按【Alt+Delete】组合键填充前景色，如图22-10所示。

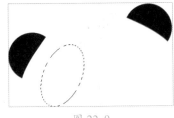

图 22-9

图 22-10

Step08 创建眼球。使用【椭圆选框工具】创建圆形选区，按【Delete】键删除图像，如图22-11所示。

Step09 创建右眼。使用相同的方法复制图像，生成【右眼】图层，并水平翻转图像，如图22-12所示。

图 22-11

图 22-12

Step10 创建身体。新建图层，命名为【身体】。使用【钢笔工具】绘制路径，按【Ctrl+Enter】组合键将路径转换为选区，如图22-13所示。为选区填充黑色，如图22-14所示。

图 22-13

图 22-14

Step11 创建绿圆。新建图层，命名为【绿圆】，并将其移动到【背景】图层上方，如图22-15所示。使用【椭圆选框工具】创建选区，如图22-16所示。

图 22-15

图 22-16

**Step12** 填充选区并删除多余图像。设置前景色为绿色【#068138】，按【Alt+Delete】组合键填充前景色，如图 22-17 所示。继续使用【椭圆选框工具】创建选区，按【Delete】键删除多余图像，如图 22-18 所示。

图 22-17

图 22-18

**Step13** 输入字母。使用【横排文字工具】输入字母"PANDA SHOPING"，在选项栏中，设置【字体】为 franklin gothic medium、【字体大小】为 19 点，如图 22-19 所示。

**Step14** 输入文字。使用【横排文字工具】输入文字"熊猫易购"，在选项栏中，设置【字体】为锐字逼格青春粗黑体简、【字体大小】为 72 点，更改"易购"文字颜色为橙色【#e56100】，如图 22-20 所示。

图 22-19

图 22-20

## 案例 25：卡片设计

| 素材文件 | 素材文件＼第 22 章＼案例 25＼ 树 .tif、星星 .tif、木马 .tif |
|---|---|
| 结果文件 | 结果文件＼第 22 章＼卡片设计 .psd |

　　制作卡片时要根据卡片的内容选择适当的风格。本例制作幼稚园宣传卡片，整体风格定位为活泼可爱。因为卡片的整体风格是可爱型，所以先选择偏卡通类的图案作为装饰图案，再添加文字内容即可完成制作。添加文字时需要注意：卡片传递的信息量较大，需要厘清轻重层次，突出重点内容。最终效果如图 22-21 所示。

图 22-21

**Step01** 新建文件。按【Ctrl+N】组合键，执行【新建】命令。在【新建】对话框中，设置【宽度】为 9 厘米、【高度】为 5.5 厘米、【分辨率】为 300 像素 / 英寸，单击【确定】按钮，如图 22-22 所示。

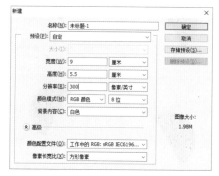

图 22-22

**Step02** 填充背景颜色。设置前景色为橙色【#dda82e】，按【Alt+Delete】组合键，为背景填充橙色，如图 22-23 所示。

图 22-23

**Step03** 选择自定形状。选择【自定形状工具】，在选项栏中，选择【边框 7】选项，如图 22-24 所示。

**Step04** 绘制路径。在选项栏中，选择【路径】选项，拖动鼠标绘制路径，如图 22-25 所示。

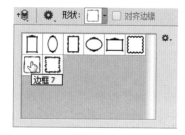

图 22-24

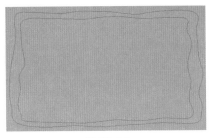

图 22-25

**Step 05** 编辑路径并填充路径。使用【直接选择工具】调整路径，如图 22-26 所示。按【Ctrl+Enter】组合键将路径转换为选区；新建图层，命名为【黄底】，为选区填充黄色【#fbe9b0】，如图 22-27 所示。

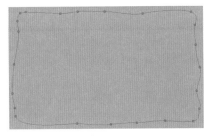

图 22-26

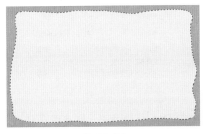

图 22-27

**Step 06** 添加描边。双击【黄底】图层，在【图层样式】对话框中选中【描边】复选框，设置【大小】为 3 像素、【颜色】为白色，如图 22-28 所示。

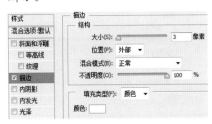

图 22-28

**Step 07** 添加"树"素材文件。打开"素材文件\第 22 章\案例 25\树 .tif"文件，将其拖动到当前文件中，并移动到适当位置，如图 22-29 所示。

图 22-29

**Step 08** 添加"星星"素材文件并制作描边效果。打开"素材文件\第 22 章\案例 25\星星 .tif"文件，将其拖动到当前文件中，并移动到适当位置，使用相同的方法添加描边图层样式，如图 22-30 所示。

**Step 09** 输入文字。选择【横排文字工具】，在图像中输入文字"天才宝宝幼儿园"，在选项栏中，设置【字体】为汉仪白棋体简体、【字体大小】为 24 点，设置字体颜色为橙色【#eb6100】、绿色【#009944】、红色【#e60012】、蓝色【#00a0e9】，选中文字后，按【Alt+→】组合键，调整文字间距，如图 22-31 所示。

图 22-30

图 22-31

**Step 10** 添加描边图层样式。双击文字图层，在【图层样式】对话框中，选中【描边】复选框，设置【大小】为 6 像素、描边颜色为白色，如图 22-32 所示。

图 22-32

**Step 11** 添加投影图层样式。在【图层样式】对话框中，选中【投影】复选框，设置投影【颜色】为浅灰色【#c9c9ca】、【不透明度】为 75%、【角度】为 120 度、【距离】为 13 像素、【扩展】为 30%、【大小】为 2 像素，选中【使用全局光】复选框，如图 22-33 所示。

图 22-33

**Step 12** 输入文字。选择【横排文字工具】，在图像中输入文字"爱心呵护人生起步"，在选项栏中，设置【字体】为汉仪娃娃篆简体、【字体大小】为 13 点、字体颜色为黑色，如图 22-34 所示。

**Step13** 继续输入文字。继续使用【横排文字工具】，在图像中输入地址、电话等信息，如图 22-35 所示。

图 22-34

图 22-35

**Step14** 设置文字。选中文字，在【字符】面板中，设置【字体】为方正黑体简体、【字体大小】为 6 点、【行距】为 9 点，完成卡片正面的制作，效果如图 22-36 所示。

图 22-36

**Step15** 创建组管理图层。将【背景】图层转换为普通图层，新建【名片正面】组，将所有图层拖动到该组中，并隐藏该组。新建【名片背面】组，在其中新建【底色】图层，如图 22-37 所示。

**Step16** 填充底色。设置前景色为荧光绿【#cbdd2e】，按【Alt+Delete】组合键填充底色，如图 22-38 所示。

图 22-37

图 22-38

**Step17** 添加"木马"素材文件。打开"素材文件\第 22 章\案例 25\木马 .tif"文件，将其拖动到当前文件中，并移动到适当位置，如图 22-39 所示。

图 22-39

**Step18** 复制图层。复制【名片正面】组中的【黄底】图层，将其拖动到【名片背面】组中，并移动到【木马】图层下方，执行【编辑】→【变换】→【水平翻转】命令，如图 22-40 所示。

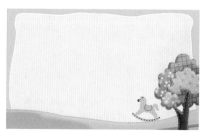

图 22-40

**Step19** 输入文字。选择【横排文字工具】，在图像中输入文字"办园宗旨"，在选项栏中，设置【字体】为汉仪白棋体简体，【字体大小】为 19 点、字体颜色分别为橙色【#ec900d】、绿色【#009944】、蓝色【#00a0e9】、浅绿色【#87be2c】，如图 22-41 所示。

图 22-41

**Step20** 添加投影效果。双击【办园宗旨】图层，在【图层样式】对话框中选中【投影】复选框，设置投影颜色为灰色【#c9c9ca】、【距离】为 13 像素、【扩展】为 30%、【大小】为 2 像素，如图 22-42 所示。

图 22-42

**Step21** 添加描边效果。在【图层样式】对话框中选中【描边】复选框，设置描边【大小】为 6 像素、【位置】为外部、【混合模式】为正常、【不透明度】100%、【填充类型】为颜色、描边颜色为白色，如图 22-43 所示。文字效果如图 22-44 所示。

图 22-43

图 22-44

**Step22** 继续输入文字。选择【横排文字工具】，在图像中输入文字，在【字符】面板中，设置【字体】为方正卡通简体、【字体大小】为 7.5 点、【行距】为 10 点，单击【下画线】按钮，为文字添加下画线，如图 22-45 所示。

**Step23** 调整字距。选中文字后，按【Alt+←】组合键，调整字距，使其全部显示在黄色背景中，如图 22-46 所示。

图 22-45

图 22-46

**Step24** 调整文字颜色。选中重点文字，设置【字体】为方正少儿简体，调整文字颜色为蓝色【#00a0e9】、红色【#e4007f】、绿色【#8fc31f】、橙色【#f39700】，卡片背面最终效果如图 22-47 所示。

图 22-47

## 案例 26：**宣传单页设计**

| 素材文件 | 素材文件 \ 第 22 章 \ 案例 26 \ 底纹 .tif、广告牌 .tif、花朵 .tif、午餐 .tif、晚餐 .tif |
|---|---|
| 结果文件 | 结果文件 \ 第 22 章 \ 宣传单页设计 .psd |

制作宣传单页时，首先使用【多边形套索工具】创建选区，并填充不同颜色作为底图。然后制作标题内容，标题是宣传单页的重点，因此本例将标题放置在左上角黄金分割线的位置。最后制作宣传内容，本例中主要由文字和小装饰元素组成，在制作时尽量突出层次，避免烦琐的文字堆砌。图像效果如图 22-48 所示。

图 22-48

**Step01** 新建文件。按【Ctrl+N】组合键，执行【新建】命令，在【新建】对话框中，设置【宽度】为 20 厘米、【高度】为 28 厘米、【分辨率】为 130 像素 / 英寸，单击【确定】按钮，如图 22-49 所示。

图 22-49

**Step02** 填充背景。设置前景色为橙色【#fdd98c】，按【Alt+Delete】组合键填充前景色，如图 22-50 所示。

**Step03** 设置黄橙渐变色。选择【渐变工具】，单击渐变色条，打开【渐变编辑器】对话框，设置渐变色标为白色【#ffffff】、黄色【#fff33c】、橙色【#f7ac00】，如图 22-51 所示。

图 22-50

图 22-51

**Step 04** 创建橙底。新建图层，命名为【橙底】。使用【多边形套索工具】创建选区，如图 22-52 所示。在选项栏中设置渐变方式为【径向渐变】，拖动鼠标填充渐变色，按【Ctrl+D】组合键取消选区，如图 22-53 所示。

图 22-52　　　　　图 22-53

**Step 05** 设置绿色渐变色。选择【渐变工具】，单击渐变色条，打开【渐变编辑器】对话框，设置渐变色标为浅绿色【#dce9b5】、绿色【#71ba2e】，如图 22-54 所示。

**Step 06** 创建绿底。新建图层，命名为【绿底】。使用【多边形套索工具】创建选区，在选项栏中设置渐变方式为【径向渐变】，拖动鼠标填充渐变色，按【Ctrl+D】组合键取消选区，如图 22-55 所示。

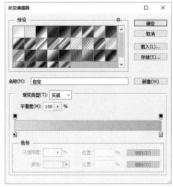

图 22-54　　　　　图 22-55

**Step 07** 打开素材并拖动对象。打开"素材文件 \ 第 22 章 \ 案例 26\ 广告牌 .tif"文件，将其拖动到当前文件中，移动到适当位置，按【Ctrl+T】组合键，适当旋转图像，如图 22-56 所示。打开"素材文件 \ 第 22 章 \ 案例 26\ 花朵 .tif"文件，将其拖动到当前文件中，如图 22-57 所示。

图 22-56　　　　　图 22-57

**Step 08** 添加投影图层样式。双击【花朵】图层，在打开的【图层样式】对话框中，选中【投影】复选框，设置【不透明度】为 23%、【角度】为 120 度、【距离】为 9 像素、【扩展】为 0%、【大小】为 4 像素，选中【使用全局光】复选框，如图 22-58 所示。

**Step 09** 添加文字。使用【横排文字工具】，在图像中输入文字"店主推荐"，在【字符】面板中，设置【字体】为叶根友蚕燕隶书、【字体大小】为 88 点、【字距】为 139，适当旋转文字，效果如图 22-59 所示。

图 22-58　　　　　图 22-59

**Step 10** 添加渐变叠加图层样式。双击文字图层，在打开的【图层样式】对话框中，选中【渐变叠加】复选框，设置【样式】为线性、【角度】为 90 度、【缩放】为 100%、渐变色标为深红色【#971e23】、红色【#e51e18】，如图 22-60 所示。

Step⑪ 添加描边图层样式。选中【描边】复选框，设置【大小】为 16 像素、描边颜色为白色，如图 22-61 所示。

图 22-60 　　　　　　　　　　 图 22-61

Step⑫ 打开素材并拖动对象。打开"素材文件\第22章\案例26\底纹.tif"文件，将其旋转并移动到适当位置，将【底纹】图层移动到【广告牌】图层下方，如图 22-62 所示。

Step⑬ 混合图层。更改【底纹】图层【混合模式】为颜色减淡，效果如图 22-63 所示。

图 22-62 　　　　　　　　　　 图 22-63

Step⑭ 添加图层蒙版，隐藏部分图像。为【底纹】图层添加图层蒙版，使用黑色【画笔工具】涂抹中间区域，隐藏图像，如图 22-64 所示。图像效果如图 22-65 所示。

图 22-64 　　　　　　　　　　 图 22-65

Step⑮ 绘制星星路径。选择【多边形工具】，在选项栏中，设置【边】为 5，单击 ✿ 按钮，在弹出的下拉列表框中，选中【星形】复选框，设置【缩进边依据】为 50%，如图 22-66 所示。拖动鼠标绘制星星路径，如图 22-67 所示。

图 22-66 　　　　　　　　　　 图 22-67

Step⑯ 填充星星颜色。新建【星星】图层，按【Ctrl+Enter】组合键将路径转换为选区，填充橙色【#f28e13】，调整位置和大小，如图 22-68 所示。

Step⑰ 添加描边效果。使用前面介绍的方法，添加白色描边图层样式，效果如图 22-69 所示。

图 22-68 　　　　　　　　　　 图 22-69

Step⑱ 复制星星。按【Ctrl+J】组合键复制星星，调整星星的大小和角度，如图 22-70 所示。

Step⑲ 打开素材并拖动对象。打开"素材文件\第22章\案例26\午餐.tif"文件，将其拖动到当前文件中，移动到适当位置，如图 22-71 所示。

图 22-70 　　　　　　　　　　 图 22-71

Step⑳ 创建圆形选区。使用【椭圆选框工具】按住【Shift】键创建圆形选区，填充橙色【#ef8200】，如

图 22-72 所示。选择【移动工具】，按住【Alt】键拖动鼠标复制图形，如图 22-73 所示。

图 22-72          图 22-73

**Step21** 设置黄色渐变色。选择【渐变工具】，单击渐变色条，打开【渐变编辑器】对话框，设置渐变色标为白色、黄色【#ffea6d】，如图 22-74 所示。

**Step22** 填充渐变色。在选项栏中设置渐变方式为【径向渐变】，拖动鼠标填充渐变色，如图 22-75 所示。

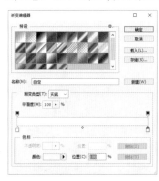 

图 22-74          图 22-75

**Step23** 输入文字。按【Ctrl+D】组合键取消选区。设置前景色为橙色【#ef8200】。使用【横排文字工具】，在图像中输入文字"午"，在选项栏中，设置【字体】为黑体、【字体大小】为 58 点，如图 22-76 所示。

**Step24** 继续输入文字。使用【横排文字工具】，在图像中输入文字"餐"，在选项栏中，设置【字体】为方正大黑简体、【字体大小】为 34 点、字体颜色为绿色【#006c20】，如图 22-77 所示。

图 22-76          图 22-77

**Step25** 添加描边效果。双击文字图层，在【图层样式】对话框中，选中【描边】复选框，设置【大小】为 3 像素、描边颜色为白色，如图 22-78 所示。

**Step26** 继续输入文字。继续输入文字"心动价"，并添加描边，效果如图 22-79 所示。

图 22-78          图 22-79

**Step27** 创建文字底图。使用【矩形选区工具】创建矩形选区，填充红色【#eb5505】，使用【多边形套索工具】选中右上角的区域，按【Delete】键删除多余图像，如图 22-80 所示，按【Ctrl+D】组合键取消选区。

**Step28** 输入文字。输入白色数字"¥22.80 元"，在选项栏中，设置【字体】为方正大黑简体和方正黑体简体，效果如图 22-81 所示。

图 22-80          图 22-81

**Step29** 继续输入文字。使用【横排文字工具】输入文字，设置【字体】为方正黑体简体、【字体大小】为 12 点和 9 点，如图 22-82 所示。

**Step30** 绘制爆炸对象。新建图层，命名为【爆炸对象】。选择【自定形状工具】，选择【星爆】形状，拖动鼠标制作形状，并填充红色，如图 22-83 所示。

图 22-82　　　　　　　图 22-83

图 22-88　　　　　　　图 22-89

**Step 31** 添加外发光效果。双击【爆炸对象】图层，在【图层样式】对话框中，选中【外发光】复选框，设置【混合模式】为滤色、发光【颜色】为白色、【不透明度】为 75%、【扩展】为 0%、【大小】为 15 像素，如图 22-84 所示。

**Step 32** 输入文字。使用【横排文字工具】输入白色文字"送"，设置【字体】为方正大黑简体、【字体大小】为 25 点，适当旋转文字方向，效果如图 22-85 所示。

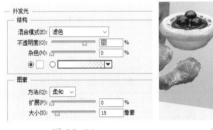

图 22-84　　　　　　　图 22-85

**Step 33** 继续输入文字。输入文字"精美礼品一份"，设置【字体】为方正黑体简体、【字体大小】为 16 点、字体颜色为黑色，如图 22-86 所示。利用【图层样式】添加描边，效果如图 22-87 所示。

图 22-86　　　　　　　图 22-87

**Step 34** 打开素材并拖动对象。打开"素材文件\第 22 章\案例 26\晚餐.tif"文件，将其拖动到当前文件中，移动到适当位置，如图 22-88 所示。使用相同的方法创建左下角的晚餐宣传文字，效果如图 22-89 所示。

**Step 35** 创建底部色条。新建图层，命名为【底部色条】。使用【矩形选框工具】创建矩形选区，填充为深红色【#c70026】，如图 22-90 所示。

图 22-90

**Step 36** 输入文字。使用【横排文字工具】输入文字，设置字体颜色为黄色【#fff796】、【字体】为黑体、【字体大小】为 20 点，如图 22-91 所示。

图 22-91

**Step 37** 查看宣传单页效果。文字输入完成后，宣传单页效果如图 22-92 所示。

图 22-92

## 案例27：宣传海报设计

| 素材文件 | 素材文件 \ 第 22 章 \ 案例 27\ 花纹 .tif、衣领 .tif、衬衫节 .tif |
|---|---|
| 结果文件 | 结果文件 \ 第 22 章 \ 宣传海报设计 .psd |

在设计宣传海报的版式时，可以从海报内容的角度出发进行构思。本例中宣传的对象是衬衣，在设计版式时首先通过衣领和纽扣元素制作出与衬衣切合的版式效果；然后设计文字效果，本例可以通过随意的手写体文字让海报看起来更加富有韵味；最后要注意色彩的搭配，本例采用荧光黄、绿色和黑色相配合营造出青春、活力的视觉感受。最终海报效果如图 22-93 所示。

图 22-93

**Step 01** 新建文件。按【Ctrl+N】组合键，执行【新建】命令，在【新建】对话框中，设置【宽度】为 50 厘米、【高度】为 80 厘米、【分辨率】为 100 像素 / 英寸，单击【确定】按钮，如图 22-94 所示。

**Step 02** 填充前景色。设置前景色为荧光绿【#e1f899】，按【Alt+Delete】组合键填充前景色，如图 22-95 所示。

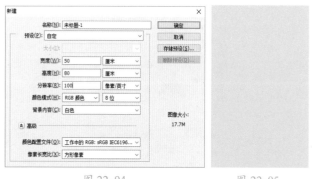

图 22-94　　　　　图 22-95

**Step 03** 添加花纹素材。打开"素材文件 \ 第 22 章 \ 案例

27\ 花纹 .tif"文件，将其移动到适当位置，如图 22-96 所示。更改图层混合模式为【线性加深】，设置【不透明度】为 80%，效果如图 22-97 所示。

图 22-96　　　　　图 22-97

**Step 04** 创建纽扣选区。新建图层，命名为【纽扣】。使用【椭圆选框工具】创建选区，按住【Alt】键减选区域，创建纽扣选区，并为选区填充黑色，如图 22-98 所示。

**Step 05** 添加斜面和浮雕图层样式。双击【纽扣】图层，在【图层样式】对话框中，选中【斜面和浮雕】复选框，设置【样式】为内斜面、【方法】为平滑、【深度】为 100%、【方向】为上、【大小】为 3 像素、【软化】为 0 像素、【角度】为 120 度、【高度】为 30 度，设置【高光模式】为滤色、【不透明度】为 75%，设置【阴影模式】为正片叠底、【不透明度】为 75%，如图 22-99 所示。

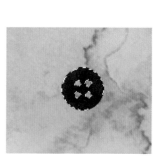

图 22-98　　　　　图 22-99

**Step 06** 添加投影图层样式。在【图层样式】对话框中，选中【投影】复选框，设置【不透明度】为 75%、【角度】为 120 度、【距离】为 3 像素、【扩展】为 0%、【大小】为 3 像素，选中【使用全局光】复选框，如图 22-100 所示。通过前面的操作，即可得到逼真的纽扣效果，如图 22-101 所示。

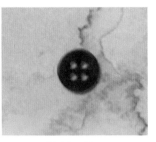

图 22-100　　　　　图 22-101

**Step07** 复制纽扣对象。按【Ctrl+J】组合键复制纽扣对象，并将其垂直向下移动，效果如图 22-102 所示。

**Step08** 选择预设画笔。选择【画笔工具】，在【画笔预设】面板中，选择【平角左手姿势】画笔，如图 22-103 所示。

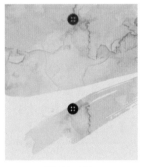
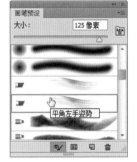

图 22-102　　　　　图 22-103

**Step09** 绘制【帅】文字。新建图层，命名为【帅 Cool】。拖动鼠标绘制第一笔，如图 22-104 所示。继续绘制剩下的笔画，效果如图 22-105 所示。

图 22-104　　　　　图 22-105

**Step10** 绘制【cool】字母。设置前景色为蓝色【#084584】，继续拖动鼠标绘制【Cool】字母，如图 22-106 所示。

**Step11** 创建标签底图形。新建图层，命名为【标签底】。选择【钢笔工具】，绘制路径，按【Ctrl+Enter】组合键，将路径转换为选区，并填充灰色【#393939】，如图 22-107 所示。

图 22-106　　　　　图 22-107

**Step12** 创建标签顶图形。新建图层，命名为【标签顶】。选择【钢笔工具】绘制路径，按【Ctrl+Enter】组合键，将路径转换为选区，并填充灰色【#4f4f4f】，如图 22-108 所示。

**Step13** 创建标签投影。按【Ctrl+J】组合键复制【标签底】图层，命名为【标签投影】。按【Ctrl+T】组合键，适当缩小图形（为了方便观察，暂时隐藏【标签底】和【标签顶】图层），如图 22-109 所示。

图 22-108　　　　　图 22-109

**Step14** 高斯模糊图像。执行【图像】→【模糊】→【高斯模糊】命令，在【高斯模糊】对话框中设置【半径】为 10 像素，如图 22-110 所示。高斯模糊效果如图 22-111 所示。

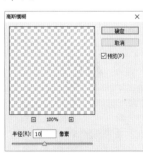

图 22-110　　　　　图 22-111

**Step15** 添加图层蒙版。为【标签投影】图层添加图层蒙版，使用黑色【画笔工具】在左侧涂抹，隐藏部分图像，如图 22-112 所示。

**Step16** 降低不透明度。更改【标签投影】图层【不透明度】为70%，效果如图22-113所示。

图 22-112　　　　　　图 22-113

**Step⑰** 添加白色文字。使用【横排文字工具】输入白色文字"我是酷　派"，在选项栏中，设置【字体】为微软雅黑、【字体大小】为94点，如图22-114所示。

**Step⑱** 添加其他文字。继续使用【横排文字工具】输入白色文字"型"和"C"，在选项栏中，分别设置文字颜色为红色【#fb7b13】和白色，设置【字体】为微软雅黑、【字体大小】为156点，如图22-115所示。

图 22-114　　　　　　图 22-115

**Step⑲** 输入黑色字母。使用【横排文字工具】输入黑色字母"SHIRT"，在选项栏中，设置【字体】为kristem ITC、【字体大小】为53点，如图22-116所示。

**Step⑳** 复制黑色字母图层。按【Ctrl+J】组合键复制字母图层，在选项栏中，调整【字体大小】为81点，降低图层【不透明度】为20%，如图22-117所示。

图 22-116　　　　　　图 22-117

**Step㉑** 添加文字素材。打开"素材文件\第22章\案例27\衬衫节.tif"文件，将其拖动到当前文件中，移动到适当位置，如图22-118所示。

**Step㉒** 添加投影图层样式。双击【衬衫节】图层，在打开的【图层样式】对话框中，选中【投影】复选框，设置【混合模式】为叠加、【不透明度】为100%、【角度】为120度、【距离】为10像素、【扩展】为0%、【大小】为0像素，选中【使用全局光】复选框，如图22-119所示。

图 22-118　　　　　　图 22-119

**Step㉓** 输入文字。使用【横排文字工具】输入文字"是潮流"，在选项栏中，设置【字体】为微软雅黑、【字体大小】为172点，如图22-120所示。

**Step㉔** 添加投影图层样式。双击文字图层，在打开的【图层样式】对话框中，选中【投影】复选框，设置【混合模式】为正片叠底、【不透明度】为34%、【角度】为80度、【距离】为5像素、【扩展】为0%、【大小】为5像素，如图22-121所示。

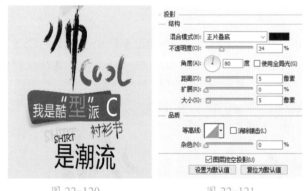

图 22-120　　　　　　图 22-121

**Step㉕** 输入大段文字。使用【横排文字工具】输入大段文字，在选项栏中，设置【字体】为黑体、【字体大小】为20点，如图22-122所示。

**Step㉖** 设置文字效果。在【字符】面板中，单击【仿粗体】**T**和【全部大写字母】按钮**TT**，适当旋转文字，效果如图22-123所示。

图 22-122　　　　　图 22-123

**Step27** 添加衣领素材。打开"素材文件\第22章\案例27\衣领.tif"文件，将其拖动到当前文件中，移动到上方适当位置，如图22-124所示。更改【衣领】图层【混合模式】为【溶解】，最终效果如图22-125所示。

图 22-124　　　　　图 22-125

## 案例28：食品包装设计

| 素材文件 | 素材文件\第22章\案例28\巧克力.tif、巧克力文字.tif、液体.tif、天使.jpg |
|---|---|
| 结果文件 | 结果文件\第22章\食品包装设计.psd |

食品包装要根据食品的特征和包装材质进行整体设计，本案例中的糖果包装材质是软塑料纸，所以在制作效果图时，需要根据材质制作出光影折射效果。同时，要考虑包装食品的特征，由于制作的是巧克力糖果，因此主色采用的是深咖色和橙黄色，整体效果如图22-126所示。

图 22-126

**Step01** 新建文档。执行【文件】→【新建】命令，在【新建】对话框中设置【宽度】和【高度】为10厘米、【分辨率】为200像素/英寸，单击【确定】按钮，如图22-127所示。

图 22-127

**Step02** 填充背景。为背景填充黑色，效果如图22-128所示。

图 22-128

Step03 绘制包装轮廓。新建图层，命名为【黄底】。使用【钢笔工具】，绘制包装轮廓，按【Ctrl+Enter】组合键，将路径转换为选区，并填充黄色【#fff100】，如图 22-129 所示。

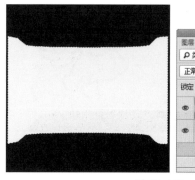

图 22-129

Step04 绘制形状。设置前景色为橙色【#efd200】，选择【圆角矩形工具】，在选项栏中，选择【形状】选项，设置【半径】为 40 像素，拖动鼠标绘制形状，如图 22-130 所示。通过前面的操作，创建【圆角矩形 1】图层，如图 22-131 所示。

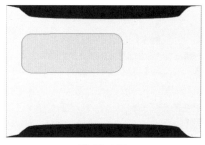

图 22-130 图 22-131

Step05 变换形状，新建图层。按【Ctrl+T】组合键，执行自由变换操作，适当旋转形状，如图 22-132 所示。新建图层，命名为【折痕】，如图 22-133 所示。

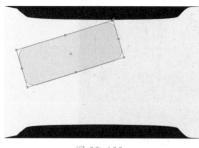

图 22-132 图 22-133

Step06 绘制折痕。设置前景色为灰色【#bfc0c1】，选择

【直线工具】，在选项栏中选择【像素】选项，设置【粗细】为 3 像素，拖动鼠标绘制两条灰色折痕，如图 22-134 所示。

Step07 调整图层顺序。移动【折痕】图层到【黄底】图层上方，如图 22-135 所示。

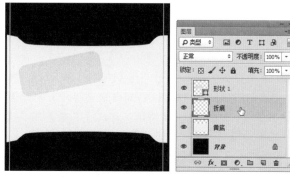

图 22-134 图 22-135

Step08 设置折痕显示效果。执行【图层】→【创建剪贴蒙版】命令，创建剪贴蒙版效果，如图 22-136 所示。

图 22-136

Step09 绘制阴影。新建图层，命名为【阴影】，如图 22-137 所示。使用【不透明度】为 50% 的黑色【画笔工具】在包装上方绘制阴影，如图 22-138 所示。

图 22-137 图 22-138

Step10 绘制棱角线，新建图层。按【[】键缩小画笔，在边角绘制一些棱角线，如图 22-139 所示。新建图层，命名为【高光】，如图 22-140 所示。

图 22-139　　　　图 22-140

**Step 11** 绘制高光。使用【不透明度】为 50% 的白色【画笔工具】在包装四周绘制高光，如图 22-141 所示。

**Step 12** 添加"液体"素材文件。打开"素材文件 \ 第 22 章 \ 案例 28\ 液体 .tif"文件，将其拖动到当前图像中，命名为【液体】，如图 22-142 所示。

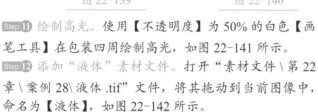

图 22-141

图 22-142

**Step 13** 混合图层。更改【液体】图层混合模式为【正片叠底】，如图 22-143 所示。图像效果如图 22-144 所示。

图 22-143　　　　图 22-144

**Step 14** 添加"巧克力"素材文件。打开"素材文件 \ 第 22 章 \ 案例 28\ 巧克力 .tif"文件，将其拖动到当前图像中，如图 22-145 所示。将该图层命名为【巧克力】，如图 22-146 所示。

图 22-145　　　　图 22-146

**Step 15** 添加投影效果。双击【巧克力】图层，在打开的【图层样式】对话框中，选中【投影】复选框，设置【混合模式】为正常、投影颜色为巧克力色【#791608】、【不透明度】为 75%、【角度】为 120 度、【距离】为 5 像素、【扩展】为 0%、【大小】为 5 像素，选中【使用全局光】复选框，如图 22-147 所示。投影效果如图 22-148 所示。

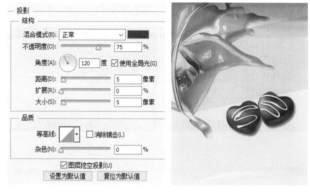

图 22-147　　　　图 22-148

**Step 16** 输入文字。选择【横排文字工具】在图像中输入白色文字"儿童"，在选项栏中，设置【字体】为黑体、【字体大小】为 32 点，如图 22-149 所示。

**Step 17** 变换文字形状。执行【编辑】→【变换】→【斜切】命令，拖动节点变换文字形状，如图 22-150 所示。

图 22-149　　　　图 22-150

**Step 18** 添加描边效果。双击文字图层，在打开的【图层样式】对话框中，选中【描边】复选框，设置【大小】为 15 像素、描边颜色为深红色【#680000】，如图 22-151 所示。描边效果如图 22-152 所示。

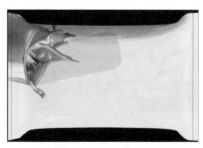

图 22-151　　　　　　　　图 22-152

图 22-157　　　　　　　　图 22-158

**Step⑲** 添加字体素材文件。打开"素材文件\第22章\案例28\巧克力文字.tif"文件，将其拖动到当前图像中，命名为【巧克力文字】，如图22-153所示。使用相同的方法添加描边图层样式，效果如图22-154所示。

图 22-153　　　　　　　　图 22-154

**Step⑳** 输入大段文字。选择【横排文字工具】，在图像中输入颜色为深红色【#680000】的字母，在选项栏中，设置【字体】为方正粗倩简体、【字体大小】为3.5点，如图22-155所示。

**Step㉑** 旋转文字。按【Ctrl+T】组合键，执行自由变换操作，适当旋转形状，如图22-156所示。

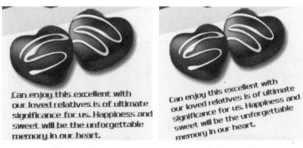

图 22-155　　　　　　　　图 22-156

**Step㉒** 继续输入文字。选择【横排文字工具】，在图像中输入深红色【#680000】的文字"净含量：10克"，在选项栏中，设置【字体】为方正粗倩简体、【字体大小】为4.8点，如图22-157所示。使用相同的方法旋转文字，效果如图22-158所示。

**Step㉓** 打开卡通人物素材文件。打开"素材文件\第22章\案例28\天使.jpg"文件，选择【魔棒工具】，在选项栏中，设置【容差】为32，选中【连续】复选框，在白色背景处单击，选中背景，如图22-159所示。按【Shift+Ctrl+I】组合键，反向选区，效果如图22-160所示。

图 22-159　　　　　　　　图 22-160

**Step㉔** 复制文件。将图像复制到包装文件中，图层命名为【天使】，如图22-161所示。

图 22-161

**Step㉕** 变换图像大小和方向。按【Ctrl+T】组合键，执行自由变换操作，适当缩小图像，如图22-162所示。执行【编辑】→【变换】→【水平翻转】命令，水平翻转图像，效果如图22-163所示。

图 22-162

图 22-163

**Step 26** 统一图像色调。执行【图层】→【新建调整图层】→【颜色查找】命令，在【属性】面板中设置【3DLUT文件】为【filmstock_50.3dl】，如图 22-164 所示。最终图像效果如图 22-165 所示。

图 22-164

图 22-165

## 案例 29：灯箱户外广告设计

| 素材文件 | 素材文件 \ 第 22 章 \ 案例 29\ 风景 .tif、草地 .tif、饮料 .tif、光效 .tif、装饰 .tif、树藤 .tif、灯箱模板 .tif、花纹 .tif |
| --- | --- |
| 结果文件 | 结果文件 \ 第 22 章 \ 灯箱户外广告平面图 .psd、灯箱户外广告效果图 .psd |

户外灯箱广告通过自然光（白天）和辅助光（夜晚）两种形式，向户外的人们传递信息。本例首先制作灯箱平面图，然后添加主体文字，最后制作灯箱效果图。在制作效果图时，通过【颜色查找】命令统一整体图像色调，营造一种健康、自然的氛围宣传产品。整体效果如图 22-166 所示。

图 22-166

**Step 01** 新建文件。按【Ctrl+N】组合键，执行【新建】命令，在【新建】对话框中，设置【宽度】为 28 厘米、【高度】为 42 厘米、【分辨率】为 72 像素 / 英寸，单击【确定】按钮，如图 22-167 所示。

图 22-167

**Step 02** 添加风景素材。打开"素材文件 \ 第 22 章 \ 案例 29\ 风景 .tif"文件，将其拖动到当前文件中，移动到适当位置，如图 22-168 所示。

**Step 03** 添加草地素材。打开"素材文件 \ 第 22 章 \ 案例 29\ 草地 .tif"文件，将其拖动到当前文件中，移动到适当位置，如图 22-169 所示。

图 22-168

图 22-169

Step04 添加图层蒙版。执行【图层】→【图层蒙版】→【隐藏全部】命令，为【草地】图层添加图层蒙版，使用白色【画笔工具】在下方涂抹，显示部分图像，如图 22-170 所示。

Step05 添加花纹素材。打开"素材文件\第22章\案例29\花纹 .tif"文件，将其拖动到当前文件中，移动到适当位置，如图 22-171 所示。

图 22-170

图 22-171

Step06 调整草地色调。创建【可选颜色】调整图层，设置【颜色】为红色（颜色值分别为"+4%、-100%、+100%、0%"），如图 22-172 所示。设置【颜色】为黄色（颜色值分别为"-26%、-87%、+100%、0%"），如图 22-173 所示。

图 22-172

图 22-173

Step07 继续调整草地颜色。设置【颜色】为绿色（颜色值分别为"0%、-50%、+100%、0%"），如图 22-174 所示。图像效果如图 22-175 所示。

图 22-174

图 22-175

Step08 增加饱和度。添加【色相/饱和度】调整图层，设置【饱和度】为+25，如图 22-176 所示。图像效果如图 22-177 所示。

图 22-176

图 22-177

Step09 添加饮料素材。打开"素材文件\第22章\案例29\饮料 .tif"文件，将其拖动到当前文件中，移动到适当位置，如图 22-178 所示。

Step10 添加外发光图层样式。在【图层样式】对话框中，选中【外发光】复选框，设置【混合模式】为滤色、发光【颜色】为浅黄色【#ffffbe】、【不透明度】为51%、【扩展】为 0%、【大小】为 75 像素、【范围】为 50%、【抖动】为 0%，如图 22-179 所示。

图 22-178　　　　　　　图 22-179

Step⑪ 添加树藤素材。添加外发光图像效果如图 22-180 所示。打开"素材文件 \ 第 22 章 \ 案例 29\ 树藤 .tif"文件，将其拖动到当前文件中，移动到适当位置，如图 22-181 所示。

图 22-180　　　　　　　图 22-181

Step⑫ 添加装饰素材。打开"素材文件 \ 第 22 章 \ 案例 29\ 装饰 .tif"文件，将其拖动到当前文件中，移动到适当位置，如图 22-182 所示。

Step⑬ 添加光效素材。打开"素材文件 \ 第 22 章 \ 案例 29\ 光效 .tif"文件，将其拖动到当前文件中，并移动到下方适当位置，如图 22-183 所示。

图 22-182　　　　　　　图 22-183

Step⑭ 混合图层。更改【光效】图层混合模式为【滤色】，效果如图 22-184 所示。

Step⑮ 输入文字。使用【横排文字工具】输入白色文字"水果牛奶"，在选项栏中，设置【字体】为华康海报体、【字体大小】为 79 点，如图 22-185 所示。

图 22-184　　　　　　　图 22-185

Step⑯ 添加投影图层样式。双击文字图层，在打开的【图层样式】对话框中，选中【投影】复选框，设置【不透明度】为 75%、【角度】为 111 度、【距离】为 3 像素、【扩展】为 0%、【大小】为 5 像素，选中【使用全局光】复选框，如图 22-186 所示。文字效果如图 22-187 所示。

图 22-186　　　　　　　图 22-187

Step⑰ 输入字母。使用相同的方法输入字母，设置【字体大小】分别为 24 点和 52 点，如图 22-188 所示。图像效果如图 22-189 所示。

图 22-188　　　　　　图 22-189

**Step18** 打开模板文件并粘贴图像。按【Ctrl+A】组合键全选图像，执行【编辑】→【合并拷贝】命令，合并拷贝图像。打开"素材文件\第22章\案例29\灯箱模板 .tif"文件，按【Ctrl+V】组合键粘贴图像，命名为【效果图】，如图22-190所示。

图 22-190

**Step19** 变换图像。执行【编辑】→【变换】→【扭曲】命令，拖动4个节点，贴合到模板轮廓上，如图22-191所示。

图 22-191

**Step20** 混合图层。更改【效果图】图层混合模式为【颜色加深】，效果如图22-192所示。

图 22-192

**Step21** 添加调整图层，统一图像色调。在【调整】面板中，单击【创建新的颜色查找调整图层】按钮，如图22-193所示。在【属性】面板中，设置【3DLUT文件】为【Crisp_Warm.look】，如图22-194所示。

图 22-193　　　　　　图 22-194

**Step22** 完成图像效果制作。统一图像色调后，最终效果如图22-195所示。

图 22-195

# 本章小结

　　本章主要介绍了一些商业广告设计的案例，即网站 LOGO 设计、卡片设计、宣传单页设计、宣传海报设计、食品包装设计和灯箱户外广告设计六大案例。商业广告种类繁多，不同的商业广告有不同的特点。在制作商业广告时，不仅需要根据宣传对象进行创意设计，还需要根据商业广告种类的特点进行设计制作。当然，软件只是实现目的的手段，要想设计出真正出彩的作品，还需掌握与设计相关的基础理论知识。

# 第23章 UI 界面设计

> → 手机软件 UI 界面设计
> → 手机游戏 UI 设计
> → 网页导航栏设计
> → 网页设计

　　UI 界面广泛存在于人们的日常生活中，精美的 UI 界面设计除了能够带给人们视觉享受以外，还能让人机对话更加自然流畅。在进行界面 UI 设计时，不仅要考虑设计风格的统一和色彩搭配的和谐，还要考虑人机互动，人性化设计是 UI 界面设计中最重要的因素。本章将介绍一些经典的 UI 界面设计案例，希望通过这些案例，读者能对 UI 界面设计有基本的了解。

## 案例 30： 手机软件 UI 界面设计

| 素材文件 | 素材文件 \ 第23章 \ 案例30\ 狗狗 .jpg、动物 .tif、蓝矩形 .tif、图标 .tif、图标2.tif、主图 .tif |
|---|---|
| 结果文件 | 结果文件 \ 第23章 \ 手机软件 UI 设计 .psd |

　　手机 UI 是将设计和手机结合起来。在设计手机软件 UI 界面时，不仅要根据软件的使用特点进行设计，还要根据手机的特点，设计出符合用户需要的操作界面。本案例是宠物管理软件，整体色调采用绿色，配色采用近似色，整体风格平和而不失活泼，图像效果如图 23-1 所示。

图 23-1

**Step01** 新建文件。执行【文件】→【新建】命令，在【新建】对话框中，设置【宽度】为 640 像素、【高度】

为 1136 像素、【分辨率】为 72 像素 / 英寸，单击【确定】按钮，如图 23-2 所示。

图 23-2

**Step02** 创建图层组。新建【头】图层组，效果如图 23-3 所示。

**Step03** 绘制矩形。设置前景色为绿色【#029896】，选择【矩形工具】，在选项栏中，选择【形状】选项，拖动鼠标绘制形状，更改图层名为【绿矩形】，效果如图 23-4 所示。

图 23-3　　　　　　　　　图 23-4

**Step04** 置入"蓝矩形"素材文件。执行【文件】→【置入】命令，置入"素材文件\第 23 章\案例 30\蓝矩形 .tif"文件，将其放置到文件顶部，栅格化【蓝矩形】图层，如图 23-5 所示。

图 23-5

**Step 05** 输入文字。使用【横排文字工具】输入白色文字"未登录"和"版本"，在选项栏中，设置【字体】为微软雅黑、【字体大小】为 28 点，如图 23-6 所示。

图 23-6

**Step 06** 输入标题文字。继续使用【横排文字工具】输入白色文字"宠物"，在选项栏中，设置【字体】为微软雅黑、【字体大小】为 36 点，如图 23-7 所示。

图 23-7

**Step 07** 新建图层。新建【底色】图层，将其移动到【背景】图层上方，如图 23-8 所示。

**Step 08** 填充【底色】图层。设置前景色为浅绿色【#a4d5d0】，背景为稍深的绿色【#5eb5ad】。选择【渐变工具】，单击选项栏中的【点按可编辑】下拉按钮，选择【从前景色到背景色】渐变，设置渐变方式为【线性渐变】，从上往下拖动鼠标，填充渐变色，如图 23-9 所示。

图 23-8

图 23-9

**Step 09** 新建图层组，绘制形状。新建【狗狗】图层组，如图 23-10 所示。设置前景色为黄色【#fff100】，选择【椭圆工具】，在选项栏中，选择【形状】选项，按住【Shift】键拖动鼠标绘制形状，如图 23-11 所示。

图 23-10　　　　　　　图 23-11

**Step 10** 添加"狗狗"素材文件。打开"素材文件\第 23 章\案例 30\狗狗 .jpg"文件，将其拖动到当前图像中，命名为【狗狗】，如图 23-12 所示。

**Step 11** 添加图层蒙版，隐藏背景。为【狗狗】图层添加图层蒙版，使用黑色【画笔工具】在边缘涂抹，隐藏背景，如图 23-13 所示。

图 23-12　　　　　　　图 23-13

**Step 12** 输入文字。使用【横排文字工具】输入文字"狗狗"，在选项栏中，设置【字体】为黑体、【字体大小】为 22 点、颜色为黄色【#fff100】，如图 23-14 所示。

图 23-14

**Step 13** 复制图层组。复制 3 个图层组，分别命名为【猫咪】【金鱼】和【小鸟】，如图 23-15 所示。图像效果如

图 23-16 所示。

图 23-15　　　　　　　　图 23-16

**Step14** 分布图层组。在选项栏中，单击【水平居中分布】按钮，如图 23-17 所示。图层组水平居中分布效果如图 23-18 所示。

图 23-17　　　　　　　　图 23-18

**Step15** 添加动物素材文件。打开"素材文件\第23章\案例 30\ 动物 .tif"文件，将其拖动到当前图像中，调整到适当位置，如图 23-19 所示。

**Step16** 添加图层蒙版，隐藏背景。使用相同的方法添加图层蒙版，隐藏背景图像，如图 23-20 所示。

图 23-19　　　　　　　　图 23-20

**Step17** 添加"主图"素材。打开"素材文件\第23章\案例 30\ 主图 .tif"文件，将其拖动到当前图像中，移动到适当位置，如图 23-21 所示。

图 23-21

**Step18** 新建图层组，绘制形状。新建【帖子】图层组，如图 23-22 所示。设置前景色为白色，选择【圆角矩形工具】，在选项栏中，设置【半径】为 20 像素，拖动鼠标绘制图形，如图 23-23 所示。

图 23-22　　　　　　　　图 23-23

**Step19** 添加投影效果。双击图层，在打开的【图层样式】对话框中，选中【投影】复选框，设置【不透明度】为 38%、【角度】为 120 度、【距离】为 2 像素、【扩展】为 1%、【大小】为 5 像素，选中【使用全局光】复选框，如图 23-24 所示。投影效果如图 23-25 所示。

图 23-24　　　　　　　　图 23-25

**Step20** 添加"图标"素材文件。打开"素材文件\第23章\案例 30\ 图标 .tif"文件，将其拖动到当前图像中，移动到适当位置，如图 23-26 所示。

图 23-26

**Step21** 输入段落文字。选择【横排文字工具】，在图像中拖动鼠标创建段落文本框并输入文字，在【字符】面板中，设置【字体】为华文楷体、【字体大小】为15点、【行距】为24点，效果如图23-27所示。

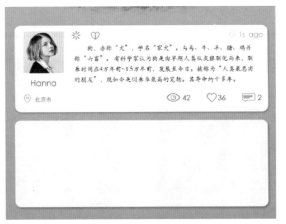

图23-27

**Step22** 复制圆角矩形图层。复制【圆角矩形形状】图层，将其移动到下方适当位置，并添加投影图层样式，如图23-28所示。

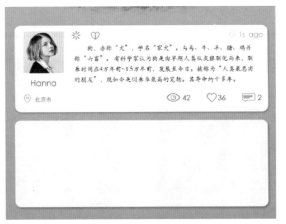

图23-28

**Step23** 添加"图标"素材，输入段落文字。打开"素材文件 \ 第23章 \ 案例30\ 图标2.tif"文件，使用相同的方法添加段落文字，如图23-29所示。

图23-29

**Step24** 更改圆底及文字颜色。选择【移动工具】，分别

选中上部的圆底，分别更改颜色为洋红【#e400ff】、青色【#00ffde】、绿色【#2fe7a8】，将文字全部更改为黑色，效果如图23-30所示。

图23-30

**Step25** 多次复制主图图层。复制主图图层多次，增加主图的立体效果，如图23-31所示。

图23-31

**Step26** 添加描边效果。双击洋红底图【椭圆1】图层，如图23-32所示。在【图层样式】对话框中，选中【描边】复选框，设置【大小】为4像素、描边颜色为洋红【#7b6a62】，如图23-33所示。

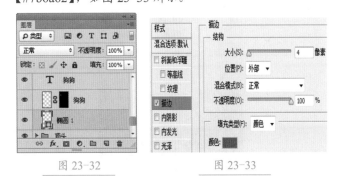

图23-32        图23-33

**Step27** 设置图层填充值，完成界面制作。更改【椭圆1】图层【填充】为50%，如图23-34所示。最终图像效果如图23-35所示。

图 23-34　　　　　图 23-35

## 案例 31：手机游戏 UI 设计

| 素材文件 | 素材文件 \ 第 23 章 \ 案例 31\ 主图 .jpg |
|---|---|
| 结果文件 | 结果文件 \ 第 23 章 \ 手机游戏 UI 设计 .psd |

随着智能手机的普及，手机游戏也发展得越来越快，但由于手机屏幕的限制，决定了在设计手机游戏时，其画面要简洁、文字不要太复杂等特点。本案例中手机游戏 UI 设计简洁、主题明确，并且画面颇具吸引力，最终效果如图 23-36 所示。

图 23-36

Step 01 新建文件。执行【文件】→【新建】命令，在【新建】对话框中，设置【宽度】为 650 像素、【高度】为 950 像素、【分辨率】为 72 像素 / 英寸，单击【确定】

按钮，如图 23-37 所示。

图 23-37

Step 02 打开素材文件。打开"素材文件 \ 第 23 章 \ 案例 31\ 主图 .jpg"文件，将其拖动到当前图像中，命名为【底图】，如图 23-38 所示。

Step 03 输入文字。使用【横排文字工具】输入文字"打怪兽"，在选项栏中，设置【字体】为汉仪舒同体简、【字体大小】为 155 点，如图 23-39 所示。

图 23-38　　　　　图 23-39

Step 04 添加描边效果。在【图层样式】对话框中，选中【描边】复选框，设置【大小】为 7 像素、描边【颜色】为土黄色【#662f02】，如图 23-40 所示。描边效果如图 23-41 所示。

图 23-40　　　　　图 23-41

Step 05 添加渐变叠加效果。在【图层样式】对话框中，选中【渐变叠加】复选框，设置【样式】为线性、【角度】为90度、【缩放】为100%，设置渐变色标为绿色【#11e206】、黄色【#ffff00】，如图23-42所示。渐变效果如图23-43所示。

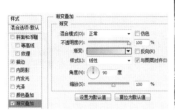

图 23-42　　　　　　　　图 23-43

**Step06** 新建图层组，绘制路径。新建图层组，命名为【继续游戏】，如图23-44所示。选择【圆角矩形工具】，在选项栏中，设置【半径】为30像素，选择【路径】选项，拖动鼠标绘制路径，如图23-45所示。

图 23-44　　　　　　　　图 23-45

**Step07** 载入选区，填充颜色。新建图层，命名为【深绿】。按【Ctrl+Enter】组合键，将路径转换为选区，并填充深绿色，按【Ctrl+D】组合键取消选区，如图23-46所示。

图 23-46

**Step08** 新建图层，绘制路径。新建图层，命名为【渐变】。继续绘制圆角矩形路径，如图23-47所示。

图 23-47

**Step09** 填充渐变色。设置前景色为黄色【#ebee63】、背景色为绿色【#67c340】，选择【渐变工具】，在选项栏中，选择【前景色到背景色渐变】选项，如图23-48所示。从上往下拖动鼠标填充渐变色，如图23-49所示。

图 23-48　　　　　　　　图 23-49

**Step10** 新建图层，绘制路径。新建图层，命名为【浅绿】。继续绘制圆角矩形路径，如图23-50所示。

图 23-50

**Step11** 填充选区颜色，新建图层。按【Ctrl+Enter】组合键，转换路径为选区并填充浅绿色【#aee153】，如图23-51所示。新建图层，命名为【高光】，使用【矩形选框工具】创建选区，并填充白色，如图23-52所示。

图 23-51　　　　　　　　图 23-52

**Step12** 载入选区。按住【Ctrl】键，选中【深绿】图层

缩览图，如图 23-53 所示。载入图层选区，如图 23-54
所示。

图 23-53　　　　　　　　图 23-54

**Step⑬** 限制【高光】图层显示范围。单击【图层】面板
底部的【添加矢量蒙版】按钮，添加蒙版，限制【高光】
图层的显示范围，如图 23-55 所示。

图 23-55

**Step⑭** 创建选区。使用【多边形套索工具】创建选区，
如图 23-56 所示。

图 23-56

**Step⑮** 填充选区颜色，修改图像效果。选中【高光】图
层的蒙版缩览图，为选区填充白色，修改图层蒙版，如
图 23-57 所示。

图 23-57

**Step⑯** 混合图层。更改【高光】图层混合模式为【柔
光】，如图 23-58 所示。图像效果如图 23-59 所示。

图 23-58　　　　　　　　图 23-59

**Step⑰** 修改图像效果，新建图层。使用黑色【画笔工
具】适当修改图层蒙版，如图 23-60 所示。新建图层，
命名为【亮条】，将其移动到【浅绿】图层上方，如
图 23-61 所示。

图 23-60　　　　　　　　图 23-61

**Step⑱** 创建选区。使用【矩形选框工具】创建选区，如
图 23-62 所示。

图 23-62

**Step⑲** 填充渐变色。选择【渐变工具】，在选项栏中，
单击渐变色条，在打开的【渐变编辑器】对话框中，设
置渐变色为绿色【#8ed239】、浅绿色【#b9f074】、绿色
【#8dd137】，如图 23-63 所示。拖动鼠标填充渐变色，
按【Ctrl+D】组合键取消选区，如图 23-64 所示。

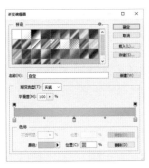

图 23-63　　　　　图 23-64

Step⑳ 输入文字。使用【横排文字工具】输入文字"继续游戏"，在选项栏中，设置【字体】为方正粗圆简体、【字体大小】为 50 点，如图 23-65 所示。

图 23-65

Step㉑ 复制图层组，调整图层组位置。复制 3 个图层组，并将它们选中，如图 23-66 所示。调整图层组位置，如图 23-67 所示。

图 23-66　　　　　图 23-67

Step㉒ 分布图层组。在选项栏中，单击【垂直居中分布】按钮，如图 23-68 所示。效果如图 23-69 所示。

图 23-68　　　　　图 23-69

Step㉓ 更改文字内容。更改下方文字内容为【单机模式】和【联网模式】，如图 23-70 所示。图层组名称也相应修改，如图 23-71 所示。

图 23-70　　　　　图 23-71

Step㉔ 调整【单机模式】按钮颜色。在【单机模式】图层组上方创建【色相/饱和度1】调整图层，在【属性】面板中，选中【着色】复选框，设置【色相】为 287、【饱和度】为 93、【明度】为 0，单击【此调整剪切到下方图层】按钮，如图 23-72 所示。图像效果如图 23-73 所示。

图 23-72　　　　　图 23-73

Step㉕ 调整【联网模式】按钮颜色。使用相同的方法在【联网模式】图层组上方创建【色相/饱和度2】调整图层，在【属性】面板中设置【色相】为 +121、【饱和度】为 +63、【明度】为 0，单击【此调整剪切到下方图层】按钮，如图 23-74 所示。图像效果如图 23-75 所示。

图 23-74　　　　　图 23-75

Step26 设置图层混合模式，混合图像。选择【联网模式】图层组中的【浅绿】图层，更改图层混合模式为【变亮】，如图 23-76 所示。图像效果如图 23-77 所示。

图 23-76

图 23-77

Step27 盖印图层。选中 3 个图层组，包括调整图层，如图 23-78 所示。按【Ctrl+Alt+E】组合键，盖印所选图层，命名为【按钮】，如图 23-79 所示。

图 23-78

图 23-79

Step28 添加镜头光晕效果。执行【滤镜】→【渲染】→【镜头光晕】命令，在【镜头光晕】对话框中，设置【亮度】为100%、【镜头类型】为【50-300 毫米变焦】，移动光晕中心到左上位置，单击【确定】按钮，如图 23-80 所示。光晕效果如图 23-81 所示。

图 23-80

图 23-81

Step29 添加镜头光晕效果。执行【滤镜】→【渲染】→【镜头光晕】命令，在【镜头光晕国】对话框中，设置【亮度】为100%、【镜头类型】为【50-300 毫米变焦】，移动光晕中心到左中位置，单击【确定】按钮，如图 23-82 所示。光晕效果如图 23-83 所示。

图 23-82

图 23-83

Step30 添加镜头光晕效果。执行【滤镜】→【渲染】→【镜头光晕】命令，在【镜头光晕】对话框中，设置【亮度】为100%、【镜头类型】为【50-300 毫米变焦】，移动光晕中心到左下位置，单击【确定】按钮，如图 23-84 所示。光晕效果如图 23-85 所示。

图 23-84

图 23-85

Step31 添加模糊效果。执行【滤镜】→【模糊】→【高斯模糊】命令，在【高斯模糊】对话框中，设置【半径】为10像素，单击【确定】按钮，如图 23-86 所示。图像效果如图 23-87 所示。

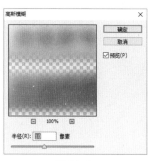

图 23-86　　　　　　　图 23-87

**Step 32** 混合图层。更改【按钮】图层【混合模式】为滤色、【不透明度】为 50%，如图 23-88 所示。最终效果如图 23-89 所示。

图 23-88　　　　　　　图 23-89

## 案例 32：网页导航栏设计

| 素材文件 | 素材文件 \ 第 23 章 \ 无 |
|---|---|
| 结果文件 | 结果文件 \ 第 23 章 \ 网页导航栏 .psd |

网页导航栏通常放置在网站正文的上方或下方，能够为精心设计的导航条提供一个很好的展示空间。导航栏风格要与网站的整体风格统一。本例是幼儿园网站导航栏，配色比较鲜艳，效果如图 23-90 所示。

图 23-90

**Step 01** 新建文档。执行【文件】→【新建】命令，在【新建】对话框中，设置【宽度】为 867 像素、【高度】为 158 像素、【分辨率】为 72 像素 / 英寸，单击【确定】

按钮，如图 23-91 所示。

图 23-91

**Step 02** 填充颜色。设置前景色为灰色【#e0e0e0】，按【Alt+Delete】组合键，为背景填充灰色，如图 23-92 所示。

图 23-92

**Step 03** 绘制路径。选择【圆角矩形工具】，在选项栏中，选择【路径】选项，设置【半径】为 70 像素，拖动鼠标绘制路径，如图 23-93 所示。

图 23-93

**Step 04** 设置渐变色，新建图层。选择【渐变工具】，在选项栏中，单击渐变色条，在打开的【渐变编辑器】对话框中，设置渐变色标为橙色【#ffc900】、深橙色【#ff9a00】、橙色【#ffc900】，如图 23-94 所示。新建【底色】图层，如图 23-95 所示。

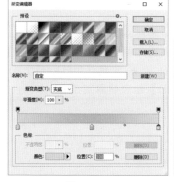

图 23-94　　　　　　　图 23-95

**Step 05** 填充渐变色。从上到下拖动鼠标，填充渐变色，如图 23-96 所示。

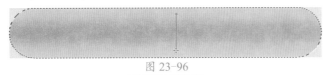

图 23-96

**Step 06** 添加内阴影效果。双击图层，在打开的【图层样式】对话框中，选中【内阴影】复选框，设置【混合模式】为正片叠底、阴影颜色为橙色【#ffab00】、【不透明度】为 75%、【角度】为 120 度、【距离】为 0 像素、【阻塞】为 0%、【大小】为 24 像素，如图 23-97 所示。

**Step 07** 添加投影效果。选中【投影】复选框，设置【不透明度】为 9%、【角度】为 120 度、【距离】为 17 像素、【扩展】为 0%、【大小】为 13 像素，选中【使用全局光】复选框，如图 23-98 所示。

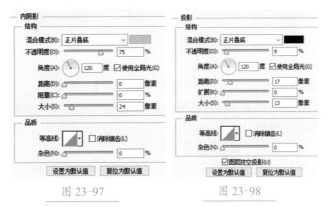

图 23-97　　　　　　　图 23-98

**Step 08** 查看图像效果。添加内阴影和投影图层样式后，图像效果如图 23-99 所示。

图 23-99

**Step 09** 新建图层，创建选区。新建图层，命名为【圆 1】，如图 23-100 所示。选择【椭圆选框工具】，按住【Shift】键拖动鼠标创建选区，并填充黄色【#ffd400】，如图 23-101 所示，按【Ctrl+D】组合键取消选区。

图 23-100　　　　　　　图 23-101

**Step 10** 添加内阴影效果。双击【圆 1】图层，在打开的【图层样式】对话框中，选中【内阴影】复选框，设置【混合模式】为正片叠底、阴影颜色为浅黄色【#ffd800】、【不透明度】为 75%、【角度】为 120 度、【距离】为 0 像素、【阻塞】为 0%、【大小】为 29 像素，如图 23-102 所示。效果如图 23-103 所示。

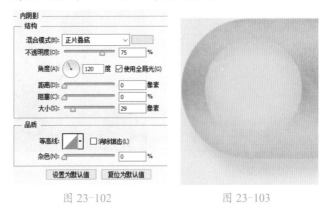

图 23-102　　　　　　　图 23-103

**Step 11** 输入文字。使用【横排文字工具】输入深褐色【#a0550d】的文字"网站首页"，在选项栏中，设置【字体】为黑体、【字体大小】为 15 点，如图 23-104 所示。

图 23-104

**Step 12** 复制图形。按住【Alt】键，拖动鼠标复制 4 个圆形，分别命名为【圆 2】【圆 3】【圆 4】【圆 5】，如图 23-105 所示。

图 23-105

Step⑬ 添加描边效果。双击【圆3】图层，如图23-106所示。在打开的【图层样式】对话框中，选中【描边】复选框，设置【大小】为2像素、描边颜色为白色，如图23-107所示。

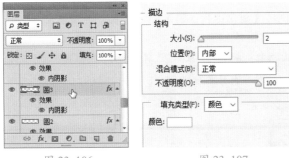

图 23-106　　　　　图 23-107

Step⑭ 添加投影效果。选中【投影】复选框，设置投影颜色为深黄色【#cfb577】，设置【不透明度】为75%、【角度】为120度、【距离】为5像素、【扩展】为0%、【大小】为5像素，选中【使用全局光】复选框，如图23-108所示。添加图层样式后，图像效果如图23-109所示。

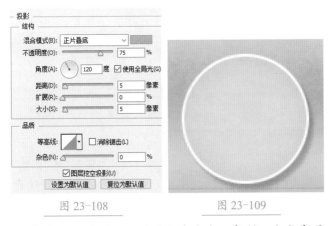

图 23-108　　　　　图 23-109

Step⑮ 复制文字图层，更改文字内容。复制4个文字图层，更改文字内容，如图23-110所示。

图 23-110

Step⑯ 绘制路径。选择【圆角矩形工具】，在选项栏中，选择【路径】选项，设置【半径】为70像素，拖动鼠标绘制路径，如图23-111所示。

图 23-111

Step⑰ 转换路径为选区并填充颜色。新建图层，命名为【橙底】。按【Ctrl+Enter】组合键，将路径转换为选区，并填充橙色【#ff7900】，如图23-112所示，按【Ctrl+D】组合键取消选区。

图 23-112

Step⑱ 添加内阴影效果。双击【橙底】图层，在打开的【图层样式】对话框中，选中【内阴影】复选框，设置【混合模式】为正片叠底、阴影颜色为浅黄色【#ffd800】、【不透明度】为75%、【角度】为120度、【距离】为0像素、【阻塞】为0%、【大小】为24像素，如图23-113所示。内阴影效果如图23-114所示。

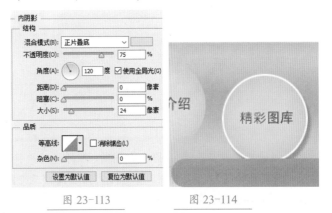

图 23-113　　　　　图 23-114

Step⑲ 输入文字。使用【横排文字工具】输入白色文字，在选项栏中，设置【字体】为黑体、【字体大小】为13点，如图23-115所示。

图 23-115

**Step 20** 输入文字。使用【横排文字工具】输入白色文字"宝贝天空幼儿园"，在选项栏中，设置【字体】为方正卡通简体、【字体大小】为 30 点，如图 23-116 所示。

**Step 21** 输入字母。使用【横排文字工具】输入字母"Baby Sky Kindergarten"，在选项栏中设置【字体】为方正卡通简体、【字体大小】为 30 点，如图 23-117 所示。

图 23-116

图 23-117

**Step 22** 新建图层，创建选区。新建【橙底 2】图层，使用【圆角矩形工具】绘制图形，并创建选区，将选区填充为橙色（#ff9500），如图 23-118 所示，按【Ctrl+D】组合键取消选区。

图 23-118

**Step 23** 拷贝图层样式。右击【橙底】图层，在弹出的快捷键菜单中，选择【拷贝图层样式】命令；右击【橙底 2】图层，在弹出的快捷键菜单中，选择【粘贴图层样式】命令，粘贴样式到【橙底 2】图层中，如图 23-119 所示。

图 23-119

**Step 24** 绘制白框。新建【白框】图层，如图 23-120 所示。使用【矩形选框工具】创建选区，并填充白色，如图 23-121 所示。

图 23-120　　　　　图 23-121

**Step 25** 输入文字。使用【横排文字工具】输入文字"搜索"，在选项栏中，设置【字体】为黑体、【字体大小】为 15 点，如图 23-122 所示。

图 23-122

**Step 26** 更改文字颜色。分别更改"宝""贝""天""空"文字颜色为洋红【#ea1cfc】、黄色【#f4fd06】、绿色【#1aeed3】和红色【#d91765】，如图 23-123 所示。

图 23-123

**Step 27** 添加颜色叠加效果。双击【圆 1】图层，在打开的【图层样式】对话框中，选中【颜色叠加】复选框，设置【混合模式】为颜色、颜色为洋红【#ea1cfc】，如图 23-124 所示。效果如图 23-125 所示。

图 23-124 　　　　　图 23-125

Step 28 为其他图层添加颜色叠加效果。使用相同的方法为其他几个图层添加【颜色叠加】图层样式，叠加颜色分别为黄色【#f4fd06】、绿色【#1aeed3】和红色【#d91765】，效果如图 23-126 所示。

图 23-126

## 案例 33：网页设计

| 素材文件 | 素材文件 \ 第 23 章 \ 案例 33\ 图片文字 .tif、枝桠 .tif、盘 .tif、筷子 .tif |
|---|---|
| 结果文件 | 结果文件 \ 第 23 章 \ 网页设计 .psd |

在设计网页时，首先根据网页主题制作网页底图，本例使用橙黄色底图，与食品的色彩相协调；然后制作网页主体结构；最后制作装饰内容，使网页外观更加完美。最终网页效果如图 23-127 所示。

图 23-127

Step 01 新建文件。按【Ctrl+N】组合键，执行【新建】命令。在【新建】对话框中，设置【宽度】为 1440 像素，【高度】为 1440 像素、【分辨率】为 72 像素 / 英寸，单击【确定】按钮，如图 23-128 所示。

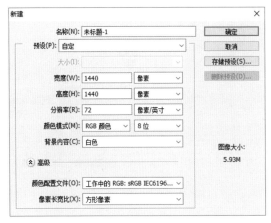

图 23-128

Step 02 创建底渐变。新建图层，命名为【底渐变】。双击图层，在【图层样式】对话框中，选中【渐变叠加】复选框，设置【样式】为线性、【角度】为 90 度、【缩放】为 143%，单击渐变色条，如图 23-129 所示。

图 23-129

Step 03 设置渐变色。在【渐变编辑器】对话框中，设置渐变色标为黄色【#f9e09c】、白色，并调整色标位置，如图 23-130 所示。

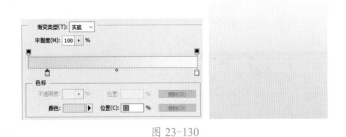

图 23-130

Step 04 创建下渐变。新建图层，命名为【下渐变】。使用【矩形选框工具】创建选区，并填充任意颜色，如图 23-131 所示。

Step 05 添加渐变叠加效果。双击【下渐变】图层，在【图层样式】对话框中，选中【渐变叠加】复选框，设置【样式】为线性、【角度】为 90 度、【缩放】为 143%，单击渐变色条，如图 23-132 所示。

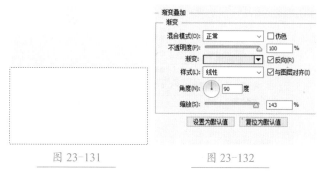

图 23-131                    图 23-132

Step 06 设置渐变色。在【渐变编辑器】对话框中，设置渐变色标为黄色【#f9e09c】、浅黄色【#fce9b9】，并调整色标位置，如图 23-133 所示，图像效果如图 23-134 所示。

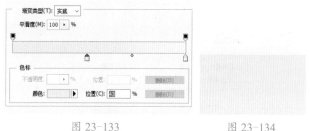

图 23-133                    图 23-134

Step 07 创建正片叠底图层。新建图层，命名为【正片叠底】。使用【矩形选框工具】创建选区，并填充黄色【#e2c270】，如图 23-135 所示。

Step 08 旋转图像。执行【编辑】→【变换】→【旋转 90 度（顺时针）】命令，旋转图像后移动到适当位置，显示出所有图像，如图 23-136 所示。

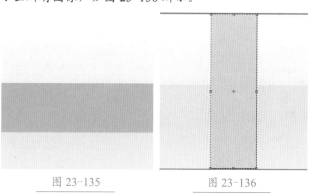

图 23-135                    图 23-136

Step 09 添加杂色。执行【滤镜】→【杂色】→【添加杂色】命令，在【添加杂色】对话框中，设置【数量】为 20%、【分布】为高斯分布，选中【单色】复选框，如图 23-137 所示。

Step 10 模糊图像。执行【滤镜】→【模糊】→【动感模糊】命令，在【动感模糊】对话框中，设置【角度】为 0 度、【距离】为 20 像素，如图 23-138 所示。

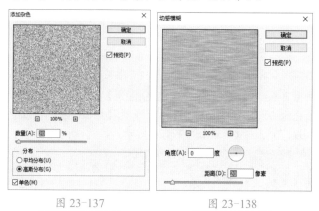

图 23-137                    图 23-138

Step 11 旋转图像。执行【编辑】→【变换】→【旋转 90 度（逆时针）】命令，旋转图像后移动到适当位置，显示出所有图像，如图 23-139 所示。

Step 12 添加图层蒙版。为图层添加图层蒙版，使用黑色【画笔工具】在下方涂抹，修改图层蒙版，效果如图 23-140 所示。

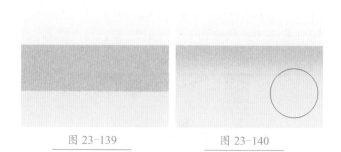

图 23-139                    图 23-140

Step 13 添加"枝桠"素材文件。打开"素材文件\第 23 章\案例 33\枝桠.tif"文件，将其移动到适当位置，如图 23-141 所示。

Step 14 添加"筷子"素材文件。打开"素材文件\第 23 章\案例 33\筷子.tif"文件，将其拖动到当前文件中，移动到适当位置，如图 23-142 所示。

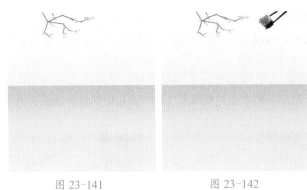

图 23-141　　　　　图 23-142

**Step15** 添加"盘"素材文件。打开"素材文件\第23章\案例33\盘.tif"文件，将其拖动到当前文件中，移动到适当位置，如图 23-143 所示。

**Step16** 添加矢量蒙版。使用【钢笔工具】沿着盘轮廓勾画路径，执行【图层】→【矢量蒙版】→【当前路径】命令，隐藏路径外的图像，效果如图 23-144 所示。

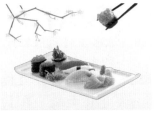

图 23-143　　　　　图 23-144

**Step17** 输入文字。使用【横排文字工具】在图像中输入文字"自助料理 美食之都"，如图 23-145 所示。

图 23-145

**Step18** 设置文字属性。在【字符】面板中，设置【字体】为汉仪粗宋简、【字体大小】为 80 点、【行距】为 79 点、文字颜色为橙红色【#e83201】，单击【仿粗体】按钮**T**，如图 23-146 所示。图像效果如图 23-147 所示。

图 23-146　　　　　图 23-147

**Step19** 创建顶栏。新建图层，命名为【顶栏】。使用【矩形选框工具】创建选区，并填充黄色【#e2bc55】，按【Ctrl+D】组合键取消选区，如图 23-148 所示。

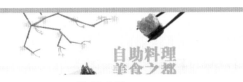

图 23-148

**Step20** 创建黑块。新建图层，命名为【黑块】。选择【圆角矩形工具】，在选项栏中，选择【像素】选项，设置【半径】为 10 像素，设置前景色为黑色，并绘制圆角矩形，如图 23-149 所示。

**Step21** 调整不透明度。降低【黑块】图层的【不透明度】为 50%，如图 23-150 所示。

图 23-149　　　　　图 23-150

**Step22** 输入字母。使用【横排文字工具】输入字母"LIAO LI MEISHI"，在选项栏中，设置【字体】为【Birch Std】、【字体大小】为 74 点、字体颜色为黄色【#f99412】，如图 23-151 所示。

**Step23** 为文字添加斜面和浮雕效果。双击【字母】图层，打开【图层样式】对话框，选中【斜面和浮雕】复选框，设置【样式】为内斜面、【方法】为平滑、【深度】281%、【方向】为上、【大小】120 像素、【软化】为 15像素、【角度】为 120 度、【高度】为 30 度，设置高光模式颜色为黄色【#fafb94】、【不透明度】为 35%，阴

第 1 篇　第 2 篇　第 3 篇　第 4 篇

影模式【不透明度】为 0%，如图 23-152 所示。

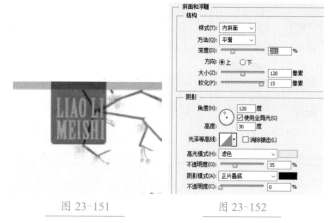

图 23-151　　　　　图 23-152

**Step24** 为文字添加描边效果。选中【描边】复选框，设置描边【大小】为 4 像素、【位置】为内部、颜色为黄色【#f99c1d】，如图 23-153 所示。

**Step25** 为文字添加投影效果。选中【投影】复选框，设置【不透明度】为 36%、【距离】为 2 像素、【扩展】为 0%、【大小】为 1 像素，如图 23-154 所示。

图 23-153　　　　　图 23-154

**Step26** 创建黑色导航。添加图层样式效果的文字如图 23-155 所示。新建图层，命名为【黑色导航】，选择【圆角矩形工具】，在选项栏中，选择【像素】选项，设置【填充】为黑色、【半径】为 10 像素，拖动鼠标绘制图像，如图 23-156 所示。

图 23-155　　　　　图 23-156

**Step27** 删除多余图像。使用【矩形选框工具】选中下方图像，按【Delete】键删除，调整图层【不透明度】为 50%，如图 23-157 所示。

**Step28** 创建橙色导航。新建图层，命名为【橙色导航】，使用相同的方向创建橙色【#fac177】导航块，如图 23-158 所示。

图 23-157　　　　　图 23-158

**Step29** 创建直线。设置前景色为浅黄色【#f8e8b8】，新建图层，命名为【直线】。选择【直线工具】，在选项栏中，设置【粗细】为 1 像素，绘制 3 条直线，如图 23-159 所示。

**Step30** 输入文字。使用【横排文字工具】输入文字"主页 菜单 配料 加盟"，在【字符】面板中，设置【字体】为黑体、【字体大小】为 18 点、【行距】为 50 点、文字【颜色】为橙色【#f9aa47】和浅黄色【#fcdaa1】，如图 23-160 所示。

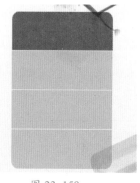 

图 23-159　　　　　图 23-160

**Step31** 创建上文字底图。新建图层，命名为【上文字底图】，选择【圆角矩形工具】，在选项栏中，选择【像素】选项，设置【填充】为浅黄色【#fdf6e3】，设置【半径】为 10 像素，拖动鼠标绘制图像，如图 23-161 所示。

图 23-161

Step 32 添加描边图层样式。双击【上文字底图】图层，在【图层样式】对话框中，选中【描边】复选框，设置【大小】为 6 像素、【位置】为外部、【不透明度】为 40%、描边颜色为浅黄色【#f9f0d6】，如图 23-162 所示。

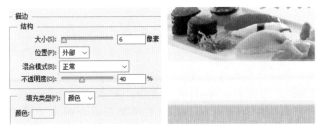

图 23-162

Step 33 创建下文字底图。新建图层，命名为【下文字底图】。选择【圆角矩形工具】，在选项栏中，选择【像素】选项，设置【填充】为浅橙色【#f1dfb3】，设置【半径】为 10 像素，拖动鼠标绘制图像。使用相同的方法添加描边图层样式，如图 23-163 所示。

Step 34 创建【下文字底小】图层。新建图层，命名为【下文字底小】。绘制稍小的圆角矩形，填充任意颜色，按【Ctrl+D】组合键取消选区，如图 23-164 所示。

图 23-163          图 23-164

Step 35 添加斜面和浮雕图层样式。双击【下文字底小】图层，在打开的【图层样式】对话框中，选中【斜面和浮雕】复选框，设置【样式】为内斜面、【方法】为平滑、【深度】为 231%、【方向】为上、【大小】为 131 像

素、【软化】为 16 像素、【角度】为 120 度、【高度】为 30 度，设置【高光模式】为滤色、高光颜色为浅黄色【#fbeebb】、【不透明度】为 70%，设置【阴影模式】为正片叠底、阴影颜色为黑色、【不透明度】为 0%，如图 23-165 所示。

Step 36 添加渐变叠加图层样式。在【图层样式】对话框中，选中【渐变叠加】复选框，设置【样式】为线性、【角度】为 90 度、【缩放】为 100%，设置渐变色标为橙色【#eeda9d】、黄色【#f3e1a9】，如图 23-166 所示。

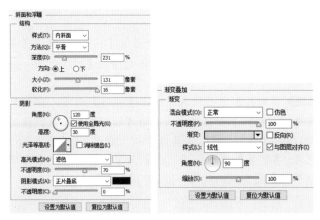

图 23-165          图 23-166

Step 37 复制图像。添加图层样式的图像效果如图 23-167 所示。复制【下文字底图】和【下文字底小】图层，命名为【下文字底右】和【下文字底右小】，将图像移至右边，如图 23-168 所示。

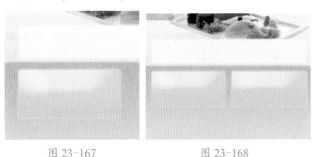

图 23-167          图 23-168

Step 38 创建方底图。选中【下文字底图】和【下文字小】图层，按住【Alt】键移动复制图像到左下方，按【Ctrl+T】组合键执行自由变换操作，缩小图像，如图 23-169 所示，将复制的【下文字底图 副本】和【下文字小 副本】图层命名为【方底图】和【方底图小】，并将其移动到【下文字底右小】图层上方，如图 23-170 所示。

图 23-169    图 23-170

**Step 39** 创建标签。新建图层,命名为【标签】。使用【多边形套索工具】创建选区,并填充橙色【#f18d33】,如图 23-171 所示。

**Step 40** 添加投影图层样式。双击【标签】图层,在打开的【图层样式】对话框中,选中【投影】复选框,设置【不透明度】为 45%、【角度】为 120 度、【距离】为 2 像素、【扩展】为 0%、【大小】为 3 像素,选中【使用全局光】复选框,效果如图 23-172 所示。

图 23-171    图 23-172

**Step 41** 创建标签底。新建图层,命名为【标签底】。使用【多边形套索工具】创建选区,并填充颜色,添加投影图层样式,如图 23-173 所示。

**Step 42** 创建其他标签。复制图层创建其他底和标签,如图 23-174 所示。

图 23-173    图 23-174

**Step 43** 绘制下文字底图。复制【上文字底】图层,命名为【下文字底】,将图像移动到标签图像下方,设置图层【不透明度】为 50%,效果如图 23-175 所示。

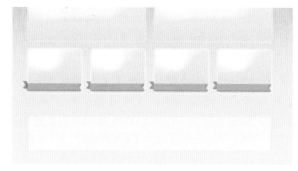

图 23-175

**Step 44** 添加图片文字素材。打开"素材文件\第23章\案例 33\图片文字.tif"文件,将其拖动到当前文件中,移动到适当位置,如图 23-176 所示。

**Step 45** 复制图层,水平翻转图像。复制【枝桠】图层,并将其移动到面板最上方,更改图层混合模式为【叠加】,执行【编辑】→【变换】→【水平翻转】命令,效果如图 23-177 所示。

图 23-176    图 23-177

## 本章小结

　　本章主要介绍了 UI 界面的制作方法,包括手机软件 UI 界面设计、手机游戏 UI 设计、网页导航栏设计及网页设计 4 个案例。随着互联网、手机 UI 的兴起,界面设计也变得越来越重要,除了要求美观外,人性化设计也成为一个重要的指标。

# 附录 A    Photoshop CS6 工具与快捷键索引

| 工具名称 | 快捷键 | 工具名称 | 快捷键 |
|---|---|---|---|
| 移动工具 | V | 矩形选框工具 | M |
| 椭圆选框工具 | M | 套索工具 | L |
| 多边形套索工具 | L | 磁性套索工具 | L |
| 快速选择工具 | W | 魔棒工具 | W |
| 吸管工具 | I | 颜色取样器工具 | I |
| 标尺工具 | I | 注释工具 | I |
| 透视裁剪工具 | C | 裁剪工具 | C |
| 切片选择工具 | C | 切片工具 | C |
| 修复画笔工具 | J | 污点修复画笔工具 | J |
| 修补工具 | J | 内容感知移动工具 | J |
| 画笔工具 | B | 红眼工具 | J |
| 颜色替换工具 | B | 铅笔工具 | B |
| 仿制图章工具 | S | 混合器画笔工具 | B |
| 历史记录画笔工具 | Y | 图案图章工具 | S |
| 橡皮擦工具 | E | 历史记录艺术画笔工具 | Y |
| 魔术橡皮擦工具 | E | 背景橡皮擦工具 | E |
| 油漆桶工具 | G | 渐变工具 | G |
| 加深工具 | O | 减淡工具 | O |
| 钢笔工具 | P | 海绵工具 | O |
| 横排文字工具 | T | 自由钢笔工具 | P |
| 横排文字蒙版工具 | T | 直排文字工具 | T |
| 路径选择工具 | A | 直排文字蒙版工具 | T |
| 矩形工具 | U | 直接选择工具 | A |
| 椭圆工具 | U | 圆角矩形工具 | U |
| 直线工具 | U | 多边形工具 | U |
| 抓手工具 | H | 自定形状工具 | U |
| 缩放工具 | Z | 旋转视图工具 | R |
| 前景色/背景色互换 | X | 默认前景色/背景色 | D |
| 切换屏幕模式 | F | 切换标准/快速蒙版模式 | Q |
| 临时使用吸管工具 | Alt | 临时使用移动工具 | Ctrl |
| 减小画笔大小 | [ | 临时使用抓手工具 | 空格 |
| 减小画笔硬度 | { | 增加画笔大小 | ] |
| 选择上一个画笔 | , | 增加画笔硬度 | } |
| 选择第一个画笔 | < | 选择下一个画笔 | , |
| 选择最后一个画笔 | > | | |

注意：在 Photoshop CS6 中同一工具组的快捷键是一样的，若要在同一工具组中使用快捷键切换，可按住【Shift】键＋该组工具的快捷键即可切换。

## 附录 B　Photoshop CS6 命令与快捷键索引

### 1.【文件】菜单快捷键

| 文件命令 | 快捷键 | 文件命令 | 快捷键 |
|---|---|---|---|
| 新建 | Ctrl+N | 打开 | Ctrl+O |
| 在 Bridge 中浏览 | Alt+Ctrl+O<br>Shift+Ctrl+O | 打开为 | Alt+Shift+Ctrl+O |
| 关闭 | Ctrl+W | 关闭全部 | Alt+Ctrl+W |
| 关闭并转到 Bridge | Shift+Ctrl+W | 存储 | Ctrl+S |
| 存储为 | Shift+Ctrl+S<br>Alt+Ctrl+S | 存储为 Web 所用格式 | Alt+Shift+Ctrl+S |
| 恢复 | F12 | 文件简介 | Alt+Shift+Ctrl+I |
| 打印 | Ctrl+P | 打印一份 | Alt+Shift+Ctrl+P |
| 退出 | Ctrl+Q | | |

### 2.【编辑】菜单快捷键

| 编辑命令 | 快捷键 | 编辑命令 | 快捷键 |
|---|---|---|---|
| 还原 / 重做 | Ctrl+Z | 前进一步 | Shift+Ctrl+Z |
| 后退一步 | Alt+Ctrl+Z | 渐隐 | Shift+Ctrl+F |
| 剪切 | Ctrl+X 或 F2 | 复制 | Ctrl+C 或 F3 |
| 合并拷贝 | Shift+Ctrl+C | 粘贴 | Ctrl+V 或 F4 |
| 原位粘贴 | Shift+Ctrl+V | 贴入 | Alt+Shift+Ctrl+V |
| 填充 | Shift+F5 | 内容识别比例 | Alt+Shift+Ctrl+C |
| 自由变换 | Ctrl+T | 再次变换 | Shift+Ctrl+T |
| 颜色设置 | Shift+Ctrl+K | 键盘快捷键 | Alt+Shift+Ctrl+K |
| 菜单 | Alt+Shift+Ctrl+M | 首选项 | Ctrl+K |

### 3.【图像】菜单快捷键

| 图像命令 | 快捷键 | 图像命令 | 快捷键 |
|---|---|---|---|
| 色阶 | Ctrl+L | 曲线 | Ctrl+M |
| 色相 / 饱和度 | Ctrl+U | 色彩平衡 | Ctrl+B |
| 黑白 | Alt+Shift+Ctrl+B | 反相 | Ctrl+I |
| 去色 | Shift+Ctrl+U | 自动色调 | Shift+Ctrl+L |
| 自动对比度 | Alt+Shift+Ctrl+L | 自动颜色 | Shift+Ctrl+B |
| 图像大小 | Alt+Ctrl+I | 画布大小 | Alt+Ctrl+C |

### 4.【图层】菜单快捷键

| 图层命令 | 快捷键 | 图层命令 | 快捷键 |
|---|---|---|---|
| 新建图层 | Shift+Ctrl+N | 新建通过拷贝的图层 | Ctrl+J |
| 新建通过剪切的图层 | Shift+Ctrl+J | 创建 / 释放剪贴蒙版 | Alt+Ctrl+G |
| 图层编组 | Ctrl+G | 取消图层编组 | Shift+Ctrl+G |

| 图层命令 | 快捷键 | 图层命令 | 快捷键 |
|---|---|---|---|
| 置为顶层 | Shift+Ctrl+] | 前移一层 | Ctrl+] |
| 后移一层 | Ctrl+[ | 置为底层 | Shift+Ctrl+[ |
| 置为顶层 | Shift+Ctrl+] | 合并选择图层 | Ctrl+E |
| 合并可见图层 | Shift+Ctrl+E | 盖印选择图层 | Alt+Ctrl+E |
| 盖印可见图层到当前层 | Alt+Shift+Ctrl+E | | |

## 5.【选择】菜单快捷键

| 选择命令 | 快捷键 | 选择命令 | 快捷键 |
|---|---|---|---|
| 全部选取 | Ctrl+A | 取消选择 | Ctrl+D |
| 重新选择 | Shift+Ctrl+D | 反向 | Shift+Ctrl+I<br>Shift+F7 |
| 所有图层 | Alt+Ctrl+A | 调整边缘 | Alt+Ctrl+R |
| 羽化 | Shift+F6 | 查找图层 | Alt+Shift+Ctrl+F |

## 6.【滤镜】菜单快捷键

| 滤镜命令 | 快捷键 | 滤镜命令 | 快捷键 |
|---|---|---|---|
| 上次滤镜操作 | Ctrl+F | 镜头校正 | Shift+Ctrl+R |
| 液化 | Shift+Ctrl+X | 消失点 | Alt+Ctrl+V |
| 自适应广角 | Shift+Ctrl+A | | |

## 7.【视图】菜单快捷键

| 视图命令 | 快捷键 | 视图命令 | 快捷键 |
|---|---|---|---|
| 校样颜色 | Ctrl+Y | 色域警告 | Shift+Ctrl+Y |
| 放大 | Ctrl++ | 缩小 | Ctrl+− |
| 按屏幕大小缩放 | Ctrl+0 | 实际像素 | Ctrl+1 或 Alt+Ctrl+0 |
| 显示额外内容 | Ctrl+H | 显示目标路径 | Shift+Ctrl+H |
| 显示网格 | Ctrl+' | 显示参考线 | Ctrl+ ; |
| 标尺 | Ctrl+R | 对齐 | Shift+Ctrl+ ; |
| 锁定参考线 | Alt+Ctrl+ ; | | |

## 8.【窗口】菜单快捷键

| 窗口命令 | 快捷键 | 窗口命令 | 快捷键 |
|---|---|---|---|
| 【动作】面板 | Alt+F9 或 F9 | 【画笔】面板 | F5 |
| 【图层】面板 | F7 | 【信息】面板 | F8 |
| 【颜色】面板 | F6 | | |

## 9.【帮助】菜单快捷键

| 帮助命令 | 快捷键 |
|---|---|
| Photoshop 帮助 | F1 |

目录

# Contents

# 主题 1 认识抠图

抠图是把图片或影像中的某一部分从原始图像或影像中分离出来成为单独的图层，是图像后期制作中的第一个步骤，也是不可或缺的一个关键环节。下面就介绍抠图在实际应用中的作用、分类及原则。

## 1.1 抠图的作用与意义

（1）抠出的图像作为单独图层用于图像合成。抠图的目的主要是用于后期图像合成。不管是进行创意照片合成、平面广告合成，抑或是网店产品展示，都需要先对主体对象进行抠图才能进行之后的效果制作。

（2）抠出部分图像用于精细修图。在后期修图中，特别是进行产品精修的时候，通常在修图之前会将产品的各个部分都抠出来放在不同的图层，以便对产品各个部分进行精细调整，从而保证修图质量。

抠图是进行图像合成与修图的第一个环节，也是学习图像后期制作必须掌握的基础技能。

## 1.2 抠图的分类

抠出图像的质量不仅会对后面的操作产生一定的影响，也会影响最终的成片质量。使用 Photoshop 抠图的方法有很多，不同的方法适用于不同的图像，但大致可以归纳为三类：快速抠图、精确抠图、特殊对象抠图。进行实际抠图操作前，首先要判断使用哪种方式更适合，然后再进行抠图。

（1）快速抠图：这种方法抠图的特点是速度快，但抠出的图像质量低，精度不高。若图像用于网络发布这种对图像质量要求不高的情况，或者抠图数量大且时间紧的情况，使用【魔棒工具】【快速选择工具】等进行快速抠图是最好的方法。

（2）精确抠图：这种方法抠图的特点是抠出的图像精度高，

质量好，但耗时长，效率非常低。若图像用于印刷这种对图像质量要求高的情况，则应尽可能使用钢笔工具进行精确抠图。

（3）特殊对象抠图：在抠如透明婚纱、黑夜中的火焰，或者是毛发等特殊对象时，使用【魔棒工具】【钢笔工具】都很难完整地抠出这些图像，这时就需要使用通道、混合颜色带等高级的抠图方法，或者配合蒙版、选择并遮住等工具精细调整选区，以便抠出完整的图像。

### 1.3 抠图的原则与注意事项

抠图的原则是要保证抠出图像的完整性和自然性。因此在抠图时需要注意以下几点。

（1）能抠则抠，不好抠的优先考虑换图。

（2）尽可能做好前期拍摄，尽量在简单的背景下拍摄，提高图片质量。这样在后期抠图时也更方便。

（3）使用手绘板抠图，比鼠标抠图更精细、方便。

（4）如有需要，也可以使用第三方插件进行抠图，如抽出滤镜。

# 主题 2　快速抠图技法

【使用魔棒工具】【快速选择工具】【背景橡皮擦工具】【磁性套索工具】【色彩范围】命令可以对图像进行快速抠图。使用这些工具抠图的最大优点是效率高，缺点则是精度低。所以如果对抠出的图像质量要求不高，或者抠图数量大且时间紧的情况下用这些工具进行快速抠图是很好的选择。下面就介绍快速抠图的相关工具和方法。

### 2.1 常用快速选择工具

1. 魔棒工具 / 快速选择工具

魔棒工具和快速选择工具可以快速抠出简单背景上的对象

魔棒工具：可以快速选择相似颜色区域，通过设置其选项栏的容差值来控制选择范围，如图 1 所示。

快速选择工具：通过拖动鼠标在图像上涂抹即可创建选区，如图 2 所示。

图1　　　　　　　　　　图2

## 2. 多边形套索工具 / 磁性套索工具

多边形套索工具 通过鼠标的连续单击创建选区边缘，适用于选取一些复杂的、棱角分明的图像，如图 3 所示。

图3

磁性套索工具：更智能的套索工具，使用该工具时，套索路径自动吸附在选区边缘，适用于选取复杂的不规则图像，以及边缘与背景对比强烈的图像，如图 4 所示。

图4

3. 背景橡皮擦工具 / 魔术橡皮擦工具

背景橡皮擦工具：它可以自动采集画笔中心的色样，在涂抹过程中会自动擦除圆形画笔范围内出现的相近颜色区域，如图 5 所示。

魔术橡皮擦工具：与魔棒工具类似，可以快速擦除画面中相同的颜色，如图 6 所示。

图5                    图6

4. 色彩范围

【色彩范围】命令可根据图像的颜色范围创建选区。使用鼠标在图像上单击即可创建相同颜色范围选区，设置颜色容差值则可控制选区范围。在【色彩范围】对话框的缩览图中白色表示选中区域，黑色表示未选中区域，如图 7 所示。

图7

## 2.2 快速抠图实战

### 1. 替换大范围颜色

❶ 打开"素材文件\抠图\树.jpg"文件,如图8所示,按【Alt】键双击【背景】图层,将其转换为普通图层,如图9所示。

图8

图9

❷ 执行【选择】→【色彩范围】命令，使用鼠标在天空处单击创建选区，设置颜色容差为"35"，为了便于观察图像，设置选区预览为黑色杂边，再按住【Shift】键添加未选中的区域，如图10所示。单击【确定】按钮得到天空选区，如图11所示。

图12

图10

图13

❺ 置入"素材文件\抠图\天空.jpg"文件，调整素材图像的大小及位置，如图14所示。

图11

❸ 选择【套索工具】，按住【Shift】键添加未选中的区域到选区，如图12所示。

❹ 按【Delete】键删除选区内容，按【Ctrl+D】组合键取消选区，如图13所示。

图14

❻ 调整【天空】图层至【图层0】图层下方，效果如图15所示。

图15

❼ 选中【图层 0】图层，按【Ctrl+L】键调出【色阶】对话框，向左拖动高光和中间调的滑块，适当提亮图像，如图16 所示。

图16

2. 相同色调背景的抠图

❶ 打开"素材文件\抠图\女孩 .jpg"文件，如图 17 所示。按【Alt】键双击【背景】图层，转换为普通图层，如图 18 所示。

图17

图18

❷ 选择【魔棒工具】，在选项栏设置容差值为"32"，单击背景创建选区，如图 19 所示。

图19

❸ 按住【Shift】键单击图像未选中的背景区域，将其添加到选区，再按【Alt】键单击多选的背景区域，将其从选区中减去，如图 20 所示。

图20

❹ 按【Delete】键删除选区内容，按【Ctrl+D】组合键取消选区，如图 21 所示。

图21

3. 背景对比强烈且边缘复杂图像的抠图

❶ 打开"素材文件\抠图\荷花.jpg"文件，选择【磁性套索工具】，在图像中沿着荷花的轮廓单击并拖动鼠标创建选区，如图 22 所示。

图22

❷ 按【Ctrl+J】组合键复制图像，得到【图层1】图层，隐藏【背景】图层，抠图效果如图 23 所示。

图23

❸ 打开"素材文件\抠图\水墨背景.jpg"文件，如图 24 所示。

❹ 拖动荷花图像至"水墨背景"文档中，按【Ctrl+T】组合键执行自由变换，适当缩小图像，效果如图 25 所示。

图24

图25

## 主题 3 精确抠图技法

使用【魔棒】【快速选择工具】等进行快速抠图时，在屏幕上看着很清晰的边缘，在印刷时可能会变得很模糊。因此，当图像要用于印刷时就需要选择更加精确的抠图方式。在 Photoshop 中可以用于精准抠图的方式很多，但其中最主要的就是使用【钢笔工具】。如果遇到复杂的图像还会配合通道、【选择并遮住】等命令精准调整选区边缘。下面就介绍使用【钢笔工具】进行精准抠图的方法。

9

### 3.1【钢笔工具】精准抠图方法

使用【钢笔工具】可以精准地选出边缘清晰的对象，通常会配合添加锚点、删除锚点、转换点工具使用，如图 26 所示。

图26

### 3.2 精确抠图实战

1. 人像抠图

❶ 打开"素材文件\抠图\芭蕾.jpg"文件，如图 27 所示。
❷ 按【Ctrl++】组合键放大视图，这样可以看到更多的图像细节。再使用【钢笔工具】在人物边缘创建锚点，然后在边缘弯曲的地方拖曳鼠标，创建曲线，使路径与人物边缘贴合，如图 28 所示。

图27　　　　　　　　图28

❸ 按【Alt】键删除方向线，继续添加锚点，创建路径。创建曲线路径时，可以按住【Ctrl】键，拖动方向线调整路径使其与人物边缘贴合，如图 29 所示。【钢笔工具】抠图效果如图 30 所示。

图29

图31

图30

图32

2. 汽车抠图

❹ 按【Ctrl+Enter】组合键将路径转换为选区，按【Ctrl+J】组合键复制选区图像，隐藏背景图层，效果如图31所示。

❺ 打开"素材文件\抠图\中国风背景.jpg"文件，将抠好的图像拖至"中国风背景"文档中，调整图像的大小和位置，并添加投影效果，最终效果如图32所示。

❶ 打开"素材文件\抠图\汽车.jpg"文件，如图33所示。

图33

图34

❷ 按【Ctrl++】组合键放大视图，这样可以看到更多的图像细节。在使用【钢笔工具】在汽车边缘处单击创建锚点，然后在边缘弯曲的地方拖曳鼠标创建曲线，如图 34 所示。

图35

❸ 按住【Ctrl】键，拖曳左边的方向线，使路径与汽车边缘吻合，如图 35 所示。再按住【Alt】键单击锚点，切断方向线，如图 36 所示。

❹ 继续添加锚点，创建路径。

创建路径时，边缘是直线的部分，直接单击即可。当再次遇到曲线时，沿着曲线切线方向拖曳鼠标创建路径，并生成一个方向线，再配合【Ctrl】键和【Alt】键调整路径，最终【钢笔工具】抠图效果如图 37 所示。

图36

图37

❺ 按【Ctrl+Enter】组合键将路径转换为选区，如图 38 所示。

❻ 按【Ctrl+J】组合键复制选区内容，得到【图层 1】图层，隐藏背景图像，如图 39 所示。

图38

图39

❼ 打开"素材文件\抠图\路.jpg"文件,将抠出的汽车图像拖至"路"文档中,调整大小并添加阴影效果,如图40所示。

图40

❽ 新建一个【颜色查找】调整图层,设置【3DLUT 文件】为 Kodak 5205 Fuji 3510 统一图像色调,最终图像效果如图41 所示。

图41

## 主题 4 特殊对象抠图技法

在抠取像毛发、火焰或透明物体这些特殊对象时,不管是使用【魔棒工具】还是【钢笔工具】进行抠图都无法得到一个完整的图像效果。在这种情况下,可以使用通道、混合颜色带抠取图像或者先使用【钢笔工具】快速选择工具等抠取物体的大致轮廓再配合【选择并遮住】命令调整选区边缘,从而抠出完整的图像。

下面就介绍特殊对象抠图的方法。

### 4.1 常用特殊对象抠图工具

1. 通道

　　通道与选区可以相互转化，在通道中白色的部分为选区内部，黑色部分为选区外部，灰色部分则为半透明的选区。通道常用于抠取带有毛发的动物和人像，以及边缘复杂的物体、半透明的薄纱或云朵等一些比较特殊的对象。单击【通道】面板底部的【将通道作为选区载入】按钮或者按住【Ctrl】键单击通道缩览图即可载入选区，如图 42 所示。

图42

2. 混合颜色带

　　混合颜色带可将当前图层中亮的部分或暗的部分隐藏起来。首先，至少有两个图层。双击上方图层，打开【图层样式】对话框，在【混合颜色带】栏中向右拖动本图层的黑色滑块即可隐藏当前图层中暗的部分，向左拖动白色滑块即可隐藏亮的部分，如图 43 所示。

图43

3. 图层蒙版

图层蒙版可以隐藏或显示图像的局部内容。通过在图层蒙版中绘制黑色就可以隐藏图像，绘制白色就可以显示图像，绘制灰色则图像以半透明的方式显示。图层蒙版通常用来修改选区或者柔和选区边缘，如图 44 所示。

图44

4. 选择并遮住

【选择并遮住】命令主要用来创建或调整选区。该命令由【调整边缘】命令演化而来。在图像中使用选框工具或套索工具，魔棒工具创建选区之后，即可使用【选择并遮住】命令对选区边缘进行细微的调整。该命令通常用于处理毛发、树木枝叶等边缘复杂的对象，如图 45 所示。

图45

## 4.2 特殊对象抠图实战

### 1. 透明婚纱抠图

❶ 打开"素材文件\抠图\婚纱.jpg"文件，如图 46 所示。按【Ctrl+J】组合键复制【背景】图层，得到【图层 1】图层，如图 47 所示。

图46　　　　　　　　　　图47

❷ 使用【快速选择工具】选出人物轮廓，如图 48 所示。执行【选择】→【存储选区】命令，存储选区为"人物"，如图 49 所示。按【Ctrl+D】组合键取消选区。

图48                    图49

❸ 切换到【通道】面板，复制【蓝】通道，按【Ctrl+L】组合键调出【色阶】对话框，像左拖动中间调滑块，像右拖动阴影滑块，增加图像对比度，如图 50 所示，图像效果如图 51 所示。

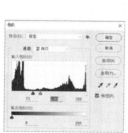

图50                    图51

❹ 按【Ctrl】键单击【人物】通道缩览图载入人物选区，如图52所示。使用白色画笔涂抹选区内图像，注意婚纱透明区域不要涂抹，如图53所示。

图52

图53

❺ 设置前景色为浅灰色（#e7e6e6），如图54所示，使用画笔涂抹透明婚纱区域，如图55所示。

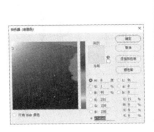

图54

图55

❻ 按【Ctrl+Shift+I】组合键反向选区，如图 56 所示，并填充黑色，如图 57 所示。

图56

图57

❼ 按【Ctrl】键单击【蓝通道拷贝】缩览图，载入选区。选择【RGB】复合通道，切换到【图层】面板，选择【图层 1】图层，单击【图层】面板底部

的【添加图层蒙版】按钮，添加图层蒙版，隐藏【背景】图层，显示抠图效果如图 58 所示。

❽ 置入"素材文件\抠图\黄色背景 .jpg"文件，调整图像的大小并调整图层至【图层 1】图层下方，效果如图 59 所示。

图58

图59

❾ 添加黄色背景素材文件后发

现图像有些黑边，按【Ctrl】键单击【图层 1】蒙版缩览图载入选区，如图 60 所示。执行【选择】→【修改】→【收缩】命令，设置【收缩量】为 2 像素，按【Ctrl+Shift+I】组合键反向选选区，按【Delete】键删除选区内容，按【Ctrl+D】组合键取消选区，效果如图 61 所示。

图60

图61

2. 制作燃烧的人像

❶ 打开"素材文件\抠图\火焰 .psd"文件，如图 62 所示。

图62

❷ 双击【图层 1】图层打开【图层样式】对话框，向右拖动黑色滑块，隐藏当前图像中黑色的图像，如图 63 所示。

图63

❸ 按【Ctrl+T】组合键执行自由变换，适当缩小火焰图像并

移动火焰至适当位置，如图 64 所示。

图64

❹ 设置【图层 1】图层混合模式为变亮，融合图像，效果如图 65 所示。

图65

❺ 单击【图层】面板底部的【添加图层蒙版】按钮，为【图层 1】图层添加图层蒙版，如图 66 所示。

图66

❻ 选择【黑色柔角画笔】，设置【不透明度】为"60%"，擦除图像中多余的火焰，使效果更加真实，如图 67 所示。

图67

3. 毛发的抠图

❶ 打开"素材文件\抠图\猫.jpg"文件，如图 68 所示。

21

图68

❷ 使用【快速选择工具】选出小猫图像，创建选区，如图69所示。

图69

❸ 单击选项栏中的【选择并遮住】按钮，进入【选择并遮住】界面，调整选区边缘。为了便于观察图像，设置【视图】为黑白，单击【边缘检测】下拉按钮，设置【半径】为"7像素"，设置【全局调整】下的【移动边缘】为"-12%"，如图70所示。

❹ 设置【输出到】为新建带有图层蒙版的图层，单击【确定】按钮，抠图效果如图71所示。

图70

图71

❺ 打开"素材文件\抠图\小径.jpg"文件，拖动抠好的图像至"小径"文档中，调整图像的大小及位置并添加阴影效果，如图72所示。

图72